DELIUS KLASING

MIX
Papier aus verantwortungsvollen Quellen
Paper from responsible sources
FSC® C105338

Dr. Etzold
Diplom-Ingenieur für Fahrzeugtechnik

So wird's gemacht

pflegen – warten – reparieren

Band 144

MINI One/Cooper/Cooper S Coupé/Cabrio

MINI 1

Benziner
1,6 l/ 66 kW (90 PS) 9/01 – 8/06
1,6 l/ 85 kW (115 PS) 9/01 – 8/06
1,6 l/120 kW (163 PS) 8/02 – 8/04
1,6 l/125 kW (170 PS) 9/04 – 8/06
1,6 l/155 kW (210 PS) 9/05 – 4/06

Diesel
1,4 l/ 55 kW (75 PS) 2/03 – 8/05
1,4 l/ 65 kW (88 PS) 9/05 – 8/06

MINI 2

Benziner
1,4 l/ 70 kW (95 PS) ab 1/07
1,6 l/ 88 kW (120 PS) ab 11/06
1,6 l/128 kW (175 PS) ab 1/07
1,6 l/160 kW (218 PS) ab 5/06

Diesel
1,6 l/ 81 kW (110 PS) ab 1/07

Delius Klasing Verlag

Bibliografische Information der Deutschen Nationalbibliothek
Die Deutsche Nationalbibliothek verzeichnet diese Publikation in der Deutschen Nationalbibliografie; detaillierte bibliografische Daten sind im Internet über http://dnb.dnb.de abrufbar.

1. Auflage
ISBN 978-3-7688-2450-7

Alle Angaben ohne Gewähr
Druck: Books on Demand, Norderstedt

Die in diesem Buch enthaltenen Angaben und Ratschläge werden nach bestem Wissen und Gewissen erteilt, jedoch unter Ausschluss jeglicher Haftung!

Delius Klasing Verlag, Siekerwall 21, D - 33602 Bielefeld
Tel.: 0521/559-0, Fax: 0521/559-115
E-Mail: info@delius-klasing.de
www.delius-klasing.de
www.sowirdsgemacht.com

Lieber Leser,

die Automobile werden von Modellgeneration zu Modellgeneration technisch immer aufwändiger und komplizierter. Ohne eine Anleitung kann man mitunter nicht einmal mehr die Glühlampe eines Scheinwerfers auswechseln. Und so wird verständlich, dass von Jahr zu Jahr immer mehr Heimwerker zum »So wird's gemacht«-Handbuch greifen.

Doch auch der kundige Hobbymonteur sollte bedenken, dass der Fachmann viel Erfahrung hat und durch die Weiterschulung und den ständigen Erfahrungsaustausch über den neuesten Technikstand verfügt. Mithin kann es für die Überwachung und Erhaltung der Betriebs- und Verkehrssicherheit des eigenen Fahrzeugs sinnvoll sein, in regelmäßigen Abständen eine Fachwerkstatt aufzusuchen.

Grundsätzlich muss sich der Heimwerker natürlich darüber im Klaren sein, dass man mithilfe eines Handbuches nicht automatisch zum Kfz-Mechaniker wird. Auch deshalb sollten Sie nur solche Arbeiten durchführen, die Sie sich zutrauen. Das gilt insbesondere für jene Arbeiten, die die Verkehrssicherheit des Fahrzeugs beeinträchtigen können. Gerade in diesem Punkt sorgt das »So wird's gemacht«-Handbuch jedoch für praktizierte Verkehrssicherheit. Durch die Beschreibung der Arbeitsschritte und den Hinweis, die Sicherheitsaspekte nicht außer Acht zu lassen, wird der Heimwerker vor der Arbeit entsprechend sensibilisiert und informiert. Auch wird darauf hingewiesen, im Zweifelsfall die Arbeit lieber von einem Fachmann ausführen zu lassen.

Sicherheitshinweis
Auf verschiedenen Seiten dieses Buches stehen »Sicherheitshinweise«. Bevor Sie mit der Arbeit anfangen, lesen Sie bitte diese Sicherheitshinweise aufmerksam durch und halten Sie sich strikt an die dort gegebenen Anweisungen.

Vor jedem Arbeitsgang empfiehlt sich ein Blick in das vorliegende Buch. Dadurch werden Umfang und Schwierigkeitsgrad der Reparatur offenbar. Außerdem wird deutlich, welche Ersatz- oder Verschleißteile eingekauft werden müssen und ob unter Umständen die Arbeit nur mithilfe von Spezialwerkzeug durchgeführt werden kann. **Besonders empfehlenswert: Wenn Sie eine elektronische Kamera zur Hand haben, dann sollten Sie komplizierte Arbeitsschritte für den Wiedereinbau fotografisch dokumentieren.**

Für die meisten Schraubverbindungen ist das Anzugsdrehmoment angegeben. Bei Schraubverbindungen, die in jedem Fall mit einem Drehmomentschlüssel angezogen werden müssen (Zylinderkopf, Achsverbindungen usw.), ist der Wert **fett** gedruckt. Nach Möglichkeit sollte man generell jede Schraubverbindung mit einem Drehmomentschlüssel anziehen. Übrigens: Für viele Schraubverbindungen sind Innen- oder Außen-Torxschlüssel erforderlich.

Als ich Anfang der siebziger Jahre den ersten Band der »So wird's gemacht«-Buchreihe auf den Markt brachte, wurden im Automobilbau nur ganz wenige elektronische Bauteile eingesetzt. Inzwischen ist das elektronische Management allgegenwärtig; ob bei der Steuerung der Zündung, des Fahrwerks oder der Gemischaufbereitung. Die Elektronik sorgt auch dafür, dass es in verschiedenen Bereichen keine Verschleißteile mehr gibt. Das Überprüfen elektronischer Bauteile ist wiederum nur noch mit teuren und speziell auf das Fahrzeugmodell abgestimmten Prüfgeräten möglich, die dem Heimwerker in der Regel nicht zur Verfügung stehen. Wenn also verschiedene Reparaturschritte nicht mehr beschrieben werden, so liegt das ganz einfach am vermehrten Einsatz von elektronischen Bauteilen.

Das vorliegende Buch kann nicht auf jedes technische Fahrzeug-Problem eingehen. Dennoch hoffe ich, dass Sie mithilfe der Beschreibungen viele Arbeiten am Fahrzeug durchführen können. Eines sollten Sie jedoch bei Ihren Arbeiten am eigenen Auto beachten: Ständig werden am aktuellen Modell Änderungen in der Produktion durchgeführt, so dass sich die im Buch veröffentlichten Arbeitsanweisungen und Einstelldaten für Ihr spezielles Modell geändert haben könnten. Sollten Zweifel auftreten, erfragen Sie bitte den aktuellen Stand beim Kundendienst des Automobilherstellers.

Rüdiger Etzold

Inhaltsverzeichnis

MINI One/Cooper

Aus dem Inhalt:

- **Modellvarianten**
- **Fahrzeugidentifizierung**
- **Motordaten**

Als Nachfolger des legendären MINI aus dem Jahre 1959 stellte BMW im September 2001 die MINI-Modelle »One« und »Cooper« vor. Im August 2004 wurde das MINI Cabrio und die optisch leicht überarbeitete Limousine in den Markt eingeführt. 2005 folgte für den Cooper S die Ausstattungsvariante »John Cooper Works« mit einem besonders leistungsstarken Motor. Der BMW MINI der 1. Generation trägt in Abhängigkeit der Modellausstattung die interne Bezeichnung R50, R52 und R53.

2006 startete die 2. Modellgeneration des MINI mit der internen Bezeichnung R56 und vielen technischen Änderungen, wobei jedoch das typische MINI-Outfit erhalten blieb. Die neuen Motoren stammen nun aus einer Kooperation zwischen BMW und dem PSA-Konzern (Peugeot/Citroen). Im September 2007 wurde die MINI-Modellfamilie mit dem »Clubman« (R55) ausgebaut. Der kleine MINI-Kombi verfügt auf der Beifahrerseite über eine zusätzliche Tür.

MINI One, 1. Generation, seit September 2001

MINI One, 2. Generation, seit Januar 2007

MINI Cooper S mit John Cooper Works GP Kit, seit Mai 2006

MINI Cooper S Cabrio, seit Juli 2006

Mini Cooper D Clubman, seit Juli 2007

Fahrzeug- und Motoridentifizierung

Fahrzeugidentifizierung

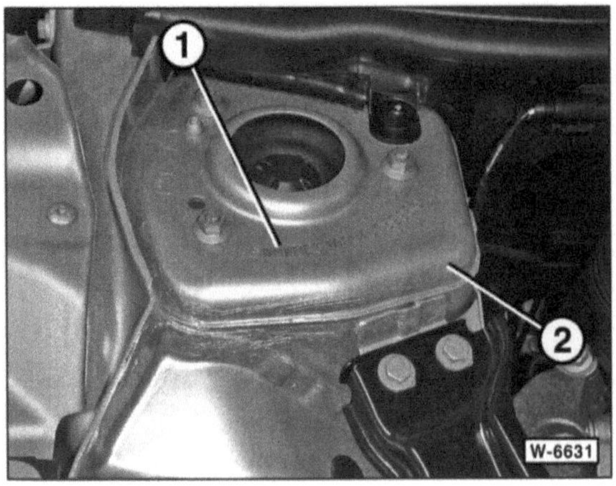

- Die Fahrzeug-Identifizierungsnummer –1– ist am rechten Federbeindom –2– eingeschlagen.

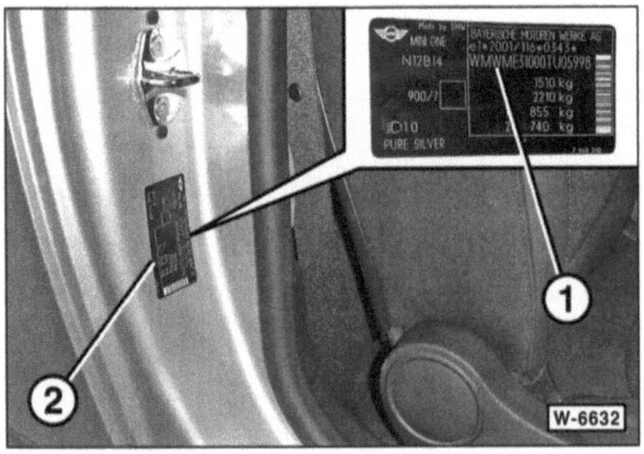

- Die Fahrzeug-Identifizierungsnummer –1– steht ebenfalls auf dem Typschild –2– unten an der Türanschlagsäule der Beifahrertür.

Aufschlüsselung der Fahrzeug-Identifizierungsnummer (Fahrgestellnummer):

WMW	ME31	0	0	0	T	U05998
①	②	③	④	⑤	⑥	⑦

① Herstellerzeichen: WMW = BMW MINI AG München.
② Fahrzeugbeschreibungs-Code.
③ Code für Sicherheitsausführung.
④ Füllzeichen.
⑤ Eigentlich steht hier die Kurzbezeichnung für das Modelljahr. Da diese Angabe aber in Europa nicht gesetzlich Pflicht ist, setzt BMW an dieser Stelle eine »0« ein.
⑥ Produktionsstätte: T = BMW-Works-Oxford in Cowley.
⑦ Laufende Nummerierung, bei BMW mit vorangestelltem Kennbuchstaben.

Motornummer

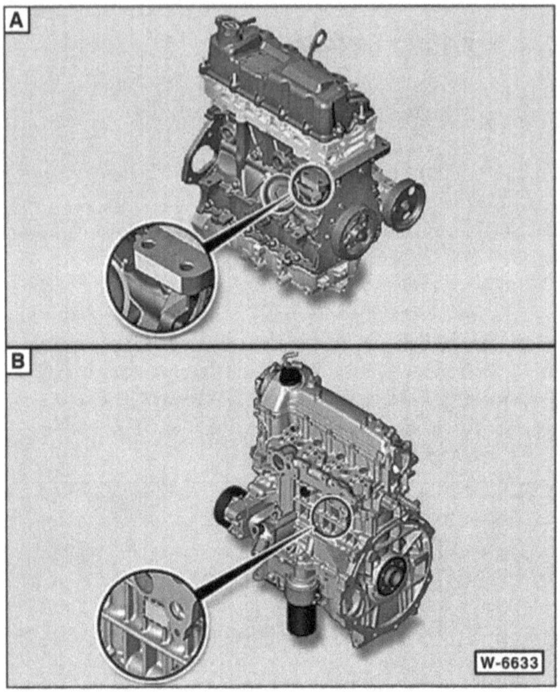

- Die **Motornummer** –Pfeil– ist beim **MINI 1** vorn in den Motorblock eingeschlagen. A – Benzinmotor W10/W11. B – Dieselmotor W17.

- **MINI 2, Motor N12:** Die Motornummer befindet sich vorn unten am Motorblock neben der Trennfläche zum Getriebe. 1 – Lambdasonde.

Modell	Typbezeichnung	Einsatz	Motoren	Verkaufsbezeichnung
MINI 1	R50	2001 – 2006	W10, W17	MINI One/Cooper/MINI One D
MINI 1 Cabrio	R52	ab 2004	W10, W11	MINI One/Cooper/Cooper S
MINI 1 Cooper S	R53	2002 – 2006	W11	Cooper S
MINI 2	R56	ab 2006	N12, N14, W16	MINI One/Cooper/Cooper S/Cooper D
MINI 2 Clubman	R55	ab 2007	N12, N14, W16	Cooper/Cooper S/Cooper D

Motordaten

MINI 1

Motor	1.6i	1.6i	1.6i	1.6i	1.6i	1.4d	1.4d
Motorbezeichnung	W10B16	W10B16	W11B16	W11B16	W11B16	W17	W17
Fertigung von – bis	9/01 – 8/06	9/01 – 8/06	8/02 – 8/04	9/04 – 8/06	9/05 – 4/06	2/03 – 8/05	9/05 – 8/06
Hubraum cm^3	1598	1598	1598	1598	1598	1364	1364
Leistung kW bei 1/min PS bei 1/min	66/5500 90/5500	85/6000 115/6000	120/6000 163/6000	125/6000 170/6000	154/6950 210/6950	55/4000 75/4000	65/4000 88/4000
Drehmoment Nm bei 1/min	140/3000	150/4500	210/4000	220/4000	245/4500	180/2000	190/1800
Bohrung ∅ mm	77,0	77,0	77,0	77,0	77,0	73,0	73,0
Hub mm	85,8	85,8	85,8	85,8	85,8	81,5	81,5
Verdichtung	10,6	10,6	8,3	8,3	8,3	17,9	18,5
Zylinder/Ventile pro Zylinder	4/4	4/4	4/4	4/4	4/4	4/2	4,2
Motormanagement	EMS2000	EMS2000	EMS2000	EMS2000	EMS2000	EDC 15	EDC 16
Kraftstoff (ROZ)	95	95	95	95	95	Diesel	Diesel
Wechselmengen Motoröl Liter Kühlflüssigkeit Liter	 4,2 5,3	 4,2 5,3	 4,8 6,0	 4,8 6,0	 – 6,0	 4,5 5,3	 4,3 5,5

MINI 2

Motor	1.4i	1.6i	1.6i	1.6i	1.6d
Motorbezeichnung	N12B14	N12B16	N14B16	W11B16	W16D16
Fertigung von – bis	1/07 –	11/06 –	1/07 –	5/06 –	1/07 –
Hubraum cm^3	1397	1598	1598	1598	1560
Leistung kW bei 1/min PS bei 1/min	70/6000 95/6000	88/6000 120/6000	128/5500 175/5500	160/7100 218/7100	80/4000 110/4000
Drehmoment Nm bei 1/min	140/4000	160/4250	240/1600	250/4600	240/1750
Bohrung ∅ mm	77,0	77,0	77,0	77,0	75,0
Hub mm	75,0	85,8	85,8	85,8	88,3
Verdichtung	11,0	11,0	10,5	8,3	18,0
Zylinder/Ventile pro Zylinder	4/4	4/4	4/4	4/4	4/4
Motormanagement	MEV 17.2	MEV 17.2	MED 17.2	EMS2000	DDE 6.08
Kraftstoff (ROZ)	95	95	95	95	Diesel
Wechselmengen Motoröl Liter Kühlflüssigkeit Liter	 4,2 5,2	 4,2 5,2	 4,2 5,2	 4,8 6,0	 3,7 5,4

EMS = **E**lektronisches **M**otormanagement von **S**iemens

MED = Bosch-**M**otronic mit **e**lektrischer Gasbetätigung und Benzin-**D**irekteinspritzung

MEV = Bosch-**M**otronic

EDC = **E**lectronic **D**iesel **C**ontrol (Bosch)

DDE = **D**igitale **D**iesel-**E**lektronik

Aufschlüsselung der Motorbezeichnung am Beispiel des 66-kW-Benzinmotors im **MINI 1**: W10B16 – W10 = Motorbaureihe, B = Benziner (D = Diesel), 16 = 1,6 l Hubraum.

Benzinmotor 10/06

Motor N12B14

1 – Zylinderkopfdeckel
2 – Öleinfülldeckel
3 – Luftfilter
4 – Vakuumpumpe
5 – Abgaskrümmer
6 – Ölfilterdeckel
7 – Lambdasonde vor Katalysator
8 – Katalysator
9 – Generator
10 – Klimakompressor
11 – Keilrippenriemen
12 – Kurbelwelle-Riemenscheibe
13 – Kühlmittelpumpen-Riemenscheibe

Dieselmotor 4/07

Motor W16D16

1 – Öleinfülldeckel
2 – Obere Motorabdeckung
3 – Ansaug-Luftschlauch
4 – Turbolader
5 – Ölfilterdeckel
6 – Ölkühler
7 – Temperatursensor
8 – Katalysator und Dieselpartikelfilter
9 – Generator
10 – Klimakompressor
11 – Ölwanne
12 – Keilrippenriemen
13 – Kurbelwellen-Riemenscheibe
14 – Spannelement

Wartung

Aus dem Inhalt:

- Wartungsplan
- Wartungsarbeiten
- Serviceanzeige nach der Wartung zurückstellen
- Werkzeugausrüstung
- Motorstarthilfe

Beim MINI kommen 2 unterschiedliche Wartungssysteme zum Einsatz. Beim MINI der 1. Generation (**MINI 1**, MJ 2001 – 2006) werden die Wartungsintervalle durch die flexible Service-Intervall-Anzeige gesteuert. Beim MINI der 2. Generation (**MINI 2**, ab MJ 2007) wird das bedarfsorientierte Wartungssystem (Condition Based Service = CBS) angewendet.

MINI 1

Die Wartungsintervalle sind beim **MINI 1** abhängig von den Einsatzbedingungen des Fahrzeugs. Die verbleibenden Kilometer bis zur nächsten fälligen Wartung werden dem Fahrer in Zündschlüsselstellung 1 und nach dem Starten des Motors von der Service-Intervallanzeige für einige Sekunden angezeigt. Zusätzlich können die Schriftzüge »OIL SERVICE«, »INSPECTION 1«, »INSPECTION 2«, sowie ein Uhrensymbol für den fälligen Bremsflüssigkeitswechsel aufleuchten. Ein Blinken der Anzeige und ein Minuszeichen »–« davor bedeutet, dass der Wartungstermin um die angezeigten Kilometer überschritten ist.

Als Maßstab für die Berechnung der Wartungszyklen erfasst ein Mikroprozessor neben den zurückgelegten Kilometern auch die Einsatzbedingungen, wie zum Beispiel Kurzstrecken- oder Langstreckenverkehr oder die Fahrweise des Fahrers. Der Arbeitsumfang der angezeigten Inspektionen ist auch im Serviceheft aufgeführt.

MINI 2

Die Wartungsintervalle sind beim **MINI 2** abhängig von den Einsatzbedingungen des Fahrzeugs. Die verbleibende Fahrstrecke und das Datum bis zur nächsten fälligen Wartung werden dem Fahrer nach Einschalten der Zündung und nach dem Starten des Motors von der Serviceanzeige für einige Sekunden angezeigt. Dabei ist das Wartungssystem in einzelne Bereiche unterteilt, die auch manuell abgerufen werden können. Dieses bedarfsorientierte Wartungssystem wird auch »Condition Based Service« (CBS) genannt und besteht aus folgenden Bereichen:

- Motoröl
- Bremse vorn und hinten
- Fahrzeug-Check
- Diesel-Additiv

Der jeweilige Wartungsbedarf wird auch im Schlüssel der Fahrzeug-Fernbedienung gespeichert. Er kann von der BMW/MINI-Werkstatt ausgelesen und ausgedruckt werden.

MINI 1 und 2

Nachdem der Ölwechsel, die Inspektion beziehungsweise ein oder mehrere Wartungsbereiche durchgeführt wurden, muss die Service-Anzeige zurückgesetzt werden. Es empfiehlt sich, dies in einer BMW/MINI-Werkstatt durchführen zu lassen.

Hinweis: Um eine optimale Funktionsweise des Motors zu gewährleisten, empfiehlt es sich, im Rahmen der Abgasuntersuchung eine Vertragswerkstatt aufzusuchen, um dort den Fehlerspeicher des Diagnosesystems abfragen zu lassen. Es können in der Motorsteuerung vom Fahrer unbemerkt Fehler auftreten, die durch ein Notlaufprogramm automatisch überbrückt werden. Dies hat zur Folge, dass der Motor nicht mehr unter optimalen Bedingungen arbeiten kann und beispielsweise mehr Kraftstoff verbraucht.

Ölwechsel-Service MINI 1

Der Pflegedienst mit Motorölwechsel ist fällig, wenn im Kombiinstrument nach dem Motorstart »OIL SERVICE« angezeigt wird.

Wer sich nicht nach der Service-Intervallanzeige richten will, sollte den Ölwechsel-Service alle 15.000 km beziehungsweise mindestens einmal im Jahr durchführen. Bei erschwerten Betriebsbedingungen wie überwiegend Stadt- und Kurzstreckenverkehr, häufigen Gebirgsfahrten, Anhängerbetrieb und staubigen Straßenverhältnissen Ölwechsel-Service entsprechend bis auf die Hälfte verkürzen.

- Motor: Öl- und Filterwechsel.
- Heiz- und Klimaanlage: Staubfiltereinsatz erneuern.
- Bremsen: Belagstärke der vorderen und hinteren Bremsbeläge prüfen, gegebenenfalls ersetzen.
- Handbremse: Funktion prüfen, gegebenenfalls einstellen.
- Service-Intervallanzeige: Zurücksetzen (Werkstattarbeit).

Wartungsplan MINI 1

Die Wartung ist nach der Service-Intervallanzeige durchzuführen. Im Kombiinstrument wird dann nach dem Motorstart »INSPECTION 1« oder »INSPECTION 2« angezeigt.

Falls man sich nicht nach der Intervallanzeige richten will, ist die Wartung mindestens alle 30.000 km oder einmal in 2 Jahren durchzuführen.

Motor und Abgasanlage

- Fehlerspeicher des Diagnosesystems abfragen.
- Motoröl und Ölfilter wechseln.
  Hinweis: Beim MINI COOPER S JCW muss beim ersten Ölwechsel der Heckspoilerfuß nachgezogen werden. Dazu aktuelles Anzugsdrehmoment bei der Fachwerkstatt erfragen.
- **1,4-l-Dieselmotor W17:** Kraftstoffkühler auf äußere Verschmutzung prüfen, gegebenenfalls. reinigen
- **1,4-l-Dieselmotor W17:** Keilrippenriemen auf Beschädigung sichtprüfen.
- Kühl- und Heizsystem: Konzentration des Frostschutzmittels prüfen. Sichtprüfung auf Undichtigkeiten und äußere Verschmutzung des Kühlers.
- Abgasanlage: Auf Beschädigungen prüfen.
- **1,4-l-Dieselmotor W17:** Motorluftfiltereinsatz erneuern (bei großem Staubanfall früher wechseln).

Kupplung, Getriebe, Achsantrieb

- CVT-Automatikgetriebe: Getriebeöl wechseln (Werkstattarbeit).
- Achswellen: Gelenkschutzhüllen auf Undichtigkeiten und Beschädigungen prüfen.

Vorderachse und Lenkung

- Spurstangenköpfe und Achsgelenke: Staubkappen prüfen.
- Lenkung: Spiel prüfen, Faltenbälge auf Undichtigkeiten und Beschädigungen prüfen.
- Servolenkung: Flüssigkeitsstand im Ausgleichbehälter prüfen, gegebenenfalls Hydrauliköl auffüllen. Lenkgetriebe, Hydraulikpumpe sowie Leitungen und Anschlüsse auf Dichtigkeit kontrollieren.

Karosserie, Innenausstattung, Heizung

- Karosserie: Auf Lackschäden und Korrosion prüfen. Unterbodenschutz prüfen.
- Sicherheitsgurte: Auf Beschädigungen prüfen.
- Heiz- und Klimaanlage: Staubfiltereinsatz erneuern.
- Heckklappe: Scharniere schmieren.

Bremsen, Reifen, Räder

- Bremsen: Belagstärke der vorderen und hinteren Bremsbeläge prüfen, gegebenenfalls ersetzen.
- Handbremse: Funktion prüfen, gegebenenfalls einstellen.
- Bremsanlage: Leitungen, Schläuche und Anschlüsse auf Undichtigkeiten und Beschädigungen prüfen.
- Bereifung (einschließlich Notrad): Profiltiefe und Reifenfülldruck prüfen; Reifen auf Verschleiß und Beschädigungen prüfen. Reifen-Pannen-Anzeige initialisieren.
- Reifen-Pannenset, falls vorhanden: Haltbarkeitsdatum der Dichtmittelflasche prüfen, gegebenenfalls ersetzen.

Elektrische Anlage

- Beleuchtungsanlage: Sämtliche Scheinwerfer, Schlussleuchten und Blinklampen prüfen, verstellte Scheinwerfer einstellen.
- Instrumenten- und Schriftfeldbeleuchtung prüfen.
- Signalhorn, Lichthupe, Heiz- und Lüftungsanlage: Prüfen.
- Service-Intervallanzeige: Zurücksetzen (Werkstattarbeit).
- Scheibenwischer: Wischergummis auf Verschleiß prüfen, gegebenenfalls ersetzen.
- Scheiben- und Scheinwerferwaschanlage: Funktion prüfen, Düsenstellung kontrollieren, Flüssigkeit nachfüllen, Scheinwerfer-Waschanlage prüfen.
- Batterie: Ladezustand prüfen (Magic Eye).

Zusätzliche Wartungsarbeiten MINI 1

- Abgasuntersuchung (AU) erstmalig nach 3 Jahren, dann alle 2 Jahre: Leerlaufdrehzahl, CO-Gehalt, Zündzeitpunkt prüfen; Fehlerspeicher abfragen (Werkstattarbeit).

Alle 2 Jahre, unabhängig von den gefahrenen Kilometern

Hinweis: Im Kombiinstrument wird ein Uhrensymbol angezeigt.

- Bremsanlage: Bremsflüssigkeit erneuern.

Bei jedem 3. Motorölwechsel

- **1,4-l-Dieselmotor W17:** Ventilspiel einstellen.
- **1,4-l-Dieselmotor W17:** Kraftstoffhauptfilter erneuern.

Alle 3 Jahre, unabhängig von den gefahrenen Kilometern

- Kühl- und Heizsystem: Kühlmittel erneuern.

Bei jeder 2. Wartung

- **Benzinmotor:** Zündkerzen erneuern.
- **Benzinmotor:** Motorluftfiltereinsatz erneuern (bei großem Staubanfall früher wechseln).
- Keilrippenriemen: Wechseln.

Alle 4 Jahre, unabhängig von den gefahrenen Kilometern

- Reifen-Dichtmittelflasche erneuern (nicht bei Ausstattung mit Notrad).

Wartungsplan MINI 2

Der Wartungsplan ist in einzelne Wartungsbereiche unterteilt, wie sie auch von der Service-Anzeige angezeigt werden. Dabei werden einige Wartungs-Intervalle vom Steuergerät der Service-Anzeige entsprechend den Betriebsbedingungen des Fahrzeuges flexibel berechnet, andere Wartungsarbeiten müssen nach starren Intervallen durchgeführt werden. Flexible Wartungspunkte sind mit einem ■ gekennzeichnet, starre Wartungspunkte mit einem ◆ und zusätzlich *kursiv* dargestellt.

Flexible Wartungspunkte entsprechend der Service-Intervallanzeige, spätestens aber nach den im Wartungsplan angegebenen Zeit- und Laufstreckenabständen durchführen.

Motoröl

Benzinmotor: Spätestens alle 2 Jahre oder 30.000 km.
Dieselmotor: Spätestens alle 2 Jahre oder 20.000 km.

■ Motoröl und Ölfilter wechseln.

■ Handbremse prüfen.

■ **Benzinmotor:** Staubfiltereinsatz wechseln.

■ **Dieselmotor:** Kraftstofffilter entwässern.

● Serviceanzeige zurückstellen.

Bei jedem 2. Ölwechsel:

■ **Dieselmotor:** Staubfiltereinsatz wechseln.

■ **Benzinmotor:** Zündkerzen erneuern.

■ **Benzinmotor:** Motor-Luftfiltereinsatz wechseln. **Hinweis:** Bei hohem Staubanfall Filtereinsatz in kürzeren Intervallen wechseln.

Bei jedem 3. Ölwechsel:

■ **Dieselmotor:** Motor-Luftfiltereinsatz wechseln. **Hinweis:** Bei hohem Staubanfall Filtereinsatz in kürzeren Intervallen wechseln.

■ **Dieselmotor:** Kraftstofffilter erneuern. **Hinweis:** Bei schlechter Dieselqualität in kürzeren Intervallen wechseln.

Bei jedem 9. Ölwechsel:

■ Dieselpartikelfilter erneuern.

Bremse vorn

Spätestens alle 50.000 km.

■ Bremsbeläge wechseln, Bremsschächte reinigen.

■ Bremsscheiben: Dicke und Oberfläche prüfen, gegebenenfalls ersetzen.

● Serviceanzeige zurückstellen.

Bremse hinten

Spätestens alle 50.000 km.

■ Scheibenbremsbeläge wechseln, Bremsschächte reinigen.

■ Bremsscheiben: Dicke und Oberfläche prüfen, gegebenenfalls ersetzen.

■ Handbremse prüfen.

● Serviceanzeige zurückstellen.

Bremsflüssigkeit

Alle 2 Jahre.

◆ *Bremsflüssigkeit wechseln.*

● Serviceanzeige zurückstellen.

Diesel-Additiv

Spätestens alle 200.000 km.

◆ *Diesel-Additiv erneuern (Werkstattarbeit).*

● Serviceanzeige zurückstellen.

Fahrzeug-Check – Inspektion

Alle 4 Jahre oder 60.000 km.

◆ *Signalhorn (Hupe), Lichthupe und Warnblinkanlage prüfen.*

◆ *Instrumenten-/Schriftfeldbeleuchtung und Heizgebläse prüfen.*

◆ *Lichtanlage prüfen.*

◆ *Sicherheitsgurte prüfen.*

◆ *Scheibenwisch- und waschanlage prüfen. Scheinwerferwisch- und waschanlage prüfen. Waschflüssigkeit auffüllen.*

◆ *Karosserie auf Korrosion prüfen.*

◆ *Reifen-Dichtmittel: Haltbarkeitsdatum auf der Dichtmittelflasche prüfen, gegebenenfalls Dichtmittelflasche ersetzen (nicht bei Ausstattung mit Notrad oder Run-Flat-Reifen).*

◆ *Reifen: Profiltiefe, Laufbild, äußeren Zustand und Fülldruck prüfen.*

◆ *Reifen-Pannen-Anzeige initialisieren.*

◆ *Fahrzeug-Batterie prüfen.*

◆ *Kühlmittelstand und Frostschutzkonzentration prüfen.*

◆ *Bremsleitungen und Anschlüsse auf Dichtheit, Beschädigung und richtige Lage prüfen.*

◆ *Unterboden inklusive aller sichtbaren Teile auf Schäden, Dichtheit und Korrosion prüfen.*

◆ *Lenkungsteile auf Spielfreiheit, Dichtheit, Schäden und Verschleiß prüfen.*

● Serviceanzeige zurückstellen.

Zahnriemen/Keilrippenriemen

Alle 240.000 km.

◆ ***Dieselmotor:** Zahnriemen wechseln (Werkstattarbeit).*

◆ *Keilrippenriemen: Wechseln (Werkstattarbeit).*

● Serviceanzeige zurückstellen.

Serviceanzeige zurücksetzen

MINI 1

Beim Zurücksetzen der Serviceanzeige (Reset) ist Folgendes zu beachten:

- Der Reset-Vorgang wird durch längeres Warten zwischen den einzelnen Rücksetzschritten abgebrochen.
- Ein manuelles Reset ist im Fahrzeug nur möglich, wenn die Wartung demnächst fällig ist oder bereits fällig war. Ein früheres Zurücksetzen kann nur mit dem Diagnosegerät durchgeführt werden.

1. Kilometerabhängige Inspektion zurücksetzen

- Zündung ausschalten.

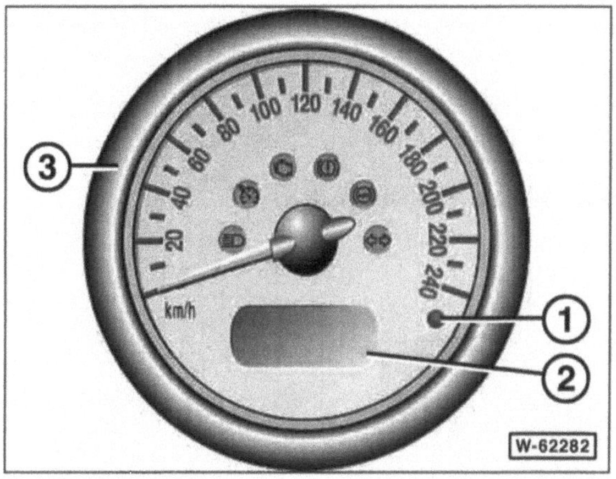

- Rückstelltaste –1– für Tageskilometerzähler drücken und halten. 2 – Anzeigefeld, 3 – Geschwindigkeitsmesser (Tacho).
- Zündschalter auf Position 1 drehen.
- Nach 5 Sekunden erscheint in der Anzeige –2– »ÖIL-SERVICE« oder »INSPECTION« zusammen mit der Nachricht »reset« (Zurückstellen) beziehungsweise »re«.
- Rückstelltaste –1– loslassen. Dann erneut drücken und halten. Nach weiteren 5 Sekunden beginnt die Nachricht »reset« zu blinken.
- Rückstelltaste –1– loslassen. Anschließend erneut drücken und loslassen.
- Das neue Wartungsintervall wird angezeigt.
- Rückstelltaste –1– drücken und loslassen. »END SIA« wird angezeigt.
- Zündung ausschalten.

2. Zeitabhängige Inspektion zusammen mit kilometerabhängiger Inspektion zurücksetzen

- Zündung ausschalten.
- Rückstelltaste –1– für Tageskilometerzähler drücken und halten.
- Zündschalter auf Position 1 drehen.
- Nach 5 Sekunden erscheint in der Anzeige –2– »ÖIL-SERVICE« oder »INSPECTION« zusammen mit der Nachricht »reset« (Zurückstellen) beziehungsweise »re«.
- Rückstelltaste –1– loslassen. Dann erneut drücken und halten. Nach weiteren 5 Sekunden beginnt die Nachricht »reset« zu blinken.
- Rückstelltaste –1– loslassen. Anschließend erneut drücken und loslassen.
- Das neue Wartungsintervall wird angezeigt.
- Rückstelltaste –1– drücken und 5 Sekunden gedrückt halten. Die zeitabhängige Inspektion wird jetzt zusammen mit der Nachricht »reset« oder »re« angezeigt.
- Rückstelltaste –1– loslassen. Anschließend erneut drücken und gedrückt halten. Nach weiteren 5 Sekunden beginnt die Nachrit »reset« zu blinken.
- Rückstelltaste –1– loslassen. Anschließend erneut drücken und loslassen.
- Das neue Wartungsintervall wird angezeigt.
- Rückstelltaste –1– drücken und loslassen. »END SIA« wird angezeigt.
- Zündung ausschalten.

3. Zeitabhängige Inspektion/Bremsflüssigkeitswechsel unabhängig von der kilometerabhängigen Inspektion

- Zündung ausschalten.
- Rückstelltaste –1– für Tageskilometerzähler drücken und halten.
- Zündschalter auf Position 1 drehen.
- Nach 5 Sekunden erscheint in der Anzeige –2– »ÖIL-SERVICE« oder »INSPECTION« zusammen mit der Nachricht »reset« (Zurückstellen) beziehungsweise »re«.
- Rückstelltaste –1– loslassen. Dann erneut drücken und halten. Nach weiteren 5 Sekunden beginnt die Nachricht »reset« zu blinken.
- Rückstelltaste –1– loslassen und warten, bis das Blinken aufhört.
- Rückstelltaste –1– drücken und 5 Sekunden gedrückt halten. Die zeitabhängige Inspektion wird jetzt zusammen mit der Nachricht »reset« oder »re« angezeigt.
- Rückstelltaste –1– loslassen. Anschließend erneut drücken und gedrückt halten. Nach weiteren 5 Sekunden beginnt die Nachrit »reset« zu blinken.
- Rückstelltaste –1– loslassen. Anschließend erneut drücken und loslassen.
- Das neue Wartungsintervall wird angezeigt.
- Rückstelltaste –1– drücken und loslassen. »END SIA« wird angezeigt.
- Zündung ausschalten.

MINI 2

Beim Zurücksetzen der Serviceanzeige (Reset) ist folgendes zu beachten:

- Der Reset-Vorgang wird durch längeres Warten zwischen den einzelnen Rücksetzschritten abgebrochen.
- Die Reihenfolge der CBS-Positionen (Wartungsumfänge) ist chronologisch sortiert. Der nächst fällige Wartungsumfang wird an erster Stelle angezeigt.
- Jeder Reset bewirkt, dass der Servicezähler des jeweiligen Wartungsumfangs um einen Zähler erhöht wird. Die Servicezähler werden im Diagnosegerät zur Steuerung von Zusatzarbeiten verwendet.
- Ein manuelles Reset ist im Fahrzeug nur möglich, wenn die Verfügbarkeit der Position unter 80 % ist. Das heißt, die Ablaufdauer eines Wartungsumfangs muss unter 80 % liegen. Beispielsweise beträgt die Ablaufdauer eines Wartungsumfangs direkt nach dem Zurücksetzen immer 100 % und wenn die Wartung durchgeführt werden muss 0 %. Ein früheres Zurücksetzen (über 80 %) kann nur mit dem Diagnosegerät durchgeführt werden.
- Bei jedem Reset von CBS-Umfängen ist auf das richtige **Borddatum** zu achten. Das Borddatum ist die Referenz zur Festlegung des Zieldatums bei zeitabhängigen CBS-Positionen. Gegebenenfalls Borddatum vor dem Reset korrigieren, siehe entsprechendes Kapitel.
- Das Zurücksetzen der CBS-Position »Bremse vorn und hinten« ist nur mit einem nicht verschlissenen Bremsbelagsensor möglich.

Zurücksetzen der Serviceanzeige (Reset)

Achtung: Hier wird nur das Zurücksetzen am Kombiinstrument beschrieben.

- Zündung einschalten.

Hinweis: Ab 08/2007 ist der **MINI 2** mit Schaltgetriebe (Benzinmotoren und Dieselmotoren) mit einer Motor-Start-Stopp-Automatik ausgestattet. Bei diesen Fahrzeugen wird durch Öffnen oder Schließen der Fahrertür die Klemme 15 (Zündung ein) automatisch über das Signal vom Türkontakt abgeschaltet. Durch anschließendes Drücken der START-STOP-Taste kann die Klemme 15 wieder dauerhaft eingeschaltet werden.

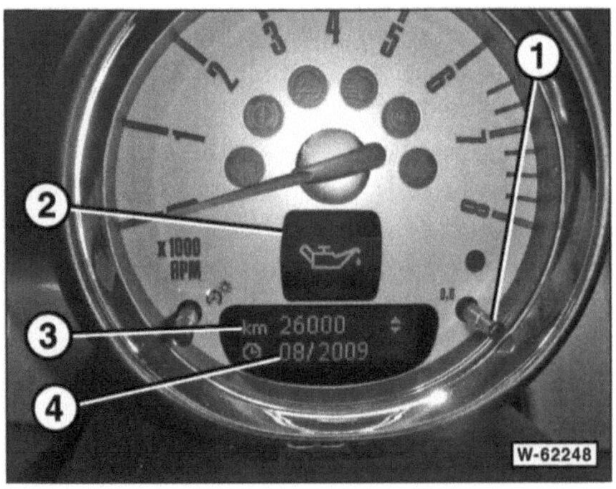

- Rückstelltaste –1– für Tageskilometerzähler etwa 10 Sekunden drücken, bis die erste Wartungsposition erscheint. Das obere Display –2– im Drehzahlmesser zeigt dann das Servicesymbol an, zum Beispiel eine Ölkanne für den Ölwechsel.
  Das untere Display zeigt die Fahrstrecke –3– zum nächsten Service oder das Datum –4– an, wann der nächste Service fällig ist.
- Durch wiederholtes Drücken der Bordcomputertaste »▷BC« im Blinkerhebel können die Anzeigen weitergeschaltet werden.
- Zum Zurücksetzen die Bordcomputertaste »▷BC« drücken und halten, bis im unteren Display »RESET« erscheint.
- Erneutes Drücken der Bordcomputertaste setzt den im oberen Display angezeigten Service zurück.
- Um einen weiteren Service zurückzusetzen, kompletten Vorgang wiederholen.
- Zündung ausschalten.

Borddatum einstellen

MINI 2

Am Kombiinstrument

- Zündung einschalten.

- Taste »▷BC« –1– im Blinkerhebel so oft antippen, bis in der unteren Anzeige »SET/INFO« –2– erscheint.
- Taste »▷BC« gedrückt halten, bis die Anzeige wechselt.
- Taste so oft antippen, bis in der unteren Anzeige das Datum und darunter »SET« erscheint.
- Taste gedrückt halten, bis die Anzeige wechselt.
- Taste drücken, um die Tageszahl einzustellen.
- Warten, bis die Monats-Anzeige erscheint, dann auf die gleiche Weise die Monats- und Jahreszahlen einstellen.
- Anschließend warten, bis die Anzeige wechselt. Damit ist das geänderte Datum gespeichert.
- Zündung ausschalten.

Wartungsarbeiten

Hier werden, nach den verschiedenen Baugruppen des Fahrzeugs aufgeteilt, alle Wartungsarbeiten beschrieben, die gemäß dem Wartungsplan durchgeführt werden müssen. Auf die erforderlichen Verschleißteile sowie das möglicherweise benötigte Sonderwerkzeug wird jeweils hingewiesen.

Es empfiehlt sich, Reifendruck, Motorölstand und Flüssigkeitsstände für Kühlung, Wisch-/Waschanlage etc. mindestens alle 4 bis 6 Wochen zu prüfen und gegebenenfalls zu ergänzen.

Achtung: Beim **Einkauf von Ersatzteilen** ist zur Identifizierung des Fahrzeuges unbedingt die **Fahrzeug-Ident-Nummer** (Fahrgestellnummer) beziehungsweise der **KFZ-Schein** mitzunehmen. Sonst ist eine genaue Zuordnung der Ersatzteile oftmals nicht möglich.

Um ganz sicher zu sein, dass man die richtigen Ersatzteile erhalten hat, empfiehlt es sich nach Möglichkeit, das Altteil auszubauen und zum Ersatzteilhändler mitzunehmen. Dort kann man es mit dem Neuteil vergleichen.

Motor und Abgasanlage

- Fehlerspeicher des Diagnosesystems abfragen (Werkstattarbeit).
- Motoröl und Ölfilter wechseln.
- Kühl- und Heizsystem: Kühlmittelstand sowie Konzentration des Frostschutzmittels prüfen. Sichtprüfung auf Undichtigkeiten und äußere Verschmutzung des Kühlers.
- Kühl- und Heizsystem: Kühlmittel erneuern, siehe Seite 183.
- Motor-Luftfilter: Filtereinsatz erneuern.
- 1,6-l-Dieselmotor W16: Kraftstofffilter entwässern.
- Dieselmotor: Kraftstofffilter erneuern.
- Benzinmotor: Zündkerzen erneuern.
- 1,4-l-Dieselmotor W17: Keilrippenriemen auf Beschädigung sichtprüfen.
- Keilrippenriemen: Wechseln, siehe Seite 174.
- 1,4-l-Dieselmotor W17: Kraftstoffkühler auf äußere Verschmutzung prüfen, gegebenenfalls reinigen.
- 1,4-l-Dieselmotor W17: Ventilspiel einstellen, siehe Seite 172.
- 1,6-l-Dieselmotor W16: Diesel-Additiv erneuern (Werkstattarbeit).
- 1,6-l-Dieselmotor W16: Dieselpartikelfilter erneuern (Werkstattarbeit).
- 1,6-l-Dieselmotor W16: Zahnriemen wechseln (Werkstattarbeit).
- Abgasanlage: Auf Beschädigungen prüfen.

Motoröl/Ölfilter wechseln

Erforderliches Spezialwerkzeug:

- Eine Grube oder einen hydraulischen Wagenheber mit Unterstellböcken sowie eine Stecknuss zum Lösen der Ölablassschraube.
- Zum Lösen von Ölfilterdeckel oder Ölfilterpatrone eine geeignete Stecknuss oder einen Ölfilterschlüssel.
- Eine Ölauffangwanne, die mindestens 6 Liter Öl fasst.

Erforderliche Betriebsmittel/Verschleißteile:

- Etwa 5,0 Liter Motoröl. Nur von BMW freigegebenes Motoröl verwenden, siehe Seite 25.
- Je nach Motor Ölfiltereinsatz oder Ölfilterpatrone.
- Je nach Motor Ölablassschraube mit neuem Dichtring oder nur neuen Dichtring für Ölablassschraube.
- Dichtring für den Ölfilterdeckel (wird in der Regel mit dem Ölfiltereinsatz mitgeliefert).

Hinweis: Die Öl-Verkaufsstellen nehmen die entsprechende Menge Altöl kostenlos entgegen, daher beim Ölkauf Quittung und Ölkanister für spätere Altölrückgabe aufbewahren! **Um Umweltschäden zu vermeiden, keinesfalls Altöl einfach wegschütten oder dem Hausmüll mitgeben.**

Hinweis: Die **Ölwechselmenge** mit Filterwechsel steht in der Tabelle auf Seite 13.

Motoröl ablassen

- Motor warm fahren. Der Motor ist betriebswarm nach einer ununterbrochenen Fahrt von mindestens 10 km.
- **Dieselmotor W16:** Ansaugkanal ausbauen, siehe Seite 205.

- **Alle außer Dieselmotor W17:** HAZET 2169-27 oder geeignete Stecknuss am Sechskant –2– ansetzen und Ölfilterdeckel –1– lösen, aber noch nicht abschrauben. Dadurch wird ein Ventil geöffnet und das Motoröl kann aus dem Ölfiltergehäuse zurück in die Ölwanne laufen.

Sicherheitshinweis
Beim Aufbocken des Fahrzeugs besteht Unfallgefahr! Deshalb vorher das Kapitel »Fahrzeug aufbocken« durchlesen.

- Fahrzeug waagerecht aufbocken.
- **Dieselmotor:** Untere Motorraumabdeckung ausbauen, siehe Seite 252.
- Altöl-Auffangwanne unter die Ölablassschraube stellen.

Sicherheitshinweis
Darauf achten, dass beim Herausdrehen der Ölablassschraube das heiße Motoröl nicht über die Hand läuft.

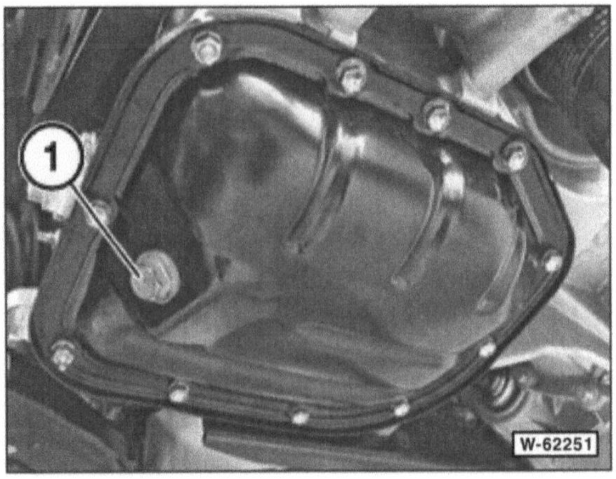

- Ölablassschraube –1– an der Ölwanne herausdrehen und Altöl ganz ablassen. **Hinweis:** Die Abbildung zeigt die Ölwanne des Dieselmotors W17.
- Ölablassschraube mit **neuem** Dichtring einschrauben und fest, aber nicht mit zu großer Gewalt anziehen.
  Anzugsdrehmoment:
  Ölablassschraube Motor W10/W11: . . . . **25 Nm**
  Ölablassschraube Motor W17: . . . . **38 Nm**
  Ölablassschraube Motor N14/W16: . . . . **30 Nm**
  Hinweis: Beim **MINI 1** Ölablassschraube mit Dichtring erneuern, beim **MINI 2** nur den Dichtring erneuern.

Achtung: Werden im Motoröl Metallspäne und Abrieb in größeren Mengen festgestellt, deutet dies auf Fressschäden hin, zum Beispiel Kurbelwellen- oder Pleuellagerschäden. Um Folgeschäden zu vermeiden, müssen nach der Motorreparatur die Ölkanäle und Ölschläuche sorgfältig gereinigt werden. Zusätzlich muss der Ölkühler, falls vorhanden, erneuert werden.

- **Alle, außer Dieselmotor W17:** Fahrzeug ablassen. Falls ausgebaut, vorher untere Motorraumabdeckung einbauen.

Ölfilter wechseln

Benzinmotor

Achtung: Generator und Riementrieb mit dicken Lappen abdecken und dadurch vor Motoröl schützen.

- Ölfilterdeckel mit Filtereinsatz aus dem Ölfiltergehäuse herausnehmen. Dabei dicken Lappen unterlegen, um herabtropfendes Öl aufzufangen.

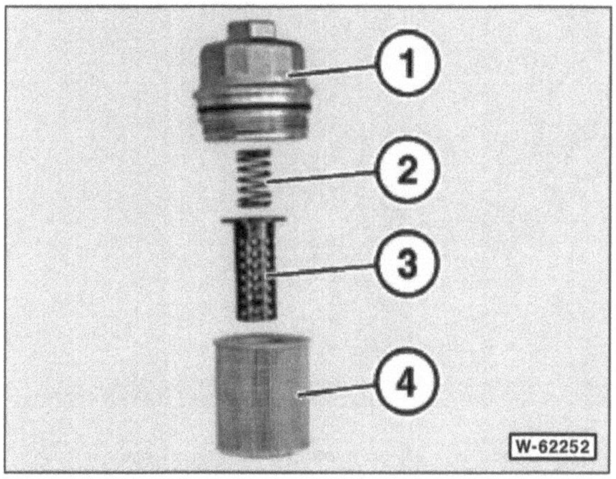

1 – Filterdeckel
2 – Feder
3 – Führungshülse aus Kunststoff
4 – Filtereinsatz

- Filtereinsatz –4– aus dem Filterdeckel herausnehmen. **Hinweis:** Die Abbildung zeigt Filter des Motors W10/W11.

Achtung: Führungshülse und Feder dürfen **nicht** entfernt werden. Sonst kann kein ausreichender Öldruck mehr aufgebaut werden, was zu Motorschäden führen kann.

1 – Filtereinsatz MINI ONE und MINI COOPER (W10)
2 – Austausch-Filtereinsatz für MINI ONE und COOPER (W10) sowie MINI COOPER S (W11)

Hinweis: Bei der Montage des neuen Filtereinsatzes –2– in den W10-Motoren muss der Filterdeckel mit höherem Kraftaufwand montiert werden. Der Innendurchmesser des Filtereinsatzes ist etwas schmäler und geringfügig höher, sodass mehr Druck aufgebracht werden muss, um den Olfilterdeckel wieder zu montieren.

- Dichtring –Pfeil– ersetzen und mit sauberem Motoröl benetzen. **Achtung:** Dichtring nur in die dafür vorgesehene Nut einsetzen.
- Filtereinsatz in den Deckel einsetzen.
- Ölfilterdeckel mit Filtereinsatz in das Ölfiltergehäuse einsetzen und mit **25 Nm** festschrauben.

Dieselmotor W16

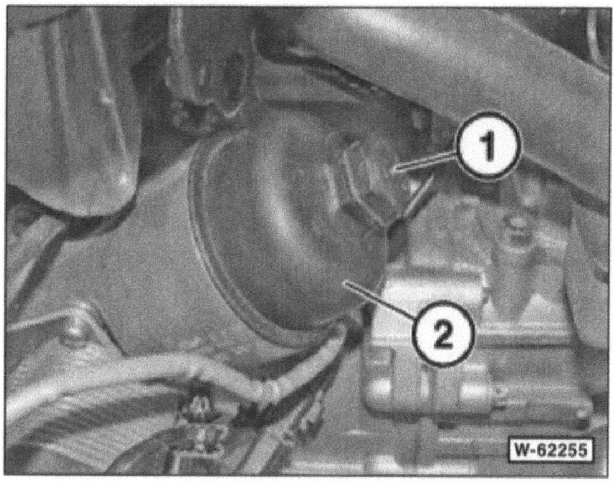

Achtung: Beim Losschrauben des Olfilterdeckels läuft eine Restmenge Ol aus. Putzlappen und Gefäß bereit halten und Öl auffangen.

- Olfilterdeckel –2– am Sechskant –1– abschrauben.
- Filtereinsatz aus dem Ölfilterdeckel herausziehen.
- Dichtfläche am Ölfiltergehäuse ölfrei säubern.
- Dichtring am Filterdeckel ersetzen und mit sauberem Motoröl benetzen. **Hinweis:** Der Dichtring liegt normalerweise dem Austausch-Filtereinsatz bei.
- **Neuen** Filtereinsatz in den Filterdeckel einschieben.
- Filterdeckel mit Filtereinsatz einschrauben und mit **25 Nm** festziehen.

Dieselmotor W17

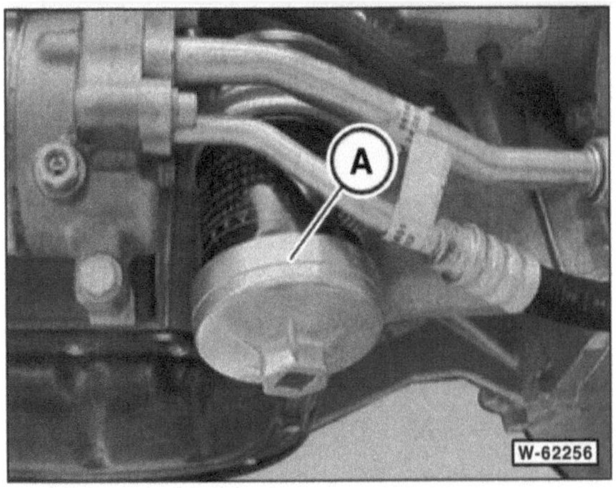

Achtung: Beim Losschrauben des Olfilters läuft eine Restmenge Ol aus. Putzlappen und Gefäß bereit halten und Öl auffangen.

- Olfilter mit Spezialwerkzeug –A–, zum Beispiel BMW-11 7 090 oder von HAZET, lösen und abschrauben.
- Dichtfläche ölfrei säubern.

- Dichtring –1– am neuen Olfilter mit sauberem Motoröl benetzen.

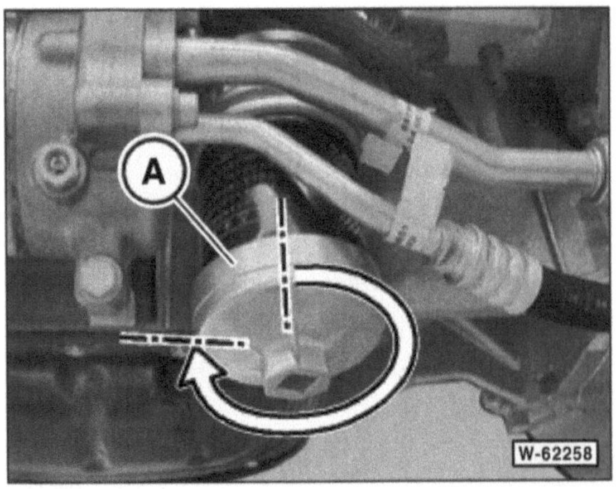

- Olfilter ansetzen und festdrehen, bis der Dichtring anliegt. A – Ölfilterschlüssel.
- Anschließend Olfilter eine ¾ Umdrehung (270°) weiterdrehen.
- Untere Motorraumabdeckung einbauen, siehe Seite 252.
- Fahrzeug ablassen.

Motoröl auffüllen

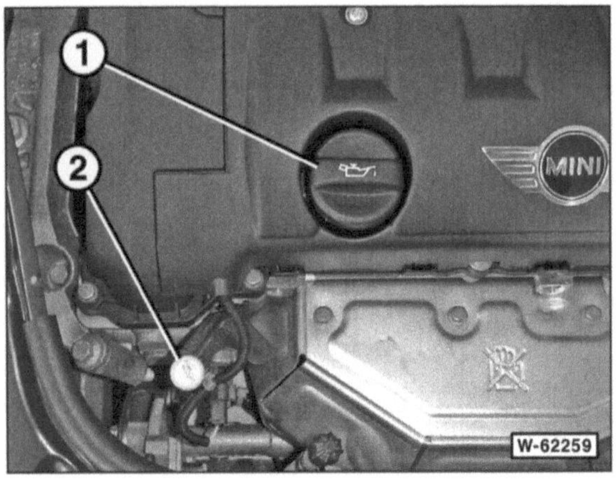

- Verschlussdeckel –1– öffnen und neues Öl am Einfüllstutzen des Zylinderkopfdeckels einfüllen. 2 – Ölmessstab.

Achtung: Grundsätzlich empfiehlt es sich, zunächst ½ Liter Motoröl weniger einzufüllen. Zuviel eingefülltes Motoröl muss wieder abgesaugt werden, da sonst die Motordichtungen beziehungsweise der Katalysator beschädigt werden können.

- Motor starten und im Leerlauf laufen lassen, bis die Öl-kontrollampe erlischt. Motor abstellen.
- Nach 5-minütiger Wartezeit Ölstand mit Messstab kontrollieren und gegebenenfalls ergänzen. Die Ölmenge von der MIN- bis zur MAX-Markierung am Ölmessstab beträgt beim Benzinmotor ca. **1 l**, beim Dieselmotor **ca. 1,5 l**.
- Nach Probefahrt Dichtigkeit der Ablaßschraube und des Ölfilters überprüfen, gegebenenfalls vorsichtig nachziehen.

Motorölstand prüfen/Motoröl auffüllen

Der Motor soll auf einer Fahrstrecke von ca. 1.000 km nicht mehr als 0,7 Liter Öl verbrauchen. Mehrverbrauch ist ein Anzeichen für verschlissene Ventilschaftabdichtungen und/oder Kolbenringe. **Hinweis:** Bei leistungsstarken Motoren, die häufig mit hohen Drehzahlen gefahren werden, ist ein höherer Ölverbrauch zulässig.

Spezialwerkzeug: Nicht erforderlich.

Erforderliche Betriebsmittel/Verschleißteile:

- Nur ein von BMW freigegebenes Motoröl verwenden. Die angegebenen Spezifikationen müssen einzeln oder gemeinsam mit anderen Spezifikationen auf den Gebinden stehen.

Motoröl-Spezifikation

Benzinmotoren MINI 1:

- BMW-Longlife-01
- Alternativ: BMW-Longlife-98 oder ACEA A3

Dieselmotoren MINI 1:

- BMW-Longlife-01, 5W-30
- Alternativ: BMW-Longlife-98 oder ACEA A3/B4 beziehungsweise ACEA A3/B4

Benzinmotoren MINI 2:

- BMW-Longlife-04
- Alternativ: BMW-Longlife-01 FE oder ACEA A3/B4

Dieselmotoren MINI 2:

- BMW-Longlife-04
- Alternativ: BMW-Longlife-01 oder ACEA A3/B4

Hinweis: Die alternativen Motoröle können zum Nachfüllen kleinerer Mengen zwischen den Ölwechselintervallen verwendet werden.

Prüfen

- Motor warm fahren. Der Motor ist betriebswarm nach einer ununterbrochenen Fahrt von mindestens 10 Kilometern.
- Fahrzeug auf einer ebenen, waagerechten Fläche abstellen.
- Motor abstellen und ca. 5 Minuten lang warten, damit sich das Öl in der Ölwanne sammelt.

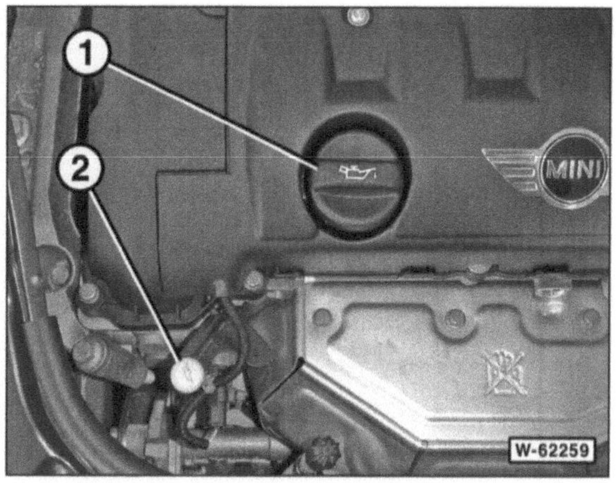

- Ölmessstab –2– herausziehen und mit einem sauberen Lappen abwischen. 1 – Öleinfülldeckel.
- Anschließend Messstab bis zum Anschlag einführen und wieder herausziehen.

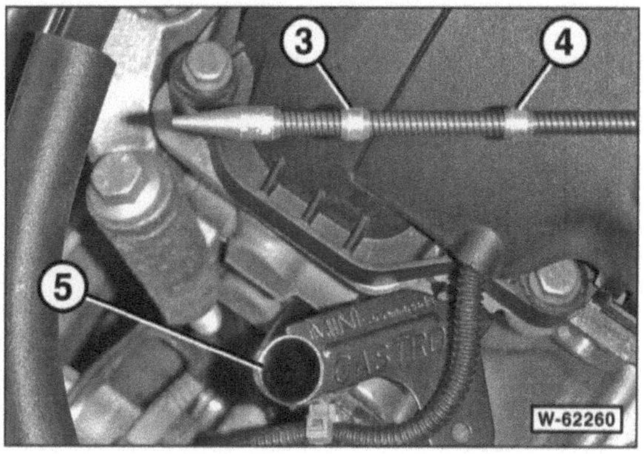

3 – MIN-Markierung
4 – MAX-Markierung
5 – Ölmessstab-Führungsrohr

- Der Ölstand muss zwischen den beiden Markierungen –3– und –4– am Ölmessstab liegen. Liegt der Ölstand unterhalb der MIN-Markierung –3–, dann muss Motoröl nachgefüllt werden. Die Ölmenge zwischen den beiden Markierungen des Messstabes beträgt beim Benzinmotor ca. 1,0 l und beim Dieselmotor ca. 1,5 l. **Hinweis:** Für die einzelnen Motoren werden verschiedene Ölmessstäbe mit unterschiedlich ausgeformten Markierungen verwendet.

Achtung: Zu viel eingefülltes Motoröl (oberhalb von –4–) muss wieder abgesaugt werden, da sonst die Motordichtungen beziehungsweise der Katalysator beschädigt werden können.

- Bei hoher Motorbeanspruchung, wie zum Beispiel längeren Autobahnfahrten im Sommer, bei Anhängerbetrieb oder Gebirgsfahrten, sollte der Ölstand in der Nähe der MAX-Markierung –4– liegen.
- Nachgefüllt wird am Einfüllstutzen des Zylinderkopfdeckels –1– in Abbildung W-62259. Beim Nachfüllen vorgeschriebene Ölsorte ohne Ölzusätze verwenden.
- Ölmessstab bis zum Anschlag einschieben, Einfülldeckel aufschrauben.

Kühlmittelstand prüfen/auffüllen

Kühlmittelstand grundsätzlich vor jeder größeren Fahrt prüfen.

Spezialwerkzeug: Nicht erforderlich.

Erforderliche Betriebsmittel zum Nachfüllen:

- Kühlerfrostschutzmittel. Dabei nur ein von BMW freigegebenes Marken-Frostschutzmittel verwenden.
- Sauberes, kalkarmes Wasser in Trinkwasserqualität.

Die richtige Kühlmittelmischung besteht aus 50 % Kühlerfrostschutzmittel und 50 % Trinkwasser.

Achtung: Um die Weiterfahrt zu ermöglichen, kann auch, insbesondere im Sommer, reines Wasser nachgefüllt werden. Der Kühlerfrost- und Korrosionsschutz muss dann jedoch baldmöglichst – auch im Sommer – korrigiert werden.
Hinweis: Kühlmittelzusätze, die zum Beispiel einen zusätzlichen Korrosionsschutz oder ein Abdichten von geringen Undichtigkeiten bewirken sollen, sollen nicht verwendet werden. Bedingt durch den schlechteren Wärmeübergang vom Zylinderkopf an das Kühlmittel kann es zu Hitzestauungen kommen, was zum Durchbrennen der Zylinderkopfdichtung oder Rissen im Zylinderkopf führen kann.

Prüfen/Nachfüllen

Sicherheitshinweis
Verschlussdeckel nicht bei heißem Motor öffnen. **Verbrühungsgefahr!** Der Kühlmittelstand wird bei kaltem Motor, Temperatur etwa +20° C, geprüft.
Achtung: Falls es erforderlich ist Kühlmittel bei warmem Motor nachzufüllen, **dicken Lappen** über den Verschlussdeckel legen, um Verbrühungen durch heißen Dampf zu vermeiden.

Prüfvoraussetzung: Der Motor ist kalt, die Kühlmitteltemperatur liegt bei ca. +20° C.

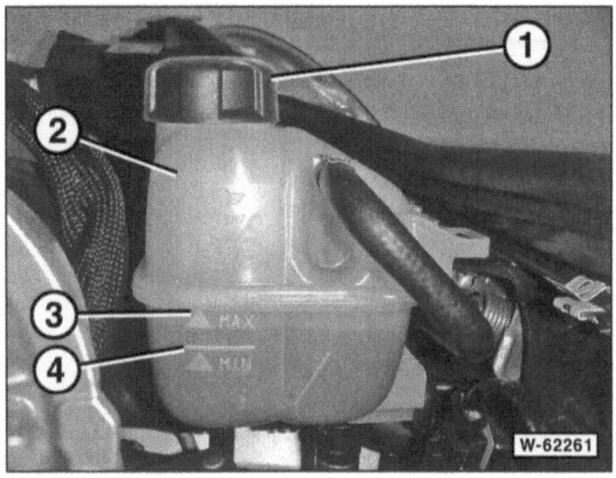

- Verschlussdeckel –1– am Ausgleichbehälter –2– gegen den Uhrzeigersinn etwas aufdrehen und eventuell vorhandenen Überdruck entweichen lassen. Danach Verschlussdeckel abschrauben.
- Der Kühlmittelstand muss sich zwischen der MIN- und der MAX-Markierung am Ausgleichbehälter –3– und –4– befinden.

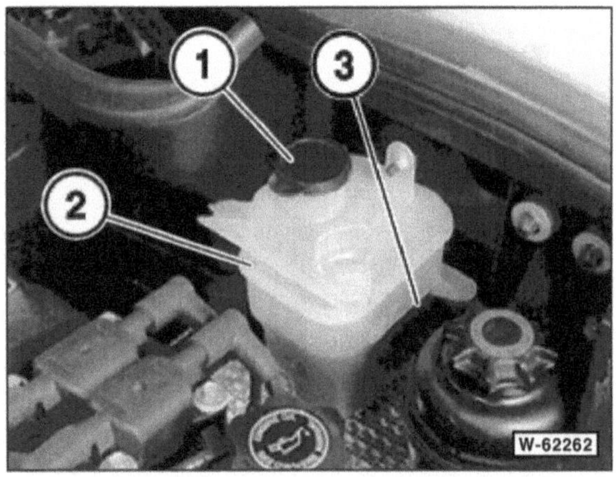

- **MINI 1 mit Benzinmotor:** Verschlussdeckel –1– langsam an der Lasche aufziehen, bis der Überdruck entweichen kann. Anschließend Verschlussdeckel ganz aufziehen und öffnen. 2 – Ausgleichbehälter, 3 – MIN-Markierung.
- Gegebenenfalls Kühlmittel nachfüllen. Größere Mengen **kaltes** Kühlmittel nur bei **kaltem Motor** nachfüllen, um Motorschäden zu vermeiden.
- Verschlussdeckel bis zu einem hörbaren Klick zudrehen beziehungsweise mit der Lasche verschließen.
- Sichtprüfung auf Dichtheit durchführen, wenn der Kühlmittelstand in kurzer Zeit absinkt.

Frostschutz prüfen/korrigieren

Regelmäßig vor Winterbeginn sollte sicherheitshalber die Konzentration des Frostschutzmittels geprüft werden, insbesondere wenn zwischendurch reines Wasser nachgefüllt wurde.

Erforderliches Spezialwerkzeug:

- Prüfspindel zum Messen des Frostschutzanteils.

Erforderliche Betriebsmittel zum Nachfüllen:

- Kühlerfrostschutzmittel. Dabei nur ein von BMW freigegebenes Marken-Frostschutzmittel verwenden.
- Sauberes, kalkarmes Wasser in Trinkwasserqualität.

Die richtige Kühlmittelmischung besteht aus 50 % Kühlerfrostschutzmittel und 50 % Trinkwasser.

Prüfen

Prüfvoraussetzung: Der Motor ist kalt, die Kühlmitteltemperatur liegt bei ca. +20° C. Liegt die Kühlmitteltemperatur unter ca. +20° C, Motor kurz warm fahren.

- Verschlussdeckel am Ausgleichbehälter vorsichtig öffnen.
  Achtung: Nicht bei heißem Motor öffnen, siehe unter »Kühlmittelstand prüfen«.

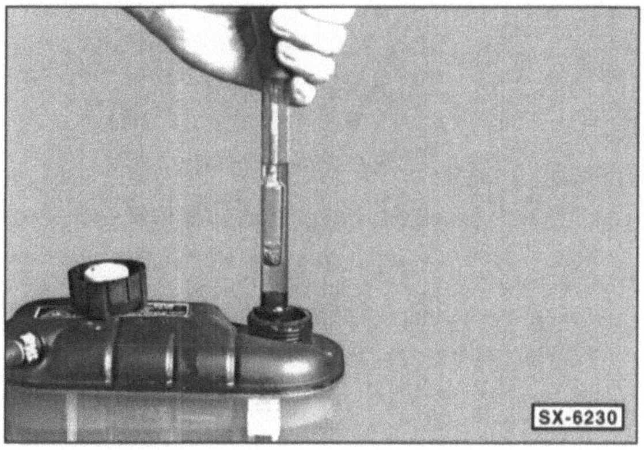

- Mit Prüfspindel Kühlflüssigkeit ansaugen und am Schwimmer die Kühlmitteldichte ablesen. Der Frostschutz soll in unseren Breiten bis –38° C reichen. Dies entspricht einer Mischung von Frostschutzmittel und Wasser im Volumenverhältnis 1 : 1.
- Gegebenenfalls Kühlkonzentrat nach Tabelle ergänzen.

Kühlkonzentrat ergänzen

Für einen Frostschutz bis –38° C muss der Anteil an Frostschutzmittel in der Kühlflüssigkeit 50 % betragen. In diesem Fall müssen Wasser und Kühlkonzentrat im Verhältnis 1:1 gemischt werden.

Die folgende Tabelle zeigt, wie viel Frostschutzmittel zugegeben werden muss, damit die gewünschte Konzentration erreicht wird. Es handelt sich nur um Richtwerte, da die Füllmengen der Kühlflüssigkeit je nach Motor unterschiedlich sind.

Gemess. Wert in °C		0	–5	–10	–15	–20	–30	Füll-menge
Motor	Sollwert	Differenzmenge in Liter						
W10/N12/ N14	–38°	2,7	2,3	1,9	1,6	1,2	0,5	5,2-5,3
W11	–38°	3,0	2,6	2,2	1,8	1,4	0,6	6,0
W16/W17	–38°	2,8	2,4	2,0	1,6	1,3	0,5	5,3-5,5

Beispiel: Die Frostschutz-Messung mit der Spindel ergibt beim 1,4-l-Benzinmotor (N12) einen Frostschutz bis –10° C. In diesem Fall aus dem Kühlsystem 1,9 l Kühlflüssigkeit ablassen und dafür 1,9 l reines Frostschutzkonzentrat auffüllen. Dadurch wird ein Frostschutz bis ca. –38° C erreicht.

Achtung: Die in der Tabelle angegebenen Werte gelten bei einer Kühlflüssigkeitstemperatur von ca. +20° C.

- Verschlussdeckel am Ausgleichbehälter verschließen und nach Probefahrt Frostschutz erneut überprüfen.

Achtung: Eine zu hohe Konzentration des Frostschutzmittels führt zu einer Verschlechterung von Kühl- und Frostschutzwirkung. Dies ist der Fall ab einem Frostschutzanteil von ca. 60 %.

Kraftstofffilter entwässern/ersetzen

Dieselmotor

Achtung: Auslaufender Dieselkraftstoff muss besonders von Gummiteilen, wie beispielsweise Kühlmittelschläuchen, sofort abgewischt werden, sonst werden die Gummiteile im Lauf der Zeit zerstört.

Achtung: Dieselkraftstoff ist ein Problemstoff und darf auf keinen Fall einfach weggeschüttet oder dem Hausmüll mitgegeben werden. Gemeinde- und Stadtverwaltungen informieren darüber, wo sich die nächste Problemstoff-Sammelstelle befindet.

Erforderliches Werkzeug zum Entwässern:

- Geeignetes Auffanggefäß zum Auffangen des Wassersatzes.
- Kraftstoffresistenten Hilfsschlauch.

Erforderliche Betriebsmittel/Verschleißteile:

- Kraftstofffilterpatrone.

Achtung: Um Umweltschäden zu vermeiden, keinesfalls Dieselkraftstoff einfach wegschütten oder dem Hausmüll mitgeben. Gemeinde- und Stadtverwaltungen informieren darüber, wo sich die nächste Problemstoff-Sammelstelle befindet, beziehungsweise wie der Dieselkraftstoff entsorgt werden soll.

Sicherheitshinweise

- **Kein offenes Feuer, nicht rauchen, keine glühenden oder sehr heißen Teile in die Nähe des Arbeitsplatzes bringen. Unfallgefahr! Feuerlöscher bereitstellen.**
- **Unbedingt für gute Belüftung des Arbeitsplatzes sorgen. Kraftstoffdämpfe sind giftig.**

MINI 2, Motor W16

Entwässern

- Luft-Ansaugkanal -3- ausclipsen und herausnehmen. 1 – Luftmassenmesser, 2 – Schlauchschelle.

- Halterung -1- am Kraftstofffilter entriegeln und Kraftstofffilter anheben.

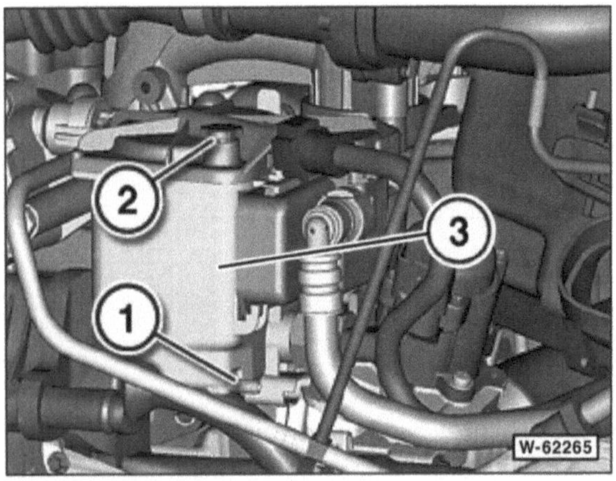

- Kraftstoffresistenten Schlauch auf den Entwässerungsstutzen -1- aufstecken. Das Schlauchende in einen geeigneten Auffangbehälter leiten.
- Wasserabscheideventil -2- so lange öffnen, bis nur noch reiner Kraftstoff austritt.
- Filter einsetzen und einrasten.
- Luft-Ansaugkanal einsetzen.

Ersetzen

- Luft-Ansaugkanal –3– anheben und ausbauen, siehe Abbildung W-62263.

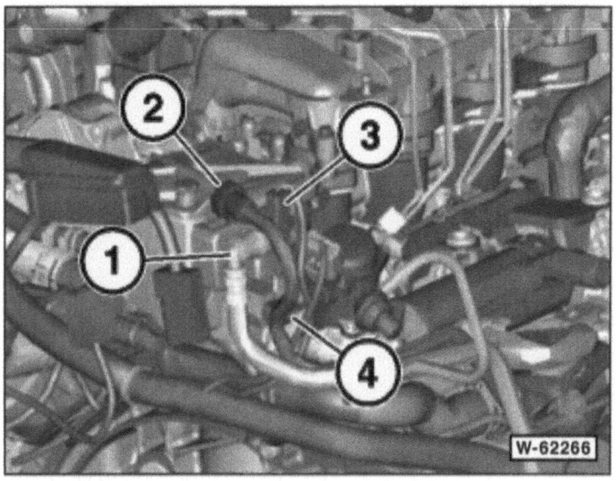

- Kraftstoffleitung –1– abziehen.
- Kraftstoff-Vorlaufleitung –2– abziehen.
- Stecker von der Kraftstofffilterheizung –3– abziehen.
- Stecker Wasserstandssensor –4– abziehen.
- Halterung Kraftstofffilter –1– entriegeln, siehe Abbildung W-62264.
- Kraftstofffilter –3– hochziehen und herausnehmen, siehe Abbildung W-62265.

Einbau

- Der Einbau erfolgt in umgekehrter Ausbaureihenfolge.
- Gegebenenfalls Kraftstoffsystem entlüften, siehe unter Motor »W17«.

MINI 1, Motor W17

Ersetzen

- Innenkotflügel hinten rechts ausbauen, siehe Seite 260.

Achtung: Lappen bereithalten, um abtropfenden Kraftstoff aufzufangen.

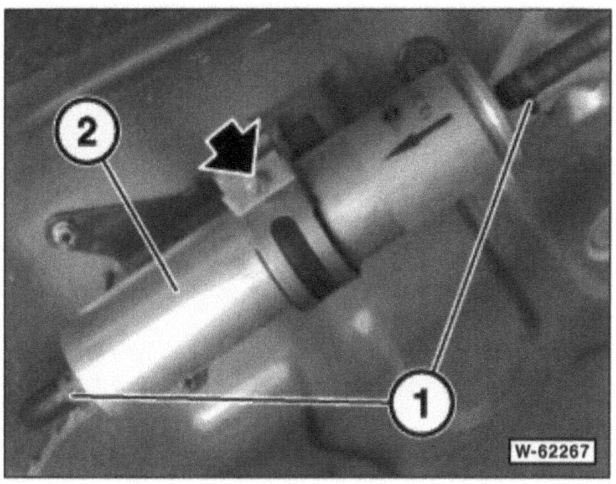

- Schellen –1– lösen und Kraftstoffleitungen abziehen.
- Schraube –Pfeil– am Halter abschrauben.
- Kraftstofffiltereinheit –2– aus dem Halter herausziehen.
- **Neuen** Kraftstofffilter so einsetzen, dass der Pfeil auf dem Filtergehäuse in Kraftstoff-Durchflussrichtung zeigt.
- Halteschelle anschrauben.
- Kraftstoffleitungen aufschieben und mit Schellen sichern.
- Innenkotflügel hinten rechts einbauen, siehe Seite 260.
- Kraftstoffsystem entlüften. Dazu die Zündung für etwa 1 Minute einschalten, Motor **noch nicht** starten. Durch das Einschalten der Zündung läuft die Kraftstoff-Vorförderpumpe selbsttätig an, füllt den Kraftstofffilter und entlüftet die Kraftstoffanlage.
- Kraftstoffanlage auf Dichtheit sichtprüfen, insbesondere an den Anschlüssen des Kraftstofffilters.

Kraftstoffkühler prüfen

MINI 1, Dieselmotor W17

Spezialwerkzeug und Betriebsmittel/Verschleißteile: Nicht erforderlich.

- Kraftstoffkühler auf äußere Verschmutzung prüfen, gegebenenfalls reinigen.
- Alle Blätter oder sonstige Verschmutzungen im Luftansaugbereich des Kraftstoffkühlers müssen entfernt werden.

Motor-Luftfilter: Filtereinsatz erneuern

Spezialwerkzeug und Betriebsmittel/Verschleißteile: Nicht erforderlich.

MINI 1

Ausbau

Hinweis: Die Abbildungen zeigen den Dieselmotor W17.

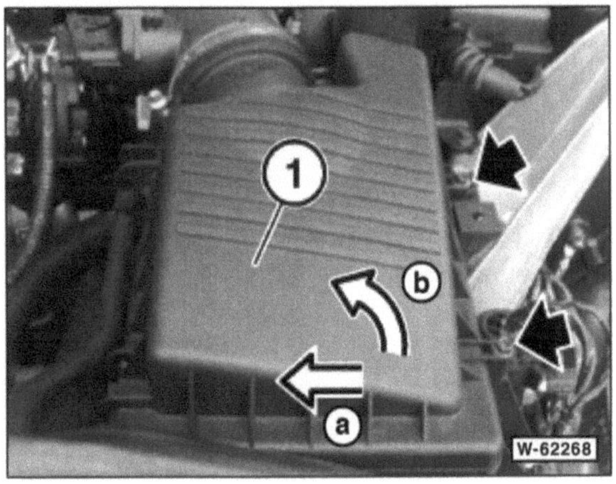

- Schrauben –schwarze Pfeile– herausdrehen, nicht aus dem Luftfilterdeckel entfernen.
- Deckel –1– in Pfeilrichtung –a– schieben und anheben –b–.

- Luftfiltereinsatz –1– aus dem Luftfiltergehäuse herausnehmen.
- Luftfiltergehäuse innen reinigen.
- **Dieselmotor W17:** Dichtung zwischen Luftmassenmesser und Luftfilergehäuse auf Beschädigung prüfen, gegebenenfalls ersetzen.

Einbau

- Der Einbau erfolgt in umgekehrter Ausbaureihenfolge.

MINI 2, Benzinmotor N12/N14

Ausbau

Hinweis: Die Abbildungen zeigen den Benzinmotor N12.

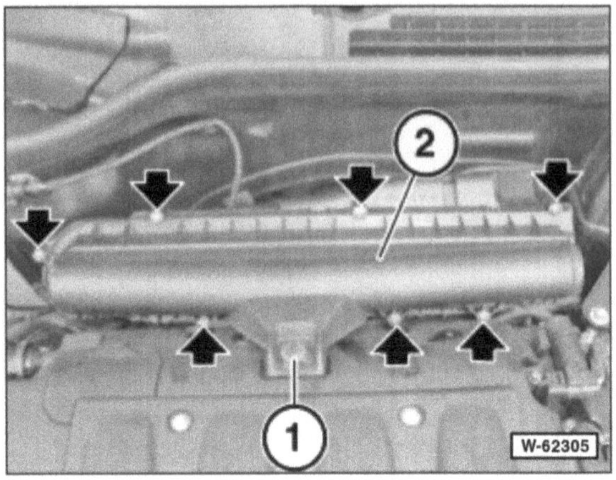

- Schrauben –Pfeile– herausdrehen.
- **Motor N12:** Schraube –1– herausdrehen.
- Deckel –2– abnehmen.

Hinweis: Beim Motor N14 gegebenenfalls Schlauchschelle öffnen und Deckel mit dem Anschlussstutzen aus dem Ansaugschlauch herausziehen.

- Luftfiltereinsatz –1– aus dem Luftfiltergehäuse herausnehmen.
- Luftfiltergehäuse innen reinigen.

Einbau

- Der Einbau erfolgt in umgekehrter Ausbaureihenfolge. **Anzugsdrehmomente** der Schrauben in Abbildung W-62270:
  Schraube –1– (Motor N12) . . . . **8 ± 2 Nm**
  Schrauben –Pfeile– (Motor N12) . . . . **2,5 Nm**
  (Motor N14) . . . . **3 Nm**

MINI 2, Dieselmotor W16

Ausbau

- Obere Motorabdeckung ausbauen.

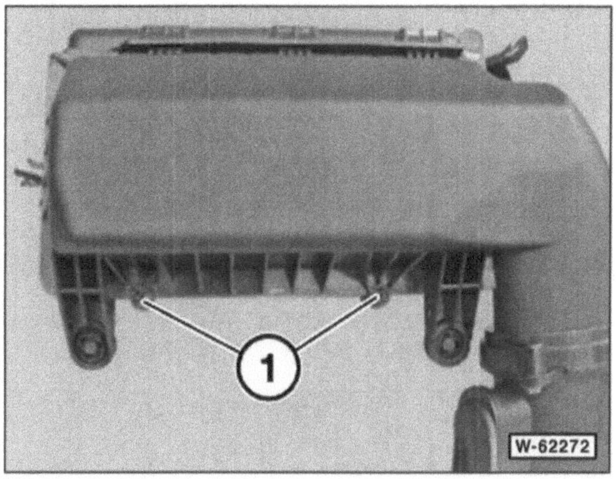

- Schrauben –1– herausdrehen und Luftfiltergehäuse öffnen.
- Luftfiltereinsatz herausnehmen.
- Luftfiltergehäuse innen reinigen.

Einbau

- Der Einbau erfolgt in umgekehrter Ausbaureihenfolge.

Zündkerzen aus- und einbauen

Benzinmotor

Erforderliches Spezialwerkzeug:

- Motor W10/W11: Zündkerzenschlüssel SW 16, zum Beispiel HAZET 4766-1.
- Motor N12/N14: Doppelsechskant-Zündkerzenschlüssel SW 14, zum Beispiel HAZET 4766-2.

Erforderliche Betriebsmittel/Verschleißteile:

- 4 Zündkerzen. Die richtige Zündkerze, siehe Seite 32.

MINI 1, Motor W10/W11

Ausbau

- Zündung ausschalten.

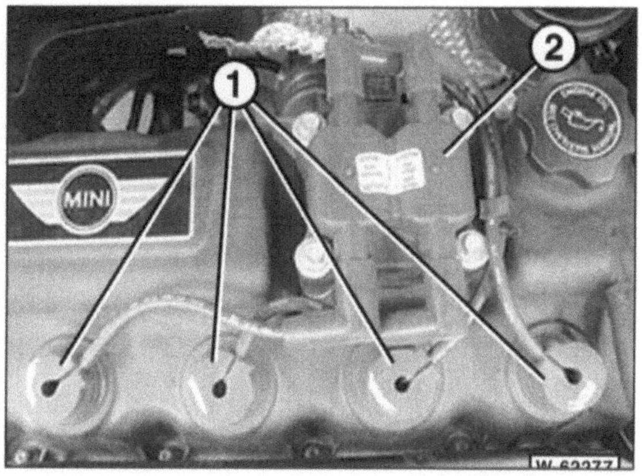

- Zündkerzenstecker –1– abziehen. 2 – Zündspulen-Modul.
- Zündkerzen mit schlankem Steckschlüsseleinsatz SW-16 herausschrauben.

Einbau

- Zündkerzen einschrauben und mit **27 Nm** festziehen.

- Zündkerzenstecker auf die Zündkerzen aufstecken und hörbar einrasten.
  1 – falsch eingebauter Zündkerzenstecker.
  2 – richtig eingebauter Zündkerzenstecker.

MINI 2, Motor N12/N14

Ausbau

- Zündung ausschalten.
- Obere Motorabdeckung ausbauen, siehe Seite 170.

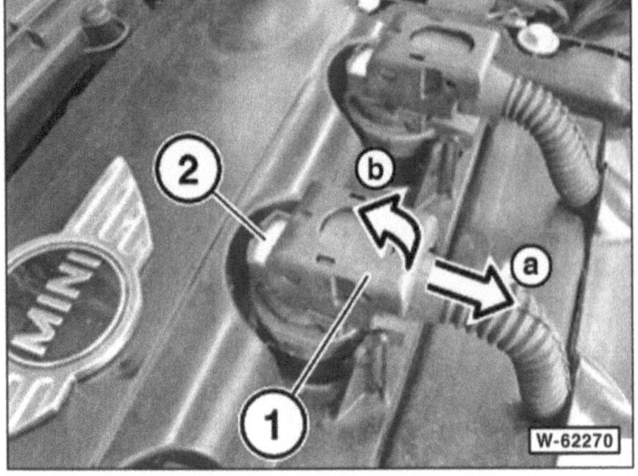

- Steckersicherung –1– der Zündspule –2– entriegeln –Pfeil a– und hochklappen –Pfeil b–.
- Stecker abziehen.
- Zündspule –2– nach oben herausziehen.
- Auf die gleiche Weise sämtliche Zündspulen ausbauen.
- Zündkerzen herausschrauben.

Einbau

- Zündkerzen einschrauben und mit **23 ± 3 Nm** festziehen.

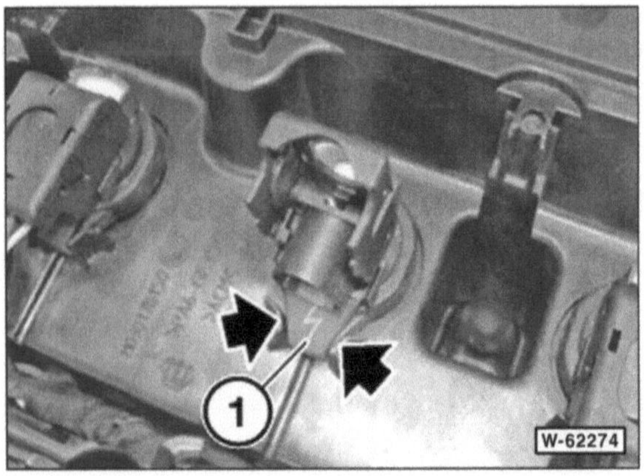

- Zündspule –1– auf die Zündkerze aufschieben. Dichtgummi der Zündspule auf richtigen Sitz prüfen –Pfeile–.

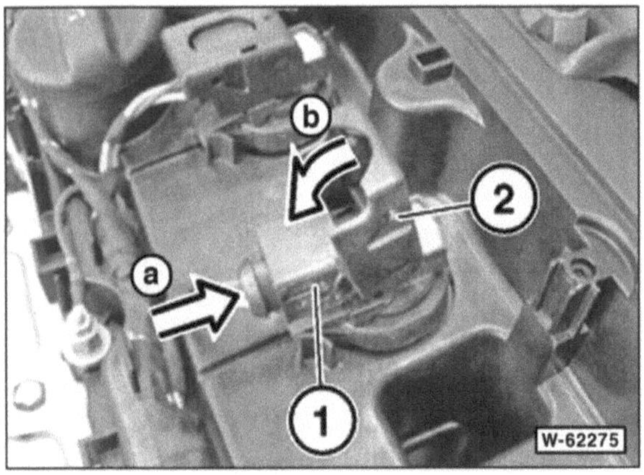

- Stecker –1– bei aufgeklappter Steckersicherung –2– auf die Zündspule schieben –Pfeil a–.
- Steckersicherung –2– vorsichtig in Pfeilrichtung zuklappen –Pfeil b–. **Achtung:** Die Steckersicherung muss ohne großen Kraftaufwand einrasten.
- Obere Motorabdeckung einbauen, siehe Seite 170.

Zündkerzenwerte für die MINI-Motoren

Achtung: Die technische Entwicklung geht ständig weiter. Es kann sein, dass inzwischen für einzelne Motoren andere Zündkerzenwerte gelten und daher die Tabelle möglicherweise nicht auf dem neuesten Stand ist. Um die aktuelle Zündkerze für Ihren Fahrzeugmotor zu ermitteln, benötigt der Fachhandel die **Fahrzeug-Ident-Nummer** (FIN) sowie die **3 Schlüsselnummern** aus dem Kfz-Schein. Diese Nummern sollten beim Kauf von Zündkerzen angegeben werden.

Modell	Motor-Leistung	Zündkerzen						Anzugsdrehmoment
		BOSCH	EA*	BERU	EA*	NGK	EA*	
MINI 1	66/85/120/ 125 kW	FGR 7 DQP	1,6	14 FR-7 DQUP7	1,6	BKR 6 EQUP	–	27 Nm
		FR 7 LDC+	0,9					
MINI 1 JCW	154 kW	FR 6 DTC	0,7	14 FR-7 DQUP7	1,6	BKR 7 EQUP	–	27 Nm
MINI 2	70/88 kW	–	–	12 ZR-6 SP03	1,0	–	–	23 ± 3 Nm
MINI 2	128 kW	–	–	–	–	PLZ KBR 7 A-G	–	23 ± 3 Nm

Folgende Wartungsarbeiten müssen nach dem Wartungsplan durchgeführt werden:

- CVT-Automatikgetriebe: Getriebeöl wechseln (Werkstattarbeit).
- Achswellen: Gelenkschutzhüllen auf Undichtigkeiten und Beschädigungen sichtprüfen.

Getriebeöl wechseln

Schaltgetriebe

Hinweis: Ein Getriebeölwechsel ist im Rahmen der Wartung nicht vorgesehen, sondern nur für bestimmte Ausbauarbeiten nötig. Beim Automatikgetriebe ist der Ölwechsel in einer Fachwerkstatt durchzuführen.

Erforderliches Spezialwerkzeug:

- Auffangwanne für Getriebeöl.
- Auffahr-Hebebühne oder Arbeitsgrube.

Erforderliche Betriebsmittel/Verschleißteile:

- Je nach Getriebe ca. 2,0 l BMW-Schaltgetriebeöl für den MINI. **Achtung: Öle nicht miteinander vermischen. Aufkleber am Getriebe beachten.**
- **MINI 1 bis 7/04** mit Getriebe GS5-65BH (außer COOPER S): Dichtringe für Ablass- und Kontrollschrauben.

Getriebeöl ablassen und auffüllen

- Fahrzeug warm fahren.
- Fahrzeug waagerecht aufbocken oder über Grube fahren.
- Untere Motorraumabdeckung ausbauen, siehe Seite 252.
- Auffangwanne für Altöl unter das Getriebe stellen.

Hinweis: Die Abbildung zeigt das Getriebe beim MINI 2. Die Ablass- und Kontrollschrauben befinden sich an der rechten Getriebeseite. Nur beim 5-Gang-Getriebe GS5-65BH (**MINI 1 bis 7/04**) sind die Schrauben an der linken Getriebeseite.

- Ablassschraube –1– herausdrehen und Getriebeöl in die Auffangwanne abfließen lassen.
- Ablassschraube im Getriebe eindrehen und festziehen.
- Kontrollschraube –2– herausdrehen.
- Über einen Zulaufschlauch so lange Getriebeöl in die Einlassöffnung einfüllen, bis Öl überläuft.
- Einlassöffnung säubern, Kontrollschraube im Getriebe eindrehen und festziehen.
- Untere Motorraumabdeckung einbauen, siehe Seite 252.
- Fahrzeug ablassen.

Hinweis: Beim Eindrehen der Ablass- und Kontrollschrauben ist Folgendes zu beachten:

- Schrauben vor dem Eindrehen säubern.
- **MINI 1 bis 7/04** (5-Gang-Getriebe GS5-65BH): Ablass- und Kontrollschrauben mit **neuen Dichtringen** versehen.
- **Anzugsdrehmomente** für Ablass- und Kontrollschraube:
  5-Gang-Getriebe GS5-65BH (MINI 1 bis 7/04) . **35 ± 5 Nm**
  alle anderen 5- und 6-Gang-Getriebe . . . . . **43 ± 4 Nm**

Gummimanschetten der Achswellen prüfen

Spezialwerkzeug: Nicht erforderlich.

> **Sicherheitshinweis**
> Beim Aufbocken des Fahrzeugs besteht Unfallgefahr! Deshalb vorher das Kapitel »Fahrzeug aufbocken« durchlesen.

- Fahrzeug aufbocken.

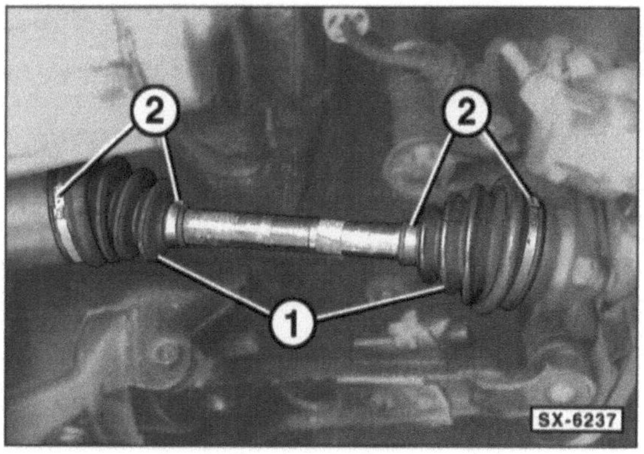

- Manschetten –1– mit Lampe anstrahlen und auf Porosität und Risse untersuchen. Auf sichtbare Fettspuren an den Manschetten und in deren Umgebung achten. Eingerissene Manschetten umgehend erneuern.
- Sollte eine Manschette nach innen gezogen oder defekt sein, so ist sie umgehend auszutauschen.
- Festen Sitz der Manschettenbänder –2– prüfen.

Vorderachse/Lenkung

Folgende Wartungsarbeiten müssen nach dem Wartungsplan durchgeführt werden:

- Spurstangenköpfe: Staubkappen prüfen.
- Achsgelenke: Staubkappen prüfen.
- Lenkung: Manschetten auf Undichtigkeiten und Beschädigungen prüfen.
- Lenkung: Spiel prüfen.
- Servolenkung: Auf Dichtheit sichtprüfen, Flüssigkeitsstand prüfen.

Staubkappen für Spurstangenköpfe/ Achsgelenke prüfen

Spezialwerkzeug: Nicht erforderlich.

Sicherheitshinweis:
Beim Aufbocken des Fahrzeugs besteht Unfallgefahr! Deshalb vorher das Kapitel »Fahrzeug aufbocken« durchlesen.

- Fahrzeug vorn aufbocken.

- Staubkappen –Pfeil– links und rechts mit Lampe anstrahlen und auf Beschädigungen überprüfen, dabei auf Fettspuren an den Staubkappen und in deren Umgebung achten.
- Bei beschädigter Staubkappe sicherheitshalber entsprechendes Gelenk mit Staubkappe auswechseln. Eingedrungener Schmutz zerstört das Gelenk.

Lenkungsmanschetten prüfen

Spezialwerkzeug: Nicht erforderlich.

Sicherheitshinweis:
Beim Aufbocken des Fahrzeugs besteht Unfallgefahr! Deshalb vorher das Kapitel »Fahrzeug aufbocken« durchlesen.

- Fahrzeug vorn aufbocken.

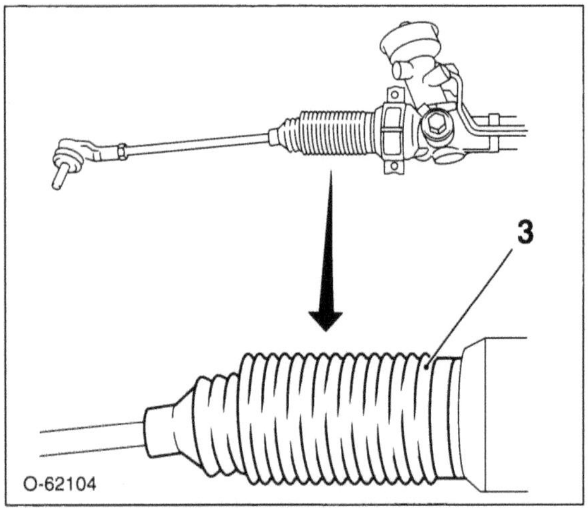

- Gummimanschetten –3– links und rechts mit Lampe anstrahlen und auf Beschädigungen überprüfen, dabei auf Fettspuren an den Manschetten und in deren Umgebung achten.
- Manschetten auf Risse, Einschnitte oder Marderbisse prüfen.
- Festen Sitz der Manschettenbänder prüfen.
- Fahrzeug ablassen.

Ölstand für Servolenkung prüfen

MINI 1

Spezialwerkzeug: Nicht erforderlich.

Zum Nachfüllen erforderliche Betriebsmittel:

- Hydrauliköl »PENTOSIN CHF 11S« oder BMW Automatikgetriebeöl (ATF = Automatic Transmission Fluid). **Hinweis:** Am Rand des Vorratsbehälters für Hydrauliköl befindet sich eine Kennzeichnung, welche Ölsorte verwendet werden darf: ATF-Öl oder Pentosin CHF-Öl.

Prüfen

- Anschlüsse und Schläuche sowie Lenkgetriebe auf Flüssigkeitsspuren sichtprüfen.
- Der Ölstand kann bei kaltem oder betriebswarmem Hydrauliköl geprüft werden. Betriebswarmes Öl hat eine Temperatur von ca. +80° C.
- Der Vorratsbehälter befindet sich im Motorraum.

Achtung: Vor dem Abnehmen des Ölbehälterdeckels den Behälter und die unmittelbar benachbarten Teile gründlich reinigen. Es darf kein Schmutz in das Hydrauliksystem eindringen.

- Bei abgestelltem Motor Verschlussdeckel –1– vom Vorratsbehälter der Servolenkung abschrauben. Messstab am Deckel mit sauberem, fusselfreiem Lappen abwischen.
- Deckel –1– wieder aufsetzen (nicht einschrauben) und abnehmen. Der Ölstand soll zwischen der MAX-Markierung –2– und der MIN-Markierung –3– am Messstab liegen, gegebenenfalls Ölstand berichtigen.

Hinweis: Normalerweise verbraucht die Lenkung kein Öl. Wenn der Ölstand bis zur unteren Markierung abgesunken ist, muss die Servolenkung in einer Fachwerkstatt auf Undichtigkeiten geprüft werden.

- Nachgefüllt werden darf nur ein von BMW freigegebenes Hydrauliköl. Grundsätzlich nur **neues Öl** nachfüllen, da bereits kleinste Verunreinigungen zu Störungen an der hydraulischen Anlage führen können.
- Vorratsbehälter verschließen.
- Anschließend bei laufendem Motor das Lenkrad zweimal bis zum Anschlag nach links und rechts drehen. Dadurch entlüftet sich die Anlage.

Lenkungsspiel prüfen

Spezialwerkzeug: Nicht erforderlich.

Prüfen

- Lenkrad in Mittelstellung bringen, die Räder stehen geradeaus.
- Bei elektrischer Lenkunterstützung (MINI 2) Zündung einschalten.

- Durch die geöffnete Fahrertür das Lenkrad hin- und herbewegen, gleichzeitig das linke Vorderrad beobachten. Am Lenkrad darf dabei maximal ein Spiel von etwa 25 mm am äußeren Umfang vorhanden sein, ohne dass sich das Vorderrad bewegt.
- Bei größerem Spiel am Lenkrad sind Spurstangen, Lenkgetriebe und die Lagerspiele der Vorderachse zu prüfen (Werkstattarbeit).
- Spurstangen kräftig von Hand hin- und herbewegen. Die Spurstangengelenke dürfen kein Spiel aufweisen, andernfalls Spurstange/Spurstangenkopf ersetzen.
- Gegebenenfalls Zündung ausschalten.

Bremsen/Reifen/Räder

Folgende Wartungsarbeiten müssen nach dem Wartungsplan durchgeführt werden:

- Bremsanlage: Leitungen, Schläuche und Anschlüsse auf Undichtigkeiten, Beschädigungen und richtige Lage prüfen.
- Vorder- und Hinterradbremse: Belagstärke prüfen.
- Bremsbeläge wechseln, Bremsschächte reinigen, siehe Seite 151/155.
- Bremsscheiben: Dicke und Oberfläche prüfen, gegebenenfalls ersetzen, siehe Seite 159.
- Handbremse: Funktion prüfen, gegebenenfalls einstellen.
- Bremsflüssigkeit: Wechseln, siehe Seite 163.
- Bereifung (einschließlich Reserverad): Profiltiefe und Reifenfülldruck prüfen; Reifen auf Verschleiß und Beschädigungen prüfen. Reifen-Pannen-Anzeige initialisieren.
- Reifen-Dichtmittel: Haltbarkeitsdatum auf der Dichtmittelflasche prüfen, gegebenenfalls Dichtmittelflasche ersetzen.

Bremsleitungen sichtprüfen

Spezialwerkzeug: Nicht erforderlich.

Sicherheitshinweis
Beim Aufbocken des Fahrzeugs besteht Unfallgefahr! Deshalb vorher das Kapitel »Fahrzeug aufbocken« durchlesen.

- Fahrzeug aufbocken.
- Verschmutzte Bremsleitungen reinigen.

Achtung: Die Bremsleitungen sind zum Schutz gegen Korrosion mit einer Kunststoffschicht überzogen. Wird diese Schutzschicht beschädigt, kann es zur Korrosion der Leitungen kommen. Daher dürfen Bremsleitungen nicht mit Drahtbürste oder Schmirgelleinen gereinigt werden.

- Bremsleitungen zur ABS-Hydraulikeinheit und den einzelnen Radbremsen mit Lampe anstrahlen und auf Undichtigkeiten überprüfen.
- Bremsleitungen dürfen weder geknickt noch gequetscht sein. Auch dürfen sie keine Rostnarben oder Scheuerstellen aufweisen. Andernfalls Leitung bis zur nächsten Trennstelle ersetzen.
- Bremsschläuche verbinden die Bremsleitungen mit den Radbremszylindern an den beweglichen Teilen des Fahrzeugs. Sie bestehen aus hochdruckfestem Material, können aber mit der Zeit porös werden, aufquellen oder durch scharfe Gegenstände angeschnitten werden. In einem solchen Fall sind sie sofort zu ersetzen.

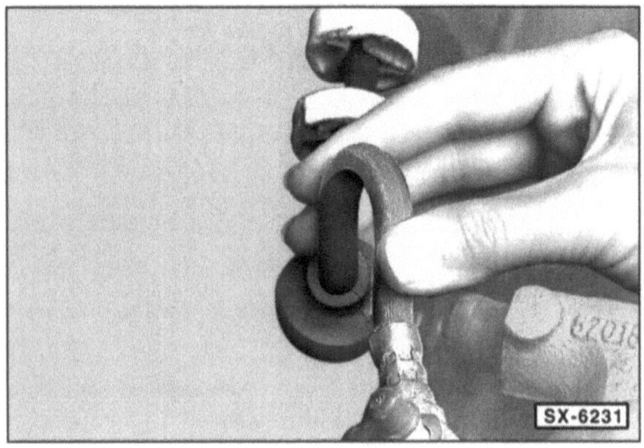

- Bremsschläuche mit der Hand hin- und herbiegen, um Beschädigungen festzustellen. Schläuche dürfen nicht verdreht sein, farbige Kennlinie beachten, falls vorhanden!
- Lenkrad nach links und rechts bis zum Anschlag drehen. Die Bremsschläuche dürfen dabei in keiner Stellung Fahrzeugteile berühren.
- Anschlussstellen von Bremsleitungen und -schläuchen dürfen nicht durch ausgetretene Bremsflüssigkeit feucht sein.
- Fahrzeug ablassen.

Belagdicke der Scheibenbremse prüfen

Spezialwerkzeug: Nicht erforderlich.

Bei abgefahrenen **vorderen oder hinteren** Scheibenbremsbelägen leuchtet in der Armaturentafel eine Warnleuchte auf. In diesem Fall die Bremsbeläge umgehend ersetzen.

Die Prüfung der Belagdicke dient dazu, abzuschätzen ob die Bremsbeläge voraussichtlich noch bis zur nächsten Wartung halten.

Sicherheitshinweis
Beim Aufbocken des Fahrzeugs besteht Unfallgefahr! Deshalb die Hinweise im Kapitel »Fahrzeug aufbocken« beachten.

- Reifen-Laufrichtung mit Pfeil am Reifen markieren. Radschrauben lösen. Fahrzeug aufbocken und Räder abnehmen. **Achtung:** Unbedingt Hinweise im Kapitel »Rad aus- und einbauen« beachten.

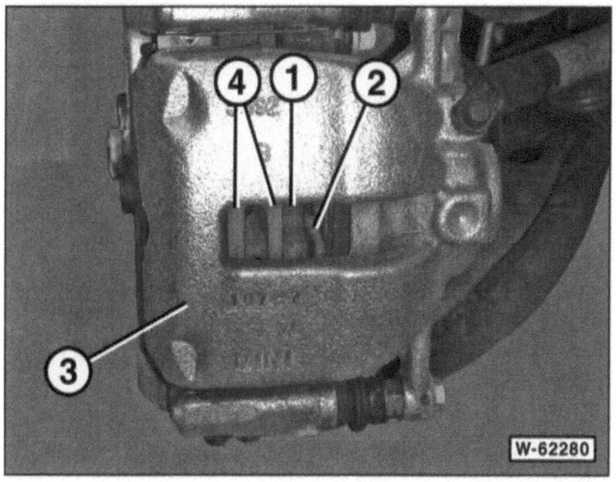

- Belagdicke des inneren Bremsbelages –1– ohne die metallische Rückenplatte –2– von vorn durch den Bremssattel –3– sichtprüfen. 4 – Innenbelüftete Bremsscheibe.

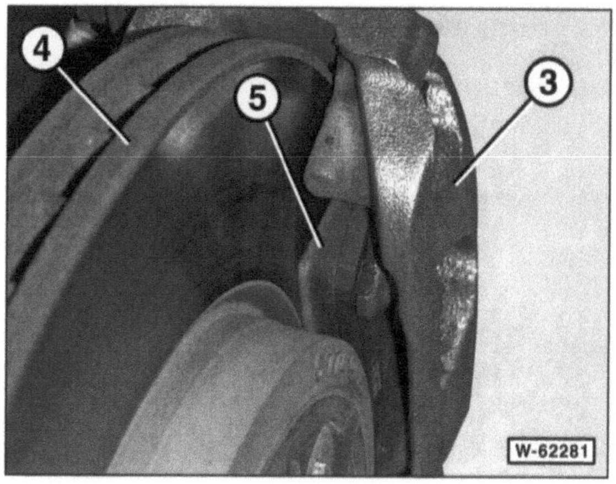

- Die Dicke des äußeren Belags –5– zusätzlich von der Seite her kontrollieren. Die Verschleißgrenze der **Scheibenbremsbeläge** an der Vorder- und Hinterachse ist erreicht, wenn der Belag nur noch eine Dicke von **3 mm** aufweist. 4 – Bremsscheibe.
- Im Zweifelsfall Bremsbeläge ausbauen und Belagdicke mit einer Schieblehre messen. Ist die Verschleißgrenze der Bremsbeläge erreicht, Bremsbeläge wechseln. Dabei müssen immer alle vier Beläge einer Achse ersetzt werden. Auch dann, wenn nur ein Belag die Verschleißgrenze erreicht hat, siehe Kapitel »Bremsanlage«.

Hinweis: Nach einer Faustregel entspricht 1 mm Bremsbelag bei der Scheibenbremse einer Fahrleistung von mindestens 1.000 km. Diese Faustregel gilt unter ungünstigen Bedingungen. Im Normalfall halten die Beläge viel länger. Bei einer Belagdicke der Scheibenbremsbeläge von 5,0 mm (ohne Rückenplatte) beträgt die Restnutzbarkeit der Bremsbeläge also noch mindestens 2.000 km.

- Bremssättel auf Bremsflüssigkeitsverlust untersuchen. Bei Undichtigkeiten umgehend Bremssattel instandsetzen lassen.
- Bremsscheiben an der Innen- und Außenseite auf Rillen, Rostfraß und Risse sichtprüfen, gegebenenfalls auswechseln.
- Bremsscheibendicke prüfen, siehe Seite 159.
- Räder anschrauben, dabei Reifen-Laufrichtung beachten. Fahrzeug ablassen, erst dann Radschrauben über Kreuz festziehen. **Achtung:** Unbedingt Hinweise im Kapitel »Rad aus- und einbauen« beachten.

Handbremse prüfen

Erforderliches Spezialwerkzeug:

- Ein hydraulischer Wagenheber mit Unterstellböcken.

Verschleißteile: nicht erforderlich.

Prüfen

Sicherheitshinweis
Beim Aufbocken des Fahrzeugs besteht Unfallgefahr! Deshalb vorher das Kapitel »Fahrzeug aufbocken« durchlesen.

- Fahrzeug hinten aufbocken und durch Unterstellböcke sichern. Die Räder sollen sich mindestens 2 cm über dem Boden befinden.
- Handbremshebel um 1 Zahn anziehen und einrasten lassen. Hinterräder drehen. Die Räder müssen frei drehbar sein, die Bremsen dürfen nicht schleifen. Zündung einschalten, die Kontrolleuchte kann leuchten.
- Handbremshebel um 2 Zähne anziehen und einrasten lassen. Beide Hinterräder von Hand durchdrehen. An den Hinterrädern muss eine leichte Bremswirkung spürbar sein, die Bremse schleift. Bei eingeschalteter Zündung muss die Kontrolleuchte für »angezogene Handbremse« leuchten.
- Handbremshebel anziehen. Der Handbremshebel sollte sich etwa maximal 6 Zähne anziehen lassen. Andernfalls Handbremse einstellen, siehe Seite 160.
- Fahrzeug ablassen.

Reifen prüfen

Reifenprofil prüfen

Spezialwerkzeug: Nicht erforderlich.

Die Reifen ausgewuchteter Räder nutzen sich bei gewissenhaftem Einhalten des vorgeschriebenen Fülldrucks und bei fehlerfreier Radeinstellung und Stoßdämpferfunktion auf der gesamten Lauffläche annähernd gleichmäßig ab. Bei ungleichmäßiger Abnutzung können verschiedene Fehler vorliegen, siehe Kapitel »Räder und Reifen«. Im Übrigen lässt sich keine generelle Aussage über die Lebensdauer bestimmter Reifenfabrikate machen, denn die Lebensdauer hängt von unterschiedlichen Faktoren ab:

- Fahrbahnoberfläche
- Reifenfülldruck
- Fahrweise
- Witterung

Vor allem sportliche Fahrweise, scharfes Anfahren und starkes Bremsen fördern den schnellen Reifenverschleiß.

Achtung: Die Rechtsprechung verlangt, dass Reifen lediglich bis zu einer Profiltiefe von 1,6 mm abgefahren werden dürfen, und zwar müssen die Profilrillen auf der gesamten Lauffläche noch mindestens 1,6 mm Tiefe aufweisen. Es empfiehlt sich jedoch, sicherheitshalber die Reifen bereits bei einer Mindestprofiltiefe von 2 mm auszutauschen.

Nähert sich die Profiltiefe der gesetzlich zulässigen Mindestprofiltiefe, das heißt, weist der mehrmals am Reifenumfang angeordnete 1,6 mm hohe Verschleißanzeiger kein Profil mehr auf, müssen die Reifen gewechselt werden.

Achtung: »M+S«-Reifen haben auf Matsch und Schnee nur den gewünschten Grip, wenn ihr Profil noch mindestens 4 mm tief ist.

Achtung: Reifen auf Schnittstellen untersuchen und mit kleinem Schraubendreher Tiefe der Schnitte feststellen. Wenn die Schnitte bis zur Karkasse reichen, korrodiert durch eindringendes Wasser der Stahlgürtel. Dadurch löst sich unter Umständen die Lauffläche von der Karkasse, der Reifen platzt. Deshalb: Bei tiefen Einschnitten im Profil aus Sicherheitsgründen Reifen austauschen.

Reifenfülldruck prüfen

Erforderliches Spezialwerkzeug:

- Reifenfüllgerät an der Tankstelle.

Prüfen

- Reifenfülldruck nur am kalten Reifen prüfen.
- Ventilkappe abschrauben.

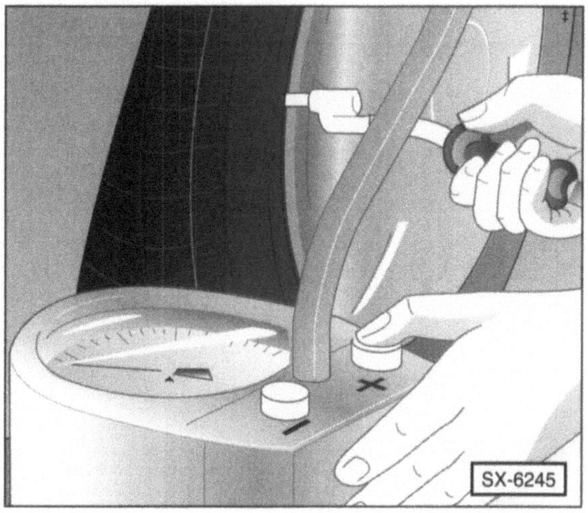
SX-6245

- Reifenfülldruck einmal im Monat sowie im Rahmen der Wartung (einschließlich Notrad, falls vorhanden) prüfen.
- Zusätzlich sollte der Fülldruck vor längeren Autobahnfahrten kontrolliert werden, da hierbei die Temperaturbelastung für den Reifen am größten ist.

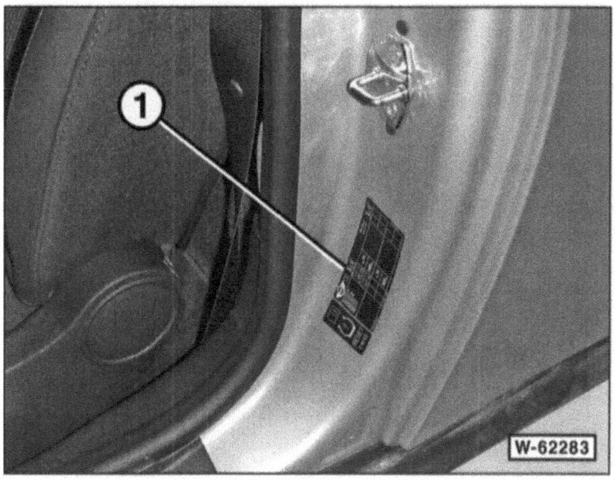

W-62283

- Der richtige Reifenfülldruck steht auf einem Schild -1- an der Fahrertürsäule. Anhaltswerte für den Reifenfülldruck, siehe Seite 144.

Achtung: Nach der Korrektur des Reifenfülldrucks die Reifen-Pannen-Anzeige initialisieren, siehe entsprechendes Kapitel.

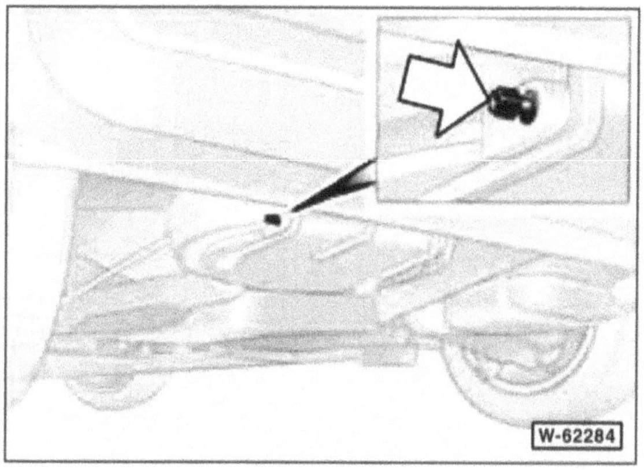
W-62284

- Falls ein **Notrad** vorhanden ist, Fülldruck an der von außen zugängliche Ventilverlängerung hinter dem Stoßfänger prüfen. Sollwert: 4,2 bar.

Reifenventil prüfen

Erforderliches Spezialwerkzeug:

- Ventil-Metallschutzkappe oder HAZET 666-1.

Prüfen

- Staubschutzkappe vom Ventil abschrauben.

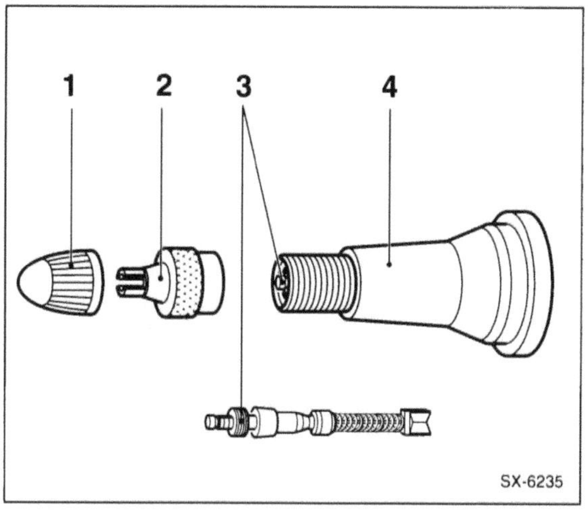

SX-6235

- Etwas Seifenwasser oder Speichel auf das Ventil geben. Wenn sich eine Blase bildet, Ventileinsatz -3- mit umgedrehter Metallschutzkappe -2- festdrehen.

Achtung: Zum Anziehen des Ventileinsatzes kann nur eine Metallschutzkappe -2- verwendet werden. Metallschutzkappen sind an der Tankstelle erhältlich. 1 - Gummischutzkappe, 4 - Ventil.

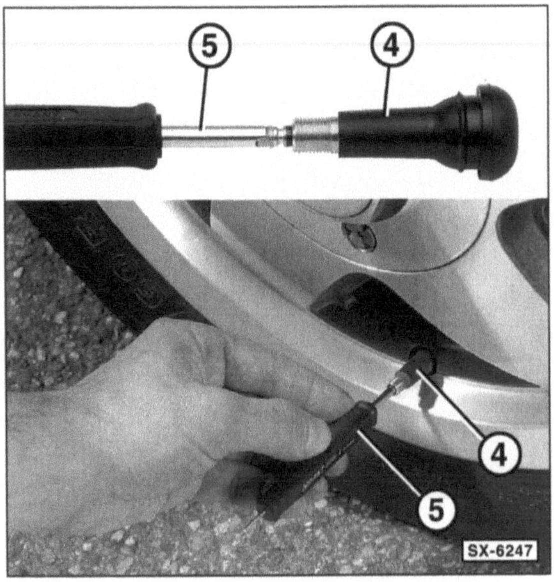

Hinweis: Anstelle der Metallschutzkappe kann auch das Werkzeug HAZET 666-1 –5– verwendet werden. 4 – Ventil.

- Ventil erneut prüfen. Falls sich wieder Blasen bilden oder das Ventil sich nicht weiter anziehen lässt, Ventileinsatz erneuern.
- Grundsätzlich Staubschutzkappe wieder aufschrauben.

Reifen-Pannen-Anzeige (RPA) initialisieren

Spezialwerkzeug: Nicht erforderlich.

Hinweis: Die Initialisierung wird während der nächsten Fahrt automatisch abgeschlossen. Beim Fahren mit Schneeketten oder Kompaktrad das System nicht initialisieren.

MINI 1

- Sicherstellen, dass an allen 4 Reifen der korrekte Fülldruck vorhanden ist.
- Motor starten und im Leerlauf drehen lassen.

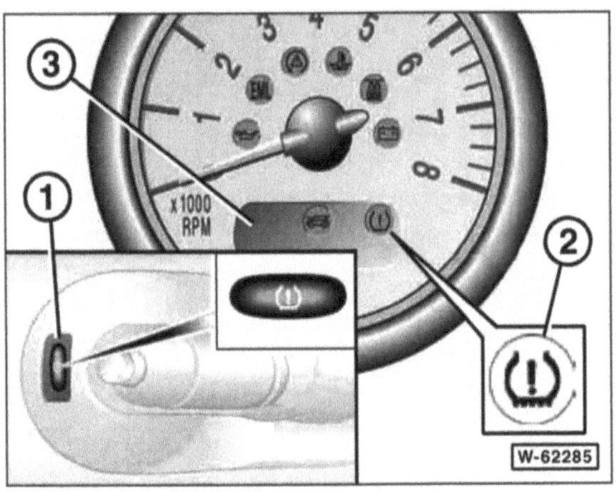

- Taste mit Reifensymbol –1– so lange drücken, bis die Reifendruck-Kontrollleuchte –2– im Display –3– des Drehzahlmessers für einige Sekunden gelb aufleuchtet.
- Losfahren. Die Initialisierung wird während der Fahrt ohne Rückmeldung abgeschlossen.

MINI 2

Hinweis: Das RPA-System (Reifen-Pannen-System) kann über den Blinkerhebel oder über den Bordmonitor initialisiert werden.

Initialisierung über Blinkerhebel

- Sicherstellen, dass an allen 4 Reifen der korrekte Fülldruck vorhanden ist.
- Motor starten und im Leerlauf drehen lassen.

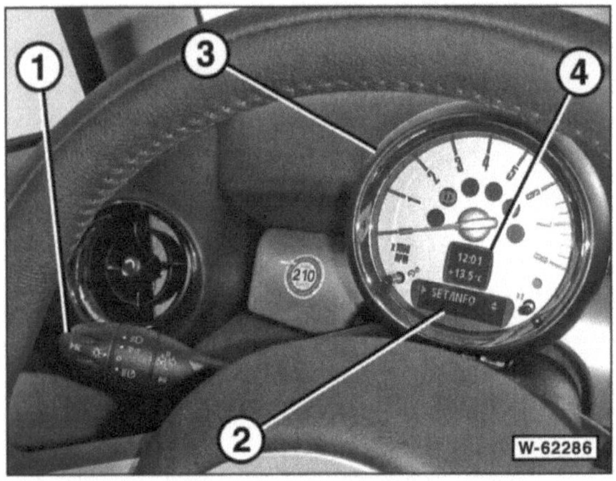

- Taste –1– am Ende des Blinkerhebels so oft antippen, bis »SET/INFO« im unteren Display –2– des Drehzahlmessers –3– angezeigt wird.
- Taste »▷BC« drücken und halten, bis die Anzeige im Display wechselt. Taste loslassen.
- Taste so oft antippen, bis im oberen Display –4– das Reifendruck-Warnsymbol und im unteren Display –2– »RESET« angezeigt wird.
- Taste drücken und halten, bis die Anzeige im Display wechselt. Taste loslassen.
- Losfahren. Die Initialisierung wird während der Fahrt ohne Rückmeldung abgeschlossen.

Initialisierung über Bordmonitor im Geschwindigkeitsmesser (Tacho)

Hinweis: Der Bordmonitor ist nur bei Fahrzeugen mit Navigationsanlage vorhanden.

- Sicherstellen, dass an allen 4 Reifen der korrekte Fülldruck vorhanden ist.

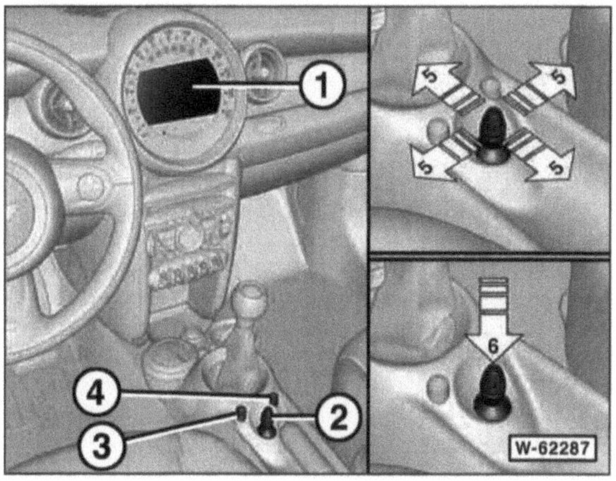

- Linke Auswahltaste –3– für Bordmonitor –1– drücken und Startmenü aufrufen. 4 – Taste für Wechsel in ein anderes Menü.
- Joystick –2– kippen –5– und »Setup« markieren.
- Joystick drücken –6–.
- »Einstellungen« auswählen.
- »Fahrzeug und Reifen« auswählen.
- »Reifen: RPA« auswählen. Dazu gegebenenfalls ins oberste Feld wechseln.
- Motor starten und im Leerlauf drehen lassen.
- »Reifendruck setzen« auswählen.
- »Ja« auswählen.
- Losfahren. Die Initialisierung wird während der Fahrt ohne Rückmeldung abgeschlossen.

Reifen-Dichtmittel: Haltbarkeitsdatum prüfen/ Dichtmittelflasche ersetzen

Spezialwerkzeug: Nicht erforderlich.

Zum Ersetzen erforderliche Betriebsmittel:

- Reifen-Dichtmittelflasche.
- Bei benutzter Reifen-Dichtmittelflasche: Durchsichtiger Reifenbefüllschlauch.

Ausbau

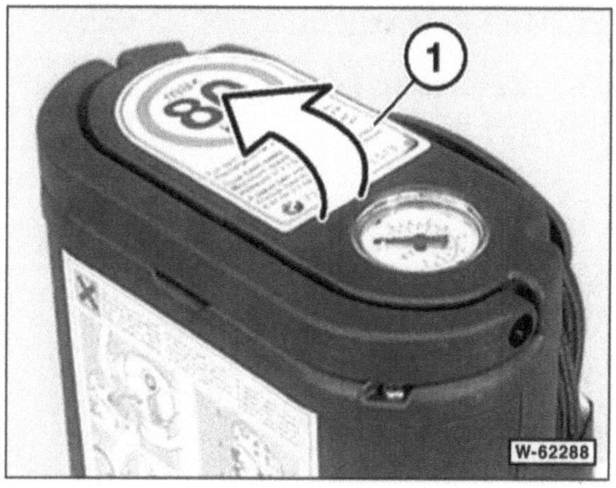

- Falls vorhanden, Siegelfolie –1– abziehen. **Hinweis:** Bei einem bereits benutzen M-Mobility-System ist keine Siegelfolie mehr vorhanden.

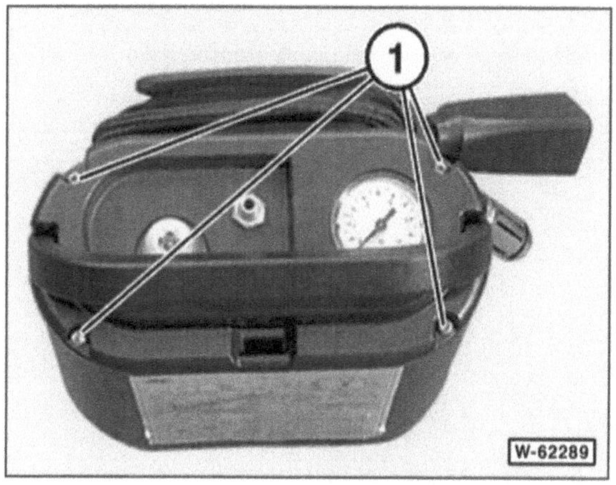

- Torxschrauben –1– herausdrehen und Deckel so weit wie möglich anheben.

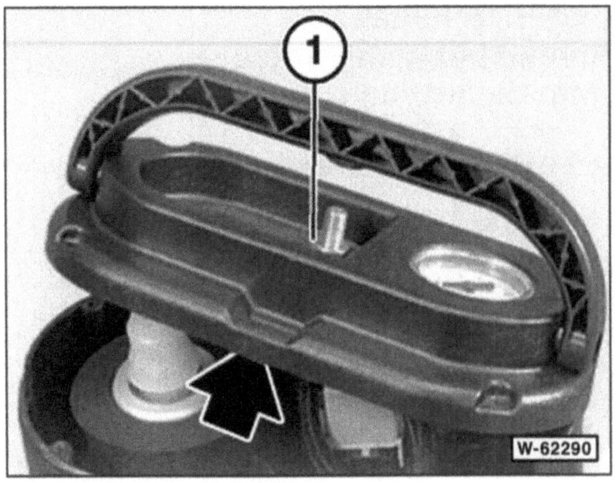

- Sechskantmutter –1– abschrauben, dabei an der Unterseite gegenhalten.

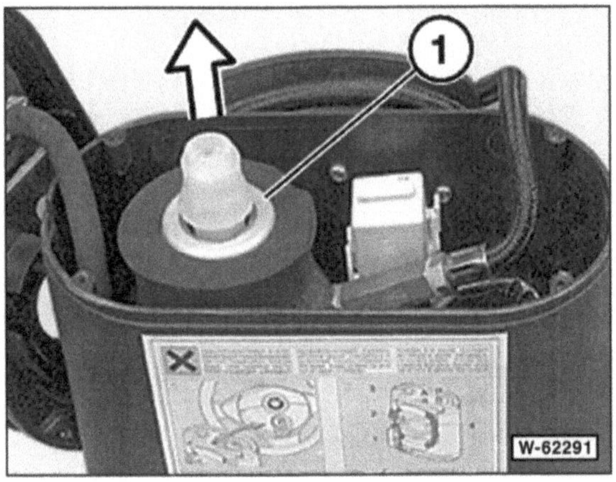

- Dichtmittelflasche –1– nach oben herausnehmen.

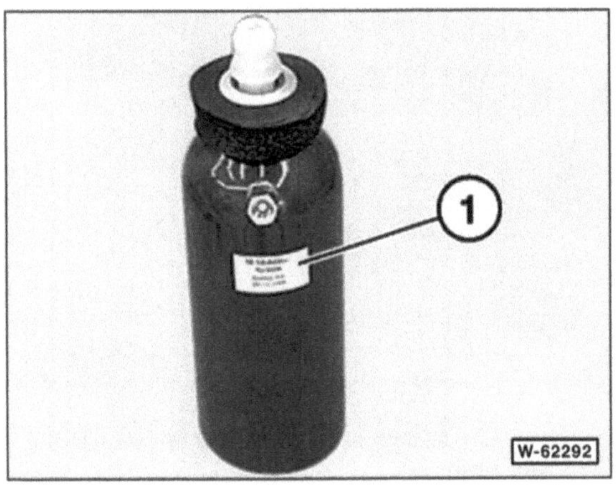

- Verfallsdatum –1– der Dichtmittelflasche kontrollieren, gegebenenfalls Dichtmittelflasche ersetzen.

Einbau

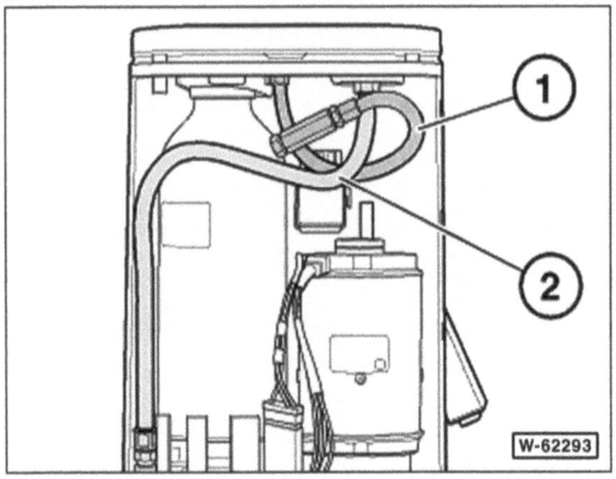

- Dichtmittelflasche einsetzen. Dabei auf knickfreie Schlauchverlegung –1/2– achten. **Achtung:** Wurde die Dichtmittelflasche benutzt, durchsichtigen Reifenbefüllschlauch ersetzen.
- Deckel ansetzen und mit Sechskantmutter sowie **15 Nm** anschrauben, dabei an der Unterseite gegenhalten.
- Deckel mit **2 Nm** anschrauben.
- Neue Siegelfolie aufkleben.

Folgende Wartungsarbeiten müssen nach dem Wartungsplan durchgeführt werden:

- Sicherheitsgurte auf Beschädigungen prüfen.
- Heckklappe: Scharniere schmieren.
- Karosserie auf Lackschäden und Korrosion sichtprüfen. Unterbodenschutz auf Beschädigungen sichtprüfen.
- Staubfiltereinsatz erneuern.

Sicherheitsgurte prüfen

Spezialwerkzeug: Nicht erforderlich.

Sicherheitshinweis
Geräusche, die beim Aufrollen des Gurtbandes entstehen, sind funktionsbedingt. Bei störenden Geräuschen kann nur der Sicherheitsgurt ausgetauscht werden. Auf keinen Fall darf zur Behebung von Geräuschen Öl oder Fett verwendet werden. Der Aufrollautomat darf nicht zerlegt werden, da hierbei die vorgespannte Feder herausspringen kann. Unfallgefahr!

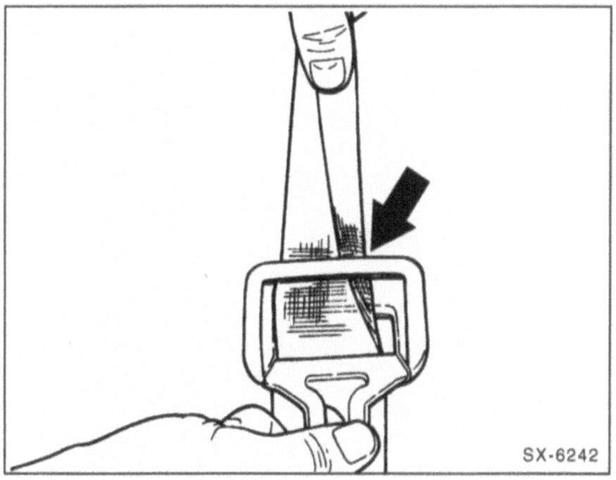

- Sicherheitsgurt ganz herausziehen und Gurtband auf durchtrennte Fasern prüfen. Sind Scheuerstellen vorhanden, ohne dass Fasern durchtrennt sind, muss der Gurt nicht erneuert werden.
- Beschädigungen können zum Beispiel durch Einklemmen des Gurtes oder durch brennende Zigaretten entstehen. In diesem Fall Gurt austauschen.
- Schwergängigen Gurt auf Verdrehungen prüfen, gegebenenfalls Verkleidung an der Mittelsäule ausbauen.
- Wenn die Aufrollautomatik nicht mehr funktioniert, Gurt auswechseln (Werkstattarbeit).
- Gurtbänder nur mit Seife und Wasser reinigen, keinesfalls scharfe chemische Reinigungsmittel verwenden.

Heckklappenscharniere schmieren

Spezialwerkzeug: Nicht erforderlich.

Erforderliche Verschleißteile:

- Die Fachwerkstatt verwendet dazu als Sprühfett den Haftschmierstoff mit der ET-Nr. 81 22 9 407 629.

Schmieren

- Heckklappe öffnen.
- Umliegenden Bereich vor Verschmutzung schützen.
- Düse in die geöffnete Fuge des Scharnierblattes halten und Scharnierbolzen mit Haftschmierstoff einsprühen.
- Überschüssigen Haftschmierstoff entfernen.
- Heckklappe mehrmals betätigen.

Karosserie/Unterboden sichtprüfen

Erforderliches Spezialwerkzeug:

- Eine Grube oder ein hydraulischer Wagenheber mit Unterstellböcken.

Prüfen

- Bei der regelmäßigen Pflege Augenmerk auf Lackbeschädigungen legen.

Sicherheitshinweis
Beim Aufbocken des Fahrzeugs besteht Unfallgefahr! Deshalb vorher das Kapitel »Fahrzeug aufbocken« durchlesen.

- Fahrzeug aufbocken. Unterboden reinigen und Unterbodenschutz auf Schäden kontrollieren, gegebenenfalls ausbessern, siehe Seite 53/49.

Staubfilter (Mikrofilter) ersetzen

Spezialwerkzeug: Nicht erforderlich.

Erforderliches Verschleißteil:

- Filtereinsatz.

Hinweis: Geringerer Luftdurchsatz als normal deutet auf die Notwendigkeit eines vorzeitigen Filterwechsels hin, sonst Filter im Wartungszyklus wechseln.

MINI 1

Ausbau

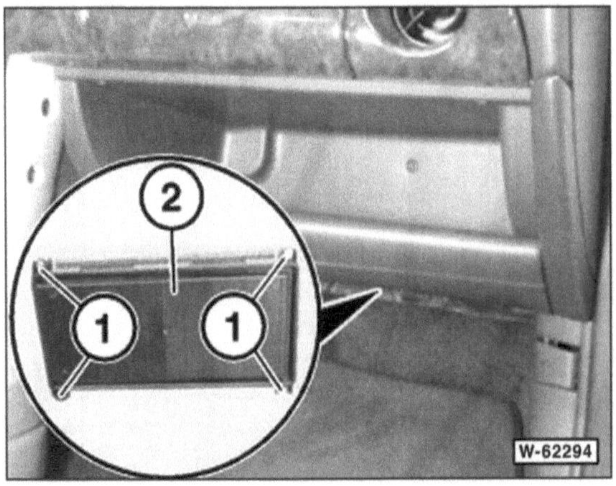

- Schrauben –1– an Abdeckung –2– unter dem Handschuhfach herausdrehen.

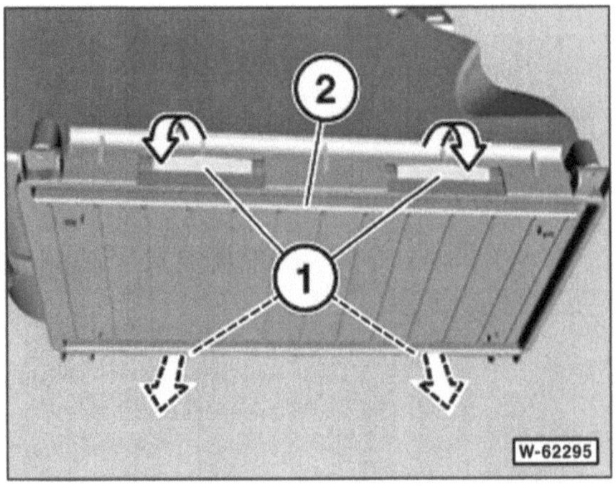

- Verrastungen –1– lösen und Abdeckung –2– nach unten abnehmen –Pfeile–.
- Staubfilter aus Führungen nach unten herausziehen.

Einbau

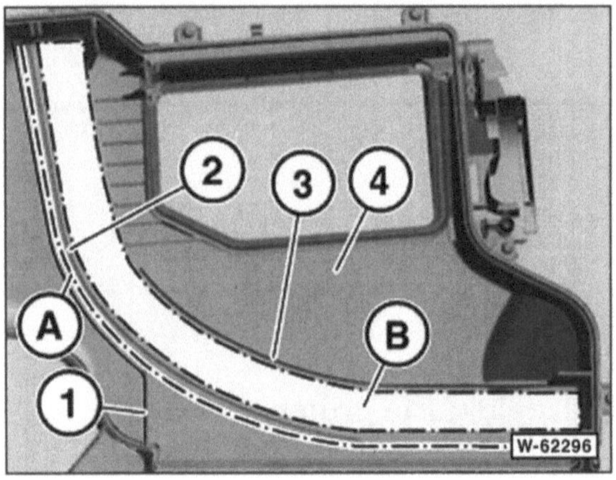

- Staubfilter mit umlaufendem Steg: Steg zwischen Führung –1– und Führung –2– im Bereich –A– einfädeln.
- Staubfilter ohne Steg (Blockfilter): Filter zwischen Führung –2– und Führung –3– im Bereich –B– einfädeln. 4 – Staubfiltergehäuse.
- Korrekten Sitz des Staubfilters an allen Führungen prüfen.
- Abdeckung einsetzen, einrasten und festschrauben.

MINI 2

Ausbau

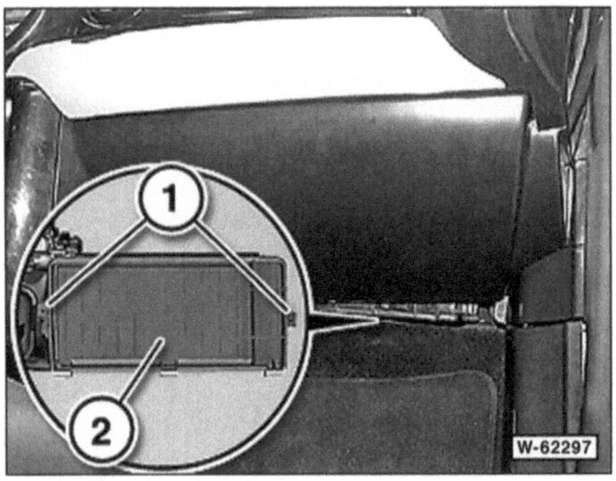

- Schrauben –1– an Abdeckung –2– unter dem Handschuhfach herausdrehen.

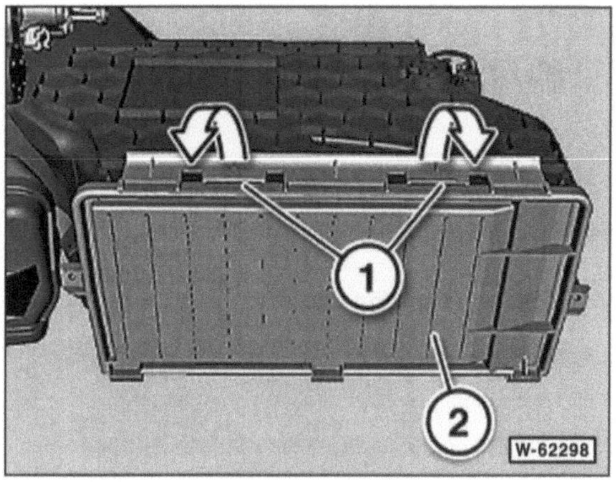

● Verrastungen –1– lösen und Abdeckung –2– nach unten klappen –Pfeile–.

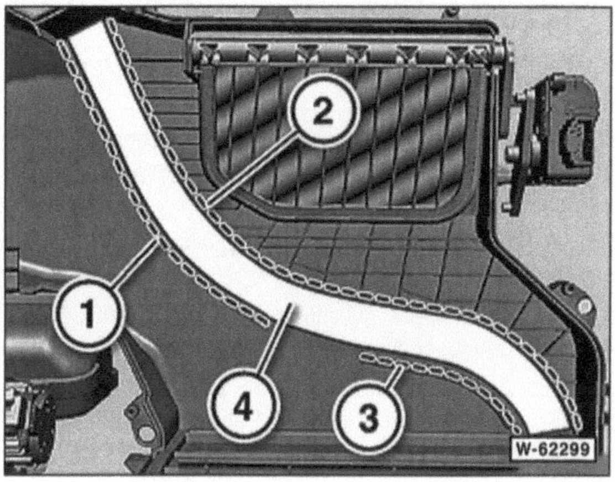

● Staubfilter –4– aus Führungen –1– bis –3– nach unten herausziehen.

Einbau

● Staubfilter –4– zwischen die Führungen –1– und –2– einfädeln.

● Staubfilter –4– über Führung –3– schieben. Anschließend korrekten Sitz des Staubfilters an allen Führungen prüfen.

● Abdeckung –2– nach oben klappen, einrasten und festschrauben, siehe Abbildung W-62298.

Elektrische Anlage

Folgende Wartungsarbeiten müssen nach dem Wartungsplan durchgeführt werden:

- Alle Stromverbraucher: Funktion prüfen.
- Scheibenwischer: Wischergummis auf Verschleiß prüfen.
- Scheibenwaschanlage, Scheinwerfer-Waschanlage: Flüssigkeitsstand und Funktion prüfen, Düsenstellung kontrollieren, siehe auch Kapitel »Scheibenwischeranlage«.
- Scheinwerfereinstellung prüfen (Werkstattarbeit).
- Batterie: Ladezustand prüfen (Magic Eye).

Stromverbraucher prüfen

Spezialwerkzeug: Nicht erforderlich.

Folgende Funktionen prüfen, gegebenenfalls Fehler beheben. **Hinweis:** Je nach Ausstattung sind im Fahrzeug nicht alle hier aufgeführten elektrischen Verbraucher vorhanden.

- Frontscheinwerfer, Heckleuchten und zugehörige Kontrollleuchten.
- Standlicht, Parklicht, Abblendlicht und Fernlicht.
- Lichthupe.
- Signalhorn.
- Blinklicht links/rechts, Warnblinkanlage.
- Bremslicht.
- Rückfahrlicht/Kennzeichenbeleuchtung.
- Nebellicht vorn und hinten.
- Innenleuchten.
- Instrumenten- und Schriftfeldbeleuchtung.

Scheiben- und Scheinwerfer-Reinigungsanlage prüfen

Spezialwerkzeug: Nicht erforderlich.

Zum Nachfüllen erforderliche Betriebsmittel/Verschleißteile:

- Scheiben-Reinigungs- und Frostschutzkonzentrat.
- Sauberes, kalkarmes Wasser in Trinkwasserqualität.

Prüfen

- Wischfeld auf Schlieren prüfen, gegebenenfalls Wischergummis/Wischerblätter erneuern, siehe Seite 64.
- Wischerarme hochklappen und Wischerarme abwinkeln.
- Wischlippen mit Wasser und einem weichen Tuch reinigen.
- Wischlippen auf Verhärtungen oder Risse prüfen, gegebenenfalls Wischergummis/Wischerblätter ersetzen, siehe Seite 64.
- Einstellung der Spritzdüsen prüfen, gegebenenfalls korrigieren, siehe Seite 66.
- Der Spritzstrahl muss gleichmäßig aus der Spritzdüse austreten, gegebenenfalls Spritzdüse erneuern.
- Waschflüssigkeit mit einer Mischung aus Scheibenreiniger- und Frostschutzkonzentrat mit sauberem Trinkwasser auffüllen.
- Scheinwerferreinigungsanlage auf Funktion prüfen.

Fahrzeug-Batterie prüfen

Spezialwerkzeug: Nicht erforderlich.

Die Fahrzeugbatterie befindet sich je nach Modell im Motorraum oder im Kofferraum (Laderaum) unter der Bodenabdeckung.

Serienmäßig ist eine Blei-Calcium-Batterie eingebaut. Die Batterie ist absolut wartungsfrei. Verschlussstopfen sind nicht vorhanden beziehungsweise mit dem Etikett überklebt. Das Nachfüllen von destilliertem Wasser ist nicht erforderlich.

Im Rahmen der Wartung muss lediglich das Hydrometer, das so genannte »Magische Auge« (Magic Eye), geprüft werden. Das »Magische Auge« dient als Ladezustands- und Säurestandsanzeiger. »Magisches Auge« prüfen, siehe Seite 59.

Wird die Batterie ersetzt, ist unbedingt darauf zu achten, dass eine Ersatzbatterie gleicher Kapazität, Größe und Ausführung (Blei-Calcium-Batterie) ausgewählt wird. Anstelle einer Blei-Calcium-Batterie kann auch eine AGM-Batterie verwendet werden. Bei AGM-Batterien (AGM = **A**bsorbent-**G**lass-**M**at-Battery) ist der Elektrolyt in einem Mikroglasvlies festgelegt; sie gelten dadurch als auslaufsicher. Die Batterie ist mit einem Batteriedeckel verschlossen, Zellverschluss-Stopfen und Entgasungskanal sind im Deckel integriert. AGM-Batterien sind nicht mit einem magischen Auge ausgestattet.

Wagenpflege

Aus dem Inhalt:

- Fahrzeug waschen
- Lack pflegen
- Unterbodenschutz
- Hohlraumkonservierung
- Polster reinigen
- Lackschäden ausbessern

Fahrzeug waschen

Aus Umweltschutzgründen ist es in den meisten Gemeinden verboten, Fahrzeuge auf öffentlichen Plätzen zu waschen. Wird das Auto sehr oft in einer automatischen Waschanlage gewaschen, hinterlassen die rotierenden Waschbürsten Schleifspuren auf dem Lack. Diese lassen sich verhindern, wenn man den Wagen von Hand in einer entsprechenden Waschanlage wäscht.

- Vogelkot, Insekten, Baumharze, Teer- und Fettflecken, Streusalz und andere aggressive Ablagerungen sofort abwaschen, da sie ätzende Bestandteile enthalten, die Lackschäden verursachen.
- Bedienungshinweise für den Hochdruckreiniger bezüglich Druck und Düsenabstand des Sprühkopfes befolgen.
- Beim Waschen reichlich Wasser verwenden. Mit einem Schwamm oder Waschhandschuh beziehungsweise einer weichen Bürste mit dem Reinigen des Fahrzeugdachs beginnen; Schwamm oft ausspülen.
- Waschmittel nur bei hartnäckiger Verschmutzung verwenden. Mit klarem Wasser gründlich nachspülen, um die Reste des Waschmittels zu entfernen. Bei regelmäßiger Benutzung von Waschmitteln muss öfter konserviert werden. Dem Waschwasser kann ein Konservierungsmittel beigegeben werden.
- Darauf achten, dass kein Wasser in die Eintrittsöffnungen für die Innenraumbelüftung eindringt. Hochdruckdüse nicht gegen den Kühler oder schadhafte Lackflächen des Fahrzeugs richten.
- Zum Abtrocknen sauberes Leder verwenden. Verschiedene Reinigungsleder für Lack- und Fensterflächen verwenden, da Konservierungsmittelrückstände auf den Scheiben zu Sichtbehinderungen führen.
- Durch Streusalz besonders gefährdet sind alle innen liegenden Falze, Flansche und Fugen an Türen und Hauben. Diese Stellen müssen deshalb bei jeder Wagenwäsche – auch nach der Wäsche in automatischen Waschstraßen – mit einem Schwamm gründlich gereinigt und anschließend abgespült und abgeledert werden.
- Wagen niemals in der Sonne waschen oder trocknen. Wasserflecken sind sonst unvermeidlich.

Achtung: Nach der Wagenwäsche Bremspedal während der Fahrt leicht antippen, um den Wasserfilm abzubremsen.

Lackierung pflegen

Konservieren: Die gewaschene und getrocknete Lackierung möglichst oft mit einem Konservierungsmittel behandeln, um die Oberfläche durch eine Poren schließende und Wasser abweisende Wachsschicht gegen Witterungseinflüsse zu schützen. Auch wenn beim Waschen regelmäßig Waschkonservierer verwendet werden, empfiehlt es sich, den Lack mindestens zweimal im Jahr mit Hartwachs zu schützen.

Sofern Kraftstoff, Öl, Fett oder Bremsflüssigkeit auf den Lack gelangt, diese Flüssigkeiten **sofort entfernen,** sonst kommt es zu Lackverfärbungen.

Spätestens dann, wenn Wasser nicht mehr deutlich vom Lack abperlt, muss konserviert werden. Der Lack trocknet sonst aus.

Polieren: Das Polieren des Lackes ist nur dann erforderlich, wenn dieser infolge mangelhafter Pflege beziehungsweise unter der Einwirkung von Umwelteinflüssen unansehnlich geworden ist und sich durch eine Behandlung mit Konservierungsmitteln kein Glanz mehr erzielen lässt. Zu warnen ist vor stark schleifenden oder chemisch stark angreifenden Poliermitteln, auch wenn der erste Versuch damit noch so sehr zu überzeugen scheint.

Vor jedem Polieren muss der Wagen sauber gewaschen und sorgfältig abgetrocknet werden. Im Übrigen ist nach der Gebrauchsanweisung für das Poliermittel zu verfahren.

Die Bearbeitung soll in nicht zu großen Flächen erfolgen, um ein vorzeitiges Eintrocknen der Politur zu vermeiden. Bei manchen Poliermitteln muss anschließend noch konserviert werden. Nicht in der prallen Sonne polieren!

Kunststoffteile und matt lackierte Teile dürfen nicht mit Konservierungs- oder Poliermitteln behandelt werden, da sich sonst Flecken bilden.

Teerflecke entfernen: Frische Teerflecke können mit einem in Waschbenzin getränkten weichen Lappen entfernt werden oder mit speziellen Teerfleck-Entfernern. Notfalls kann auch Petroleum oder Terpentinöl verwendet werden. Sehr gut gegen Teerflecke eignet sich auch ein Lackkonservierer. Bei Verwendung dieses Mittels kann auf ein Nachwaschen verzichtet werden.

Insekten entfernen: Insekten enthalten aggressive Stoffe, die den Lackfilm beschädigen können. Sie müssen deshalb umgehend mit lauwarmer Seifen- oder Waschmittellösung abgewaschen werden. Es gibt auch spezielle Insekten-Entferner.

Außenbeleuchtung: Leuchten- und Scheinwerferabdeckungen sind aus Kunststoff. Verunreinigungen nur mit einem feuchten, weichen Tuch entfernen. Scheinwerferabdeckungen auf keinen Fall mit einem trockenen oder scheuernden Tuch reinigen. Keine Eiskratzer verwenden und nicht mit Reinigungs- oder Lösungsmitteln säubern.

Kunststoffteile pflegen: Kunststoffteile, Kunstledersitze, Himmel, Leuchtengläser sowie mattschwarz gespritzte Teile mit Wasser und Flüssigseife säubern. Fahrzeughimmel nicht durchfeuchten. Kunststoffteile gegebenenfalls mit Kunststoffreiniger behandeln.

Scheiben reinigen: Schnee und Eis von Scheiben und Spiegeln nur mit einem Kunststoffschaber entfernen. Um Kratzer durch Schmutz zu vermeiden, sollte der Schaber nicht nach vorn und dann zurückbewegt, sondern nur geschoben werden. Fensterscheiben innen und außen mit sauberem, weichem Lappen abreiben. Bei starker Verschmutzung helfen Spiritus oder Salmiakgeist und lauwarmes Wasser oder auch ein spezieller Scheibenreiniger. Beim Reinigen der Windschutzscheibe Scheibenwischerarme nach vorn klappen. Bei der Reinigung der Windschutzscheibe auch die Wischerblätter säubern.

Achtung: Bei Verwendung silikonhaltiger Mittel dürfen die zur Reinigung der Lackierung verwendeten Waschbürsten, Schwämme, Lederlappen und Tücher nicht für die Scheiben verwendet werden. Beim Einsprühen der Lackierung mit silikonhaltigen Pflegemitteln sollten die Scheiben mit Pappe oder anderem Material abgedeckt werden.

Gummidichtungen pflegen: Gummidichtungen durch Einpudern der Dicht- und Gleitflächen mit Talkum oder Besprühen mit Silikonspray geschmeidig halten. So werden auch quietschende oder knarrende Geräusche beim Schließen der Türen vermieden. Auch das Einreiben der betreffenden Flächen mit Schmierseife beseitigt die Geräusche.

Reifen reinigen: Reifen nicht mit einem Dampfstrahlgerät reinigen. Wird die Düse des Dampfstrahlers zu nahe an den Reifen gehalten, wird dessen Gummischicht innerhalb weniger Sekunden irreparabel zerstört, selbst bei Verwendung von kaltem Wasser. Ein auf diese Weise gereinigter Reifen sollte sicherheitshalber ersetzt werden.

Leichtmetall-Scheibenräder mit Felgenreiniger und Bürste reinigen, jedoch keine aggressiven, säurehaltigen, stark alkalischen und rauen Reinigungsmittel oder Dampfstrahler über +60° C verwenden.

Sicherheitsgurte nur mit milder Seifenlauge im eingebauten Zustand säubern, nicht chemisch reinigen, da dadurch das Gewebe zerstört werden kann. Automatikgurte nur in trockenem Zustand aufrollen.

Unterbodenschutz/ Hohlraumkonservierung

Die Unterbodenverkleidung ist aus Kunststoff und schützt den hinteren Bereich des Fahrzeugunterbodens. Die besonders stark gefährdeten Bereiche in den Radläufen sind zusätzlich mit Kunststoffschalen gegen Steinschlag geschützt. Vor der kalten Jahreszeit und nach einer Unterbodenwäsche sollte der Unterbodenschutz kontrolliert und gegebenenfalls ausgebessert werden.

Im Schleuderbereich des Unterbaues können sich Staub, Lehm und Sand ablagern. Den angesammelten Schmutz entfernen, zumal er während der Winterzeit auch noch mit Streusalz angereichert sein kann.

Polsterbezüge pflegen/reinigen

Textilbezüge: Polsterbezüge mit Staubsauger und Bürste reinigen. Flecken mit Flüssigseife, 25-prozentiger Ammoniaklösung oder Branntweinessig entfernen.

Fett- und Ölflecke mit Reinigungsbenzin oder Fleckenwasser behandeln. Das Reinigungsmittel darf aber nicht unmittelbar auf den Stoff gegossen werden, da sich sonst unweigerlich Ränder bilden. Fleck durch kreisförmiges Reiben von außen nach innen bearbeiten. Andere Verschmutzungen lassen sich meistens mit lauwarmem Seifenwasser entfernen.

Lederbezüge: Bei starker Sonneneinstrahlung und längerer Standzeit Sitze abdecken, damit sie nicht ausbleichen.

Trikot- oder Wolllappen mit Wasser leicht anfeuchten und Lederflächen säubern, ohne das Leder oder die Nahtstellen zu durchfeuchten. Anschließend das getrocknete Leder mit einem sauberen und weichen Tuch nachreiben.

Stärker verschmutzte Lederflächen mit einem milden Feinwaschmittel ohne Aufheller (2 Esslöffel auf 1 Liter Wasser) oder Flüssigseife reinigen. Fett- und Ölflecke ohne zu reiben vorsichtig mit Reinigungsbenzin abtupfen.

Lackierte Lederpolster sollten nach dem Reinigen mit einem handelsüblichen Pflegemittel für Lederflächen behandelt werden. Das Mittel vor Gebrauch gut schütteln und mit einem weichen Lappen dünn auftragen. Nach dem Eintrocknen mit einem sauberen und weichen Tuch nachreiben. Diese Behandlung empfiehlt sich bei normaler Beanspruchung alle 6 Monate.

Steinschlagschäden ausbessern

Ausbeul- und Lackierarbeiten an der Autokarosserie setzen Erfahrung über den Werkstoff und dessen Bearbeitung voraus. Derartige Fertigkeiten werden in der Regel erst durch eine langjährige Praxis erreicht. Aus diesem Grund wird hier nur das Ausbessern von kleineren Lackschäden erklärt.

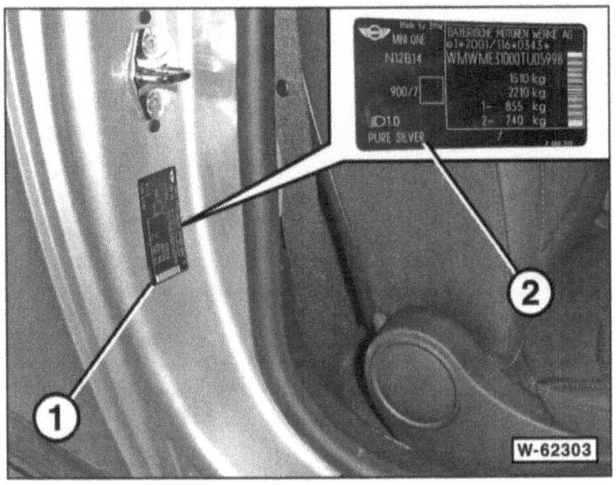

Zum Nachlackieren wird unbedingt dieselbe Lackfarbe benötigt, denn selbst kleinste Farbunterschiede fallen nach Abschluss der Arbeiten sofort ins Auge. Der jeweilige Fahrzeug-Farbton –2– steht auf dem Typschild –1– an der Türanschlagsäule der Beifahrertür.

Treten dennoch Differenzen zwischen dem Originallack und dem Reparaturlack auf, dann liegt das daran, dass sich Fahrzeug-Lackierungen durch Alterung, ultraviolette Sonnenbestrahlung, extreme Temperaturdifferenzen, Witterungsbedingungen und chemische Einflüsse wie beispielsweise Industrieabgase mit der Zeit verändern. Außerdem können Oberflächenschäden, Farbveränderungen und Ausbleichen des Lackes eintreten, wenn Reinigung und Lackpflege mit ungeeigneten Mitteln durchgeführt wurden.

Die Metallic-Lackierung besteht aus 2 Schichten, dem Metallic-Grundlack und der farblosen Decklackierung. Beim Lackieren wird der Klarlack über den feuchten Grundlack gespritzt. Die Gefahr von Farbdifferenzen bei der nachträglichen Metallic-Lackierung ist besonders groß, da hier schon die unterschiedliche Viskosität des Reparaturlackes gegenüber dem Originallack zu Farbverschiebungen führt.

Es lohnt sich, auch kleinste Lackschäden regelmäßig zu beseitigen, da auf diese Weise Rostschäden und größere Reparaturen vermieden werden.

Für kleine Kratzer und Steinschläge, die lediglich den Decklack abgesplittert haben, also nicht bis aufs blanke Blech vorgedrungen sind, genügt im allgemeinen der Lackstift oder Tupflack. Dabei handelt es sich um eine kleine Lackdose, in deren Deckel ein Pinsel integriert ist. Der Lackstift wird im Auto-Zubehörhandel angeboten.

- Tiefere Steinschlagschäden, die schon kleine Rostnarben gebildet haben, mit einem »Rostradierer« beziehungsweise einem Messer oder einem kleinen Schraubendreher auskratzen, bis das blanke Blech erscheint. Wichtig ist, dass keine auch noch so kleine Roststelle mehr sichtbar ist. Bei »Rostradierern« handelt es sich um kleine Kunststoffhülsen, die zum Auskratzen des Rostes kurze Drahtborsten besitzen.
- Die blanken Stellen müssen trocken und fettfrei sein. Dazu Reparaturstelle sowie den umgebenden Lack mit Silikonentferner reinigen.
- Auf die blanke Metallfläche mit einem dünnen Pinsel etwas Lackgrundierung (»Primer«) auftragen. Da das Grundiermittel meist in Sprühdosen erhältlich ist, etwas Grundiermittel in den Deckel der Dose sprühen.
- Nachdem die Grundierung trocken ist, Stelle mit Tupflack ausbessern. Bei den Tupflackdosen ist ein Pinsel im Deckel integriert. Falls nur eine Spraydose mit der entsprechenden Farbe zur Verfügung steht, etwas Farbe in den Deckel der Dose sprühen und Lack mit einem dünnen Wasserfarbenpinsel auftragen. Dabei in einem Arbeitsgang immer nur eine dünne Lackschicht anbringen, damit der Lack nicht herunterlaufen kann. Anschließend Farbe gut trocknen lassen. Vorgang so oft wiederholen, bis der Krater ausgefüllt ist und die ausgebesserte Stelle gegenüber der umgebenden Lackfläche keine Vertiefung mehr bildet.

Werkzeugausrüstung

Langfristig zahlt es sich immer aus, wenn man qualitativ hochwertiges Werkzeug kauft. Neben einer Grundausstattung mit Maul- und Ringschlüsseln in den gängigen Größen und verschiedenen Torxschraubendrehern sowie einem Satz Steckschlüssel empfiehlt sich auch der Kauf eines Drehmomentschlüssels. Darüber hinaus ist bei manchen Arbeitsgängen der Einsatz von Spezialwerkzeug zwingend erforderlich.

Gutes und stabiles Werkzeug wird von der Firma HAZET (42804 Remscheid, Postfach 100461) angeboten. In den Tabellen sind die Werkzeuge mit der HAZET-Bestellnummer aufgeführt. Vertrieben wird das Werkzeug über den Fachhandel.

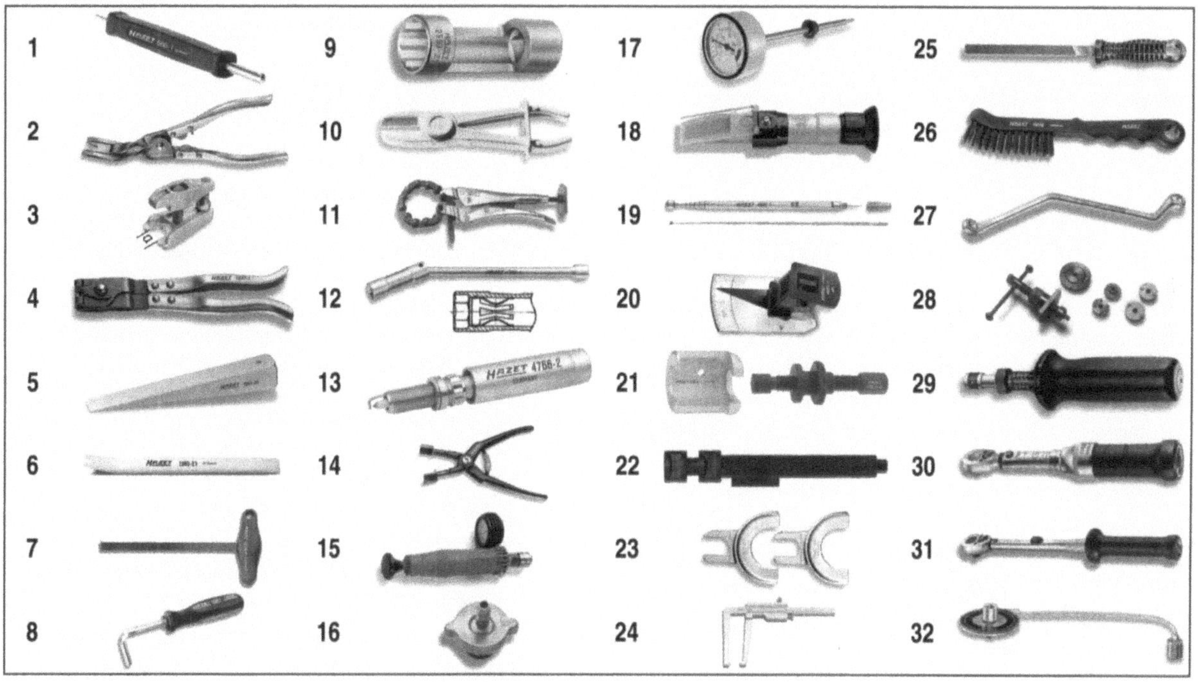

Abb.	Werkzeug	Hazet-Nr.
1	Ventildreher für Reifenventile	666-1
2	Lösehebel für Innenverkleidungen	799-4
3	Ausdrücker für Spurstangenkopf und Achsgelenk	1779-1
4	Spannzange für Schellen der Gelenkwellenmanschetten	1847-1
5	Montagekeil	1965-20
6	Montagekeil	1965-21
7	Abziehhaken	2520-1
8	Inbusschlüssel für Federbein, SW-7	2593-1
9	Steckschlüsseleinsatz für Federbein	2593-21
10	Abklemmzangen-Satz	4590/2
11	Ketten-Abgasrohrschneider	4682
12	Zündkerzenschlüssel SW16	4766-1
13	Zündkerzenschlüssel Doppelsechskant SW14	4766-2
14	Relais-Zange	4770-1
15	Dichtigkeitsprüfgerät für Kühlsystem (Pumpe)	4800-1
16	Kühleradapter für Kühlsystemtester	4800-16

Abb.	Werkzeug	Hazet-Nr.
17	Kühlflüssigkeits-Thermometer	4800-40
18	Messgerät für Säuredichte und Frostschutzanteil	4810 B
19	Spritzdüseneinsteller für Scheibenwaschanlage	4850-1
20	Scheibenwischer-Einstellgerät	4851-1
21	Scheibenwischerarm-Abzieher	4855-7/-8
22	Federspanner	4900-2A
23	Spannplattenpaar vorn/hinten	4900-11/-10
24	Bremsscheiben-Messschieber	4956-1
25	Bremssattelfeile	4968-1
26	Bremssatteldrahtbürste	4968-3
27	Brems-Entlüftungsschlüssel	4968-11
28	Bremskolbendrehwerkzeug für hintere Scheibenbremsen	4970/6
29	Drehmomentschlüssel 1 – 6 Nm	6003 CT
30	Drehmomentschlüssel 4 – 40 Nm	6109-2 CT
31	Drehmomentschlüssel 40 – 200 Nm	6122–1CT
32	Winkelscheibe für drehwinkelgesteuerten Schraubenanzug	6690

Motorstarthilfe

Sicherheitshinweise

Werden die vorgeschriebenen Anschlusshinweise nicht genau eingehalten, besteht die Gefahr der Verätzung durch austretende Batteriesäure. Außerdem können Verletzungen oder Schäden durch eine Batterieexplosion entstehen oder Defekte an der Fahrzeugelektrik auftreten.

- Batterieflüssigkeit von Augen, Haut, Gewebe und lackierten Flächen fern halten. Die Flüssigkeit ist ätzend. Säurespritzer sofort mit klarem Wasser gründlich abspülen. Gegebenenfalls einen Arzt aufsuchen.
- Keine Funken oder offenen Flammen in Batterienähe, da aus der Batterie brennbare Gase austreten können.
- Augenschutz tragen.
- Darauf achten, dass die Starthilfekabel nicht durch drehende Teile wie zum Beispiel den Kühlerventilator beschädigt werden.

- Die Starthilfekabel müssen einen Leitungsquerschnitt von 25 mm^2 aufweisen und mit isolierten Kabelzangen ausgestattet sein. In der Regel ist der Leitungsquerschnitt auf der Packung der Starthilfekabel angegeben.
- Bei beiden Batterien muss die Spannung 12 Volt betragen. Die Kapazität der stromgebenden Batterie darf nicht wesentlich unter der der entladenen Batterie liegen.
- Eine entladene Batterie kann bereits bei –10° C gefrieren. Vor Anschluss der Starthilfekabel muss eine gefrorene Batterie unbedingt aufgetaut werden.
- Die entladene Batterie muss ordnungsgemäß am Bordnetz angeklemmt sein.
- Wenn möglich, Säurestand der entladenen Batterie prüfen, gegebenenfalls destilliertes Wasser auffüllen und Batterie verschließen.
- Fahrzeuge so weit auseinander stellen, dass kein metallischer Kontakt besteht. Andernfalls könnte bereits beim Verbinden der Pluspole ein Strom fließen.
- Bei beiden Fahrzeugen Handbremse anziehen. Schaltgetriebe in Leerlaufstellung, automatisches Getriebe in Parkstellung »P« schalten.
- Alle Stromverbraucher, auch Autotelefon, ausschalten.

Hinweis: Bei einigen Modellen des **MINI 1** befindet sich die Fahrzeugbatterie im Laderaum. In diesem Fall Starthilfekabel an die Plus- und Minusabgriffe im Motorraum anschließen.

- Starthilfekabel in folgender Reihenfolge anschließen:

  1. Rotes Kabel –2– an den Pluspol (+) der Batterie oder an den Plusabgriff (+) im Motorraum des Spenderfahrzeuges –B– anklemmen. Vorher Batterieabdeckung öffnen oder Abdeckkappe für Plusabgriff hochklappen.

  2. Das andere Ende des roten Kabels –1– im Motorraum des zu startenden Fahrzeuges –A– entweder an den Pluspol der Batterie oder an den Plusabgriff anklemmen.

  3. Schwarzes Kabel –3– an den Minuspol (–) der Batterie oder an den Massepunkt (–) im Motorraum des stromgebenden Fahrzeuges –B– anklemmen.

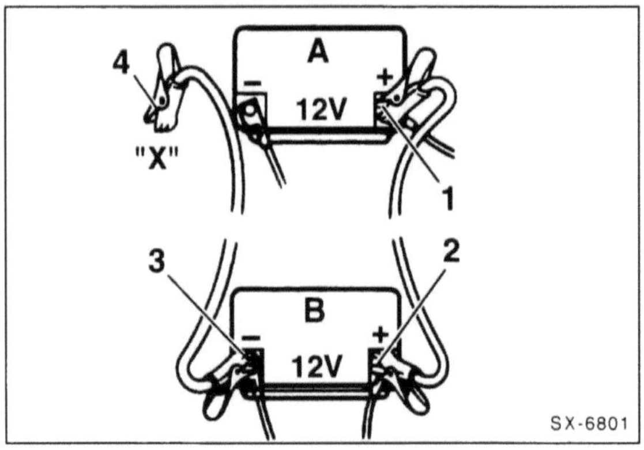

  4. Das andere Ende des schwarzen Kabels –4– an eine gute Massestelle –X– des Empfängerfahrzeuges –A– anschließen. Fahrzeuge mit der Batterie im Laderaum besitzen hierzu einen speziellen Massepunkt im Bereich des linken Federbeindoms. **Achtung: Anschluss –4– nicht an den Minuspol (–) der leeren Batterie anschließen.** Als Massestelle –X– eignet sich ein mit dem Motorblock verschraubtes Metallteil. Unter ungünstigen Umständen könnte beim Anschließen des Kabels an den Minuspol der leeren Batterie, durch Funkenbildung und Knallgasentwicklung, die Batterie explodieren.

Achtung: Die Klemmen der Starthilfekabel dürfen bei angeschlossenen Kabeln nicht in Kontakt miteinander kommen, die Plusklemmen dürfen auf keinen Fall Massestellen (Karosserie oder Rahmen) berühren – Kurzschlussgefahr!

- Motor des Spenderfahrzeuges starten und einige Minuten mit erhöhter Leerlaufdrehzahl laufen lassen. Anschließend Motor während des Startvorganges mit Leerlaufdrehzahl drehen lassen. Dadurch wird eine Beschädigung des Generators durch Spannungsspitzen beim Startvorgang vermieden.
- Motor des Empfängerfahrzeuges (leere Batterie) starten und laufen lassen. Beim Starten Anlasser nicht länger als 10 Sekunden ununterbrochen betätigen, da sich durch die hohe Stromaufnahme Polzangen und Kabel erwärmen. Deshalb zwischendurch eine »Abkühlpause« von mindestens ½ Minute einlegen.
- Bei Startschwierigkeiten nicht unnötig lange den Anlasser betätigen. Während des Anlassens wird permanent Kraftstoff eingespritzt. Fehlerursache ermitteln und beseitigen.
- Nach erfolgreichem Start beide Fahrzeuge mit der »Strombrücke« noch 3 Minuten laufen lassen.
- Um Spannungsspitzen beim Trennen abzubauen, im Fahrzeug mit der leeren Batterie Heizgebläse und Heckscheibenheizung einschalten. Nicht das Fahrlicht einschalten. Glühlampen brennen bei Überspannung durch.
- **Nach der Starthilfe** Kabel in **umgekehrter** Reihenfolge abklemmen: Zuerst schwarzes Kabel am Empfängerfahrzeug, dann am stromgebenden Fahrzeug abklemmen. Rotes Kabel zuerst am stromgebenden und dann am Empfängerfahrzeug abklemmen.

Fahrzeug aufbocken

Bei Arbeiten unter dem Fahrzeug muss dieses, falls es nicht auf einer Hebebühne steht, auf zwei oder vier stabilen Unterstellböcken stehen.

Sicherheitshinweis
Wenn unter dem Fahrzeug gearbeitet werden soll, muss es mit geeigneten Unterstellböcken sicher abgestützt werden. Abstützen nur mit dem Wagenheber ist unzureichend. **Lebensgefahr!**

- Das Fahrzeug nur in unbeladenem Zustand auf ebener, fester Fläche aufbocken.

- Die Räder, die beim Anheben auf dem Boden stehen bleiben, mit Keilen gegen Vor- oder Zurückrollen sichern. Nicht auf die Feststellbremse verlassen, diese muss bei einigen Reparaturen gelöst werden.

Achtung: Um Beschädigungen am Unterbau zu vermeiden, geeignete Gummi- oder Holzzwischenlage verwenden. Der Wagen darf keinesfalls am Antriebsaggregat oder an der Hinterachse angehoben werden, da dadurch große Schäden entstehen können.

- Als seitliche Aufnahmepunkte für Wagenheber oder Hebebühne befinden sich Gummiblöcke –Pfeile– an den Unterholmen.

Anheb- und Aufbockpunkte

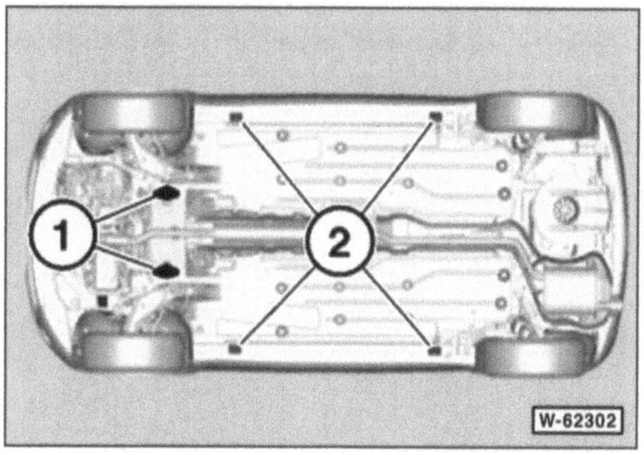

1 – Aufnahmepunke für den Werkstattwagenheber, jeweils seitlich am Vorderachsträger (außer COOPER S JCW).

2 – Aufnahmepunkte für Wagenheber und Hebebühne.

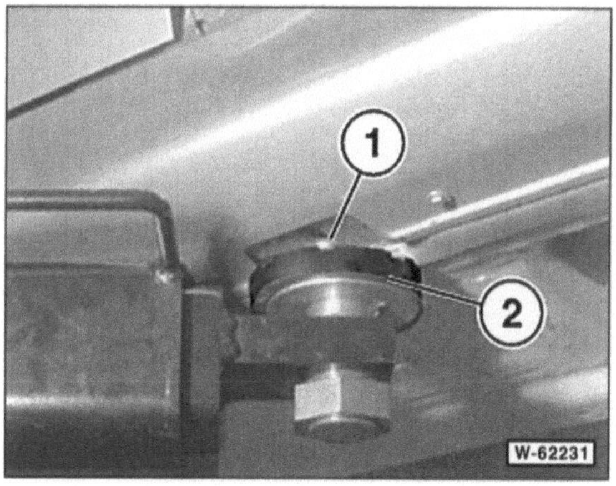

- Fahrzeug mit einem Wagenheber oder einer Hebebühne seitlich an den vier verstärkten Aufnahmen anheben. Dabei darauf achten, dass der Aufnahmeteller –2– des Hebebühnenarmes keine angrenzenden Bauteile berührt. **Achtung:** Vor dem Auffahren auf eine Hebebühne sicherstellen, dass genügend Bodenfreiheit zwischen Hebebühne und Fahrzeug vorhanden ist.

MINI COOPER S JCW:

Achtung: Zum Anheben des Fahrzeuges mit einem Werkstattwagenheber oder einer Hebebühne müssen unbedingt die beiliegenden **Verlängerungen der Wagenheberaufnahmen** verwendet werden! Wird ein Fahrzeug ohne die verlängerten Wagenheberaufnahmen angehoben, kann die Schwellerverkleidung zerstört werden! Die Wagenheberaufnahmen liegen jedem Fahrzeug bei. Das Fahrzeug darf grundsätzlich **nur an den vier verstärkten Aufnahmen angehoben werden**!

Elektrische Anlage

Aus dem Inhalt:

- Sicherungen auswechseln
- Batterie ausbauen
- Batterie prüfen
- Batterie laden
- Scheibenwischer
- Beleuchtungsanlage
- Armaturen/Schalter
- Radioanlage

Steckverbinder trennen

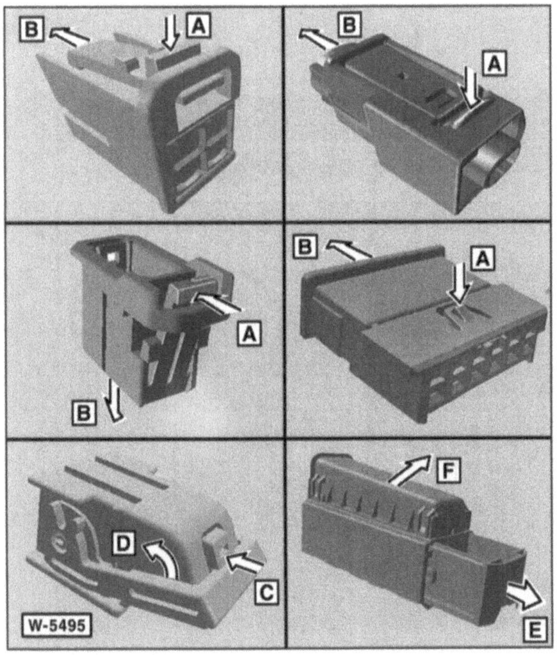

- Verriegelung drücken –Pfeil A– und Steckverbindung trennen –Pfeil B–.
- Verriegelung drücken –Pfeil C–, Sicherungsbügel umklappen –Pfeil D– und Steckverbindung trennen.
- Sicherungsschieber herausziehen –Pfeil E– und Steckverbindung trennen –Pfeil F–.

Lichtwellenleiter

Es kommen vermehrt Lichtwellenleiter als Steuerleitungen für Radios und Navigationsgeräte zum Einsatz, die sich durch verlustarme Datenübertragung sowie eine hohe Bandbreite auszeichnen.

Sicherheitshinweise im Umgang mit Lichtwellenleitern beachten:

- Steckverbindungen für Lichtwellenleiter vorsichtig trennen.
- Die Übergangsstellen des Lichtwellenleiters dürfen nicht verschmutzt oder verkratzt werden.
- Lichtwellenleiter nicht knicken, strecken oder quetschen.
- **Kontaktstellen mit Abdeckkappen und Stopfen schützen.**

Hupe aus- und einbauen

MINI 2

Ausbau

- Innenkotflügel vorn rechts soweit abbauen, bis die Signalhörner zugänglich sind, siehe Seite 275.

- Stecker –1– vom Signalhorn abziehen.
- Mutter –2– abschrauben und Signalhorn vom Halter abnehmen.

Einbau

- Signalhorn am Halter anschrauben und Mutter festziehen. **Anzugsdrehmoment:**
  MINI 1 . . . . **4 Nm**
  MINI 2 . . . . **10 Nm**
- Der Einbau erfolgt in umgekehrter Ausbaureihenfolge.

Sensoren für Einparkhilfe aus- und einbauen

Ausbau

- Batterie abklemmen. **Achtung:** Hinweise im Kapitel »Batterie aus- und einbauen« beachten.
- **MINI 1:** Stoßfängerabdeckung hinten ausbauen, siehe Seite 262.
- **MINI 2:** Hintere Unterbodenabdeckung von der Stoßfängerabdeckung abschrauben, siehe Seite 273.
- Stecker vom Sensor abziehen.

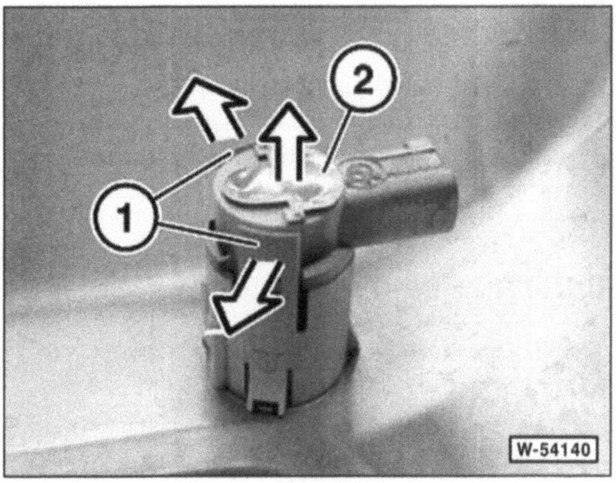

- Befestigungslaschen –1– auseinander drücken und Sensor –2– aus der Halterung herausziehen –Pfeile–.

Einbau

- Sensor in die Halterung stecken und einrasten lassen.
- Der weitere Einbau erfolgt in umgekehrter Ausbaureihenfolge.

Sicherungen auswechseln

Um Kurzschluss- und Überlastungsschäden an den Leitungen und Verbrauchern der elektrischen Anlage zu verhindern, sind die einzelnen Stromkreise durch Schmelzsicherungen geschützt.

- Vor dem Auswechseln einer Sicherung immer alle Stromverbraucher und die Zündung ausschalten.
- Es empfiehlt sich, stets einige Ersatzsicherungen im Wagen mitzuführen und diese nach Gebrauch zu ersetzen.
- Brennt eine neu eingesetzte Sicherung nach kurzer Zeit wieder durch, muss der entsprechende Stromkreis überprüft werden.

Achtung: Auf keinen Fall Sicherung durch Draht oder ähnliche Hilfsmittel ersetzen, weil dadurch ernste Schäden an der elektrischen Anlage auftreten können.

Hinweis: Die Sicherungen sind in 2 Sicherungskästen eingesetzt. Der erste Sicherungskasten sitzt in der Fahrzeuginnenraum und der zweite Sicherungskasten im Motorraum.

- Eine Übersicht der aktuellen Sicherungsbelegung befindet sich im Deckel des jeweiligen Sicherungskastens. **Hinweis:** Die Sicherungsbelegung ist abhängig von der Ausstattung und vom Baujahr des Fahrzeuges.

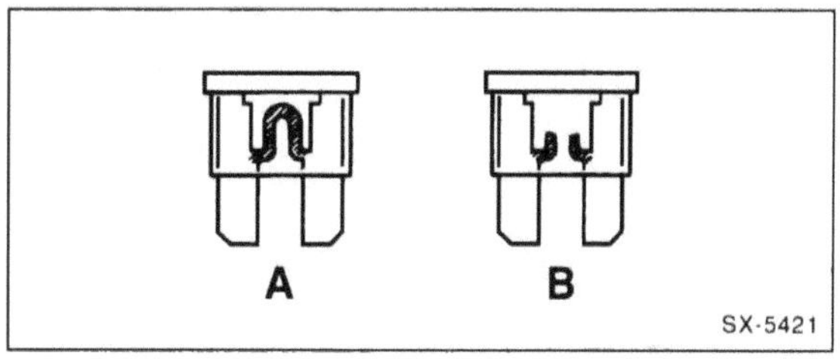

- Eine durchgebrannte Sicherung erkennt man am durchgeschmolzenen Metallstreifen. A – Sicherung in Ordnung, B – Sicherung durchgebrannt.

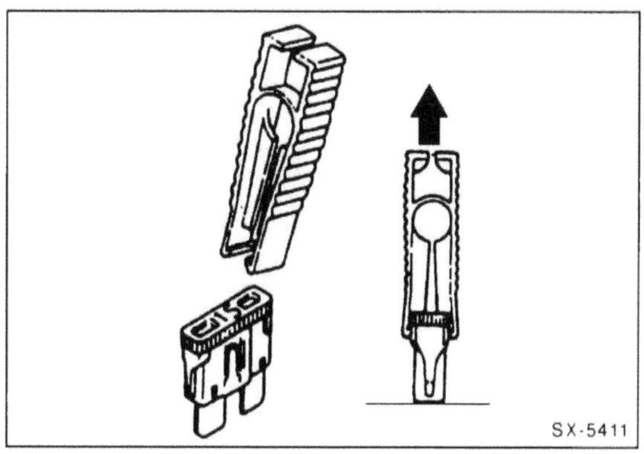

- Defekte Sicherung herausziehen. Eine Kunststoffklammer zum Herausziehen der Sicherungen ist im Handel erhältlich.

Nennstromstärke in Ampere	Kennfarbe (kleine Sicherung)
5	beige/hellbraun
7,5	braun
10	rot
15	blau
20	gelb
25	transparent
30	grün
40	orange

- Neue Sicherung **gleicher Sicherungsstärke** einsetzen. Die Nennstromstärke der Sicherung ist aufgedruckt. Außerdem ist die Sicherung durch eine Farbe gekennzeichnet, an der ebenfalls die Nennstromstärke zu erkennen ist.

Achtung: Es werden auch Sicherungen mit höherer Nennstromstärke benutzt; diese Sicherungen sind wesentlich größer. Die Nennstromstärke ist aufgedruckt.

Sicherungskasten im Fahrzeuginnenraum

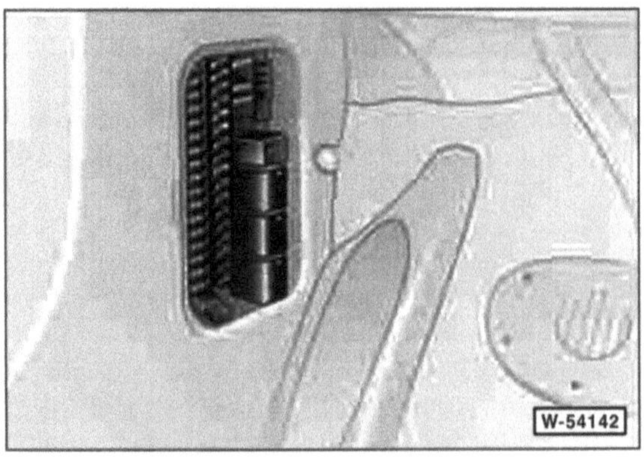

- **MINI 1:** Der Sicherungskasten sitzt hinter der **linken** Seitenverkleidung im Fahrerfußraum (untere A-Säulenverkleidung). Verschluss drücken und Klappe in der A-Säulenverkleidung öffnen.
- **MINI 2:** Der Sicherungskasten sitzt hinter der **rechten** Seitenverkleidung im Beifahrerfußraum (untere A-Säulenverkleidung). Kunststoffkeil oder Schraubendreher in die Aussparung führen und Abdeckung heraushebeln.

Sicherungskasten im Motorraum

Je nach Motor und Fahrzeuggeneration sitzt der Sicherungskasten neben der Batterie, neben dem Luftfiltergehäuse oder an der Stirnwand.

- **Sicherungskasten an der Stirnwand:** Rastlasche entriegeln und Sicherungskasten nach oben aus der Halterung an der Stirnwand ziehen.

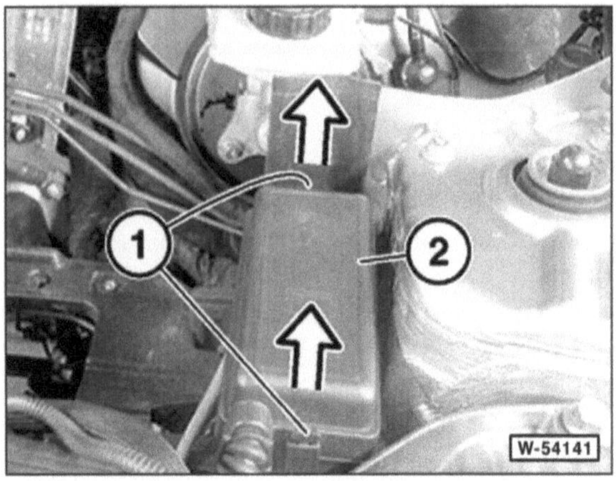

- Haltelaschen –1– entriegeln und Deckel –2– vom Sicherungskasten abheben –Pfeile–. **Hinweis:** Der Sicherungskasten an der Stirnwand besitzt 3 Haltelaschen an den langen Seiten.

Batterie aus- und einbauen

Die Batterie des MINI befindet sich je nach Motor und Fahrzeuggeneration im Motorraum oder im Laderaum.

Achtung: Batterie nie bei laufendem Motor abklemmen.

Achtung: Durch das Abklemmen der Batterie werden einige **elektronische Speicher gelöscht**.

Hinweis: Damit die gespeicherten Daten nicht verloren gehen, sollte möglichst ein Ruhestrom-Erhaltungsgerät verwendet werden. Das Gerät wird vor Abklemmen der Batterie nach Herstelleranweisung angeschlossen.

Achtung: Bei Fahrzeugen mit einem Batteriekontrollsystem (Sensor an der Minusklemme) Ruhestrom-Erhaltungsgerät **nicht** am Zigarettenanzünder anschließen, sondern an den Anschlusspunkten für Starthilfekabel.

Achtung: Kein Ruhestrom-Erhaltungsgerät bei Arbeiten an Airbags und Gurtstraffern anschließen.

- **Radiocode** vor Abklemmen der Batterie oder Ausbau des Radios feststellen. Ansonsten kann das Radio nur durch den Hersteller wieder in Betrieb genommen werden. Die Code-Nummer ist in der Radio-Bedienungsanleitung angegeben. Sie sollte nicht im Fahrzeug aufbewahrt werden.
- Nach dem Anklemmen der Batterie gegebenenfalls die **Radiosender** neu programmieren.
- Nach dem Anklemmen der Batterie die **Uhr** einstellen.
- Nach dem Anklemmen der Batterie benötigt das **Navigationssystem** bis zu 10 Minuten, bis es funktionsfähig ist.
- **MINI 1** – Nach dem Anklemmen der Batterie Endanschlag der elektrischen **Fensterheber** neu programmieren:
  - Türen schließen. Zündung einschalten. Jedes Fenster bis zum Anschlag hochfahren und Fensterheberschalter etwa 5 Sekunden lang in Schließstellung halten.
  - Am Ende eine Funktionsprüfung durchführen.

- Nach dem Anklemmen der Batterie bei Fehlfunktion das **Schiebedach** einstellen.
  - Zündung einschalten. Taste zum **Anheben** des Glas-Schiebedachs drücken und gedrückt halten, auch wenn der Anhebevorgang verzögert einsetzen oder unterbrochen werden sollte.
  - Nach Erreichen der höchsten Position, Taste für etwa 20 Sekunden weiter gedrückt halten. Das Schiebedach wird aus der Endstellung heraus nochmals kurz nach oben gedrückt.
  - Taste weiter gedrückt halten, bis das Schiebedach geschlossen wird.
  - Taste für maximal 5 Sekunden loslassen.
  - Taste wieder betätigen. Das Schiebedach wird ganz geöffnet und sofort wieder geschlossen.
  - Erst jetzt Taste loslassen. **Hinweis:** Wird die Taste in der Zwischenzeit losgelassen, muss der gesamte Vorgang von vorne wiederholt werden.
  - Am Ende eine Funktionsprüfung durchführen, einschließlich Einklemmschutzfunktion.

Hinweis: Wird die Autobatterie ersetzt, unbedingt die Altbatterie zum Händler mitnehmen und zurückgeben. Sonst muss Pfand für die neue Batterie bezahlt werden.

Ausbau

Hinweis: Wird die Batterie lediglich abgeklemmt und nicht ausgebaut, muss in den meisten Fällen nur das Massekabel vom Minuspol abgezogen werden.

- Alle elektrischen Verbraucher ausschalten. Zündung ausschalten. Dadurch werden Schäden an elektronischen Steuergeräten vermieden.
- **MINI 1 und Batterie im Laderaum:** Heckklappe öffnen und Bodenabdeckung aus dem Laderaum herausnehmen.
- **MINI 1 und Batterie im Motorraum:** Motorhaube öffnen und Dichtungsband über der Batterie abziehen. Abdeckung über der Batterie abnehmen, dazu an den Seiten jeweils eine Rastlasche drücken.
- **MINI 2:** Motorhaube öffnen und Windlaufabdeckung auf der rechten Seite ausbauen, siehe Seite 272.

Hinweis: Wird die Batterie beim MINI 2 lediglich abgeklemmt, muss nur die Klappe in der Windlaufabdeckung geöffnet werden.

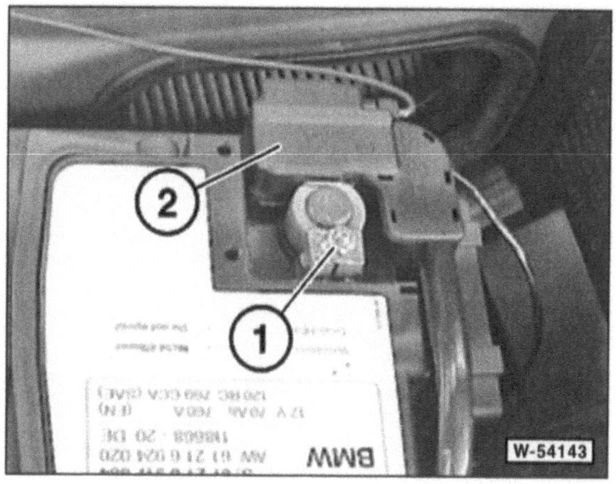

Hinweis: Die Abbildung zeigt die Batterie beim MINI 2.

- **Massekabel von der Batterie abklemmen.** Dazu Mutter –1– beziehungsweise Schraube lockern und Klemme durch Hin- und Herbewegen vom Minuspol (–) abziehen.
- Massekabel –2– zur Seite legen und fixieren.

Achtung: Niemals die Batterie-Plusklemme ab- oder anschrauben, wenn die Minusklemme noch angeschlossen ist. Kurzschlussgefahr.

- Batterie-Minuspol zur Sicherheit abdecken oder abkleben.

Achtung: Einige Fahrzeuge sind mit einem **Batteriekontrollsystem** ausgestattet, das den aktuellen Batteriezustand erfasst. Dazu ist an der Minusklemme ein **Sensor** angebracht, der den Lade- und Entladestrom sowie die Batterietemperatur misst, siehe Abbildung W-54143. **Klemme nicht mit Gewalt vom Minuspol abziehen.** Kein Werkzeug zum Abhebeln der Klemme verwenden. Schraube des Batteriesensors auf keinen Fall losdrehen.

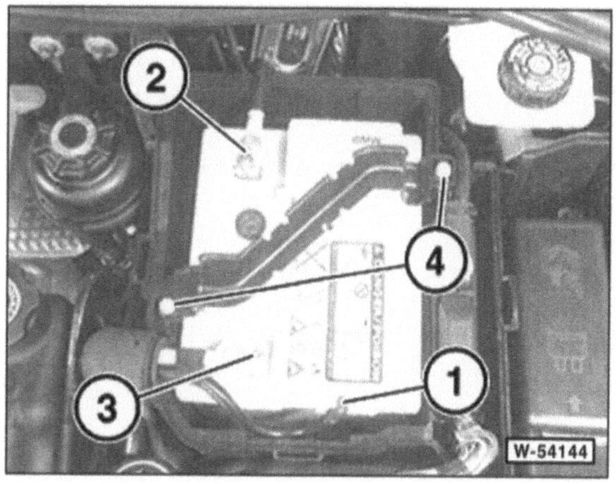

Hinweis: Die Abbildung zeigt die Batterie im Motorraum beim MINI 1.

- Gegebenenfalls Abdeckkappe über dem Batterie-Pluspol abnehmen. 2 – Massekabel.
- Mutter beziehungsweise Schraube lockern und Klemme –3– vom Pluspol (+) abziehen.

Achtung: Niemals die Batterie-Plusklemme ab- oder anschrauben, wenn die Minusklemme angeschlossen ist. Kurzschlussgefahr.

- Pluskabel zur Seite legen.
- Schlauch –1– für Zentralentgasung von der Batterie abziehen.
- **MINI 1:** Schrauben –4– herausdrehen und Batterie-Sicherungsbügel abnehmen.
- **MINI 2:** Schraube herausdrehen und mit Batterie-Halter herausnehmen.
- Je nach Ausstattung Haltegriffe aufklappen und Batterie nach oben herausheben.

Einbau

Der Einbau erfolgt in umgekehrter Ausbaureihenfolge. Dabei ist Folgendes zu beachten:

- Sicherstellen, dass nur Batterien mit gleichen Abmessungen gegeneinander ausgetauscht werden.
- Sicherheitshinweise auf der Batterie beachten. Originalteile-Batterien sind mit Sicherheitshinweisen ausgestattet.
- Batteriepole blank kratzen, geeignet ist dazu eine Messingdrahtbürste. Batteriepole säubern.
- Schlauch für Zentralentgasung an der Batterie aufschieben. Schlauch nicht knicken. **Hinweis:** Die unter Umständen auf der gegenüberliegenden Batterieseite vorhandene Entlüftungsöffnung muss mit einem Stopfen verschlossen sein.
- Batterie-Sicherungsbügel beziehungsweise Batterie-Halter mit **6 Nm** festschrauben.
- Vor dem Anklemmen der Batterie sicherstellen, dass die Zündung und alle Stromverbraucher ausgeschaltet sind.
- **Zuerst Pluskabel** am Pluspol (+) anklemmen, danach Massekabel am Minuspol (–). **Niemals** Batterie-Pluskabel anschließen, wenn die Minusklemme an der Batterie angeschlossen ist.

Hinweis: Durch eine falsch angeschlossene Batterie können erhebliche Schäden am Generator und an der elektrischen Anlage entstehen.

- Muttern beziehungsweise Schrauben der Batterieklemmen mit **5 Nm** festziehen und Batteriepole oben dünn mit Polfett einschmieren, um Korrosion zu vermeiden. **Achtung:** Pole **nicht vor** Anklemmen der Kabel fetten.
- Gegebenenfalls Abdeckkappe über dem Batterie-Pluspol aufsetzen.
- Fahrzeuge mit Batteriekontrollsystem: Bei Austausch der Batterie Fehlerspeicher mit einem Diagnosegerät auslesen und Batterieaustausch registrieren.
- Radiocode eingeben.
- Radiosender programmieren.
- Uhr prüfen und gegebenenfalls neu einstellen.
- Endanschlag der elektrischen Fensterheber neu programmieren.
- Wenn nötig, Schiebedach einstellen.

Batteriekasten aus- und einbauen

MINI 1

Ausbau

- Batterie im Motorraum ausbauen, siehe entsprechendes Kapitel.
- Luftfiltergehäuse ausbauen, siehe Seite 205.

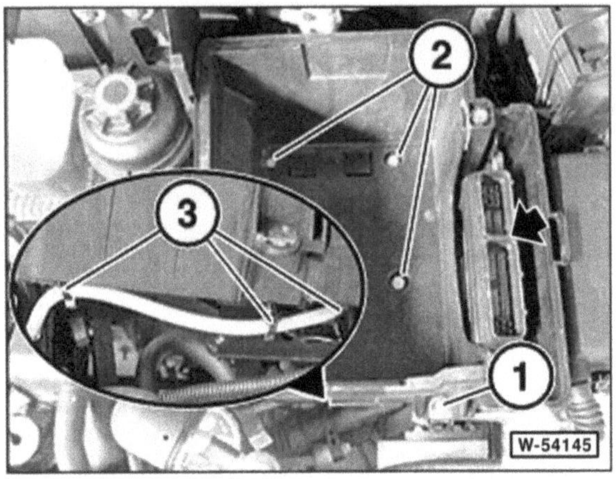

- Stecker entriegeln und vom Steuergerät –Pfeil– abziehen.
- Schraube –1– herausdrehen.
- Befestigungen –2– am Boden des Batteriekastens ausbauen.
- Batteriekasten ein Stück aus dem Motorraum herausziehen und Kabelstrang-Halterungen –3– unten am Batteriekasten öffnen.
- Batteriekasten herausziehen.

Einbau

- Der Einbau erfolgt in umgekehrter Ausbaureihenfolge.
- Schraube für Batteriekasten mit **8 Nm** anziehen.

Batterie prüfen

Vor Beginn des Winters sollte die Batterie überprüft werden. Bei großer Kälte sinkt die Batteriespannung einer nur mäßig geladenen Batterie während des Anlassvorgangs stark ab.

Wartungsarme Batterie

Bei einer wartungsarmen Batterie fehlen die Zellverschluss-Stopfen auf der Batterieoberseite. Kontrollmessungen des Säurestands oder der Säuredichte entfallen, da keine Flüssigkeit entweicht oder entgast.

In Fahrzeugen, in denen eine wartungsarme Batterie eingebaut ist, ist an der Batterie oftmals ein »magisches Auge« angebracht. Durch diese optische Anzeige werden der Säurestand und der Ladezustand der Batterie angezeigt, und zwar durch unterschiedliche Farbkennung. Dazu das magische Auge mit einer Taschenlampe von oben anleuchten.

- Bevor eine Sichtprüfung am magischen Auge vorgenommen wird, vorsichtig mit dem Griff eines Schraubendrehers auf das magische Auge klopfen. Luftblasen, die die Anzeige beeinträchtigen könnten, steigen hierdurch auf. Die Farbanzeige des magischen Auges wird dadurch genauer.
- Anzeige **grün**: Batterie ist in gutem Zustand.
- Anzeige **schwarz**: Batterie muss geladen werden.
- Andere Farbanzeige: Kritischer Säurezustand. Die wartungsarme Batterie muss ausgetauscht werden.

Hinweis: Batterien neuester Generation sind mit einem Rückzündungsschutz ausgestattet, einer so genannten »Fritte«. Das bei der Ladung entstehende Gas tritt durch eine Öffnung an der oberen Deckelseite aus, in die die Fritte eingesetzt ist. Die Fritte besteht aus einer kleinen, runden Glasfasermatte und arbeitet ähnlich wie ein Ventil.

Herkömmliche Batterie

Eine herkömmliche Batterie ist an abnehmbaren Zellverschluss-Stopfen beziehungsweise einer Verschluss-Leiste auf der Batterieoberseite erkennbar. Eine regelmäßige Kontrolle des Säurestands ist erforderlich.

Säurestand prüfen

Der Säurestand muss in den Batteriezellen etwa 5 mm über den Zellen-Elementen liegen. Ist bei manchen Batterien der Säurestand von außen erkennbar, muss dieser zwischen der oberen (MAX) und der unteren (MIN) Marke liegen. Bei Batterien mit einem Kunststoffsteg in den Einfüllöffnungen muss der Flüssigkeitsstand in dessen Höhe liegen. Einfüllöffnungen mit einer Taschenlampe von oben anleuchten – auf keinen Fall mit offener Flamme.

- Verschluss-Stopfen mit breitem Schraubendreher oder HAZET 4650-3 herausdrehen beziehungsweise Verschluss-Leiste mit Schraubendreher vorsichtig aufhebeln.
- Wenn nötig, destilliertes Wasser mit einem Trichter in die Einfüllöffnungen bis zur Markierung nachfüllen.
- Verschluss-Stopfen wieder eindrehen beziehungsweise Verschluss-Leiste aufdrücken.
- Batterie anschließend laden und unter Belastung prüfen, siehe entsprechende Kapitel.

Säuredichte prüfen

Die Säuredichte ergibt in Verbindung mit einer Spannungsmessung genauen Aufschluss über den Ladezustand der Batterie. Zur Prüfung der Säuredichte dient ein Säureheber, zum Beispiel HAZET 4650-1. Die Temperatur der Batteriesäure muss für die Prüfung mindestens +10° C betragen.

- Zündung ausschalten.
- Verschluss-Stopfen mit breitem Schraubendreher oder HAZET 4650-3 herausdrehen beziehungsweise Verschluss-Leiste mit Schraubendreher vorsichtig aufhebeln.

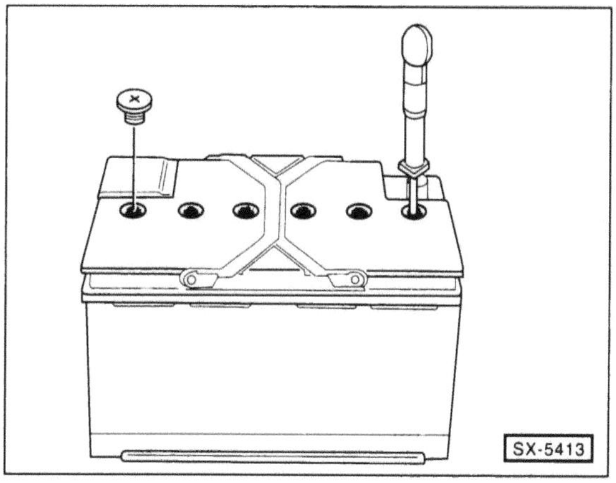

- Säureheber in eine der Batteriezellen eintauchen und soviel Säure ansaugen, bis der Schwimmer frei in der Säure schwimmt.
- Je größer das spezifische Gewicht (Säuredichte) der angesaugten Batteriesäure ist, desto mehr taucht der Schwimmer auf.
- An der Skala kann man die Säuredichte in spezifischem Gewicht (g/ml) oder Baumégrad (+°Bé) ablesen. Die Säuredichte muss mindestens 1,24 g/ml betragen. Ist die Säuredichte zu gering, Batterie laden.

Ladezustand	+°Bé	g/ml
entladen	16	1,12
halb entladen	24	1,20
gut geladen	30	1,28

- Nacheinander jede Batteriezelle prüfen, alle Zellen müssen die gleiche Säuredichte (maximale Differenz 0,04 g/ml) haben. Bei größeren Differenzen ist die Batterie wahrscheinlich defekt.
- Verschluss-Stopfen wieder eindrehen beziehungsweise Verschluss-Leiste aufdrücken.

Herkömmliche und wartungsarme Batterie

Batterie unter Belastung prüfen

- Voltmeter an die Batteriepole anschließen. Anschlusskabel **nicht** abklemmen.
- Motor starten und Spannung ablesen.
- Während des Startvorganges darf bei einer **vollen** Batterie die Spannung nicht unter 10 Volt (bei einer Säuretemperatur von ca. +20° C) abfallen.
- Bricht die Spannung sogar zusammen und wurde in den Zellen eine unterschiedliche Säuredichte festgestellt, ist die Batterie defekt.

Ruhespannung prüfen

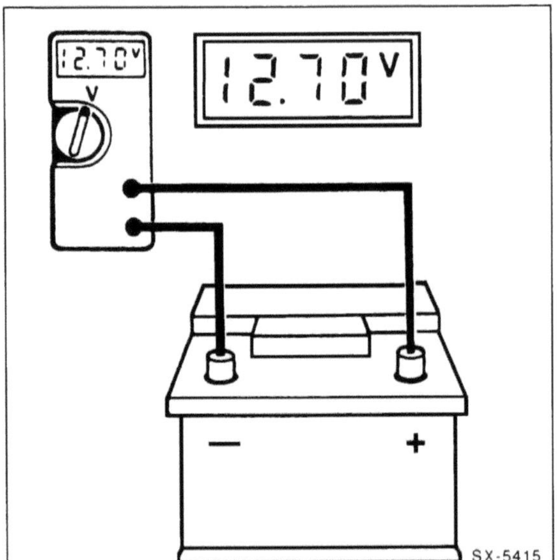

SX-5415

Der Batteriezustand wird durch Messen der Spannung mit einem Voltmeter zwischen den Batteriepolen überprüft.

- Batterie vom Stromnetz abklemmen, siehe Kapitel »Batterie aus- und einbauen«.
- Vor der Prüfung muss die Batterie mindestens zwei Stunden abgeklemmt sein.
- Voltmeter an die Batteriepole anschließen und Spannung messen.
- **Beurteilung des Spannungsmesswertes:**
  12,7 Volt oder darüber: Batterie in gutem Zustand.
  unter 12,7 Volt: Batterie in schlechtem Zustand, Batterie laden oder ersetzen.
- Batterie anklemmen. Zuerst Batterie-Pluskabel (+) und dann Batterie-Massekabel (–) bei ausgeschalteter Zündung anklemmen.

Batterie entlädt sich selbstständig

Je nach Fahrzeugausstattung addiert sich zur natürlichen Selbstentladung der Batterie auch die Stromaufnahme der verschiedenen Stromverbraucher im Ruhezustand. Daher sollte die Batterie in einem abgestellten Fahrzeug alle 6 Wochen nachgeladen werden. Wenn der Verdacht auf Kriechströme besteht, Bordnetz nach folgender Anleitung prüfen:

- Zur Prüfung eine geladene Batterie verwenden.

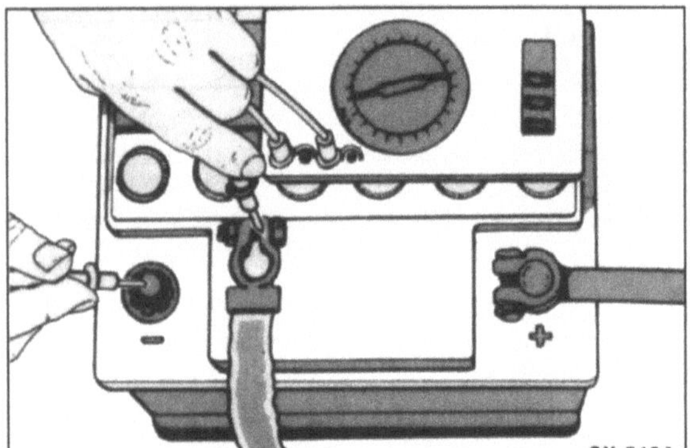
SX-5404

- Am Amperemeter den höchsten Messbereich einstellen.
- Batterie-Massekabel (–) abklemmen. **Achtung:** Hinweise im Kapitel »Batterie aus- und einbauen« beachten.
- Amperemeter zwischen Batterie-Minuspol (–) und Massekabel schalten: Amperemeter-Plus-Anschluss (+) an Massekabel und Minus-Anschluss (–) an Batterie-Minuspol (–).

Achtung: Die Prüfung kann auch mit einer Prüflampe durchgeführt werden. Leuchtet die Lampe zwischen Massekabel und Minuspol der Batterie jedoch nicht auf, ist auf jeden Fall ein Amperemeter zu verwenden.

- Alle Verbraucher ausschalten, vorhandene Zeituhr (und andere Dauerverbraucher) abklemmen, Türen schließen.
- Vom Amperebereich solange auf den Milliamperebereich zurückschalten bis eine ablesbare Anzeige erfolgt (1–3 mA sind zulässig).
- Durch Herausnehmen der Sicherungen nacheinander die verschiedenen Stromkreise unterbrechen. Geht bei einem unterbrochenen Stromkreis die Anzeige auf Null zurück, ist hier die Fehlerquelle zu suchen.
- Fehler können sein: korrodierte und verschmutzte Kontakte, durchgescheuerte Leitungen, interner Kurzschluss in Aggregaten.
- Wird in den abgesicherten Stromkreisen kein Fehler gefunden, so sind die Leitungen an den nicht abgesicherten Aggregaten, wie Generator und Anlasser, abzuziehen.
- Geht beim Abklemmen von einem der ungesicherten Aggregate die Anzeige auf Null zurück, betreffendes Bauteil überholen oder austauschen. Bei Stromverlust in der Anlasser- oder Zündanlage immer auch den Zünd-Anlassschalter nach Schaltplan prüfen.
- Batterie-Massekabel (–) anklemmen. **Achtung:** Hinweise im Kapitel »Batterie aus- und einbauen« beachten.

Batterie laden

Sicherheitshinweise

- Batterie **nicht** bei laufendem Motor abklemmen.
- Batterie **niemals kurzschließen,** das heißt Plus- (+) und Minuspol (–) dürfen nicht verbunden werden. Bei Kurzschluss erhitzt sich die Batterie und kann platzen.
- Nicht mit offener Flamme in die Batterie leuchten. Batteriesäure ist ätzend und darf nicht in die Augen, auf die Haut oder die Kleidung gelangen, gegebenenfalls mit viel Wasser abspülen.
- Die Verschluss-Stopfen bleiben bei einer Batterie mit Zentralentgasung beim Laden fest eingeschraubt. Sicherstellen, dass der Entgasungsschlauch nicht abgeklemmt ist.
- Gefrorene Batterie vor dem Laden auftauen. Eine geladene Batterie gefriert bei ca. –65° C, eine halbentladene bei ca. –30° C und eine entladene bei ca. –12° C. Aufgetaute Batterie vor dem Laden auf Gehäuserisse prüfen, gegebenenfalls ersetzen. Die von der ausgelaufenen Säure betroffenen Fahrzeugteile müssen umgehend mit Seifenlauge behandelt oder ausgetauscht werden.
- Batterie nur in gut belüftetem Raum oder im Freien laden. Beim Laden der eingebauten Batterie Motorhaube geöffnet lassen.

Zum Laden der Batterie mit einem **Normal- oder Schnellladegerät** Batterie ausbauen. Zumindest aber Massekabel (–) sowie Pluskabel (+) abklemmen. **Achtung:** Erfolgt das Laden der Batterie bei angeklemmten Batteriekabeln können Teile der Fahrzeugelektronik beschädigt werden.

Beim Laden muss die Batterie eine Temperatur von mindestens +10° C aufweisen.

Laden

- Batterie ausbauen, siehe entsprechendes Kapitel.
- Herkömmliche Batterie: Säurestand prüfen, gegebenenfalls destilliertes Wasser nachfüllen, siehe entsprechendes Kapitel.
- Falls am Ladegerät der Ladestrom eingestellt werden kann, Ladestrom für Normalladung auf ca. 10 % der Batteriekapazität einstellen. Bei einer 50-Ah-Batterie also etwa 5,0 A. Als Richtwert für die Ladezeit können dann 10 Stunden genommen werden.
- **Bei ausgeschaltetem Ladegerät** Pluskabel (+) des Ladegerätes an den Pluspol (+) der Batterie anschließen. Minuskabel (–) des Ladegerätes mit dem Minuspol (–) der Batterie verbinden.
- Netzstecker des Ladegerätes in die Steckdose stecken. Falls erforderlich, Ladegerät einschalten.
- Wird die Batterie mit einem konstanten Ladestrom geladen, Temperatur der Batterie durch Auflegen der Hand prüfen. Die Säuretemperatur darf während des Ladens ca. +55° C nicht überschreiten, gegebenenfalls Ladung unterbrechen oder Ladestrom herabsetzen.
- Nach dem Laden der Batterie Ladegerät ausschalten (wenn möglich) und Netzstecker des Ladegerätes ziehen.
- Anschlusskabel des Ladegerätes von der Batterie abklemmen.
- Geladene Batterie prüfen, siehe entsprechendes Kapitel.
- Batterie einbauen, siehe entsprechendes Kapitel.

Hinweise für Batterien ohne Zentralentgasung

- Vor dem Laden Verschluss-Stopfen abnehmen und leicht auf die Öffnungen legen. Dadurch werden Säurespritzer aus den Einfüllöffnungen heraus vermieden, während die beim Laden entstehenden Gase entweichen können.
- So lange laden, bis alle Zellen lebhaft gasen und bei drei im Abstand von je einer Stunde aufeinander folgenden Messungen das spezifische Gewicht der Säure und die Spannung nicht mehr angestiegen sind.
- Nach dem Laden Batterie ca. 20 Minuten ausgasen lassen. Dann Verschluss-Stopfen einsetzen.

Tiefentladene und sulfatierte Batterie laden

Eine Batterie, die längere Zeit unbenutzt war (zum Beispiel Fahrzeug stillgelegt), entlädt sich allmählich selbst und sulfatiert.

Wenn die Ruhespannung der Batterie unter 11,6 Volt liegt, bezeichnet man sie als tiefentladen. Ruhespannung prüfen, siehe unter »Batterie prüfen«.

Bei einer tiefentladenen Batterie besteht die Batteriesäure (Schwefelsäure-Wassergemisch) fast nur noch aus Wasser. **Achtung:** Bei Minustemperaturen kann diese Batterie einfrieren und das Gehäuse kann dann platzen.

Eine tiefentladene Batterie sulfatiert, das heißt die gesamte Plattenoberfläche der Batterie verhärtet. Die Batteriesäure ist dann nicht klar, sie hat eine schwach weißliche Einfärbung.

Wenn die tiefentladene Batterie unmittelbar nach der Entladung wieder geladen wird, bildet sich die Sulfatierung wieder zurück. Andernfalls verhärten die Batterieplatten weiter und die Ladungsaufnahme bleibt dauerhaft eingeschränkt.

- Eine tiefentladene und sulfatierte Batterie muss mit einem geringen Ladestrom von ca. 5 % der Batteriekapazität geladen werden. Der Ladestrom beträgt dann beispielsweise bei einer 60 Ah-Batterie ca. 3 A.
- Die Ladespannung darf maximal 14,4 Volt betragen.

Achtung: Eine tiefentladene Batterie darf keinesfalls mit einem Schnellladegerät geladen werden.

Schnellladen/Starthilfe

- Mit einem Schnellladegerät darf die Batterie nur ausnahmsweise geladen beziehungsweise durch Starthilfe belastet werden. Beim Schnellladen beträgt die Stromstärke des Ladestroms 20% bis 50% der Batteriekapazität. Durch Schnellladen wird die Batterie geschädigt, da sie kurzfristig einer sehr hohen Stromstärke ausgesetzt wird. Länger gelagerte und tiefentladene Batterien sollten nicht mit einem Schnellladegerät aufgeladen werden, da es sonst zur so genannten Oberflächenladung kommt.

Batterie lagern

Wird das Fahrzeug länger als 2 Monate stillgelegt, Batterie ausbauen und im aufgeladenen Zustand lagern. Die günstigste Lagertemperatur liegt zwischen 0° C und +27° C. Bei diesen Temperaturen hat die Batterie die günstigste Selbstentladungsrate. Spätestens nach 2 Monaten Batterie erneut aufladen, da sie sonst unbrauchbar wird.

Wenn eine über längere Zeit gelagerte Batterie mit einem Schnellladegerät geladen wird, nimmt sie unter Umständen keinen Ladestrom auf oder wird durch so genannte Oberflächenladung zu früh als »voll« ausgewiesen. Sie ist anscheinend defekt.

Bevor solch eine Batterie als defekt angesehen wird, ist sie folgendermaßen zu prüfen:

- Säuredichte prüfen. Weicht die Säuredichte in allen Zellen nicht mehr als 0,04 g/ml voneinander ab, so ist die Batterie mit einem Normalladegerät zu laden.
- Batterie nach der Ladung durch eine Belastungsprüfung testen, siehe entsprechendes Kapitel. Bei einem Spannungswert unter ca. 9,6 Volt ist die Batterie defekt.
- Weicht die Säuredichte in einer oder in zwei benachbarten Zellen merklich nach unten ab, hat die Batterie einen Kurzschluss und ist defekt.
- Tiefentladene und sulfatierte Batterie laden, siehe entsprechendes Kapitel.

Batteriepole reinigen

Batteriepole auf Korrosion überprüfen. Korrosion an den Batteriepolen zeigt sich in Form von weißen oder gelblichen pulverartigen Ablagerungen an den Polen.

- Batterie ausbauen, siehe entsprechendes Kapitel.
- Zur Entfernung von Korrosion Batteriepole mit einer Lösung aus Wasser und Soda bestreichen. Es kommt zu einer chemischen Reaktion mit Blasenbildung und einer braunen Verfärbung an den Polen.
- Gegebenenfalls Batteriepole mit einem Polreiniger oder einer Drahtbürste, zum Beispiel HAZET 4650-4, von Korrosionsrückständen reinigen.
- Nach Abklingen dieser Reaktion Batteriepole und Batterie mit klarem Wasser abwaschen und Batterie abtrocknen.
- Batterie einbauen, siehe entsprechendes Kapitel.

Zentralentgasung

Bei der Zentralentgasung tritt das Gas an einer definierten Stelle aus der Batterie aus. Mit Hilfe eines Entgasungsschlauches kann die Ableitung des Gases gezielt zu einer unkritischen Seite erfolgen. Je nach Einbau kann die Batterie von einer unterschiedlichen Seite entgasen.

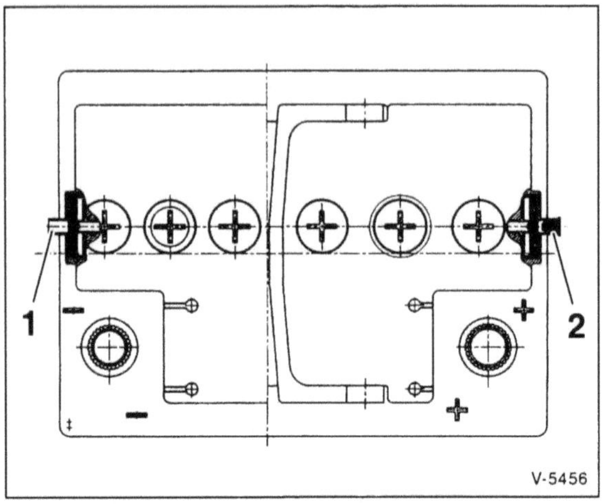

Oft sind die Batterien mit Entgasungsöffnungen –1/2– an jeder Polseite versehen. Von diesen beiden Öffnungen muss eine immer verschlossen sein –2–. Damit ist sichergestellt, dass die Entgasung nur gezielt über den angeschlossenen Schlauch erfolgt. Sollten beide Öffnungen verschlossen sein, unbedingt einen Stopfen aus der Entgasungsöffnung gemäß der Einbauanleitung der Batterie entfernen.

Störungsdiagnose Batterie

Störung	Ursache	Abhilfe
Abgegebene Leistung ist zu gering, Spannung fällt stark ab.	Batterie entladen.	■ Batterie nachladen.
	Ladespannung zu niedrig.	■ Spannungsregler prüfen, gegebenenfalls austauschen.
	Anschlussklemmen lose oder oxydiert.	■ Anschlussklemmen reinigen, Klemmenmuttern anziehen.
	Masseverbindungen Batterie/Motor/Karosserie sind schlecht.	■ Masseverbindung überprüfen, gegebenenfalls metallische Verbindungen herstellen oder Schraubverbindungen festziehen. Korrodierte Schrauben durch verzinnte ersetzen.
	Zu große Selbstentladung der Batterie.	■ Batterie austauschen.
	Batterie sulfatiert.*)	■ Batterie mit geringer Stromstärke laden. Falls die abgegebene Leistung immer noch zu gering ist, Batterie austauschen.
	Batterie verbraucht, aktive Masse der Platten ausgefallen.	■ Batterie austauschen.
Nicht ausreichende Ladung der Batterie.	Fehler an Generator, Spannungsregler oder Leitungsanschlüssen.	■ Generator und Spannungsregler überprüfen, gegebenenfalls Generator austauschen.
	Keilrippenriemen locker, Spannvorrichtung defekt.	■ Spannvorrichtung prüfen, gegebenenfalls Keilrippenriemen ersetzen.
	Zu viele Verbraucher angeschlossen.	■ Stärkere Batterie einbauen; eventuell auch leistungsstärkeren Generator verwenden.
Säurestand zu niedrig.*)	Überladung oder Verdunstung, besonders im Sommer.	■ Bei geladener Batterie destilliertes Wasser bis zur vorgeschriebenen Höhe nachfüllen.
Säuredichte zu niedrig.*)	Batterie entladen.	■ Batterie laden.
	Kurzschluss im Leitungsnetz.	■ Elektrische Anlage überprüfen.
Säuredichte in einer Zelle deutlich niedriger als in den übrigen Zellen.*)	Kurzschluss in einer Zelle.	■ Batterie austauschen.
Säuredichte in zwei benachbarten Zellen deutlich niedriger als in den übrigen Zellen.*)	Zellen-Trennwand undicht, so dass eine leitende Verbindung zwischen den Zellen entsteht und sich die Zellen entladen.	■ Batterie austauschen.

*) Diese Punkte gelten nur für die herkömmliche Nassbatterie.

Scheibenwischanlage

Sicherheitshinweis
Bei Wartungs- und Reparaturarbeiten an der Scheibenwischanlage besteht Verletzungsgefahr der Hände durch Klemmen oder Quetschen. Im Extremfall durch Abscheren von Gliedmaßen bei Eingriffen in die Scheibenwischermechanik. Vor jeglichen Reparaturarbeiten ist stets der Zündschlüssel abzuziehen.

Scheibenwischerblatt aus- und einbauen

Frontscheibe

Ausbau

- Wischerarm hochklappen und festhalten.

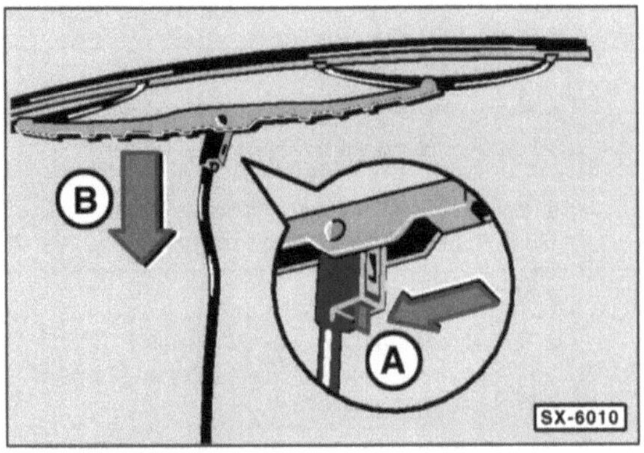

- Wischerblatt rechtwinklig zum Wischerarm stellen.
- Feder niederdrücken –Pfeil A– und Wischerblatt nach unten aus dem Haken am Wischerarm schieben –Pfeil B–.
- Wischerblatt am Wischerarm nach oben schieben und aushängen.

Achtung: Sicherstellen, dass der Wischerarm nicht auf die Frontscheibe herunterklappt.

Einbau

- Wischerblatt über den Wischerarm schieben und Feder in den Haken des Wischerarms hörbar einclipsen.

Heckscheibe

Ausbau

- Wischerarm hochklappen und festhalten.

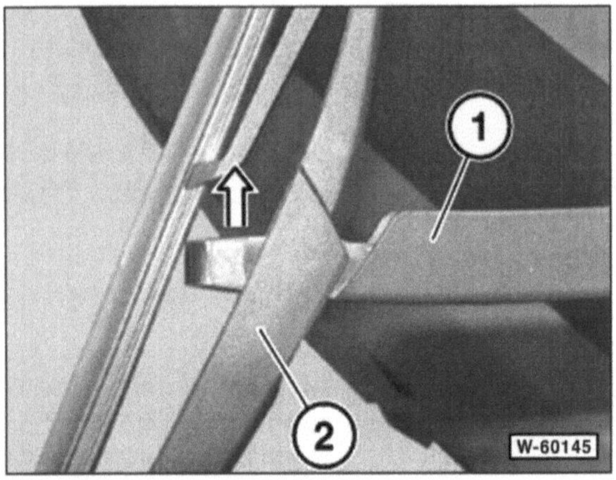

- Wischerblatt –2– nach hinten kippen und aus der Halterung herausdrücken –Pfeil–.
- Wischerblatt vom Wischerarm –1– ziehen.

Einbau

- Wischerblatt in die Halterung schieben und hörbar einrasten.

Scheibenwischergummi aus- und einbauen

Scheibenwischergummis bei schlechtem Wischbild ersetzen. Im Handel werden Scheibenwischerblätter und einzelne Wischergummis angeboten. Wird nur das Wischergummi ersetzt, darauf achten, dass der Träger nicht verbogen wird.

Ausbau

- Scheibenwischerblatt ausbauen, siehe entsprechendes Kapitel.

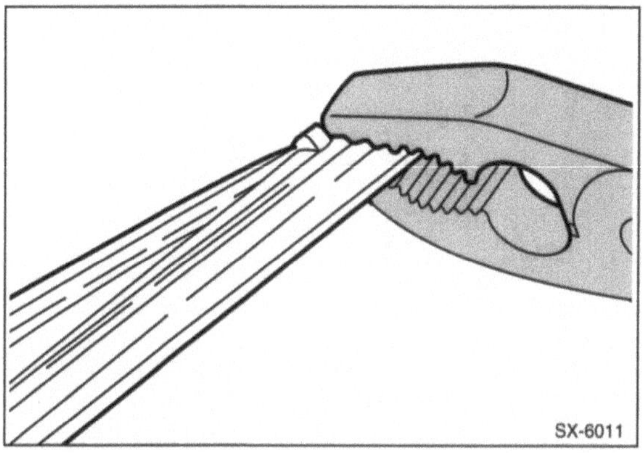

- An der geschlossenen Seite des Wischergummis beide Stahlschienen mit Kombizange zusammendrücken und diese seitlich aus der oberen Klammer herausnehmen. Anschließend Gummi komplett mit Schienen aus den restlichen Klammern des Wischerblattes herausziehen.

Einbau

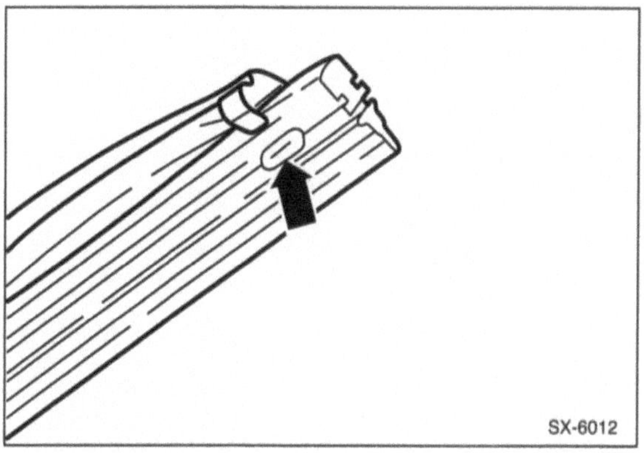

- Neues Wischergummi ohne Halteschienen in die unteren Klammern des Wischerblattes lose einlegen.
- Beide Schienen so in die erste Rille des Wischergummis einführen, dass die Aussparungen zum Gummi zeigen und in die Gumminasen der Rille einrasten. **Achtung:** Die Schienen sind leicht gebogen. Schienen so einsetzen, dass der Bauch des Bogens vom Wischerblatt weg gerichtet ist.
- Wischergummi an der geschlossenen Seite mit Seifenwasser bestreichen, damit es besser in die Haltebügel gleitet.
- Beide Stahlschienen und das Gummi mit Kombizange zusammendrücken und so in die obere Klammer einsetzen, dass die Klammernasen beidseitig in die Haltenuten –Pfeil– des Wischergummis einrasten.
- Scheibenwischerblatt einbauen, siehe entsprechendes Kapitel.

Anstellwinkel der Wischerblätter prüfen/einstellen

Der Anstellwinkel muss eingestellt werden, wenn die Wischerblätter an der Frontscheibe rubbeln oder Geräusche machen.

Erforderliches Spezialwerkzeug:

- Scheibenwischer-Einstellwerkzeug HAZET 4851-1.

Prüfen

- Frontscheibe mit Wasser benetzen und Wischerarme in Endstellung bringen. Dazu Scheibenwischer kurz laufen lassen und über den Schalter ausschalten.
- Scheibenwischerblatt ausbauen, siehe entsprechendes Kapitel.

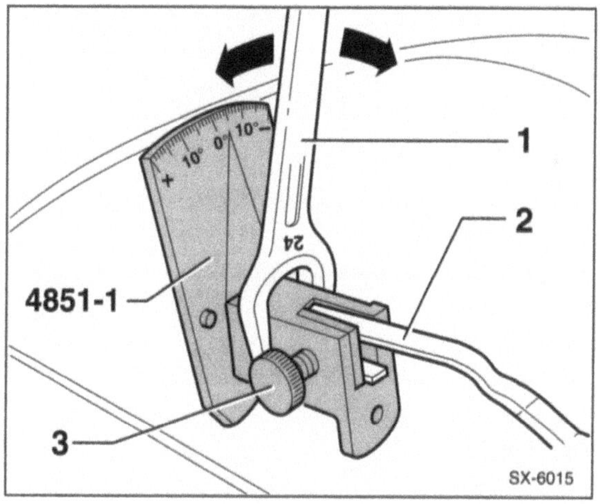

- Wischerarm –2– hochklappen, Spezialwerkzeug HAZET 4851-1 aufschieben und mit Schraube –3– festklemmen.
- Wischerarm mit Werkzeug vorsichtig auf die Scheibe auflegen. **Achtung:** Das Werkzeug 4851-1 muss mit 3 Punkten an der Scheibe aufliegen, gegebenenfalls Klemmschraube lockern und Werkzeug ausrichten.
- Anstellwinkel an der Skala des Spezialwerkzeugs ablesen und mit Sollwert vergleichen.
  Sollwert, Wischerarm vorn: – 3,0°.

Einstellen

- Wischerarm von der Scheibe abheben und Werkzeug mit Maulschüssel –1– vorsichtig verdrehen. Dabei Wischerarm am Scharnier mit einer Zange festhalten, um Schäden am Scharnier zu vermeiden.
- Anstellwinkel erneut prüfen und gegebenenfalls korrigieren, bis an der Skala der Sollwert angezeigt wird.
- Anschließend Werkzeug abnehmen und nochmals aufsetzen. Einstellwert prüfen, gegebenenfalls korrigieren.
- Scheibenwischerblatt einbauen, siehe entsprechendes Kapitel.

Scheibenwaschdüsen für Frontscheibe aus- und einbauen

Ausbau

- **Dieselmotor:** Motorhaubenverkleidung von der Motorhaube abnehmen. Dazu Spreiznieten herausziehen; zuvor Schraube aus der jeweiligen Spreizniete herausdrehen.

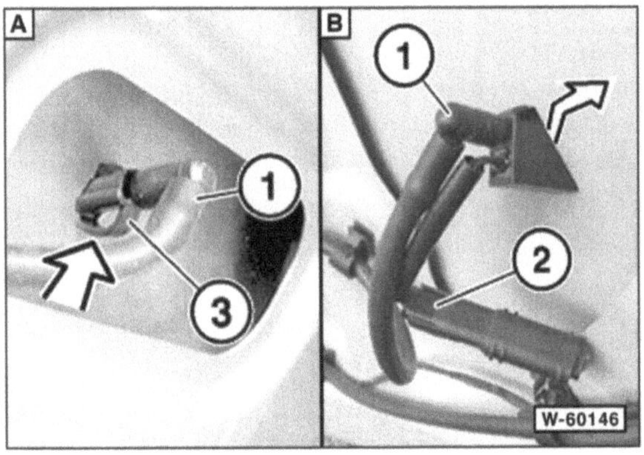

- An der Motorhaubenrückseite Wasserschlauch –1– von der Waschdüse abziehen.
- Je nach Ausstattung Steckverbindung –2– für Düsenbeheizung trennen.
- **MINI 1:** Haltefeder –3– zusammendrücken –Pfeil A– und Waschdüse nach außen aus der Bohrung drücken.
- **MINI 2:** Waschdüse nach außen aus der Bohrung drücken –Pfeil B–.

Einbau

- Der Einbau erfolgt in umgekehrter Ausbaureihenfolge.

Scheibenwaschdüsen einstellen

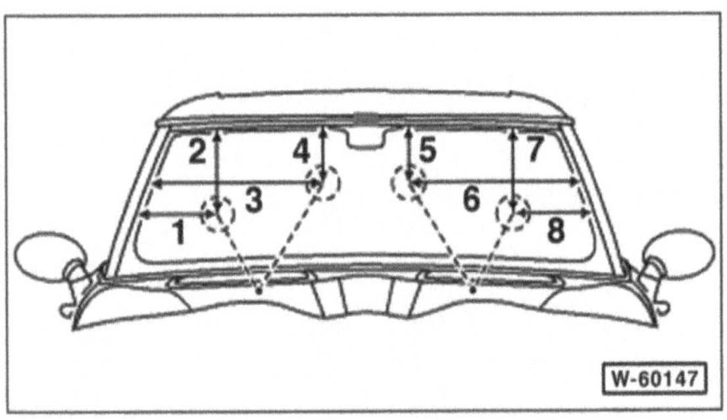

MINI 1:	**MINI 2:**
1/8 – 240 mm	1/8 – 270 mm
2/7 – 340 mm	2/7 – 360 mm
3/6 – 510 mm	3/6 – 530 mm
4/5 – 230 mm	4/5 – 240 mm

- Einstellung der Waschdüse: Der Spritzstrahl muss im markierten Bereich auf der Frontscheibe auftreffen.

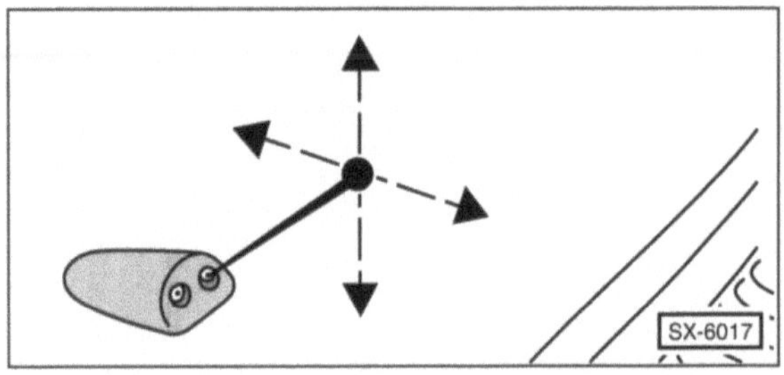

- Die Spritzrichtungen der vorderen Scheibenwaschdüsen können mit einem feinen Dorn, zum Beispiel HAZET 4850-1, eingestellt werden. Dorn in die Düse einsetzen und Zielpunkte auf der Scheibe anpeilen.

Scheibenwaschdüse für Heckscheibe einstellen

MINI bis 7/04

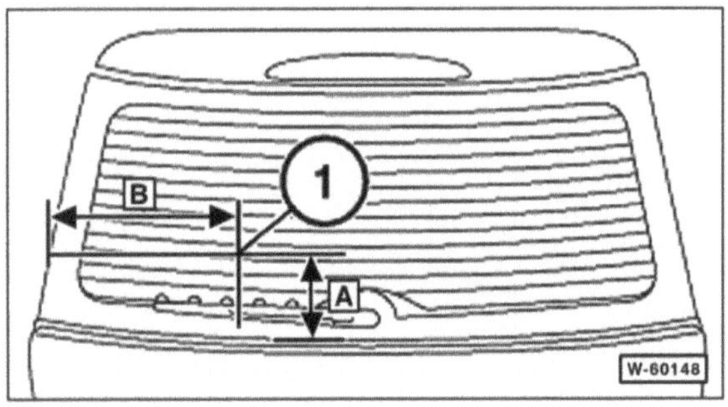

- Auftreffpunkt –1– des Spritzstrahls mit Klebeband auf der Heckscheibe kennzeichnen. A – 90 mm, B – 370 mm.
- Schraubendreher am Schlitz der Scheibenwaschdüse ansetzen und Spritzrichtung einstellen.

Achtung: Keinen spitzen Dorn oder eine Nadel verwenden.

MINI ab 7/04

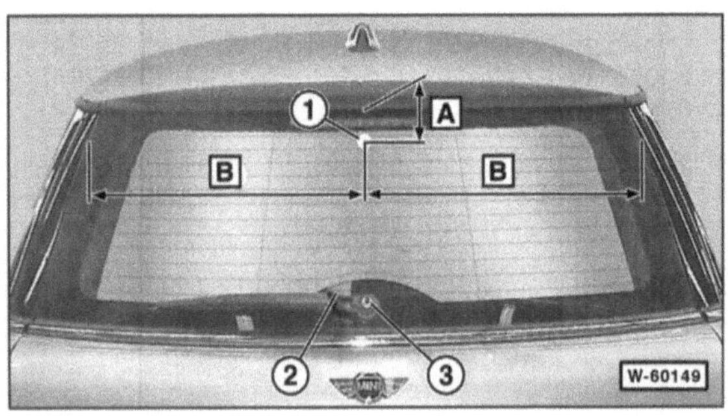

- Auftreffpunkt –1– des Spritzstrahls mit Klebeband auf der Heckscheibe kennzeichnen. A – 55 mm, B – 490 mm.
- Abdeckkappe –2– am Wischerarm hochklappen und Scheibenwaschdüse –3– vorsichtig mit einer Spitzzange verstellen.

Achtung: Keinen spitzen Dorn oder Nadel verwenden.

Wischerarme an der Frontscheibe aus- und einbauen

Ausbau

- Frontscheibe mit Wasser benetzen, Scheibenwischer kurze Zeit laufen lassen und über den Wischerschalter abschalten. Dadurch laufen die Wischer in die Endstellung.
- Stellung der Wischergummis auf der Frontscheibe markieren. Dazu Klebeband neben den Wischergummis auf die Scheibe kleben.

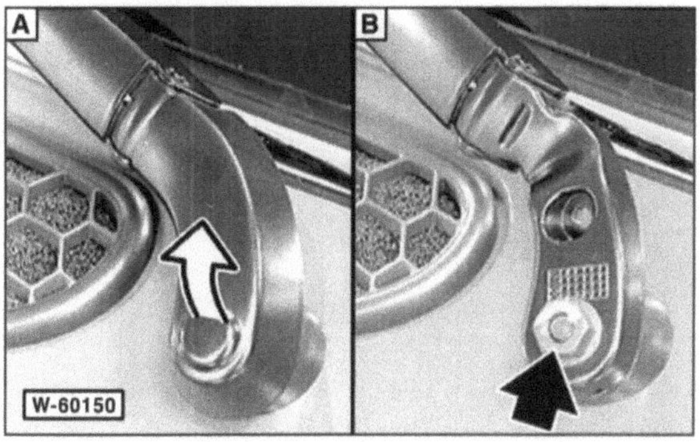

- Abdeckkappe am Wischerarm abziehen –Pfeil A–. **Achtung:** Rastnasen der Abdeckkappe nicht beschädigen.
- Mutter –Pfeil B– ca. 2 Umdrehungen lockern, noch nicht ganz abschrauben.
- Wischerarm leicht hin und her bewegen, bis er sich von der Welle löst.
- Mutter ganz abschrauben und Wischerarm von der Welle abziehen.

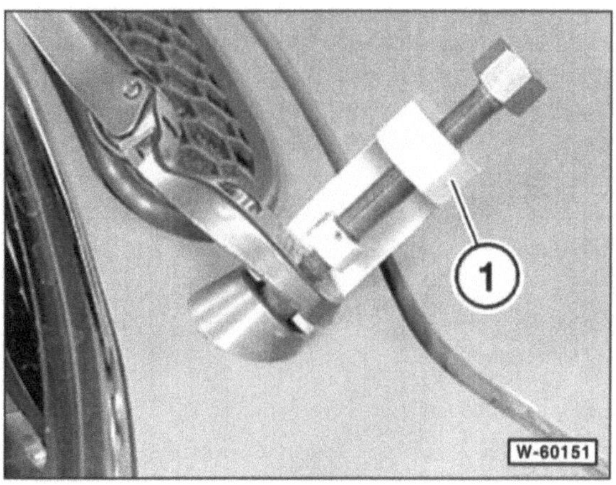

Hinweis: Falls der Wischerarm schwer abzuziehen ist, diesen mit einem Abziehwerkzeug –1– vorsichtig abhebeln, zum Beispiel HAZET-Abziehspindel 4855-8 mit HAZET-Abziehkopf 4855-7.

Einbau

- Sicherstellen, dass der Scheibenwischermotor in Endstellung steht. Gegebenenfalls Motor kurz laufen lassen und mit Wischerschalter abschalten.
- Wischerarm auf die Wischerwelle aufsetzen und anhand der beim Ausbau angebrachten Klebeband-Markierung ausrichten.
  Einstellmaße für Abstand Wischerblattmitte – Oberkante der Windlaufabdeckung:
  MINI 1
  Wischer links . . . . $49^{\pm 2.5}$ mm
  Wischer rechts. . . . . $59^{\pm 2.5}$ mm
  MINI 2
  Wischer links . . . . $40^{\pm 2.5}$ mm
  Wischer rechts. . . . . $46^{\pm 2.5}$ mm
- Mutter aufschrauben und handfest anziehen.
- Endstellung der Wischerarme überprüfen. Dazu gegebenenfalls Motorhaube schließen, Scheibe mit Wasser benetzen und Scheibenwischer kurz laufen lassen. Die Wischerarme müssen in die eingestellte Endstellung zurückkehren und dürfen sich beim Wischen nicht über den Scheibenrand hinausbewegen. Gegebenenfalls Mutter lösen und Einstellung erneut vornehmen.
- Mutter mit **20 Nm** festziehen. Abdeckkappe aufdrücken.

Wischermotor an der Frontscheibe aus- und einbauen

Ausbau

- Sicherstellen, dass sich die Scheibenwischer in Endstellung befinden, siehe Kapitel »Wischerarme aus- und einbauen«.
- Batterie abklemmen. **Achtung:** Hinweise im Kapitel »Batterie aus- und einbauen« beachten.
- Wischerarme ausbauen, siehe entsprechendes Kapitel.
- Windlaufabdeckung auf der linken Seite ausbauen, siehe Seite 258/272.

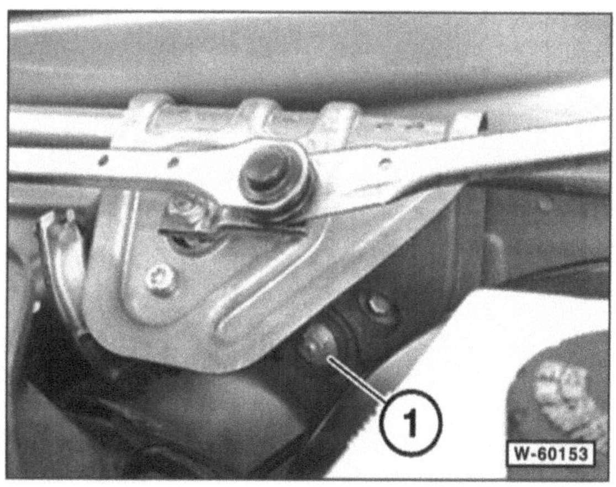

- Mutter –1– abschrauben.

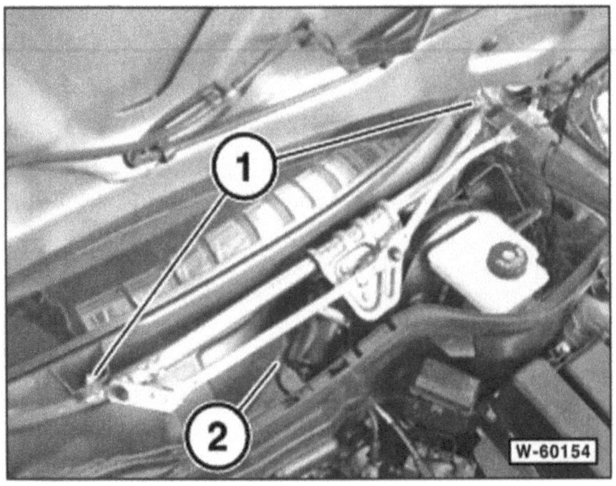

- Schrauben –1– herausdrehen.
- Stecker –2– entriegeln und vom Wischermotor abziehen.
- Wischerrahmen komplett mit Wischergestänge und Wischermotor nach oben herausziehen.

Einbau

Der Einbau erfolgt in umgekehrter Ausbaureihenfolge. Dabei ist Folgendes zu beachten:

- Vor dem Einbau prüfen, ob sich der Wischermotor in Endstellung befindet. Dazu kurzzeitig Anschlussstecker aufschieben und Batterie anklemmen. Motor kurz laufen lassen und anschließend mit Wischerschalter ausschalten.
- Wischerrahmen so einsetzen, dass der Halter in die Tülle an der Stirnwand eingreift.
- Wischerrahmen an der Stirnwand festschrauben.
  Anzugsdrehmoment:
  M8-Gewinde . . . . **22 Nm**
  M6-Gewinde . . . . **10 Nm**
- Endstellung der Wischerarme überprüfen.

Wischerarm an der Heckscheibe aus- und einbauen

Ausbau

- Scheibenwischer in Endstellung bringen, siehe Kapitel »Wischerarme an der Frontscheibe aus- und einbauen«.
- Stellung des Wischergummis auf der Scheibe markieren. Dazu Klebeband neben dem Wischergummi auf die Scheibe kleben.

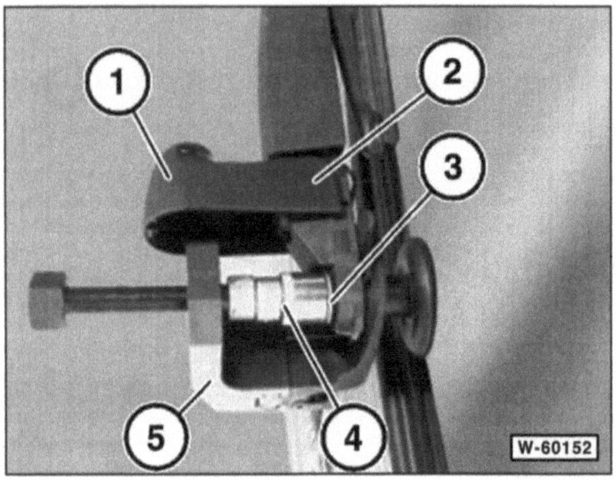

- Abdeckkappe –1– am Wischerarm hochklappen. **Achtung:** Bei Fahrzeugen bis 7/04 die in der Abdeckkappe eingesetzte Scheibenwaschdüse sowie die Rastnasen nicht beschädigen.
- Mutter –3– ca. 2 Umdrehungen lockern, noch nicht ganz abschrauben.
- Wischerarm –2– von der Heckscheibe hochklappen und leicht hin und her bewegen, bis er sich von der Welle löst.

Hinweis: Falls der Wischerarm schwer abzuziehen ist, mit einem Gabelschlüssel unter den Wischerarm greifen und diesen vorsichtig abhebeln. Es kann auch ein Abziehwerkzeug –5– verwendet werden, zum Beispiel HAZET-Abziehspindel 4855-8 mit Abziehkopf 4855-7.

Achtung: Bei Fahrzeugen bis 7/04 zum Schutz der in der Wischerwelle eingesetzten Scheibenwaschdüse eine geeignete Stecknuss –4– zwischen Abziehwerkzeug und Mutter legen.

- Mutter abschrauben und Wischerarm von der Welle abnehmen.

Einbau

- Sicherstellen, dass der Scheibenwischermotor in Endstellung steht. Gegebenenfalls Motor kurz laufen lassen und mit Wischerschalter abschalten.
- Wischerarm auf die Wischerwelle aufsetzen und anhand der beim Ausbau angebrachten Klebeband-Markierung ausrichten. Oder Abstand zwischen Wischerblatt und Scheibenunterkante einstellen, gemessen an der Spitze des Wischers. **Einstellmaß**: $44^{\pm 3}$ mm.
- Mutter aufschrauben und handfest anziehen.
- Endstellung des Wischerarms überprüfen, gegebenenfalls erneut vornehmen.

- Mutter festziehen.
  Anzugsdrehmoment:
  MINI bis 7/04 . . . . **13 Nm**
  MINI ab 7/04 . . . . **11 Nm**
- Abdeckkappe aufdrücken. Dabei auf korrekten Sitz der Abdeckkappe achten.

Wischermotor an der Heckklappe aus- und einbauen

Ausbau

- Scheibenwischer in Endstellung bringen, siehe Kapitel »Wischerarme an der Frontscheibe aus- und einbauen«.
- Batterie abklemmen. **Achtung:** Hinweise im Kapitel »Batterie aus- und einbauen« beachten.
- Wischerarm ausbauen, siehe entsprechendes Kapitel.
- Heckklappe öffnen und Heckklappenverkleidung unten ausbauen, siehe Seite 266/282.

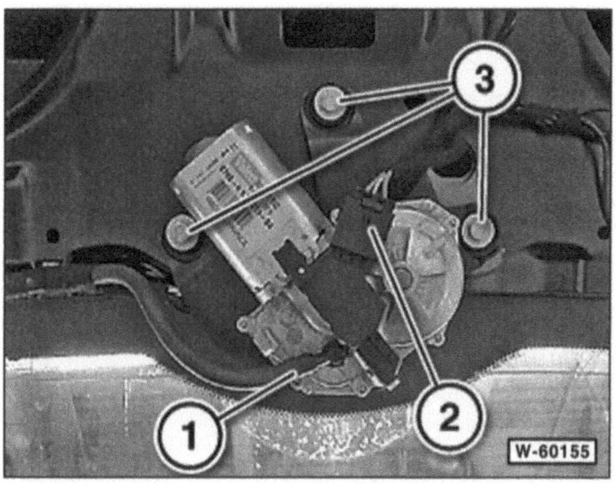

- Auffangbehälter für ausfließende Flüssigkeit unterstellen und Wasserschlauch –1– abziehen.
- Stecker –2– vom Wischermotor abziehen.
- Schrauben –3– herausdrehen und Wischermotor vorsichtig von der Heckklappe abnehmen.

Einbau

Der Einbau erfolgt in umgekehrter Ausbaureihenfolge. Dabei ist Folgendes zu beachten:

- Vor dem Einbau prüfen, ob sich der Wischermotor in Endstellung befindet. Dazu kurzzeitig Anschlussstecker aufschieben und Batterie anklemmen. Motor kurz laufen lassen und anschließend mit Wischerschalter ausschalten.
- Wischermotor ansetzen, Wischerwelle durch die Öffnung in der Heckklappe führen. Dabei darauf achten, dass die Dichtungstülle der Wischerwelle nicht beschädigt ist.
- Wischermotor mit **10 Nm** festschrauben.
- Endstellung des Wischerarms überprüfen.
- Scheibenwaschdüse einstellen, siehe entsprechendes Kapitel.

Regensensor aus- und einbauen

Ausbau

- Zündung ausschalten und Zündschlüssel abziehen.

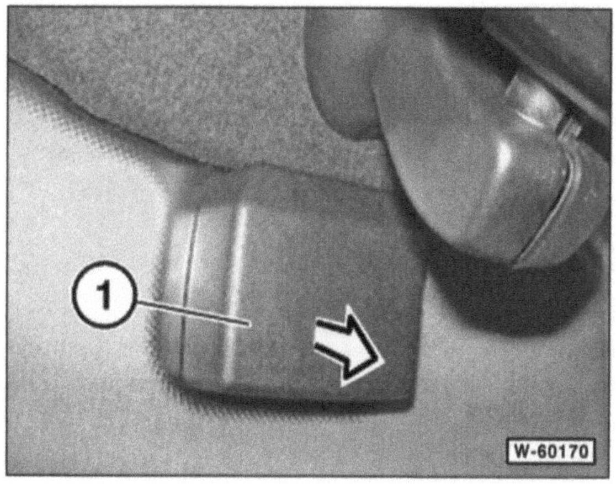

- Deckel –1– unterhalb des Innenspiegels ausrasten –Pfeil– und abnehmen.

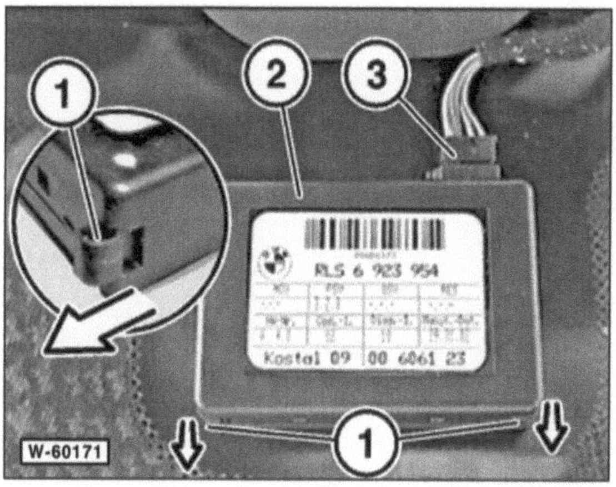

- Verriegelungen –1– herausziehen –Pfeile– und Regensensor –2– aus der Halterung an der Frontscheibe herausnehmen.
- Stecker –3– vom Regensensor –2– abziehen.

Achtung: Vor dem Trennen der Steckverbindung elektrostatische Aufladung abbauen, dazu kurz den Schließbügel der Tür oder die Karosserie anfassen.

Einbau

Der Einbau erfolgt in umgekehrter Ausbaureihenfolge. Dabei ist Folgendes zu beachten:

- Vom Regensensor verdeckten Optikkörper nicht beschädigen.
- Bei Einbau eines neuen oder gebrauchten Regensensors sowie nach Austausch der Frontscheibe Regensensor mit einem Diagnosegerät initialisieren.

Scheibenwaschanlage – MINI 1

Scheibenwaschbehälter aus- und einbauen

Hinweis: Der Waschbehälter der Scheibenwaschanlage sitzt auf der rechten Seite. Der Waschbehälter der **Scheinwerferwaschanlage** sitzt im Radkasten auf der **linken** Seite und wird im Prinzip auf die gleiche Weise ausgebaut.

Ausbau

- Scheibenwaschbehälter entleeren.
- Zündung ausschalten und Zündschlüssel abziehen.
- Seitliche Blinkleuchte rechts ausbauen, siehe Seite 78.
- Innenkotflügel vorn rechts ausbauen, siehe Seite 260.
- Scheibenwaschpumpe ausbauen, siehe entsprechendes Kapitel.

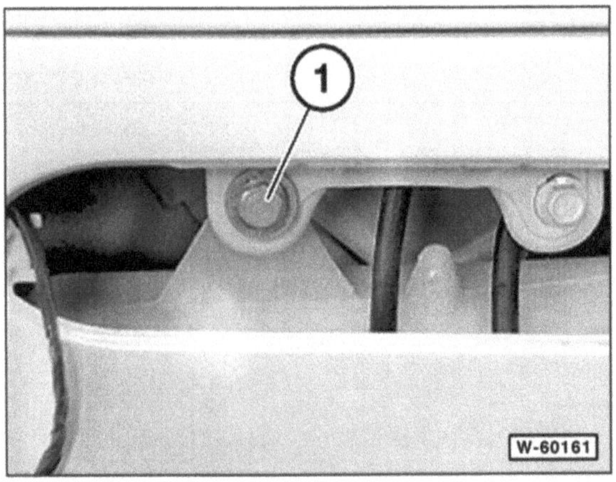

- Schraube –1– für Scheibenwaschbehälter im Ausschnitt für seitliche Blinkleuchte herausdrehen.

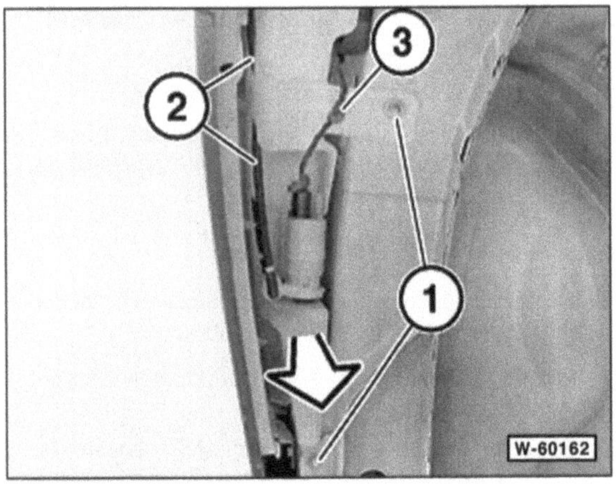

- Schraube und Mutter –1– herausdrehen.
- Scheibenwaschbehälter unten nach vorne ziehen –Pfeil–.
- Schläuche und Leitungen –2– aus den Halterungen am Scheibenwaschbehälter herausziehen.
- Kabelhalterung –3– herausziehen.
- Scheibenwaschbehälter aus dem Radkasten herausziehen.

Einbau

- Der Einbau erfolgt in umgekehrter Ausbaureihenfolge. Dabei darauf achten, dass die Schläuche und Leitungen nicht gequetscht und geknickt werden.

Scheibenwaschpumpe aus- und einbauen

Ausbau

- Scheibenwaschbehälter entleeren.
- Zündung ausschalten und Zündschlüssel abziehen.
- Räder ganz nach rechts einschlagen und Innenkotflügel vorn rechts im hinteren Bereich vom Radkasten lösen, siehe Seite 260.

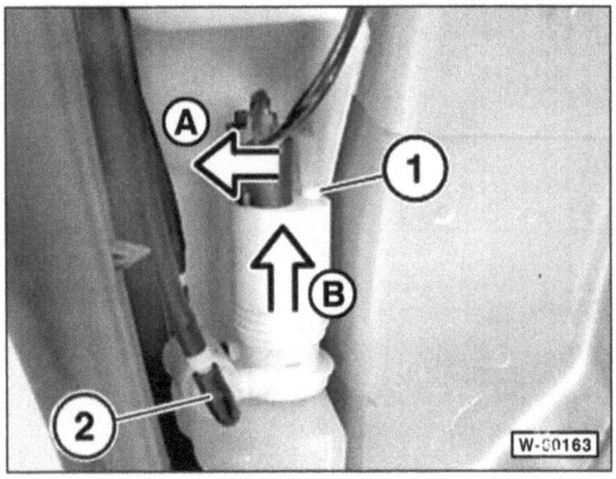

- Scheibenwaschpumpe aus der Halterung –1– herausziehen –Pfeil A–.
- Scheibenwaschpumpe nach oben –Pfeil B– aus dem Scheibenwaschbehälter herausziehen.
- Stecker entriegeln und von der Waschpumpe abziehen.
- Wasserschläuche –2– von der Waschpumpe abziehen.

Einbau

Der Einbau erfolgt in umgekehrter Ausbaureihenfolge. Dabei ist Folgendes zu beachten:

- Dichtring und Sieb der Waschpumpe ersetzen.
- Dichtring der Waschpumpe mit Gleitmittel bestreichen.
- Schläuche nicht quetschen und knicken.

Speziell Waschpumpe der Scheinwerferwaschanlage

Der Aus- und Einbau erfolgt in ähnlicher Weise wie bei der Scheibenwaschpumpe. Hier werden nur die Unterschiede beschrieben.

- Innenkotflügel vorn links ausbauen, siehe Seite 260.
- Wasserschlauch aus der Halterung am Waschbehälter herausziehen.
- Haltering für Waschpumpe vom Waschbehälter abziehen. **Hinweis:** Haltering beim Einbau an der neuen Waschpumpe anbauen.
- Stecker entriegeln und von der Waschpumpe abziehen.
- Waschpumpe nach oben aus dem Waschbehälter herausziehen.
- Entriegelungszunge drücken und Anschlussstutzen des Wasserschlauchs von der Waschpumpe abziehen.

Spritzdüse für Scheinwerfer-Reinigungsanlage aus- und einbauen

Ausbau

- Motorhaube öffnen und sicher abstützen.

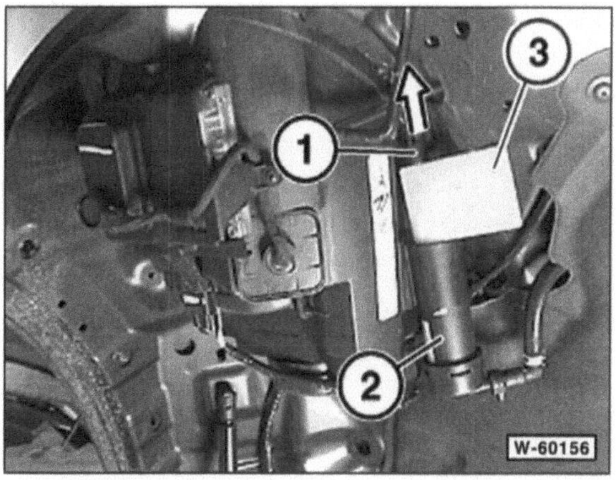

- Spritzdüse –1– aus dem Hubzylinder –2– herausziehen –Pfeil– und mit eingeschobener Kunststoffkarte –3– festhalten.

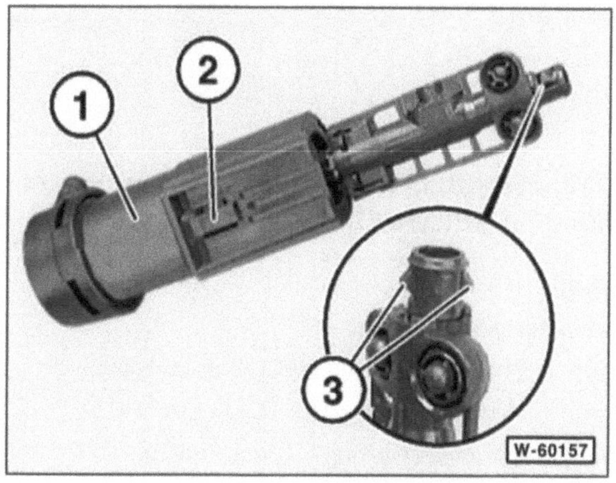

- Mit einer Spitzzange Rastnasen –3– vorsichtig zusammendrücken und Abdeckkappe von der Spritzdüse abziehen. 1– Hubzylinder, 2 – Befestigungslasche.
- Kunststoffkarte herausnehmen und Spritzdüse zurückziehen lassen.

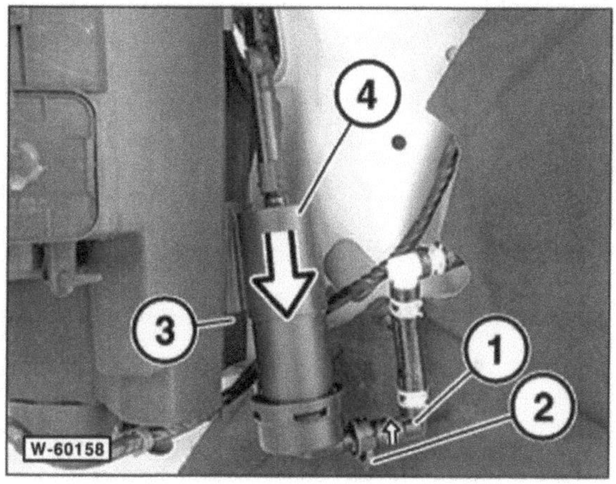

- Entriegelungszunge –2– drücken und Anschlussstutzen –1– des Wasserschlauchs vom Hubzylinder –4– abziehen.
- Haltelasche –3– entriegeln und Hubzylinder –4– nach unten aus der Halterung herausziehen –Pfeil–.

Einbau

- Der Einbau erfolgt in umgekehrter Ausbaureihenfolge. Dabei darauf achten, dass die Rastnasen der Spritzdüse sowie die Befestigungslasche des Hubzylinders nicht beschädigt sind.

Scheibenwaschbehälter aus- und einbauen

Ausbau

- Waschbehälter entleeren.
- Zündung ausschalten und Zündschlüssel abziehen.
- Innenkotflügel vorn links ausbauen, siehe Seite 275.
- Linken Scheinwerfer ausbauen, siehe Seite 93.

- Spreizclip –1– oben am Waschbehälter –2– herausziehen.

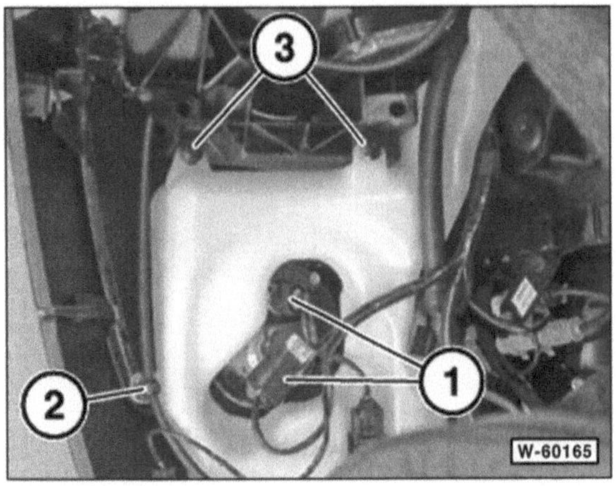

- Steckverbindungen –1– trennen.
- Halterung –2– herausziehen.
- Schrauben –3– herausdrehen.

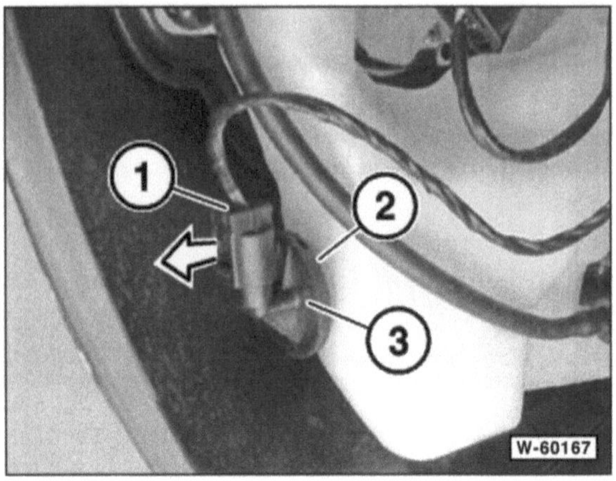

- Stecker –1– vom Wasserstandsgeber –3– abziehen.

Hinweis: Zum Ausbau Wasserstandsgeber –3– in Pfeilrichtung aus dem Waschbehälter herausziehen. Beim Einbau zuerst Dichtungstülle –2– in den Waschbehälter einsetzen, dabei darf die Tülle nicht beschädigt sein. Auf korrekten Sitz von Tülle und Wasserstandsgeber achten.

- Waschpumpen für Scheiben- und Scheinwerferwaschanlage ausbauen, siehe entsprechendes Kapitel.

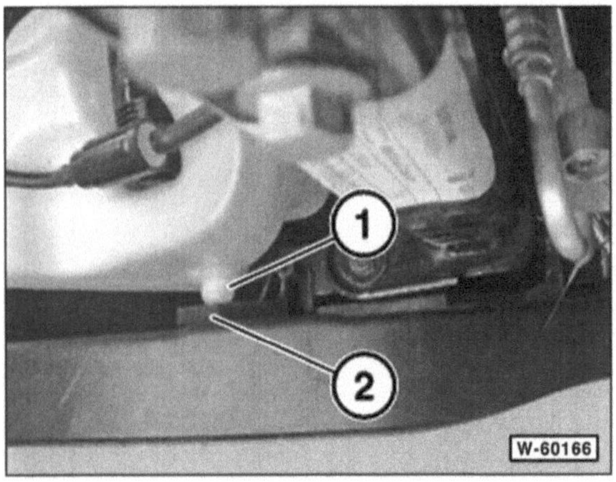

- Mit einem Schraubendreher Führungsnase –1– unten am Waschbehälter aus der Aufnahme –2– heraushebeln und Waschbehälter aus dem Radkasten herausfädeln.

Einbau

Der Einbau erfolgt in umgekehrter Ausbaureihenfolge. Dabei ist Folgendes zu beachten:

- Die Führungsnase –1– unten am Waschbehälter muss korrekt in die Aufnahme –2– greifen.
- Darauf achten, dass die Schläuche und Leitungen nicht gequetscht und geknickt werden.

Scheibenwaschpumpe aus- und einbauen

Ausbau

- Scheibenwaschbehälter entleeren.
- Zündung ausschalten und Zündschlüssel abziehen.
- Räder ganz nach links einschlagen und Innenkotflügel vorn links im vorderen Bereich vom Radkasten lösen, siehe Seite 275.

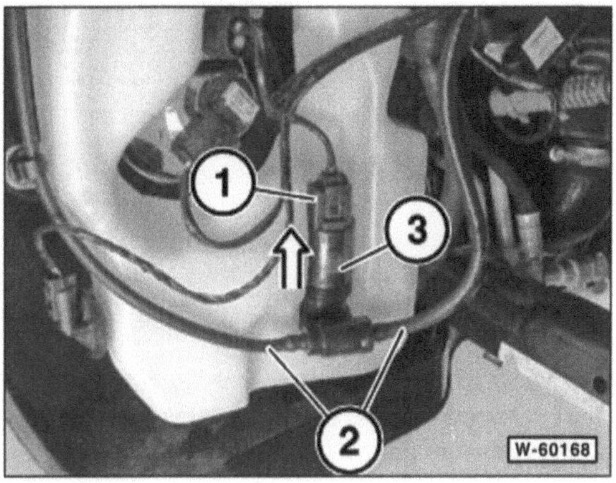

- Stecker –1– entriegeln und von der Waschpumpe –3– abziehen.
- Wasserschläuche –2– von der Waschpumpe abziehen.
- Scheibenwaschpumpe –3– nach oben –Pfeil– aus dem Scheibenwaschbehälter herausziehen.

Einbau

Der Einbau erfolgt in umgekehrter Ausbaureihenfolge. Dabei ist Folgendes zu beachten:

- Dichtring und Sieb der Waschpumpe ersetzen.
- Dichtring der Waschpumpe mit Gleitmittel bestreichen.
- Schläuche nicht quetschen und knicken.

Speziell Waschpumpe der Scheinwerferwaschanlage

- Zündung ausschalten und Zündschlüssel abziehen.
- Innenkotflügel vorn links im vorderen Bereich vom Radkasten lösen, siehe Seite 275.

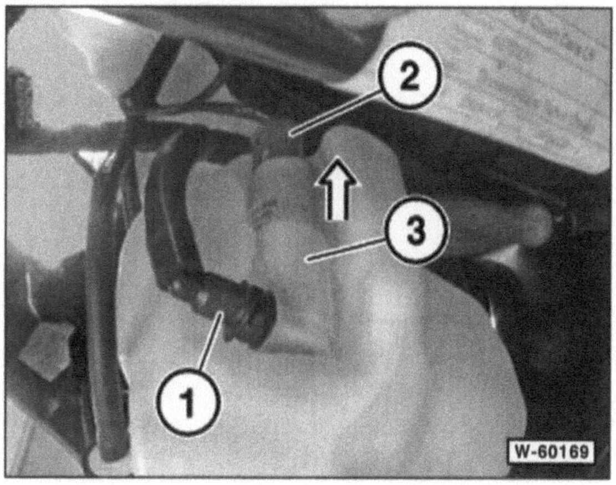

- Anschlussstutzen –1– des Wasserschlauchs entriegeln und von der Waschpumpe –3– abziehen.
- Stecker –2– entriegeln und von der Waschpumpe abziehen.
- Waschpumpe im Uhrzeigersinn drehen und nach oben aus dem Waschbehälter herausziehen –Pfeil–.
- Beim Einbau Sieb der Waschpumpe ersetzen. Dichtring der Waschpumpe mit Gleitmittel bestreichen.

Spritzdüse für Scheinwerfer-Reinigungsanlage aus- und einbauen

Ausbau

- Scheinwerfer ausbauen, siehe Seite 93.

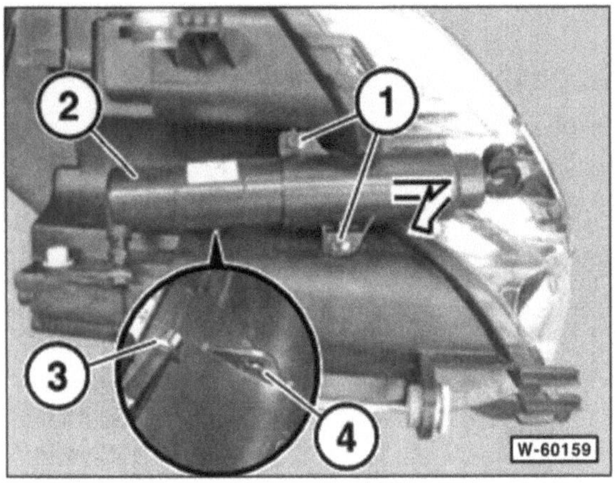

- Schrauben -1- herausdrehen und Hubzylinder -2- mit Spritzdüse vom Scheinwerfer abnehmen -Pfeil-.

Hinweis: Beim Einbau auf korrekten Sitz der Führung -3- in der Lasche -4- achten.

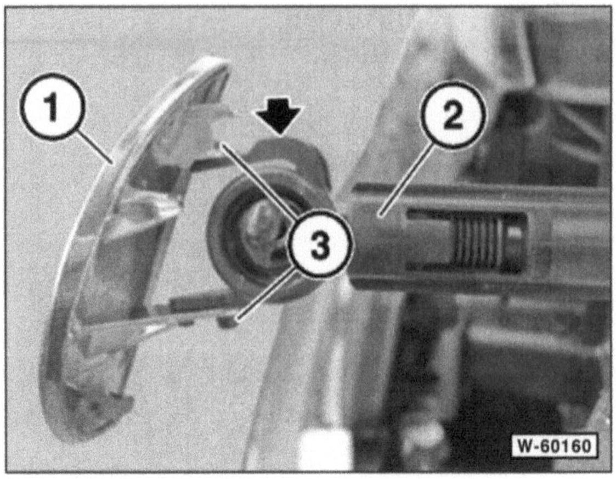

- Oberen Rasthaken -3- nach unten drücken -Pfeil- und entriegeln.
- Abdeckkappe -1- an beiden Rasthaken -3- aus der Verrastung lösen von der Spritzdüse -2- abziehen.

Einbau

- Der Einbau erfolgt in umgekehrter Ausbaureihenfolge. Dabei darauf achten, dass die Rasthaken der Spritzdüse nicht beschädigt sind.

Störungsdiagnose Scheibenwischergummi

Wischbild	Ursache	Abhilfe
Schlieren.	Wischergummi verschmutzt.	■ Wischergummi mit harter Nylonbürste und einer Waschmittellösung oder Spiritus reinigen.
	Ausgefranste Wischlippe, Gummi ausgerissen oder abgenutzt.	■ Wischergummi erneuern.
	Wischergummi gealtert, rissige Oberfläche.	■ Wischergummi erneuern.
Im Wischfeld verbleibende Wasserreste ziehen sich sofort zu Perlen zusammen.	Frontscheibe durch Lackpolitur oder Öl verschmutzt.	■ Frontscheibe mit sauberem Putzlappen und einem Fett-Öl-Silikonentferner reinigen.
Wischerblatt wischt einseitig gut, einseitig schlecht, rattert.	Wischergummi einseitig verformt, »kippt nicht mehr«.	■ Neues Wischergummi einbauen.
Nicht gewischte Flächen.	Wischergummi aus den Klammern herausgerissen.	■ Wischergummi vorsichtig in die Klammern einsetzen.

Beleuchtungsanlage – MINI 1

Lampentabelle

12-V-Glühlampe	Typ	Leistung
Abblendlicht	H7	55 W
Fernlicht	H7	55 W
Xenonlampe	D2R	35 W
Fernlicht, Xenon-Scheinwerfer	H9	65 W
Blinklicht vorn	PY	21 W
Blinklicht seitlich	W(Y)	5 W
Standlicht	W	5 W
Kennzeichenleuchte	C	5 W
Seitliche Begrenzungsleuchte	W	5 W
Nebelscheinwerfer, MINI bis 7/04	H7	55 W
Nebelscheinwerfer, MINI ab 7/04	H11	55 W
Nebelschlusslicht	P	21 W
Blinklicht hinten	P	21 W
Schluss-/Bremslicht	P	21/5 W [1)]
Rückfahrlicht, MINI bis 7/04	P	21 W
Rückfahrlicht, MINI ab 7/04	W	16 W

H: Halogenlampen; P: Bajonett-Sockel;
W: Glassockel; C: Soffitte; Y: Leuchtenfarbe orange.

[1)] 2-Faden-Lampe.

In der Zusatzbremsleuchte sind Leuchtdioden eingesetzt.

Hinweis: Glühlampen grundsätzlich nur durch solche gleicher Ausführung ersetzen. Vor einem Lampenwechsel sicherstellen, dass der betreffende Schalter ausgeschaltet ist.

Achtung: Den Glaskolben einer leistungsstarken Glühlampe nicht mit bloßen Fingern berühren. Am besten ein sauberes Stofftuch dazwischen legen oder Baumwollhandschuhe tragen. Verdampft der durch die Berührung verursachte Fingerabdruck, setzen sich Rückstände auf dem Reflektor ab, die den Scheinwerfer matt werden lassen. Dies gilt insbesondere für die Haupt- und Nebelscheinwerfer. Versehentlich entstandene Berührungsflecken auf dem Glaskolben mit einem sauberen, nicht fasernden Tuch und etwas Spiritus abwischen.

Achtung: Die mit einem Schutzlack beschichteten Kunststoffscheiben der Hauptscheinwerfer dürfen auf keinen Fall mit einem trockenen oder gar scheuernden Lappen gesäubert werden. Es dürfen auch keine Reinigungs- oder Lösungsmittel benutzt werden. Die Scheiben nur mit einem weichen, feuchten Tuch reinigen.

Glühlampen für Halogen-Scheinwerfer auswechseln

Achtung: Halogen-Lampen stehen unter Druck und können platzen. Deshalb beim Lampenwechsel Schutzbrille und Handschuhe tragen.

- Schalter des Scheinwerfers ausschalten.
- Zündung ausschalten.
- Batterie abklemmen. **Achtung:** Hinweise im Kapitel »Batterie aus- und einbauen« beachten.
- Beim Einbau durch einen Blick vorne in den Scheinwerfer die korrekte Einbauposition der Glühlampe überprüfen.
- Nach dem Einbau neue Glühlampe auf Funktion überprüfen. Gegebenenfalls Scheinwerfer-Einstellung von einer Werkstatt kontrollieren und einstellen lassen.
- Nach dem Einbau darauf achten, dass der Deckel an der Scheinwerfer-Rückseite richtig sitzt, sonst kann im späteren Betrieb Wasser eintreten und der Scheinwerfer beschädigt werden.

Abblendlicht/Fernlicht, MINI 1 bis 7/04

Hinweis: Die Leuchten sitzen in der Motorhaube. Die Glühlampen für Abblend- und Fernlicht werden auf die gleiche Weise ausgebaut.

Ausbau

- Motorhaube öffnen und sicher abstützen.

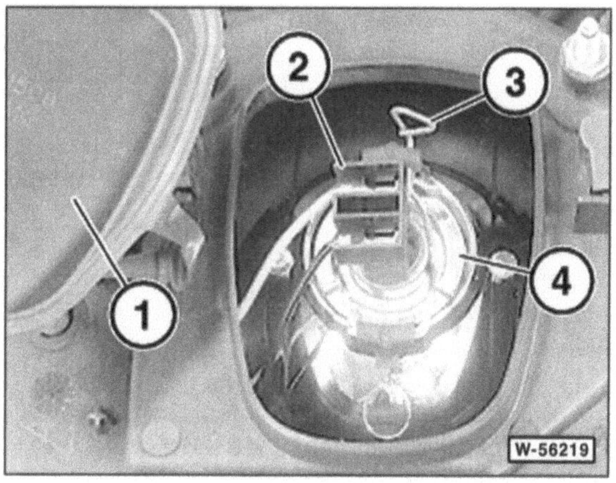

- An der Scheinwerfer-Rückseite Lasche ziehen und entsprechenden Deckel –1– der Leuchte für Abblendlicht oder Fernlicht abnehmen.
- Stecker –2– von der Glühlampe abziehen.
- Drahtbügel –3– zum Entriegeln nach vorne, dann zur Seite drücken und herunterklappen.

- Glühlampe -4- aus dem Reflektor herausziehen.

Einbau

- Neue Glühlampe so in den Reflektor einsetzen, dass die Rastnasen in die entsprechenden Aussparungen passen.
- Drahtbügel zurückklappen und einhängen.
- Stecker an der Glühlampe aufstecken.
- Deckel an der Rückseite des Scheinwerfers ansetzen und festdrücken.

Abblendlicht/Fernlicht, MINI 1 ab 7/04

Hinweis: Die Leuchten sitzen in der Motorhaube. Die Glühlampen für Abblend- und Fernlicht werden auf die gleiche Weise ausgebaut.

Ausbau

- Motorhaube öffnen und sicher abstützen.
- Haltebügel an der Scheinwerfer-Rückseite ziehen, zur Seite drücken und entsprechenden Deckel der Leuchte für Abblendlicht oder Fernlicht herunterklappen.

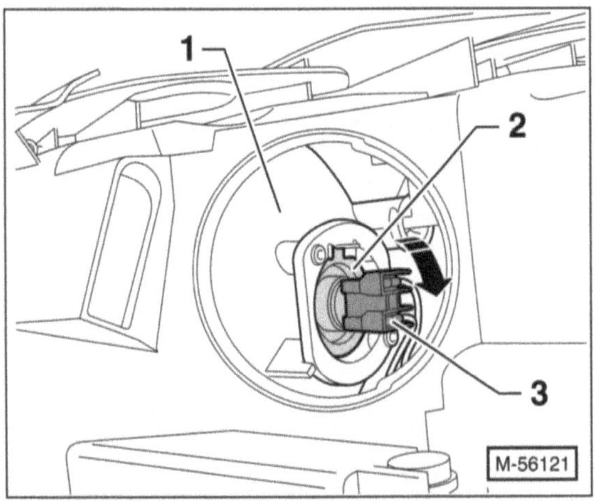

- Glühlampe -2- am Stecker -3- herunterdrücken -Pfeil- und aus der Klemmhalterung herausziehen. **Hinweis:** Die Abbildung zeigt nicht den Scheinwerfer des MINI.
- Glühlampe aus dem Reflektor -1- herausziehen und Stecker von der Glühlampe abziehen.

Einbau

- Neue Glühlampe an der unteren Kante in die Halterung setzen, nach oben drücken und in den Klemmfedern einrasten. Dabei darauf achten, dass die Rastnasen in die entsprechenden Aussparungen passen.
- Stecker an der Glühlampe aufstecken.
- Deckel an der Rückseite des Scheinwerfers ansetzen und Haltebügel zurückdrücken.

Glühlampen für Xenon-Scheinwerfer auswechseln

Sicherheitshinweis/Xenon-Scheinwerfer
Vorsicht beim Lampenwechsel an Xenon-Scheinwerfern. Verletzungsgefahr durch Hochspannung! Personen mit Herzschrittmacher dürfen keine Arbeiten an Xenon-Scheinwerfern vornehmen. **Auf jeden Fall Scheinwerfer ausschalten und Batterie vom Stromnetz abklemmen.** Anschließend Scheinwerferschalter kurz ein- und wieder ausschalten, um Restspannungen abzubauen. Sicherheitshalber Schutzbrille, Handschuhe sowie Schuhe mit Gummisohlen tragen.

- Schalter des Scheinwerfers ausschalten.
- Zündung ausschalten.
- Batterie abklemmen. **Achtung:** Hinweise im Kapitel »Batterie aus- und einbauen« beachten.
- Nach dem Einbau neue Glühlampe auf Funktion überprüfen. Gegebenenfalls Scheinwerfer-Einstellung von einer Werkstatt kontrollieren und einstellen lassen.
- Nach dem Einbau darauf achten, dass der Deckel an der Scheinwerfer-Rückseite richtig sitzt, sonst kann im späteren Betrieb Wasser eintreten und der Scheinwerfer beschädigt werden.

Xenonlampe/Fernlicht, MINI 1 bis 7/04

Hinweis: Die Leuchten sitzen in der Motorhaube.

Ausbau

- Motorhaube öffnen.

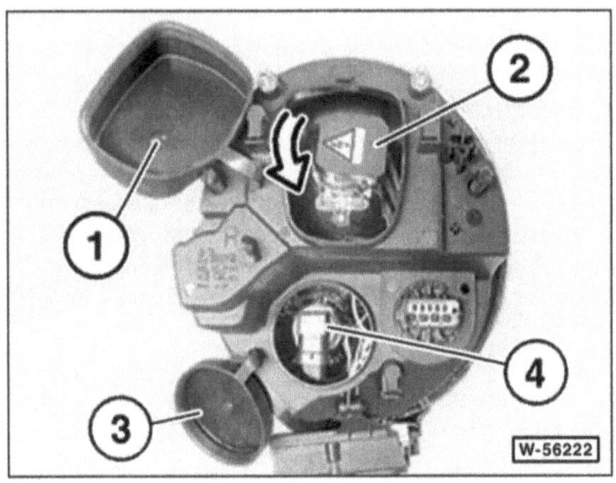

- An der Scheinwerfer-Rückseite Deckel -1- abnehmen. 3 - Deckel. 4 - Glühlampe für Fernlicht.
- Zündgerät -2- gegen den Uhrzeigersinn drehen -Pfeil- und von der Xenonlampe abnehmen.

- Drahtbügel –1– entriegeln und Xenonlampe –2– vorsichtig aus dem Reflektor herausziehen.

Einbau

- Neue Xenonlampe in den Reflektor einsetzen, dabei darauf achten, das die Führungsnasen in die entsprechenden Aussparungen greifen.
- Drahtbügel einhängen.
- Zündgerät auf die Lampe stecken, im Uhrzeigersinn drehen und verriegeln.

Speziell Fernlicht

- Deckel –3– abnehmen, siehe Abbildung W-56222.
- Glühlampe für Fernlicht –4– gegen den Uhrzeigersinn drehen und aus dem Reflektor herausziehen.
- Stecker von der Fassung abziehen.

Xenonlampe, MINI 1 ab 7/04

Hinweis: Die Leuchten sitzen in der Motorhaube.

Ausbau

- Motorhaube öffnen.

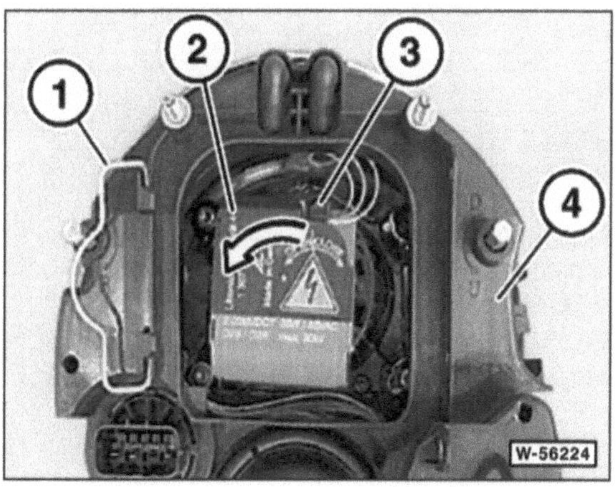

- Haltebügel –1– an der Scheinwerfer-Rückseite –4– ziehen, zur Seite drücken und Deckel hinter der Xenonleuchte abnehmen.
- Zündgerät –2– etwa 30° gegen den Uhrzeigersinn drehen –Pfeil– und von der Xenonlampe abziehen. **Hinweis:** Der Stecker –3– wird beim Drehen des Zündgerätes abgezogen.

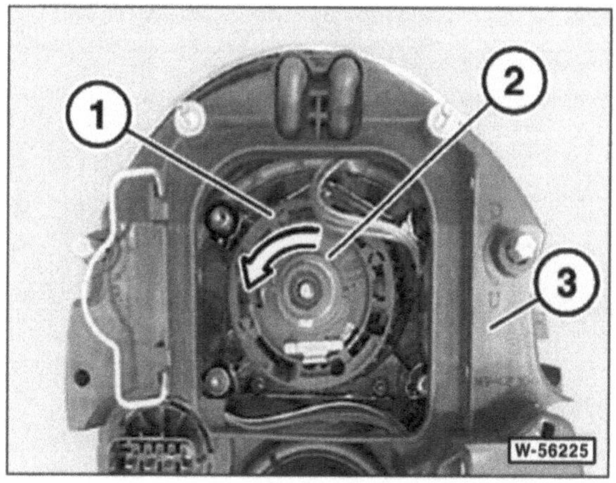

- Haltering –1– gegen den Uhrzeigersinn drehen –Pfeil– und Xenonlampe –2– entriegeln. Haltering abnehmen.
- Xenonlampe –2– aus dem Reflektor des Scheinwerfers –3– herausziehen.

Einbau

- Neue Xenonlampe in den Reflektor einsetzen, dabei darauf achten, dass die Führungsnasen in die entsprechenden Aussparungen greifen.
- Haltering einsetzen, im Uhrzeigersinn drehen und einrasten. **Hinweis:** Die Markierung »TOP« muss oben stehen.
- Zündgerät so auf die Lampe aufstecken, dass die Führungslaschen in die Aussparungen im Haltering eingreifen.
- Zündgerät im Uhrzeigersinn drehen und verriegeln.
- Stecker am Zündgerät aufschieben.
- An der Rückseite des Scheinwerfers Deckel einsetzen.

Leuchte für Blink- und Standlicht aus- und einbauen/Glühlampe wechseln

Ausbau

- Zündung und Schalter der Leuchte ausschalten.
- Stecker von der Leuchte abziehen.
- Stoßfängerabdeckung vorn ausbauen, siehe Seite 261.

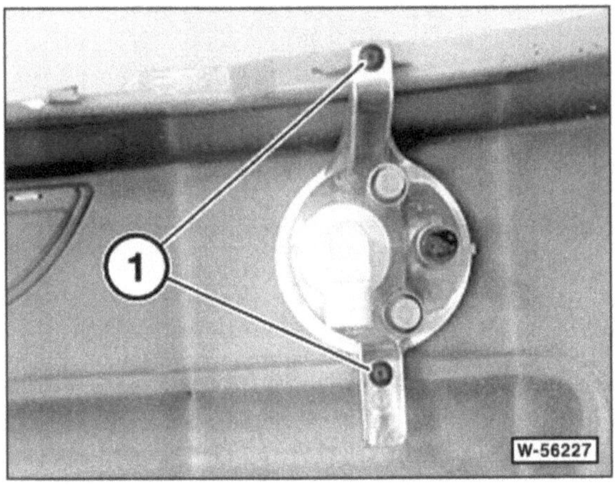

- An der Rückseite der Stoßfängerabdeckung 2 Schrauben –1– herausdrehen und Leuchte abnehmen.

Einbau

- Der Einbau erfolgt in umgekehrter Ausbaureihenfolge.
- **MINI COOPER JCW GP:** Unteren Halter der neuen Leuchte um 20 mm kürzen.

Glühlampe für Blinklicht wechseln

- Zündung und Schalter der Leuchte ausschalten.
- Motorhaube öffnen.

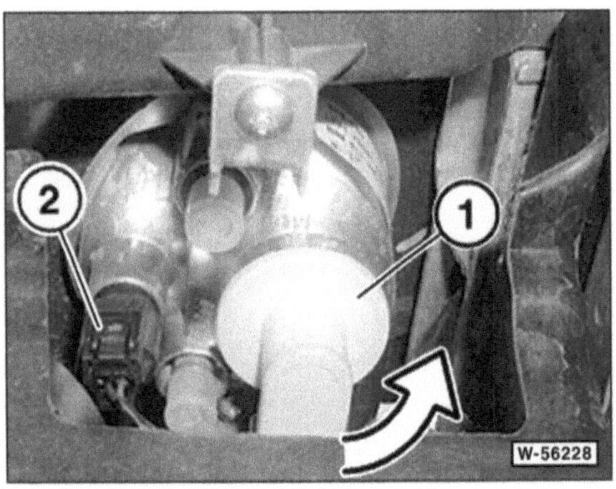

- Fassung für Blinklicht –1– gegen den Uhrzeigersinn drehen –Pfeil– und zusammen mit der Glühlampe aus der Leuchte für Blinklicht und Standlicht herausziehen.
- Fassung mit Glühlampe aus dem Motorraum herausziehen.
- Glühlampe in die Fassung eindrücken, gegen den Uhrzeigersinn drehen und aus der Fassung herausziehen.
- Neue Glühlampe in die Fassung einsetzen, im Uhrzeigersinn drehen und einrasten.
- Fassung mit Glühlampe in den Scheinwerfer einsetzen, Fassung im Uhrzeigersinn drehen und einrasten.
- Neue Glühlampe auf Funktion überprüfen.

Glühlampe für Standlicht wechseln

- Zündung und Schalter der Leuchte ausschalten.
- Motorhaube öffnen.
- Fassung für Standlicht –2– gegen den Uhrzeigersinn drehen und zusammen mit der Glühlampe aus der Leuchte für Blinklicht und Standlicht herausziehen.
- Glühlampe aus der Fassung herausziehen.

Einbau

- Neue Glühlampe in die Fassung eindrücken.
- Fassung mit Glühlampe in den Scheinwerfer einsetzen, Fassung im Uhrzeigersinn drehen und einrasten.
- Neue Glühlampe auf Funktion überprüfen.

Seitliche Blinkleuchte aus- und einbauen/Glühlampe wechseln

Ausbau

- Zündung und Schalter der Leuchte ausschalten.

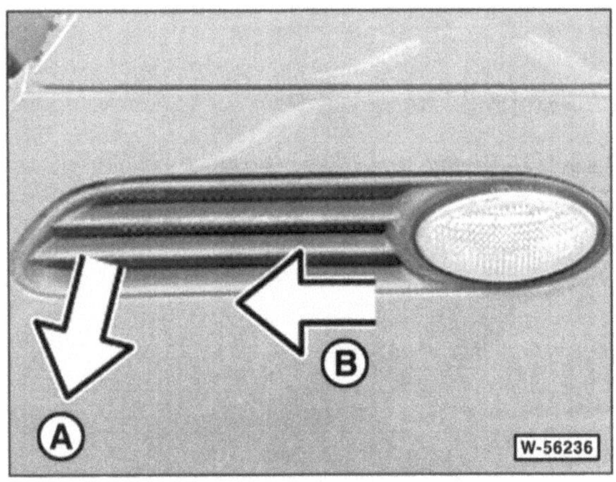

- Mit einem Kunststoffkeil Lüftungsgitter im vorderen Bereich entriegeln und vorsichtig ein Stück aus dem Kotflügel herausziehen –Pfeil A–.
- Lüftungsgitter mit eingesetzter Blinkleuchte nach vorne schieben –Pfeil B– und aus dem Kotflügel herausziehen.

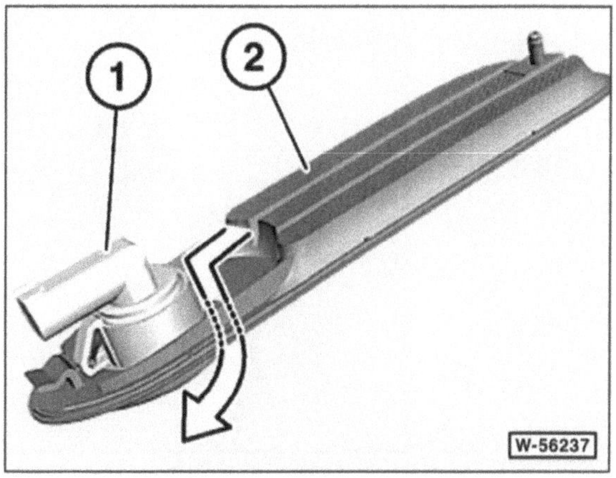

- Stecker von der Lampenfassung –1– abziehen.
- Blinkleuchte ein Stück nach hinten drücken, entriegeln und aus dem Lüftungsgitter herausklappen –Pfeil–.

Einbau

- Der Einbau erfolgt in umgekehrter Ausbaureihenfolge. Darauf achten, dass die Blinkleuchte korrekt im Lüftungsgitter einrastet.

Glühlampe wechseln

- Zündung und Schalter der Leuchte ausschalten.
- Lüftungsgitter mit eingesetzter Blinkleuchte aus dem Kotflügel herausziehen.
- Lampenfassung –1– gegen den Uhrzeigersinn drehen und mit der Glühlampe aus der Blinkleuchte herausziehen, siehe Abbildung W-56237.
- Glühlampe aus der Fassung herausziehen.
- Neue Glühlampe in die Fassung eindrücken. Auf korrekten Sitz des Dichtungsrings an der Fassung achten.
- Fassung in die Blinkleuchte einsetzen, im Uhrzeigersinn drehen und einrasten.
- Lüftungsgitter mit eingesetzter Blinkleuchte in den Kotflügel einsetzen.
- Neue Glühlampe auf Funktion überprüfen.

Nebelscheinwerfer aus- und einbauen/ Glühlampe wechseln

MINI 1 bis 7/04

Ausbau

- Zündung und Schalter der Leuchte ausschalten.
- Innenkotflügel vorn ausbauen, siehe Seite 260.

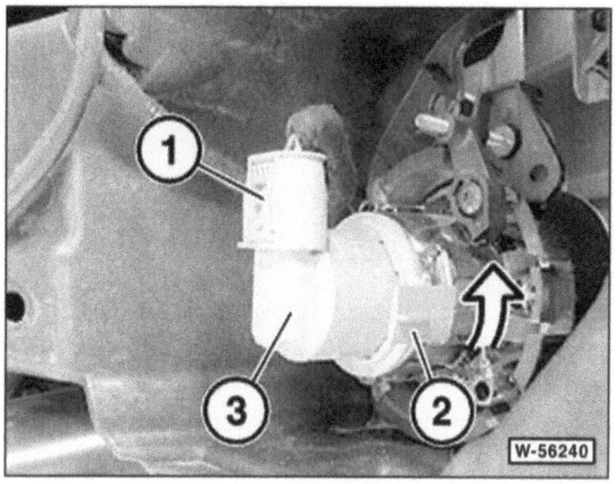

- Stecker –1– entriegeln und abziehen.
- Verriegelung –2– in Pfeilrichtung drehen und Lampenfassung –3– mit Glühlampe nach hinten aus dem Nebelscheinwerfer herausziehen.

- 3 Schrauben –1– herausdrehen und Nebelscheinwerfer –2– von der Stoßfängerabdeckung abnehmen.

Einbau

- Der Einbau erfolgt in umgekehrter Ausbaureihenfolge.
- Scheinwerfer-Einstellung von einer Werkstatt kontrollieren und einstellen lassen.

Glühlampe wechseln

- Zündung und Schalter der Leuchte ausschalten.
- Räder ganz einschlagen und Innenkotflügel im vorderen Bereich lösen, siehe Seite 260.

- Verriegelung drehen und Lampenfassung mit Glühlampe nach hinten aus dem Nebelscheinwerfer herausziehen.

- Glühlampe –1– aus der Fassung herausziehen.
- Neue Glühlampe so in die Fassung einsetzen, dass die Rastnasen in die entsprechenden Aussparungen passen.
- Der weitere Einbau erfolgt in umgekehrter Ausbaureihenfolge.
- Neue Glühlampe auf Funktion überprüfen.

MINI 1 ab 7/04

Hinweis: Der Aus- und Einbau erfolgt im Prinzip wie beim MINI bis 7/04. Halogenglühlampe und Fassung bilden eine Einheit, daher kann die Glühlampe nicht aus der Fassung herausgezogen werden.

Glühlampe wechseln

- Zündung und Schalter der Leuchte ausschalten.
- Räder ganz einschlagen und Innenkotflügel im vorderen Bereich lösen, siehe Seite 260.
- Stecker von der Fassung abziehen.
- Fassung für Nebellicht gegen den Uhrzeigersinn drehen und mit der Glühlampe aus der Leuchte herausziehen. **Hinweis:** Die Halogenglühlampe kann nicht aus der Fassung herausgezogen werden.
- Neue Glühlampe mit Fassung in den Scheinwerfer einsetzen und im Uhrzeigersinn drehen, bis sie einrastet.
- Der weitere Einbau erfolgt in umgekehrter Ausbaureihenfolge.
- Neue Glühlampe auf Funktion überprüfen.

Nebelscheinwerfer einstellen

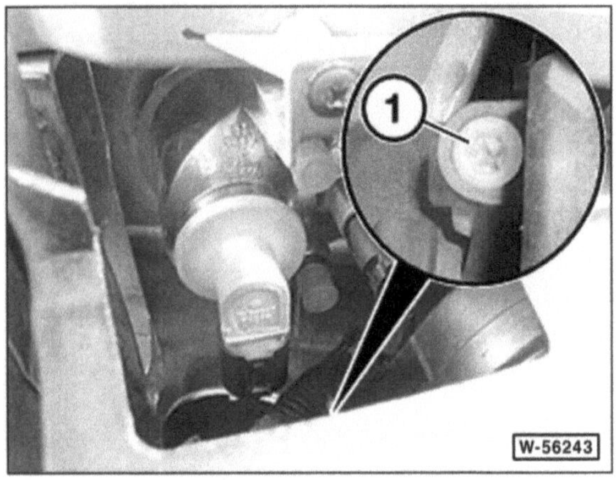

- Höheneinstellung des Scheinwerfers mit Schraube –1–.

Scheinwerfer aus- und einbauen

Sicherheitshinweis/Xenon-Scheinwerfer
Vorsicht bei Arbeiten an Xenon-Scheinwerfern. Verletzungsgefahr durch Hochspannung! Hinweise beachten, siehe Seite 76.

Hinweis: Der Aus- und Einbau wird am Xenon-Scheinwerfer beim MINI bis 7/04 beschrieben. Die Vorgehensweise ist bei den übrigen Scheinwerfertypen im Prinzip gleich.

Ausbau

- Zündung und Lichtschalter ausschalten.
- Motorhaube öffnen und sicher abstützen.
- Batterie abklemmen. **Achtung:** Hinweise im Kapitel »Batterie aus- und einbauen« beachten.
- Wenn eingebaut, Spritzdüse für Scheinwerfer-Reinigungsanlage vom Scheinwerfer trennen, siehe Seite 71.

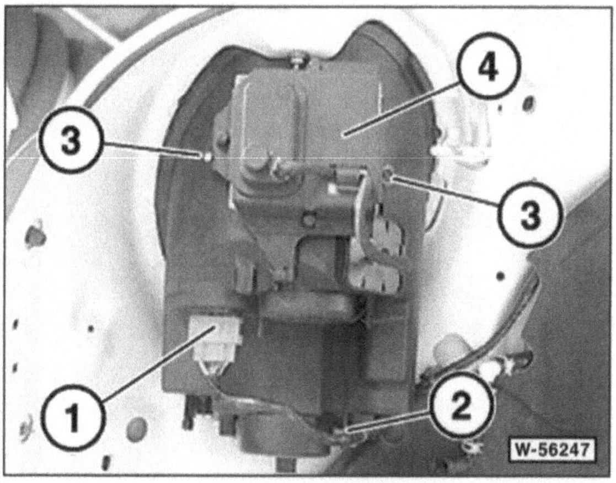

Achtung: Vor dem Trennen der Steckverbindung elektrostatische Aufladung abbauen. Dazu kurz den Schließbügel der Tür oder die Karosserie anfassen.

- Stecker –1– entriegeln und vom Scheinwerfer abziehen.
- Kabel-Halterung –2– öffnen und Leitung herausziehen.
- **Xenon-Scheinwerfer:** Schrauben –3– herausdrehen und Halter –4– für Xenon-Steuergerät herunterklappen.

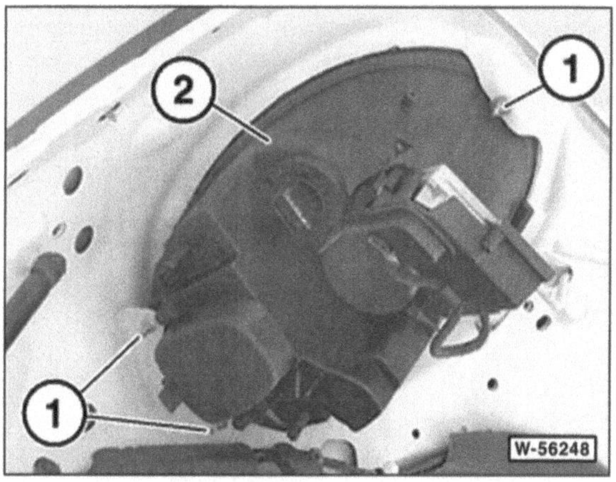

- Muttern –1– abschrauben und Scheinwerfer –2– von der Motorhaube abnehmen.

Einbau

Der Einbau erfolgt in umgekehrter Ausbaureihenfolge. Dabei ist Folgendes zu beachten:

- Scheinwerfer auf Funktion überprüfen.
- Scheinwerfer-Einstellung so bald wie möglich von einer Werkstatt kontrollieren und gegebenenfalls einstellen lassen. **Hinweis:** Die Einstellung ist nur mit Spezialgeräten möglich.

Achtung: Für die Verkehrssicherheit ist die exakte Einstellung der Scheinwerfer von großer Bedeutung.

Heckleuchte aus- und einbauen/ Glühlampe wechseln

Ausbau

- Zündung und Schalter der Leuchte ausschalten.
- Batterie abklemmen. **Achtung:** Hinweise im Kapitel »Batterie aus- und einbauen« beachten.
- Heckklappe öffnen.
- Klappe in der Seitenverkleidung entriegeln und herunterklappen.

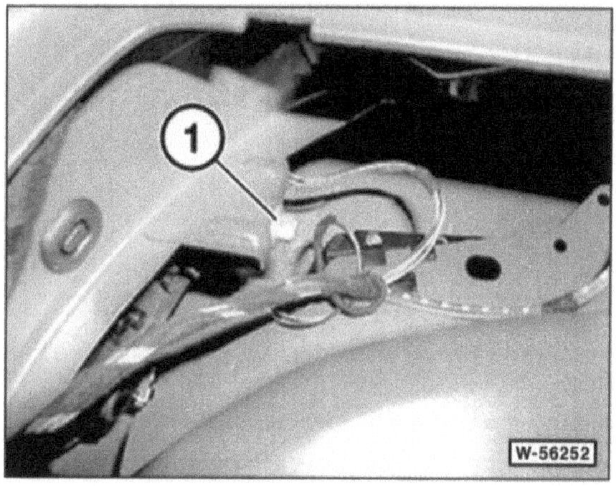

- Mutter –1– für Heckleuchte abschrauben.

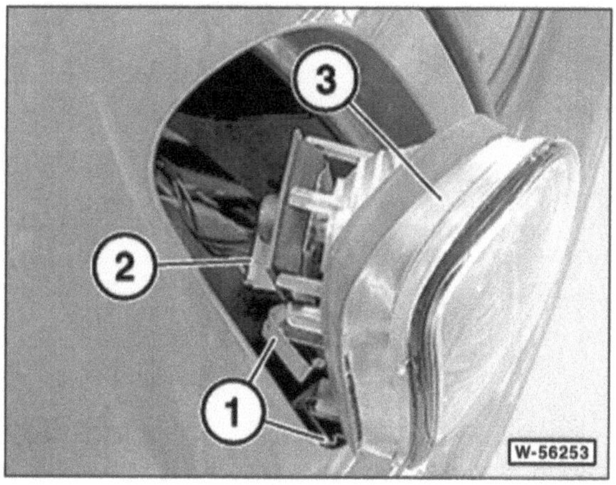

- Haltefedern –1– ausrasten und Heckleuchte –3– nach außen herausdrücken.
- Stecker –2– entriegeln und abziehen.

Einbau

- Auf korrekten Sitz der Dichtung an der Rückseite der Heckleuchte achten. Beschädigte Dichtung ersetzen.
- Heckleuchte einsetzen, einrasten und festschrauben.
- Der weitere Einbau erfolgt in umgekehrter Ausbaureihenfolge.

Glühlampe wechseln – MINI 1 bis 7/04

- Zündung und Schalter der Leuchte ausschalten.
- Heckklappe öffnen. Klappe in der Seitenverkleidung entriegeln und herunterklappen.
- Stecker entriegeln und abziehen.

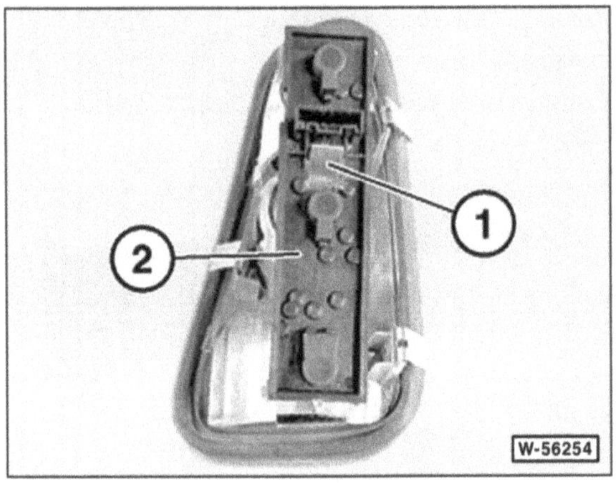

- Sicherungslasche –1– nach unten drücken und entriegeln.
- Lampenträger –2– aus der Heckleuchte herausziehen.

Hinweis: Beim Einbau des Lampenträgers darauf achten, dass die Sicherungslasche hörbar einrastet.

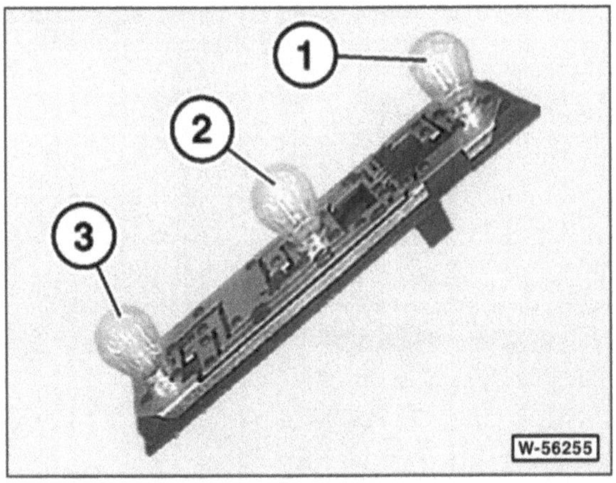

1 – Glühlampe für Nebelschlussleuchte.
2 – Glühlampe für Blinkleuchte.
3 – Glühlampe für Schluss- und Bremsleuchte.

- Defekte Glühlampe eindrücken, gegen den Uhrzeigersinn drehen und aus der Fassung herausziehen.
- Neue Glühlampe einsetzen und auf Funktion überprüfen.

Glühlampe wechseln – MINI 1 ab 7/04

- Zündung und Schalter der Leuchte ausschalten.
- Heckklappe öffnen. Klappe in der Seitenverkleidung entriegeln und herunterklappen.
- Stecker entriegeln und abziehen.

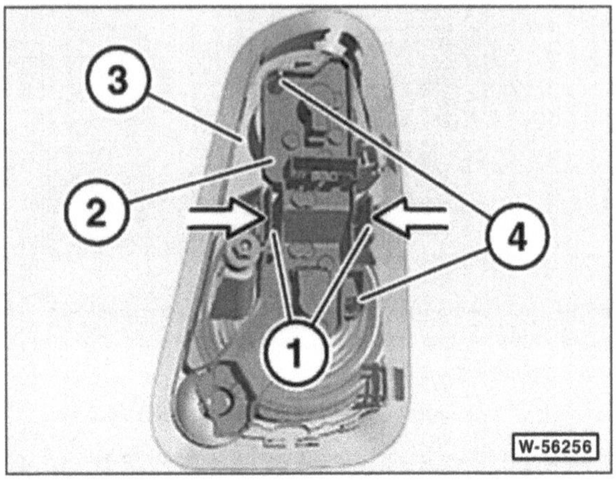

- Sicherungslaschen –1– zusammendrücken –Pfeile– und entriegeln.
- Lampenträger –2– aus der Heckleuchte –3– herausziehen.

Hinweis: Beim Einbau des Lampenträgers darauf achten, dass die Führungsbolzen –4– der Heckleuchte in die Bohrungen im Lampenträger eingreifen. Die Sicherungslaschen müssen hörbar einrasten.

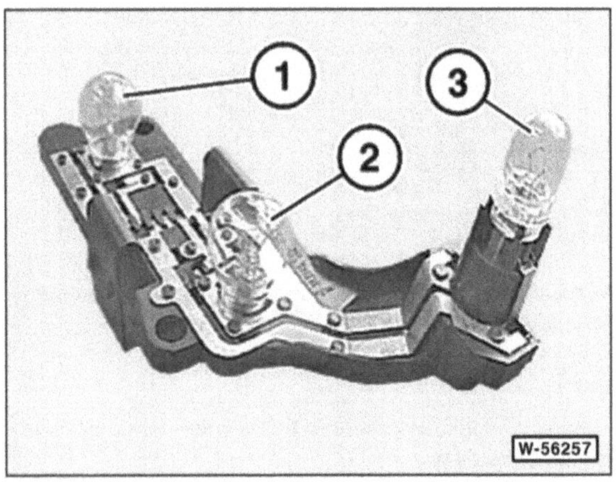

1 – Glühlampe für Blinkleuchte.
2 – Glühlampe für Schluss- und Bremsleuchte.
3 – Glühlampe für Rückfahrleuchte.

- Defekte Glühlampe –1/2– eindrücken, gegen den Uhrzeigersinn drehen und aus der Fassung herausziehen.
- Defekte Glühlampe –3– für Rückfahrlicht aus der Fassung herausziehen.
- Neue Glühlampe einsetzen und auf Funktion überprüfen.

MINI 1 – Cabrio

Ausbau

- Zündung und Schalter der Leuchte ausschalten.
- Batterie abklemmen. **Achtung:** Hinweise im Kapitel »Batterie aus- und einbauen« beachten.

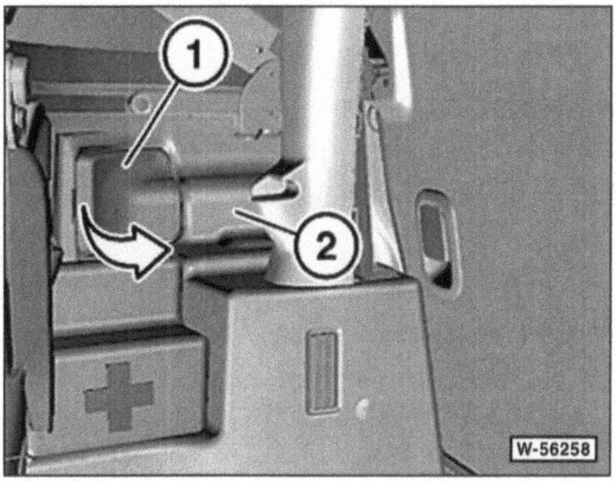

- Abdeckung –1– aus der Seitenverkleidung –2– klappen –Pfeil– und abnehmen.

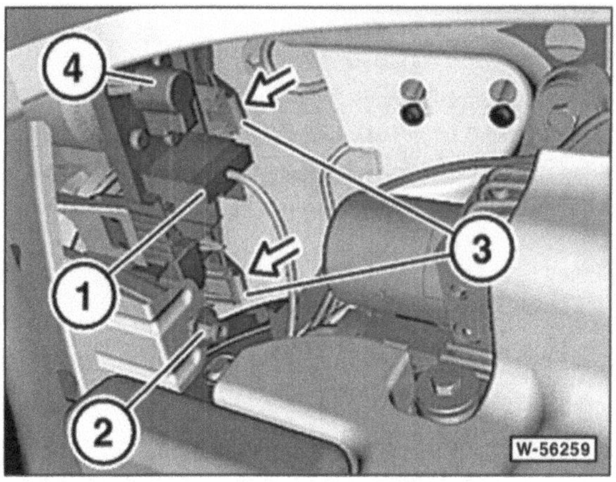

- Stecker –1– entriegeln und abziehen.
- Mutter –2– für Heckleuchte abschrauben.
- Haltefedern –3– ausrasten –Pfeile– und Heckleuchte –4– nach außen herausdrücken.

Einbau

- Auf korrekten Sitz der Dichtung an der Rückseite der Heckleuchte achten. Beschädigte Dichtung ersetzen.
- Heckleuchte einsetzen, einrasten und festschrauben.
- Der weitere Einbau erfolgt in umgekehrter Ausbaureihenfolge.

Glühlampe wechseln

Hinweis: Der Lampenwechsel erfolgt wie beim MINI ab 7/04.

Rückfahrleuchte/Nebelschlussleuchte aus- und einbauen/Glühlampe wechseln

Ausbau

Hinweis: In der hinteren Stoßfängerabdeckung ist eine Leuchte eingesetzt; beim MINI bis 7/04 die Rückfahrleuchte und beim MINI ab 7/04 die Nebelschlussleuchte.

- Zündung ausschalten.

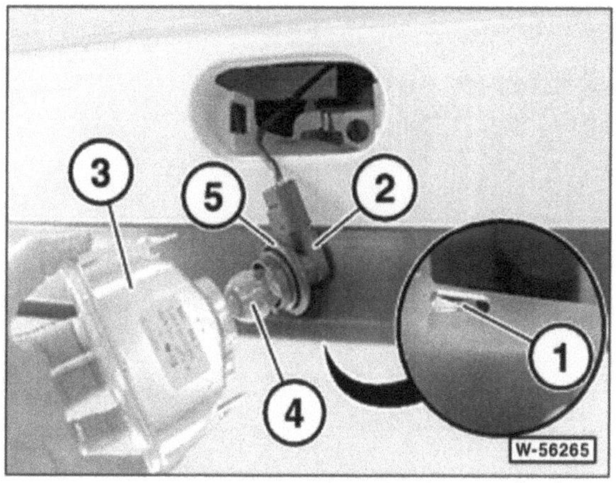

- Unter die Stoßfängerabdeckung greifen, Haltelaschen –1– zusammendrücken und entriegeln.
- Leuchte –3– aus der Stoßfängerabdeckung herausziehen.
- Fassung –2– gegen den Uhrzeigersinn drehen und zusammen mit der Glühlampe aus der Leuchte herausziehen.
- Glühlampe –4– in die Fassung eindrücken, gegen den Uhrzeigersinn drehen und aus der Fassung –2– herausziehen.

Einbau

- Neue Glühlampe in die Fassung einsetzen, im Uhrzeigersinn drehen und einrasten.
- Fassung mit Glühlampe in die Leuchte einsetzen, im Uhrzeigersinn drehen und einrasten. Dabei auf korrekten Sitz des Dichtungsrings –5– an der Fassung achten.
- Leuchte –3– in die Stoßfängerabdeckung einsetzen und einrasten.

Zusatzbremsleuchte aus- und einbauen

Die Zusatzbremsleuchte besteht aus Leuchtdioden. Bei einem Defekt Zusatzbremsleuchte komplett austauschen.

Ausbau

- Zündung ausschalten.
- Zusatzbremsleuchte mit Klebeband an der Heckklappe fixieren, damit das Dachblech beim Ausbau der Leuchte nicht zerkratzt wird.

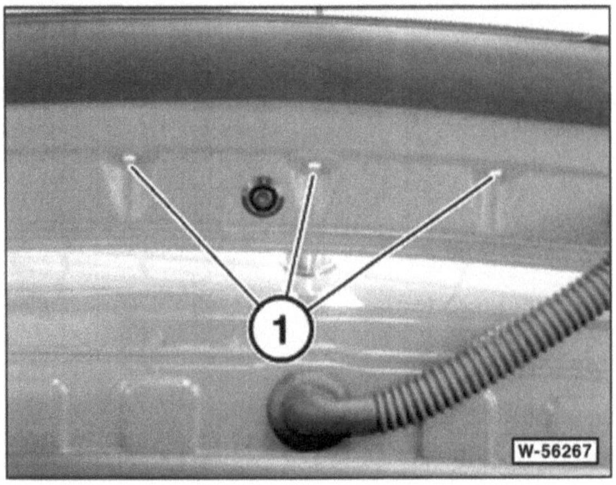

- Heckklappe öffnen und Schrauben –1– für Zusatzbremsleuchte herausdrehen.

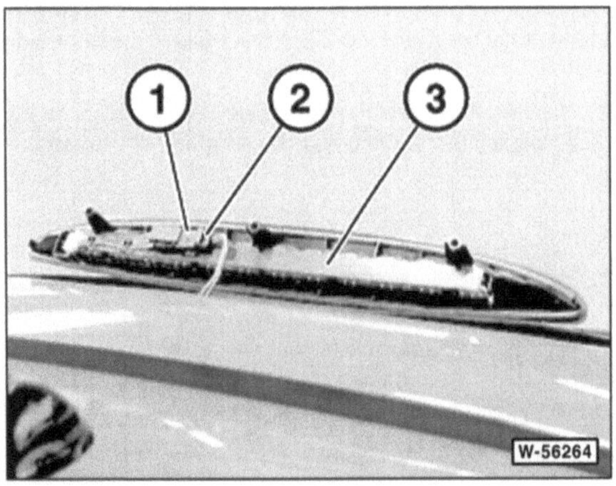

- Heckklappe schließen. Klebeband entfernen und Zusatzbremsleuchte –3– aus der Heckklappe herausziehen.
- Steckverbindung –2– aus der Halterung –1– herauslösen und Steckverbindung trennen.
- Zusatzbremsleuchte von der Heckklappe abnehmen.

Einbau

- Der Einbau erfolgt in umgekehrter Ausbaureihenfolge.

Kennzeichenleuchte/ Glühlampe auswechseln

Ausbau

- Zündung und Lichtschalter ausschalten.
- Heckklappe öffnen und festhalten.

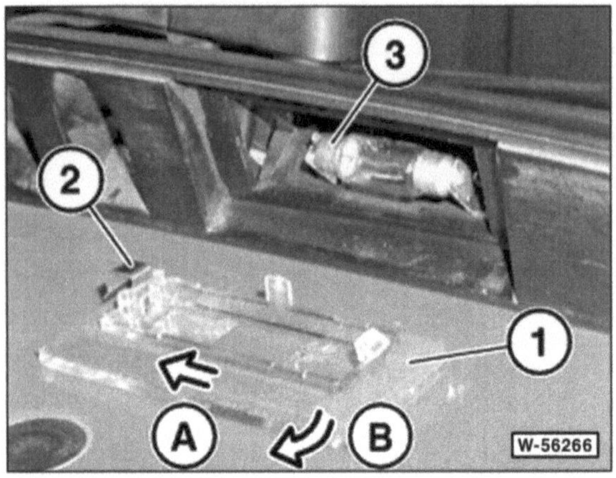

- Schraubendreher an der Aussparung am Leuchtenglas ansetzen.
- Mit dem Schraubendreher Leuchtenglas –1– in Richtung zum Halteclip –2– drücken –Pfeil A– und aus der Heckklappe heraushebeln –Pfeil B–.
- Kontakte spreizen und Soffittenlampe –3– aus der Klemmfassung herausnehmen.
- Neue Soffittenlampe einsetzen. **Achtung:** Glaskolben der neuen Glühlampe nicht mit bloßen Fingern berühren.

Einbau

- Der Einbau erfolgt in umgekehrter Ausbaureihenfolge.

Glühlampen für Innenleuchten auswechseln

Achtung: Glaskolben der neuen Glühlampe nicht mit bloßen Fingern berühren.

- Zündung und Schalter der Leuchte ausschalten.
- Nach dem Einbau neue Glühlampe auf Funktion überprüfen.

Deckenleuchte vorn

- Mit einem Schraubendreher Leuchtenglas vorsichtig aus der Deckenleuchte heraushebeln –Pfeil–.

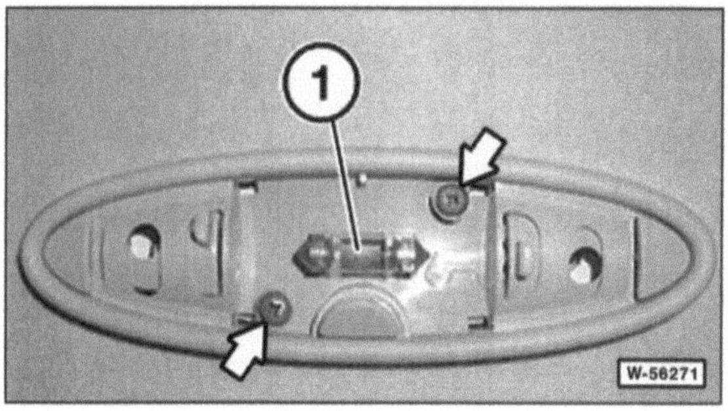

- **Glühlampe für Innenleuchte:** Soffittenlampe (C6W) –1– aus der Klemmfassung herausnehmen und ersetzen.
- **Glühlampen für Leseleuchten:** Schrauben –Pfeile– herausdrehen und Deckenleuchte aus dem Dachhimmel herausziehen.

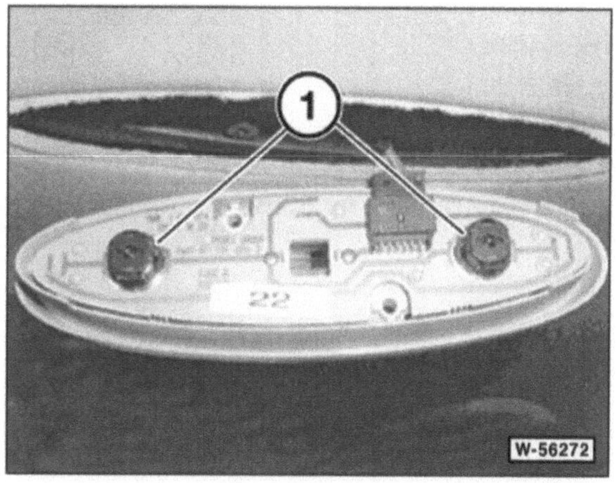

- **Glühlampen für Leseleuchten:** An der Rückseite der Deckenleuchte Fassung –1– drehen und mit der Glühlampe aus der Deckenleuchte herausziehen. Glühlampe (Xenon 6W) aus der Fassung nehmen und ersetzen.

Deckenleuchte – Cabrio

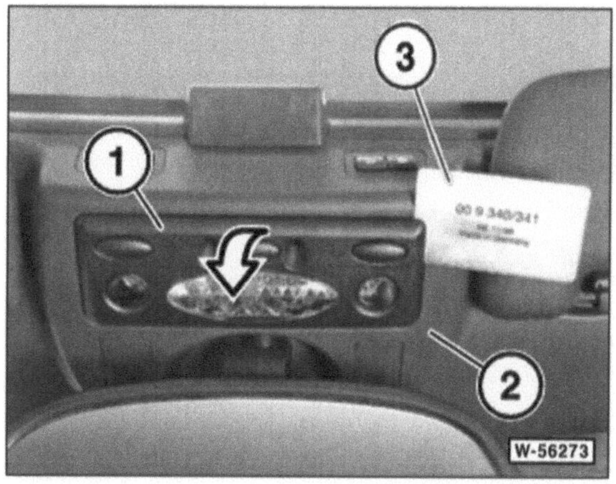

- Deckenleuchte –1– mit einer Kunststoffkarte –3– aus dem Dachhimmel –2– heraushebeln –Pfeil–.
- **Glühlampen für Leseleuchten:** An der Rückseite der Deckenleuchte Glühlampe (Xenon 6W) aus der Deckenleuchte herausnehmen und ersetzen.

Laderaumleuchte

- Heckklappe öffnen und Hutablage herausnehmen.
- Mit einem Kunststoffkeil, zum Beispiel HAZET 1965-20, Laderaumleuchte vorsichtig aus der Seitenverkleidung heraushebeln.
- Stecker von der Laderaumleuchte abziehen.

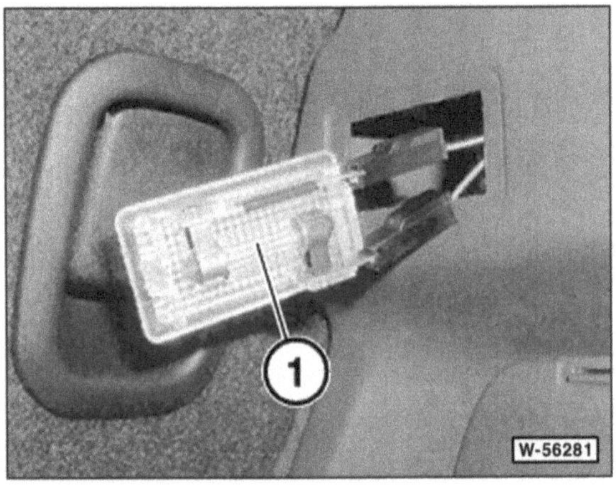

- Soffittenlampe –1– aus der Klemmfassung herausnehmen und ersetzen.

Handschuhfachleuchte

- Handschuhfach öffnen.

- Mit einem Schraubendreher Handschuhfachleuchte –1– heraushebeln –Pfeil–.
- Federkontakte auseinander spreizen, Soffittenlampe –2– aus der Klemmfassung herausnehmen und ersetzen.

Fußraumleuchte

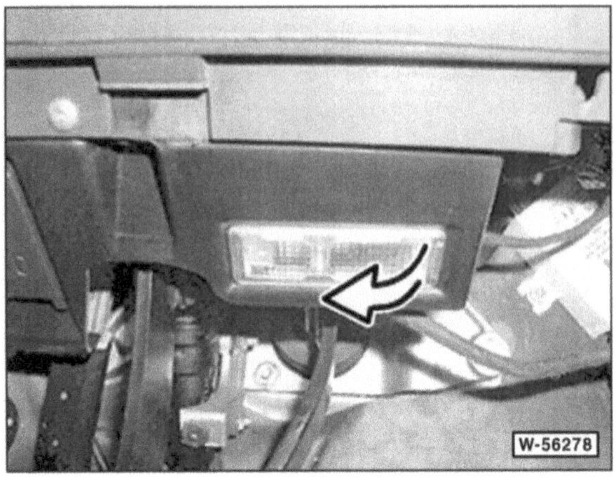

- Mit einem Schraubendreher Leuchte aus der oberen Verkleidung im Fußraum heraushebeln –Pfeil–.

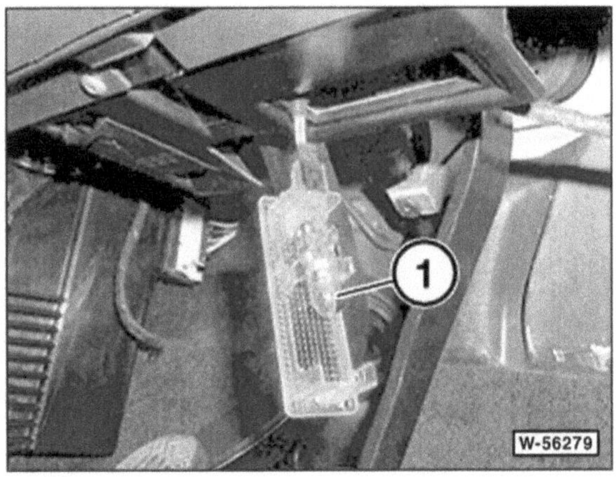

- Glühlampe –1– aus der Fassung herausziehen und ersetzen.

Beleuchtungsanlage – MINI 2

Lampentabelle

12-V-Glühlampe	Typ	Leistung
Abblend-/Fernlicht	H4	60/55 W [1]
Xenonlampe [2]	D1S	35 W
Blinklicht vorn	PY	21 W
Blinklicht seitlich	W(Y)	5 W
Standlicht	W	5 W
Kennzeichenleuchte	C	5 W
Seitliche Begrenzungsleuchte	W	3 W
Nebelscheinwerfer	H8	35 W
Nebelschlusslicht	W	16 W
Blinklicht hinten	PY	21 W
Schluss-/Bremslicht	P	21 W
Rückfahrlicht	P	21 W

H: Halogenlampen; P: Bajonett-Sockel;
W: Glassockel; C: Soffitte; Y: Leuchtenfarbe orange.

[1]) 2-Faden-Lampe. [2]) Bi-Xenon-Lampe.

In der Zusatzbremsleuchte sind Leuchtdioden eingesetzt.

Hinweis: Glühlampen grundsätzlich nur durch solche gleicher Ausführung ersetzen. Vor einem Lampenwechsel sicherstellen, dass der betreffende Schalter ausgeschaltet ist.

Achtung: Den Glaskolben einer leistungsstarken Glühlampe nicht mit bloßen Fingern berühren. Am besten ein sauberes Stofftuch dazwischen legen oder Baumwollhandschuhe tragen. Verdampft der durch die Berührung verursachte Fingerabdruck, setzen sich Rückstände auf dem Reflektor ab, die den Scheinwerfer matt werden lassen. Dies gilt insbesondere für die Haupt- und Nebelscheinwerfer. Versehentlich entstandene Berührungsflecken auf dem Glaskolben mit einem sauberen, nicht fasernden Tuch und etwas Spiritus abwischen.

Achtung: Die mit einem Schutzlack beschichteten Kunststoffscheiben der Hauptscheinwerfer dürfen auf keinen Fall mit einem trockenen oder gar scheuernden Lappen gesäubert werden. Es dürfen auch keine Reinigungs- oder Lösungsmittel benutzt werden. Die Scheiben nur mit einem weichen, feuchten Tuch reinigen.

Glühlampe für Halogen-Scheinwerfer auswechseln

Achtung: Halogen-Lampen stehen unter Druck und können platzen. Deshalb beim Lampenwechsel Schutzbrille und Handschuhe tragen.

Ausbau

- Schalter des Scheinwerfers ausschalten.
- Zündung ausschalten.
- Motorhaube öffnen.
- Batterie abklemmen. **Achtung:** Hinweise im Kapitel »Batterie aus- und einbauen« beachten.

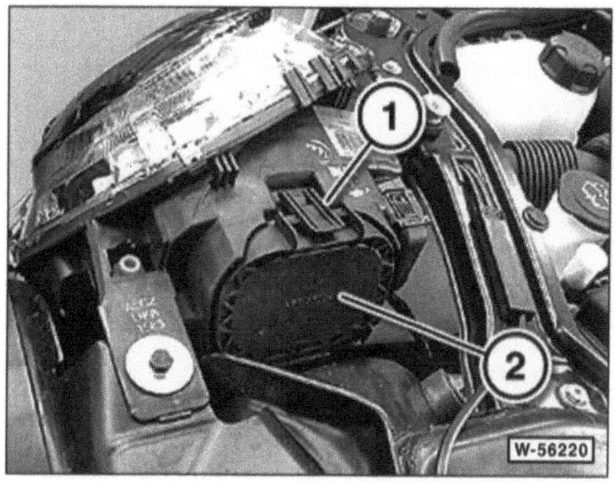

- An der Scheinwerfer-Rückseite Lasche –1– drücken, Deckel –2– der Leuchte für Abblendlicht und Fernlicht entriegeln, unten aus der Halterung herausziehen und abnehmen.

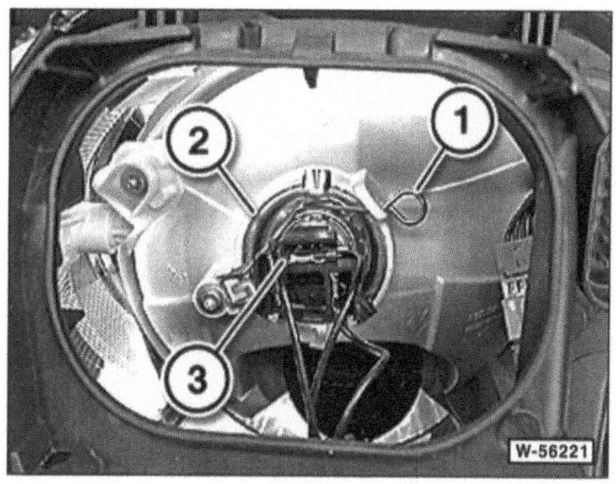

- Stecker –3– von der Glühlampe abziehen.
- Drahtbügel –1– zum Entriegeln nach vorne, dann nach unten drücken und wegklappen.

- Glühlampe –2– für Abblend- und Fernlicht aus dem Reflektor herausziehen.

Einbau

- Neue Glühlampe so in den Reflektor einsetzen, dass die Rastnasen in die entsprechenden Aussparungen passen.
- Drahtbügel zurückklappen und einhängen.
- Stecker an der Glühlampe aufstecken.
- Durch einen Blick vorne in den Scheinwerfer die korrekte Einbauposition der Glühlampe überprüfen.
- An der Scheinwerfer-Rückseite Deckel unten in die Halterung einsetzen, hochklappen und einrasten. Darauf achten, dass der Deckel an der Scheinwerfer-Rückseite richtig sitzt, sonst kann im späteren Betrieb Wasser eintreten und der Scheinwerfer beschädigt werden.
- Neue Glühlampe auf Funktion überprüfen. Gegebenenfalls Scheinwerfer-Einstellung von einer Werkstatt kontrollieren und einstellen lassen.

Glühlampe für Xenon-Scheinwerfer auswechseln

Sicherheitshinweis/Xenon-Scheinwerfer
Vorsicht beim Lampenwechsel an Xenon-Scheinwerfern. Verletzungsgefahr durch Hochspannung! Personen mit Herzschrittmacher dürfen keine Arbeiten an Xenon-Scheinwerfern vornehmen. **Auf jeden Fall Scheinwerfer ausschalten und Batterie vom Stromnetz abklemmen.** Anschließend Scheinwerferschalter kurz ein- und wieder ausschalten, um Restspannungen abzubauen. Sicherheitshalber Schutzbrille, Handschuhe sowie Schuhe mit Gummisohlen tragen.

Hinweis: Die Xenonlampe wird sowohl für Abblend- als auch für Fernlicht verwendet.

Ausbau

- Schalter des Scheinwerfers ausschalten.
- Zündung ausschalten.
- Motorhaube öffnen.
- Batterie abklemmen. **Achtung:** Hinweise im Kapitel »Batterie aus- und einbauen« beachten.
- An der Scheinwerfer-Rückseite Lasche drücken, Deckel entriegeln, unten aus der Halterung herausziehen und abnehmen; siehe Abbildung W-56220 im Kapitel Halogen-Scheinwerfer.

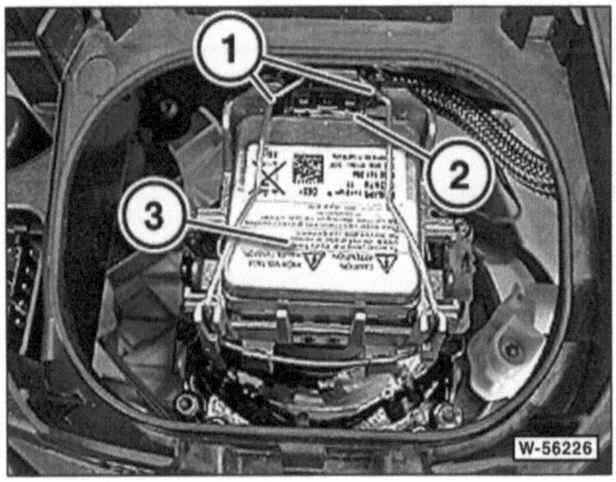

- Drahtbügel –1– aushängen.
- Stecker –2– vom Zündgerät abziehen.
- Zündgerät –3– zusammen mit der Xenonlampe aus dem Reflektor herausziehen. **Hinweis:** Xenonlampe und Zündgerät bilden eine Einheit und können nicht getrennt werden.

Einbau

- Zündgerät zusammen mit der Xenonlampe in den Reflektor einsetzen. Dabei auf korrekten Sitz des Zündgerätes achten.
- Stecker am Zündgerät aufschieben.
- Drahtbügel einhängen.
- An der Rückseite des Scheinwerfers Deckel einsetzen. Darauf achten, dass der Deckel an der Scheinwerfer-Rückseite richtig sitzt, sonst kann im späteren Betrieb Wasser eintreten und der Scheinwerfer beschädigt werden.
- Neue Xenonlampe auf Funktion überprüfen. Gegebenenfalls Scheinwerfer-Einstellung von einer Werkstatt kontrollieren und einstellen lassen.

Leuchte für Blinklicht/ Glühlampe wechseln

Hinweis: Die Blinkleuchte ist im Scheinwerfer eingesetzt.

Glühlampe wechseln

- Zündung und Schalter der Leuchte ausschalten.
- Räder ganz einschlagen.

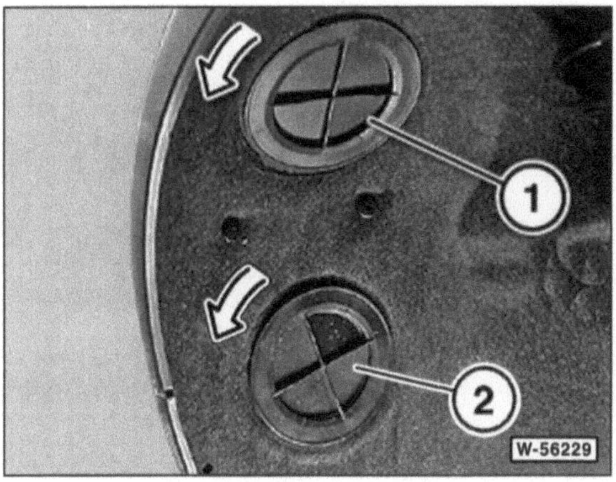

- Abdeckung für Blinkleuchte –1– gegen den Uhrzeigersinn drehen –Pfeil– und aus dem Innenkotflügel herausnehmen. 2 – Abdeckung für Stand- und Nebelleuchte.
- Deckel an der Scheinwerfer-Rückseite gegen den Uhrzeigersinn drehen und abnehmen.

- Fassung für Blinklicht –1– gegen den Uhrzeigersinn drehen –Pfeil– und zusammen mit der Glühlampe aus dem Scheinwerfer herausziehen.

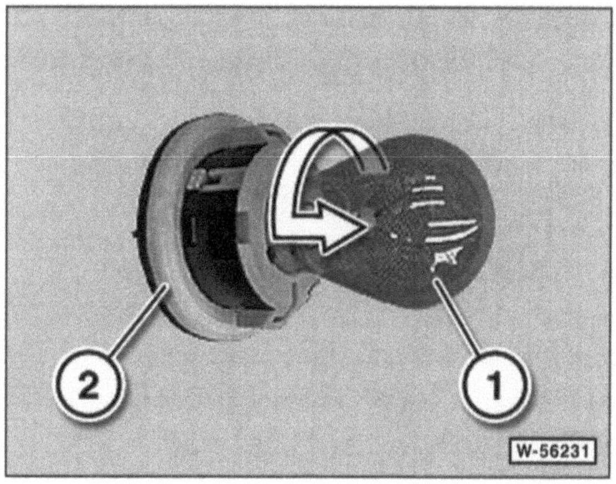

- Glühlampe –1– in die Fassung –2– eindrücken, gegen den Uhrzeigersinn drehen und aus der Fassung herausziehen –Pfeil–.
- Neue Glühlampe in die Fassung einsetzen, im Uhrzeigersinn drehen und einrasten.
- Fassung mit Glühlampe in den Scheinwerfer einsetzen, im Uhrzeigersinn drehen und einrasten.
- Deckel an der Scheinwerfer-Rückseite aufsetzen und im Uhrzeigersinn festdrehen. **Hinweis:** Darauf achten, dass der Deckel richtig sitzt, damit im späteren Betrieb kein Wasser eintreten kann.
- Abdeckung in den Innenkotflügel einsetzen und im Uhrzeigersinn festdrehen.
- Neue Glühlampe auf Funktion überprüfen.

Leuchte für Standlicht und Nebellicht aus- und einbauen/Glühlampe wechseln

Hinweis: Der Scheinwerfer ist in der Stoßfängerabdeckung eingebaut. Je nach Ausstattung ist im Scheinwerfer neben dem Standlicht auch die Lampe für Nebellicht eingesetzt.

Ausbau

- Zündung und Schalter der Leuchte ausschalten.
- **Rechte Seite:** Innenkotflügel ausbauen, siehe Seite 275.
- **Rechte Seite:** Hupe ausbauen, siehe Seite 54.
- **Linke Seite:** Stoßfängerabdeckung vorn ausbauen, siehe Seite 276.

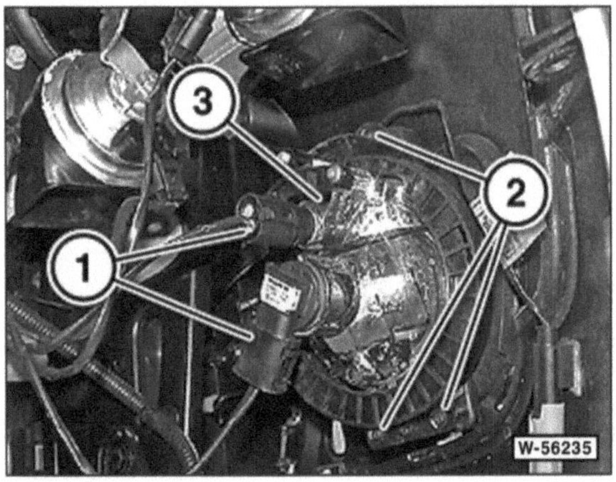

- An der Rückseite der Stoßfängerabdeckung Stecker –1– von den Lampen für Standlicht und gegebenenfalls für Nebellicht abziehen.
- 3 Schrauben –2– herausdrehen und Scheinwerfer –3– von der Stoßfängerabdeckung abnehmen.

Einbau

- Der Einbau erfolgt in umgekehrter Ausbaureihenfolge.

Glühlampe für Standlicht wechseln

- Zündung und Schalter der Leuchte ausschalten.
- Räder ganz einschlagen.

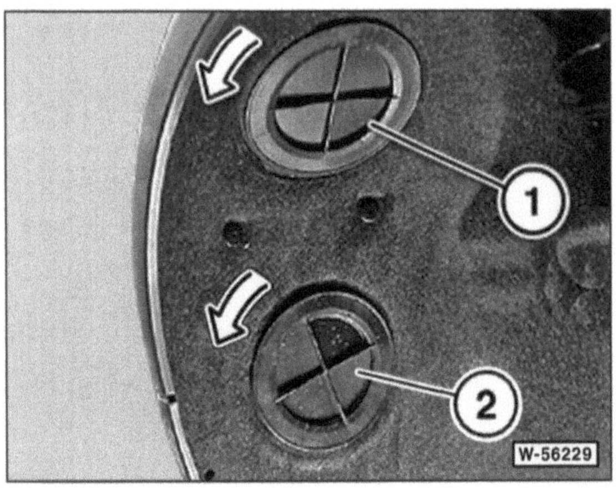

- Untere Abdeckung –2– gegen den Uhrzeigersinn drehen –Pfeil– und aus dem Innenkotflügel herausnehmen. 1 – Abdeckung für Blinklicht.

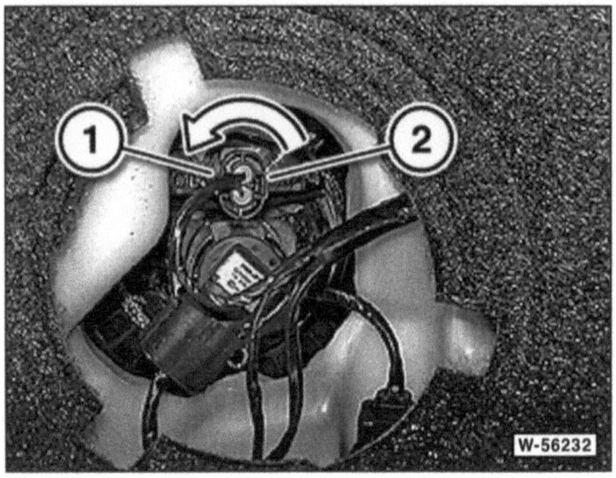

- Obere Fassung für Standlicht –1– gegen den Uhrzeigersinn drehen –Pfeil– und zusammen mit der Glühlampe aus dem Scheinwerfer herausziehen.

Hinweis: Je nach Ausstattung ist in dem Scheinwerfer auch die Lampe für Nebellicht eingesetzt.

- Stecker –2– von der Fassung abziehen.

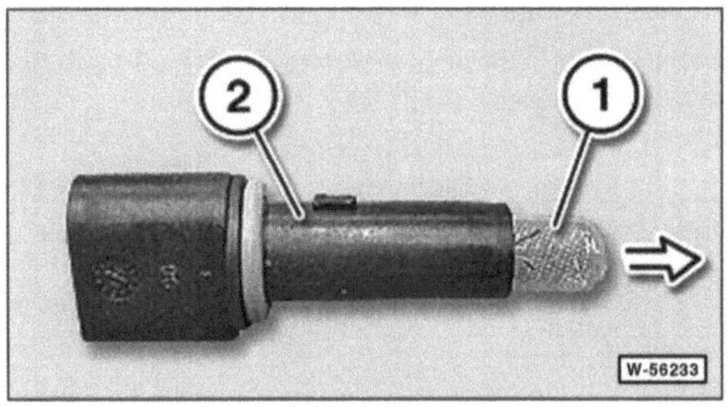

- Glühlampe –1– aus der Fassung –2– herausziehen –Pfeil–.
- Neue Glühlampe in die Fassung eindrücken.
- Fassung in den Scheinwerfer einsetzen, im Uhrzeigersinn drehen und einrasten.
- Stecker aufschieben und einrasten.
- Abdeckung in den Innenkotflügel einsetzen und im Uhrzeigersinn festdrehen.
- Neue Glühlampe auf Funktion überprüfen.

Glühlampe für Nebellicht wechseln

- Zündung und Schalter der Leuchte ausschalten.
- Räder ganz einschlagen.
- Untere Abdeckung –2– gegen den Uhrzeigersinn drehen –Pfeil– und aus dem Innenkotflügel herausnehmen, siehe Abbildung W-56229 im Abschnitt »Standlicht«.

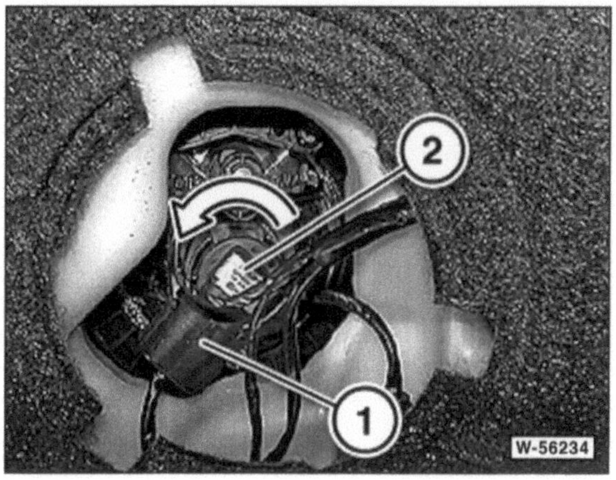

- Stecker –1– von der unteren Fassung –2– abziehen.
- Fassung –2– für Nebellicht gegen den Uhrzeigersinn drehen –Pfeil– und mit der Glühlampe aus der Leuchte herausziehen. **Hinweis:** Die Halogenglühlampe kann nicht aus der Fassung herausgezogen werden.
- Neue Glühlampe mit Fassung in den Scheinwerfer einsetzen und im Uhrzeigersinn drehen, bis sie einrastet.
- Stecker aufschieben und einrasten.
- Abdeckung in den Innenkotflügel einsetzen und im Uhrzeigersinn festdrehen.
- Neue Glühlampe auf Funktion überprüfen.

Nebelscheinwerfer einstellen

- Höheneinstellung des Scheinwerfers mit Schraube –1–.

Seitliche Blinkleuchte aus- und einbauen/Glühlampe wechseln

Ausbau

- Zündung und Schalter der Leuchte ausschalten.
- Motorhaube öffnen.

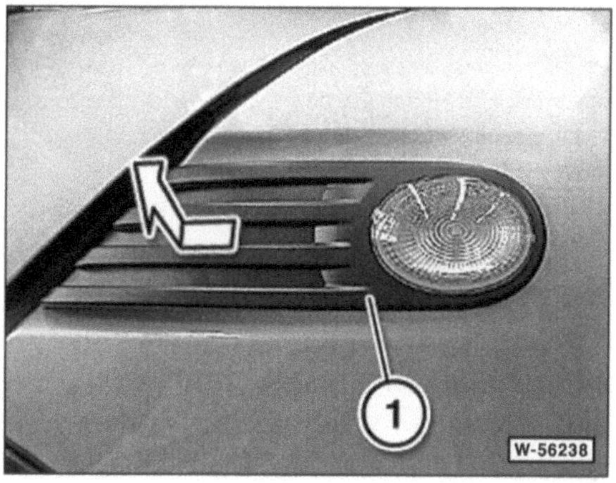

- Blende –1– mit eingesetzter Blinkleuchte nach vorne schieben und hinten entriegeln –Pfeil–. Blende vom Kotflügel abnehmen.

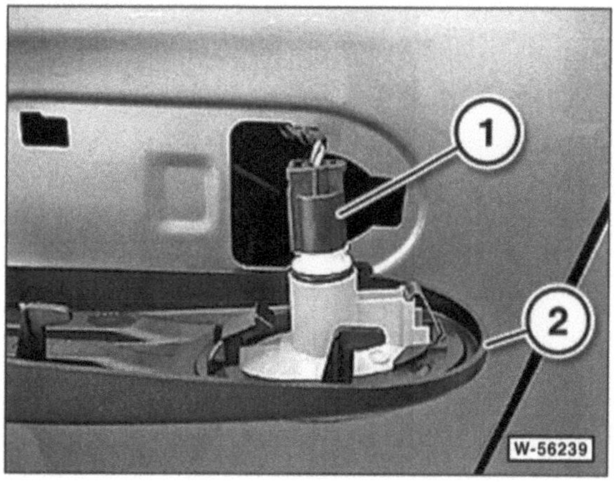

- Stecker –1– von der Lampenfassung abziehen.
- Blinkleuchte aus der Blende –2– ausrasten und herausziehen.

Einbau

Der Einbau erfolgt in umgekehrter Ausbaureihenfolge. Dabei ist Folgendes zu beachten:

- Blinkleuchte korrekt in der Blende einrasten.
- Blende korrekt im Kotflügel einsetzen und einrasten.

Glühlampe wechseln

- Zündung und Schalter der Leuchte ausschalten.
- Blende mit eingesetzter Blinkleuchte aus dem Kotflügel ausbauen.
- Lampenfassung gegen den Uhrzeigersinn drehen und mit der Glühlampe aus der Blinkleuchte herausziehen, siehe Abbildung W-56239.
- Glühlampe aus der Fassung herausziehen.
- Neue Glühlampe in die Fassung eindrücken. Auf korrekten Sitz des Dichtungsrings an der Fassung achten.
- Fassung in die Blinkleuchte einsetzen, im Uhrzeigersinn drehen und einrasten.
- Blende mit eingesetzter Blinkleuchte in den Kotflügel einsetzen.
- Neue Glühlampe auf Funktion überprüfen.

Seitliche Markierungsleuchten aus- und einbauen/Glühlampe wechseln

Ausbau

- Zündung und Lichtschalter ausschalten.
- Räder ganz einschlagen und Innenkotflügel zum Teil lösen, siehe Seite 275.

Seitliche Markierungsleuchte vorn

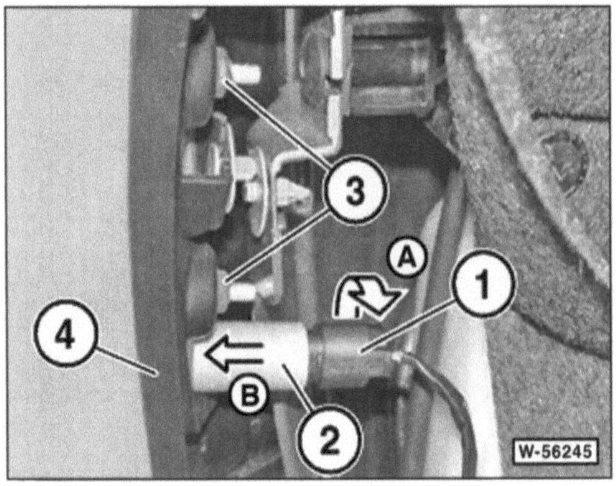

Seitliche Markierungsleuchte hinten

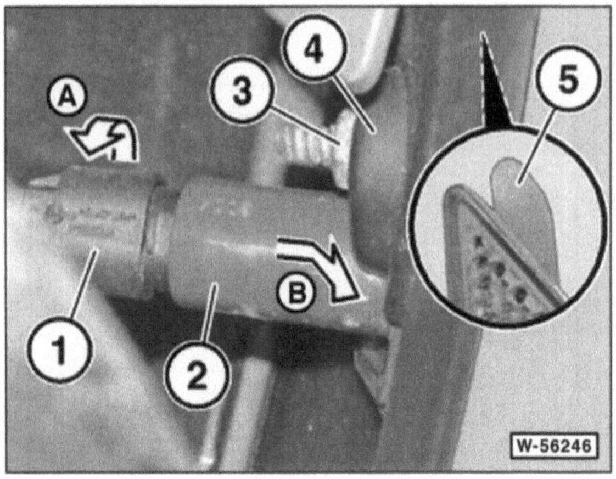

- Lampenfassung –1– in Pfeilrichtung –A– drehen und zusammen mit der Glühlampe aus der seitlichen Markierungsleuchte –2– herausziehen.
- Mutter(n) –3– abschrauben und seitliche Markierungsleuchte –2– nach außen aus der Blende –4– am Radkasten herausziehen –Pfeil B–.

Einbau

Der Einbau erfolgt in umgekehrter Ausbaureihenfolge. Dabei ist Folgendes zu beachten:

- **Markierungsleuchte hinten:** Zuerst den Zapfen –5– der Leuchte in die Blende –4– einführen.
- Auf korrekten Sitz des Dichtungsrings an der Lampenfassung achten.
- Darauf achten, dass die Lampenfassung korrekt einrastet.

Glühlampe wechseln

- Zündung und Lichtschalter ausschalten.
- Räder ganz einschlagen und Innenkotflügel zum Teil lösen, siehe Seite 275.
- Lampenfassung drehen und zusammen mit der Glühlampe aus der seitlichen Markierungsleuchte herausziehen.
- Glühlampe aus der Fassung herausziehen.
- Neue Glühlampe in die Fassung eindrücken.
- Fassung in die Markierungsleuchte einsetzen, drehen und einrasten.
- Neue Glühlampe auf Funktion überprüfen.

Scheinwerfer aus- und einbauen

Sicherheitshinweis/Xenon-Scheinwerfer
Vorsicht bei Arbeiten an Xenon-Scheinwerfern. Verletzungsgefahr durch Hochspannung! Hinweise beachten, siehe Seite 87.

Ausbau

- Zündung und Lichtschalter ausschalten.
- Motorhaube öffnen.
- Batterie abklemmen. **Achtung:** Hinweise im Kapitel »Batterie aus- und einbauen« beachten.

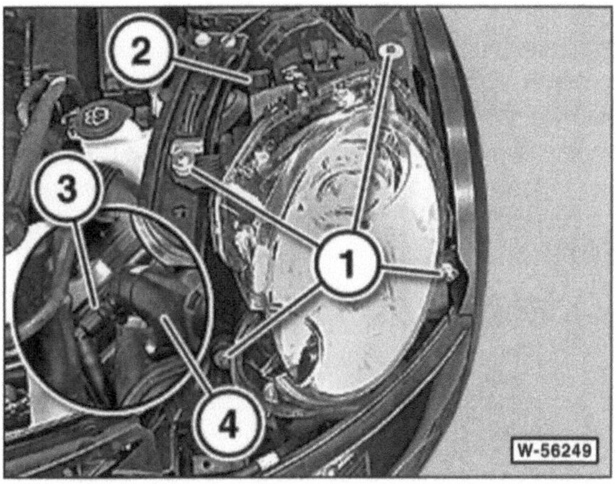

- Schrauben –1– herausdrehen.

Achtung: Vor dem Trennen der Steckverbindung elektrostatische Aufladung abbauen. Dazu kurz den Schließbügel der Tür oder die Karosserie anfassen.

- Stecker –2– vom Scheinwerfer abziehen.
- Scheinwerfer ein Stück nach vorne ziehen und Schlauch –3– von der Spritzdüse –4– für Scheinwerfer-Reinigungsanlage abziehen.
- Scheinwerfer aus dem Motorraum herausnehmen.

Einbau

Der Einbau erfolgt in umgekehrter Ausbaureihenfolge. Dabei ist Folgendes zu beachten:

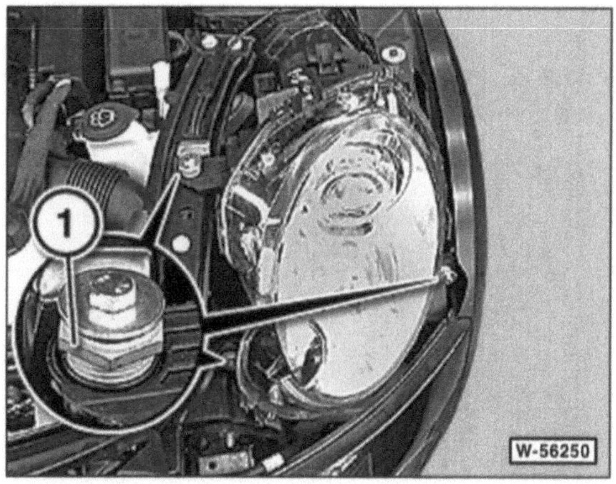

- Scheinwerfer mit den Einstellschrauben –1– zu den umliegenden Karosserieteilen ausrichten, dabei auf gleichmäßige Spaltmaße achten.
- Scheinwerfer auf Funktion überprüfen.
- Scheinwerfer-Einstellung so bald wie möglich von einer Werkstatt kontrollieren und gegebenenfalls einstellen lassen. **Achtung:** Für die Verkehrssicherheit ist die exakte Einstellung der Scheinwerfer von großer Bedeutung.

Scheinwerfer einstellen

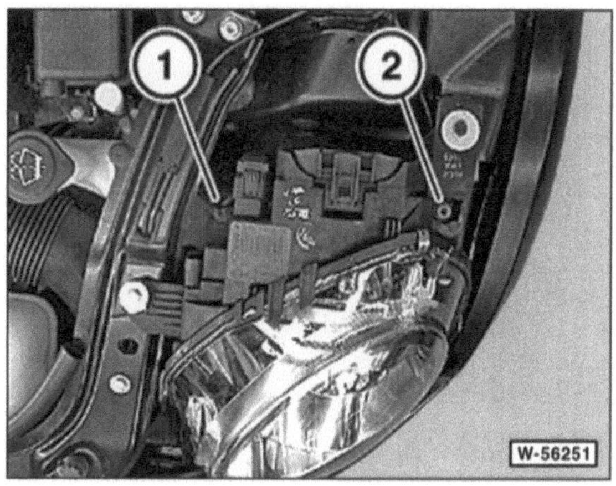

- Höhen- und Seiteneinstellung des Scheinwerfers mit den Schrauben –1– und –2– vornehmen.

Hinweis: Die exakte Einstellung der Scheinwerfer ist nur mit einem Spezialgerät möglich (Werkstattarbeit).

Heckleuchte aus- und einbauen/ Glühlampe wechseln

Ausbau

- Zündung und Schalter der Leuchte ausschalten.
- Batterie abklemmen. **Achtung:** Hinweise im Kapitel »Batterie aus- und einbauen« beachten.

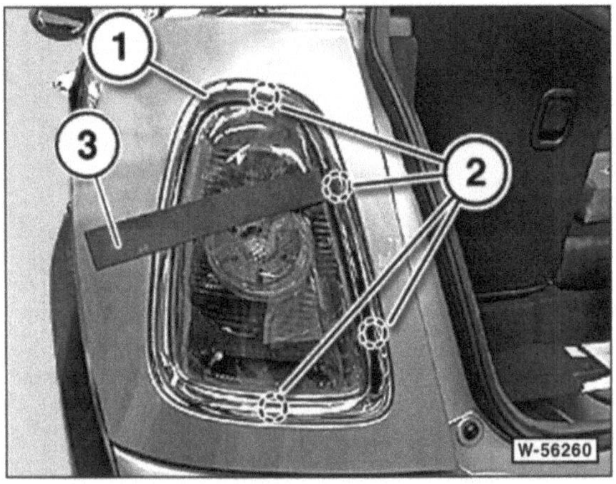

- Mit einem Kunststoffkeil -3- Blende -1- an den Haltelaschen -2- von der Heckleuchte lösen und abnehmen.

Hinweis: Die Haltelaschen dürfen nicht beschädigt werden.

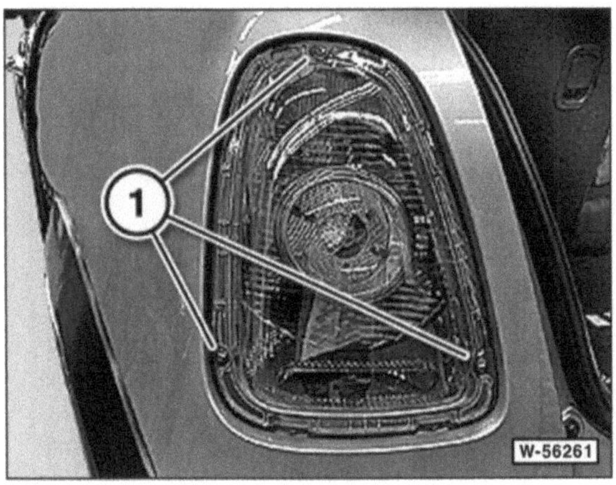

- Schrauben -1- herausdrehen.

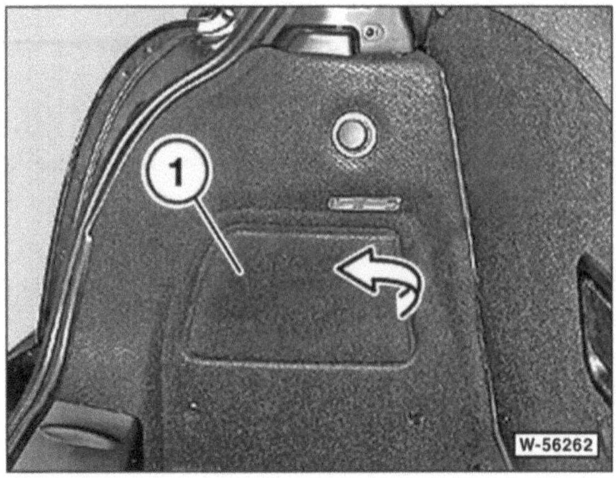

- **Linke Seite:** Laschen der Abdeckung -1- erst vorne herausziehen -Pfeil-, danach Abdeckung hinten aus der Seitenverkleidung herausziehen und abnehmen.
- **Rechte Seite:** Verbandstasche abziehen. Abdeckung oben greifen und herausklappen. Untere Laschen aus der Seitenverkleidung herausziehen und Abdeckung abnehmen.

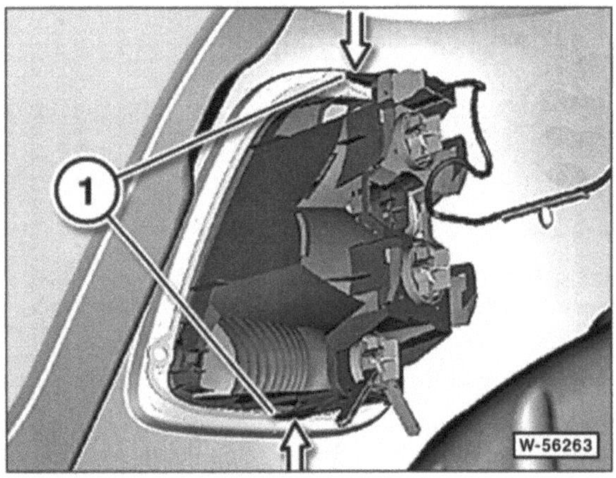

- Haltefedern -1- ausrasten -Pfeile- und Heckleuchte nach außen herausdrücken.
- Stecker entriegeln und von der Heckleuchte abziehen.

Einbau

- Stecker an der Heckleuchte aufschieben.
- Heckleuchte einsetzen, einrasten und festschrauben.
- Der weitere Einbau erfolgt in umgekehrter Ausbaureihenfolge.

Glühlampe wechseln

- Abdeckung aus der Seitenverkleidung klappen und abnehmen, siehe Abbildung W-56262.

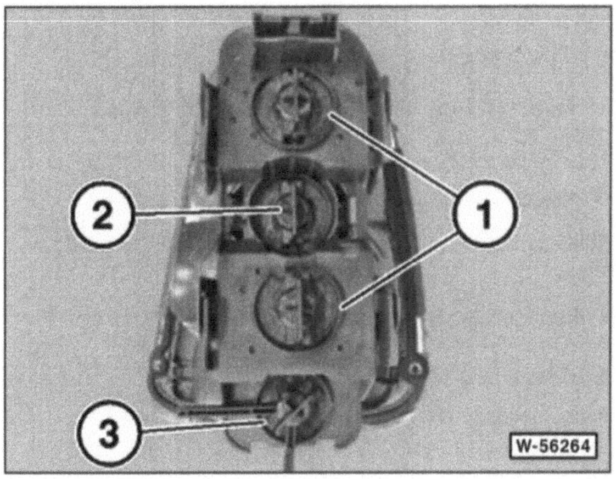

1 – Glühlampe für Schluss- und Bremsleuchte.
2 – Glühlampe für Blinkleuchte.
3 – Glühlampe für Rückfahrleuchte.

- Wenn nötig, Seitenverkleidung zur Seite drücken.
- An der Rückseite der Leuchte Fassung –1/2/3– gegen den Uhrzeigersinn drehen und zusammen mit der Glühlampe aus der Leuchte herausziehen. **Hinweis:** Fassung der Rückfahrleuchte –3– an den Stegen greifen.
- Glühlampe in die Fassung eindrücken, gegen den Uhrzeigersinn drehen und aus der Fassung herausziehen.
- Neue Glühlampe in die Fassung einsetzen, im Uhrzeigersinn drehen und einrasten.
- Fassung mit Glühlampe so in die Heckleuchte einsetzen, dass die Kontaktführungen in die entsprechenden Aussparungen passen.
- Fassung im Uhrzeigersinn drehen und einrasten.
- Neue Glühlampe auf Funktion überprüfen.

Nebelschlussleuchte aus- und einbauen/ Glühlampe wechseln

Ausbau

- Zündung ausschalten.

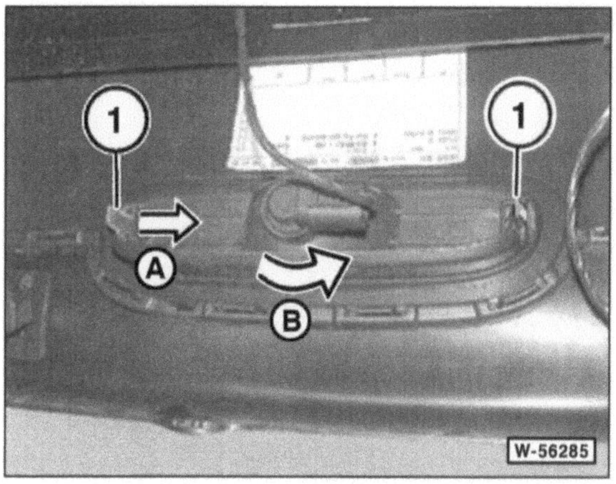

- Unter die Stoßfängerabdeckung greifen, Haltelaschen –1– zusammendrücken –Pfeil A– und entriegeln.
- Leuchte aus der Stoßfängerabdeckung herausziehen.
- Fassung gegen den Uhrzeigersinn drehen –Pfeil B– und zusammen mit der Glühlampe aus der Leuchte herausziehen.
- Glühlampe aus der Fassung herausziehen.

Einbau

- Neue Glühlampe in die Fassung eindrücken.
- Fassung mit Glühlampe in die Leuchte einsetzen, im Uhrzeigersinn drehen und einrasten. Dabei auf korrekten Sitz des Dichtungsrings an der Fassung achten.
- Leuchte in die Stoßfängerabdeckung einsetzen und einrasten.

Zusatzbremsleuchte aus- und einbauen

Die Zusatzbremsleuchte besteht aus Leuchtdioden. Bei einem Defekt Zusatzbremsleuchte komplett austauschen.

Ausbau

- Zündung ausschalten.
- Heckklappe öffnen und Fensterrahmenverkleidung oben von der Heckklappe lösen, siehe Seite 282.

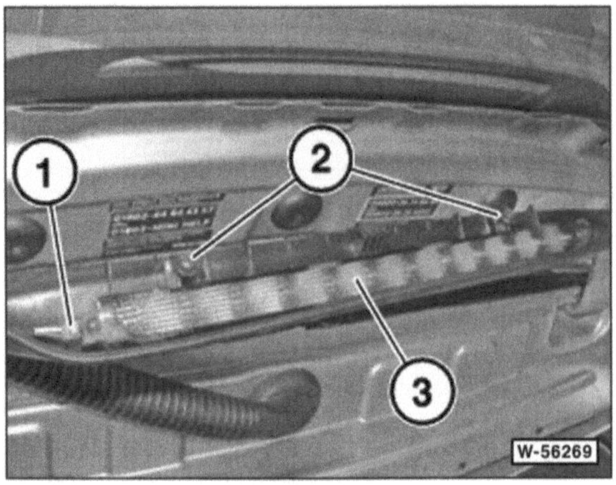

- Stecker –1– von der Zusatzbremsleuchte abziehen.
- Schrauben –2– herausdrehen und Zusatzbremsleuchte –3– von der Fensterrahmenverkleidung abnehmen.

Einbau

- Der Einbau erfolgt in umgekehrter Ausbaureihenfolge.

Kennzeichenleuchte Glühlampe auswechseln

Hinweis: Der Aus- und Einbau erfolgt im Prinzip wie beim MINI 1.

Glühlampen für Innenleuchten auswechseln

Achtung: Glaskolben der neuen Glühlampe nicht mit bloßen Fingern berühren.

- Zündung und Schalter der Leuchte ausschalten.
- Nach dem Einbau neue Glühlampe auf Funktion überprüfen.

Laderaumleuchte

Hinweis: Der Aus- und Einbau erfolgt im Prinzip wie beim MINI 1.

- Glühlampe aus der Fassung herausziehen und ersetzen.

Fußraumleuchte/Handschuhfachleuchte

Hinweis: Der Aus- und Einbau erfolgt wie beim MINI 1.

Deckenleuchte vorn

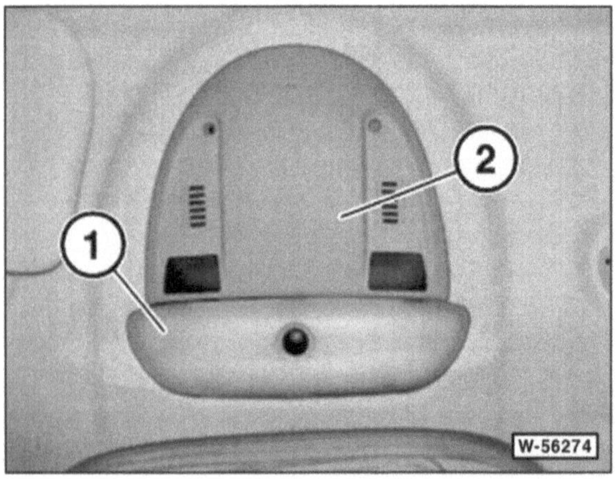

- Mit einem Kunststoffkeil, zum Beispiel HAZET 1965-20, Leuchtenglas –1– vorsichtig von der Deckenleuchte –2– abhebeln.

Hinweis: Bei der Deckenleuchte mit Bedieneinheit beide einzelnen Leuchtengläser rechts und links abhebeln.

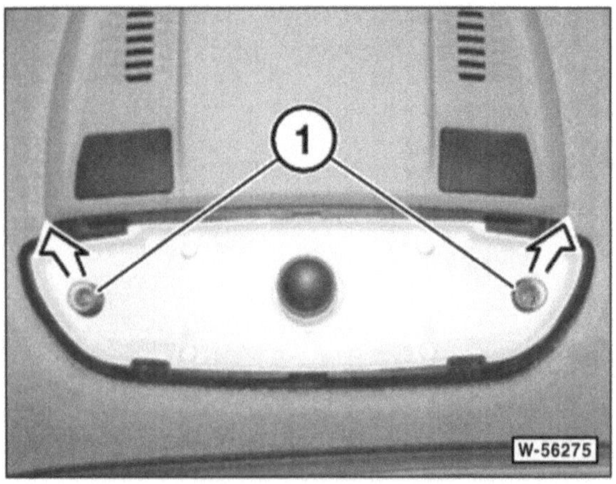

- Glühlampen (W6W) –1– aus der Deckenleuchte herausziehen –Pfeile– und ersetzen.

Deckenleuchte hinten

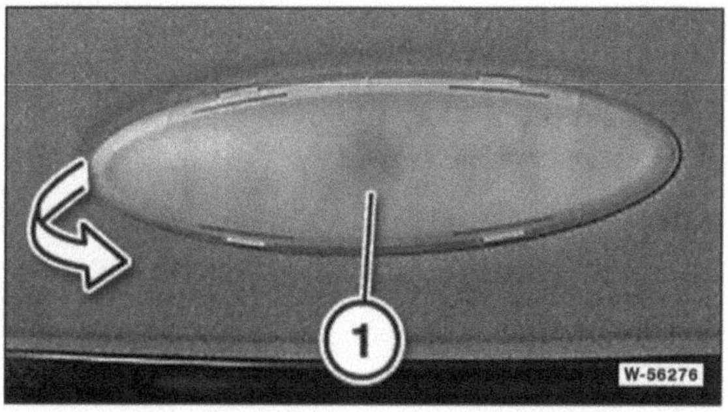

- Mit einem Schraubendreher Deckenleuchte –1– aus dem Dachhimmel heraushebeln –Pfeil–.

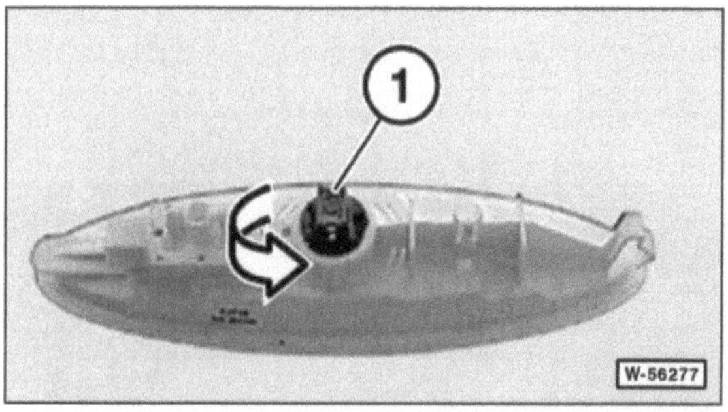

- An der Rückseite der Deckenleuchte Fassung –1– gegen den Uhrzeigersinn drehen –Pfeil– und mit der Glühlampe aus der Deckenleuchte herausziehen.
- Glühlampe (W6W) aus der Fassung herausziehen und ersetzen.

Türeinstiegsleuchte

- Tür öffnen.

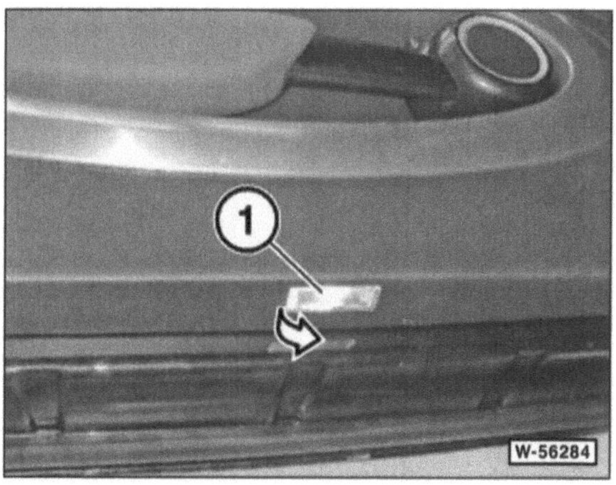

- Mit einem Kunststoffkeil, zum Beispiel HAZET 1965-20, Türeinstiegsleuchte –1– vorsichtig unten aus der Türverkleidung heraushebeln –Pfeil–.
- Stecker von der Leuchte abziehen.
- Glühlampe aus der Fassung herausziehen und ersetzen.

Spiegelleuchte

- Sonnenblende nach unten klappen.

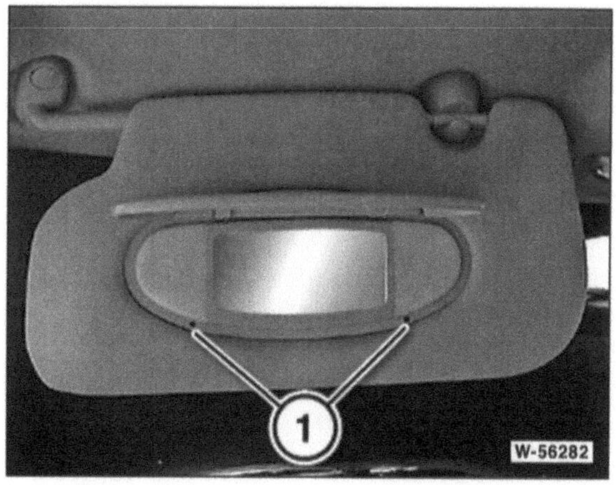

- Kosmetikspiegel an den Befestigungspunkten –1– ausclipsen und von der Sonnenblende abnehmen.

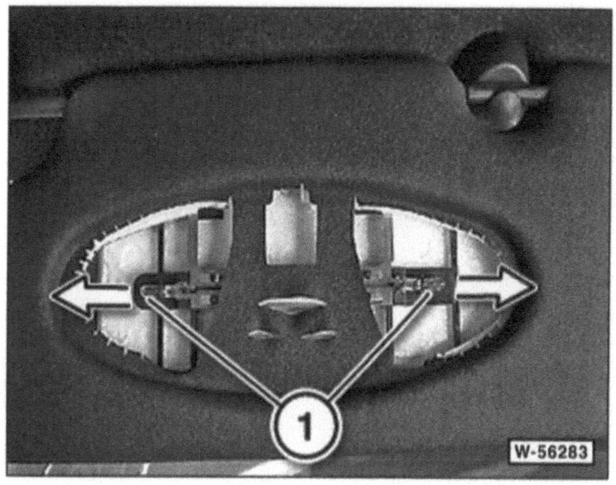

- Glühlampen –1– aus der Fassung herausziehen –Pfeile– und ersetzen.

Anzeigeinstrument an der Lenksäule aus- und einbauen

Hinweis: Bei Modellen mit Navigationsgerät sitzen 2 Anzeigeinstrumente auf der Lenksäule.

Ausbau

- Batterie abklemmen. **Achtung:** Hinweise im Kapitel »Batterie aus- und einbauen« beachten.

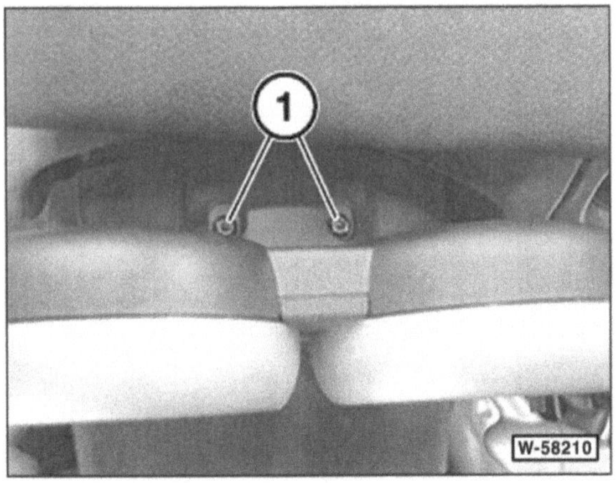

- Schrauben –1– an der Rückseite des Anzeigeinstrumentes herausdrehen.

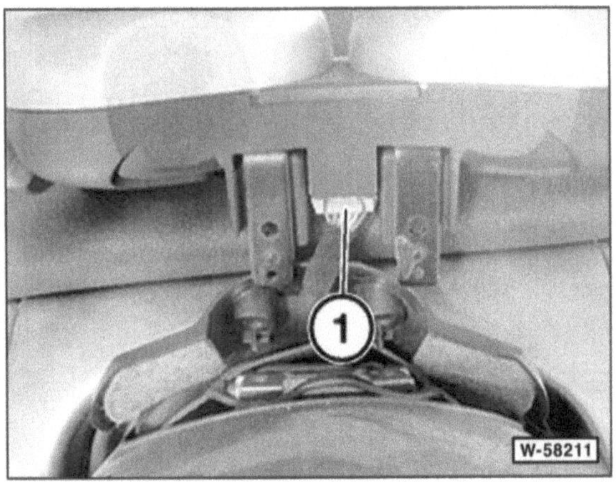

Achtung: Vor dem Trennen der Steckverbindung elektrostatische Aufladung abbauen. Dazu kurz den Schließbügel der Tür oder die Karosserie anfassen.

- Stecker –1– entriegeln, vom Anzeigeinstrument abziehen und Anzeigeinstrument von der Lenksäule abnehmen.

Einbau

- Der Einbau erfolgt in umgekehrter Ausbaureihenfolge.

Hinweis: Wird der Drehzahlmesser ausgetauscht, nach dem Einbau mit einem Diagnosegerät Programmierung und Codierung vornehmen. Dadurch wird der Drehzahlmesser auf das Fahrzeug abgestimmt.

Kombiinstrument aus- und einbauen

Hinweis: Bei Modellen mit Navigationsgerät erfolgt der Aus- und Einbau des Anzeigeinstrumentes in der Armaturentafel auf die gleiche Weise.

Ausbau

- Batterie abklemmen. **Achtung:** Hinweise im Kapitel »Batterie aus- und einbauen« beachten.
- Blende am Kombiinstrument ausbauen, siehe Seite 225.

- Schrauben –1– herausdrehen und Kombiinstrument ein Stück aus der Armaturentafel herausziehen.

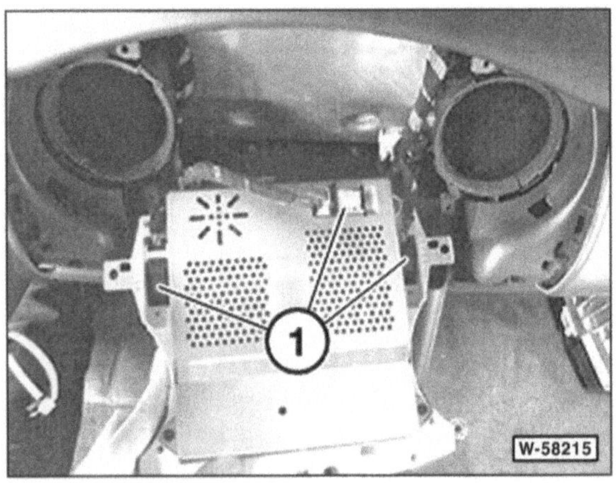

Achtung: Vor dem Trennen der Steckverbindung elektrostatische Aufladung abbauen. Dazu kurz den Schließbügel der Tür oder die Karosserie anfassen.

- Stecker –1– entriegeln, vom Kombiinstrument abziehen und Kombiinstrument abnehmen.

Einbau

- Der Einbau erfolgt in umgekehrter Ausbaureihenfolge.

Hinweis: Wird das Kombiinstrument ausgetauscht, nach dem Einbau mit einem Diagnosegerät Programmierung und Codierung vornehmen. Dadurch wird das Kombiinstrument auf das Fahrzeug abgestimmt.

Uhr aus- und einbauen

Ausbau

- Zündung ausschalten und Zündschlüssel abziehen.

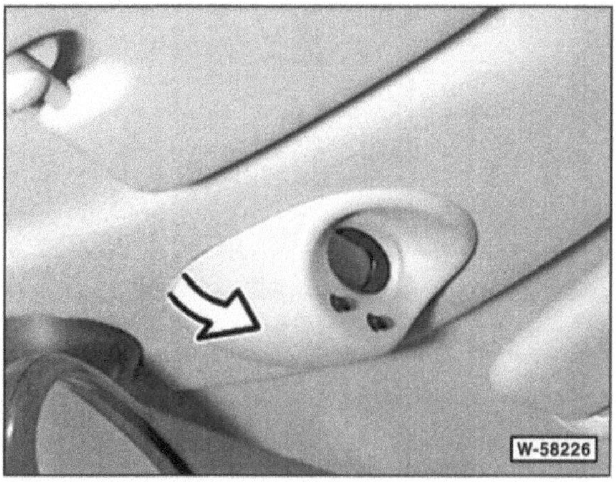

- Uhrengehäuse aus dem Dachhimmel herausziehen –Pfeil–.

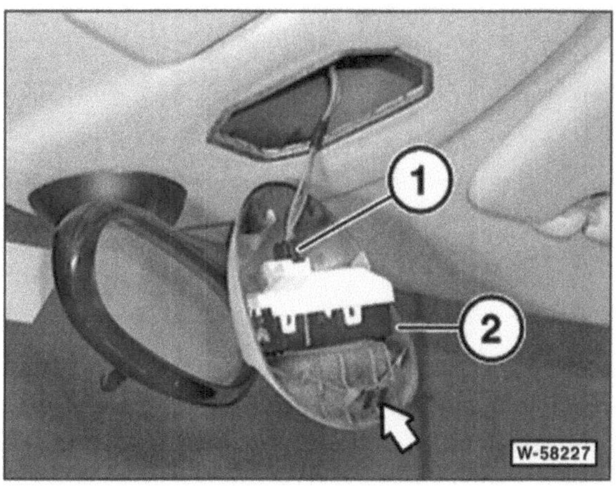

- Stecker –1– entriegeln und von der Uhr –2– abziehen. Pfeil – Haltefeder.
- 2 Schrauben herausdrehen und Uhr von Gehäuse trennen.

Einbau

- Der Einbau erfolgt in umgekehrter Ausbaureihenfolge.

Lenkstockschalter aus- und einbauen

Als Lenkstockschalter werden die beiden Schalter für Licht/Blinker und Scheibenwischer bezeichnet. Beide Schalter werden auf die gleiche Weise ausgebaut.

Ausbau

- Zündung ausschalten und Zündschlüssel abziehen.
- Lenksäulenverkleidung ausbauen, siehe Seite 232.

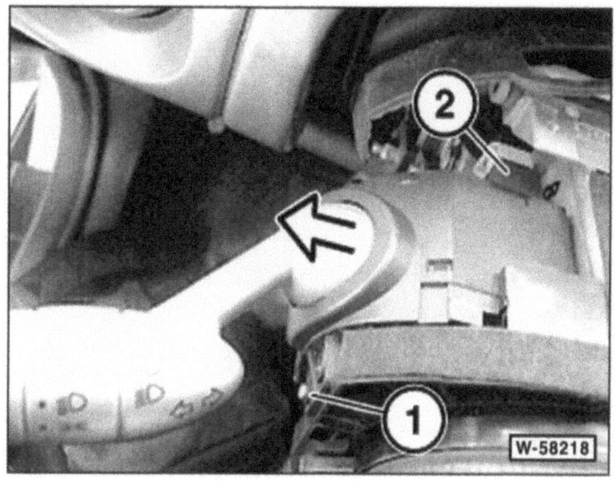

- Schraube –1– herausdrehen.
- An der Rückseite des Lenkstockschalters Stecker –2– entriegeln und abziehen.
- Schalter für Licht/Blinker von der Lenksäule abziehen –Pfeil–.

Einbau

- Der Einbau erfolgt in umgekehrter Ausbaureihenfolge.

Schalter im Fahrzeuginnenraum aus- und einbauen

● Zündung ausschalten und Zündschlüssel abziehen.

Leuchtweitenregler

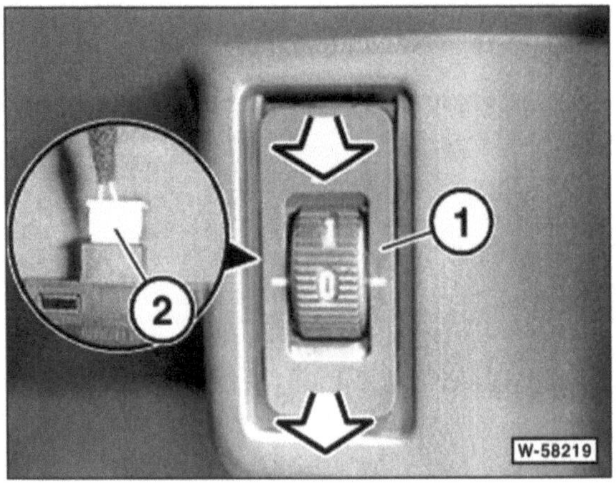

● Mit einem Kunststoffkeil, zum Beispiel HAZET 1965-20, Regler –1– vorsichtig aus der Armaturentafel heraushebeln –Pfeile–.

● An der Rückseite des Leuchtweitenreglers Stecker –2– entriegeln und abziehen.

Schalter in der Radio-/Heizungskonsole

● Seitliche Blenden an der Radio-/Heizungskonsole mit vorderer Mittelkonsole ausbauen, siehe Seite 229.

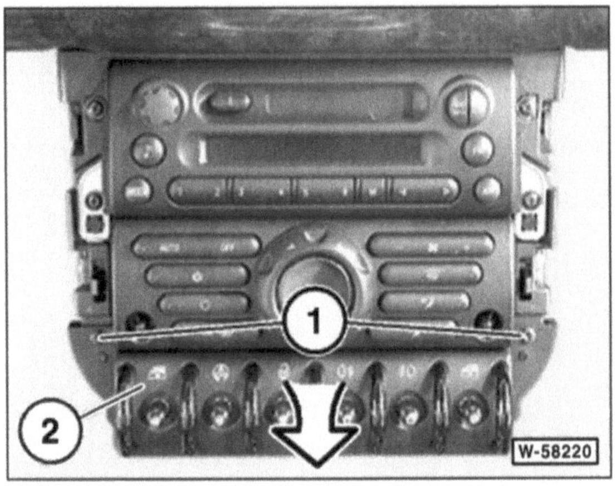

● Schrauben –1– herausdrehen.

● Schaltereinheit –2– nach hinten ziehen –Pfeil– und ausrasten.

● An der Rückseite der Schaltereinheit Stecker entriegeln und abziehen.

● Schaltereinheit von der Radio-/Heizungskonsole abnehmen.

Schalter im Lenkrad

Achtung: Unbedingt Airbag-Sicherheitshinweise beachten, siehe Seite 137.

● Batterie abklemmen. **Achtung:** Hinweise im Kapitel »Batterie aus- und einbauen« beachten.

● Airbag-Einheit am Lenkrad ausbauen, siehe Seite 138.

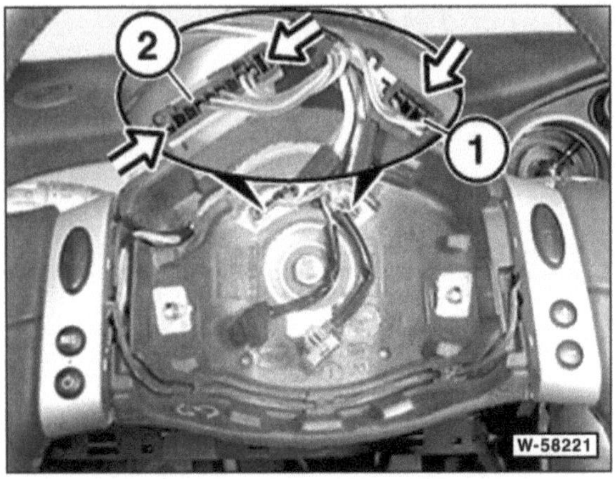

● Stecker –1– von der Drehkontaktspirale abziehen.

● Je nach Ausstattung, Stecker –2– abziehen.

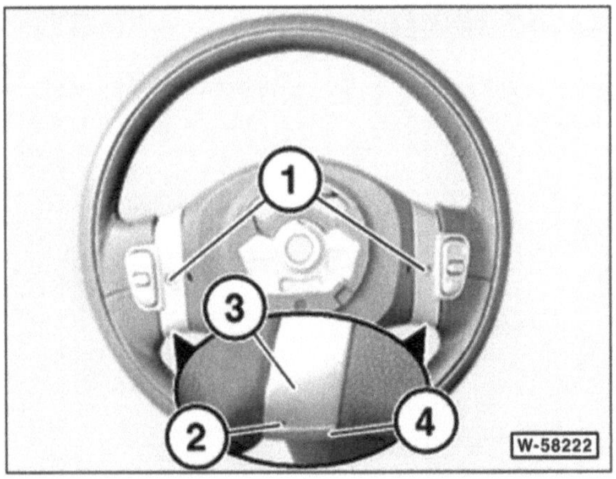

● Schrauben –1– herausdrehen.

● Schraubendreher in den Schlitz –2– des Schaltergehäuses einführen und Rastlasche der hinteren Gehäusehälfte –3– vorsichtig von der vorderen Gehäusehälfte –4– lösen. **Hinweis:** Die Bezeichnung »vordere Gehäusehälfte« bezieht sich auf die Fahrtrichtung des Fahrzeugs.

● Auf beiden Seiten am Lenkrad Gehäusehälften trennen.

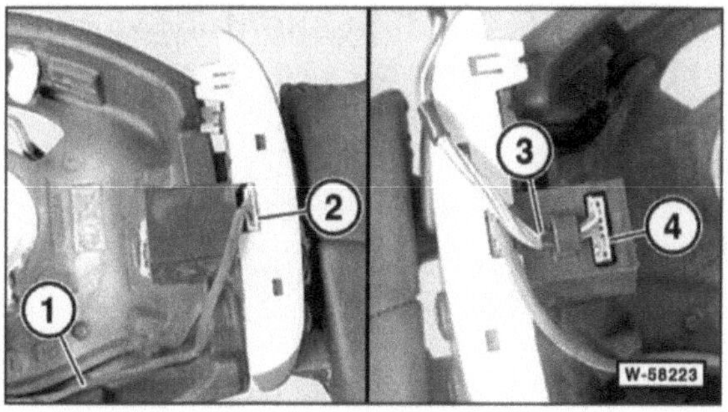

- Leitungsstrang –1– vom Lenkrad lösen.
- Rechte Schaltereinheit aus dem Lenkrad ziehen und Stecker –2– abziehen.
- Je nach Ausstattung, Leitungsstrang –3– aus dem Halteclip herausziehen, linke Schaltereinheit aus dem Lenkrad ziehen und Stecker –4– abziehen.
- Beim Einbau auf korrekte Verlegung der Leitungen achten.

Schalter für Reifendruckkontrolle

- Faltenbalg des Handbremshebels aus der Mittelkonsole herausziehen, siehe Kapitel »Hintere Mittelkonsole aus- und einbauen«, Seite 230.

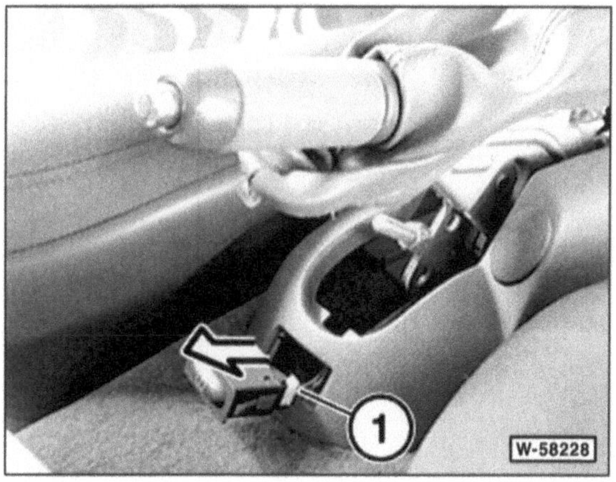

- Schalter aus der Mittelkonsole herausdrücken und Stecker –1– vom Schalter abziehen.

Schalter für Außenspiegel/Sitzheizung

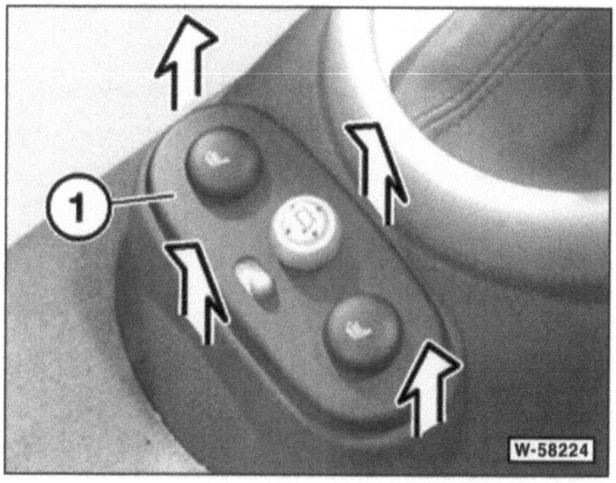

- Mit einem Kunststoffkeil, zum Beispiel HAZET 1965-20, Schaltereinheit –1– vorsichtig aus der Mittelkonsole heraushebeln –Pfeile–.

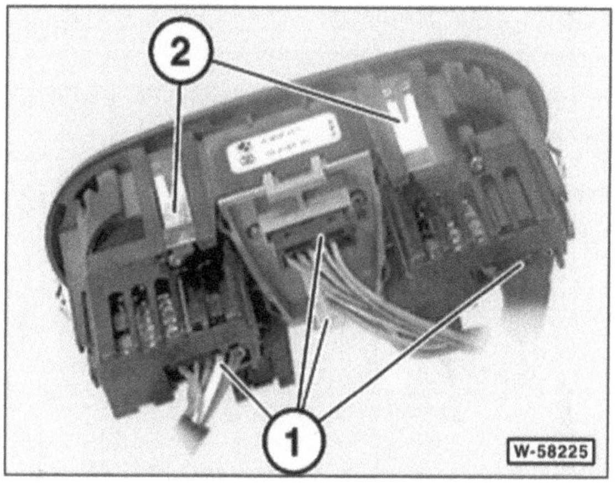

- Stecker –1– entriegeln und von der Schaltereinheit abziehen.
- Beim Einbau darauf achten, dass die Metallzungen –2– korrekt sitzen.

Hinweis: Bei Fahrzeugen bis 12/01 muss zum Ausbau der Sitzheizungsschalter die hintere Mittelkonsole ausgebaut werden. Dann Schalter von der Unterseite der Mittelkonsole abbauen.

Kontaktschalter für Motorhaube aus- und einbauen

Ausbau

- Zündung ausschalten und Zündschlüssel abziehen.

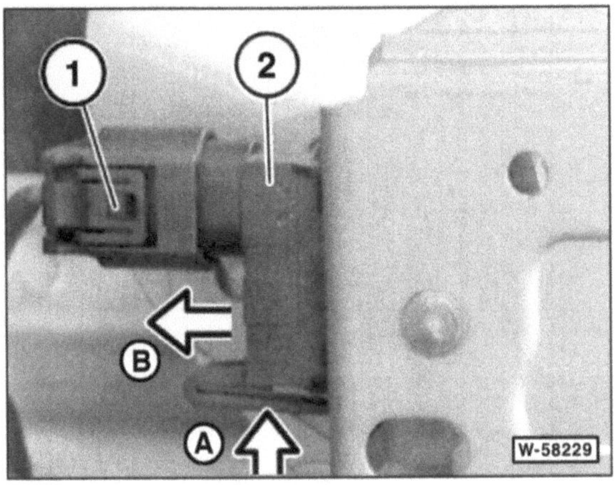

- Motorhaube öffnen, Stecker –1– entriegeln und vom rechten Motorhaubenschloss abziehen.
- Rastlasche –Pfeil A– entriegeln und Schalter –2– aus der Halterung herausziehen –Pfeil B–.

Einbau

- Der Einbau erfolgt in umgekehrter Ausbaureihenfolge.

Schalter für Heckklappenentriegelung aus- und einbauen

Ausbau

- Zündung ausschalten und Zündschlüssel abziehen.
- Heckklappe öffnen und festhalten.

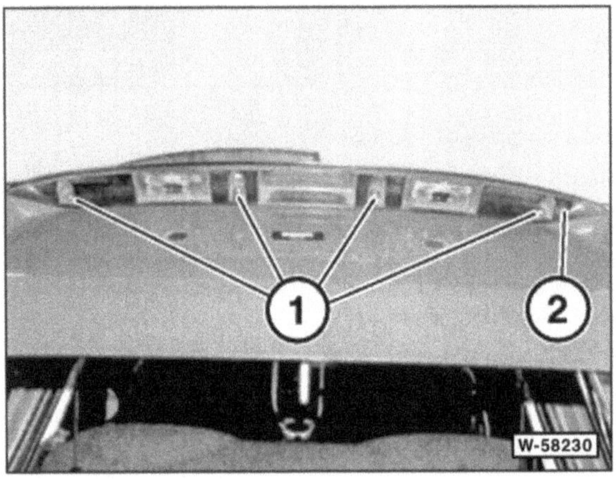

- Schrauben –1– herausdrehen und Griffleiste von der Heckklappe abziehen.
- Stecker –2– entriegeln und von der Griffleiste abziehen.

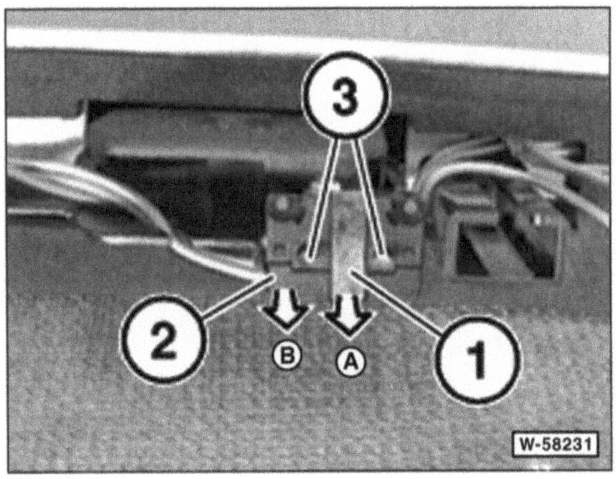

- Sicherungsclip –1– herausziehen –Pfeil A–.
- Schalter –2– für Heckklappenentriegelung aus der Halterung –3– herausziehen –Pfeil B–.

Einbau

Der Einbau erfolgt in umgekehrter Ausbaureihenfolge. Dabei ist Folgendes zu beachten:

- Schalterkabel zuschneiden und abisolieren.
- Darauf achten, dass der Sicherungsclip –1– korrekt sitzt.

Drehzahlmesser aus- und einbauen

Ausbau

- Batterie abklemmen. **Achtung:** Hinweise im Kapitel »Batterie aus- und einbauen« beachten.
- Verkleidung unter der Lenksäule ausbauen, siehe Seite 244.

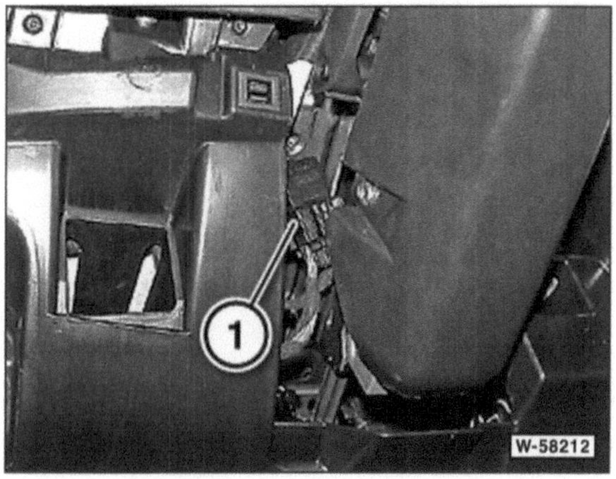

Achtung: Vor dem Trennen der Steckverbindung für den Drehzahlmesser elektrostatische Aufladung abbauen. Dazu kurz den Schließbügel der Tür oder die Karosserie anfassen.

- Steckerverbindung –1– für Drehzahlmesser trennen.
- Stecker entriegeln und vom Halter abziehen.

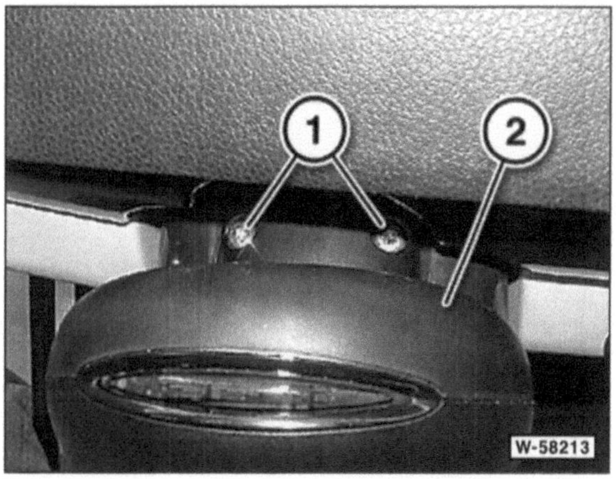

- Schrauben –1– an der Rückseite des Drehzahlmessers herausdrehen.
- Drehzahlmesser –2– nach hinten ziehen und von der Lenksäule abnehmen.

Einbau

- Der Einbau erfolgt in umgekehrter Ausbaureihenfolge. Dabei auf korrekte Verlegung des Leitungsstrangs für Drehzahlmesser an der Lenksäule achten.

Kombiinstrument aus- und einbauen

Ausbau

- Batterie abklemmen. **Achtung:** Hinweise im Kapitel »Batterie aus- und einbauen« beachten.
- Blende am Kombiinstrument ausbauen, siehe Seite 239.
- Blende der Radio-/Heizungskonsole ausbauen, siehe Seite 242.

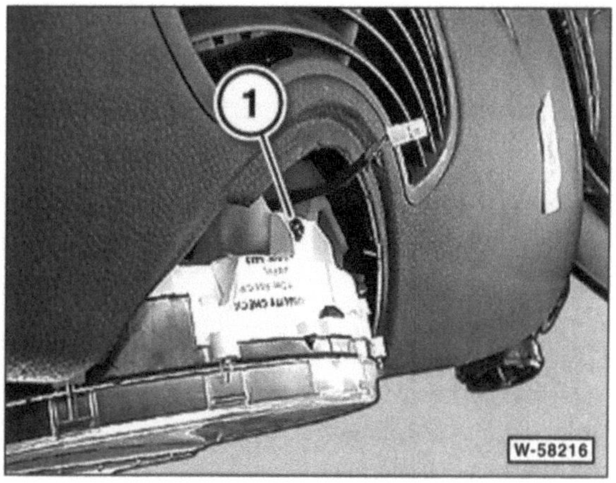

- Schraube –1– oben für Kombiinstrument herausdrehen.

- 4 Schrauben –1– unten für Kombiinstrument herausdrehen.
- Kombiinstrument –2– ein Stück aus der Armaturentafel herausziehen –Pfeil–.

Achtung: Vor dem Trennen der Steckverbindung elektrostatische Aufladung abbauen. Dazu kurz den Schließbügel der Tür oder die Karosserie anfassen.

- An der Rückseite Stecker entriegeln, vom Kombiinstrument abziehen und Kombiinstrument abnehmen.

Einbau

- Der Einbau erfolgt in umgekehrter Ausbaureihenfolge.

Speziell Modelle mit Navigationsgerät

- Blende am Kombiinstrument ausbauen, siehe Seite 239.
- Knieschutzleiste Beifahrerseite ausbauen, siehe Seite 245.
- Knieschutzleiste rechts auf der Fahrerseite ausbauen, siehe Seite 245.
- Schraube oben für Anzeigeinstrument herausdrehen.
- 2 Schrauben unten für Anzeigeinstrument herausdrehen.
- Anzeigeinstrument ein Stück aus der Armaturentafel herausziehen, Stecker am Anzeigeinstrument abziehen und Anzeigeinstrument abnehmen.

Lenkstockschalter aus- und einbauen

Als Lenkstockschalter werden die beiden Schalter für Licht/Blinker und Scheibenwischer bezeichnet. Beide Schalter sind im Gehäuse der Drehkontaktspirale integriert.

Ausbau

- Zündung ausschalten und Zündschlüssel abziehen.

Achtung: Unbedingt Airbag-Sicherheitshinweise beachten, siehe Seite 137.

- Batterie abklemmen. **Achtung:** Hinweise im Kapitel »Batterie aus- und einbauen« beachten.
- Airbag-Einheit am Lenkrad ausbauen, siehe Seite 138.
- Räder in Geradeausstellung bringen und Lenkrad ausbauen, siehe Seite 140.
- Lenksäulenverkleidung ausbauen, siehe Seite 243.

Achtung: Die Drehkontaktspirale –1– darf nicht aus der Mittelstellung verdreht werden; gegebenenfalls mit einem Klebestreifen –2– fixieren.

Drehkontaktspirale in Mittelstellung bringen

Hinweis: Die Drehkontaktspirale muss in Mittelstellung stehen, damit sie nicht beschädigt wird und Hupe, Dynamische Stabilitätskontrolle (DSC) sowie Fahrerairbag störungsfrei funktionieren können.

- Drehkontaktspirale –1– bis zu einem leicht spürbaren Anschlag **gegen den Uhrzeigersinn** drehen.
- Drehkontaktspirale bis zum Anschlag **im Uhrzeigersinn** drehen und dabei die Anzahl der Umdrehungen zählen.
- Drehkontaktspirale etwa um die Hälfte der Umdrehungen zurückdrehen, so dass der Zentrierbolzen –3– in 6-Uhr-Stellung steht.

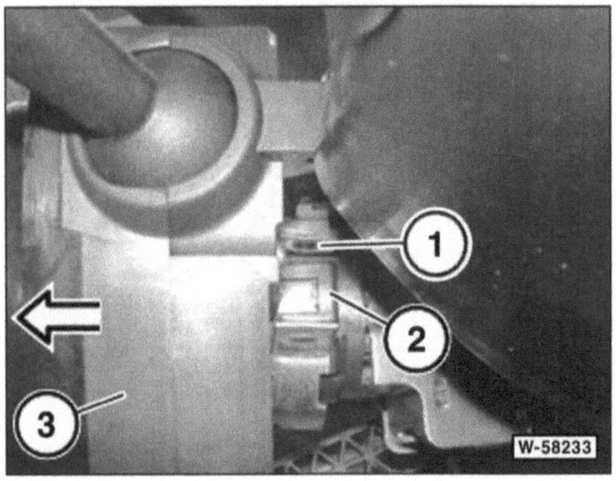

- An der Rückseite der Drehkontaktspirale –3– Stecker entriegeln und abziehen.
- Schraube –1– lockern und Schelle öffnen.
- Haltelaschen –2– an beiden Seiten des Gehäuses vorsichtig nach außen ziehen und entriegeln. Haltelaschen dabei nicht beschädigen.
- Gehäuse mit Drehkontaktspirale –3– und Lenkstockschaltern vorsichtig nach hinten von der Lenksäule abziehen –Pfeil–.

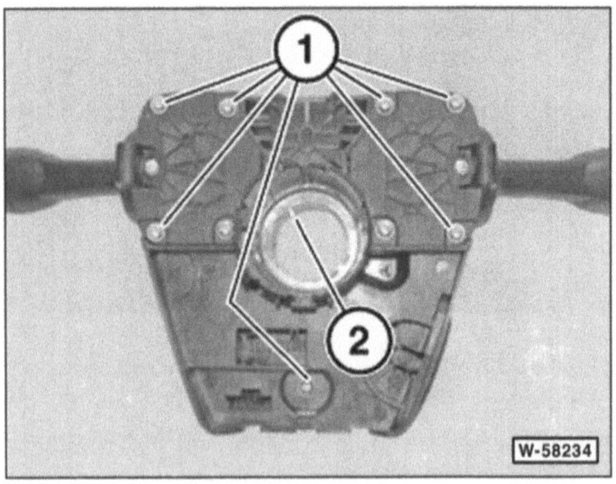

- Einbauposition des Innenrings der Drehkontaktspirale zum Gehäuse markieren –2–. **Hinweis:** Bei Einbau einer neuen Drehkontaktspirale Markierung auf das Austauschteil übertragen.

- Schrauben –1– herausdrehen.

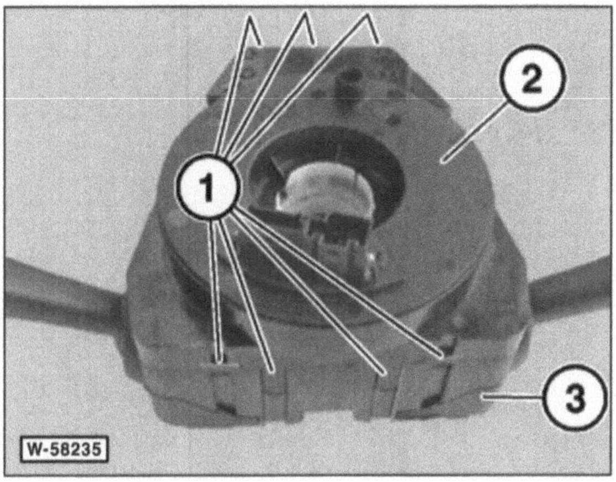

- Gehäuse vorsichtig umdrehen, Rastlaschen –1– spreizen und Drehkontaktspirale –2– aus dem Gehäuse –3– herausziehen.

Einbau

Der Einbau erfolgt in umgekehrter Ausbaureihenfolge. Dabei ist Folgendes zu beachten:

- Drehkontaktspirale –2– so in das Gehäuse –3– einsetzen, dass 2 Führungsstifte genau in die Aufnahmen des Gehäuses eingreifen.
- Drehkontaktspirale im Gehäuse einrasten.

Achtung: Wird eine neue Drehkontaktspirale eingebaut, muss in der Fachwerkstatt mit einem Diagnosegerät eine Programmierung und Codierung sowie bei Ausführung mit DSC ein Abgleich des Lenkwinkelsensors vorgenommen werden.

Schalter im Fahrzeuginnenraum aus- und einbauen

- Zündung ausschalten und Zündschlüssel abziehen.

Schalter in der Radio-/Heizungskonsole

Hinweis: Der Schalterblock wird zusammen mit der Heizungsbedieneinheit ausgebaut, siehe Seite 117.

Schalter für Warnblinkanlage

- Blende am Kombiinstrument ausbauen, siehe Seite 239.

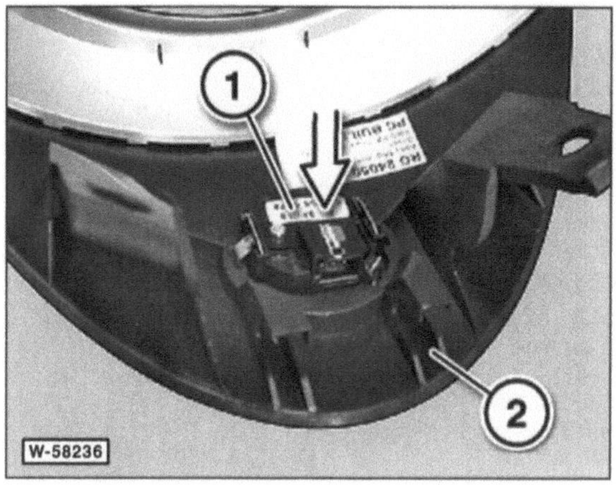

- Schalter –1– aus der Blende –2– herausdrücken –Pfeil–.

Controller mit Bedienknöpfen in der Mittelkonsole/ Modelle mit Navigationsgerät

- Mittelkonsole ausbauen, siehe Seite 241.

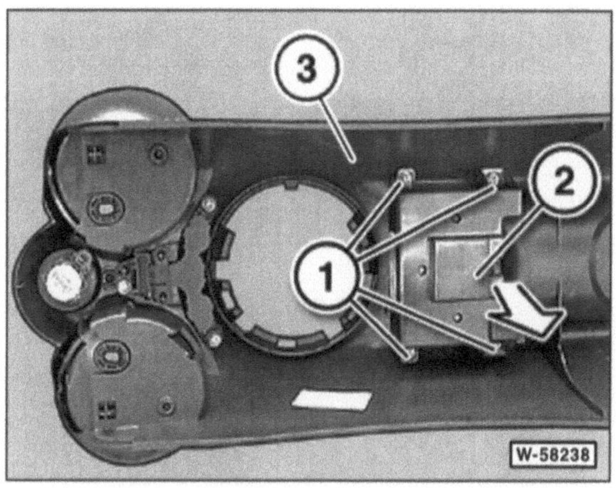

- An der Unterseite der Mittelkonsole –3– Schrauben –1– herausdrehen.
- Controller –2– von der Mittelkonsole abnehmen –Pfeil–.
- Beim Einbau Controller in die Führungsstifte an der Mittelkonsole einführen.

Schaltereinheit vorne in der Mittelkonsole

- Mittelkonsole ausbauen, siehe Seite 241.

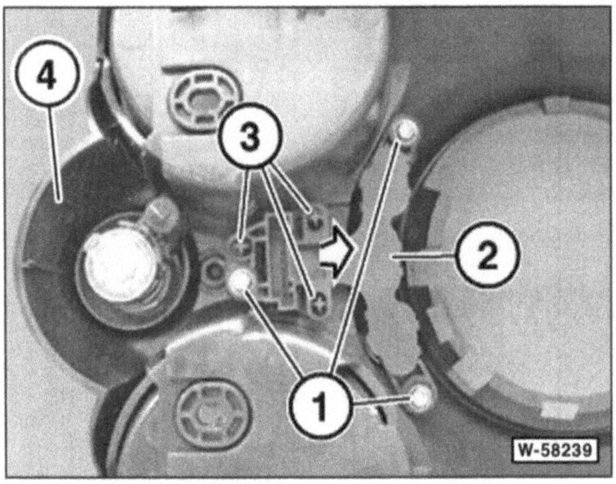

- An der Unterseite der Mittelkonsole -4- Schrauben -1- herausdrehen.
- Schaltereinheit -2- von der Mittelkonsole abnehmen -Pfeil-.
- Beim Einbau Schaltereinheit in die Führungsstifte -3- an der Mittelkonsole einführen.

Schalter im Lenkrad

Achtung: Unbedingt Airbag-Sicherheitshinweise beachten, siehe Seite 137.

- Batterie abklemmen. **Achtung:** Hinweise im Kapitel »Batterie aus- und einbauen« beachten.
- Airbag-Einheit am Lenkrad ausbauen, siehe Seite 138.

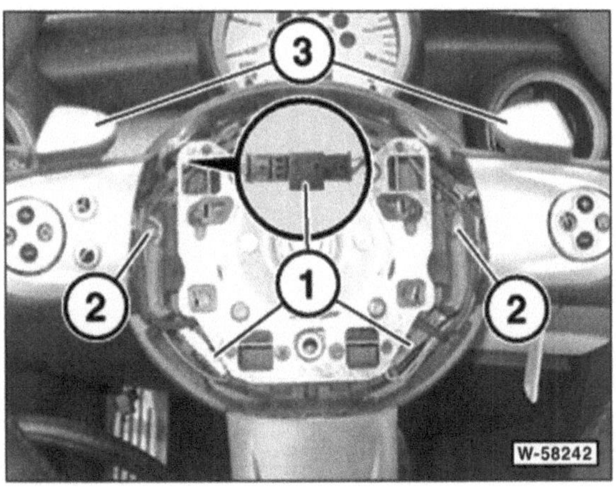

- **Modell mit Automatikgetriebe:** Steckverbindungen -1- trennen. Schrauben -2- herausdrehen und Schaltwippen -3- vom Lenkrad abnehmen.

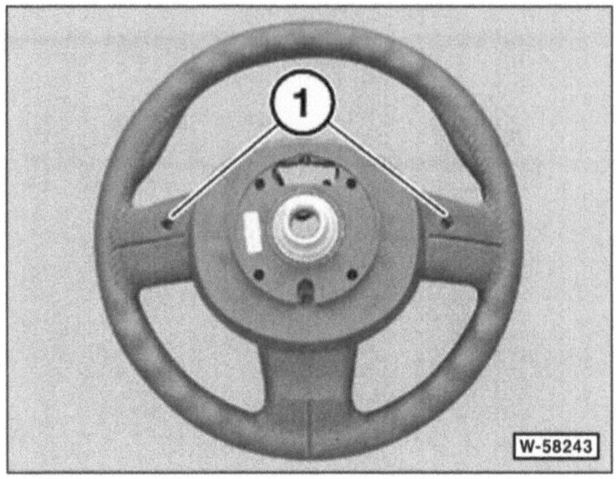

- An der Lenkrad-Rückseite Schraube -1- herausdrehen und jeweilige Schaltereinheit nach hinten vom Lenkrad abziehen.

- Stecker -1- entriegeln und von der Schaltereinheit -2- abziehen.
- Beim Einbau auf korrekte Verlegung der Leitungen achten.
- **Modell mit Automatikgetriebe:** Beim Einbau auf korrekten Sitz der Schaltwippen am Lenkrad achten.

Schalter für Außenspiegel

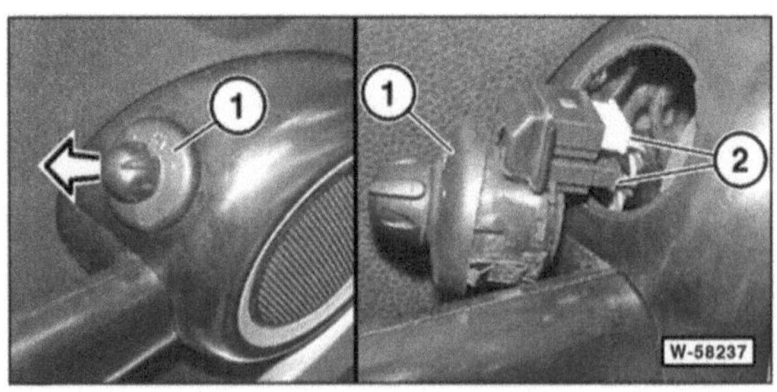

- Mit einem Kunststoffkeil, zum Beispiel HAZET 1965-20, Schalter -1- aus der Türverkleidung heraushebeln -Pfeil-.
- Schalter -1- herausziehen, Stecker -2- entriegeln und abziehen.

Start-Stop-Einheit

- Knieschutzleiste auf der Fahrerseite rechts ausbauen, siehe Seite 245.

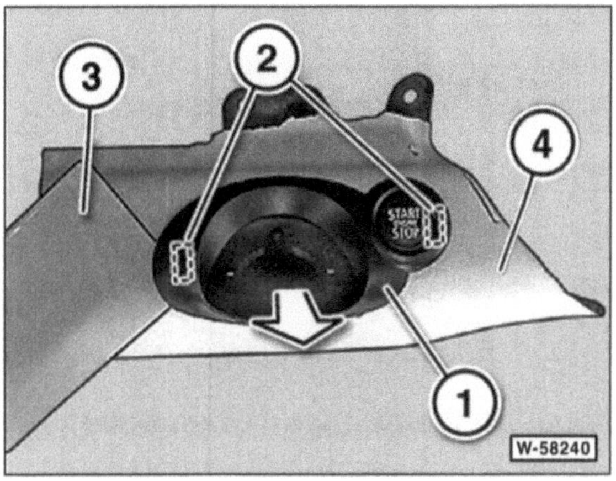

- Mit einer Kunststoffkarte -3- Blende -1- der Start-Stop-Einheit an den Einraststellen -2- von der Knieschutzleiste -4- abhebeln -Pfeil-.

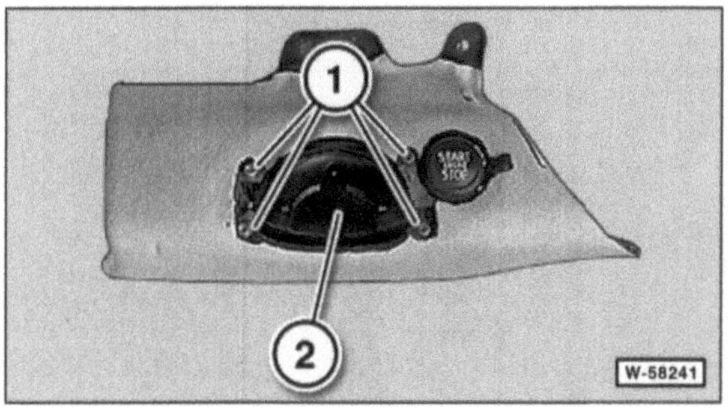

- Schrauben -1- und Start-Stop-Einheit -2- von der Knieschutzleiste abnehmen.
- Beim Einbau auf korrekten Sitz der Halteklammern an den Seiten der Start-Stop-Einheit achten.

Kontaktschalter für Motorhaube aus- und einbauen

Ausbau

- Zündung ausschalten und Zündschlüssel abziehen.

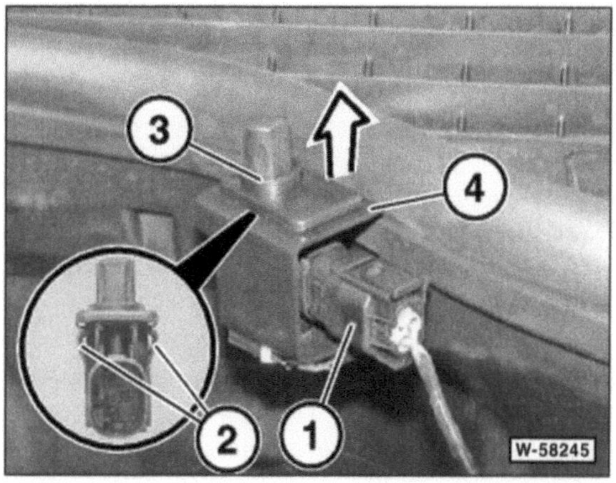

- Stecker -1- entriegeln und vom Schalter -3- abziehen. **Hinweis:** Der Schalter sitzt vor dem linken Wasserkasten.
- Mit einem kleinen Schraubendreher Rasthaken -2- entriegeln und Schalter -3- aus der Halterung -4- herausziehen -Pfeil-.

Einbau

- Der Einbau erfolgt in umgekehrter Ausbaureihenfolge.

Radioanlage – MINI 1

Achtung: Bei Radios mit **Anti-Diebstahl-Codierung** vor dem Abklemmen der Batterie oder dem Ausbau des Radios Diebstahlcode feststellen. Ansonsten kann das Radio nur durch den Hersteller wieder in Betrieb genommen werden. Die Code-Nummer ist in der Radio-Bedienungsanleitung angegeben. Sie sollte nicht im Fahrzeug aufbewahrt werden.

Achtung: Durch den Ausbau des Radios beziehungsweise des Navigationsgerätes werden einige **elektronische Speicher gelöscht**:

- Nach dem Einbau des Radios gegebenenfalls die **Radiosender** neu einprogrammieren.
- Nach dem Einbau des Navigationsgerätes benötigt das **Navigationssystem** etwa 10 Minuten, bis es funktionsfähig ist.

Achtung: Vor dem Trennen der Steckverbindungen elektrostatische Aufladung abbauen, dazu kurz den Schließbügel der Tür oder die Karosserie anfassen.

Radio aus- und einbauen

Ausbau

- Zündung ausschalten und Zündschlüssel abziehen.
- Batterie abklemmen. **Achtung:** Hinweise im Kapitel »Batterie aus- und einbauen« beachten.
- Seitliche Blenden an der Radio-/Heizungskonsole mit vorderer Mittelkonsole ausbauen, siehe Seite 229.

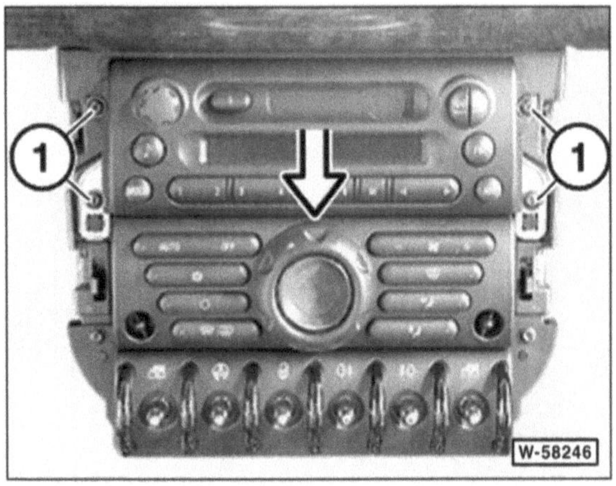

- Schrauben –1– herausdrehen.
- Radio nach hinten aus dem Einbauschacht herausziehen –Pfeil–.
- An der Rückseite des Radios Halter für Kabelstrang abbauen.
- Stecker entriegeln und vom Radio abziehen.
- Antennenstecker vom Radio abziehen.
- Radio von der Radio-/Heizungskonsole abnehmen.

Einbau

Der Einbau erfolgt in umgekehrter Ausbaureihenfolge. Dabei ist Folgendes zu beachten:

- Wenn nötig, Radiocode eingeben.
- Radioprogramme, falls erforderlich, neu eingeben.

Navigationsgerät aus- und einbauen

Ausbau

- Zündung ausschalten und Zündschlüssel abziehen.
- Batterie abklemmen. **Achtung:** Hinweise im Kapitel »Batterie aus- und einbauen« beachten.
- Vordersitz rechts ausbauen, siehe Seite 222.
- Fußmatte hinten rechts herausnehmen.

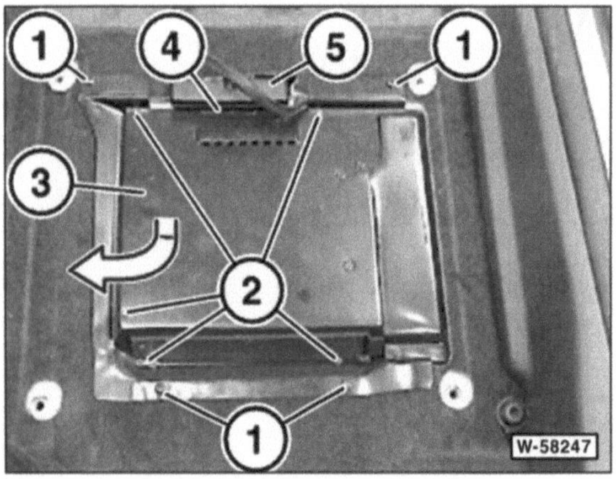

- Schrauben –1/2– herausdrehen.
- Gehäuse –3– aus der Bodenvertiefung herausziehen –Pfeil–. Dabei wird die Lasche –4– unter dem Luftkanal –5– hervorgezogen.

Hinweis: Beim Einbau Lasche –4– unter den Luftkanal –5– einführen.

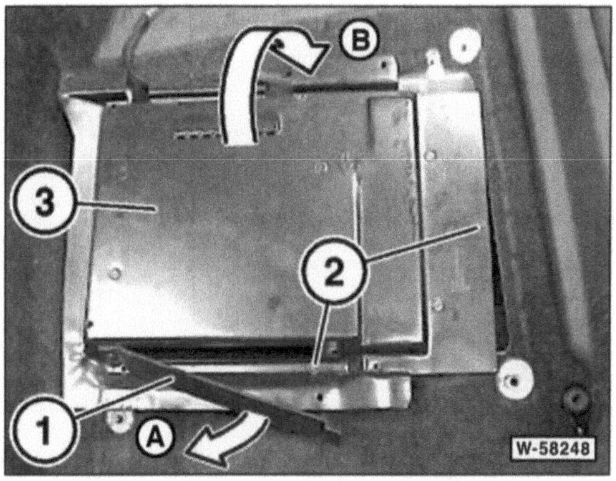

- Klappe -1- öffnen -Pfeil A-.
- Schrauben -2- herausdrehen und Deckel -3- nach vorne klappen -Pfeil B-.

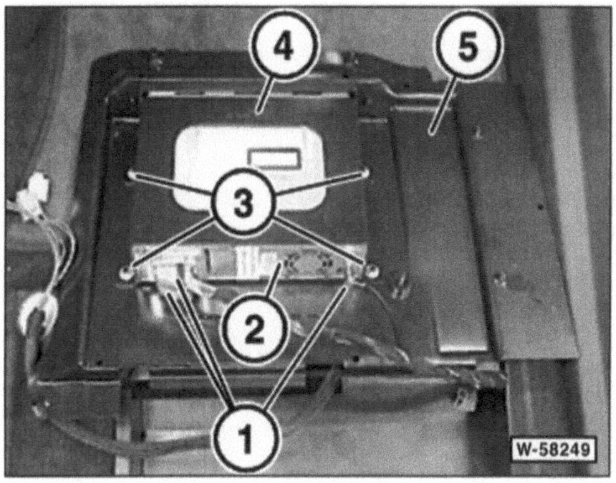

- An der Unterseite des Deckels -5- Stecker -1- entriegeln und vom Navigationsgerät -2- abziehen.
- Muttern -3- abschrauben und Navigationsgerät mit Halter -4- vom Deckel -5- abnehmen.

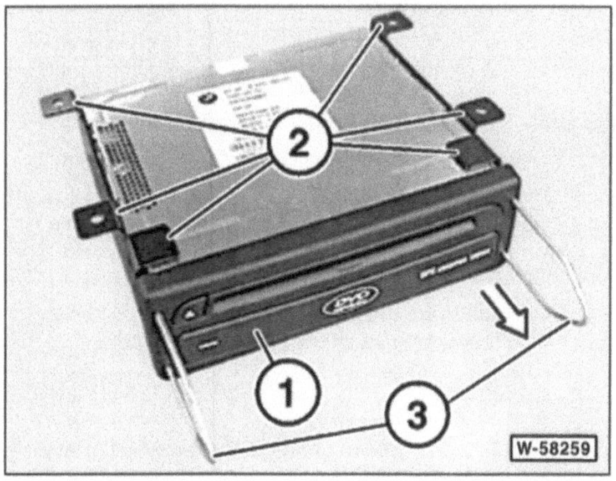

- 2 Entriegelungsbügel BMW 655400 -3- vorne in die Öffnungen am Navigationsgerät einführen und Navigationsgerät -1- aus dem Halter -2- herausziehen -Pfeil-.

Einbau

Der Einbau erfolgt in umgekehrter Ausbaureihenfolge. Dabei ist Folgendes zu beachten:

- Kabeltülle korrekt im Gehäuse einsetzen.
- Wird das Navigationsgerät ausgetauscht, nach dem Einbau mit einem Diagnosegerät Programmierung und Codierung vornehmen. Dadurch wird das Navigationsgerät auf das Fahrzeug abgestimmt.

Lautsprecher aus- und einbauen

Lautsprecher in der Vordertür

Ausbau

- Zündung ausschalten und Zündschlüssel abziehen.
- Türverkleidung ausbauen, siehe Seite 269.

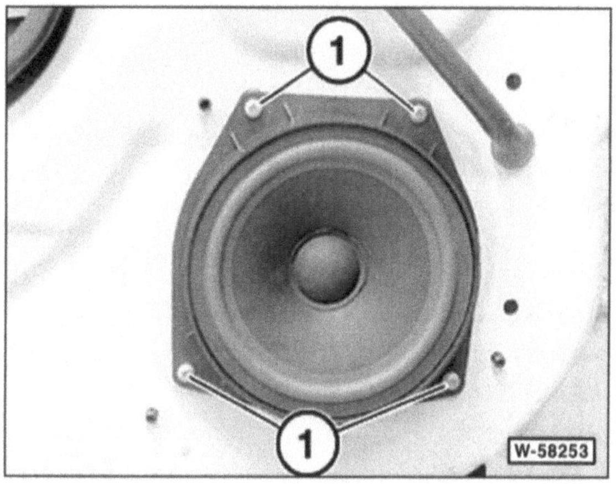

- Lautsprecher von der Tür abschrauben -1-, ein Stück herausziehen, Stecker entriegeln und abziehen.
- Lautsprecher von der Tür abnehmen.

Einbau

- Der Einbau erfolgt in umgekehrter Ausbaureihenfolge.

Hochtonlautsprecher in der Vordertür

Ausbau

- Zündung ausschalten und Zündschlüssel abziehen.
- Türverkleidung ausbauen, siehe Seite 269.

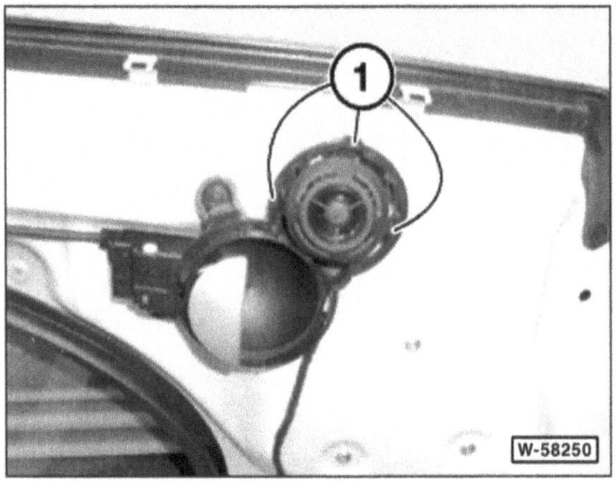

- Führungsnasen –1– entriegeln und Lautsprecher aus der Halterung herausziehen.
- Stecker vom Lautsprecher abziehen.

Einbau

- Der Einbau erfolgt in umgekehrter Ausbaureihenfolge.

Lautsprecher hinten

Ausbau

- Zündung ausschalten und Zündschlüssel abziehen.
- Hintere Seitenverkleidung ausbauen, siehe Seite 234.

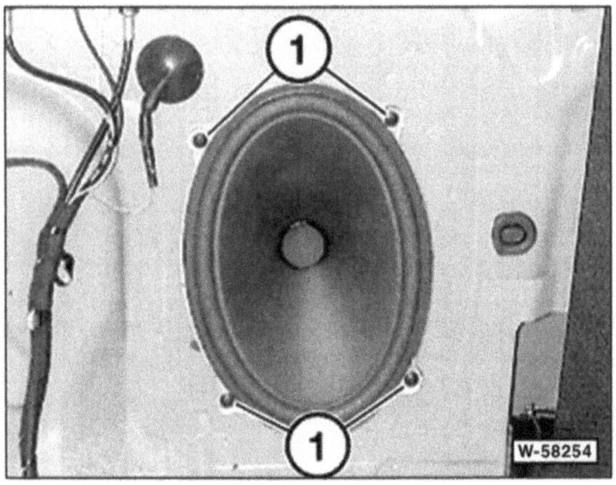

- Lautsprecher von der Seitenwand abschrauben –1–, ein Stück herausziehen, Stecker entriegeln und abziehen.
- Lautsprecher abnehmen.

Einbau

- Der Einbau erfolgt in umgekehrter Ausbaureihenfolge.

Antenne aus- und einbauen

Ausbau

- Zündung ausschalten und Zündschlüssel abziehen.
- B-Säulen-Verkleidung ausbauen, siehe Seite 234.
- C-Säulen-Verkleidung ausbauen, siehe Seite 234.
- Antennenstab von Antennenfuß abschrauben.

- Abdeckkappe –1– am Antennenfuß drehen –Pfeile– und vom Antennenfuß abziehen.
- Mutter –2– vom Antennenfuß abschrauben und mit Dichtung abnehmen.
- Dachhimmel hinten lösen und vorsichtig absenken, dabei Dachhimmel auf keinen Fall knicken.

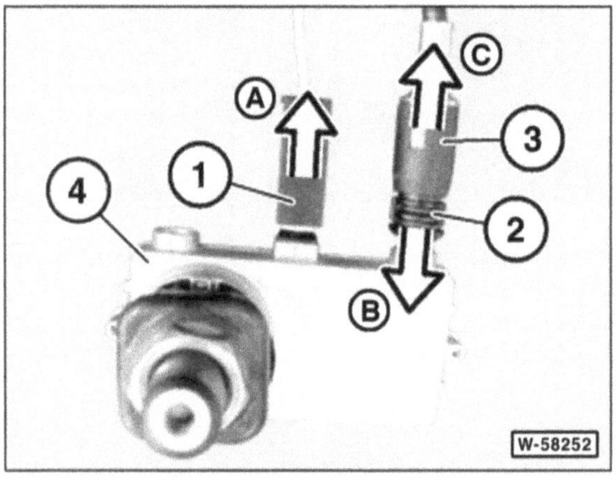

- Stecker –1– für Stromversorgung vom Antennenverstärker –4– abziehen –Pfeil A–.
- Sicherungsclip –2– abziehen –Pfeil B– und Antennenkabel –3– vom Antennenverstärker abziehen –Pfeil C–.
- Einbaulage des Antennenverstärkers merken.
- Antennensockel vorsichtig aus der Bohrung im Dach herausziehen und mit Antennenverstärker –4– abnehmen.

Einbau

Der Einbau erfolgt in umgekehrter Ausbaureihenfolge. Dabei ist Folgendes zu beachten:

- Antennenverstärker in korrekter Lage einbauen.
- Antennenfuß mit **4 Nm** am Dach festschrauben.

Radioanlage – MINI 2

Achtung: Bei Radios mit **Anti-Diebstahl-Codierung** vor dem Abklemmen der Batterie oder dem Ausbau des Radios Diebstahlcode feststellen. Ansonsten kann das Radio nur durch den Hersteller wieder in Betrieb genommen werden. Die Code-Nummer ist in der Radio-Bedienungsanleitung angegeben. Sie sollte nicht im Fahrzeug aufbewahrt werden.

Achtung: Durch den Ausbau des Radios beziehungsweise des Navigationsgerätes werden einige **elektronische Speicher gelöscht**:

- Nach dem Einbau des Radios gegebenenfalls die **Radiosender** neu einprogrammieren.
- Nach dem Einbau des Navigationsgerätes benötigt das **Navigationssystem** etwa 10 Minuten, bis es funktionsfähig ist.

Achtung: Vor dem Trennen der Steckverbindungen elektrostatische Aufladung abbauen, dazu kurz den Schließbügel der Tür oder die Karosserie anfassen.

Radio aus- und einbauen

Ausbau

- Zündung ausschalten und Zündschlüssel abziehen.
- Batterie abklemmen. **Achtung:** Hinweise im Kapitel »Batterie aus- und einbauen« beachten.
- Kombiinstrument ausbauen, siehe Seite 103.

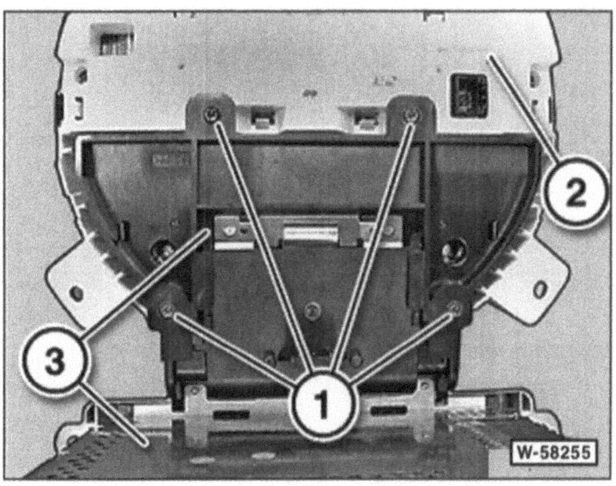

- An der Rückseite des Kombiinstruments Schrauben –1– herausdrehen und Tachometer –2– vom Radio –3– trennen.

Einbau

Der Einbau erfolgt in umgekehrter Ausbaureihenfolge. Dabei ist Folgendes zu beachten:

- Wenn nötig, Radiocode eingeben.
- Radioprogramme, falls erforderlich, neu eingeben.

Navigationsgerät/Bordcomputer aus- und einbauen

Ausbau

- Zündung ausschalten und Zündschlüssel abziehen.
- Batterie abklemmen. **Achtung:** Hinweise im Kapitel »Batterie aus- und einbauen« beachten.
- Blende der Radio-/Heizungskonsole ausbauen, siehe Seite 242.
- Kombiinstrument ausbauen, siehe Seite 103.

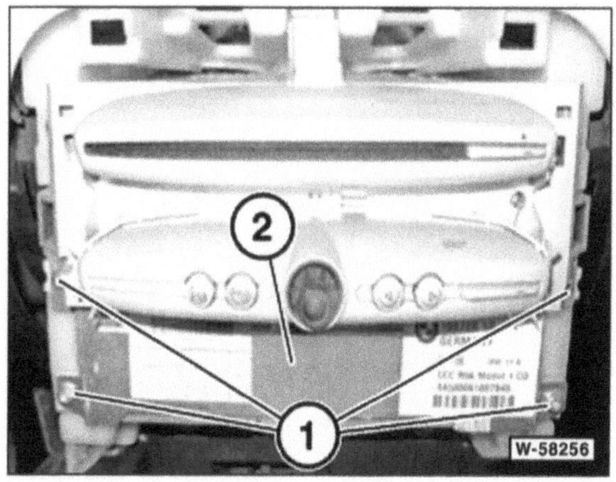

- Schrauben –1– herausdrehen.

Achtung: Blende der Radio-/Heizungskonsole nicht zerkratzen. Gegebenenfalls zum Schutz abdecken.

- Navigationsgerät/Bordcomputer –2– nach hinten aus dem Einbauschacht herausziehen, an der Rückseite Stecker entriegeln und abziehen.
- Lichtwellenleiter abziehen, dabei unbedingt Hinweise beachten, siehe Seite 54.
- Navigationsgerät/Bordcomputer abnehmen.

Einbau

Der Einbau erfolgt in umgekehrter Ausbaureihenfolge. Dabei ist Folgendes zu beachten:

- Wird der Bordcomputer ausgetauscht, nach dem Einbau mit einem Diagnosegerät Programmierung und Codierung vornehmen. Dadurch wird der Bordcomputer auf das Fahrzeug abgestimmt.

Lautsprecher aus- und einbauen

Lautsprecher in der Vordertür

Ausbau

- Zündung ausschalten und Zündschlüssel abziehen.
- Türverkleidung ausbauen, siehe Seite 283.
- Lautsprecher von der Tür abschrauben, ein Stück herausziehen, Stecker entriegeln und abziehen.
- Lautsprecher von der Tür abnehmen.

Einbau

- Der Einbau erfolgt in umgekehrter Ausbaureihenfolge.

Hochtonlautsprecher vorn

Ausbau

- Zündung ausschalten und Zündschlüssel abziehen.
- A-Säulen-Verkleidung ausbauen, siehe Seite 247.

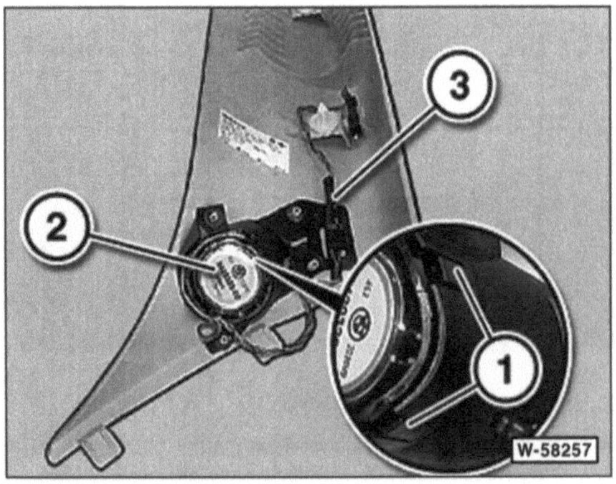

- Rastlaschen –1– vorsichtig entriegeln und Lautsprecher –2– aus der Halterung an der A-Säulen-Verkleidung herausziehen.
- Leitung –3– ablösen.

Einbau

- Der Einbau erfolgt in umgekehrter Ausbaureihenfolge. Dabei gegebenenfalls auf Dichtung achten.

Lautsprecher hinten

Ausbau

- Zündung ausschalten und Zündschlüssel abziehen.
- Hintere Seitenverkleidung ausbauen, siehe Seite 247.
- Lautsprecher von der Seitenwand abschrauben, ein Stück herausziehen, Stecker entriegeln und abziehen.
- Lautsprecher abnehmen.

Einbau

- Der Einbau erfolgt in umgekehrter Ausbaureihenfolge.

Hochtonlautsprecher hinten

Ausbau

- Zündung ausschalten und Zündschlüssel abziehen.
- Hintere Seitenverkleidung ausbauen, siehe Seite 247.

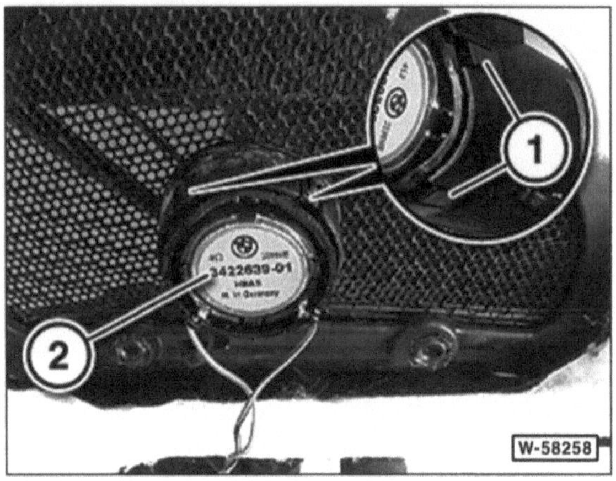

- Rastlaschen –1– vorsichtig entriegeln und Lautsprecher –2– aus der Halterung an der Seitenverkleidung herausziehen.

Einbau

- Der Einbau erfolgt in umgekehrter Ausbaureihenfolge. Dabei gegebenenfalls auf Dichtung achten.

Heizung/Klimatisierung

Aus dem Inhalt:

- **Klimaanlage**
- **Stellmotor**
- **Gebläsemotor**
- **Luftaustrittsdüsen**
- **Heizungsbedieneinheit**
- **Gebläsewiderstand**
- **Außentemperaturfühler**
- **Zuheizer**

Beim MINI wird die Frischluft für die Heizungs- und Belüftungsanlage von einem elektrischen Gebläse angesaugt. Bevor die Luft in den Innenraum gelangt, wird sie von einem Staub- und Pollenfilter gereinigt.

Erwärmt wird die Luft für den Fahrzeuginnenraum über den Wärmetauscher oder sie wird im Verdampfer der Klimaanlage abgekühlt und dann auf die Luftaustrittsdüsen im Fahrzeuginnenraum verteilt.

Der Wärmetauscher wird ständig von der heißen Motorkühlflüssigkeit durchströmt, so dass er die Wärme für den Fahrzeuginnenraum schnell an die vorbeiströmende Frischluft abgibt. Um den Luftdurchsatz im Fahrzeuginnenraum zu erhöhen, kann das integrierte Frischluftgebläse in mehreren Leistungsstufen betrieben werden.

Soll keine Frischluft von außen angesaugt werden, zum Beispiel bei schlechter Außenluft, kann auf Umluftbetrieb umgeschaltet werden. In dieser Betriebsart wird nur die im Fahrzeug befindliche Luft umgewälzt. Geschieht das über einen längeren Zeitraum, können die Scheiben innen beschlagen.

Wird der MINI von einem Dieselmotor angetrieben, ist zusätzlich ein **elektrischer Zuheizer** vorhanden, um bei tiefen Außentemperaturen das Heizungsdefizit zu verbessern. Nach dem Start des Motors erwärmt sich die vorbeiströmende kalte Luft direkt an den elektrisch beheizbaren Heizsträngen der Zusatzheizung. In Abhängigkeit von der Außentemperatur wird die warme Luft in den Fahrzeuginnenraum geleitet. Die Zusatzheizung funktioniert im Prinzip wie ein elektrischer Heizkörper.

Tritt ein Fehler in der Heizungs- oder Klimaanlage auf, wird er in einem elektronischen Speicher abgelegt. Über ein Fehlerauslesegerät kann der entsprechende Speicher ausgelesen werden. Eine exakte Fehlerdiagnose ohne Auslesegerät ist nicht möglich.

Klimaanlage

Auf Wunsch ist der MINI mit einer Klimaanlage ausgestattet. Die Klimaanlage ist eine kombinierte Kühl- und Heizanlage. Im Kühlbetrieb arbeitet die Klimaanlage im Prinzip wie ein Kühlschrank. Der Kompressor verdichtet das dampfförmige FCKW-freie Kältemittel R 134 A. Dieses erhitzt sich dabei und wird in den Kondensator geleitet. Dort wird das Kältemittel abgekühlt und verflüssigt sich. Über das Expansionsventil wird das Kältemittel entspannt und in den Verdampfer eingespritzt, wo es auf Grund seines niedrigen Druckes verdampft. Es kühlt dabei stark ab.

Durch diesen Verdampfungs- und Abkühlungsprozess wird der von außen vorbeistreichenden Luft Wärme entzogen. Die Luft kühlt sich ab und mitgeführte Luftfeuchtigkeit wird zu Kondenswasser, das ins Freie geleitet wird. Die Intensität der Kühlung ist abhängig von der eingestellten Temperatur und von der Gebläseschalterstellung.

Durch das Abschalten der Kühlanlage läuft der Klimakompressor nicht mit, so dass Kraftstoff eingespart wird.

Sicherheitshinweis
Der Kältemittelkreislauf der Klimaanlage darf nicht geöffnet werden, da das Kältemittel bei Hautberührung Erfrierungen hervorrufen kann. Bei versehentlichem Hautkontakt ist die betroffene Stelle sofort mindestens 15 Minuten lang mit kaltem Wasser zu spülen. Kältemittel ist farb- und geruchlos sowie schwerer als Luft. Bei austretendem Kältemittel besteht am Boden beziehungsweise in unteren Räumen (Gruben) Erstickungsgefahr. Das Kältemittelgas ist nicht wahrnehmbar.

Hinweis: Die Klimaanlage sollte, vor allem in der kalten Jahreszeit, einmal im Monat für einige Zeit bei höchster Gebläsestufe eingeschaltet werden, und zwar bei normaler und gleichmäßiger Fahrzeuggeschwindigkeit und bei betriebswarmem Motor. Dadurch wird sichergestellt, dass das im Kältemittel enthaltene Schmieröl in Umlauf gebracht wird, die beweglichen Teile der Klimaanlage regelmäßig geschmiert werden und die Dichtungen nicht porös werden.

Achtung: Arbeiten an der Klimaanlage dürfen nur von einer Fachwerkstatt durchgeführt werden. Deshalb werden Reparaturen an der Klimaanlage nicht beschrieben.

Optional gibt es für den MINI eine **elektronisch gesteuerte Klimaanlage**. Der Automatikmodus sorgt für konstante Temperaturen im Innenraum und entfeuchtet die Luft im Fahrzeuginnern, so dass die Scheiben nicht beschlagen. Außerdem werden Lufttemperatur, Luftmenge und Luftverteilung automatisch geregelt und Schwankungen der Außentemperatur ausgeglichen. Nach Ausschalten der Kühlfunktion wird die Heizungs- und Belüftungsanlage dennoch automatisch geregelt.

Luftaustrittsdüsen aus- und einbauen

Luftaustrittsdüse links und rechts

Ausbau

- Seitliche Blende der Armaturentafel ausbauen, siehe Seite 225.

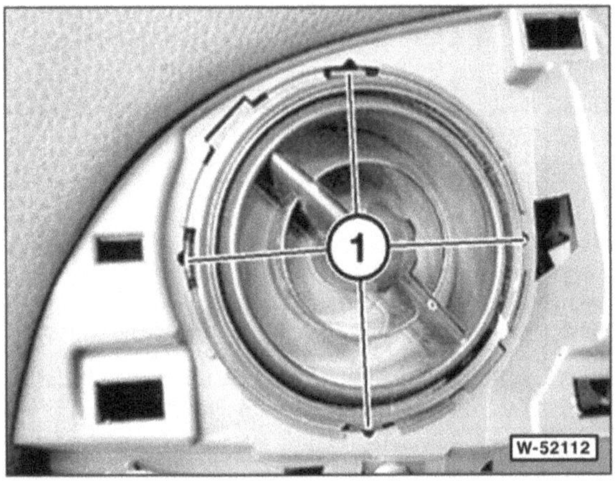

- Rastlaschen –1– entriegeln und Luftaustrittsdüse aus der Armaturentafel herausziehen.

Einbau

- Der Einbau erfolgt in umgekehrter Ausbaureihenfolge.

Luftaustrittsdüse Mitte

Ausbau

- Blende am Kombiinstrument ausbauen, siehe Seite 225.

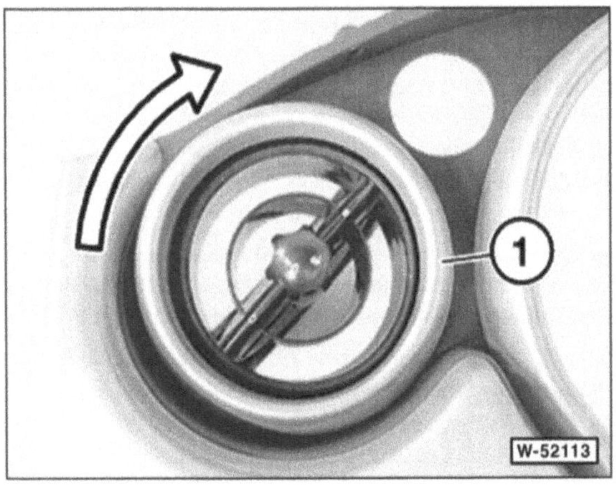

- Zierring –1– der Luftaustrittsdüse drehen –Pfeil– und abnehmen.

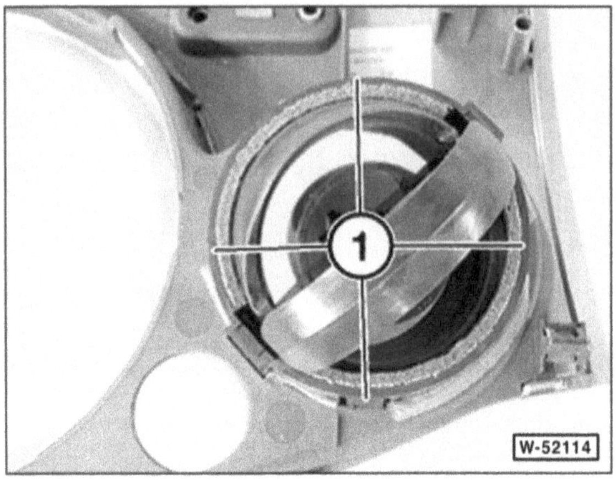

- Rastlaschen –1– entriegeln und Luftaustrittsdüse aus der Armaturentafel herausziehen.

Einbau

- Der Einbau erfolgt in umgekehrter Ausbaureihenfolge.
- Zierring so aufsetzen, dass die Einfassungen einrasten.

Außentemperaturfühler aus- und einbauen

Ausbau

- Stoßfängerabdeckung vorn ausbauen, siehe Seite 261.

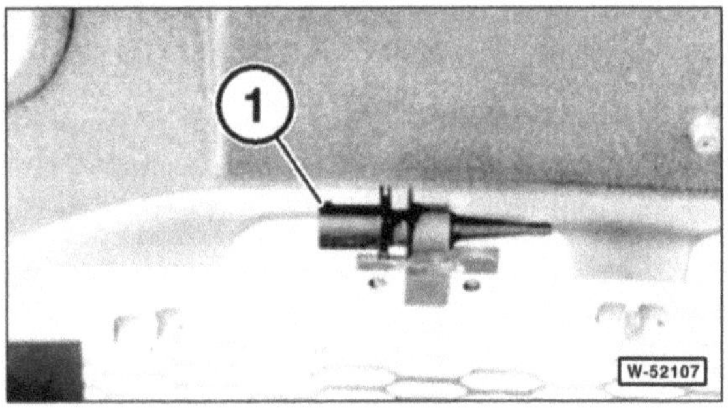

- Außentemperaturfühler –1– aus der Halterung herausziehen.

Einbau

- Der Einbau erfolgt in umgekehrter Ausbaureihenfolge. Dabei muss der Außentemperaturfühler hörbar in der Halterung einrasten. Auf korrekten Sitz achten.

Stellmotor für Frischluft-/Umluftklappe aus- und einbauen

Ausbau

- Heizung auf Frischluftbetrieb stellen.
- Batterie abklemmen. **Achtung:** Hinweise im Kapitel »Batterie aus- und einbauen« beachten.
- Handschuhfach ausbauen, siehe Seite 233.

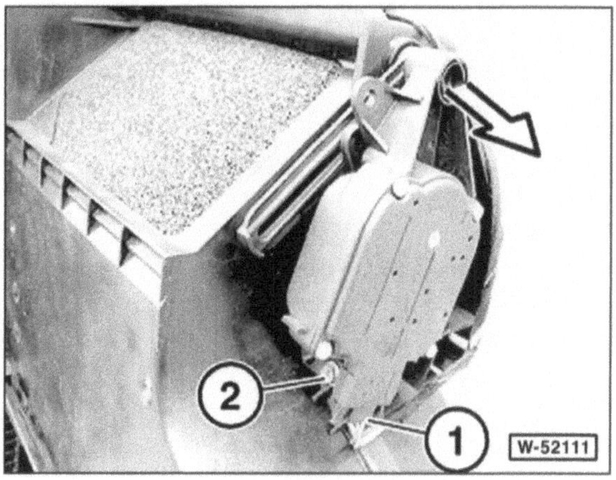

- Stecker –1– entriegeln und vom Stellmotor abziehen.
- Schrauben –2– herausdrehen und Stellmotor vom Heizgerät abziehen –Pfeil–.

Einbau

- Der Einbau erfolgt in umgekehrter Ausbaureihenfolge. Dabei Stellmotor exakt auf die Verzahnung setzen.

Hinweis: Der Stellmotor sitzt in einer Keilnutführung.

Heizungsbedieneinheit aus- und einbauen

Hinweis: Hier wird der Aus- und Einbau der manuellen Heizungs- beziehungsweise Klimabedieneinheit beschrieben. Der Aus- und Einbau der Bedieneinheit der automatisch gesteuerten Klimaanlage wird im Prinzip in gleicher Weise ausgebaut. Dabei müssen allerdings keine Seilzüge ausgehängt werden.

Ausbau

- Batterie abklemmen. **Achtung:** Hinweise im Kapitel »Batterie aus- und einbauen« beachten.
- Seitliche Blenden an der Radio-/Heizungskonsole mit vorderer Mittelkonsole ausbauen, siehe Seite 229.
- Schalter in der Radio-/Heizungskonsole ausbauen, siehe Seite 100.
- Radio ausbauen, siehe Seite 108.

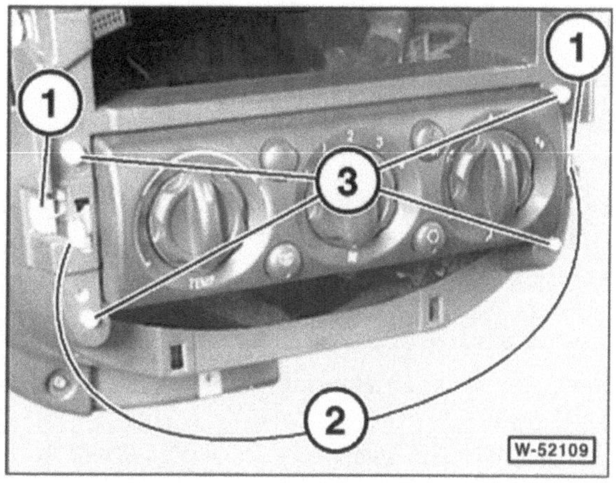

- Sicherungsclips –1– an beiden Seiten herausziehen.
- Klemmbügel –2– an beiden Seiten entriegeln.
- Heizungsbedieneinheit nach vorne drücken (in Fahrtrichtung) und Führungsstifte –3– aus den Aufnahmen herausdrücken.
- Manuelle Heizungsbedieneinheit an der linken Seite nach hinten ziehen.
- Heizungsbedieneinheit ein Stück aus dem Einbauschacht herausziehen.

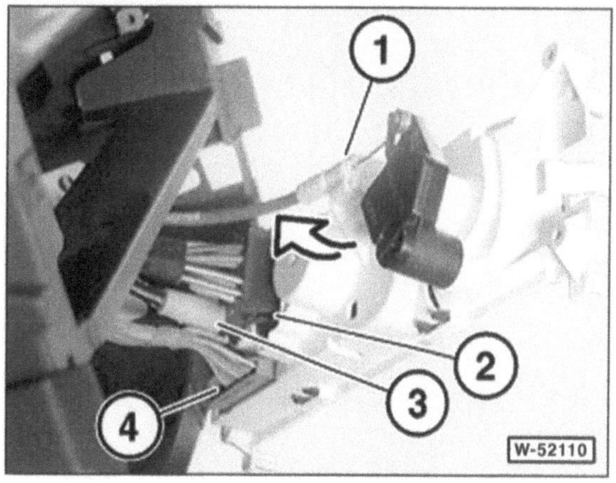

- An der Rückseite der Heizungsbedieneinheit Seilzug –1– für Temperaturklappe aushängen.

Achtung: Vor dem Trennen der Steckverbindungen elektrostatische Aufladung abbauen, dazu kurz den Schließbügel der Tür oder die Karosserie anfassen.

- Stecker –2– entriegeln und von der Heizungsbedieneinheit abziehen.
- Seilzug –3– für Luftverteilungsklappe aushängen.
- Stecker –4– entriegeln und abziehen.
- Heizungsbedieneinheit abnehmen.

Hinweis: Wird die Bedieneinheit der Klimaautomatik ausgetauscht, an der Rückseite der Bedieneinheit Gebläse für Temperatursensor aus der Halterung herausziehen.

Einbau

- Der Einbau erfolgt in umgekehrter Ausbaureihenfolge.

Zuheizer aus- und einbauen

Dieselmotor

Ausbau

- Motorhaube öffnen.
- Batterie abklemmen. **Achtung:** Hinweise im Kapitel »Batterie aus- und einbauen« beachten.
- Kühlmittel-Ausgleichbehälter von der Stirnwand im Motorraum abschrauben und mit angeschlossenen Schläuchen zur Seite drücken.

Achtung: Motor und Zuheizer vor dem Ausbau genügend abkühlen lassen.

- Zum Auffangen von auslaufendem Kühlmittel Gefäß unterstellen.

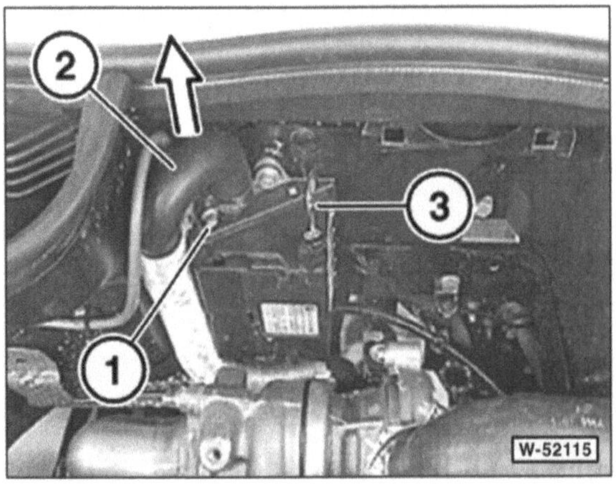

- Schelle –1– lockern und Wasserschlauch –2– vom Zuheizer –3– abziehen –Pfeil–.

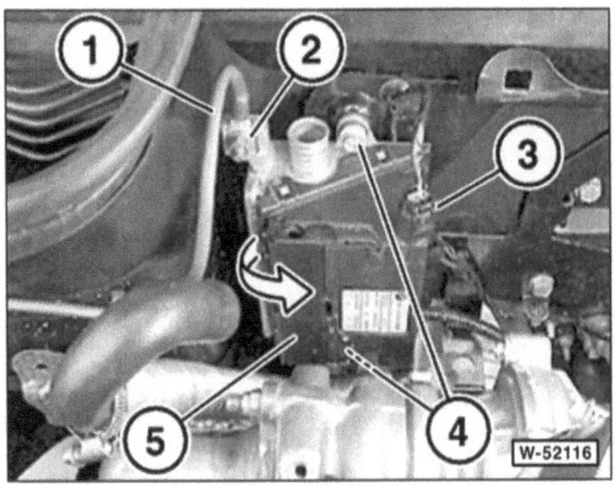

- Mutter –2– abschrauben und Minusleitung –1– vom Zuheizer abklemmen.
- Stecker –3– entriegeln und vom Zuheizer abziehen.
- Schrauben –4– herausdrehen.
- Abdeckung –5– aufklappen –Pfeil–.

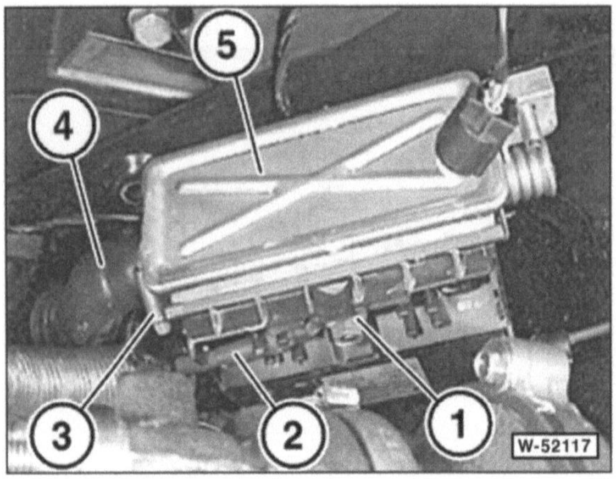

- Mutter –1– abschrauben und Plusleitung –2– vom Zuheizer abklemmen.
- Schelle –3– lockern und Wasserschlauch –4– vom Zuheizer –5– abziehen.
- Zuheizer –5– herausnehmen.

Einbau

- Der Einbau erfolgt in umgekehrter Ausbaureihenfolge.

Gebläsewiderstand für Heizung und Klimaanlage aus- und einbauen

Ausbau

- Batterie abklemmen. **Achtung:** Hinweise im Kapitel »Batterie aus- und einbauen« beachten.

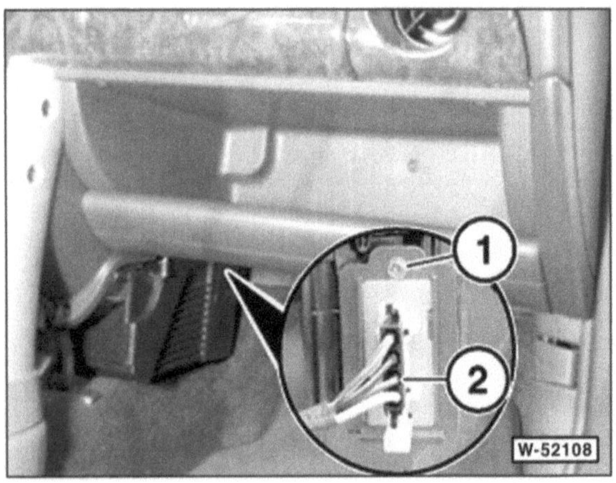

- Schraube –1– im Fußraum auf der Beifahrerseite herausdrehen.
- Widerstand –2– aus dem Heizgerät herausziehen.

Hinweis: Der Widerstand bei der automatisch gesteuerten Klimaanlage wird im Prinzip in gleicher Weise ausgebaut.

Einbau

- Der Einbau erfolgt in umgekehrter Ausbaureihenfolge.

Luftaustrittsdüsen aus- und einbauen

Luftaustrittsdüse links und rechts

Ausbau

- Abdeckung der Luftaustrittsdüse ausbauen, siehe Seite 240.

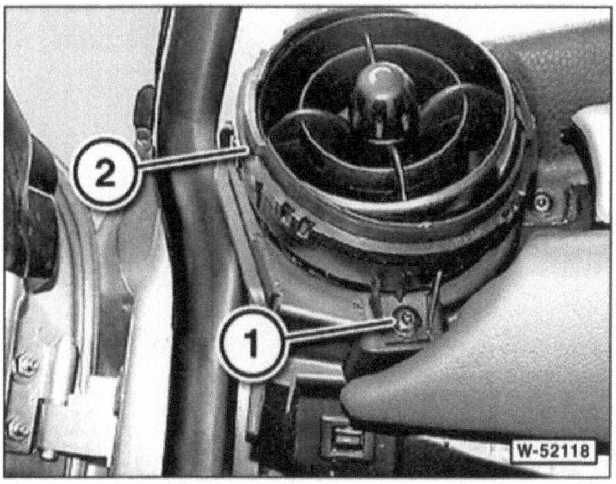

- Schraube –1– herausdrehen und Luftaustrittsdüse –2– aus der Armaturentafel herausziehen.

Einbau

- Der Einbau erfolgt in umgekehrter Ausbaureihenfolge. Dabei auf korrekten Sitz der Luftaustrittsdüse auf dem Luftkanal achten.

Luftaustrittsdüse Mitte

Ausbau

- Blende am Kombiinstrument ausbauen, siehe Seite 239.
- Luftaustrittsdüse von der Armaturentafel abschrauben und herausziehen.

Einbau

- Der Einbau erfolgt in umgekehrter Ausbaureihenfolge. Dabei auf korrekten Sitz der Luftaustrittsdüse auf dem Luftkanal achten.

Außentemperaturfühler aus- und einbauen

Ausbau

- Stoßfängerabdeckung vorn ausbauen, siehe Seite 276.

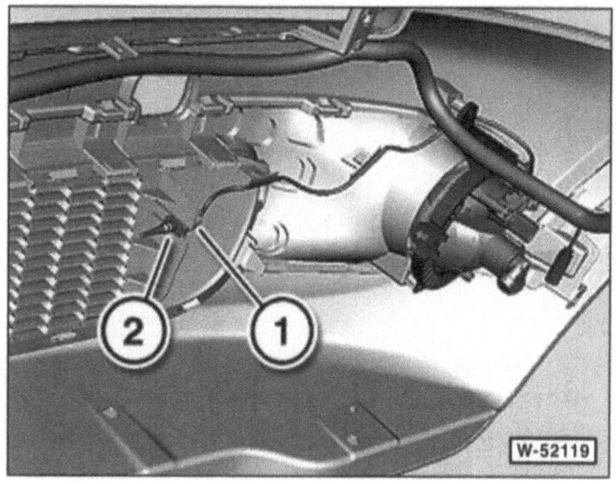

- Stecker –1– vom Außentemperaturfühler –2– abziehen.
- Außentemperaturfühler aus der Halterung herausziehen.

Einbau

Der Einbau erfolgt in umgekehrter Ausbaureihenfolge. Dabei ist Folgendes zu beachten:

- Außentemperaturfühler hörbar in der Halterung einrasten.
- Auf korrekten Sitz des Außentemperaturfühlers achten.
- Auf korrekte Kabelführung achten.

Heizungsbedieneinheit aus- und einbauen

Ausbau

- Batterie abklemmen. **Achtung:** Hinweise im Kapitel »Batterie aus- und einbauen« beachten.
- Blende der Radio-/Heizungskonsole ausbauen, siehe Seite 242.

Achtung: Vor dem Trennen der Steckverbindungen elektrostatische Aufladung abbauen, dazu kurz den Schließbügel der Tür oder die Karosserie anfassen.

● An der Rückseite der Blende Schrauben –1– herausdrehen.

● Heizungsbedieneinheit –2– zusammen mit Schalterblock von der Blende abnehmen.

Einbau

● Der Einbau erfolgt in umgekehrter Ausbaureihenfolge.

● Wird die Heizungsbedieneinheit ausgetauscht, nach dem Einbau mit einem Diagnosegerät Programmierung und Codierung vornehmen.

Zuheizer aus- und einbauen

Dieselmotor

Ausbau

● Mittelkonsole ausbauen, siehe Seite 241.

● Navigationsgerät/Bordcomputer ausbauen, siehe Seite 111.

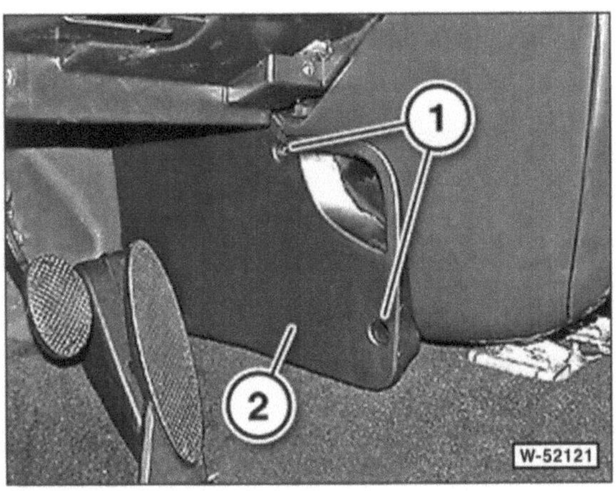

● Im Fahrerfußraum Schrauben –1– herausdrehen und Abdeckung –2– für Heizgerät abnehmen.

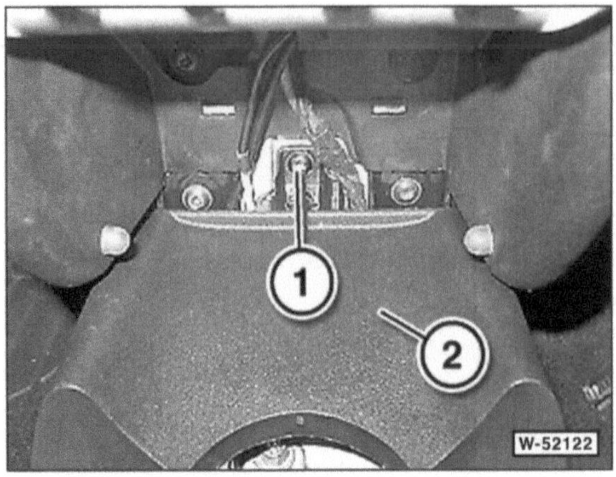

● Schraube –1– herausdrehen und Verkleidung –2– von der Mittelkonsole abnehmen.

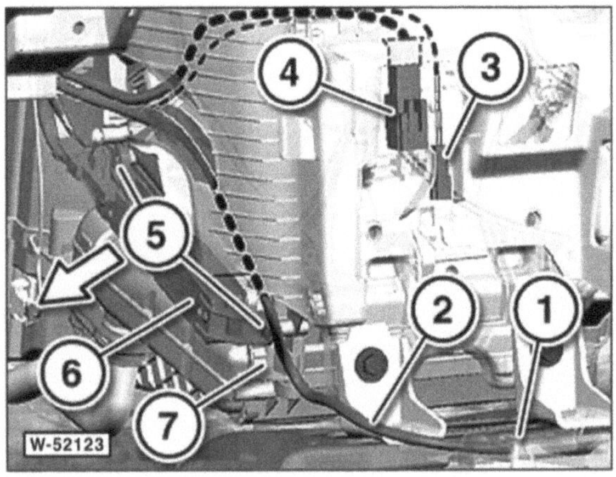

● Mutter –1– abschrauben und Minusleitung –2– abklemmen.

● Plusleitung –4– ausclipsen.

● Schrauben –5– herausdrehen.

● Leitungen –2/3/4– herausfädeln.

● Zuheizer –6– aus dem Heizgerät –7– herausziehen –Pfeil–.

Einbau

Der Einbau erfolgt in umgekehrter Ausbaureihenfolge. Dabei ist Folgendes zu beachten:

● Auf korrekten Sitz des Zuheizers im Heizgerät achten.

● Leitungen so verlegen, dass sie nicht scheuern.

Gebläsemotor für Heizung und Klimaanlage aus- und einbauen

Ausbau

- Batterie abklemmen. **Achtung:** Hinweise im Kapitel »Batterie aus- und einbauen« beachten.
- Verkleidung unter der Lenksäule ausbauen, siehe Seite 244.

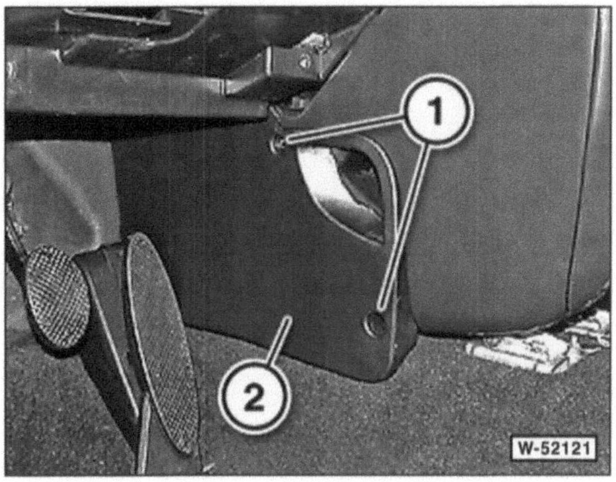

- Im Fahrerfußraum Schrauben –1– herausdrehen und Abdeckung –2– für Heizgerät abnehmen.

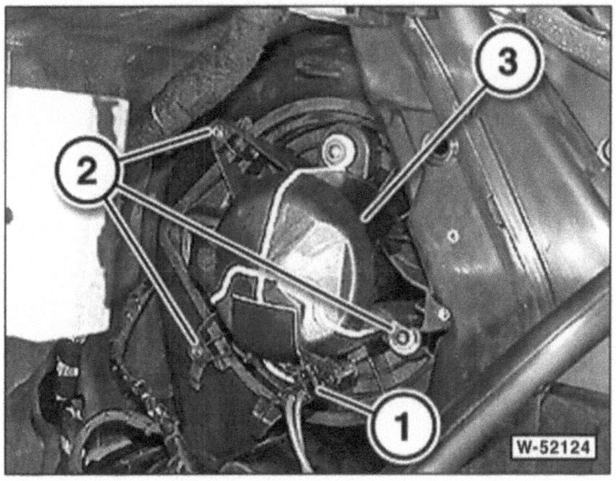

- Stecker –1– entriegeln und vom Gebläsemotor –3– abziehen.
- Schrauben –2– herausdrehen und Gebläsemotor –3– aus dem Heizgerät herausziehen.

Einbau

- Der Einbau erfolgt in umgekehrter Ausbaureihenfolge.

Gebläsewiderstand/-regler für Heizung und Klimaanlage aus- und einbauen

Hinweis: Der Aus- und Einbau des Gebläsereglers der automatisch gesteuerten Klimaanlage erfolgt in gleicher Weise.

Ausbau

- Batterie abklemmen. **Achtung:** Hinweise im Kapitel »Batterie aus- und einbauen« beachten.
- Abdeckung für Heizgerät im Fahrerfußraum abbauen, siehe Abbildung W-52121.

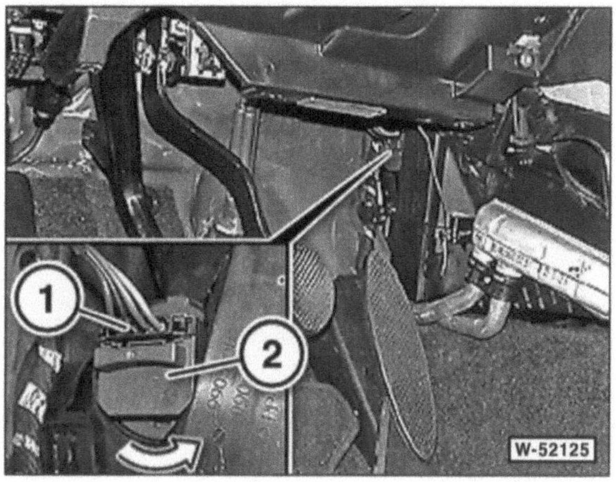

- Stecker –1– entriegeln und vom Gebläsewiderstand –2– abziehen.
- Gebläsewiderstand –2– gegen den Uhrzeigersinn drehen –Pfeil– und aus dem Heizgerät herausziehen.

Einbau

Der Einbau erfolgt in umgekehrter Ausbaureihenfolge. Dabei ist Folgendes zu beachten:

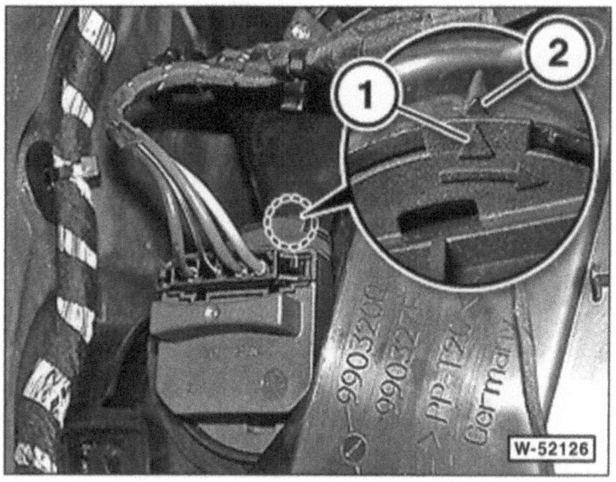

- Gebläsewiderstand einsetzen und im Uhrzeigersinn festdrehen, so dass der Pfeil –1– gegenüber der Markierung –2– am Heizgerät steht.

Störungsdiagnose Heizung

Störung	Ursache	Abhilfe
Heizgebläse läuft nicht.	Sicherung für Gebläsemotor defekt.	■ Sicherung für Gebläse prüfen, gegebenenfalls ersetzen.
	Gebläseschalter defekt.	■ Heizungs-/Klimabedieneinheit ausbauen und ersetzen.
	Gebläsewiderstand/-regler defekt.	■ Widerstand/Regler ausbauen und Spannung am Kontakt des Gebläsemotors bei eingeschalteter Zündung und betätigtem Gebläseschalter messen. Falls keine oder zu geringe Spannung anliegt, Widerstand/Regler ersetzen.
	Gebläsemotor defekt.	■ Prüfen, ob bei eingeschalteter Zündung und betätigtem Gebläseschalter am Kontakt des Gebläsemotors Spannung anliegt. Dazu müssen der Motor sowie der Gebläsewiderstand/-regler ausgebaut werden. Wenn ja, Gebläsemotor auswechseln.
Heizleistung zu gering.	Kühlmittelstand zu niedrig.	■ Kühlmittelstand prüfen, gegebenenfalls Kühlmittel auffüllen.
	Staubfilter verstopft.	■ Staubfilter ersetzen.
	Zuheizer defekt.	■ Zuheizer prüfen (Werkstattarbeit).
	Wärmetauscher undicht oder verstopft.	■ Wärmetauscher ersetzen (Werkstattarbeit).
Heizgebläse läuft nur mit einer Geschwindigkeit.	Gebläsewiderstand/-regler defekt.	■ Gebläsewiderstand/-regler ersetzen.
Geräusche im Bereich des Heizgebläses.	Eingedrungener Schmutz, Laub.	■ Gebläse ausbauen, reinigen, Luftkanal säubern.
	Lüfterrad hat Unwucht, Lager defekt.	■ Gebläsemotor ausbauen und auf leichten Lauf prüfen.
Heizluft riecht süßlich, Scheiben beschlagen, wenn Heizung eingeschaltet wird.	Wärmetauscher undicht.	■ Kühlsystem abdrücken (Werkstattarbeit). Wenn Kühlflüssigkeit aus dem Heizungskasten austritt, Wärmetauscher erneuern lassen.

Fahrwerk

Aus dem Inhalt:

- Vorderachse
- Hinterachse
- Federbein
- Stoßdämpfer
- Schraubenfeder
- Gelenkwellen
- Gelenkmanschetten
- Lenkung/Airbag
- Räder und Reifen

Das Fahrwerk des MINI besteht aus einer McPherson-Vorderachse und einer Mehrlenker-Federbein-Hinterachse. Die Antriebskraft des Motors wird über zwei Gelenkwellen auf die Vorderräder übertragen.

Optimale Fahreigenschaften und geringster Reifenverschleiß sind nur dann zu erzielen, wenn die Stellung der Räder einwandfrei ist. Bei unnormaler Reifenabnutzung sowie mangelhafter Straßenlage sollte die Werkstatt aufgesucht werden, um den Wagen optisch vermessen zu lassen. Die Fahrwerkvermessung kann ohne eine entsprechende Messanlage nicht durchgeführt werden.

Sicherheitshinweis
Schweiß- und Richtarbeiten an tragenden und radführenden Bauteilen der Vorder- und Hinterradaufhängung **sind nicht zulässig. Selbstsichernde Schrauben/Muttern** sowie korrodierte Schrauben/Muttern sind im Reparaturfall **immer zu ersetzen.**

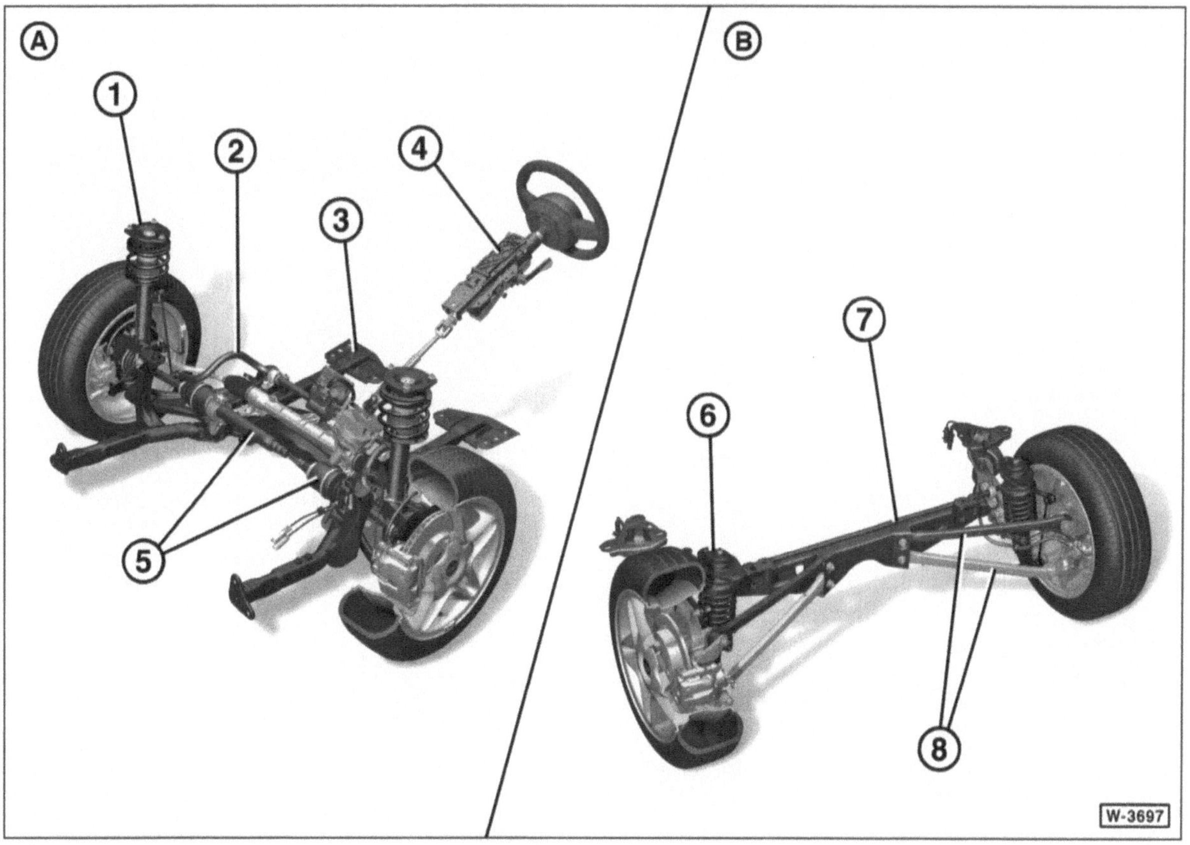

A – Vorderachse/MINI 2

1 – Federbein vorne

2 – Querstabilisator

3 – Vorderachsträger

4 – Lenksäule

5 – Gelenkwellen

B – Hinterachse/MINI 2

6 – Federbein hinten

7 – Hinterachsträger

8 – Querlenker oben und unten

Vorderachse

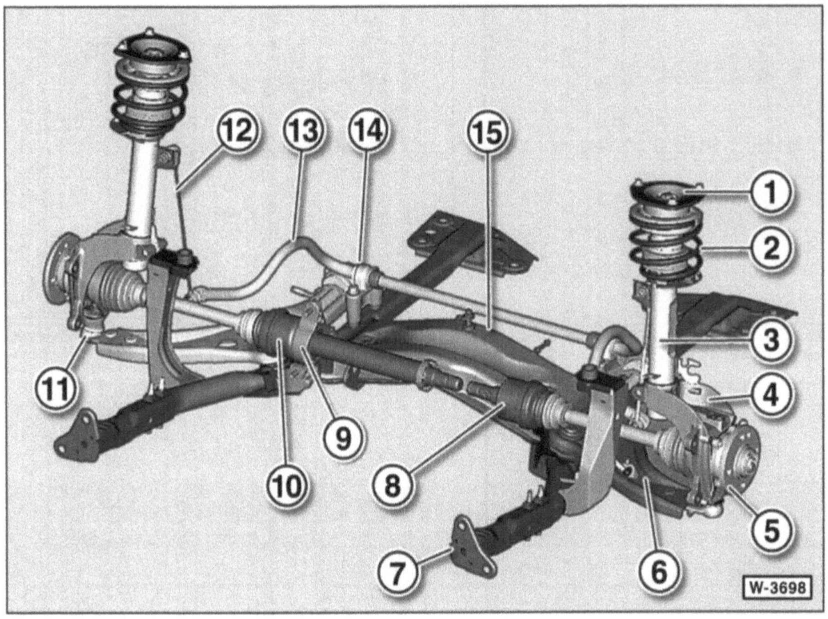

Vorderachse/MINI 2

1 – **Federbeinstützlager**
2 – **Schraubenfeder**
3 – **Stoßdämpfer**
4 – **Achsschenkel**
5 – **Radlager**
6 – **Querlenker**
7 – **Halter für Stoßfänger**
8 – **Gelenkwelle links**
9 – **Zwischenlager für Gelenkwelle**
10 – **Gelenkwelle rechts**
11 – **Achsgelenk**
12 – **Koppelstange**
13 – **Querstabilisator**
14 – **Gummilager für Querstabilisator**
15 – **Vorderachsträger**

Tragendes Element der Vorderachse des MINI ist der mit der Bodengruppe des Fahrzeuges verschraubte Vorderachsträger. Schraubenfeder und Gasdruck-Stoßdämpfer sind zu einem platzsparenden Federbein zusammengefasst. Beide Federbeine sind mit der Karosserie verschraubt und über eine Klemmverbindung mit den Achsschenkeln verbunden.

Die Achsschenkel werden über Gelenke jeweils von einem Querlenker geführt. Die Querlenker sind über Gummimetalllager mit dem Vorderachsträger verbunden.

Der quer liegende und über 2 Koppelstangen mit den Federbeinen verbundene Stabilisator wirkt bei Kurvenfahrt der Karosserieneigung entgegen und sorgt für bessere Bodenhaftung der Vorderräder.

Radnabe und Radlager sind zu einer kompakten Einheit zusammengefasst. Die Radlagereinheit ist mit 4 Schrauben mit dem Achsschenkel verschraubt.

Federbein aus- und einbauen

Ausbau

Achtung: Stoßdämpfer ab 50 000 km Laufleistung nur paarweise austauschen, also an beiden Fahrzeugseiten. Nur gleiche Federn an einer Achse verwenden.

Hinweis: Hier wird der Aus- und Einbau beim MINI 2 beschrieben. Beim MINI 1 im Prinzip in gleicher Weise vorgehen. Besondere Hinweise für den MINI 1 stehen am Ende des Kapitels.

- Radschrauben lösen. Fahrzeug aufbocken und Rad abnehmen. **Achtung:** Unbedingt Hinweise im Kapitel »Rad aus- und einbauen« beachten.

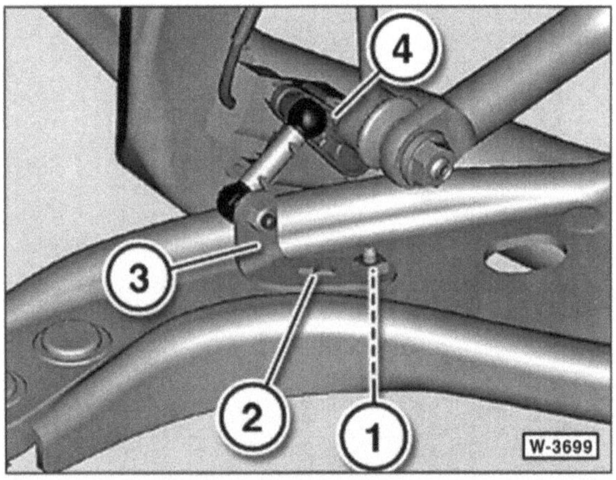

- **Fahrzeuge mit Xenon-Licht:** Schraube –1– herausdrehen und Halter –3– des Höhenstandsensors für Leuchtweitenregulierung vom linken Querlenker abnehmen. **Hinweis:** Beim Einbau Führungsnase –2– in die Aufnahme am Querlenker einsetzen. Der Sensorhebel –4– zeigt zum linken Vorderrad.

Achtung: Hohes Löse- und Anzugsdrehmoment der Muttern für Spurstangenkopf und Achsgelenk! Darauf achten, dass das Fahrzeug sicher aufgebockt ist. Muttern nicht ruckweise lockern.

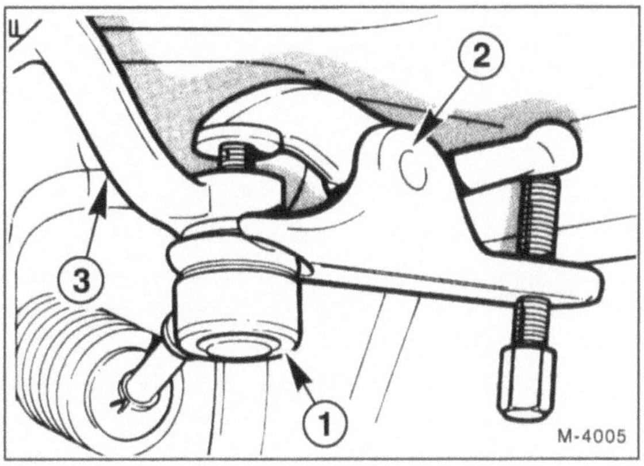

- Spurstangenkopf –1– vom Achsschenkel –3– abschrauben. Dazu Mutter für Spurstangenkopf einige Umdrehungen losschrauben; Gelenkbolzen dabei mit Inbusschlüssel SW 5 gegenhalten.
- Spurstangenkopf –1– mit handelsüblichem Ausdrücker –2–, zum Beispiel HAZET 1779-1, aus dem Achsschenkel –3– herausdrücken. Dabei Werkzeug an der Mutter ansetzen.
- Mutter abschrauben und Spurstangenkopf aus dem Achsschenkel herausziehen.

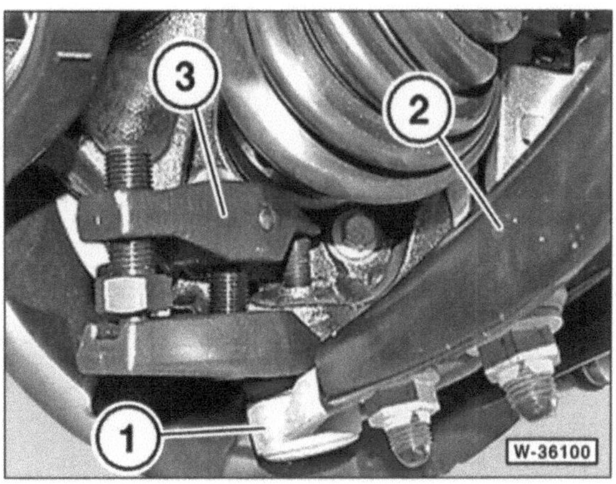

- Achsgelenk –1– in gleicher Weise mit Ausdrücker –3– herausdrücken und Querlenker –2– vom Achsschenkel trennen.

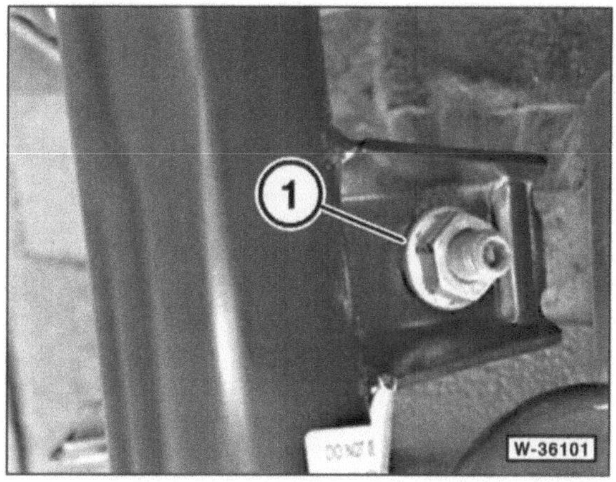

- Obere Mutter –1– für Koppelstange abschrauben. Dabei Gelenkbolzen mit Inbusschlüssel SW 5 gegenhalten. Koppelstange vom Federbeinstützrohr trennen.
- Bremsschlauch aus der Halterung am Federbeinstützrohr herausziehen.
- Achsschenkel mit geeignetem Montageheber abstützen.

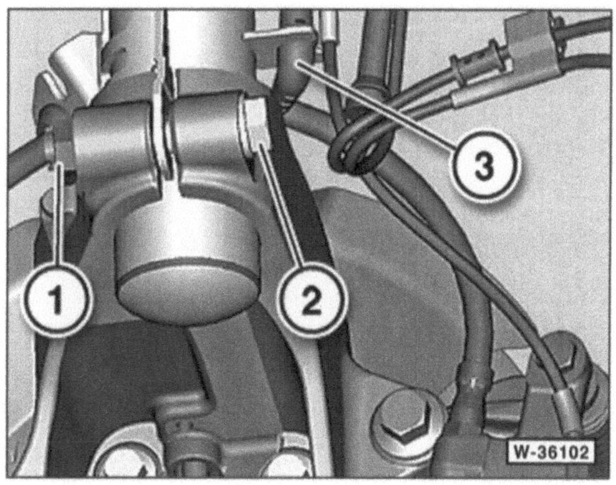

- Kabel –3– für ABS-Drehzahlsensor aus der Halterung am Federbeinstützrohr herausziehen.
- Mutter –1– der Klemmverbindung abschrauben und Schraube –2– der Klemmverbindung herausziehen.

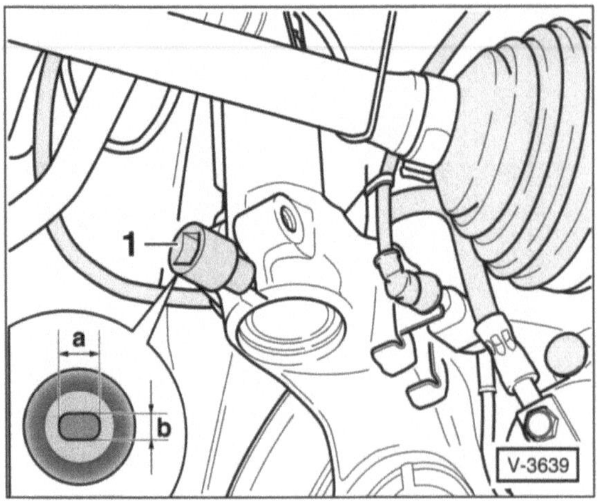

- Geeignetes Spreizwerkzeug –1–, zum Beispiel BMW 312230, in den Schlitz am Achsschenkel einsetzen. Spreizer mit Knarre um 90° drehen. Spreizer eingesetzt lassen und Knarre abnehmen. Gegebenenfalls geeignetes Werkzeug selbst anfertigen: a = 7,5 mm, b = 5,0 mm; die Kanten müssen abgerundet sein.

Hinweis: Die Abbildung zeigt nicht den MINI.

- Montageheber langsam absenken und Achsschenkel vom Federbeinstützrohr abziehen, bis das Federbein-Stützrohr frei hängt. **Achtung:** Achsschenkel nicht durch Drehen abziehen; dadurch kann das Federbeinstützrohr beschädigt werden.

- Soll das Federbein wieder eingebaut werden, Einbaulage der 3 Muttern –1– am Federbeindom kennzeichnen. **Hinweis:** Die Abbildung zeigt nicht den MINI.

Achtung: Falls der Zentrierzapfen –Pfeil– des Federbeinstützlagers fehlt, Lage der Gewindebolzen zum Radkasten markieren. Dazu jeweils nur eine Mutter abschrauben, Markierung anbringen und Mutter wieder anschrauben.

- Federbein von einem Helfer gegen Herabfallen sichern.
- 3 Muttern –1– oben am Federbeindom abschrauben und Federbein nach unten aus dem Radkasten herausziehen.

Einbau

- Anlagefläche im Federbeindom säubern.
- Federbein in den Radkasten einsetzen. Der Zentrierzapfen muss dabei in die entsprechende Bohrung im Federbeindom eingreifen.

Achtung: Wenn kein Zentrierzapfen vorhanden ist, Federbein nach den beim Ausbau angebrachten Markierungen ausrichten und anschrauben.

- **Neue selbstsichernde Muttern** auf die Gewindebolzen aufschrauben und mit **34 Nm** festziehen.
- Klemmverbindung am Achsschenkel spreizen.
- Montageheber unter den Achsschenkel stellen und Federbeinstützrohr an der Bohrung des Achsschenkels ansetzen. Montageheber vorsichtig anheben.
- Federbeinstützrohr bis zum Anschlag in die Bohrung des Achsschenkels einschieben.
- Schraube der Klemmverbindung so einsetzen, dass deren Spitze nach hinten zeigt.
- **Neue selbstsichernde Mutter** aufschrauben. Schraube der Klemmverbindung mit **81 Nm** festziehen. **Achtung:** Nur an der Schraube festziehen.
- Koppelstange am Federbeinstützrohr einsetzen und **neue selbstsichernde Mutter** aufschrauben. Mutter mit **56 Nm** festziehen. Dabei Gelenkbolzen mit Inbusschlüssel SW 5 gegenhalten.
- Achsgelenk und Spurstangenkopf in den Achsschenkel einsetzen. **Neue selbstsichernde Muttern** auf die Gelenkbolzen aufschrauben.

Achtung: Hohes Anzugsdrehmoment der Muttern!

- Mutter für Achsgelenk in 2 Stufen festziehen, wenn möglich, dabei Gelenkbolzen mit Torxschlüssel T40 gegenhalten:

  1. Stufe: . . . . mit **70 Nm** anziehen.

  2. Stufe: . . . . mit starrem Schlüssel **90°** weiterdrehen.

Hinweis: Um die Winkelgrade beim Anziehen einzuhalten, ist es sinnvoll, eine Winkelscheibe aus Pappe auszuschneiden oder die Winkelscheibe HAZET 6690 zu verwenden.

- Mutter für Spurstangenkopf mit **65 Nm** festziehen. Dabei Gelenkbolzen mit Inbusschlüssel SW 5 gegenhalten.

Achtung: Staubkappen der Gelenke dabei nicht verdrillen oder beschädigen.

- Bremsschlauch und Kabel für ABS-Drehzahlsensor in die Halterungen am Federbeinstützrohr einsetzen. Dabei jeweils auf richtigen Sitz der Gummidurchführung in der Halterung achten.
- **Fahrzeuge mit Xenon-Licht:** Halter des Höhenstandsensors für Leuchtweitenregulierung mit **8 Nm** am linken Querlenker anschrauben.
- Rad anschrauben, dabei Reifen-Laufrichtung beachten. Fahrzeug ablassen, erst dann Radschrauben über Kreuz festziehen. **Achtung:** Anzugsdrehmoment und Hinweise im Kapitel »Rad aus- und einbauen« beachten.
- Wenn kein Zentrierzapfen am Federbeinstützlager vorhanden ist, in der Werkstatt Fahrwerk vermessen lassen.

Speziell MINI 1

Hinweis: Der Aus- und Einbau beim MINI 1 erfolgt im Prinzip in gleicher Weise wie beim MINI 2. Hier werden die Unterschiebe beschrieben.

- Bremssattel vorn ausbauen und mit angeschlossenem Bremsschlauch aufhängen, siehe Seite 154.
- **Fahrzeuge mit Xenon-Licht:** Schraube herausdrehen und Halter des Höhenstandsensors für Leuchtweitenregulierung vom linken Querlenker abnehmen. **Hinweis:** Beim Einbau auf korrekte Position am Querlenker achten.

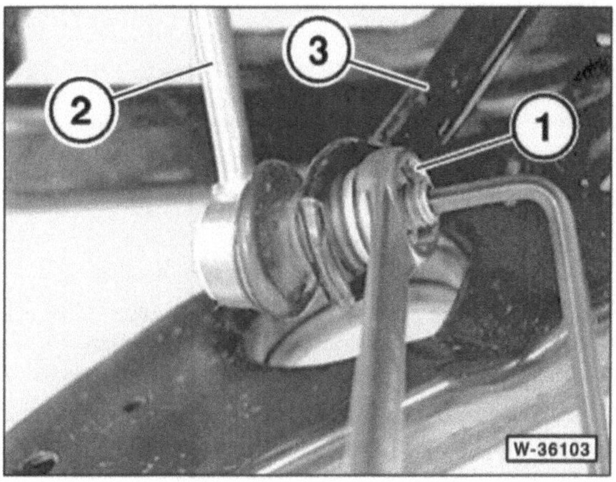

- **Fahrzeuge bis 03/02:** Untere Mutter –1– für Koppelstange –2– abschrauben, dabei Gelenkbolzen mit Inbusschlüssel gegenhalten. Koppelstange vom Stabilisator –3– trennen. **Hinweis:** Koppelstange zunächst nicht am Federbeinstützrohr abschrauben.
- **Fahrzeuge ab 03/02:** Obere Mutter für Koppelstange abschrauben und Koppelstange vom Federbeinstützrohr trennen.
- Achsgelenk und Spurstangenkopf aus dem Achsschenkel herausdrücken.
- Achsschenkel mit geeignetem Montageheber abstützen.
- Schraube der Klemmverbindung aus dem Achsschenkel herausdrehen.
- Montageheber langsam absenken und Achsschenkel vom Federbeinstützrohr abziehen.
- 3 Muttern oben am Federbeindom abschrauben und Federbein nach unten aus dem Radkasten herausziehen.
- **Fahrzeuge bis 03/02:** Koppelstange vom Federbeinstützrohr abschrauben. Dazu Gelenkbolzen mit Maulschlüssel gegenhalten und obere Mutter für Koppelstange abschrauben.

Anzugsdrehmomente:

Neue selbstsichernde Muttern am Federbeindom	**34 Nm**
Klemmschraube am Achsschenkel	**81 Nm**
Neue selbstsichernde Mutter für Spurstangenkopf	**52 Nm**
Neue selbstsichernde Mutter für Achsgelenk	**56 Nm**
Neue selbstsichernde Muttern für Koppelstange	**56 Nm**

Federbein zerlegen/Stoßdämpfer/ Schraubenfeder aus- und einbauen

Ausbau

Hinweis: Hier wird der Aus- und Einbau beim MINI 2 beschrieben. Beim MINI 1 im Prinzip in gleicher Weise vorgehen. Besondere Hinweise für den MINI 1 stehen am Ende des Kapitels.

- Federbein ausbauen, siehe entsprechendes Kapitel.

Achtung: Die Schraubenfeder steht unter hoher Spannung. Um den Stoßdämpfer ausbauen zu können, **muss die Schraubenfeder mit einem geeigneten Federspanner zusammengedrückt werden**.

Sicherheitshinweis
Auf keinen Fall Stoßdämpfermutter lösen, wenn die Feder nicht einwandfrei und sicher gespannt ist. Darauf achten, dass die Federwindungen sicher von den Spannplatten umfasst werden und der Federspanner nicht abrutschen kann. Nur stabiles Werkzeug verwenden. Keinesfalls Schraubenfeder mit Draht zusammenbinden. Unfallgefahr!

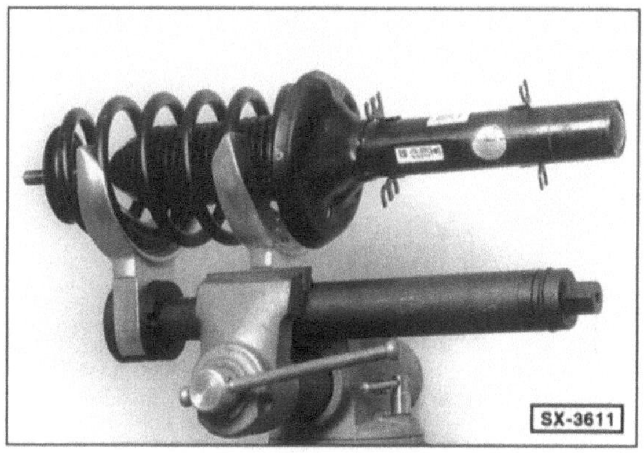

- Geeignete Spannvorrichtung in einen Schraubstock einspannen, zum Beispiel Federspanner HAZET 4900-2A mit Spannplattenpaar HAZET 4900-11.

Hinweis: Die Abbildung zeigt nicht das Federbein des MINI.

- Federbein mit den Windungen der Schraubenfeder so in den Federspanner einsetzen, dass 3 Windungen der Feder gespannt werden.

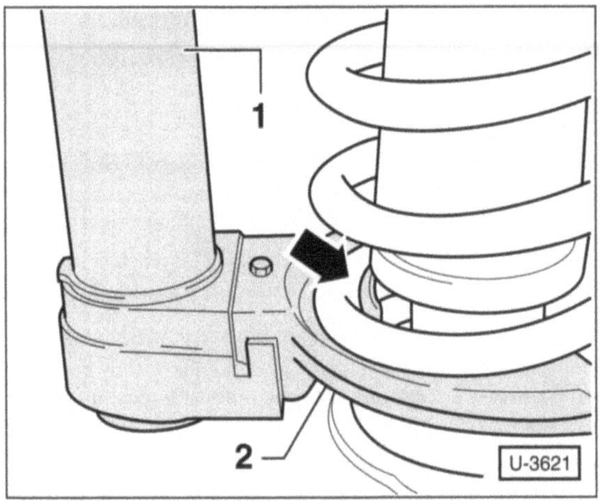

- Auf richtigen Sitz der Schraubenfeder in den Spannplatten -2- achten -Pfeil-. 1 – Federspanner.
- Das waagerecht im Federspanner sitzende Federbein so verdrehen, bis das untere Ende der Schraubenfeder nach oben gerichtet ist und mit dem Ende der unteren Spannplatte fluchtet.
- Schraubenfeder so weit vorspannen, bis das Stützlager oben entlastet ist.
- Mit einem Schraubendreher Abdeckkappe am Stützlager des Federbeins abhebeln.

- Mutter am Federbein mit Steckschlüsseleinsatz -1-, zum Beispiel HAZET 2593-21, von der Kolbenstange abschrauben, dabei Kolbenstange mit einem Inbusschlüssel SW-7 -2-, zum Beispiel HAZET 2593-1, gegenhalten -Pfeil-.

Achtung: Die Mutter darf nur dann gelöst werden, wenn die Feder sicher gespannt ist.

- Federbein-Stützlager, Staubmanschette, Stützscheibe und oberen Federteller von der Kolbenstange des Stoßdämpfers abziehen.

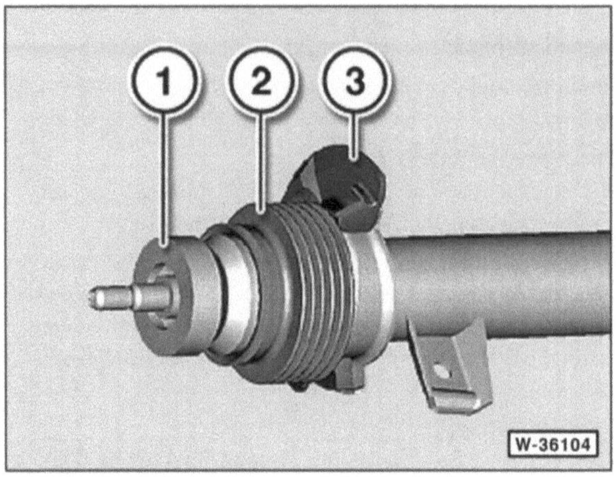

- Stoßdämpfer mit Zusatzdämpfer -1-, Faltenbalg -2- und unterer Federunterlage -3- aus der gespannten Schraubenfeder herausziehen.
- Zusatzdämpfer, Faltenbalg und Federunterlage vom Stoßdämpfer abziehen.
- Stoßdämpfer prüfen, siehe entsprechendes Kapitel.
- Alle Einzelteile des Federbeins auf Risse, Verschleiß, Korrosion und Alterungserscheinungen sichtprüfen. Beschädigte beziehungsweise verschlissene Teile erneuern.
- Falls die Schraubenfeder ausgewechselt werden soll, **Federspanner langsam entspannen** und Schraubenfeder herausnehmen.

Einbau

Stoßdämpfer ab 50 000 km Laufleistung nur paarweise austauschen, also an beiden Fahrzeugseiten. Beim Einbau neuer Federn darauf achten, dass je nach Motorisierung und Fahrzeugausstattung unterschiedliche Federn eingebaut sein können. Nur gleiche Federn an einer Achse verwenden. Die Kennzeichnung der Federn erfolgt durch eine Farbmarkierung an einer Windung.

Hinweis: Neue Schraubenfedern sind gegen Korrosion mit einem Schutzlack versehen. Die Oberfläche darf nicht beschädigt sein.

- Wenn die Schraubenfeder ausgebaut war, Schraubenfeder in den Federspanner einsetzen. Dabei darauf achten, dass die Schraubenfeder korrekt in den Spannplatten sitzt.
- Die waagerecht im Federspanner sitzende Schraubenfeder so verdrehen, bis das untere Federende nach oben gerichtet ist und mit dem Ende der unteren Spannplatte fluchtet.
- Schraubenfeder mit dem Federspanner spannen.
- Federunterlage so am unteren Federteller des Stoßdämpfers einsetzen, dass der Gumminoppen in die Bohrung des Federtellers greift.
- Faltenbalg und Zusatzdämpfer auf die Kolbenstange des Stoßdämpfers schieben.
- Stoßdämpfer in die gespannte Schraubenfeder einführen.

- Oberen Federteller –1–, Stützscheibe –2–, Staubmanschette –3– und Federbein-Stützlager –4– auf die Kolbenstange schieben. Dabei darauf achten, dass die Staubmanschette –3– und die Stützscheibe –2– korrekt zwischen Federbein-Stützlager und Federteller liegen.
- **Neue selbstsichernde Mutter** auf die Kolbenstange aufschrauben und mit **64 Nm** anziehen. Kolbenstange dabei mit Inbusschlüssel gegenhalten.
- Schraubenfeder ein wenig entspannen, dabei auf richtigen Sitz der Feder in den Vertiefungen am oberen und unteren Federteller achten.
- Federbein so ausrichten, dass die Enden der Schraubenfeder oben und unten am Anschlag der Federunterlagen anliegen.
- Schraubenfeder langsam komplett entspannen und Federbein aus der Spannvorrichtung herausziehen.
- Auf richtigen Sitz des Faltenbalgs achten.
- Abdeckkappe am Stützlager des Federbeins aufsetzen und festdrücken.
- Federbein einbauen, siehe entsprechendes Kapitel.

Speziell MINI 1

Hinweis: Der Aus- und Einbau beim MINI 1 erfolgt im Prinzip in gleicher Weise wie beim MINI 2. Hier werden die Unterschiebe beschrieben.

- **Fahrzeuge bis 03/02:** Auf korrekte Einbaulage der Schutzhülse am oberen Ende des Stoßdämpfer achten.
- **Fahrzeuge ab 03/02:** Federbein so in den Federspanner einsetzen, dass 2 Windungen der Feder gespannt werden.
- Auf korrekte Einbaulage der Federunterlage am unteren Federteller des Stoßdämpfers achten. **Hinweis:** Einbaulage beim Ausbau merken.

- Vor Einbau des Federbein-Stützlagers darauf achten, dass die Stützscheibe –1– und die Scheibe –2– korrekt liegen.

Nabenmutter aus- und einbauen

Ausbau

- Schaltgetriebe in Leerlaufstellung bringen; Automatikgetriebe auf Stellung »N«. Handbremse anziehen.
- Radschrauben lösen. Fahrzeug aufbocken und Rad abnehmen. **Achtung:** Unbedingt Hinweise im Kapitel »Rad aus- und einbauen« beachten.

Sicherheitshinweis
Beim Aufbocken des Fahrzeugs besteht Unfallgefahr! Hinweise im Kapitel »Fahrzeug aufbocken« beachten.

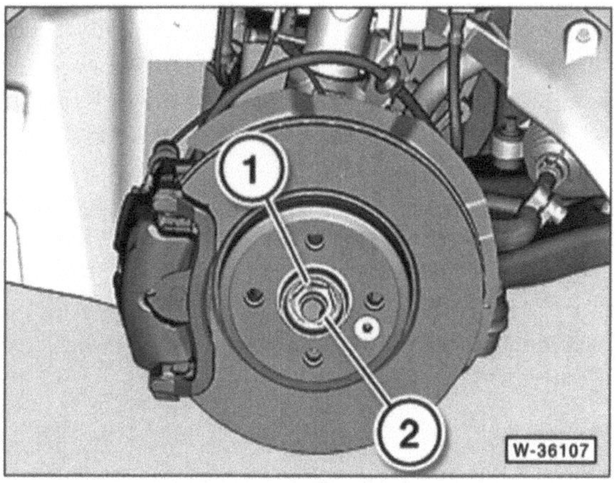

- Mit einem Schraubendreher Verdrehsicherung der Nabenmutter –1– an der Abflachung –2– der Gelenkwelle aufhebeln.

Achtung: Hohes Löse- und Anzugsdrehmoment der Nabenmutter! Ich empfehle, die Nabenmutter nur zu lockern, wenn das Fahrzeug auf dem Boden steht. Zum Gegenhalten Bremspedal durch Helfer betätigen lassen.

- **Leichtmetallfelge mit Abdeckkappe:** Abdeckkappe im Mittelpunkt der Felge vorsichtig herausdrücken.
- Rad wieder anschrauben, Fahrzeug ablassen und Radschrauben festziehen.
- Bremse durch Helfer betätigen lassen. Gegebenenfalls den Motor anlassen, damit der Bremskraftverstärker in Betrieb ist.
- Nabenmutter –1– **um höchstens 90°** losdrehen. **Achtung: Nabenmutter nicht ganz abschrauben.**
- Radschrauben wieder lösen, Fahrzeug aufbocken und Rad abnehmen.
- Bremse durch Helfer betätigen lassen und Nabenmutter –1– von der Gelenkwelle abschrauben.

Achtung: Wird die Gelenkwelle aus dem Radlager herausgezogen, darf das Fahrzeug **nicht** bewegt werden, da sonst das Radlager beschädigt wird.

Hinweis: Soll das Fahrzeug dennoch bewegt werden, ein altes Außengelenk ins Radlager einsetzen und mit **100 Nm** festschrauben.

Einbau

- Anlagefläche der Nabenmutter leicht einölen.

Achtung: Hohes Anzugsdrehmoment! Ich empfehle, die Nabenmutter nur festzuziehen, wenn das Fahrzeug auf dem Boden steht.

- **Neue Nabenmutter** aufschrauben und zunächst mit **100 Nm** voranziehen, dabei die Fußbremse durch Helfer betätigen lassen. **Achtung:** Beim ersten Anziehen der Nabenmutter darf das Rad den Boden noch nicht berühren.
- Rad anschrauben, Fahrzeug ablassen und Radschrauben festziehen.
- Nabenmutter mit **182 Nm** festziehen, dabei Fußbremse durch Helfer betätigen lassen.
- Radschrauben wieder lösen, Fahrzeug aufbocken und Rad abnehmen.
- Nabenmutter an der Abflachung –2– der Gelenkwelle verstemmen und auf diese Weise gegen Verdrehen sichern.
- Rad anschrauben, dabei Reifen-Laufrichtung beachten. Fahrzeug ablassen, erst dann Radschrauben über Kreuz festziehen. **Achtung:** Anzugsdrehmoment und Hinweise im Kapitel »Rad aus- und einbauen« beachten.
- **Leichtmetallfelge mit Abdeckkappe:** Abdeckkappe vorsichtig in die Felge drücken.

Gelenkwelle aus- und einbauen

Achtung: Bei allen Arbeiten, bei denen die Gelenkwelle aus dem Radlager beziehungsweise aus dem Getriebe ausgebaut wird, darauf achten, dass **stets nur am Gelenk** und **nicht an der Welle** gezogen wird.

Achtung: Bei demontierter Gelenkwelle darf das Fahrzeug nicht mit vollem Gewicht auf den Rädern stehen und nicht geschoben werden, da bei fehlender axialer Vorspannung die Wälzkörper des Radlagers beschädigt werden.

Hinweis: Soll das Fahrzeug nach dem Ausbau der Gelenkwelle geschoben werden, muss stattdessen ein Gelenkwellenstummel oder ein Außengelenk für den Gegendruck in das Radlager eingeschoben werden. Nabenmutter mit **100 Nm** anziehen.

Gelenkwelle links – MINI 2

Ausbau

- Nabenmutter lockern, siehe entsprechendes Kapitel.
- Radschrauben lösen. Fahrzeug aufbocken und Rad abnehmen. **Achtung:** Unbedingt Hinweise im Kapitel »Rad aus- und einbauen« beachten.
- Nabenmutter ausbauen, siehe entsprechendes Kapitel. **Achtung: Beim vollständigen Abschrauben der Nabenmutter darf das Fahrzeug nicht auf dem Boden stehen.**
- **Fahrzeuge mit Xenon-Licht:** Halter des Höhenstandsensors für Leuchtweitenregulierung vom Querlenker abschrauben, siehe Kapitel »Federbein aus- und einbauen«.
- Querlenker mit Achsgelenk vom Achsschenkel trennen, siehe Kapitel »Federbein aus- und einbauen«.
- Spurstangenkopf vom Achsschenkel abbauen, siehe Kapitel »Federbein aus- und einbauen«.
- Untere Mutter für Koppelstange abschrauben, dabei Gelenkbolzen gegenhalten. Koppelstange vom Stabilisator trennen.
- Gelenkwelle mit Draht abstützen, damit das Innengelenk beim Ausbau nicht zu stark gebeugt wird. Gegebenenfalls Arbeiten mit einem Helfer durchführen.

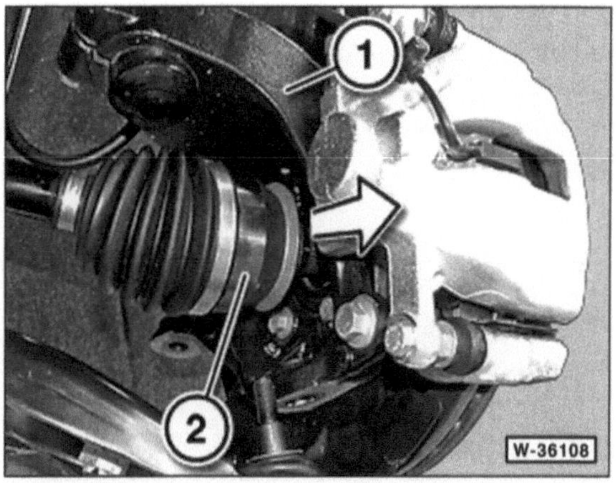

- Achsschenkel –1– nach außen drücken –Pfeil– und Gelenkwelle –2– aus dem Radlager herausziehen. **Hinweis:** Wenn nötig, Gelenkwelle mit einer geeigneten Abdrückvorrichtung, zum Beispiel HAZET 1781-5, aus der Radnabe herausdrücken.

Achtung: Gelenkwelle nicht zu stark beugen, um die Achsgelenke nicht zu beschädigen.

- **Schaltgetriebe:** Getriebeöl ablassen, siehe Seite 33.

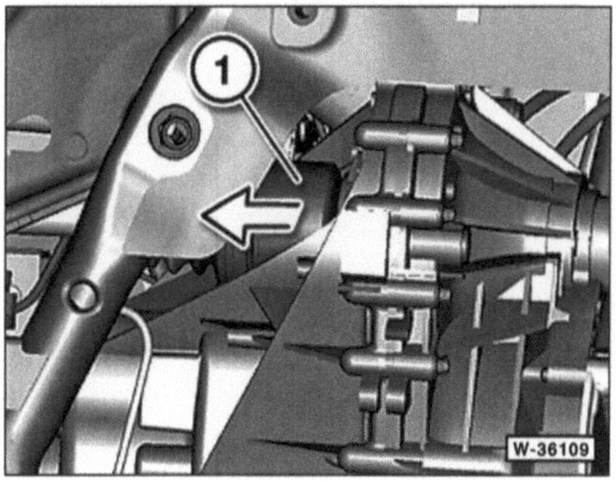

- Aluminium-Montierkeil zwischen Getriebegehäuse und Innengelenk ansetzen und Innengelenk –1– in Pfeilrichtung aus dem Getriebe heraushebeln.
- Gelenkwelle herausnehmen.

Achtung: Nicht an der Gelenkwelle ziehen. Gelenkwelle nicht zu stark beugen.

Einbau

- Wellendichtring aus der Getriebeöffnung herausziehen und ersetzen.

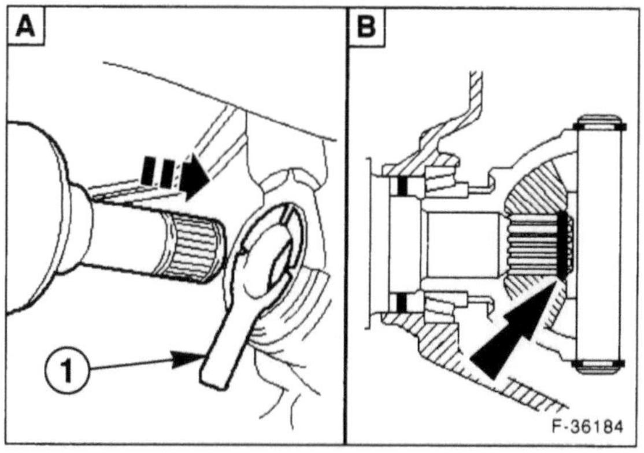

- **Neuen Sicherungsring** –Pfeil B– auf die Gelenkwelle aufdrücken. **Achtung:** Der Sicherungsring beim Automatikgetriebe ist nicht kreisrund.
- Montagehülse –1– in die Getriebeöffnung einsetzen und über die Lippe des Wellendichtrings schieben.
- Gelenkwelle in die Getriebeöffnung einführen –Pfeil A–. **Achtung:** Wellendichtring nicht beschädigen.
- Montagehülse bei eingesetzter Gelenkwelle entfernen. **Hinweis:** Die Hülse ist geschlitzt und kann dadurch über die Welle abgezogen werden.
- Gelenkwelle in das Getriebe drücken, bis der Sicherungsring –Pfeil B– hörbar einrastet. Durch leichtes Ziehen und Drücken am Innengelenk prüfen, ob die Gelenkwelle einwandfrei sitzt.
- Achsschenkel nach außen ziehen und Außengelenk der Gelenkwelle in die Radnabe einführen.
- Unterlegscheibe aufsetzen, bisherige Nabenmutter ansetzen und durch Anschrauben der Mutter die Radnabe auf den Gelenkwellenstumpf aufziehen. Nabenmutter nicht festziehen. Anschließend Nabenmutter abschrauben und Unterlegscheibe abnehmen.
- **Neue Nabenmutter** aufschrauben, aber noch nicht festziehen, siehe entsprechendes Kapitel.
- Koppelstange am Stabilisator anbauen, **neue selbstsichernde Mutter** aufschrauben und mit **56 Nm** festziehen.
- Spurstangenkopf und Achsgelenk am Achsschenkel anbauen, siehe Kapitel »Federbein aus- und einbauen«.
- **Fahrzeuge mit Xenon-Licht:** Schraube des Höhenstandsensors für Leuchtweitenregulierung mit **8 Nm** am linken Querlenker anschrauben.
- Nabenmutter festziehen, siehe entsprechendes Kapitel.
- **Schaltgetriebe:** Getriebeöl auffüllen, siehe Seite 33.
- Getriebe auf Dichtigkeit überprüfen.
- Rad anschrauben, dabei Reifen-Laufrichtung beachten. Fahrzeug ablassen, erst dann Radschrauben über Kreuz festziehen. **Achtung:** Anzugsdrehmoment und Hinweise im Kapitel »Rad aus- und einbauen« beachten.

Gelenkwelle rechts – MINI 2

Hinweis: Der Aus- und Einbau erfolgt ähnlich wie bei der linken Gelenkwelle. Hier werden nur die Unterschiede beschrieben.

- Gelenkwelle aus dem Radlager herausziehen, siehe Abschnitt »Gelenkwelle links«.
- **Schaltgetriebe:** Getriebeöl ablassen, siehe Seite 33.

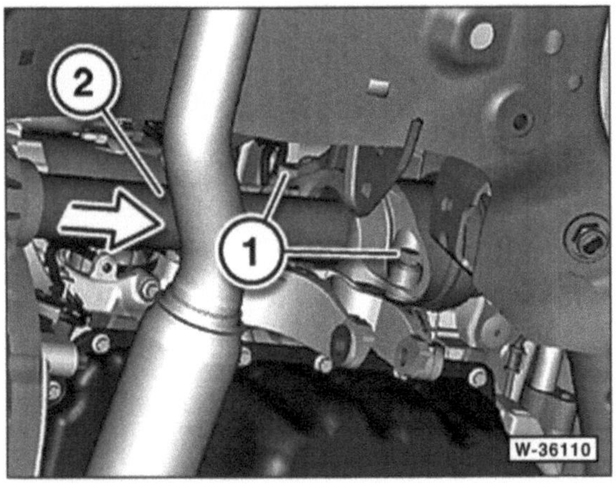

- Schrauben –1– des Zwischenlagers herausdrehen und Gelenkwelle –2– aus dem Getriebe heraushebeln –Pfeil–. **Hinweis:** In der Abbildung ist die Koppelstange nicht dargestellt.
- Beim Einbau Schrauben des Zwischenlagers mit **38 Nm** festziehen.

Gelenkwelle links – MINI 1

Hinweis: Der Aus- und Einbau beim MINI 1 erfolgt im Prinzip ähnlich wie beim MINI 2. Hier werden die Unterschiebe beschrieben.

- ABS-Drehzahlsensor vom Achsschenkel abschrauben.
- Bremssattel vorn ausbauen und mit angeschlossenem Bremsschlauch aufhängen, siehe Seite 154.
- Getriebeöl ablassen, siehe Seite 33.
- Nabenmutter ausbauen, siehe entsprechendes Kapitel.
- **Fahrzeuge mit Xenon-Licht:** Halter des Höhenstandsensors vom linken Querlenker abschrauben, siehe Kapitel »Federbein aus- und einbauen«.
- Achsgelenk und Spurstangenkopf aus dem Achsschenkel herausdrücken, siehe Kapitel »Federbein aus- und einbauen«.
- Achsschenkel nach außen drücken und Innengelenk aus dem Getriebe herausziehen.
- Achsschenkel mit geeignetem Montageheber abstützen.
- Achsschenkel vom Federbeinstützrohr abbauen, siehe Kapitel »Federbein aus- und einbauen«.
- Außengelenk aus dem Radlager herausziehen und Gelenkwelle herausnehmen.
- Beim Einbau ABS-Drehzahlsensor mit **8 Nm** am Achsschenkel anschrauben.

Gelenkwelle rechts – MINI 1

Hinweis: Der Aus- und Einbau erfolgt ähnlich wie bei der linken Gelenkwelle. Hier werden nur die Unterschiede beschrieben.

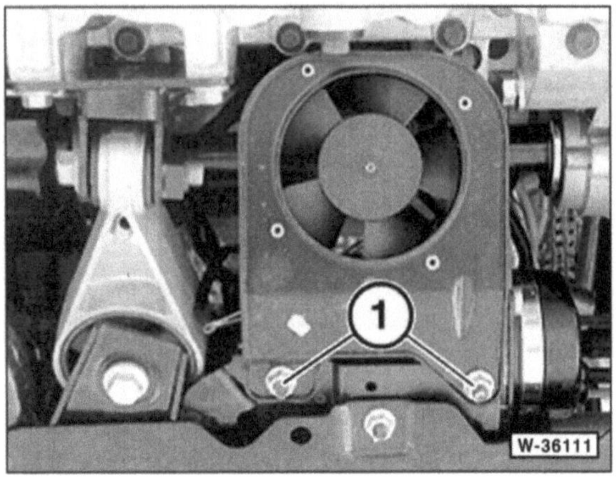

- Wenn nötig, Zusatzlüfter für Servolenkung abschrauben –1–.

- Schrauben –1– des Zwischenlagers herausdrehen und Gelenkwelle aus dem Getriebe herausziehen.

Anzugsdrehmomente:

Schrauben des Zwischenlagers	**25 Nm**
Neue selbstsichernde Muttern für Zusatzlüfter	**19 Nm**

Gelenkmanschetten erneuern

Defekte Gelenkmanschetten sofort erneuern. Fett herausnehmen, Gelenk säubern und mit neuem Schmierfett für Gleichlaufgelenke befüllen. Darauf achten, dass das jeweils richtige Schmierfett für Außen- und Innengelenk benutzt wird.

Achtung: Gelenkwelle nicht zu stark beugen, um die Gelenke nicht zu beschädigen. Beim MINI 2 darf das Außengelenk maximal um 45°, das Innengelenk maximal um 18° gebeugt werden.

Innengelenk – MINI 2

Ausbau

- Gelenkwelle ausbauen, siehe entsprechendes Kapitel.
- Gelenkwelle reinigen und in einen Schraubstock mit Schutzbacken aus Kunststoff einspannen.
- Einbauposition der Manschette des getriebeseitigen Gelenks (**Innengelenk**) auf der Gelenkwelle markieren.
- Einbauposition des großen Spannbands markieren, dabei auf die Einhakstelle achten.
- Spannbänder am Innengelenk abnehmen. Gehäuse für Innengelenk von der Gelenkwelle abziehen und Fettfüllung aus dem Gelenk herausnehmen.

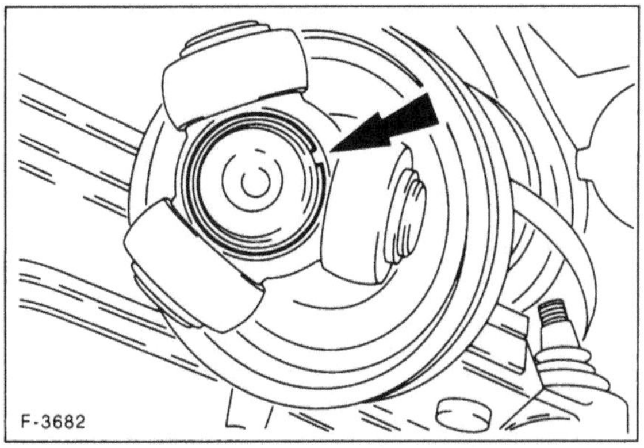

F-3682

- Sicherungsring für Tripodestern mit geeigneter Zange spreizen und abnehmen.

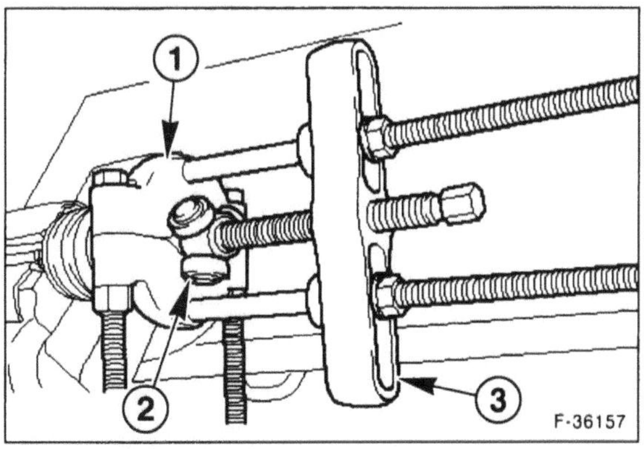

F-36157

- Manschette etwas zurückdrücken und Trennwerkzeug –1– hinter dem Tripodestern –2– an der Gelenkwelle anbringen.
- Abziehwerkzeug –3– BMW 00 7 500 anschrauben und Tripodestern von der Gelenkwelle abziehen. **Hinweis:** Es kann auch der Trenn- und Abziehsatz HAZET 1775 N verwendet werden.
- Manschette für Innengelenk von der Gelenkwelle herunterziehen und Gelenkwelle reinigen.

Einbau

- **Neue Manschette** mit **neuem, kleinen Spannband** über die Gelenkwelle ziehen. Manschette nach den Markierungen auf der Gelenkwelle ausrichten.

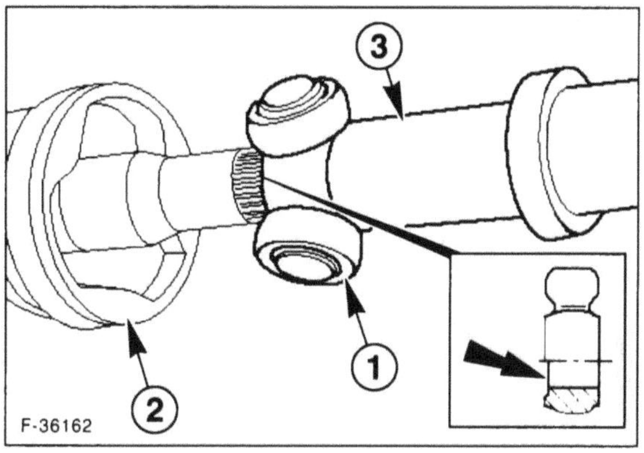

F-36162

- Tripodenstern –1– auf die Kerbverzahnung der Gelenkwelle schieben. Dabei darauf achten, dass die abgesetzte Seite –Pfeil– in Richtung Manschette –2– zeigt.
- Tripodenstern mit geeignetem Dorn –3– soweit auf die Kerbverzahnung der Welle treiben, bis die Nut für den Sicherungsring freiliegt. **Achtung:** Gleichlaufrollen des Tripodensterns nicht beschädigen.
- **Neuen Sicherungsring** aufschieben und einrasten, siehe Abbildung F-3682.
- Gelenk fetten. Dazu Schmierfett für Gleichlaufgelenke in das Gehäuse einfüllen. **Achtung:** Beim Innengelenk größere Fettmenge aus dem Reparatursatz verwenden.
- Gehäuse über das Innengelenk schieben. **Achtung:** Die Dichtflächen an Manschette und Gehäuse müssen sauber und fettfrei sein.

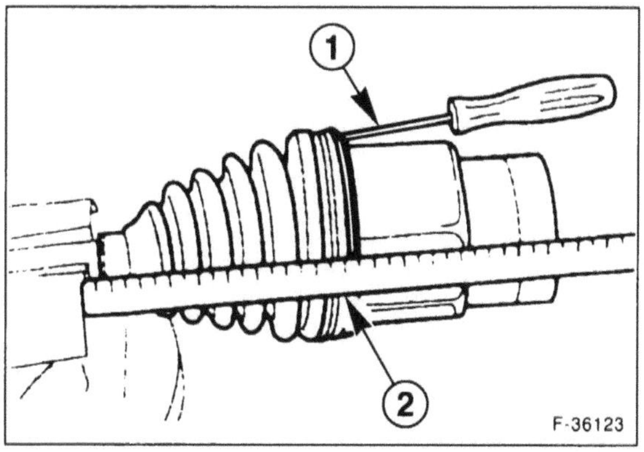

F-36123

- Kleinen Schraubendreher –1– vorsichtig unter die Manschette schieben und Manschette damit etwas anheben, um diese während des Zusammenbaus zu entlüften.

- Schraubendreher herausziehen.
- **Neues, großes Einhak-Spannband** in die Ringnut der Manschette einlegen und mit Spezialzange spannen, zum Beispiel BMW 31 5 200. Dabei muss die Einhakstelle in Höhe des großen Gehäusedurchmessers liegen.

Achtung: Die Position des Gelenkgehäuses darf beim Anbringen und Spannen der Spannbandes nicht verändert werden.

- Manschette auf der Gelenkwelle ausrichten. Dabei Manschette je nach Größe auf die Länge –2– einstellen: Größe 2100 – 91,5 mm, Größe 2700 – 100 mm, siehe Abbildung F-36123.
- Kleines Spannband in die Ringnut der Manschette einlegen und mit Klemmzange spannen.
- Gelenkwelle aus dem Schraubstock nehmen und einbauen, siehe entsprechendes Kapitel.

Außengelenk – MINI 2

Ausbau

Hinweis: Das äußere Gleichlaufgelenk ist auf der Gelenkwelle aufgepresst und kann nicht zerlegt werden. Ein beschädigtes Außengelenk muss komplett mit der Gelenkwelle ersetzt werden.

- Gelenkwelle ausbauen, siehe entsprechendes Kapitel.
- Gelenkwelle in einen Schraubstock mit Schutzbacken einspannen.
- Manschette des Innengelenks ausbauen, siehe entsprechenden Abschnitt.

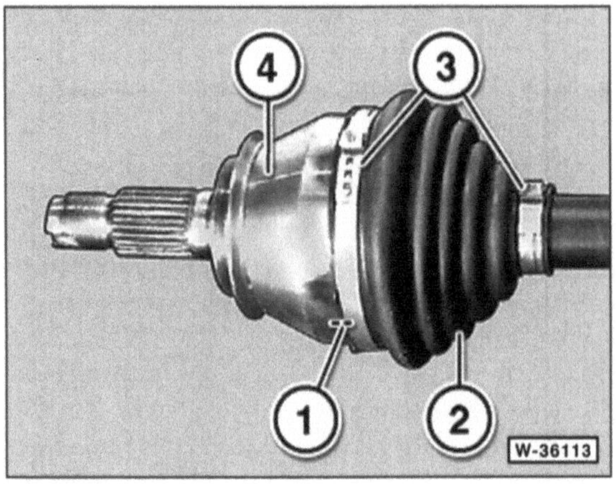

- Einbauposition der Manschette –2– des radseitigen Gelenks (**Außengelenk**) auf dem Gehäuse markieren –1–.
- Spannbänder –3– abnehmen. Manschette vom Außengelenk –4– abziehen und von der Gelenkwelle herunterziehen.

Einbau

- Fettfüllung aus dem Gelenk herausnehmen und Gelenkwelle reinigen.
- **Neue Manschette** für Außengelenk über die Gelenkwelle ziehen.
- Schmierfett in die Manschette einfüllen. **Achtung:** Beim Außengelenk kleinere Fettmenge aus dem Reparatursatz verwenden.
- Manschette über das Außengelenk ziehen und nach der Markierung –1– ausrichten. Auf korrekten Sitz der Manschette in der Nut des Außengelenks achten.

Achtung: Die Dichtflächen an Manschette und Gehäuse müssen sauber und fettfrei sein.

- **Neues, großes Spannband** in die Ringnut der Manschette einlegen und mit Klemmzange spannen, zum Beispiel HAZET 1847-1.
- Zur Entlüftung kleinen Schraubendreher vorsichtig zwischen Manschette und Gelenkwelle schieben und Manschette etwas anheben.
- Manschette in der Nut auf der Gelenkwelle ausrichten.
- **Neues, kleines Spannband** in die Ringnut der Manschette einlegen und mit Klemmzange spannen.
- Manschette des Innengelenks einbauen, siehe entsprechenden Abschnitt.
- Gelenkwelle aus dem Schraubstock nehmen und einbauen, siehe entsprechendes Kapitel.

Innengelenk – MINI 1

Ausbau

- Gelenkwelle ausbauen, siehe entsprechendes Kapitel.
- Gelenkwelle in einen Schraubstock mit Schutzbacken einspannen.
- Manschette des Außengelenks ausbauen, siehe entsprechenden Abschnitt.

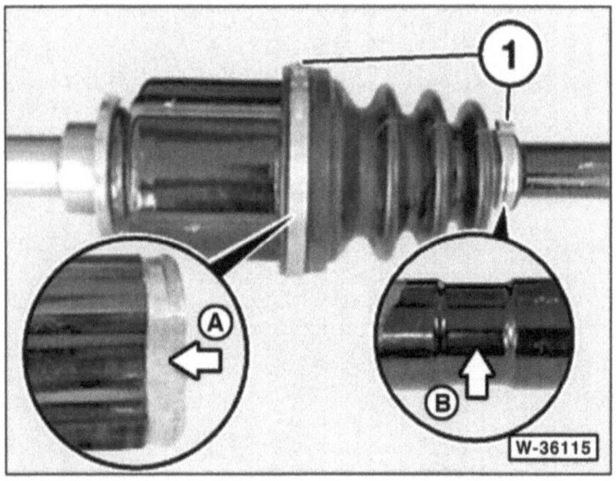

- Spannbänder –1– durchtrennen. Manschette vom getriebeseitigen Gelenk (**Innengelenk**) abziehen und von der Gelenkwelle herunterziehen.

Einbau

- Fettfüllung aus dem Gelenk herausnehmen und Gelenkwelle reinigen.
- **Neue Manschette** für Innengelenk über die Gelenkwelle ziehen.

- Schmierfett in die Manschette einfüllen. **Achtung:** Schmierfett für Innengelenk aus dem Reparatursatz verwenden.
- Manschette über das Innengelenk ziehen, dabei auf korrekten Sitz der Manschette in der Nut –Pfeil A– des Gehäuses achten. **Achtung:** Die Dichtflächen an Manschette und Gehäuse müssen sauber und fettfrei sein.
- Zur Entlüftung kleinen Schraubendreher vorsichtig zwischen Manschette und Gelenkwelle schieben und Manschette etwas anheben.
- Manschette in der Nut –Pfeil B– auf der Gelenkwelle ausrichten, siehe Abbildung W-36115.
- **Neue Spannbänder** in die Ringnuten der Manschette einlegen und mit Klemmzange spannen, zum Beispiel HAZET 1847-1.
- Manschette des Außengelenks einbauen, siehe entsprechenden Abschnitt.
- Gelenkwelle aus dem Schraubstock nehmen und einbauen, siehe entsprechendes Kapitel.

Außengelenk – MINI 1

Ausbau

- Gelenkwelle ausbauen, siehe entsprechendes Kapitel.
- Gelenkwelle reinigen und in einen Schraubstock mit Schutzbacken aus Kunststoff einspannen.
- Spannbänder durchtrennen. Manschette vom radseitigen Gelenk (**Außengelenk**) abziehen und über die Gelenkwelle schieben.
- Schmierfett vom Gelenk abwischen.

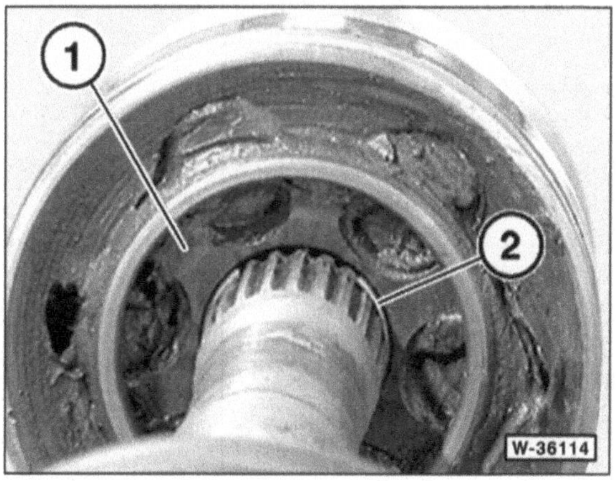

- Mit einem geeigneten Dorn Kugelkäfig –1– von der Gelenkwelle treiben.
- Manschette von der Gelenkwelle herunterziehen.
- Sicherungsring –2– von der Gelenkwelle abziehen.

Einbau

- Fettfüllung aus dem Gelenk herausnehmen und Gelenkwelle reinigen.
- **Neue Manschette** für Außengelenk über die Gelenkwelle ziehen.
- **Neuen Sicherungsring** –2– in die Nut auf der Gelenkwelle einsetzen.
- Schmierfett in das Gelenk einfüllen. **Achtung:** Schmierfett für Außengelenk aus dem Reparatursatz verwenden.
- Außengelenk auf die Kerbverzahnung der Gelenkwelle schieben und bis zum Sicherungsring –2– drücken.
- Sicherungsring in die Nut drücken und Außengelenk auf die Gelenkwelle klopfen.
- Manschette über das Außengelenk ziehen, dabei auf korrekten Sitz der Manschette in der Nut des Gelenks achten. **Achtung:** Die Dichtflächen an Manschette und Gelenk müssen sauber und fettfrei sein.
- Zur Entlüftung kleinen Schraubendreher vorsichtig zwischen Manschette und Gelenkwelle schieben und Manschette etwas anheben.
- Manschette in der Nut auf der Gelenkwelle ausrichten.
- **Neue Spannbänder** in die Ringnuten der Manschette einlegen und mit Klemmzange spannen, zum Beispiel HAZET 1847-1.
- Gelenkwelle aus dem Schraubstock nehmen und einbauen, siehe entsprechendes Kapitel.

Hinterachse

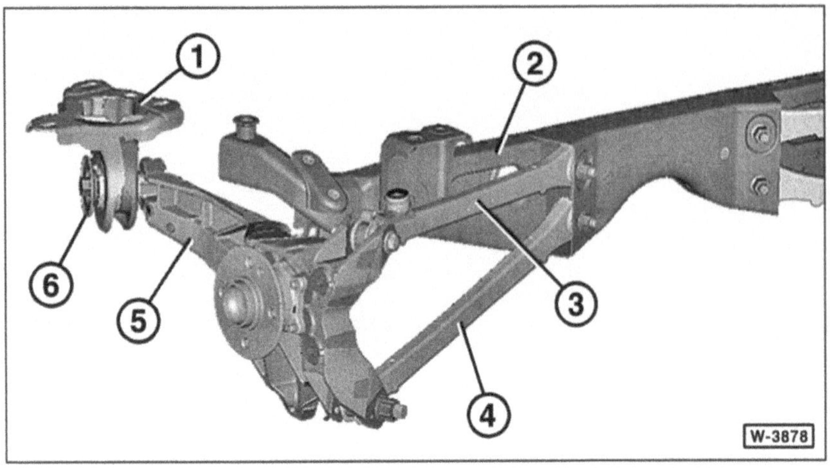

Hinterachse/MINI 2

1 – Halter für Längslenker
2 – Hinterachsträger
3 – Querlenker oben
4 – Querlenker unten
5 – Längslenker
6 – Gummilager

Die Radführung der Hinterachse erfolgt über Längslenker mit den daran angeschraubten Radlagern. Die Längslenker sind auf beiden Seiten mit der Karosserie verschraubt und jeweils durch 2 Querlenker mit dem Hinterachsträger verbunden. Der Hinterachsträger ist am Fahrzeugboden befestigt.

Der Querstabilisator ist mit Gummilagern am Hinterachsträger angebracht und über Koppelstangen mit den Längslenkern verbunden. Abgefedert wird die Hinterachse durch Federbeine, die an den Längslenkern befestigt sind.

Die Längslenker sind beim MINI 2 zur Gewichtsreduzierung aus Aluminium gefertigt.

Federbein an der Hinterachse aus- und einbauen

Ausbau

Achtung: Stoßdämpfer ab 50 000 km Laufleistung nur paarweise austauschen, also an beiden Fahrzeugseiten. Nur gleiche Federn an einer Achse verwenden.

- Radschrauben lösen. Fahrzeug aufbocken und Rad abnehmen. **Achtung:** Unbedingt Hinweise im Kapitel »Rad aus- und einbauen« beachten.
- Bremsschlauch und Kabel für ABS-Drehzahlsensor aus der jeweiligen Halterung am Federbeinstützrohr herausziehen.
- Längslenker mit einem Werkstattwagenheber abstützen.

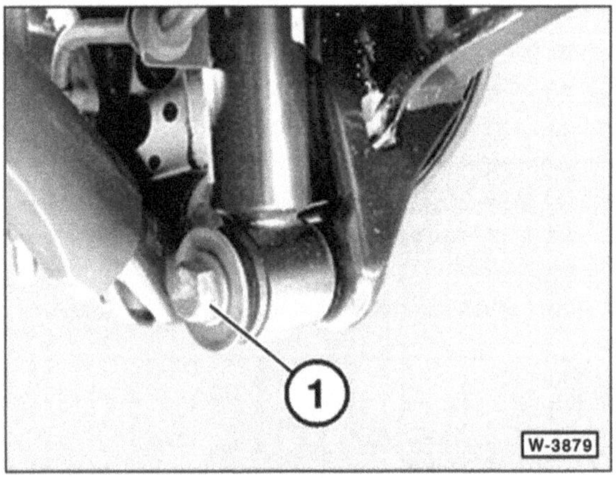

- Untere Schraube –1– herausdrehen und Federbein unten vom Längslenker lösen.

Achtung: Hohes Lösedrehmoment der unteren Schraube für Federbein! Darauf achten, dass das Fahrzeug sicher aufgebockt ist. Schraube nicht ruckweise lockern, sondern Schlüssel mit langem Hebel verwenden.

- Federbein gegen Herabfallen sichern.
- Längslenker langsam absenken.

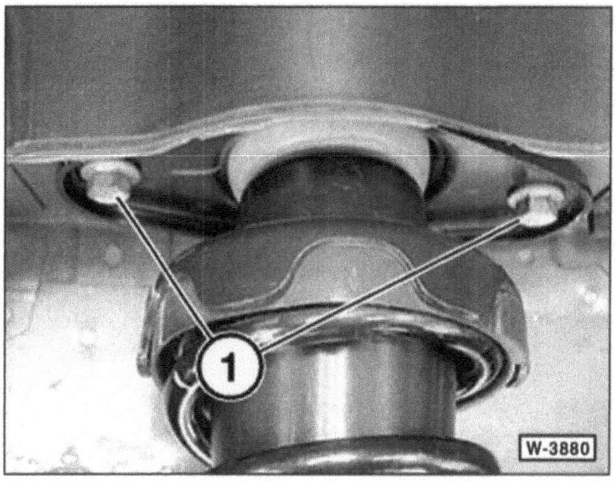

● Obere Schrauben –1– für Federbein herausdrehen und Federbein aus dem Radkasten herausnehmen.

Einbau

● Federbein in den Radkasten einführen und mit **neuen Schrauben** befestigen. Obere Schrauben für Federbein mit **56 Nm** festziehen.

● Federbein am Längslenker einsetzen. Untere Schraube für Federbein festziehen. **Anzugsdrehmoment:**
MINI 1 . . . . **140 Nm**
MINI 2 . . . . **165 Nm**

Achtung: Hohes Anzugsdrehmoment der Schraube!

● Werkstattwagenheber langsam absenken und entfernen.

● Bremsschlauch und Kabel für ABS-Drehzahlsensor in die Halterungen am Federbeinstützrohr einsetzen. Dabei jeweils auf richtigen Sitz der Gummidurchführung in der Halterung achten.

● Rad anschrauben, dabei Reifen-Laufrichtung beachten. Fahrzeug ablassen, erst dann Radschrauben über Kreuz festziehen. **Achtung:** Anzugsdrehmoment und Hinweise im Kapitel »Rad aus- und einbauen« beachten.

Federbein zerlegen/Stoßdämpfer/ Schraubenfeder aus- und einbauen

Hinweis: Der Aus- und Einbau erfolgt ähnlich wie beim Federbein der Vorderachse. Hier werden nur die Unterschiede beschrieben.

● Geeignete Spannvorrichtung in einen Schraubstock einspannen, zum Beispiel Federspanner HAZET 4900-2A mit Spannplattenpaar HAZET 4900-10.

● Federbein mit den Windungen der Schraubenfeder in den Federspanner einsetzen. Die waagerecht sitzende Schraubenfeder dabei so verdrehen, bis das Federende mit dem kleineren Windungsdurchmesser nach unten gerichtet ist.

● Mutter –1– am Federbein mit einem Ringschlüssel abschrauben, dabei Kolbenstange mit einem Inbusschlüssel gegenhalten.

● Mutter, Tellerscheibe, Stützlager, Federteller und obere Federunterlage von der Kolbenstange des Stoßdämpfers abziehen.

● Beim Einbau **neue selbstsichernde Mutter** auf die Kolbenstange aufschrauben und mit **30 Nm** anziehen. Kolbenstange dabei mit Inbusschlüssel gegenhalten.

Lenkung/Airbag

Die Lenkung besteht im Wesentlichen aus dem Lenkrad mit der Lenksäule, dem Zahnstangen-Lenkgetriebe und den Spurstangen. Die Lenksäule überträgt die Lenkbewegungen über ein Zahnrad auf das Lenkgetriebe. Die Zahnstange wird entsprechend dem Lenkradeinschlag nach links oder rechts bewegt. Spurstangen übertragen die Lenkkräfte über Spurstangengelenke und Achsschenkel auf die Räder.

Die Zahnstangenlenkung ist spielfrei von Anschlag zu Anschlag sowie wartungsfrei, nur die Lenkmanschetten und Staubkappen der Spurstangenköpfe müssen im Rahmen der Wartung auf einwandfreien Zustand geprüft werden.

Der Kraftaufwand beim Einschlagen der Räder, insbesondere bei stehendem Fahrzeug, wird durch eine Servolenkung verringert.

Beim **MINI 1 mit Benzinmotor** ist eine **elektro-hydraulische Servolenkung** eingebaut. Eine elektrisch angetriebene Pumpe saugt das Hydrauliköl aus dem Vorratsbehälter an und fördert es mit hohem Druck zum Ventilkörper im Lenkgetriebe, von wo es je nach Lenkeinschlag in die entsprechende Seite des Arbeitszylinders gelangt. Dort drückt das Öl gegen den Zahnstangenkolben und unterstützt dadurch die Lenkbewegung. Der Elektromotor der Ölpumpe wird je nach Fahrsituation betrieben und ist unabhängig vom Fahrzeugmotor.

Beim **MINI 1 mit Dieselmotor** wird eine **hydraulische Servolenkung** eingesetzt. Hier wird die Ölpumpe vom Dieselmotor angetrieben.

Der **MINI 2** verfügt über eine **elektro-mechanische Servolenkung**. Die Lenkbewegungen werden hierbei durch einen am Lenkgetriebe angebrachten Elektromotor unterstützt.

Sicherheitshinweis
Schweiß- und Richtarbeiten an Bauteilen der Lenkung **sind nicht zulässig. Selbstsichernde Schrauben/Muttern** sowie korrodierte Schrauben/Muttern im Reparaturfall **immer ersetzen.**

Achtung: Die angegebenen Anzugsdrehmomente sind unbedingt einzuhalten. Bei mangelnder Erfahrung sollten Arbeiten an der Lenkung von einer Fachwerkstatt durchgeführt werden.

Im Lenkrad ist der Fahrer-**Airbag** untergebracht. Der Airbag ist ein zusammengefalteter Luftsack, der im Fall einer Frontalkollision aufgeblasen wird und dadurch Oberkörper und Kopf des Fahrers vor einem Aufprall auf das Lenkrad schützt. Bei einer entsprechend starken Frontalkollision wird über ein Steuergerät eine kleine Sprengladung im Gasgenerator der Airbag-Einheit gezündet. Es entstehen Explosionsgase, die den Luftsack innerhalb weniger Millisekunden aufblasen. Diese Zeit reicht aus, um den Aufprall des nach vorn schnellenden Fahrer-Oberkörpers zu dämpfen. Der Airbag fällt anschließend innerhalb weniger Sekunden wieder in sich zusammen, da die Gase durch Austrittsöffnungen entweichen.

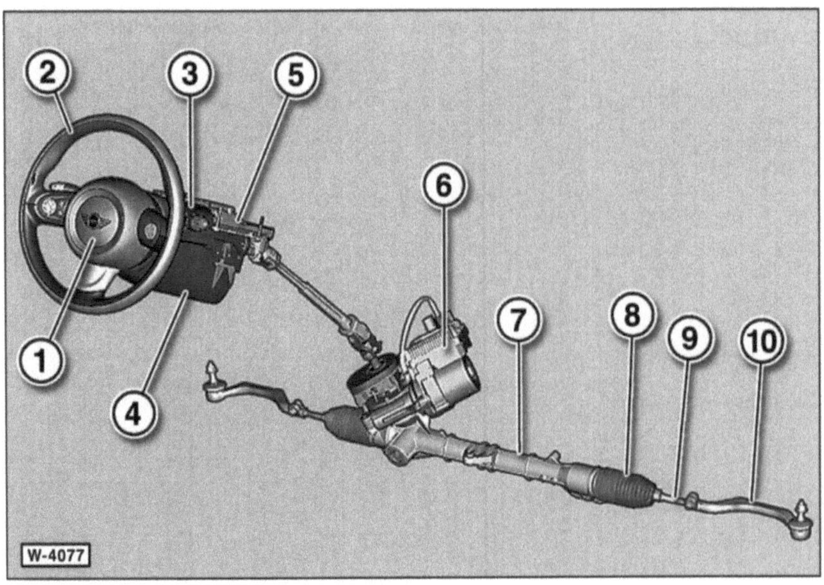

Lenkung/MINI 2

1 – **Airbageinheit**
2 – **Lenkrad**
3 – **Lenksäulenverkleidung-Oberteil**
4 – **Lenksäulenverkleidung-Unterteil**
5 – **Lenksäule**
6 – **Elektromotor mit Steuergerät**
7 – **Lenkgetriebe**
8 – **Lenkmanschette**
9 – **Spurstange**
10 – **Spurstangenkopf**

Airbag-Sicherheitshinweise

Das Airbag-System besteht aus Aufprallsensor, Gasgenerator, Steuergerät und Airbag. Das Aufblasen des Airbags wird elektrisch ausgelöst.

Das Fahrzeug ist serienmäßig mit Front- und Seiten-Airbags einschließlich Gurtstraffern sowie optional mit Kopf-Airbags ausgestattet.

Auf dem Beifahrersitz darf kein gegen die Fahrtrichtung angeordneter Babysitz montiert werden, wenn der Beifahrer-Airbag aktiviert ist.

Achtung: Aus Sicherheitsgründen keine Arbeiten an Teilen des Airbag- oder Gurtstraffer-Systems durchführen.

Achtung: Bei Arbeiten an Airbags und Gurtstraffern nie ein Ruhestrom-Erhaltungsgerät anschließen.

Folgende Hinweise unbedingt beachten:

- Zündschlüssel abziehen.
- Batterie abklemmen. **Achtung:** Hinweise im Kapitel »Batterie aus- und einbauen« durchlesen.
- Batterieminuspol isolieren, um einen versehentlichen Kontakt zu vermeiden.

Achtung: Beim Anklemmen der Batterie darf sich keine Person im Innenraum des Fahrzeuges aufhalten.

- Nach dem Abklemmen der Batterie 1 Minute warten.
- Bei Arbeiten an mit Airbags ausgestatteten Fahrzeugen sowie am Airbag immer eine Schutzbrille tragen.

Speziell beim Fahrer-Airbag ist Folgendes zu beachten:

- Räder in Geradeausstellung, Lenkrad in Mittelstellung bringen.
- Vor dem Abnehmen (Berühren) der Airbag-Einheit elektrostatische Aufladung abbauen. Dazu kurz den Schließkeil der Tür oder die Karosserie anfassen.

Allgemeine Hinweise:

- Niemals Airbag-Komponenten eines anderen Fahrzeugs oder ein anderes Lenkrad einbauen. Beim Austausch stets neue Teile verwenden.
- Selbst nach einem leichten Unfall, der nicht zum Auslösen des Airbags führte, Airbag- und Gurtstraffer-System von einer Fachwerkstatt überprüfen lassen.
- **Das Airbag-System darf nur in der Fachwerkstatt geprüft werden. Keinesfalls mit Prüflampe, Voltmeter oder Ohmmeter prüfen.**
- Airbag-Komponenten, die aus einer Höhe von mehr als 0,5 m fallengelassen wurden, müssen grundsätzlich ersetzt werden.
- Airbag-Komponenten vor großer Hitze und direkter Flammeneinwirkung schützen und keinen Temperaturen über +75° C aussetzen, auch nicht kurzfristig.
- Airbag-Komponenten vor Kontakt mit Wasser, Fett oder Öl schützen. Sofort mit einem trockenem Lappen abwischen.
- Die Airbag-Einheit ist im ausgebauten Zustand immer so abzulegen, dass das Lenkradpolster nach oben zeigt. Bei umgekehrter Lagerung besteht die Gefahr, dass bei eventueller Zündung der Gasgenerator nach oben geschleudert wird. Dadurch erhöht sich die Verletzungsgefahr.
- Bei Arbeitsunterbrechung die Airbag-Einheit nicht unbeaufsichtigt liegen lassen.
- Die Airbag-Einheit darf nicht zerlegt werden, bei einem Defekt ist sie immer komplett zu ersetzen. Da die Airbag-Einheit Explosivstoffe enthält, ist sie unter Verschluss oder geeigneter Aufsicht aufzubewahren.
- Vor Verschrotten des Fahrzeugs müssen die Airbag-Einheiten entsorgt werden. Die Entsorgung erfolgt nur durch eine Fachwerkstatt.
- Zwischen Airbag und Insassen dürfen sich keine Gegenstände befinden. Genügend großen Abstand zum Airbag einhalten, damit sich der Airbag-Luftsack beim Auslösen entfalten kann.
- Lenkrad, Armaturentafel und Vordersitzlehnen im Bereich der Airbag-Einheit nicht bekleben und von Gegenständen freihalten.
- An den Haken der Handgriffe nur leichte Kleidungsstücke ohne Kleiderbügel aufhängen. Keine Gegenstände in den Taschen der Kleidungsstücke belassen.
- Die Airbag-Kontrolllampe im Kombiinstrument muss beim Einschalten der Zündung aufleuchten und nach wenigen Sekunden erlöschen. Andernfalls liegt eine Störung vor.
- Bei Schweißarbeiten mit einem Elektroschweißgerät grundsätzlich die Batterie abklemmen und Batterieminuspol (–) mit Klebeband isolieren.

Speziell beim Seitenairbag ist Folgendes zu beachten:

- Es dürfen nur originale Sitzbezüge und Rücksitzbezüge verbaut werden, die für Seitenairbags freigegeben sind (erkennbar am Airbag-Annäher auf dem Bezug).
- Die Rückenlehnen dürfen nicht mit Schonbezügen überzogen werden, da dadurch die Funktion des Seitenairbags beeinflusst wird.
- Sitzplatzauflagen, -matten oder Ähnliches, die die Funktion der Sitzbelegungserkennung und der Airbags beeinträchtigen, sind nicht zulässig.
- Bei Beschädigung des Bezuges (durch Risse, Brandlöcher usw.) im Bereich des Seitenairbags ist aus Sicherheitsgründen immer der Bezug zu wechseln, da sich sonst der Seitenairbag nicht richtig entfaltet.
- Nicht mit der Polsternadel oder ähnlich spitzen Gegenständen im Bereich Airbag und Sensormatte in den Bezug stechen.

Speziell beim Kopfairbag ist Folgendes zu beachten:

- Kopfairbag nicht knicken oder verdrehen.
- Beschädigte Verkleidungen an den Fahrzeugsäulen immer ersetzen, nie reparieren.

Airbag-Einheit aus- und einbauen

Standard-Lenkrad/MINI 1

Ausbau

- **Airbag-Sicherheitshinweise durchlesen und befolgen.**
- **Batterie abklemmen. Achtung: Hinweise im Kapitel »Batterie aus- und einbauen« beachten.**
- **Batterieminuspol isolieren.**

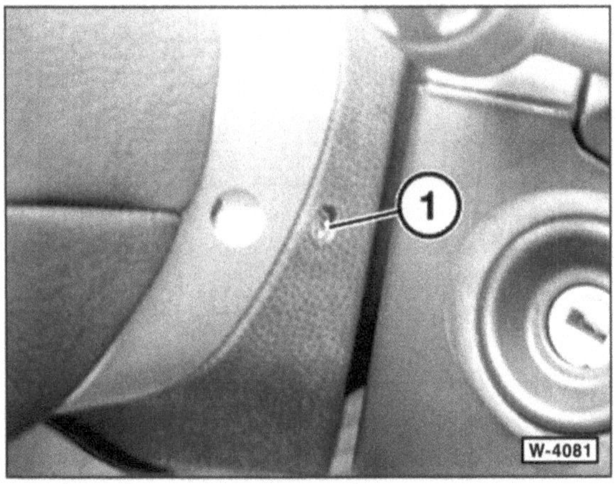

- Schrauben –1– an beiden Seiten des Lenkrads mit einem Torxschraubendreher herausdrehen. **Hinweis:** Die Schrauben können nicht ganz herausgeschraubt werden.

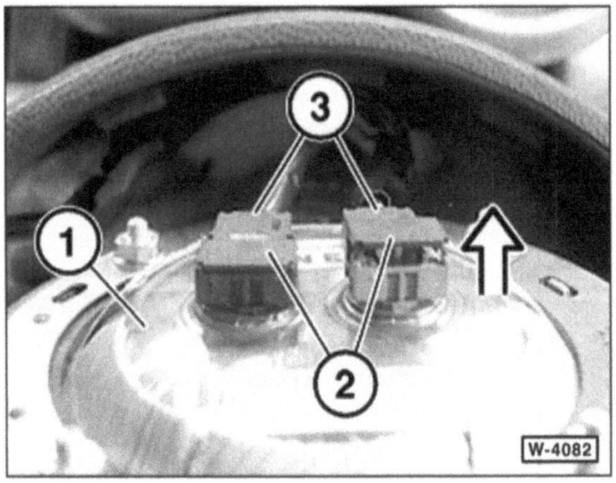

- Airbag-Einheit –1– vom Lenkrad ziehen.
- An der Rückseite Verriegelungen -2- mit einem Schraubendreher aufhebeln –Pfeil– und Steckverbindungen –3– abziehen.

Achtung: Vor dem Trennen der Airbag-Leitung muss sich der Monteur elektrostatisch entladen. Dazu kurz den Schließkeil der Tür oder die Karosserie anfassen.

- Airbag-Einheit so ablegen, dass das Prallpolster nach oben zeigt.

Einbau

- Airbag-Einheit am Lenkrad ansetzen, Stecker einrasten und Schrauben eindrehen. **Hinweis:** Auf korrekte Lage der Leitungen achten.
- Schrauben mit **10 Nm** festziehen.
- Isolierband am Minuspol der Batterie entfernen und Batterie anklemmen. **Achtung:** Hinweise im Kapitel »Batterie aus- und einbauen« beachten.

Achtung: Beim Anklemmen der Batterie darf sich keine Person im Fahrzeug-Innenraum befinden!

Sportlenkrad/MINI 1

Ausbau

- **Airbag-Sicherheitshinweise durchlesen und befolgen.**
- **Batterie abklemmen. Achtung: Hinweise im Kapitel »Batterie aus- und einbauen« beachten.**
- **Batterieminuspol isolieren.**

- Mit dem Finger vorsichtig prüfen, ob an den markierten Stellen –Pfeile– am Lenkrad kleine, kreuzförmige Einschnitte vorhanden sind.
- Falls nicht, durch Fingerdruck Bohrungen unter der Verkleidung aufspüren.
- Vorsichtig mit einem Messer Verkleidung an den markierten Stellen in Kreuzform etwa 5 mm tief einschneiden; Längen der Einschnitte dabei etwa 8 bis 10 mm.
- Lenkrad mit einem Torxschraubendreher T25 –1– vorsichtig durchstoßen.

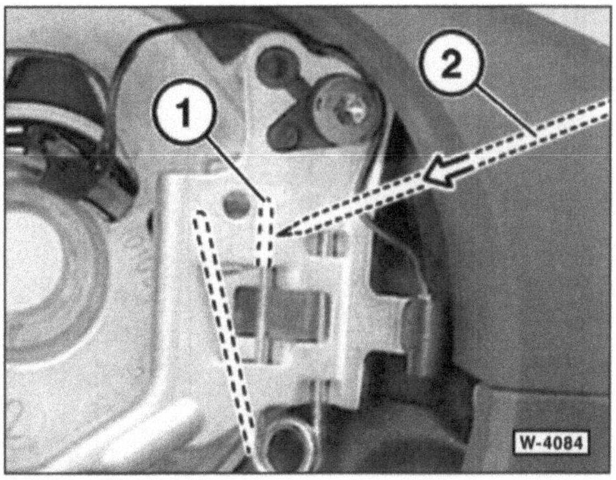

- Torxschraubendreher –2– in einem Winkel von etwa 20° einführen, bis ein federnder Widerstand spürbar wird.

Hinweis: Die Abbildung zeigt das Lenkrad bei ausgebauter Airbag-Einheit.

- Schraubendreher weiter gegen den Federschenkel –1– drücken –Pfeil–, Airbag-Einheit ein Stück vom Lenkrad ziehen und entriegeln.
- Auf der linken Lenkradseite in gleicher Weise vorgehen.
- An der Rückseite Verriegelungen mit einem Schraubendreher aufhebeln und Steckverbindungen abziehen, siehe Abschnitt »Standard-Lenkrad«.

Achtung: Vor dem Trennen der Airbag-Leitung muss sich der Monteur elektrostatisch entladen. Dazu kurz den Schließkeil der Tür oder die Karosserie anfassen.

- Airbag-Einheit so ablegen, dass das Prallpolster nach oben zeigt.

Einbau

- Einschnittstellen am Lenkrad mit dem Finger von innen nach außen drücken. Verkleidung außen an den Einschnitten gegebenenfalls reinigen.
- Airbag-Einheit am Lenkrad ansetzen und Stecker einrasten und Schrauben eindrehen.

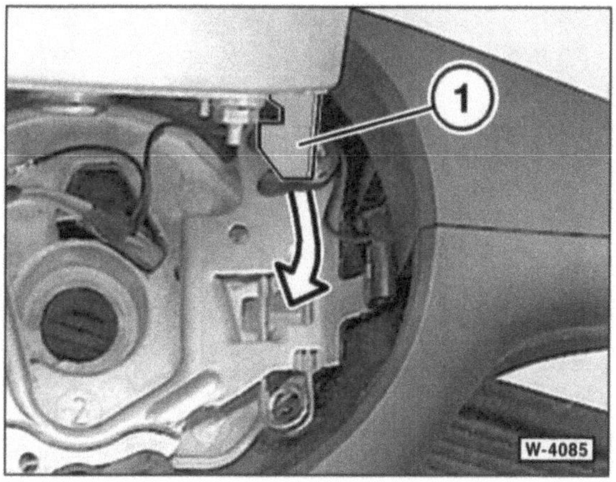

- Rasthaken –1– der Airbag-Einheit in die Verriegelungen am Lenkrad einführen –Pfeil– und Airbag-Einheit vorsichtig einrasten. **Hinweis:** Auf korrekte Lage der Leitungen achten.
- Isolierband am Minuspol der Batterie entfernen und Batterie anklemmen. **Achtung:** Hinweise im Kapitel »Batterie aus- und einbauen« beachten.

Achtung: Beim Anklemmen der Batterie darf sich keine Person im Fahrzeug-Innenraum befinden!

MINI 2

Ausbau

- **Airbag-Sicherheitshinweise durchlesen und befolgen.**
- **Batterie abklemmen. Achtung: Hinweise im Kapitel »Batterie aus- und einbauen« beachten.**
- **Batterieminuspol isolieren.**

- Torxschraubendreher T25 –2– von unten senkrecht in die Öffnung an der Unterseite des Lenkrades einführen –Pfeil–. 1 – Airbag-Einheit.

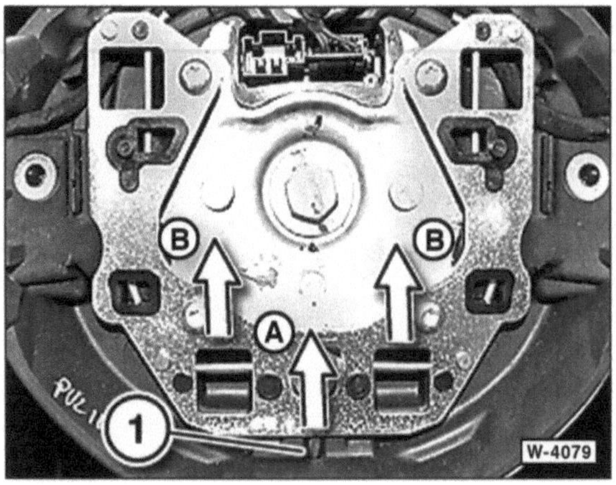

● Torxschraubendreher –1– nach oben drücken –Pfeil A–. Dadurch wird die Halteklammer nach oben gedrückt –Pfeile B– und die Airbag-Einheit entriegelt.

● Airbag-Einheit vom Lenkrad ziehen und an der Rückseite Steckverbindung –1– trennen.

Achtung: Vor dem Trennen der Airbag-Leitung muss sich der Monteur elektrostatisch entladen. Dazu kurz den Schließkeil der Tür oder die Karosserie anfassen.

● Massekabel –2– abziehen und Airbag-Einheit vom Lenkrad abnehmen.

● Airbag-Einheit so ablegen, dass das Prallpolster nach oben zeigt.

Einbau

● Airbag-Einheit am Lenkrad ansetzen und Stecker verbinden.

● Airbag-Einheit an der Halteklammer ansetzen und einrasten. **Hinweis:** Auf korrekte Lage der Leitungen achten.

● Isolierband am Minuspol der Batterie entfernen und Batterie anklemmen. **Achtung:** Hinweise im Kapitel »Batterie aus- und einbauen« beachten.

Achtung: Beim Anklemmen der Batterie darf sich keine Person im Fahrzeug-Innenraum befinden!

Lenkrad aus- und einbauen

Ausbau

● Darauf achten, dass die Räder während der gesamten Arbeit in Geradeausstellung stehen.

● Airbag-Einheit ausbauen, dabei Sicherheitshinweise befolgen, siehe entsprechende Kapitel.

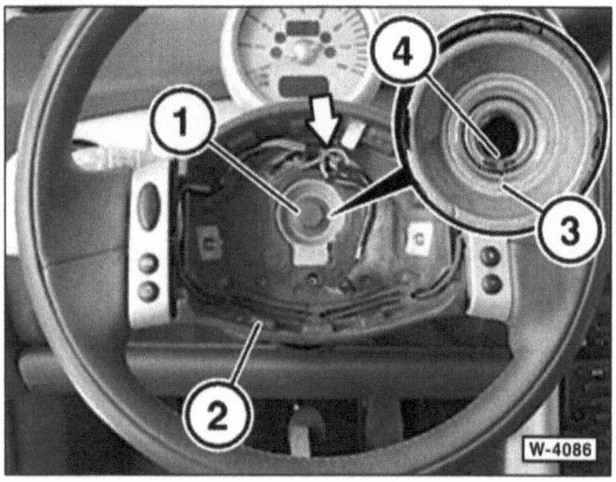

● Stecker –Pfeil– von der Drehkontaktspirale abziehen. **Hinweis:** Die Abbildung zeigt das Lenkrad des MINI 1.

● **MINI 1:** Markierungen auf der Lenkradnabe –3– und auf der Lenksäule –4– beachten.

● Schraube –1– herausdrehen und Lenkrad –2– von der Lenksäule abziehen.

● Drehkontaktspirale gegebenenfalls mit Klebestreifen fixieren. **Hinweis:** Die Drehkontaktspirale darf nicht aus der Mittelstellung verdreht werden.

Einbau

Achtung: Die Räder müssen in Geradeausstellung stehen.

● Falls nötig, Drehkontaktspirale in Mittelstellung bringen, siehe entsprechenden Abschnitt.

● **MINI 1:** Lenkrad so aufsetzen, dass die Markierungen auf der Nabe –3– des Lenkrades und auf der Lenksäule –4– fluchten, siehe Abbildung W-4086.

● **MINI 2:** Lenkrad auf die Lenksäule aufsetzen. Dabei darauf achten, dass das Lenkrad nur in einer bestimmten Position aufgesteckt werden kann.

● Schraube eindrehen und mit **63 Nm** festziehen.

● Stecker an der Drehkontaktspirale aufstecken, dabei auf korrekte Verlegung der Leitungen achten.

● Auf ebener Straße kontrollieren, ob das Lenkrad in Mittelstellung steht, gegebenenfalls Lenkrad umsetzen.

● Airbag-Einheit einbauen, siehe entsprechendes Kapitel.

Speziell Drehkontaktspirale in Mittelstellung bringen

Hinweis: Die Drehkontaktspirale muss in Mittelstellung stehen, damit sie nicht beschädigt wird und Hupe, Dynamische Stabilitätskontrolle (DSC) sowie Fahrerairbag störungsfrei funktionieren können.

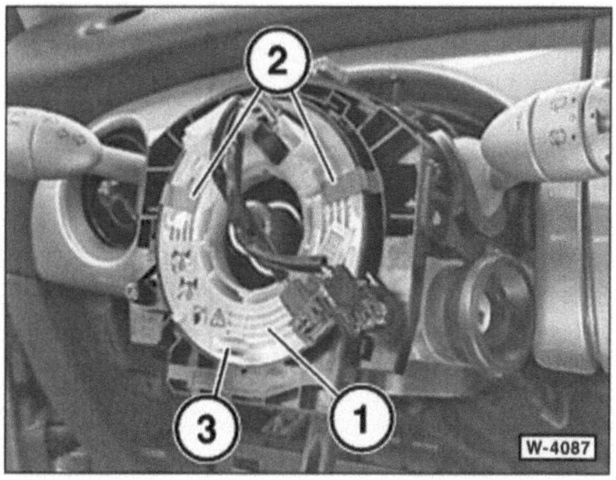

Hinweis: Die Abbildung zeigt die Drehkontaktspirale des MINI 1.

- Drehkontaktspirale –1– bis zu einem leicht spürbaren Anschlag **gegen den Uhrzeigersinn** drehen.
- Drehkontaktspirale bis zum Anschlag **im Uhrzeigersinn** drehen und dabei die Anzahl der Umdrehungen zählen.
- Drehkontaktspirale etwa um die Hälfte der Umdrehungen zurückdrehen, so dass der Zentrierbolzen –3– in 6-Uhr-Stellung steht.

Spurstangenkopf aus- und einbauen

Ausbau

- **Spurstangenspiel prüfen:** Fahrzeug vorn aufbocken, die Räder müssen frei hängen. Räder und Spurstangen bewegen. Dabei darf kein Spiel auftreten.
- Räder in Geradeausstellung bringen.
- Radschrauben lösen. Fahrzeug aufbocken und Rad abnehmen. **Achtung:** Unbedingt Hinweise im Kapitel »Rad aus- und einbauen« beachten.
- Staubkappen auf Beschädigungen, Risse und richtigen Sitz prüfen, gegebenenfalls Gelenk austauschen.

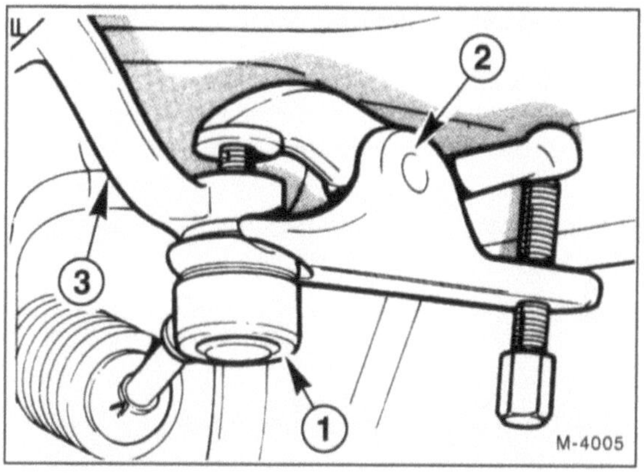

- Spurstangenkopf –1– vom Achsschenkel –3– abbauen. Dazu Mutter für Spurstangenkopf einige Umdrehungen losschrauben; Gelenkbolzen dabei mit Inbusschlüssel SW 5 gegenhalten.
- Spurstangenkopf –1– mit handelsüblichem Ausdrücker –2–, zum Beispiel HAZET 1779-1, aus dem Achsschenkel –3– herausdrücken. Dabei Werkzeug an der Mutter ansetzen.
- Mutter vom Spurstangenkopf abschrauben und Spurstangenkopf aus dem Achsschenkel herausziehen.

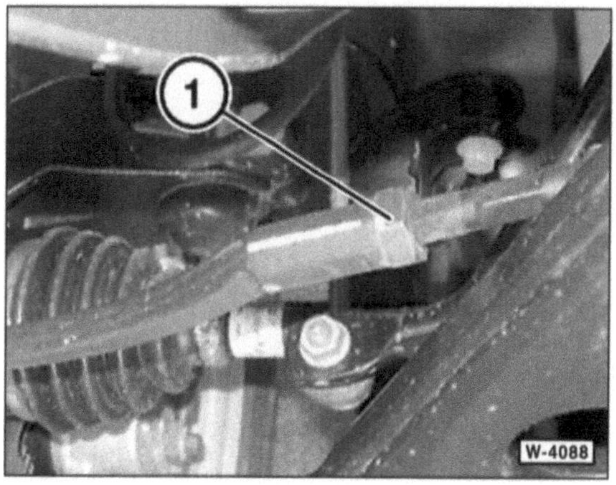

- **MINI 1 bis 5/03:** Kontermutter –1– lockern, dabei Spurstange am Sechskant mit einem Maulschlüssel gegenhalten.

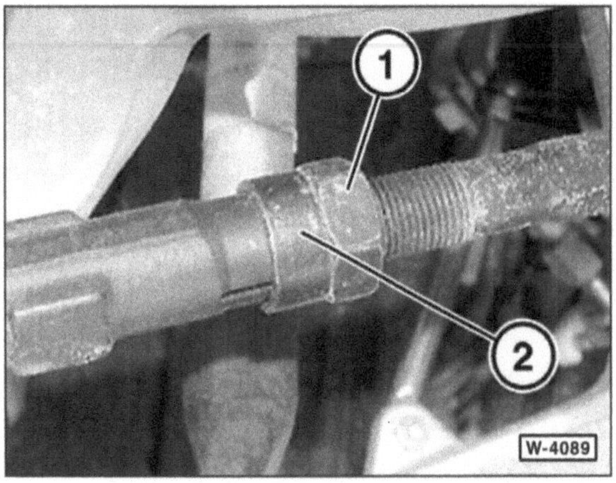

- **MINI 1 ab 5/03:** Klemmmutter –1– losschrauben, dabei Spurstange am Sechskant mit einem Maulschlüssel gegenhalten. Klemmring –2– lockern und auf die Spurstange ziehen.
- **MINI 1:** Position des Spurstangenkopfs auf dem freiliegenden Gewinde der Spurstange markieren.

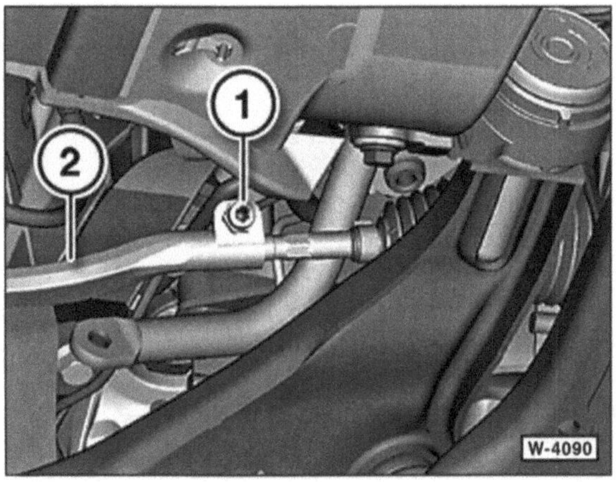

- **MINI 2:** Sicherungsschraube –1– für Spurstangenkopf –2– lockern. Position des Spurstangenkopfs auf der Spurstange markieren.
- Spurstangenkopf von der Spurstange abschrauben, dabei Spurstange am Sechskant mit einem Maulschlüssel gegenhalten.
- Zusätzlich die Anzahl der Umdrehungen für den späteren Einbau notieren.

Einbau

- Kennzeichnung auf dem Schaft des Spurstangenkopfes beachten: **R** – Spurstangenkopf **rechts**, **L** – Spurstangenkopf **links**.
- Gelenkbolzen des Spurstangenkopfes und Einbaubuchse im Achsschenkel reinigen und entfetten.
- Spurstangenkopf mit der gleichen Anzahl an Umdrehungen wie beim Ausbau auf die Spurstange aufschrauben. Einbauposition anhand der Markierung auf der Spurstange überprüfen.
- Spurstange so ausrichten, dass der Gelenkbolzen des Spurstangenkopfes in Einbaulage steht.
- **MINI 1 bis 5/03:** Kontermutter aufschrauben und mit **63 Nm** festziehen. Beim Festziehen am Sechskant der Spurstange sowie am Spurstangenkopf gegenhalten.
- **MINI 1 ab 5/03:** Klemmring über den Spurstangenkopf ziehen. Klemmmutter aufschrauben und mit **45 Nm** festziehen. Beim Festziehen am Sechskant der Spurstange sowie am Spurstangenkopf gegenhalten.
- **MINI 2:** Sicherungsschraube für Spurstangenkopf eindrehen und mit **28 Nm** festziehen.
- Spurstangenkopf bis zum Anschlag in den Achsschenkel einsetzen und **neue selbstsichernde Mutter** auf den Gelenkbolzen aufschrauben.
- Mutter für Spurstangenkopf festziehen, dabei Gelenkbolzen mit Inbusschlüssel SW 5 gegenhalten:
  Anzugsdrehmoment:
  MINI 1 . . . . **52 Nm**
  MINI 2 . . . . **65 Nm**
  Achtung: Staubkappe des Spurstangengelenks dabei nicht verdrillen oder beschädigen.
- Rad anschrauben, dabei Reifen-Laufrichtung beachten. Fahrzeug ablassen, erst dann Radschrauben über Kreuz festziehen. **Achtung:** Anzugsdrehmoment und Hinweise im Kapitel »Rad aus- und einbauen« beachten.
- In der Werkstatt Fahrwerk vermessen und bei Modellen mit Dynamischer Stabilitätskontrolle (DSC) Lenkwinkelsensor am Diagnosegerät abgleichen lassen.

Manschette für Lenkung aus- und einbauen

Bei einer gerissenen oder porösen Manschette dringt Feuchtigkeit und Schmutz in das Lenkgetriebe. Defekte Manschette umgehend ersetzen. Die Schmierung der Verzahnung muss gewährleistet sein, sonst kann das Lenkgetriebe beschädigt werden.

Ausbau

- Räder in Geradeausstellung bringen.
- Radschrauben lösen. Fahrzeug aufbocken und Rad abnehmen. **Achtung:** Unbedingt Hinweise im Kapitel »Rad aus- und einbauen« beachten.
- Lenkgetriebe und Spurstange im Bereich der Manschette säubern, dabei darf kein Schmutz durch Risse in das Innere gelangen.
- Spurstangenkopf ausbauen, siehe entsprechendes Kapitel.
- Kontermutter beziehungsweise Klemmmutter von der Spurstange abschrauben.

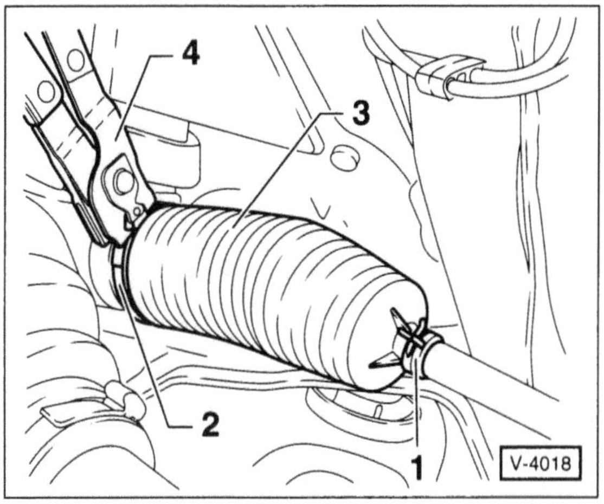

- **MINI 1:** Äußere Klemmschelle –1– durchschneiden.
- **MINI 2:** Äußere Bandschelle –1– öffnen und über die Spurstange schieben.
- Innere Klemmschelle –2– durchschneiden und Manschette –3– vom Lenkgetriebe abziehen.
- Manschette von der Spurstange abziehen.

Einbau

- Spurstange reinigen.
- Zahnstange reinigen.
- Lenkrad nach beiden Seiten bis zum Anschlag drehen und verzahnten Bereich der Zahnstange mit kältebeständigem Fett, zum Beispiel Calypsol SF-3-131-TMM 3, einschmieren.
- Spurstange an der Dichtfläche mit der Manschette leicht einfetten, um ein Verdrehen der Manschette zu verhindern.
- Lenkrad in Geradeausstellung bringen.
- **Neue** Schellen und **neue** Manschette über die Spurstange aufziehen.
- Manschette über die Zahnstange bis zum Anschlag auf das Lenkgetriebegehäuse ziehen und Klemmschelle über die Manschette legen. Sicherstellen, dass die Manschette nicht verdreht ist.
- Klemmschelle wie vor dem Ausbau ausrichten und mit Klemmzange –4–, zum Beispiel HAZET 1847-1, festziehen, siehe Abbildung V-4018.
- Manschette mit der Klemmschelle auf der Spurstange befestigen. Dabei auf korrekten Sitz der Schelle achten.
- Kontermutter beziehungsweise Klemmmutter auf die Spurstange schrauben.
- Spurstangenkopf einbauen, siehe entsprechendes Kapitel.
- Rad anschrauben, dabei Reifen-Laufrichtung beachten. Fahrzeug ablassen, erst dann Radschrauben über Kreuz festziehen. **Achtung:** Anzugsdrehmoment und Hinweise im Kapitel »Rad aus- und einbauen« beachten.
- In der Werkstatt Fahrwerk vermessen und bei Modellen mit Dynamischer Stabilitätskontrolle (DSC) Lenkwinkelsensor am Diagnosegerät abgleichen lassen.

Räder und Reifen

Der MINI ist je nach Modell und Ausstattung mit Rädern unterschiedlicher Größe ausgerüstet. Reifen und Felgen sind Bestandteile der **Allgemeinen Betriebserlaubnis** (ABE). Es dürfen nur Reifen/Felgen verwendet werden, die für das jeweilige Fahrzeugmodell zugelassen sind. Sonst erlischt die Betriebserlaubnis für das Fahrzeug. Die erlaubten Reifen-/Felgenkombinationen sind in der Regel im Kfz-Schein aufgeführt. Sofern Reifen/Felgen verwendet werden, die nicht im Kfz-Schein aufgeführt werden, muss beim Fahrzeughersteller eine Freistellungsbescheinigung beantragt und diese bei der erforderlichen TÜV-Abnahme vorgelegt werden.

Neben der Felgenbreite und dem Felgendurchmesser sind bei einem Wechsel der Felge auch die **Einpresstiefe** und der Lochkreisdurchmesser zu beachten. Die Einpresstiefe ist das Maß von der Felgenmitte (= Mitte der Reifenspur) bis zur Anlagefläche der Radschüssel an die Radnabe/Bremstrommel. Der **Lochkreisdurchmesser** gibt den Durchmesser des Kreises an, an dem die Radmuttern angeordnet sind.

Alle Scheibenräder sind als Hump-Felgen ausgelegt. Der **Hump** ist ein in die Felgenschulter eingepresster Wulst, der auch bei extrem scharfer Kurvenfahrt nicht zulässt, dass der schlauchlose Reifen von der Felge gedrückt wird. **Achtung:** In schlauchlose Reifen darf kein Schlauch eingezogen werden.

Der MINI ist serienmäßig mit einer **Reifen-Pannen-Anzeige** ausgerüstet, die permanent den Luftdruck der Reifen kontrolliert und im Notfall den Fahrer informiert.

Anstatt eines Reserverads ist der MINI serienmäßig mit einem **Reifendichtmittel** und einem Kompressor ausgestattet. Auf Wunsch steht jedoch alternativ ein Notrad zur Wahl. Der COOPER S ist serienmäßig mit **Runflat-Reifen** mit Notlaufeigenschaften ausgerüstet, siehe entsprechendes Kapitel.

Reifenfülldruck

Der Reifenfülldruck wird vom Automobilhersteller in Abhängigkeit verschiedener Parameter festgelegt. Dazu zählen unter anderem die Zuladung und die Höchstgeschwindigkeit des Fahrzeugs. Vom Werk sind unterschiedliche Reifendimensionen und Felgengrößen zugelassen. Die vorliegende **Reifentabelle** listet nur einen Querschnitt möglicher Reifen-/Felgenkombinationen auf.

Hinweis: Eine komplette Liste aller zugelassenen Reifen und Felgen hat jede BMW-Fachwerkstatt.

Für die Lebensdauer der Reifen und die Fahrzeugsicherheit ist das Einhalten des Reifenfülldrucks von großer Wichtigkeit. Reifenfülldruck deshalb alle 4 Wochen und vor jeder längeren Fahrt prüfen (auch am Reserverad).

Hinweis: Die Reifenfülldruckwerte stehen auf einem Aufkleber an der **B-Säule** auf der Fahrerseite.

- Reifenfülldruckangaben beziehen sich auf **kalte** Reifen. Der sich bei längerer Fahrt einstellende und um ca. 0,2 bis 0,4 bar höhere Überdruck darf nicht reduziert werden. **Winterreifen** können mit einem um **0,1 bar höheren Überdruck** als Sommerreifen gefahren werden. Auf jeden Fall müssen die Reifenfülldrücke bei Winterreifen entsprechend den Vorgaben des Reifenherstellers eingehalten werden. Unterliegen die Winterreifen einer Geschwindigkeitsbeschränkung, muss ein Hinweis im Blickfeld des Fahrers angebracht werden (§ 36, Absatz 1 StVZO).
- Bei **Anhängerbetrieb** Reifenfülldruck auf den unter »volle Zuladung« angegebenen Wert erhöhen. Reifenfülldruck der Anhängerbereifung ebenfalls kontrollieren.
- Der Reifenfülldruck für das **Notrad** (Sonderausstattung): 4,2 bar.

Reifenfülldruck für eine Auswahl von Reifen-/Felgenkombinationen

Modell	Reifengröße	Felgengröße	Einpresstiefe	Reifenfülldruck (Überdruck) in bar			
				halbe Zuladung		volle Zuladung	
				vorn	hinten	vorn	hinten
MINI 1 ONE COOPER	175/65 R15	5 ½ J x 15	45	2,1	2,4	2,4	2,4
	195/55 R16 RSC	6 ½ J x 16	48	2,1	2,1	2,4	2,4
	205/45 R17 RSC	7 J x 17	48	2,1	2,1	2,4	2,4
MINI 1 COOPER S	175/60 R16 M+S RSC	5 ½ J x 16	45	2,5	2,5	2,8	2,8
	195/55 R16 RSC	6 ½ J x 16	48	2,1	2,1	2,4	2,4
MINI 2 ONE COOPER	175/65 R15	5 ½ J x 15	45	2,2	2,2	2,4	2,4
	195/55 R16 RSC	6 ½ J x 16	48	2,2	2,2	2,4	2,4
	205/45 R17 RSC	7 J x 17	48	2,2	2,2	2,4	2,4
MINI 2 COOPER S	175/60 R16 M+S RSC	5 ½ J x 16	45	–	–	–	–
	195/55 R16 RSC	6 ½ J x 16	48	–	–	–	–

Schneeketten nur auf Reifen der Größe 175/65 R15 und 175/60 R16 zulässig.

Reifen- und Scheibenrad-Bezeichnungen/Herstellungsdatum

Achtung: Nur vom Fahrzeughersteller freigegebene Reifen und Felgen verwenden. Die möglichen Reifen-/Felgenkombinationen sind in den Fahrzeugpapieren aufgelistet.

Reifen-Bezeichnungen

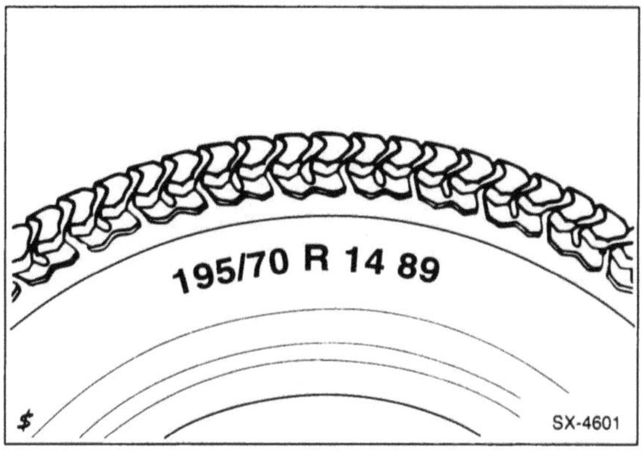

195 = Reifenbreite in mm.
/70 = Verhältnis Höhe zu Breite (die Höhe des Reifenquerschnitts beträgt 70 % von der Breite).

Fehlt eine Angabe des Querschnittverhältnisses (zum Beispiel 155 R 13), so handelt es sich um das »normale« Höhen-Breiten-Verhältnis. Es beträgt bei Gürtelreifen 82 %.

R = Radial-Bauart (= Gürtelreifen).
14 = Felgendurchmesser in Zoll.
89 = Tragfähigkeits-Kennzahl.

Achtung: Steht zwischen den Angaben 14 und 89 die Bezeichnung **M+S**, dann handelt es sich um einen Reifen mit größerem Profil (Winter- und Ganzjahresreifen).

H = Kennbuchstabe für zulässige Höchstgeschwindigkeit, H: bis 210 km/h.

Hinweis: Der Geschwindigkeits-Kennbuchstabe steht hinter der Reifengröße. Er gilt sowohl für Sommer- als auch für Winterreifen.

Geschwindigkeits-Kennbuchstabe

Kennbuchstabe	Zulässige Höchstgeschwindigkeit
Q	160 km/h
S	180 km/h
T	190 km/h
H	210 km/h
V	240 km/h
ZR	über 240 km/h

Achtung: Steht hinter der Reifenbezeichnung das Wort »reinforced«, handelt es sich um einen Reifen in verstärkter Ausführung, beispielsweise für Vans und Transporter.

Reifen-Herstellungsdatum

Das Herstellungsdatum steht auf dem Reifen im Hersteller-Code. **Beispiel:** DOT CUL2 UM8 0708 TUBELESS.

DOT = Department of Transportation (US-Verkehrsministerium).
CU = Kürzel für Reifenhersteller.
L2 = Reifengröße.
UM8 = Reifenausführung.
0708 = Herstellungsdatum = 7. Produktionswoche 2008. **Hinweis:** Falls anstelle der 4-stelligen Ziffer eine 3-stellige Ziffer gefolgt von einem ◁-Symbol aufgeführt ist, dann wurde der Reifen im vergangenen Jahrzehnt produziert. Die Bezeichnung 509◁ bedeutet beispielsweise: 50. Produktionswoche 1999.
TUBELESS = schlauchlos (TUBETYPE = Schlauchreifen).

Achtung: Neureifen müssen dem ECE-Standard entsprechen. Neureifen **ohne** ECE-Prüfnummer an der Reifenflanke haben keine Allgemeine Betriebserlaubnis (ABE).

Scheibenrad-Bezeichnungen

Beispiel : 5½J x 15 H2, ET 38, LK 5/100.

5½ = Maulweite (Innenbreite) der Felge in Zoll.
J = Kennbuchstabe für Höhe und Kontur des Felgenhorns (B = niedrigere Hornform).
x = Kennzeichen für einteilige Tiefbettfelge.
15 = Felgen-Durchmesser in Zoll.
H2 = Felgenprofil an Außen- und Innenseite mit Hump-Schulter (Hump = Sicherheitswulst, damit der Reifen nicht von der Felge rutscht).
ET 38 = Einpresstiefe: 38 mm. Das Maß gibt in mm an, wie weit die Felgenanschraubfläche von der Felgenmitte entfernt ist.
LK 5 = Die Felge ist in diesem Beispiel mit 5 Muttern befestigt.
/100 = Der Lochkreisdurchmesser, auf dem die Radmuttern angeordnet sind, beträgt 100 mm.

Winterreifen

Die bei Winterreifen übliche Bezeichnung »M+S« wird mittlerweile auch für Ganzjahresreifen mit eingeschränkter Wintertauglichkeit verwendet. Bei Reifen, die einem zusätzlichen Traktionstest auf schneebedeckter Fläche unterzogen wurden, befindet sich ein Schneeflocken-Symbol auf der Reifenflanke.

Schneeketten

Schneeketten sind nur an den **Vorderrädern** zulässig. Aus technischen Gründen ist die Verwendung von Schneeketten nur mit bestimmten Reifen-/Felgenkombinationen zulässig, siehe Bedienungsanleitung. Auf dem Notrad keine Schneeketten auflegen. Um Beschädigungen an den Radvollblenden zu vermeiden, sollten diese bei Schneekettenbetrieb abgenommen werden. Nach Entfernen der Schneeketten, Radvollblenden wieder montieren.

Achtung: Nur feingliedrige Schneeketten aufziehen, die an der Lauffläche und an den Reifeninnenseiten inklusive Schloss maximal 10 mm auftragen.

Mit Schneeketten darf in Deutschland nicht schneller als **50 km/h** gefahren werden. Auf schnee- und eisfreien Straßen Schneeketten abnehmen.

Reifenpflegetipps

Reifen haben ein »Gedächtnis«. Unsachgemäße Behandlung – und dazu zählt beispielsweise auch schon schnelles oder häufiges Überfahren von Bordstein- oder Schienenkanten – führt deshalb zu Reifenpannen, mitunter sogar erst nach längerer Laufleistung.

Reifen reinigen

- Reifen generell **nicht** mit einem Dampfstrahlgerät reinigen. Wird die Düse des Dampfstrahlers zu nahe an den Reifen gehalten, dann wird die Gummischicht innerhalb weniger Sekunden irreparabel zerstört, selbst bei Verwendung von kaltem Wasser. Ein auf diese Weise gereinigter Reifen sollte sicherheitshalber ersetzt werden.
- Ersetzt werden sollte auch ein Reifen, der über längere Zeit mit Öl, Fett oder Kraftstoff in Berührung kam. Der Reifen quillt an den betreffenden Stellen zunächst auf, nimmt jedoch später wieder seine normale Form an und sieht äußerlich unbeschädigt aus. Die Belastungsfähigkeit des Reifens nimmt aber ab.

Reifen lagern

- Reifen sollten kühl, dunkel und trocken aufbewahrt werden. Sie dürfen nicht mit Fett, Öl oder Kraftstoff in Berührung kommen.
- Räder liegend oder an den Felgen aufgehängt in der Garage oder im Keller lagern. Reifen, die nicht auf einer Felge montiert sind, sollten stehend aufbewahrt werden.
- Bevor die Räder abmontiert werden, Reifenfülldruck etwas erhöhen (ca. 0,3 – 0,5 bar).

Hinweis: Für Winterreifen eigene Felgen verwenden; das Ummontieren der Reifen lohnt sich aus Kostengründen nicht.

Reifen einfahren

Neue Reifen haben vom Produktionsprozess her eine besonders glatte Oberfläche. Deshalb müssen neue Reifen – das gilt auch für das neue Ersatzrad – etwa **300 Kilometer** mit mäßiger Geschwindigkeit und vorsichtiger Fahrweise eingefahren werden; speziell auf regennasser Fahrbahn muss vorsichtig gefahren werden. Bei diesem Einfahren raut sich durch die beginnende Abnutzung die glatte Oberfläche auf, das Haftvermögen des Reifens verbessert sich.

Reifen mit Notlaufeigenschaften

Je nach Ausstattung ist der MINI mit **Runflat-Reifen** ausgerüstet, die über Notlauf-Eigenschaften verfügen. Diese Reifen weisen eine spezielle Verstärkung der Seitenwände auf, wodurch das Fahrzeug bei plötzlichem Reifendruckverlust weiterhin sicher gesteuert werden kann. Bei einer Höchstgeschwindigkeit von etwa 80 km/h kann das Fahrzeug noch bis zu 150 Kilometer zurückzulegen. Run-Flat-Reifen dürfen nur bei Fahrzeugen mit einem Reifendruck-Kontrollsystem eingesetzt werden. Zudem muss das Fahrzeug vom Hersteller speziell für den Einsatz von Run-Flat-Reifen zugelassen sein. Reifen mit Notlauf-Eigenschaften sind durch die eingekreisten Buchstaben **RSC** an der Reifen-Seitenwand gekennzeichnet.

Profiltiefe messen

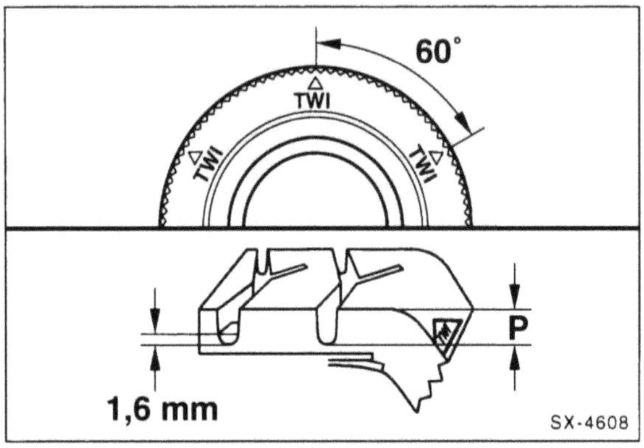

Reifen dürfen aufgrund gesetzlicher Vorschriften bis zu einer Profiltiefe von 1,6 mm abgefahren werden. Aus Sicherheitsgründen empfiehlt es sich, die Reifen bereits früher auszutauschen. **Sicherheitsgrenzwert der Profiltiefe:**

Sommerreifen . . . . **2 bis 3 mm**
Winterreifen . . . . **4 mm**

Die Tiefe des Reifenprofils an den Hauptprofilrillen mit dem stärksten Verschleiß messen. Im Profilgrund der Originalbereifung sind Abnutzungsindikatoren vorhanden. An den Reifenflanken kennzeichnen Buchstaben (TWI = **T**read **W**ear **I**ndicator) oder Dreiecksymbole die Lage der Verschleißanzeiger. Die Flächen der Abnutzungsindikatoren haben eine Höhe von 1,6 mm. Sie dürfen nicht in die Messung mit einbezogen werden. Für die Messwerte entscheidend ist das Maß an der Stelle mit der geringsten Profiltiefe –P–. **Hinweis:** Zum Ermitteln der Profiltiefe werden im Handel spezielle Messlehren angeboten, zum Beispiel HAZET 666-5.

Auswuchten von Rädern

Das Auswuchten der Räder ist notwendig, um unterschiedliche Gewichtsverteilung und Materialungenauigkeiten auszugleichen. Im Fahrbetrieb macht sich die Unwucht durch Trampel- und Flattererscheinungen bemerkbar. Das Lenkrad beginnt dann bei höherem Tempo zu zittern. In der Regel tritt dieses Zittern nur in einem bestimmten Geschwindigkeitsbereich auf und verschwindet wieder bei niedrigerer oder höherer Geschwindigkeit. Solche Unwuchterscheinungen können mit der Zeit zu Schäden an Achsgelenken, Lenkgetriebe und Stoßdämpfern sowie am Reifenprofil führen.

Räder nach jeder Reifenreparatur und nach jeder Montage eines neuen Reifens auswuchten lassen, da sich durch Abnutzung und Reparatur die Gewichts- und Materialverteilung am Reifen ändert.

Rad aus- und einbauen

Ausbau

Hinweis: Leichtmetallfelgen sind durch einen Klarlacküberzug gegen Korrosion geschützt. Beim Radwechsel darauf achten, dass die Schutzschicht nicht beschädigt wird, andernfalls mit Klarlack ausbessern.

- Reifen-Laufrichtung mit Kreide durch einen Pfeil am Reifen markieren.
- Fahrzeug gegen Wegrollen sichern. Dazu Handbremse anziehen, Rückwärtsgang oder 1. Gang einlegen. Bei Fahrzeugen mit Automatikgetriebe Wählhebel in Stellung »P« legen. Außerdem einen Keil hinter das diagonal gegenüberliegende Rad legen. Dabei Keil immer an der von der Aufbockstelle weg zeigenden Seite unterlegen.
- **Stahlfelge mit Radvollblende:** Schraubendreher zwischen Felge und Radvollblende schieben und Radvollblende abhebeln.
- **Rad mit Mittenabdeckung:** Abzieher aus dem Bordwerkzeug in eine Bohrung der Mittenabdeckung stecken und Mittenabdeckung abziehen. Oder Mittenabdeckung vorsichtig mit einem Schraubendreher aus der Felge heraushebeln.
- **Radschraube mit Diebstahlsicherung:** Gegebenenfalls Abdeckkappe abnehmen. Adapter aus dem Bordwerkzeug auf die Sicherungsschraube aufsetzen.
- **Radschrauben ½ Umdrehung** lockern, nicht abschrauben. **Achtung:** Dabei muss das Fahrzeug auf dem Boden stehen, ein Gang eingelegt und die Handbremse angezogen sein. Zum Lösen der Radschrauben keinen Drehmomentschlüssel verwenden.

Sicherheitshinweis
Beim Aufbocken des Fahrzeugs besteht Unfallgefahr! Hinweise im Kapitel »Fahrzeug aufbocken« beachten.

- Fahrzeug mit einem Wagenheber so weit anheben, bis das Rad vom Boden abgehoben hat, siehe Seite 53.
- Einbaulage des Rades zur Radnabe markieren.
- **Radschraube mit Diebstahlsicherung:** Einbauort der Sicherungsschraube markieren.
- Radschrauben herausdrehen und Rad abnehmen.

Hinweis: Werden mehrere Räder gleichzeitig abgebaut, Einbauort der einzelnen Räder mit Kreide auf den Reifen kennzeichnen.

Einbau

- Anlageflächen des Rades an der Radnabe und auf der Felge reinigen und entfetten.
- Verschmutzte Schrauben und Gewinde reinigen. Gewinde und Konus gebrauchter Radschrauben dünn mit Motoröl bestreichen.

Achtung: Korrodierte oder schwergängige Schrauben umgehend erneuern. Bis dahin vorsichtshalber nur mit mäßiger Geschwindigkeit fahren. Neue Radschrauben **nicht** einölen.

- Sicherungsschraube für die Bremsscheibe auf festen Sitz prüfen, wenn nötig mit **27 Nm** festziehen.
- Rad entsprechend der beim Ausbau angebrachten Markierungen (Einbauposition, Laufrichtung) ansetzen.

- Radschrauben anschrauben und leicht mit etwa **50 Nm** über Kreuz voranziehen. **Hinweis:** Radschraube mit Diebstahlsicherung –Pfeil– wieder an der gleichen Stelle eindrehen, wie beim Ausbau markiert.
- Fahrzeug absenken und Wagenheber entfernen.
- Radschrauben über Kreuz in der Reihenfolge **1-2-3-4** in mehreren Durchgängen anziehen. Zum Festziehen der Radschrauben sollte stets ein Drehmomentschlüssel verwendet werden. Dadurch wird sichergestellt, dass die Radschrauben gleichmäßig und fest angezogen sind.
  Anzugsdrehmoment für die Radschrauben bei Stahl- und Leichtmetallfelgen:
  MINI 1 bis 8/06 mit M12-Gewinde (SW17). **120 ± 10 Nm**
  MINI 1 ab 8/06 mit M14-Gewinde (SW17) . **140 ± 10 Nm**
  MINI 2 mit M14-Gewinde (SW17). . . . . . **140 ± 10 Nm**

Achtung: Wurden die Radschrauben nicht mit einem Drehmomentschlüssel festgezogen, **ist es zwingend erforderlich**, umgehend das Anzugsdrehmoment in einer Werkstatt kontrollieren zu lassen. Durch einseitiges oder unterschiedlich starkes Anziehen der Radschrauben können das Rad und/oder die Radnabe verspannt werden.

- **Radschraube mit Diebstahlsicherung:** Adapter von der Sicherungsschraube abnehmen.
- **Stahlfelge mit Radvollblende:** Radvollblende zuerst im Bereich des Ventilausschnittes aufdrücken und anschließend gesamte Blende vollständig einrasten lassen. Blende gegebenenfalls mit dem Handballen aufschlagen.
- **Rad mit Mittenabdeckung:** Mittenabdeckung so in die Felge einsetzen, dass die Passstifte auf der Rückseite der Mittenabdeckung in die Aussparung im Felgenring greifen. Mittenabdeckung mit dem Handballen aufschlagen.
- Nach dem Reifenwechsel unbedingt Reifenfülldruck prüfen und gegebenenfalls korrigieren.

Achtung: Bei Fahrzeugen mit Chromrädern nach 50 km Radschrauben nachziehen.

Austauschen der Räder/Laufrichtung

Sicherheitshinweise
Reifen nicht einzeln, sondern mindestens achsweise ersetzen. Reifen mit der größeren Profiltiefe **vorn** montieren. Am Fahrzeug dürfen nur Reifen gleicher Bauart verwendet werden. An einer Achse dürfen nur Reifen desselben Herstellers und mit der selben Profilausführung eingebaut werden. Reifen, die älter als 6 Jahre sind, nur im Notfall und bei vorsichtiger Fahrweise verwenden. Keine gebrauchten Reifen verwenden, deren Ursprung nicht bekannt ist. Beim Erneuern von Felge oder Reifen grundsätzlich das Gummiventil ersetzen.

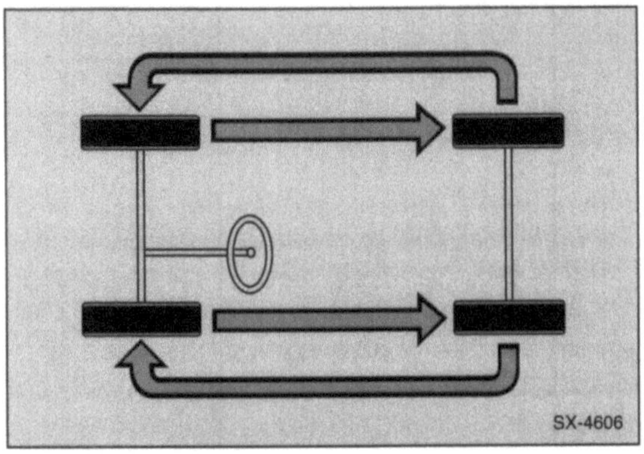
SX-4606

- Bei größerem Verschleiß der vorderen Reifen, die Vorderräder gegen die Hinterräder tauschen. Dadurch haben alle 4 Reifen etwa die gleiche Lebensdauer.

Es ist nicht zweckmäßig, bei einem Austausch der Räder die Drehrichtung der Reifen zu ändern, da sich die Reifen nur unter vorübergehend stärkerem Verschleiß der veränderten Drehrichtung anpassen.

SX-4609

- Bei Reifen **mit laufrichtungsgebundenem Profil,** erkennbar an Pfeilen auf der Reifenflanke in Laufrichtung, **muss** die Laufrichtung des Reifens **unbedingt** eingehalten werden. Dadurch werden optimale Laufeigenschaften bezüglich Aquaplaning, Haftvermögen, Geräusch und Abrieb sichergestellt.

Fehlerhafte Reifenabnutzung

- In erster Linie ist auf vorschriftsmäßigen Reifenfülldruck zu achten, wobei alle 4 Wochen und vor jeder längeren Fahrt sowie bei hoher Zuladung eine Prüfung vorgenommen werden sollte.
- Reifenfülldruck nur bei kühlen Reifen prüfen. Der Reifenfülldruck steigt nämlich mit zunehmender Erhitzung bei schneller Fahrt an. Dennoch ist es völlig falsch, aus erhitzten Reifen Luft abzulassen.

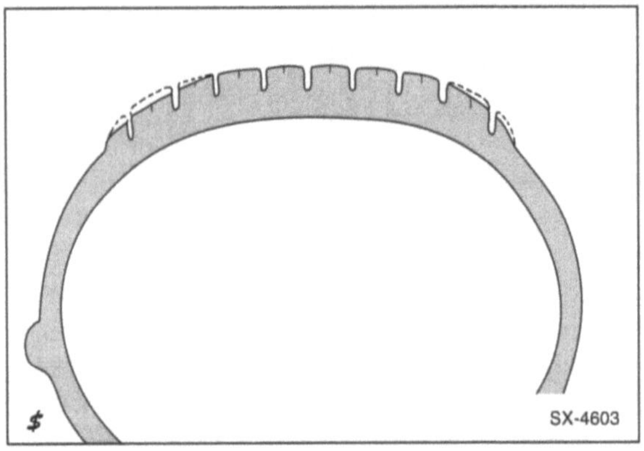
SX-4603

- An den Vorderrädern ist eine etwas größere Abnutzung der Reifenschultern gegenüber der Laufflächenmitte normal, wobei aufgrund der Straßenneigung die Abnutzung der zur Straßenmitte zeigenden Reifenschulter (linkes Rad: außen, rechtes Rad: innen) deutlicher ausgeprägt sein kann.
- Ungleichmäßiger Reifenverschleiß ist zumeist die Folge zu geringen oder zu hohen Reifenfülldrucks. Er kann auch auf Fehler in der Radeinstellung oder der Radauswuchtung sowie auf mangelhafte Stoßdämpfer oder Felgen zurückzuführen sein.
- Bei zu hohem Reifenfülldruck wird die Laufflächenmitte mehr abgenutzt, da der Reifen an der Lauffläche durch den hohen Innendruck mehr gewölbt ist.
- Bei zu niedrigem Reifenfülldruck liegt die Lauffläche an den Reifenschultern stärker auf, und die Laufflächenmitte wölbt sich nach innen durch. Dadurch ergibt sich ein stärkerer Reifenverschleiß der Reifenschultern.

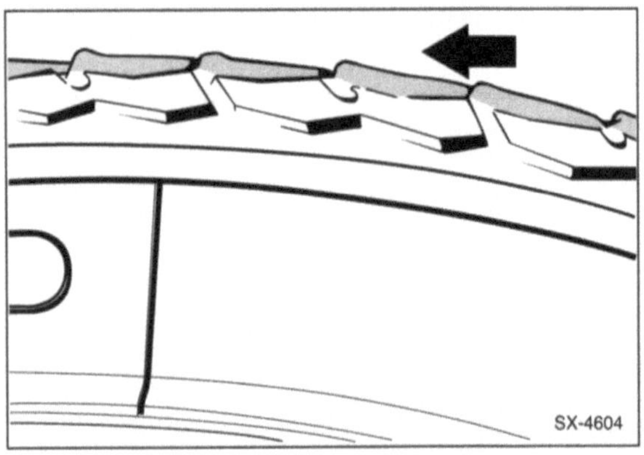
SX-4604

- Sägezahnförmige Abnutzung des Profils ist in der Regel auf eine Überbelastung des Fahrzeugs zurückzuführen.

Bremsanlage

Aus dem Inhalt:

- **Bremsbeläge wechseln**
- **Bremsscheibe prüfen**
- **Bremsscheibe wechseln**
- **Bremse entlüften**
- **Bremsflüssigkeit wechseln**
- **Handbremse einstellen**
- **DSC/ASC+T/ABS/EBV/CBC**
- **Handbremsseil**
- **Bremslichtschalter**

Das Arbeiten an der Bremsanlage erfordert peinliche Sauberkeit und exakte Arbeitsweise. Falls die nötige Arbeitserfahrung fehlt, sollten Reparaturarbeiten an der Bremsanlage von einer Fachwerkstatt durchgeführt werden.

Das Bremssystem besteht aus dem Hauptbremszylinder mit dem Bremskraftverstärker und den **Scheibenbremsen** für die Vorder- und Hinterräder. Das hydraulische Bremssystem ist in zwei Kreise aufgeteilt, die diagonal wirken. Ein Bremskreis ist mit den Bremssätteln vorn rechts/hinten links verbunden, der zweite mit den Bremssätteln vorn links/hinten rechts. Dadurch kann bei Ausfall eines Bremskreises, zum Beispiel durch ein Leck, das Fahrzeug über den anderen Bremskreis zum Stehen gebracht werden. Der Druck für beide Bremskreise wird im Tandem-Hauptbremszylinder über das Bremspedal aufgebaut.

Der **Bremsflüssigkeitsbehälter** versorgt das Bremssystem wie auch das hydraulische Kupplungssystem mit Bremsflüssigkeit. Der Bremsflüssigkeitsbehälter sitzt über dem Hauptbremszylinder im linken Wasserkasten.

Der **Bremskraftverstärker** speichert beim Benzinmotor einen Teil des vom Motor erzeugten Ansaugunterdruckes. Beim Betätigen des Bremspedals wird dann die Pedalkraft durch den Unterdruck verstärkt.

Da beim Dieselmotor der Ansaugunterdruck nicht vorhanden ist, erzeugt eine **Vakuumpumpe** den Unterdruck für den Bremskraftverstärker. Die Vakuumpumpe sitzt am Zylinderkopf und wird über die Nockenwelle angetrieben.

Die **Bremsbeläge** sind Bestandteil der Allgemeinen Betriebserlaubnis (ABE) und vom Werk auf das jeweilige Fahrzeugmodell abgestimmt. Es dürfen deshalb nur die vom Automobilhersteller beziehungsweise vom Kraftfahrtbundesamt (KBA) freigegebenen Bremsbeläge verwendet werden. Diese Bremsbeläge haben eine KBA-Freigabenummer.

Sicherheitshinweis
Beim Aufbocken des Fahrzeugs besteht Unfallgefahr! Hinweise im Kapitel »Fahrzeug aufbocken« beachten.

Hinweis: Beim Fahren auf stark regennassen Fahrbahnen ist es sinnvoll, die Fußbremse von Zeit zu Zeit zu betätigen, um die Bremsscheiben von Rückständen zu befreien. Während der Fahrt wird zwar durch die Zentrifugalkraft das Wasser von den Bremsscheiben geschleudert, doch bleibt teilweise ein dünner Film von Fett und Verschmutzungen zurück, der das Ansprechen der Bremse vermindert.

Eingebrannter Schmutz auf den Bremsbelägen und zugesetzte Regennuten in den Bremsbelägen führen zur Riefenbildung auf den Bremsscheiben. Dadurch kann eine verminderte Bremswirkung eintreten.

Achtung: Selbstsichernde Schrauben/Muttern immer ersetzen. Gewindebohrungen für selbstsichernde Schrauben vorher nachschneiden und säubern.

Sicherheitshinweis
Beim Reinigen der Bremsanlage fällt Bremsstaub an, der zu gesundheitlichen Schäden führen kann. Beim Reinigen der Bremsanlage Bremsstaub nicht einatmen.

DSC/ASC+T/ABS/EBV/CBC

Grundsätzlich dürfen Arbeiten an den elektronisch gesteuerten Brems- und Fahrwerkskomponenten nur in der Fachwerkstatt ausgeführt werden.

DSC: In dem umfassenden Fahrstabilitätsregelsystem DSC sind unter anderem die Funktionen der Traktionskontrolle und ABS integriert. Die Dynamische Stabilitätskontrolle (**D**ynamische **S**tabilitäts-**C**ontrol) verringert das Schleuderrisiko des Fahrzeugs. In schnell durchfahrenen Kurven oder bei abrupten Ausweichmanövern erkennt die DSC, ob das Fahrzeug auszubrechen droht. Über Sensoren erfasst DSC den Lenkwinkel und die Drehgeschwindigkeit des Fahrzeugs um die Hochachse. Durch das Abbremsen einzelner Räder und die Regulierung der Motorleistung wird das Fahrzeug bestmöglichst auf dem gewünschten Kurs gehalten.

Ist die DSC-Regelung aktiv, wird dies durch Blinken der Warnleuchte im Kombiinstrument signalisiert. Die DSC ist wie die ASC+T abschaltbar.

ASC+T: Die automatische Stabilitäts- und Traktionskontrolle verhindert beim Beschleunigen den Schlupf der zum Durchdrehen neigenden Räder. Dies wird durch das Abbremsen der Räder und die Reduzierung der Motorleistung erreicht. Ist die ASC+T-Regelung aktiv, wird dies durch Blinken der Warnleuchte im Kombiinstrument signalisiert. Die Fahrweise sollte dann den Straßenverhältnissen angepasst werden, sonst besteht Unfallgefahr. Die ASC+T ist abschaltbar, zum Beispiel bei Schneekettenbetrieb, Anfahren auf Fahrbahnen mit Sand, Kies oder im Tiefschnee oder Fahren an verschneiter Steigung.

ABS: Das **A**nti-**B**lockier-**S**ystem verhindert bei scharfem Abbremsen das Blockieren der Räder, dadurch bleibt das Fahrzeug lenkbar.

EBV: Die **E**lektronische **B**remskraft**v**erteilung verteilt mittels ABS-Hydraulik die Bremskraft zwischen Vorder- und Hinterachse. Um ein Überbremsen der Hinterräder zu verhindern, regelt die EBV den Schlupf an der Hinterachse abhängig von der Vorderachse.

CBC: Über die ABS-Drehzahlsensoren erkennt die Kurvenbremsregelung (**C**ornering-**B**rake-**C**ontrol), ob das Fahrzeug durch eine Kurve fährt. Wird in der Kurve gebremst, führt das normalerweise zu einem Übersteuern des Fahrzeuges, das heißt, das Fahrzeug versucht sich in die Kurve hineinzudrehen. Dieser Effekt tritt als Folge der steigenden Vorderachsbelastung auf. Die Kurvenbremskontrolle CBC steuert den Bremskraftaufbau so, dass die Bremskraft am kurvenäußeren Vorderrad schneller aufgebaut wird als an den anderen Rädern. Dadurch wird dem Übersteuern des Fahrzeuges entgegengewirkt.

Bremsassistent: Erkennt aufgrund der Geschwindigkeit und der Kraft, mit der das Bremspedal heruntergedrückt wird, ob eine Notbremssituation gegeben ist. In diesem Fall erhöht der Bremsassistent automatisch den Bremsdruck über den vom Fahrer vorgegebenen Wert, bis die ABS-Regelung einsetzt. Dadurch wird der Bremsweg verkürzt.

Berganfahrhilfe: Verhindert beim Anfahren an Steigungen das Zurückrollen des Fahrzeugs, wenn der Fahrer vom Bremspedal auf das Gaspedal wechselt.

Hinweise zum ABS/ASC+T/DSC

Eine Sicherheitsschaltung im elektronischen Steuergerät sorgt dafür, dass sich die Anlage bei einem **Defekt** (zum Beispiel Kabelbruch) oder bei zu niedriger Betriebsspannung (Batteriespannung unter 10 Volt) selbst abschaltet. Angezeigt wird dies durch das Aufleuchten der Kontrolllampen im Kombiinstrument. Die herkömmliche Bremsanlage bleibt dabei in Betrieb. Das Fahrzeug verhält sich dann beispielsweise beim Bremsen so, als ob keine ABS/ASC/DSC-Anlage eingebaut wäre.

Sicherheitshinweis
Wenn während der Fahrt die Kontrollleuchten für ABS, ASC/DSC und für die Bremsanlage leuchten, können bei starkem Abbremsen die Hinterräder blockieren, da die Bremskraftverteilung ausgefallen ist.

Leuchten eine oder mehrere **Kontrolllampen** im Kombiinstrument während der Fahrt auf, folgende Punkte beachten:

- Fahrzeug kurz anhalten, Motor abstellen und wieder starten.
- Batteriespannung prüfen. Wenn die Spannung unter 10,5 Volt liegt, Batterie laden.

Achtung: Wenn die Kontrolllampen am Anfang einer Fahrt aufleuchten und nach einiger Zeit wieder erlöschen, deutet das darauf hin, dass die Batteriespannung zunächst zu gering war, bis sie sich während der Fahrt durch Ladung über den Generator wieder erhöht hat.

- Prüfen, ob die Batterieklemmen richtig festgezogen sind und einwandfreien Kontakt haben.
- Fahrzeug aufbocken, Räder abnehmen, elektrische Leitungen zu den ABS-Drehzahlsensoren auf äußere Beschädigungen (Scheuerstellen) prüfen. Weitere Prüfungen der ABS/ASC/DSC-Anlage sollten von einer Fachwerkstatt durchgeführt werden.

Achtung: Vor **Schweißarbeiten** mit einem elektrischen Schweißgerät muss der Stecker von der ABS-Steuereinheit im Motorraum abgezogen werden. Stecker nur bei ausgeschalteter Zündung abziehen. Bei **Lackierarbeiten** darf das Steuergerät kurzzeitig mit max. +95° C, langzeitig (max. 2 Stunden) mit +85° C belastet werden.

Technische Daten Bremsanlage

Scheibenbremse		vorn			hinten
Bremsbelagdicke – Verschleißgrenze	mm	3	3	3	3
Bremsscheibendurchmesser	mm	276	280	294	259
Bremsscheibendicke – neu	mm	22*	22*	22*	10
Bremsscheibendicke – Verschleißgrenze	mm	20,4	20,4	20,4	8,4

*) Die Bremsscheibe vorne ist innenbelüftet.

Bremsbeläge aus- und einbauen

MINI 1

Hinweis: Beim Einkauf neuer Bremsbeläge darauf achten, dass der Preis für den Komplettsatz – Bremsbeläge plus Bremsscheiben – günstiger sein kann als die jeweiligen Einzelpreise. Daher vor dem Kauf der Bremsbeläge die Bremsscheiben auf Verschleiß prüfen.

Achtung: Bremsbeläge sind Bestandteil der Allgemeinen Betriebserlaubnis (ABE) und vom Werk auf das jeweilige Modell abgestimmt. Es dürfen deshalb nur die vom Automobilhersteller freigegebenen Bremsbeläge verwendet werden.

Achtung: Sollen die Bremsbeläge wieder verwendet werden, müssen sie beim Ausbau gekennzeichnet werden. Ein Wechsel der Beläge von der Außen- zur Innenseite oder vom rechten zum linken Rad ist nicht zulässig.

Achtung: Grundsätzlich alle Scheibenbremsbeläge einer Achse gleichzeitig ersetzen, auch wenn nur ein Belag die Verschleißgrenze erreicht hat.

Vorderradbremse

Ausbau

- Radschrauben lösen. Fahrzeug aufbocken und Rad abnehmen. **Achtung:** Unbedingt Hinweise im Kapitel »Rad aus- und einbauen« beachten.
- **Bremse links:** Steckverbindung für Verschleißanzeige trennen.

- Mit einem Schraubendreher Haltefeder –1– aus den Bohrungen heraushebeln -Pfeile- und abnehmen. **Hinweis:** Einbaulage der Haltefeder für den Einbau merken.

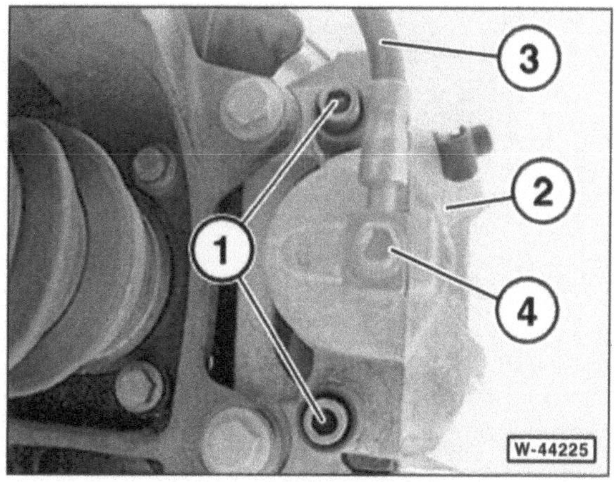

- Mit einem Schraubendreher Abdeckkappen aus den Lagerbuchsen heraushebeln und beide Führungsbolzen –1– aus dem Bremssattel herausdrehen.
- Bremssattel –2– vom Bremssattelträger abziehen und mit Draht am Aufbau aufhängen. **Achtung:** Der Bremsschlauch –3– darf nicht auf Zug beansprucht oder verdreht werden. 4 – Hohlschraube für Bremsschlauch.
- Äußeren Bremsbelag aus dem Bremssattel herausnehmen. Falls nötig, zuvor Bremskolben mit Rücksetzwerkzeug zurückdrücken, siehe unter »Einbau«.
- Inneren Bremsbelag mit Spreizfeder aus dem Bremskolben herausziehen und aus dem Bremssattel herausnehmen. **Hinweis:** Der innere Bremsbelag sitzt mit einer Spreizfeder im Bremskolben.

Einbau

Achtung: Bei ausgebauten Bremsbelägen nicht auf das Bremspedal treten, sonst wird der Kolben aus dem Bremssattel herausgedrückt. Gegebenenfalls ein Holzstück zwischen Bremskolben und Bremssattel klemmen.

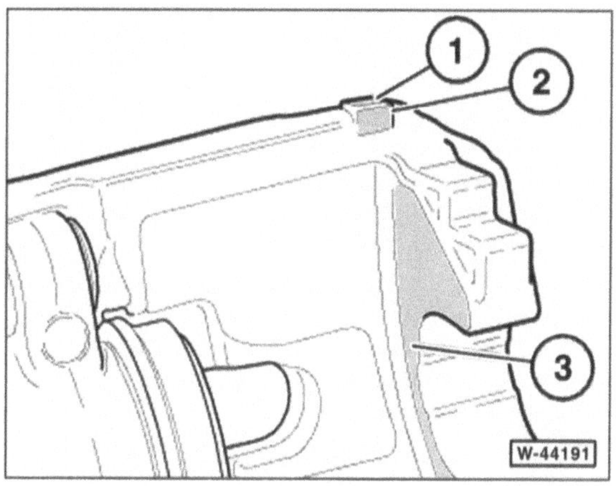

- Bremssattel gründlich reinigen und hitzebeständiges Schmierfett, zum Beispiel Antiquietschpaste von Liqui Moly, dünn auf die Belagführungsflächen –1/2/3– auftragen. **Achtung:** Nicht die Rückenplatten der Bremsbeläge schmieren.

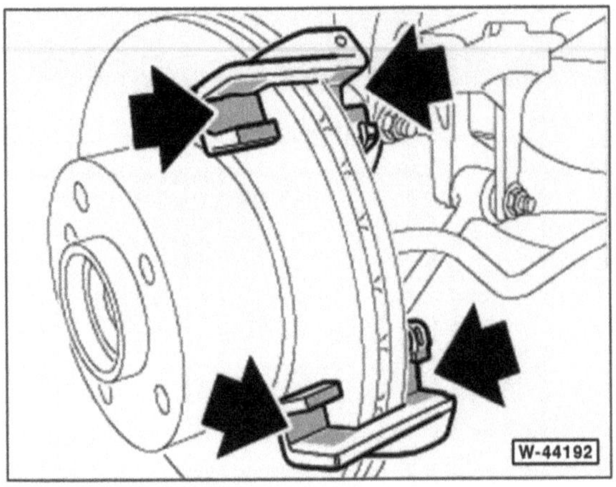

- Bremssattelträger reinigen und an den Bremsbelag-Führungen –Pfeile– dünn mit Antiquietschpaste bestreichen.

Achtung: Zum Reinigen der Bremse **ausschließlich** Spiritus verwenden. Führungsfläche beziehungsweise Sitz der Beläge im Gehäuseschacht mit einem Lappen reinigen. Keine scharfkantigen Werkzeuge verwenden. Besonders auf das Entfernen eventueller Klebefolienreste an den Anlageflächen der Bremsbeläge achten.

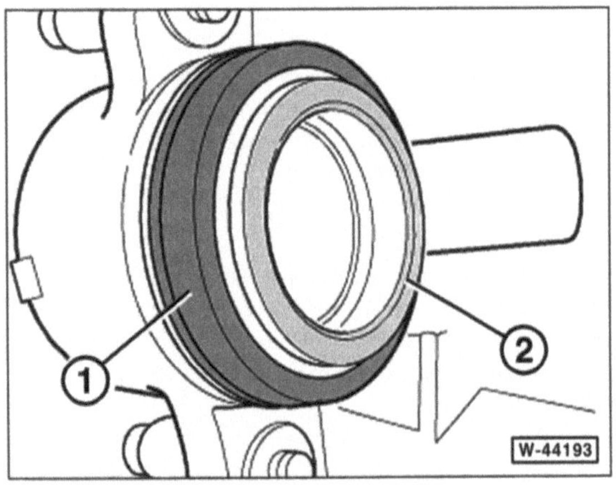

- Staubmanschette –1– für Bremskolben auf Anrisse prüfen. Eine beschädigte Staubmanschette umgehend ersetzen lassen, da eingedrungener Schmutz schnell zu Undichtigkeiten des Bremssattels führt. Der Bremssattel muss dazu zerlegt werden (Werkstattarbeit).
- Anlagefläche –2– des Bremskolbens reinigen und dünn mit Antiquietschpaste bestreichen. **Achtung:** Die Antiquietschpaste darf auf keinen Fall auf die Staubmanschette, die Reibfläche der Bremsbeläge oder auf die Bremsscheibe gelangen.
- Bremsscheibe durch Abtasten mit den Fingern auf Riefen untersuchen. Riefige Bremsscheiben erneuern.
- Bremsscheibendicke messen. Ist die Verschleißgrenze erreicht oder sind Einrisse vorhanden, Bremsscheibe erneuern, siehe entsprechendes Kapitel.
- Deckel des Bremsflüssigkeitsbehälters abschrauben.
- Bei hohem Bremsbelagverschleiß Leichtgängigkeit des Kolbens prüfen. Dazu einen Holzklotz in den Bremssattel einsetzen und durch Helfer langsam auf das Bremspedal treten lassen. Der Bremskolben muss sich leicht heraus- und hineindrücken lassen. Zur Prüfung muss der andere Bremssattel eingebaut sein. Bremskolben nicht ganz herausdrücken. Angerosteten Bremskolben nur mit Bremsflüssigkeit oder Spiritus reinigen. Bei schwergängigem Kolben Bremssattel ersetzen.

Achtung: Beim Zurückdrücken des Kolbens wird Bremsflüssigkeit aus dem Bremszylinder in den Vorratsbehälter gedrückt. Flüssigkeit im Behälter beobachten, eventuell Bremsflüssigkeit mit einem Saugheber absaugen.

Sicherheitshinweis
Zum Absaugen eine Entlüfter- oder Plastikflasche verwenden, die nur mit Bremsflüssigkeit in Berührung kommt. Keine Trinkflaschen verwenden! **Bremsflüssigkeit ist giftig und darf auf gar keinen Fall mit dem Mund über einen Schlauch abgesaugt werden. Saugheber verwenden.** Auch nach dem Belagwechsel darf die MAX-Marke am Bremsflüssigkeitsbehälter nicht überschritten werden, da sich die Flüssigkeit bei Erwärmung ausdehnt. Ausgelaufene Bremsflüssigkeit läuft am Hauptbremszylinder herunter, zerstört den Lack und führt zur Rostbildung.

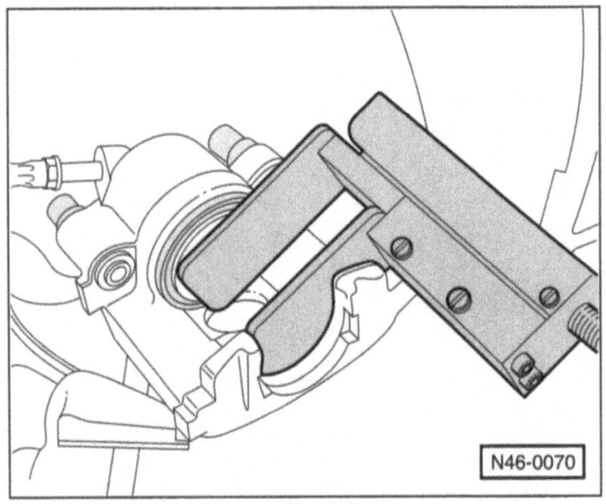

- Bremskolben mit einem Rücksetzwerkzeug, zum Beispiel HAZET 4970/6 oder einem Hartholzstab, zurückdrücken.

Achtung: Darauf achten, dass der Kolben nicht verkantet wird und Kolbenfläche sowie Staubmanschette nicht beschädigt werden. Gegebenenfalls zum Schutz vor Beschädigungen die alten Bremsbeläge in den Bremssattel einsetzen.

- Gegebenenfalls Klebefolie von der Rückenplatte der Bremsbeläge abziehen.

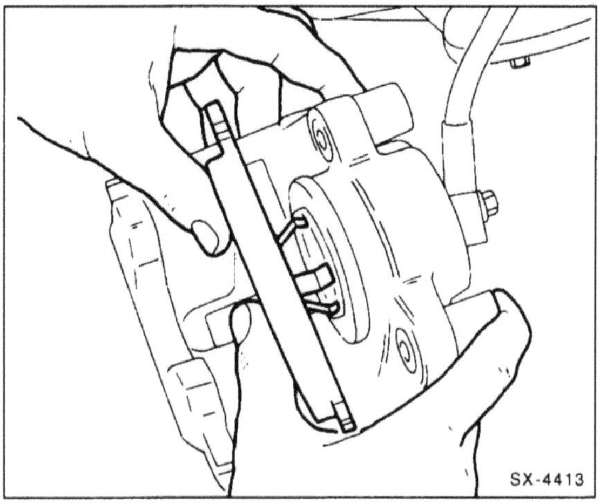

- Inneren Bremsbelag mit Spreizfeder in den Bremskolben einsetzen.
- Äußeren Bremsbelag in den Bremssattel einsetzen.
- Bremssattel über die Bremsscheibe schieben und auf den Bremssattelträger setzen. Darauf achten, dass die Bremsbeläge korrekt in der Führung sitzen.
- Führungsbolzen für Bremssattel reinigen, nicht fetten. Gewinde prüfen, wenn nötig, Führungsbolzen ersetzen.
- Führungsbolzen in den Bremssattel einschrauben. Darauf achten, dass sie gerade eingeschraubt werden.
- Führungsbolzen mit **30 Nm** festziehen.
- Beide Abdeckkappen einsetzen.
- Haltefeder auf den Bremssattel aufdrücken. Haltefeder dabei zuerst in die untere Bohrung des Bremssattels einhängen. **Hinweis:** Auf korrekten Sitz der Haltefeder achten. Die Schlaufen oben und unten müssen hinter dem Bremssattelträger sitzen. Gegebenenfalls zweite Bremse als Vorlage verwenden.
- **Bremse links:** Stecker für Verschleißanzeige verbinden.
- Rad anschrauben, dabei Reifen-Laufrichtung beachten. Fahrzeug ablassen, erst dann Radschrauben über Kreuz festziehen. **Achtung:** Anzugsdrehmoment und Hinweise im Kapitel »Rad aus- und einbauen« beachten.

Achtung: Bremspedal im Stand mehrmals kräftig niedertreten, bis fester Widerstand spürbar ist. Dadurch legen sich die Bremsbeläge an die Bremsscheiben an und nehmen einen dem Betriebszustand entsprechenden Sitz ein.

- Bremsflüssigkeit im Vorratsbehälter prüfen, gegebenenfalls bis zur MAX-Marke auffüllen. Deckel des Behälters festschrauben.

Achtung, Sicherheitskontrolle durchführen:

- ◆ Sind die Bremsschläuche festgezogen?
- ◆ Befindet sich der Bremsschlauch in der Halterung?
- ◆ Sind die Entlüftungsschrauben angezogen?
- ◆ Ist genügend Bremsflüssigkeit eingefüllt?
- ◆ Bei laufendem Motor Dichtheitskontrolle durchführen. Hierzu Bremspedal mit 200 bis 300 N (entspricht 20 bis 30 kg) etwa 10 Sekunden betätigen. Das Bremspedal darf nicht nachgeben. Sämtliche Anschlüsse auf Dichtheit kontrollieren.
- ◆ Anschließend einige Sicherheitsbremsungen auf einer Straße ohne Verkehr durchführen.

- Neue Bremsbeläge vorsichtig einbremsen, dazu Fahrzeug mehrmals von ca. 80 km/h auf 40 km/h mit geringem Pedaldruck abbremsen. Dazwischen Bremse etwas abkühlen lassen. Während einer Fahrtstrecke von rund 200 km sollten unnötige Vollbremsungen unterbleiben.

Hinweis: Bremsbeläge müssen in einigen Kommunen als Sondermüll entsorgt werden. Die örtlichen Behörden geben darüber Auskunft, ob auch eine Entsorgung über den hausmüllähnlichen Gewerbemüll zulässig ist.

Speziell Vorderradbremse JOHN COOPER WORKS

Der Aus- und Einbau erfolgt wie beim MINI 2, siehe entsprechendes Kapitel.

Hinterradbremse

Hinweis: Der Aus- und Einbau an der Hinterradbremse erfolgt im Prinzip wie an der Vorderradbremse. Hier werden nur die Unterschiede beschrieben.

Hinweis: Der innere Bremsbelag sitzt **nicht** mit einer Spreizfeder im Bremskolben.

- Handbremse lösen.

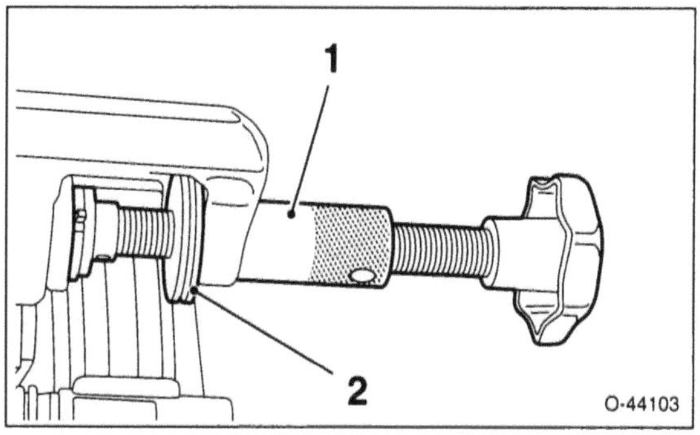

- Bremskolben **ausschließlich** mit Spezial-Rückstellwerkzeug für Hinterradscheibenbremsen –1–, zum Beispiel HAZET 4970/6, zurückdrücken.

Achtung: Der Bremskolben darf nicht mit einem herkömmlichen Rückstellwerkzeug oder einem Holzstab zurückgedrückt werden. Die Nachstellung für die Handbremse würde dabei zerstört werden.

- Kolben durch Drehen im Uhrzeigersinn mit dem Spezialwerkzeug langsam einschrauben. Der Bund –2– des Werkzeugs muss dabei am Bremssattel anliegen. Darauf achten, dass die Staubkappe nicht beschädigt wird. Bei schwergängigem Kolben mit einem Maulschlüssel an den Abflachungen des Werkzeugs drehen.
- Inneren Bremsbelag korrekt in die Nut am Bremskolben einsetzen.
- Führungsbolzen im Bremssattel mit **30 Nm** festziehen.

Bremssattel aus- und einbauen

MINI 1

Vorderradbremse

Ausbau

- Räder in Geradeausstellung bringen.
- Radschrauben lösen. Fahrzeug aufbocken und Rad abnehmen. **Achtung:** Unbedingt Hinweise im Kapitel »Rad aus- und einbauen« beachten.
- Bremsbeläge ausbauen, siehe entsprechendes Kapitel.
- Bremssattel vom Bremssattelträger abziehen.
- Gegebenenfalls Bremsschlauch mit einer Schlauchklemme abklemmen.
- Hohlschraube aus dem Bremssattel herausdrehen und Bremsschlauch vom Bremssattel abnehmen. **Achtung:** Auslaufende Bremsflüssigkeit in einer Flasche sammeln.

Hinweis: Sofort Bremsschlauch am neuen Bremssattel anschrauben.

Einbau

- Dichtringe am Bremsschlauch ersetzen.
- Bremsschlauch am Bremssattel anbauen und Hohlschraube mit **40 Nm** festziehen.
- Schlauchklemme entfernen.
- Bremsbeläge einbauen, siehe entsprechendes Kapitel.
- Führungsbolzen für Bremssattel mit **30 Nm** festziehen.
- Freigängigkeit des Bremsschlauchs bei vollem Lenkradeinschlag prüfen.
- Rad anschrauben, dabei Reifen-Laufrichtung beachten. Fahrzeug ablassen, erst dann Radschrauben über Kreuz festziehen. **Achtung:** Anzugsdrehmoment und Hinweise im Kapitel »Rad aus- und einbauen« beachten.
- Bremsflüssigkeit im Vorratsbehälter prüfen, gegebenenfalls bis zur MAX-Marke auffüllen. Deckel des Behälters festschrauben.
- **Bremsanlage entlüften, siehe entsprechendes Kapitel.**

Achtung: Weitere Sicherheitsvorschriften beachten, siehe Kapitel »Bremsbeläge«.

Hinterradbremse

Ausbau

- Radschrauben lösen. Fahrzeug aufbocken und Rad abnehmen. **Achtung:** Unbedingt Hinweise im Kapitel »Rad aus- und einbauen« beachten.
- Handbremse lösen.

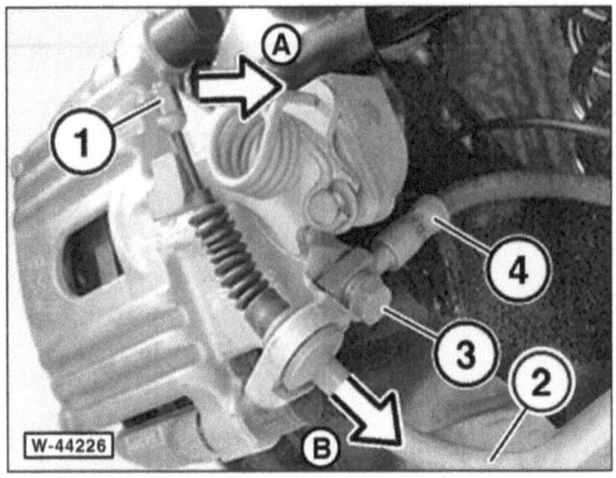

- Nippel –1– des Handbremszugs am Feststellhebel des Bremssattels aushängen –Pfeil A–.
- Handbremszug –2– aus dem Gegenlager herausziehen –Pfeil B–.
- Bremsbeläge ausbauen, siehe entsprechendes Kapitel.
- Bremssattel vom Bremssattelträger abziehen.
- Gegebenenfalls Bremsschlauch mit einer Schlauchklemme abklemmen.
- Hohlschraube –3– aus dem Bremssattel herausdrehen und Bremsschlauch –4– vom Bremssattel abnehmen. **Achtung:** Auslaufende Bremsflüssigkeit in einer Flasche sammeln.

Hinweis: Sofort Bremsschlauch am neuen Bremssattel anschrauben.

Einbau

- Dichtringe am Bremsschlauch ersetzen.
- Bremsschlauch am Bremssattel anbauen und Hohlschraube mit **48 Nm** festziehen.
- Schlauchklemme entfernen.
- Bremsbeläge einbauen, siehe entsprechendes Kapitel.
- Führungsbolzen für Bremssattel mit **30 Nm** festziehen.
- Handbremszug am Bremssattel einhängen.
- Rad anschrauben, dabei Reifen-Laufrichtung beachten. Fahrzeug ablassen, erst dann Radschrauben über Kreuz festziehen. **Achtung:** Anzugsdrehmoment und Hinweise im Kapitel »Rad aus- und einbauen« beachten.
- Handbremse überprüfen, wenn nötig einstellen, siehe entsprechendes Kapitel.
- Bremsflüssigkeit im Vorratsbehälter prüfen, gegebenenfalls bis zur MAX-Marke auffüllen. Deckel des Behälters festschrauben.
- **Bremsanlage entlüften, siehe entsprechendes Kapitel.**

Achtung: Weitere Sicherheitsvorschriften beachten, siehe Kapitel »Bremsbeläge«.

Bremsbeläge aus- und einbauen

MINI 2

Hinweis: Es gelten die Anweisungen und Hinweise wie im Kapitel für den MINI 1.

Vorderradbremse

Ausbau

- Radschrauben lösen. Fahrzeug aufbocken und Rad abnehmen. **Achtung:** Unbedingt Hinweise im Kapitel »Rad aus- und einbauen« beachten.

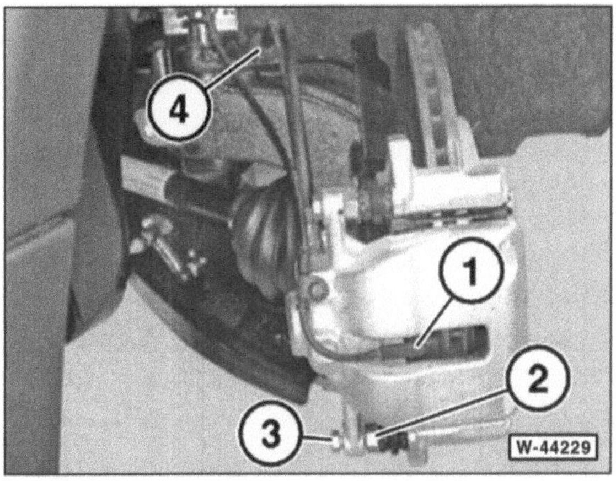

- **Bremse links:** Klammer zusammendrücken und Sensor für Verschleißanzeige –1– nach vorne aus dem Bremsbelag herausziehen. Leitung für Verschleißanzeige aus den Halterungen lösen. Steckverbindung trennen und Sensor für Verschleißanzeige mit Leitung herausziehen.

Hinweis: Der Sensor für Verschleißanzeige muss nach jedem Ausbau ersetzt werden, da er im Bremsbelag nicht mehr korrekt gehalten wird.

- Bremsschlauch aus der Halterung –4– am Federbeinstützrohr herausziehen.
- Untere Führungsschraube –3– aus dem Bremssattel herausdrehen, dabei mit einem Maulschlüssel am Sechskant –2– gegenhalten. Darauf achten, dass die Staubmanschette des Führungsbolzens nicht beschädigt wird.
- Bremssattel nach oben schwenken. **Achtung:** Der Bremsschlauch darf nicht beschädigt werden.

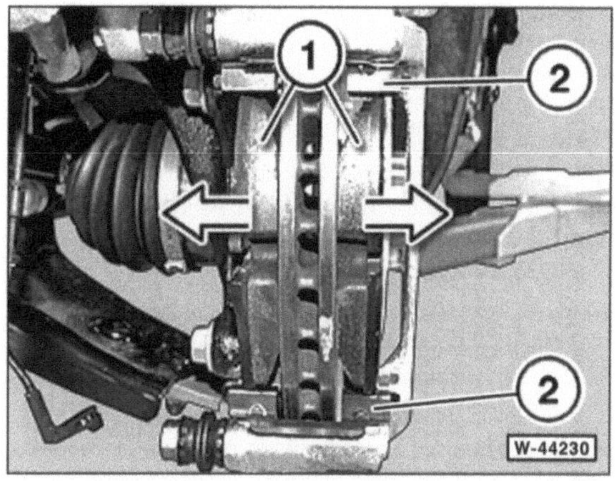

- Bremsbeläge –1– mit Haltefedern –2– aus dem Bremssattelträger herausnehmen –Pfeile–.

Einbau

- Bremsscheibe prüfen, Bremse reinigen und Belagführungsflächen dünn mit Antiquietschpaste bestreichen, siehe Kapitel für den MINI 1.

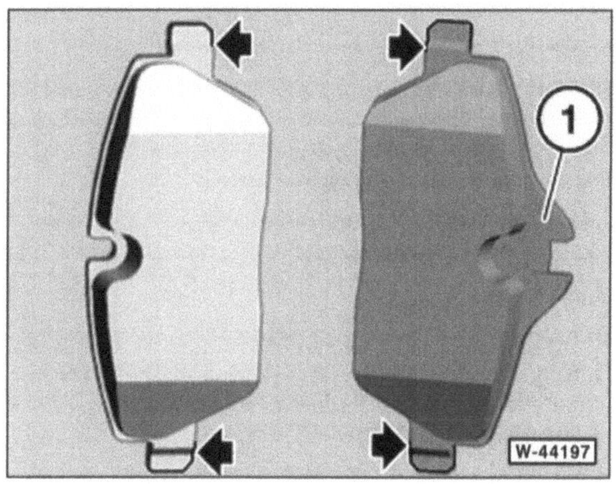

- Führungen –Pfeile– an den Bremsbelägen dünn mit Bremsen-Antiquietschpaste bestreichen. **Achtung:** Nicht die Rückenplatten der Bremsbeläge schmieren.

Hinweis: Der Bremsbelag mit der Ausbuchtung –1– ist für die Aufnahme des Verschleißanzeigers vorgesehen und muss an der Innenseite des Bremssattels am Bremskolben eingebaut werden.

- Deckel des Bremsflüssigkeitsbehälters aufschrauben.
- Bremskolben zurückdrücken. **Achtung:** Darauf achten, dass der Kolben nicht verkantet wird und Kolbenfläche sowie Staubmanschette nicht beschädigt werden, siehe Kapitel für den MINI 1.
- Bremsbeläge mit Haltefedern in den Bremssattelträger einsetzen und Bremssattel nach unten schwenken.
- **Neue Führungsschraube** am Bremssattel einschrauben und mit **35 Nm** festziehen, dabei am Sechskant gegenhalten.

- **Bremse links: Neuen Sensor** für Verschleißanzeige in den Bremsbelag einschieben und einrasten lassen, dabei auf korrekten Sitz von Sensor und Klammer achten. Leitung für Verschleißanzeige in die Halterungen im Radkasten einsetzen. Stecker verbinden und einrasten lassen.
- Bremsschlauch in die Halterung am Federbeinstützrohr einsetzen. Dabei auf richtigen Sitz der Gummidurchführung in der Halterung achten.
- Rad anschrauben, dabei Reifen-Laufrichtung beachten. Fahrzeug ablassen, erst dann Radschrauben über Kreuz festziehen. **Achtung:** Anzugsdrehmoment und Hinweise im Kapitel »Rad aus- und einbauen« beachten.
- Bremsflüssigkeit im Vorratsbehälter prüfen, gegebenenfalls bis zur MAX-Marke auffüllen. Deckel des Behälters festschrauben.

Achtung: Weitere Hinweise und Sicherheitsvorschriften beachten, siehe Kapitel für den MINI 1.

Hinterradbremse

Hinweis: Der Aus- und Einbau an der Hinterradbremse erfolgt ähnlich wie an der Vorderradbremse. Hier werden nur die Unterschiede beschrieben.

Ausbau

- **Bremse rechts:** Sensor für Verschleißanzeige aus dem Bremsbelag herausziehen. Leitung für Verschleißanzeige aus den Halterungen lösen. Steckverbindung trennen und Sensor mit Leitung herausziehen.

Hinweis: Der Sensor für Verschleißanzeige muss nach jedem Ausbau ersetzt werden.

- Handbremse lösen.
- Beide Führungsschrauben herausdrehen, Bremssattel vom Bremssattelträger abbauen und mit angeschlossenem Bremsschlauch am Aufbau aufhängen, siehe Kapitel »Bremssattel aus- und einbauen«.

Achtung: Bremsbeläge nicht wie bei der Vorderradbremse durch Hochklappen des Bremssattels ausbauen. Beschädigungsgefahr! Der Bremssattel muss komplett vom Bremssattelträger abgezogen werden.

Achtung: Der Bremsschlauch darf nicht auf Zug beansprucht oder verdreht werden.

- Bremsbeläge mit Haltefedern aus dem Bremssattelträger herausnehmen.

Einbau

- Bremskolben **ausschließlich** mit Spezial-Rückstellwerkzeug für Hinterradscheibenbremsen –1–, zum Beispiel HAZET 4970/6, zurückdrücken. Kolben durch Drehen im Uhrzeigersinn mit dem Spezialwerkzeug langsam einschrauben, siehe Kapitel für den MINI 1.
- **Neue Führungsschrauben** am Bremssattel einschrauben und mit **35 Nm** festziehen.

Bremssattel aus- und einbauen

MINI 2

Vorderradbremse

Ausbau

- Räder in Geradeausstellung bringen.
- Radschrauben lösen. Fahrzeug aufbocken und Rad abnehmen. **Achtung:** Unbedingt Hinweise im Kapitel »Rad aus- und einbauen« beachten.
- **Bremse links:** Sensor für Verschleißanzeige ausbauen, siehe Kapitel » Bremsbeläge aus- und einbauen«.
- Bremsschlauch aus der Halterung am Federbeinstützrohr herausziehen.
- Obere und untere Führungsschraube aus dem Bremssattel herausdrehen, dabei mit einem Maulschlüssel jeweils am Sechskant gegenhalten, siehe auch Kapitel » Bremsbeläge aus- und einbauen«.
- Darauf achten, dass die Staubmanschetten der Führungsbolzen nicht beschädigt werden.
- Bremssattel vom Bremssattelträger abziehen.
- Gegebenenfalls Bremsschlauch mit einer Schlauchklemme abklemmen.

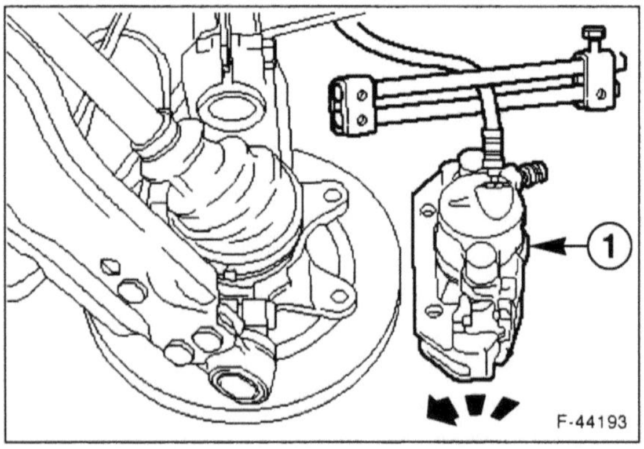

- Bremssattel –1– vom Bremsschlauch abdrehen, dabei Bremsschlauch mit einem Maulschlüssel gegenhalten. **Achtung:** Der Bremssattel wird gedreht –Pfeil–, nicht der Bremsschlauch. Der Bremsschlauch darf nicht verdreht werden.

Achtung: Auslaufende Bremsflüssigkeit in einer Flasche sammeln.

Hinweis: Sofort Bremsschlauch am neuen Bremssattel anschrauben.

Einbau

- Bremssattel am Bremsschlauch anschrauben, dabei Bremsschlauch mit einem Maulschlüssel gegenhalten. Bremsschlauch mit **24 Nm** festziehen.
- Schlauchklemme entfernen.
- Bremssattel auf den Bremssattelträger aufsetzen.

- **Neue Führungsschrauben** am Bremssattel einschrauben und mit **35 Nm** festziehen.
- Bremsschlauch in die Halterung am Federbeinstützrohr einsetzen. Dabei auf richtigen Sitz der Gummidurchführung in der Halterung achten. **Achtung:** Der Bremsschlauch darf nicht verdreht sein.
- **Bremse links: Neuen Sensor** für Verschleißanzeige einbauen, siehe Kapitel » Bremsbeläge aus- und einbauen«.
- Freigängigkeit des Bremsschlauchs bei vollem Lenkradeinschlag prüfen.
- Rad anschrauben, dabei Reifen-Laufrichtung beachten. Fahrzeug ablassen, erst dann Radschrauben über Kreuz festziehen. **Achtung:** Anzugsdrehmoment und Hinweise im Kapitel »Rad aus- und einbauen« beachten.
- Bremsflüssigkeit im Vorratsbehälter prüfen, gegebenenfalls bis zur MAX-Marke auffüllen. Deckel des Behälters festschrauben.
- **Bremsanlage entlüften, siehe entsprechendes Kapitel.**

Achtung: Weitere Hinweise und Sicherheitsvorschriften beachten, siehe Kapitel für den MINI 1.

Hinterradbremse

Ausbau

- Radschrauben lösen. Fahrzeug aufbocken und Rad abnehmen. **Achtung:** Unbedingt Hinweise im Kapitel »Rad aus- und einbauen« beachten.
- **Bremse rechts:** Sensor für Verschleißanzeige ausbauen, siehe Kapitel » Bremsbeläge aus- und einbauen«.
- Handbremse lösen.

- Sicherungsklammer –1– herausziehen –Pfeil A–.
- Nippel des Handbremszugs am Feststellhebel –3– des Bremssattels aushängen.
- Handbremszug –2– aus dem Gegenlager herausziehen –Pfeil B–.
- Bremsschlauch aus der Halterung an der Hinterachse herausziehen.

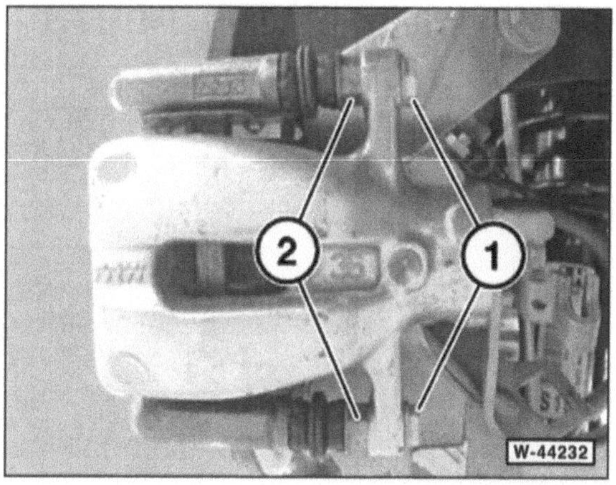

- Führungsschrauben –1– aus dem Bremssattel herausdrehen, dabei mit einem Maulschlüssel jeweils am Sechskant –2– gegenhalten. **Achtung:** Die Staubmanschetten der Führungsbolzen nicht beschädigen.
- Bremssattel vom Bremssattelträger abziehen.
- Gegebenenfalls Bremsschlauch mit einer Schlauchklemme abklemmen.
- Bremssattel vom Bremsschlauch abdrehen, dabei Bremsschlauch mit einem Maulschlüssel gegenhalten. **Achtung:** Der Bremssattel wird gedreht, nicht der Bremsschlauch. Der Bremsschlauch darf nicht verdreht werden. Auslaufende Bremsflüssigkeit in einer Flasche sammeln.
- Sofort Bremsschlauch am neuen Bremssattel anschrauben.

Einbau

- Bremssattel am Bremsschlauch anschrauben, dabei Bremsschlauch mit einem Maulschlüssel gegenhalten. Bremsschlauch mit **24 Nm** festziehen.
- Schlauchklemme entfernen und Bremssattel auf den Bremssattelträger aufsetzen.
- **Neue Führungsschrauben** am Bremssattel einschrauben und mit **35 Nm** festziehen.
- Bremsschlauch in die Halterung einsetzen. Auf richtigen Sitz der Gummidurchführung in der Halterung achten. **Achtung:** Der Bremsschlauch darf nicht verdreht sein.
- Handbremszug am Bremssattel einhängen.
- **Bremse rechts: Neuen Sensor** für Verschleißanzeige einbauen, siehe Kapitel » Bremsbeläge aus- und einbauen«.
- Rad anschrauben, dabei Reifen-Laufrichtung beachten. Fahrzeug ablassen, erst dann Radschrauben über Kreuz festziehen. **Achtung:** Anzugsdrehmoment und Hinweise im Kapitel »Rad aus- und einbauen« beachten.
- Handbremse überprüfen, wenn nötig einstellen, siehe entsprechendes Kapitel.
- Bremsflüssigkeit im Vorratsbehälter prüfen, gegebenenfalls bis zur MAX-Marke auffüllen. Deckel festschrauben.
- **Bremsanlage entlüften, siehe entsprechendes Kapitel.**

Achtung: Weitere Hinweise und Sicherheitsvorschriften beachten, siehe Kapitel für den MINI 1.

Bremssattelträger aus- und einbauen

MINI 1/MINI 2

Hinweis: Die Abbildungen zeigen die Bremsen beim MINI 1.

Vorderradbremse

Ausbau

- Radschrauben lösen. Fahrzeug aufbocken und Rad abnehmen. **Achtung:** Unbedingt Hinweise im Kapitel »Rad aus- und einbauen« beachten.
- Bremsbeläge ausbauen, siehe entsprechendes Kapitel.

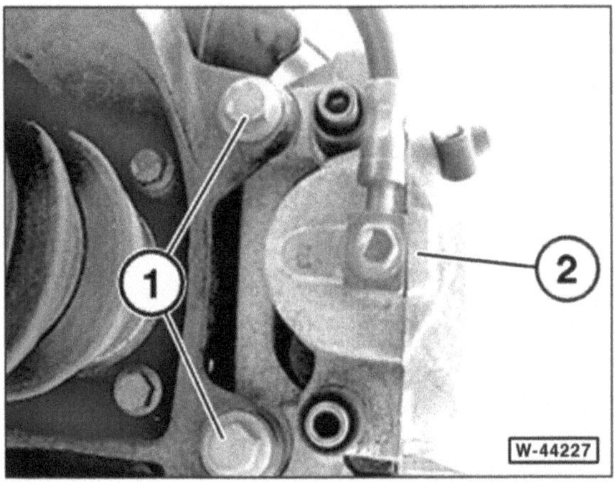

- Bremssattel –2– ausbauen, siehe entsprechendes Kapitel.
- **MINI 2:** Bremsbeläge aus dem Bremssattelträger herausnehmen, siehe entsprechendes Kapitel.
- 2 Schrauben –1– herausdrehen und Bremssattelträger vom Achsschenkel abnehmen.

Achtung: Hohes Löse- und Anzugsdrehmoment der Schrauben für den Bremssattelträger! Darauf achten, dass das Fahrzeug sicher aufgebockt ist. Schraubenschlüssel waagerecht ansetzen.

Achtung: Bei ausgebauten Bremsbelägen nicht auf das Bremspedal treten, sonst wird der Kolben aus dem Bremssattel herausgedrückt.

Einbau

Der Einbau erfolgt in umgekehrter Ausbaureihenfolge. Dabei ist Folgendes zu beachten:

- Bremssattelträger mit **110 Nm** am Achsschenkel festschrauben.

Achtung: Hohes Anzugsdrehmoment der Schrauben!

Hinterradbremse

Hinweis: Der Aus- und Einbau an der Hinterradbremse erfolgt im Prinzip wie an der Vorderradbremse. Hier werden nur die Unterschiede beschrieben.

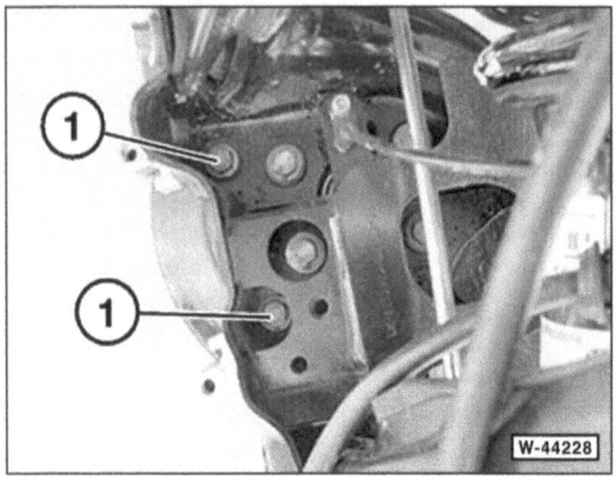

- 2 Schrauben –1– herausdrehen und Bremssattelträger vom Längslenker der Hinterachse abnehmen.
- Beim Einbau Bremssattelträger mit **65 Nm** festschrauben.

Bremsscheibe aus- und einbauen

MINI 1/MINI 2

Bremsscheiben erneuern, wenn sie korrodiert sind oder die Verschleißgrenze erreicht haben.

Um beidseitig eine gleichmäßige Verzögerung sicherzustellen, müssen alle Bremsscheiben die gleiche Oberfläche bezüglich Schliffbild und Rautiefe aufweisen. Deshalb **grundsätzlich beide** Bremsscheiben einer Achse ersetzen, beziehungsweise abdrehen lassen.

Achtung: Werden die Bremsscheiben ersetzt oder abgedreht, müssen gleichzeitig auch neue Bremsbeläge eingebaut werden.

Korrodierte Bremsscheiben erzeugen beim Abbremsen einen Rubbeleffekt, der sich auch durch längeres Bremsen nicht beseitigen lässt. In diesem Fall müssen die Bremsscheiben erneuert werden.

Hinweis: Beim Einkauf kann der Preis für den **Komplettsatz** – Bremsbeläge plus Bremsscheiben – günstiger sein als die jeweiligen Einzelpreise.

Ausbau

- Radschrauben lösen. Fahrzeug aufbocken und Rad abnehmen. **Achtung:** Unbedingt Hinweise im Kapitel »Rad aus- und einbauen« beachten.
- Bremssattelträger ausbauen, siehe entsprechendes Kapitel.

Hinweis: Bei der Hinterradbremse des MINI 2 reicht der Ausbau des Bremssattels.

Hinweis: Gegebenenfalls Bremssattelträger mit angebautem Bremssattel und Bremsbelägen am Aufbau aufhängen. Holzstück zwischen Bremsbeläge klemmen. Darauf achten, dass der Bremsschlauch nicht verdreht oder auf Zug beansprucht wird.

- Sicherungsschraube –4– herausdrehen und Bremsscheibe von der Radnabe abnehmen.

Achtung: Die Bremsscheibe darf nicht durch Gewaltanwendung (Hammerschläge) von der Radnabe getrennt werden. Stattdessen handelsüblichen Rostlöser anwenden, um Schäden an der Bremsscheibe zu vermeiden. Wenn nötig, vorsichtig mit einem Gummihammer gegen den Bremsscheibentopf klopfen. Falls der Ausbau nur durch kräftige Hammerschläge möglich ist, aus Sicherheitsgründen Bremsscheibe und Radlager erneuern. Auch wenn ein Abzieher verwendet wird, Bremsscheibe erneuern.

Einbau

- Bremsscheibendicke messen, siehe entsprechendes Kapitel.
- Falls vorhanden, Rost am Flansch der Bremsscheibe und der Radnabe entfernen. Anlageflächen säubern, aber nicht fetten. **Achtung:** Die Anlagefläche auf der Radnabe muss eben sein, um ein Verziehen der Bremsscheibe zu verhindern.
- Neue Bremsscheibe mit Verdünnung vom Schutzlack reinigen.
- Bremsscheibe auf Radnabe aufsetzen, **neue Sicherungsschraube** eindrehen und mit **27 Nm** festziehen.
- Bremssattelträger einbauen, siehe entsprechendes Kapitel.
- Rad anschrauben, dabei Reifen-Laufrichtung beachten. Fahrzeug ablassen, erst dann Radschrauben über Kreuz festziehen. **Achtung:** Anzugsdrehmoment und Hinweise im Kapitel »Rad aus- und einbauen« beachten.

Achtung: Bremspedal im Stand mehrmals kräftig niedertreten, bis fester Widerstand spürbar ist. Dadurch legen sich die Bremsbeläge an die Bremsscheiben an und nehmen einen dem Betriebszustand entsprechenden Sitz ein.

- Bremsflüssigkeit im Vorratsbehälter prüfen, gegebenenfalls bis zur MAX-Marke auffüllen. Deckel des Behälters festschrauben.
- **War der Bremsschlauch demontiert, Bremsanlage entlüften, siehe entsprechendes Kapitel.**

Achtung, Sicherheitskontrolle durchführen:

- Sind die Bremsschläuche festgezogen?
- Befindet sich der Bremsschlauch in der Halterung?
- Sind die Entlüftungsschrauben angezogen?
- Ist genügend Bremsflüssigkeit eingefüllt?
- Bei laufendem Motor Dichtheitskontrolle durchführen. Hierzu Bremspedal mit 200 bis 300 N (entspricht 20 bis 30 kg) etwa 10 Sekunden betätigen. Das Bremspedal darf nicht nachgeben. Sämtliche Anschlüsse auf Dichtheit kontrollieren.
- Anschließend einige Sicherheitsbremsungen auf einer Straße ohne Verkehr durchführen.

- Neue Bremsscheiben vorsichtig einbremsen, dazu Fahrzeug mehrmals von ca. 80 km/h auf 40 km/h mit geringem Pedaldruck abbremsen. Dazwischen Bremse etwas abkühlen lassen.

Bremsscheibendicke prüfen

MINI 1/MINI 2

Prüfen

- Radschrauben lösen. Fahrzeug aufbocken und Rad abnehmen. **Achtung:** Unbedingt Hinweise im Kapitel »Rad aus- und einbauen« beachten.

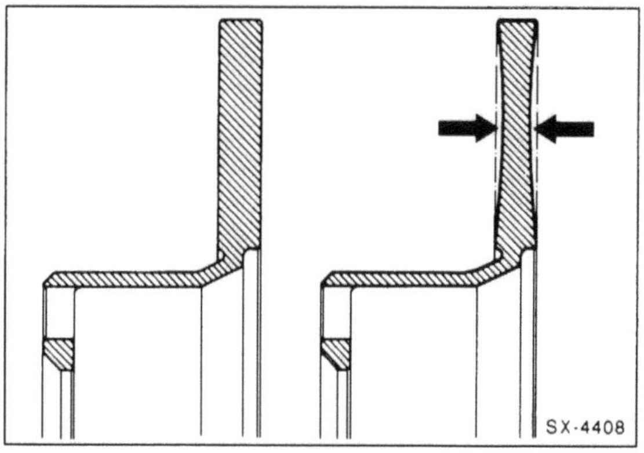

- Bremsscheibendicke immer an der dünnsten Stelle –Pfeile– messen. Die Werkstatt benutzt dazu einen speziellen Messschieber oder eine Mikrometer-Bügelmessschraube, da sich durch die Abnutzung der Bremsscheibe ein Rand bildet. Man kann die Bremsscheibendicke auch mit einer normalen Schieblehre messen, allerdings muss dann auf jeder Seite der Bremsscheibe eine entsprechend starke Unterlage zwischengelegt werden, zum Beispiel 2 Münzen. Um das exakte Maß der Bremsscheibendicke zu ermitteln, müssen von dem gemessenen Wert die Dicken der Münzen abgezogen werden.
- Messung an mehreren Punkten der Bremsscheibe vornehmen. Zulässige Toleranz an verschiedenen Messpunkten: **0,01 mm**.

Hinweis: Maximales Bearbeitungsmaß pro Bremsscheibenseite: **0,8 mm**. Weitere Soll- und Verschleißwerte für Bremsscheibe, siehe »Technische Daten Bremsanlage«.

- Wird die Verschleißgrenze erreicht, Bremsscheibe erneuern, siehe entsprechendes Kapitel.
- Innenbelüftete Bremsscheiben mit Haarrissen bis 25 mm Länge brauchen nicht ausgetauscht zu werden. Bei größeren Rissen oder bei Riefen, die tiefer als 0,5 mm sind, Bremsscheibe erneuern, siehe entsprechendes Kapitel.
- Rad anschrauben, dabei Reifen-Laufrichtung beachten. Fahrzeug ablassen, erst dann Radschrauben über Kreuz festziehen. **Achtung:** Anzugsdrehmoment und Hinweise im Kapitel »Rad aus- und einbauen« beachten.

Handbremse einstellen

Erforderlich ist die Einstellung der Handbremse nach:

- Austausch der Bremsbeläge hinten (**MINI 1**)
- Austausch der Bremsscheiben (**MINI 1**)
- Austausch der Handbremszüge
- Erneuerung des Handbremshebels

Außerdem muss die Handbremse neu eingestellt werden, wenn sich der Handbremshebel mehr als 6 Rasten hochziehen lässt, ohne dass die Handbremse spürbar anzieht.

Prüfen

- Fahrzeug hinten aufbocken.
- Handbremshebel eine Raste anziehen. Es darf noch keine Bremswirkung auftreten.
- Handbremshebel anziehen. Wenn die Räder bei 6 Rasten noch nicht blockiert sind, Handbremse einstellen.

Einstellen

Achtung: Die Reihenfolge der Einstellschritte unbedingt einhalten.

Achtung: Handbrems-Seilzüge und alle beweglichen Teile der Handbremse müssen leichtgängig sein.

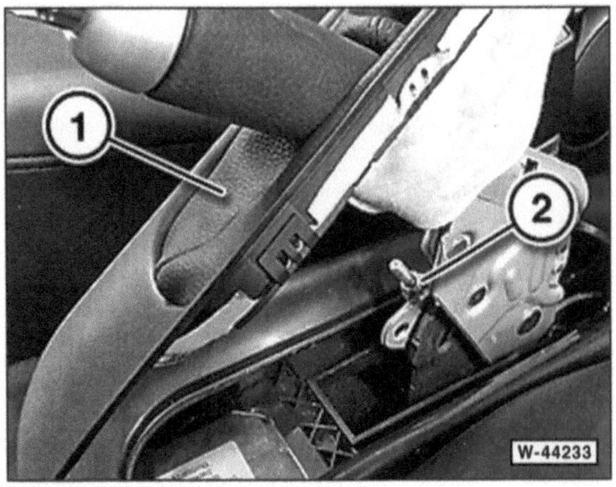

- Faltenbalg –1– aus der Mittelkonsole herausziehen und über den Handbremshebel stülpen, siehe Kapitel »Mittelkonsole aus- und einbauen«, Seite 230/241.
- Selbstsichernde Mutter –2– soweit losdrehen, bis der Handbremszug vollständig entlastet ist.
- Fahrzeug hinten aufbocken.

Sicherheitshinweis
Beim Aufbocken des Fahrzeugs besteht Unfallgefahr! Hinweise im Kapitel »Fahrzeug aufbocken« beachten.

- Bremsbeläge an beiden Hinterradbremsen ausbauen, siehe entsprechendes Kapitel.
- Bremskolben mit Spezial-Rückstellwerkzeug für Hinterradscheibenbremsen zurückdrücken, siehe Kapitel »Bremsbeläge aus- und einbauen«.
- Bremsbeläge wieder einbauen.

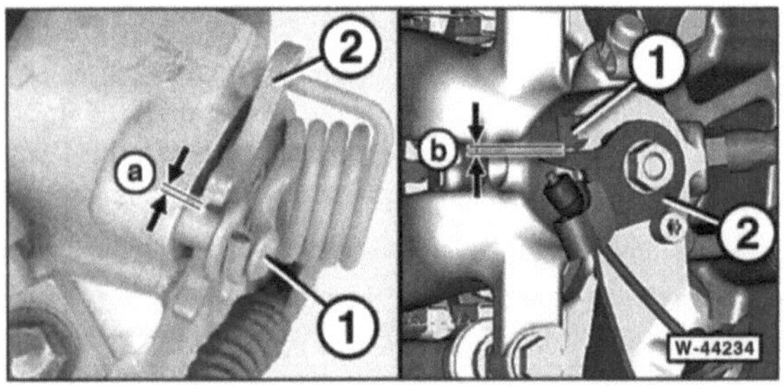

- Einstellmutter am Handbremshebel so weit eindrehen, bis sich an den Bremssätteln zwischen Feststellhebel –2– und Anschlag –1– ein bestimmter Abstand einstellt.
  Sollwerte:
  MINI 1: a = 2 - 3 mm
  MINI 2: b = 0,5 - 1,5 mm
- Handbremshebel 3-mal anziehen.
- Fußbremse mindetens 3-mal durchtreten.
- Handbremseinstellung überprüfen, gegebenenfalls Einstellvorgang wiederholen.
- Fahrzeug ablassen.

Handbremszug aus- und einbauen

Ausbau

- Mittelkonsole ausbauen, siehe Seite 230/241.

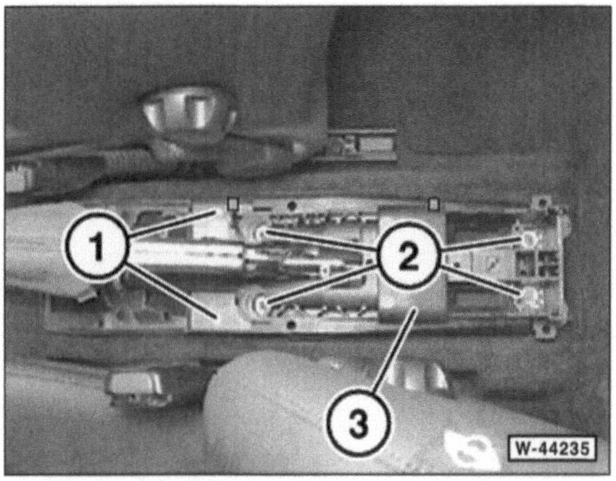

- Kabelhalterungen –1– vom Tragrahmen –3– der Mittelkonsole abbauen. **Hinweis:** Die Abbildung zeigt den Tragrahmen der Mittelkonsole mit Armlehne beim MINI 1.
- Stecker vom Schalter für Handbremse abziehen.
- Muttern –2– abschrauben, Tragrahmen –3– vom Boden abnehmen und über den Handbremshebel ziehen.
- Einstellmutter am Handbremshebel soweit losdrehen, bis der Handbremszug vollständig entlastet ist.

- Handbremszüge aus dem Ausgleichbügel –1– aushängen –Pfeile–.

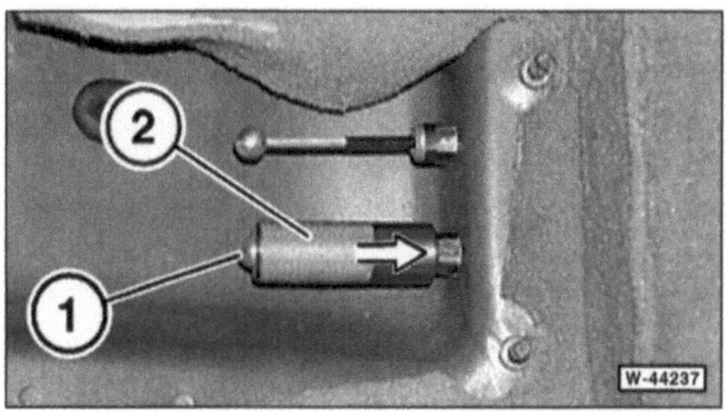

- Mit einem geeigneten Hohlzylinder –2– Rasthaken der Handbremszüge –1– entriegeln und Handbremszüge nach hinten aus der Bohrung drücken –Pfeil–. **Hinweis:** In der Fachwerkstatt wird der Ausdrücker BMW 34 6 330 verwendet.
- Fahrzeug aufbocken.

Sicherheitshinweis
Beim Aufbocken des Fahrzeugs besteht Unfallgefahr! Hinweise im Kapitel »Fahrzeug aufbocken« beachten.

- **MINI 1:** Abgasanlage ausbauen, siehe Seite 214.
- **MINI 1:** Hitzeschutzblech vom Fahrzeugunterboden abbauen.
- **MINI 2:** Hitzeschutzblech über der Abgasanlage vom Fahrzeugunterboden abschrauben und zur Seite schieben.

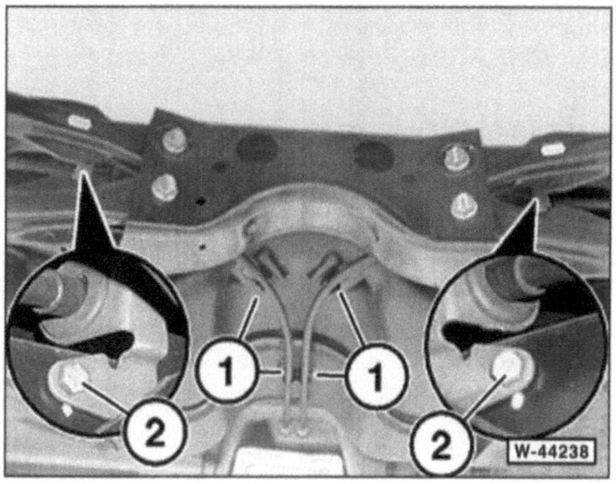

- Handbremszüge aus den Halterungen –1– am Kraftstoffbehälter aushängen.
- Schrauben –2– herausdrehen und Halter vom oberen Querlenker abnehmen.
- Handbremszug hinten am Bremssattel aushängen, siehe Kapitel »Bremssattel aus- und einbauen«.
- Handbremszug aus der Halterung an der Hinterachse herausziehen und nach unten abnehmen.

Einbau

Der Einbau erfolgt in umgekehrter Ausbaureihenfolge. Dabei ist Folgendes zu beachten:

- Darauf achten, dass die Handbremszüge korrekt den Bohrungen am Fahrzeugboden einrasten.
- Handbremse einstellen, siehe entsprechendes Kapitel.

Bremsschlauch aus- und einbauen

Achtung: Die starren Bremsleitungen aus Metall sollen von einer Fachwerkstatt verlegt werden, da zur fachgerechten Montage einige Erfahrung nötig ist.

Als flexible Verbindungen zwischen den starren Fahrzeugteilen und den Bremssätteln werden druckfeste Bremsschläuche verwendet. Diese müssen bei erkennbaren Schäden sofort ausgewechselt werden. Ältere Bremsschläuche können so aufquellen, dass sich in ihrem Innern der Durchflussquerschnitt verringert. In diesem Fall kann die Bremsflüssigkeit nicht aus dem Radbremszylinder in den Hauptbremszylinder zurückfließen; die Radbremse erhitzt sich. Wird dann das betreffende Entlüfterventil am Radbremszylinder geöffnet und das Rad blockiert nicht mehr, ist das ein Zeichen für einen defekten Bremsschlauch.

Achtung: Bremsschläuche nicht mit Öl oder Petroleum in Berührung bringen, nicht lackieren oder mit Unterbodenschutz besprühen.

Achtung: Regeln im Umgang mit Bremsflüssigkeit beachten, siehe Kapitel »Bremsanlage entlüften/Bremsflüssigkeit wechseln«.

Wird der Bremsschlauch vom Bremssattel beziehungsweise von der Bremsleitung getrennt, Bremspedal leicht durchdrücken und mit geeigneter Vorrichtung, zum Beispiel einer Pedalstütze, gedrückt halten. Dadurch wird verhindert, dass nach dem Öffnen der Bremsleitung Bremsflüssigkeit aus dem Vorratsbehälter nachläuft.

Hinweis: Hier wird der Aus- und Einbau an der Vorderradbremse beschrieben. An der Hinterradbremse in ähnlicher Weise vorgehen. Spezielle Hinweise zur Hinterradbremse stehen am Ende des Kapitels.

Ausbau

- Radschrauben lösen. Fahrzeug aufbocken und Rad abnehmen. **Achtung:** Unbedingt Hinweise im Kapitel »Rad aus- und einbauen« beachten.

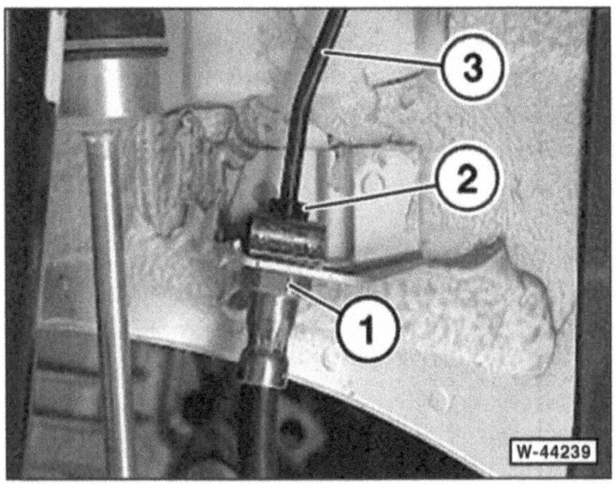

- Überwurfschraube –2– aus dem Bremsschlauch herausdrehen, dabei mit einem Maulschlüssel am 6- beziehungsweise 4-Kant –1– gegenhalten.
- Sicherungsklammer herausziehen, Bremsleitung –3– vom Bremsschlauch trennen und Bremsschlauch vom Halter an der Karosserie abnehmen.

Achtung: Auslaufende Bremsflüssigkeit mit Lappen auffangen. Leitungsanschluss in Richtung Hauptbremszylinder mit geeignetem Stopfen verschließen.

Sicherheitshinweis
Beim Öffnen vom Bremskreis läuft Bremsflüssigkeit aus. Bremsflüssigkeit in einer Flasche sammeln, die ausschließlich für Bremsflüssigkeit vorgesehen ist. Man kann auch zuvor die Bremsflüssigkeit mit einem Saugheber aus dem Bremsflüssigkeitsbehälter absaugen.

- Bremsschlauch aus der Halterung am Federbeinstützrohr herausziehen.

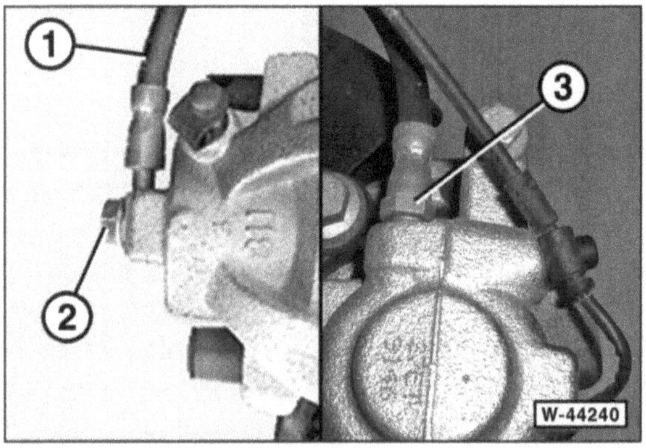

- **MINI 1:** Hohlschraube –2– aus dem Bremssattel herausdrehen und Bremsschlauch –1– vom Bremssattel abnehmen.
- **MINI 2:** Bremsschlauch –3– aus dem Bremssattel herausschrauben.

Achtung: Auslaufende Bremsflüssigkeit in einer Flasche sammeln.

Einbau

Nur vom Werk freigegebene Bremsschläuche einbauen. Neuen Bremsschlauch so einbauen, dass er ohne Drall durchhängt.

Hinweis: Bremsschlauch zuerst am Bremssattel anschrauben.

- **Vorderradbremse:** Räder in Geradeausstellung bringen.
- **MINI 1:** Dichtringe am Bremsschlauch ersetzen. Bremsschlauch am Bremssattel anbauen und Hohlschraube mit **40 Nm** festziehen.
- **MINI 2:** Bremsschlauch in den Bremssattel einschrauben und mit **24 Nm** festziehen.
- Bremsschlauch in die Halterung am Federbeinstützrohr einsetzen. Dabei auf richtigen Sitz der Gummidurchführung in der Halterung achten. **Achtung:** Der Bremsschlauch darf nicht verdreht sein.

- Bremsschlauch in den Halter an der Karosserie stecken, Sicherungsklammer einschieben, Bremsleitung mit Bremsschlauch verbinden und Überwurfschraube eindrehen.
- Überwurfschraube mit **14 Nm** festziehen, dabei Bremsschlauch mit einem Maulschlüssel gegenhalten.
- **Vorderradbremse:** Freigängigkeit des Bremsschlauches bei vollem Lenkradeinschlag prüfen.
- Bremsflüssigkeit im Vorratsbehälter bis zur MAX-Marke auffüllen.
- **Bremsanlage entlüften, siehe entsprechendes Kapitel.**
- Rad anschrauben, dabei Reifen-Laufrichtung beachten. Fahrzeug ablassen, erst dann Radschrauben über Kreuz festziehen. **Achtung:** Anzugsdrehmoment und Hinweise im Kapitel »Rad aus- und einbauen« beachten.
- **Vorderradbremse:** Lenkung noch einmal nach links und rechts bis zum Anschlag drehen und prüfen, ob der Bremsschlauch bei auf den Rädern stehendem Fahrzeug allen Radbewegungen folgt, ohne irgendwo zu scheuern.

Achtung, Sicherheitskontrolle durchführen:
- Sind die Bremsschläuche festgezogen?
- Befindet sich der Bremsschlauch in der Halterung?
- Sind die Entlüftungsschrauben angezogen?
- Ist genügend Bremsflüssigkeit eingefüllt?
- Bei laufendem Motor Dichtheitskontrolle durchführen. Hierzu Bremspedal mit 200 bis 300 N (entspricht 20 bis 30 kg) etwa 10 Sekunden betätigen. Das Bremspedal darf nicht nachgeben. Sämtliche Anschlüsse auf Dichtheit kontrollieren.
- Anschließend einige Sicherheitsbremsungen auf einer Straße ohne Verkehr durchführen.

Speziell Hinterradbremse

Hinweis: Der Aus- und Einbau erfolgt im Prinzip wie bei der Vorderradbremse.

- Wenn nötig, Unterbodenabdeckung hinten links zum Teil losschrauben, siehe Seite 273.

Anzugsdrehmomente:
MINI 1: Bremsschlauch an Bremssattel, Hohlschraube **48 Nm**
MINI 2: Bremsschlauch an Bremssattel. . . . . **24 Nm**
Bremsleitung an Bremsschlauch, Überwurfschraube **14 Nm**

Bremsanlage entlüften/ Bremsflüssigkeit wechseln

Beim Umgang mit Bremsflüssigkeit sind folgende Hinweise zu beachten:

Sicherheitshinweis
Bremsflüssigkeit ist giftig. Keinesfalls Bremsflüssigkeit mit dem Mund über einen Schlauch absaugen. Bremsflüssigkeit nur in Behälter füllen, bei denen ein versehentlicher Genuss ausgeschlossen ist.

- Bremsflüssigkeit ist ätzend und darf deshalb nicht mit dem Autolack in Berührung kommen, gegebenenfalls Bremsflüssigkeit sofort abwischen und mit viel Wasser abwaschen.
- Bremsflüssigkeit ist hygroskopisch, das heißt, sie nimmt aus der Luft Feuchtigkeit auf. Bremsflüssigkeit deshalb nur in geschlossenen Behältern aufbewahren.
- **Bremsflüssigkeit, die schon einmal im Bremssystem verwendet wurde, darf nicht wieder verwendet werden. Auch beim Entlüften der Bremsanlage nur neue Bremsflüssigkeit verwenden.**
- Bremsflüssigkeits-Spezifikation: **DOT 4 niederviskos.**
- **Bremsflüssigkeit darf nicht mit Mineralöl in Berührung kommen.** Schon geringe Spuren von Mineralöl machen die Bremsflüssigkeit unbrauchbar, beziehungsweise führen zum Ausfall des Bremssystems. Stopfen und Manschetten der Bremsanlage werden beschädigt, wenn sie mit mineralölhaltigen Mitteln zusammenkommen. Zum Reinigen keine mineralölhaltigen Putzlappen verwenden.
- Bremsflüssigkeit **alle 2 Jahre wechseln**, möglichst nach der kalten Jahreszeit.

Achtung: Bremsflüssigkeit ist ein Problemstoff und darf auf keinen Fall einfach weggeschüttet oder dem Hausmüll mitgegeben werden. Gemeinde- und Stadtverwaltungen informieren darüber, wo sich die nächste Problemstoff-Sammelstelle befindet.

Bremsanlage entlüften

Nach jeder Reparatur an der Bremse, bei der die Bremsanlage geöffnet wurde, kann Luft in die Druckleitungen eingedrungen sein. Dann muss das Bremssystem entlüftet werden. Luft ist auch dann in den Leitungen, wenn sich der Bremsdruck beim Treten des Bremspedals schwammig anfühlt. In diesem Fall muss die Undichtigkeit beseitigt und die Bremsanlage entlüftet werden.

In der Werkstatt wird die Bremse in der Regel mit einem Bremsentlüftungsgerät entlüftet. Im Normalfall geht es auch ohne das Bremsentlüftungsgerät. Die Bremsanlage wird dann durch Pumpen mit dem Bremspedal entlüftet, dazu ist eine zweite Person notwendig.

Wenn eine Kammer des Bremsflüssigkeitsbehälters vollständig leer gelaufen ist (zum Beispiel bei Undichtigkeiten im Bremssystem oder wenn beim Entlüften vergessen wurde, Bremsflüssigkeit nachzufüllen), wird Luft angesaugt, die in die ABS-Hydraulikpumpe gelangt. **In diesem Fall, muss die Bremsanlage in einer Fachwerkstatt mit einem Bremsentlüftungsgerät entlüftet werden. Das Fahrzeug muss während des Entlüftungsvorgangs an ein Diagnosegerät angeschlossen sein.**

Muss die komplette Anlage entlüftet werden, jede Radbremse einzeln entlüften. Das ist dann der Fall, wenn Luft in jeden einzelnen Bremszylinder gedrungen ist. Dann muss ebenfalls ein **Bremsentlüftungsgerät** verwendet werden. Falls nur ein Bremssattel erneuert bzw. überholt wurde, genügt in der Regel das Entlüften des betreffenden Bremszylinders.

Sicherheitshinweis
Wenn eine Kammer des Bremsflüssigkeitsbehälters leer gelaufen ist, muss die Bremsanlage in der Werkstatt mit dem Entlüftungsgerät entlüftet werden. Das Fahrzeug muss dabei an ein Diagnosegerät angeschlossen sein.

Das Bremssystem ist in 2 Kreise aufgeteilt, mit je einem Vorderrad und einem diagonal gegenüberliegenden Hinterrad. Jeder Bremskreis kann einzeln entlüftet werden. Falls nur ein Bremssattel erneuert beziehungsweise überholt wurde, genügt in der Regel das Entlüften des betreffenden Bremszylinders. Muss die komplette Anlage entlüftet werden, jede Radbremse einzeln entlüften.

Die Reihenfolge der Entlüftung:
1. Bremssattel hinten rechts,
2. Bremssattel hinten links,
3. Bremssattel vorn rechts,
4. Bremssattel vorn links.

Hinweis: Das Fahrzeug muss auf ebenem Untergrund stehen.

- Motorhaube öffnen.
- **MINI 2:** Klappe in der linken Windlaufabdeckung entriegeln und öffnen.
- Bremsflüssigkeitsstand am Vorratsbehälter markieren, damit der Behälter nach dem Entlüften auf den alten Stand aufgefüllt werden kann.
- Bremsflüssigkeitsbehälter bis zur MAX-Markierung auffüllen.
- Radschrauben lösen. Fahrzeug aufbocken und Rad abnehmen. **Achtung:** Unbedingt Hinweise im Kapitel »Rad aus- und einbauen« beachten.

Achtung: Staubkappen von den Entlüfterventilen abziehen. Ventile –Pfeil– reinigen und vorsichtig öffnen, damit sie nicht abgedreht werden. Es empfiehlt sich, die Ventile ca. 1 Stunde vor dem Entlüften mit Rostlöser einzusprühen.

- Durchsichtigen, sauberen Schlauch auf das gereinigte Entlüfterventil aufstecken, anderes Schlauchende in eine mit Bremsflüssigkeit halbvoll gefüllte Flasche stecken. **Hinweis:** Einen geeigneten Schlauch und ein passendes Gefäß gibt es im Autozubehörhandel.

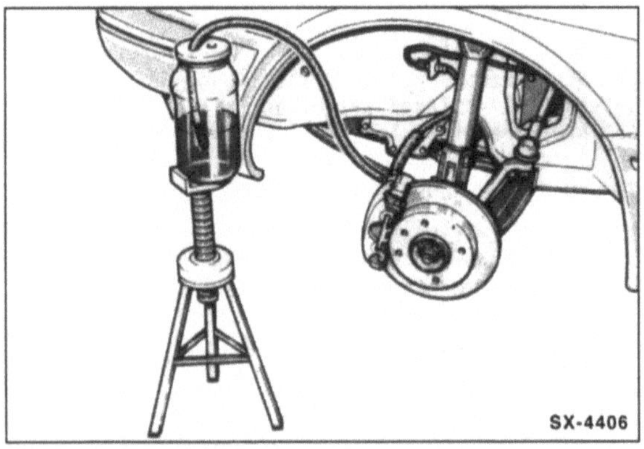

Achtung: Während des Entlüftens die Entlüfterflasche 30 Zentimeter höher als das Entlüfterventil halten.

- Bremsflüssigkeitsstand im Vorratsbehälter beobachten. Der Flüssigkeitsspiegel darf nicht zu weit sinken, sonst wird über den Vorratsbehälter Luft angesaugt. **Immer nur neue Bremsflüssigkeit nachgießen!**
- Von einem Helfer Bremspedal bei geschlossenem Entlüfterventil so oft niedertreten lassen – »pumpen« –, bis sich im Bremssystem Druck aufgebaut hat; zu spüren am wachsenden Widerstand beim Betätigen des Pedals. Dabei Bremspedal langsam niedertreten, um Blasenbildung zu vermeiden.
- Ist genügend Druck vorhanden, Bremspedal ganz durchtreten und Fuß auf dem Bremspedal halten.

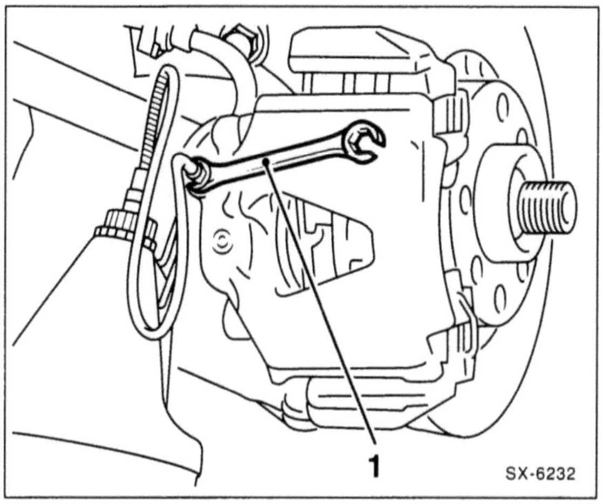

- Entlüfterventil am Bremssattel etwa ½ Umdrehung mit einem Ringschlüssel –1– öffnen. Zum Öffnen der Ventile gibt es spezielle Entlüftungsschlüssel, zum Beispiel HAZET 4968-11. Ausfließende Bremsflüssigkeit in der Flasche sammeln. **Hinweis:** Die Abbildung zeigt nicht den Bremssattel des MINI.
- Ausfließende Bremsflüssigkeit in der Flasche sammeln. Darauf achten, dass sich das Schlauchende in der Flasche ständig unterhalb des Flüssigkeitsspiegels befindet und dass die Flasche über dem Bremssattel steht.
- Sobald der Flüssigkeitsdruck nachlässt, Entlüfterventil bei weiterhin niedergetretenem Bremspedal schließen.
- Pumpvorgang wiederholen, bis sich Druck aufgebaut hat. Bremspedal niedertreten, Fuß auf dem Bremspedal lassen, Entlüfterventil öffnen, bis der Druck nachlässt. Entlüfterventil schließen.
- Entlüftungsvorgang an einem Bremszylinder so lange wiederholen, bis sich in der Bremsflüssigkeit, die in die Entlüfterflasche strömt, keine Luftblasen mehr zeigen.
- Nach dem Entlüften Schlauch vom Entlüfterventil abziehen, Entlüfterventil festziehen und Staubkappe auf Ventil stecken.

  Anzugsdrehmomente:

  MINI 1: . . . . **12 – 16 Nm**

  MINI 2: . . . . **9 – 11 Nm**
- Die Bremszylinder an den anderen Rädern auf die gleiche Weise entlüften, dabei Reihenfolge einhalten.
- Rad anschrauben, dabei Reifen-Laufrichtung beachten. Fahrzeug ablassen, erst dann Radschrauben über Kreuz festziehen. **Achtung:** Anzugsdrehmoment und Hinweise im Kapitel »Rad aus- und einbauen« beachten.
- Nach dem Entlüften den Bremsflüssigkeitsbehälter bis zur angezeichneten Markierung auffüllen. Damit wird gewährleistet, dass nach einem späteren Einbau von neuen, dickeren Bremsbelägen die Bremsflüssigkeit beim Zurückdrücken des Bremskolbens nicht aus dem Vorratsbehälter austritt.
- Bremsflüssigkeitsbehälter verschließen, dabei Gummidichtung im Verschlussdeckel beachten.

Bremsflüssigkeit wechseln

Erforderliches Spezialwerkzeug:

- Ringschlüssel für Entlüftungsschrauben.
- Bremsentlüftungsgerät.
- Diagnosegerät.

Erforderliches Betriebsmittel:

- Bremsflüssigkeit der Spezifikation **DOT 4 niederviskos**.

Bremsflüssigkeit nimmt durch die Poren der Bremsschläuche sowie durch die Entlüftungsöffnung des Vorratsbehälters Luftfeuchtigkeit auf. Dadurch sinkt im Laufe der Betriebszeit der Siedepunkt der Bremsflüssigkeit. Bei starker Beanspruchung der Bremse kann es deshalb zu Dampfblasenbildung in den Bremsleitungen kommen, wodurch die Funktion der Bremsanlage stark beeinträchtigt wird.

Die Bremsflüssigkeit soll alle **2 Jahre**, möglichst im Frühjahr, erneuert werden. Bei vielen Gebirgsfahrten, Bremsflüssigkeit in kürzeren Abständen wechseln.

BMW empfiehlt beim Bremsflüssigkeitwechsel die Verwendung eines Bremsentlüftungsgerätes und Diagnosegerätes.

Hinweis: Da bei Fahrzeugen mit Schaltgetriebe die Kupplungsbetätigung ebenfalls mit Bremsflüssigkeit arbeitet, muss auch der Inhalt des Kupplungssystems ersetzt werden, siehe entsprechenden Abschnitt.

Achtung: Die Arbeitsschritte zum Wechseln der Bremsflüssigkeit sind weitgehend gleich wie beim Entlüften der Bremsanlage, siehe entsprechenden Abschnitt. In der folgenden Beschreibung wird nur auf die Unterschiede eingegangen.

- Mit einer Absaugflasche aus dem Vorratsbehälter so viel wie möglich Bremsflüssigkeit absaugen.

Achtung: Abgesaugte Bremsflüssigkeit auf keinen Fall wieder verwenden.

- Vorratsbehälter bis zur MAX-Marke mit **neuer** Bremsflüssigkeit füllen.
- Alte Bremsflüssigkeit nacheinander aus den Bremssätteln herauspumpen. Reihenfolge: hinten rechts, hinten links, vorn rechts, vorn links.
- **Fahrzeug mit Schaltgetriebe:** Bremsflüssigkeit aus dem Kupplungssystem herauspumpen, siehe entsprechenden Abschnitt.
- Die abfließende Bremsflüssigkeit muss in jedem Fall klar und blasenfrei sein.

Achtung: Vorratsbehälter zwischendurch immer mit **neuer** Bremsflüssigkeit auffüllen. Er darf nie ganz leer sein, sonst gelangt Luft in das Bremssystem, siehe Hinweise im Abschnitt »Bremsanlage entlüften«.

- Nach dem Bremsflüssigkeitswechsel das Bremspedal betätigen und Leerweg prüfen. Der Leerweg darf maximal ⅓ des gesamten Pedalwegs betragen.

Bremsflüssigkeit im Kupplungssystem wechseln

Hinweis: Der Kupplungsnehmerzylinder sitzt beim MINI 1 oben am Getriebe und ist vom Motorraum aus zugänglich. Beim MINI 2 ist der Kupplungsnehmerzylinder unten am Getriebe angeschraubt.

- Bremsflüssigkeitsstand am Vorratsbehälter markieren, damit der Behälter nach dem Flüssikeitswechsel auf den alten Stand aufgefüllt werden kann.
- **MINI 1:** Motorhaube öffnen und Batteriekasten ausbauen, siehe Seite 58.
- **MINI 2:** Fahrzeug vorne aufbocken.

Sicherheitshinweis
Beim Aufbocken des Fahrzeugs besteht Unfallgefahr! Hinweise im Kapitel »Fahrzeug aufbocken« beachten.

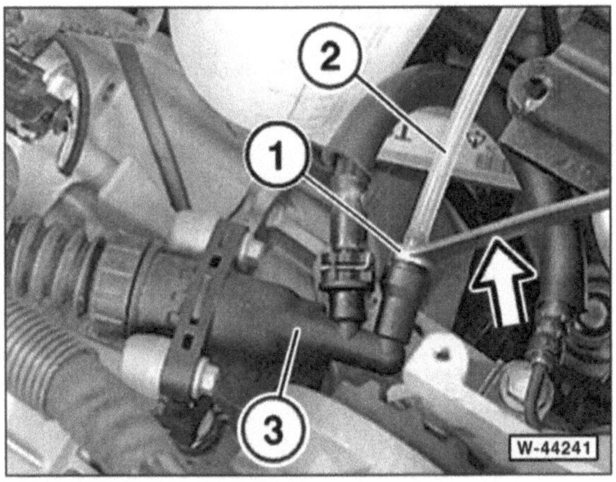

- Staubkappe vom Entlüfterventil –1– am Kupplungsnehmerzylinder –3– abziehen. **Hinweis:** Die Abbildung zeigt den Kupplungsnehmerzylinder beim MINI 1.
- Durchsichtigen, sauberen Schlauch –2– auf das gereinigte Entlüfterventil –1– aufstecken, anderes Schlauchende in eine mit Bremsflüssigkeit halbvoll gefüllte Flasche stecken.
- Entlüfterventil mit Entlüftungsschlüssel –Pfeil– öffnen und Kupplungspedal behutsam durchtreten.
- Ausfließende Bremsflüssigkeit in der Flasche sammeln. Darauf achten, dass sich das Schlauchende in der Flasche ständig unterhalb des Flüssigkeitsspiegels befindet.
- Sobald der Flüssigkeitsdruck nachlässt, Entlüfterventil bei weiterhin niedergetretenem Kupplungspedal schließen.
- Kupplungspedal erneut niedertreten, Fuß auf dem Pedal lassen, Entlüfterventil öffnen, bis der Druck nachlässt. Entlüfterventil schließen.
- Vorgang so lange wiederholen, bis klare Bremsflüssigkeit ohne Luftblasen austritt.

Achtung: Vorratsbehälter zwischendurch immer mit **neuer** Bremsflüssigkeit auffüllen. Er darf nie ganz leer sein, sonst gelangt Luft in das Bremssystem.

- Zuletzt Entlüfterventil schließen, Kupplungspedal loslassen, Schlauch abziehen und Staubkappe aufstecken.
- **MINI 1:** Batteriekasten einbauen, siehe Seite 58.
- **MINI 2:** Fahrzeug ablassen.
- Bremsflüssigkeitsbehälter bis zur angezeichneten Markierung auffüllen und verschließen.
- Kupplungssystem auf Funktion prüfen: Motor starten, Kupplung betätigen und 2 Sekunden später den Rückwärtsgang vorsichtig einlegen. Sind ungewöhnliche Geräusche hörbar oder der Rückwärtsgang lässt sich nur schwer einlegen, Kupplungssystem in der Werkstatt durch ein Bremsentlüftungsgerät entlüften.

Bremslichtschalter aus- und einbauen

Der Bremslichtschalter sitzt am Pedalbock. Beim Betätigen des Bremspedals wird über den Schalter das Bremslicht eingeschaltet. Außerdem dient der Bremslichtschalter dem ABS/ASC/DSC-Steuergerät als Signalgeber für den Beginn eines Bremsvorganges. Daher ist eine korrekte Funktion und Einstellung äußerst wichtig.

Bremslichtschalter prüfen

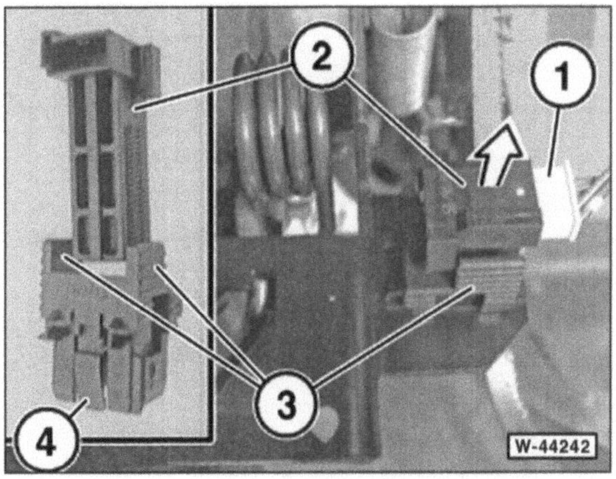

- Stecker –1– entriegeln und vom Bremslichtschalter –2– abziehen.
- Zündung einschalten.
- Steckerkontakte mit kurzer Hilfsleitung überbrücken. Wenn die Bremslichter jetzt aufleuchten, ist der Bremslichtschalter defekt.

Ausbau

- Zündung ausschalten und Zündschlüssel abziehen.
- Stecker –1– entriegeln und vom Bremslichtschalter –2– abziehen.
- Bremslichtschalter –2– aus der Halterung –3– herausziehen –Pfeil–.
- Rastlaschen –4– zusammendrücken und Halterung –3– vom Bremspedal abziehen.

Einbau

- Halterung –3– am Bremspedal einsetzen und einrasten.
- Bremspedal durchdrücken.
- Bremslichtschalter –2– bis zum Anschlag in die Halterung –3– einschieben.
- Halterung –3– gegenhalten und dabei Bremspedal langsam zurückführen. Bremspedal zuletzt bis zum Anschlag zurückziehen.
- Stecker für Bremslichtschalter aufschieben und einrasten. Schalter auf Funktion prüfen.

Störungsdiagnose Bremse

Störung	Ursache	Abhilfe
Leerweg des Bremspedals zu groß.	Ein Bremskreis ausgefallen.	■ Bremskreise auf Flüssigkeitsverlust prüfen.
Bremspedal lässt sich weit und federnd durchtreten.	Luft im Bremssystem.	■ Bremse entlüften.
	Zu wenig Bremsflüssigkeit im Bremsflüssigkeitsbehälter.	■ Neue Bremsflüssigkeit nachfüllen. Bremse entlüften.
	Dampfblasenbildung. Tritt meist nach starker Beanspruchung auf, z. B. Passabfahrt.	■ Bremsflüssigkeit wechseln. Bremse entlüften.
Bremswirkung lässt nach, und Bremspedal lässt sich durchtreten.	Undichte Leitung.	■ Leitungsanschlüsse nachziehen oder Leitung erneuern. Bremsanlage von der Werkstatt prüfen lassen.
Schlechte Bremswirkung trotz hohen Fußdrucks.	Bremsbeläge verölt.	■ Bremsbeläge erneuern.
	Ungeeigneter oder verhärteter Bremsbelag.	■ Beläge erneuern. Nur vom Automobilhersteller freigegebene Bremsbeläge verwenden.
	Bremsbeläge abgenutzt.	■ Bremsbeläge erneuern.
	Bremskraftverstärker defekt, Unterdruckleitung porös, defekt.	■ Bremskraftverstärker und Unterdruckleitung prüfen.
Bremse zieht einseitig.	Unvorschriftsmäßiger Reifendruck.	■ Reifendruck prüfen und berichtigen.
	Bereifung ungleichmäßig abgefahren.	■ Abgefahrene Reifen ersetzen.
	Bremsbeläge verölt.	■ Bremsbeläge erneuern.
	Verschiedene Bremsbelagsorten auf einer Achse.	■ Beläge erneuern. Nur vom Automobilhersteller freigegebene Bremsbeläge verwenden.
	Schlechtes Tragbild der Bremsbeläge.	■ Bremsbeläge austauschen.
	Verschmutzte Bremssattelschächte.	■ Sitz- und Führungsflächen der Bremsbeläge im Bremssattel reinigen.
	Korrosion in den Bremssattelzylindern.	■ Bremssattel erneuern.
	Bremsbelag ungleichmäßig verschlissen.	■ Bremsbeläge erneuern (an beiden Rädern), Bremssättel auf Leichtgängigkeit prüfen.
Bremse zieht von selbst an.	Hauptbremszylinder defekt.	■ Hauptbremszylinder ersetzen.
Bremsen erhitzen sich während der Fahrt.	Bremssattelkolben schwergängig.	■ Bewegliche Teile der Bremse schmieren. Bremssattel eventuell erneuern.
	Handbremsseil schwergängig.	■ Seil schmieren oder erneuern.
	Bremsschlauch innen aufgequollen, dicht.	■ Bremsschlauch erneuern.
	Korrosion in den Bremsattelzylindern.	■ Bremssattel erneuern.
Bremsen rattern.	Ungeeigneter Bremsbelag.	■ Beläge erneuern. Nur vom Automobilhersteller freigegebene Bremsbeläge verwenden.
	Bremsscheibe stellenweise korrodiert.	■ Scheibe mit Schleifklötzen sorgfältig glätten.
	Bremsscheibe hat Seitenschlag.	■ Scheibe nacharbeiten oder ersetzen.

Störung	Ursache	Abhilfe
Räder lassen sich schwer von Hand drehen.	Bremsbeläge lösen sich nicht von der Bremsscheibe, Korrosion in den Bremssattelzylindern.	■ Bremssattel austauschen.
Ungleichmäßiger Belag-Verschleiß.	Ungeeigneter Bremsbelag.	■ Beläge erneuern.
	Bremssattel verschmutzt.	■ Bremssattelschächte reinigen.
	Bremssattel klemmt.	■ Führungsbuchsen und -stifte gangbar machen.
	Kolben nicht leichtgängig.	■ Bremssattel austauschen.
	Bremssystem undicht.	■ Bremssystem auf Dichtigkeit prüfen.
Keilförmiger Bremsbelag-Verschleiß.	Bremsscheibe läuft nicht parallel zum Bremssattel.	■ Anlagefläche des Bremssattels prüfen.
	Korrosion in den Bremssätteln.	■ Verschmutzung beseitigen oder Bremssattel erneuern.
	Korrosion in den Bremssattelzylindern.	■ Bremssattel austauschen.
	Bremsschlauch innen aufgequollen, dicht.	■ Bremsschlauch erneuern.
Bremse quietscht.	Oft auf atmosphärische Einflüsse (Luftfeuchtigkeit) zurückzuführen.	■ Keine Abhilfe erforderlich, wenn Quietschen nach längerem Stillstand des Wagens bei hoher Luftfeuchtigkeit auftritt, sich dann aber nach den ersten Bremsungen nicht wiederholt.
	Ungeeigneter Bremsbelag.	■ Beläge erneuern. Belagführungsflächen mit Anti-Quietsch-Paste bestreichen.
	Bremsscheibe läuft nicht parallel zum Bremssattel.	■ Anlagefläche des Bremssattels prüfen.
	Verschmutzte Schächte im Bremssattel.	■ Bremssattelschächte reinigen.
Bremse pulsiert.	ABS bei Vollbremsung in Funktion.	■ Normal, keine Abhilfe.
	Seitenschlag oder Dickentoleranz der Bremsscheibe zu groß.	■ Schlag und Toleranz prüfen. Scheibe nacharbeiten oder ersetzen.
	Bremsscheibe läuft nicht parallel zum Bremssattel.	■ Anlagefläche des Bremssattels prüfen.
ABS- oder ASC/DSC-Kontrollleuchte leuchtet während der Fahrt.	Betriebsspannung zu niedrig (unter ca. 10 Volt).	■ Batteriespannung prüfen. Prüfen, ob Kontrolllampe für Generator nach dem Motorstart erlischt, andernfalls Keilrippenriemen und Generator prüfen. ■ Hinweise zu ABS/ASC/DSC beachten.
	ABS- bzw. ASC/DSC-Anlage defekt.	■ ABS/ASC/DSC-Anlage in der Fachwerkstatt prüfen lassen.
Wirkung der Handbremse nicht ausreichend.	Bowdenzüge korrodiert.	■ Neuteile einbauen.

Motor-Mechanik

Aus dem Inhalt:

- Motorabdeckung
- Ventile einstellen
- Keilrippenriemen
- Motor-Kühlung
- Lüfter ausbauen
- Kühler ausbauen
- Kühlmittelregler

Obere Motorabdeckung aus- und einbauen

MINI 2

Benzinmotor N12/N14

Ausbau

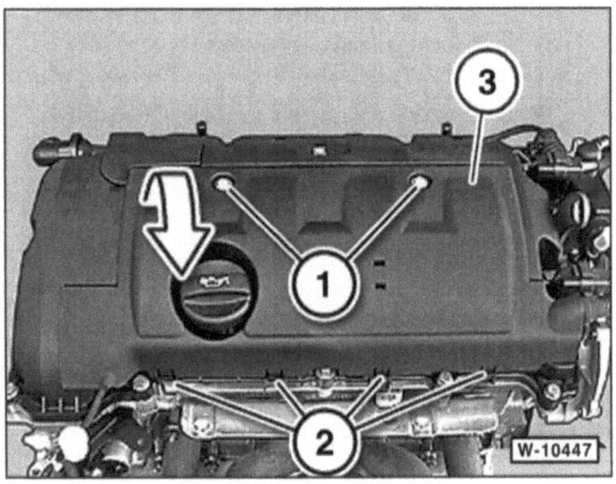

- Schrauben –1– herausdrehen.
- Abdeckung –3– an den Klammern –2– lösen und in Pfeilrichtung nach oben abnehmen.

Einbau

- Der Einbau erfolgt in umgekehrter Ausbaureihenfolge. Schrauben mit **9 Nm** festziehen.

Dieselmotor W16

Ausbau

- Abdeckung –1– nach oben anheben –Pfeile– und abnehmen.

Einbau

- Abdeckung über den Befestigungspunkten ansetzen und nach unten aufdrücken.

Zylinderkopfdeckel aus- und einbauen

MINI 1, Dieselmotor W17

Hinweis: Der Ausbau ist erforderlich, um das Ventilspiel einstellen zu können.

Ausbau

- Steckverbindung der Einspritz-Injektoren trennen und Kabel zur Seite legen.
- Kraftstoffleitung vom Zylinderkopfdeckel abbauen.
- Leitung der Vakuumpumpe vom Zylinderkopfdeckel abbauen.
- Schlauch für Motorentlüftung vom Anschluss am Zylinderkopfdeckel abziehen.

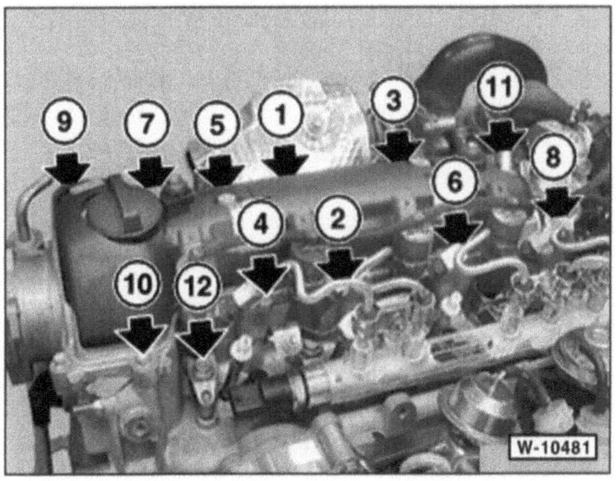

- Zylinderkopfdeckel abschrauben. Dazu alle Schrauben von außen nach innen in der Reihenfolge 12 bis 1 stufenweise lockern und anschließend herausdrehen.
- Zylinderkopfdeckel abnehmen.

Einbau

- Dichtflächen sauber und ölfrei reinigen.

Achtung: Sicherstellen, dass keine Dichtmittelreste in den Motor fallen. Anhaftendes Dichtmittel von den Dichtflächen vollständig entfernen.

- Neues Dichtmittel, zum Beispiel »Drei Bond 2210«, wie folgt auftragen:

- Vorn am Zylinderkopf links und rechts eine dünne und gleichmäßige Dichtraupe auftragen –Pfeile–.

- Hinten am Zylinderkopf links und rechts jeweils eine dünne und gleichmäßige Dichtraupe auftragen –Pfeile–.
- **Neue** Dichtung spannungsfrei in den Zylinderkopfdeckel einlegen.
- Zylinderkopfdeckel aufsetzen und alle Schrauben vorerst bis zur Anlage am Zylinderkopfdeckel einschrauben.
- Richtigen Sitz der Dichtung am Zylinderkopf hinten und vorn prüfen.
- Alle Schrauben von innen nach außen in der Reihenfolge 1 bis 12 in 2 Stufen anziehen, siehe Abbildung W-10481.

Anzugsdrehmomente:

1. Stufe: . . . . **5 Nm**
2. Stufe: . . . . **11 Nm**

Ventilspiel prüfen/einstellen

MINI 1, Dieselmotor W17

Hinweis: Bei den anderen Motoren wird das Ventilspiel durch hydraulische Ventilspielausgleicher automatisch nachgestellt.

Allgemeine Hinweise:

- Um unterschiedliche Wärmeausdehnungen im Ventiltrieb zu kompensieren, muss ein gewisses Ventilspiel vorhanden sein.
- Bei zu geringem Spiel verändern sich die Steuerzeiten, die Verdichtung ist schlecht, die Motorleistung nimmt ab, der Motorlauf ist unregelmäßig. In extremen Fällen können sich die Ventile verziehen oder die Ventile beziehungsweise Ventilsitze verbrennen.
- Bei zu großem Spiel stellen sich starke mechanische Geräusche ein, die Steuerzeiten verändern sich, der Motor gibt wegen mangelhafter Zylinderfüllung weniger Leistung ab, der Motorlauf ist unregelmäßig.
- Das Einstellen der Ventile hat nur dann den gewünschten Erfolg, wenn die Ventile einwandfrei abdichten, diese kein unzulässiges Spiel in den Ventilführungen haben und am Schaftende nicht eingeschlagen sind.
- Das Ventilspiel ist jeweils nach Reparaturen, oder wenn Geräusche am Ventiltrieb auftreten, zu prüfen beziehungsweise einzustellen. Außerdem ist das Ventilspiel im Rahmen der Wartung zu prüfen.
- Das Ventilspiel soll bei kaltem Motor geprüft und eingestellt werden. Der Motor wird als kalt bezeichnet, wenn seine Temperatur einer Umgebungstemperatur von ca. +20° C entspricht. Zum Einstellen des Ventilspiels darf die Motortemperatur maximal +35° C betragen.

Ventilspiel-Sollwerte bei max. +35° C

Ventil	Prüfwert	Einstellwert
Einlassventil	0,11 – 0,17 mm	0,14 mm
Auslassventil	0,14 – 0,20 mm	0,17 mm

Prüfen

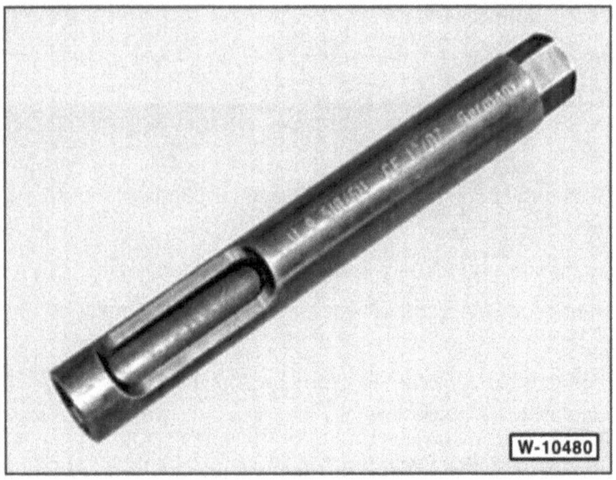

W-10480

Hinweis: Zum Einstellen des Ventilspiels werden entweder ein hohler Steckschlüssel oder das BMW-Werkzeug 11 0 450 sowie ein Schraubendreher benötigt.

- Innenkotflügel vorn rechts ausbauen, siehe Seite 260.
- Zylinderkopfdeckel ausbauen, siehe entsprechendes Kapitel.
- Getriebe in Leerlaufstellung bringen, Handbremse anziehen.

W-10476

- Kurbelwelle an der Zentralschraube –1– der Kurbelwellen-Riemenscheibe (Schwingungsdämpfer) in Drehrichtung des Motors drehen.

● Motor soweit drehen, bis die Nockenspitze –1– der Nockenwelle senkrecht nach oben steht –Pfeil–.

Hinweis: Der im Bild dargestellte Nocken –1– vor der Lagerbrücke ist für das Einlassventil. Prüfen und Einstellen wird an einem Ventil beschrieben. Die Vorgehensweise ist bei allen Ventilen gleich.

● Ventilspiel bei nach oben zeigender Nockenspitze –1– mit einer Fühlerlehre –2– messen. Den gemessenen Wert notieren und mit dem vorgeschriebenen Ventilspiel vergleichen. Liegt das gemessene Ventilspiel außerhalb des Prüfwertes, Ventilspiel einstellen.

Einstellen

Achtung: Nockenwelle beim Lösen der Kontermutter nicht beschädigen.

● Kontermutter mit Spezialwerkzeug –A–, zum Beispiel BMW 11 0 450 lockern.

● Ventilspiel durch Drehen der Einstellschraube mit einem Schraubendreher –3– einstellen.

● Nach dem Einstellen die Kontermutter mit Spezialwerkzeug –A– und **20 Nm** festziehen, dabei Einstellschraube mit dem Schraubendreher gegenhalten.

● Ventilspiel mit einer Fühlerlehre –2– erneut prüfen, gegebenenfalls korrigieren.

● Kurbelwelle und damit Nockenwelle weiterdrehen, bis der Nocken des nächsten Ventils nach oben zeigt. Ventilspiel für dieses Ventil prüfen. Auf diese Weise Ventilspiel für alle Ventile prüfen.

● Zylinderkopfdeckel einbauen, siehe entsprechendes Kapitel.

● Kraftstoffleitungen am Zylinderkopfdeckel anbauen.

● Unterdruckleitung am Zylinderkopfdeckel anbauen.

● Innenkotflügel vorn rechts einbauen, siehe Seite 260.

Keilrippenriemen aus- und einbauen

Achtung: Soll der bisherige Keilrippenriemen wieder eingebaut werden, Laufrichtung des Riemens markieren. Dazu mit einem Fettstift einen Pfeil in Laufrichtung auf dem Riemen anbringen. Keilrippenriemen unbedingt in der bisherigen Laufrichtung wieder einbauen, anderenfalls verschleißt der Riemen stärker und kann im späteren Betrieb reissen.

MINI 2, Benzinmotor N12/N14

Fahrzeuge mit Klimaanlage

Ausbau

- Innenkotflügel vorn rechts ausbauen, siehe Seite 275.
- Rechten Scheinwerfer ausbauen, siehe Seite 93.
- Schlossträger ausbauen, siehe Seite 174.

- Riemenspanner –1– mit einem Schraubenschlüssel –2– in Pfeilrichtung –a– gegen die Federkraft drehen und damit in Montagestellung bringen. **Achtung:** Hohe Federkraft. Schraubenschlüssel sicher ansetzen und gut festhalten. Unfallgefahr!

Hinweis: In der Abbildung ist zur Verdeutlichung die Vorderwand abgebaut.

- In dieser Stellung einen Arretierstift –3– in Pfeilrichtung –b– durch die Bohrungen schieben und dadurch Riemenspanner –1– sichern.
- Schraubenschlüssel –2– wieder vom Riemenspanner abnehmen.
- Keilrippenriemen –4– vom Generator abnehmen.

- Um den Kraftschluss zwischen Kurbelwelle und Kühlmittelpumpe zu lösen, muss das Reibrad –2– in Servicestellung gebracht werden. Dazu Griff –1– in Pfeilrichtung kräftig ziehen, bis das Reibrad –2– von der Riemenscheibe getrennt ist.

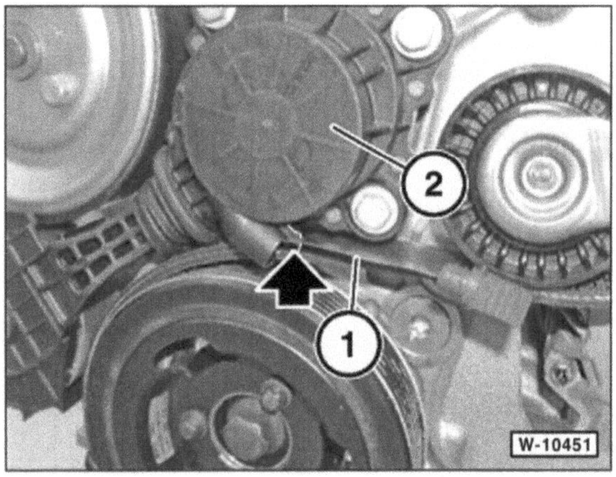

- Zugband –1– am Gehäuse –2– einhängen –Pfeil– und dadurch das Reibrad in Servicestellung fixieren.
- Keilrippenriemen herausnehmen.
- Keilrippenriemen auf Beschädigungen sowie Öl- beziehungsweise Kühlmittelrückstände prüfen, gegebenenfalls ersetzen.

Einbau

- Der Einbau erfolgt in umgekehrter Ausbaureihenfolge. **Achtung:** Riemenspanner langsam entspannen. Schraubenschlüssel sorgfältig ansetzen. Keilrippenriemen auf richtige Einbaulage sichtprüfen.

MINI 2, Benzinmotor N12/N14

Fahrzeuge ohne Klimaanlage

Ausbau

Hinweis: Der Keilrippenriemen muss nach jedem Ausbau ersetzt werden.

- Innenkotflügel vorn rechts ausbauen, siehe Seite 275.

- Keilrippenriemen –1– mit geeignetem Werkzeug –2– (scharfes Messer oder Seitenschneider) durchtrennen.

Einbau

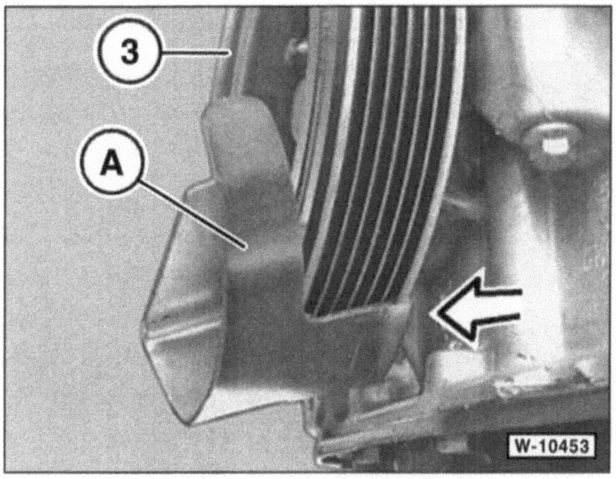

- Aufziehwerkzeug –A– an der Kurbelwellen-Riemenscheibe –3– wie in der Abbildung gezeigt positionieren –Pfeil–. **Hinweis:** Das Aufziehwerkzeug liegt dem Einbausatz des neuen Keilrippenriemens bei.

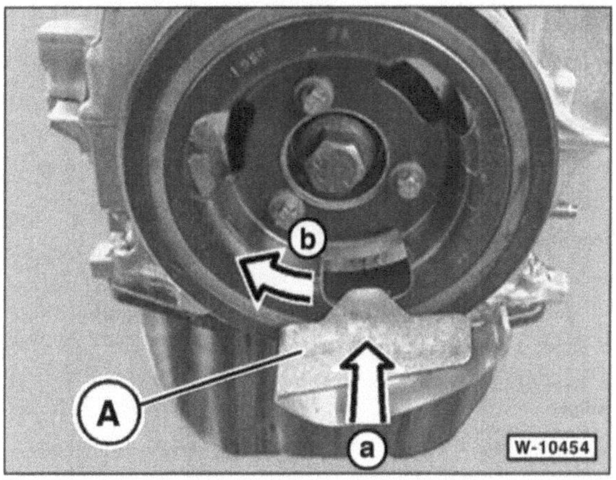

- Montagewerkzeug –A– in Pfeilrichtung –a– aufstecken und in Pfeilrichtung –b– weiterschieben.

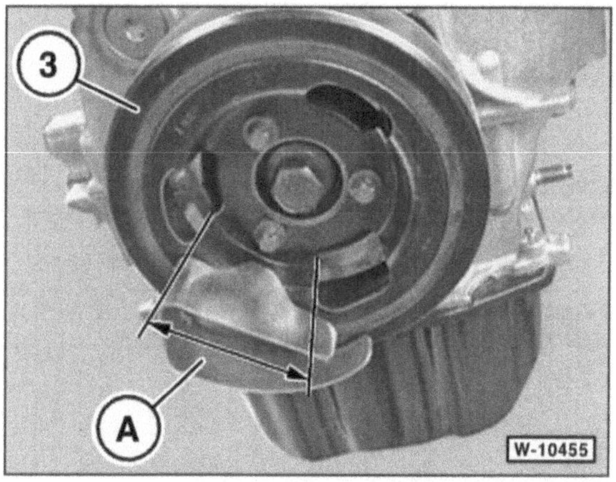

- Montagewerkzeug –A– an der Kurbelwellen-Riemenscheibe –3– in Montageposition ausmitteln, wie in der Abbildung dargestellt.

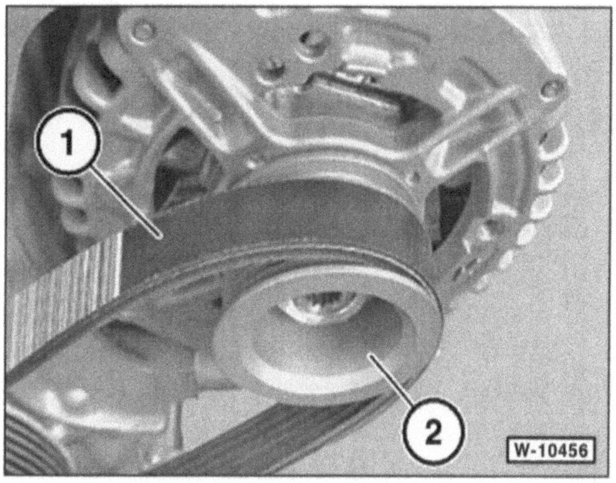

- Keilrippenriemen –1– am Generator –2– auflegen.

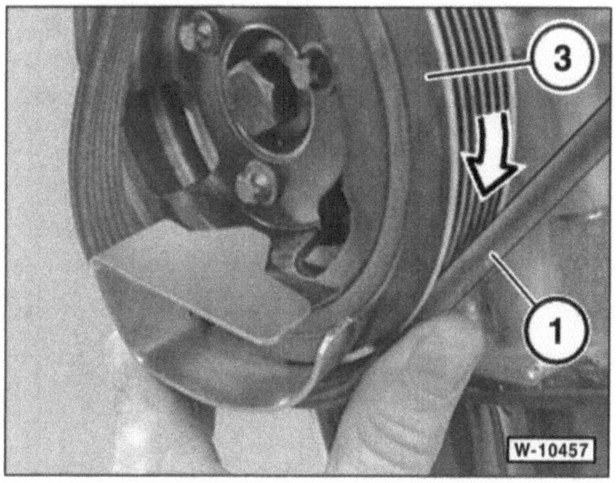

- Keilrippenriemen –1– in Pfeilrichtung an der Kurbelwellen-Riemenscheibe –3– auflegen.

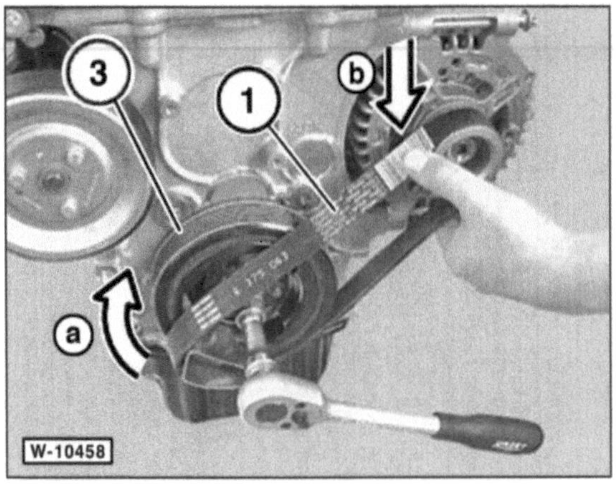

- Kurbelwellen-Riemenscheibe -3- in Pfeilrichtung -a- drehen. Gleichzeitig Keilrippenriemen –1– mit der Hand oder mit einem Montagehebel nach innen drücken –Pfeil b–. **Achtung:** Verletzungsgefahr!

- Kurbelwellen-Riemenscheibe -3- soweit drehen bis der Keilrippenriemen –1– ganz auf die Riemenscheibenfläche aufgezogen ist.
- Montagewerkzeug -A- von der Kurbelwellen-Riemenscheibe abnehmen. **Hinweis:** Das Montagewerkzeug wird jetzt nicht mehr benötigt.
- Innenkotflügel einbauen, siehe Seite 275.

MINI 2, Dieselmotor W16

Ausbau

- Innenkotflügel vorn rechts ausbauen, siehe Seite 275.
- Rechten Scheinwerfer ausbauen, siehe Seite 93.
- Ladedruckfühler ausbauen, siehe Seite 203.

Anordnung des Keilrippenriemens:
1 – Keilrippenriemen
2 – Spannvorrichtung
3 – Generator
4 – Klimakompressor
5 – Kurbelwellen-Riemenscheibe (Schwingungsdämpfer)

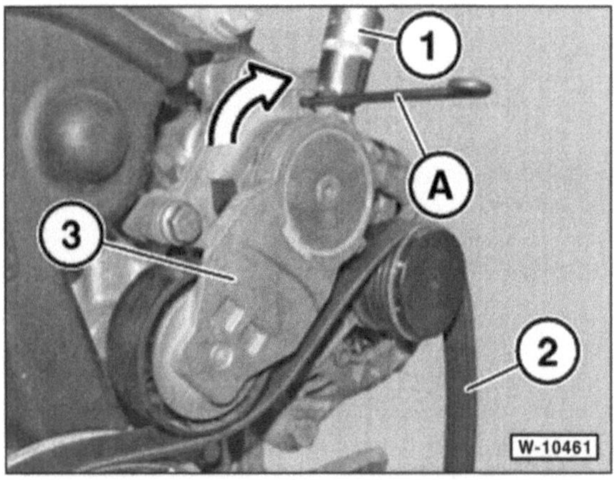

- Riemenspanner -3- mit einem geeigneten Werkzeug –1– in Pfeilrichtung gegen die Federkraft drehen, bis die Fixierbohrungen übereinstimmen. **Achtung:** Hohe Federkraft. Unfallgefahr!
- In dieser Stellung einen Arretierstift -A- durch die Bohrungen schieben und dadurch Riemenspanner -3- sichern.
- Schraubenschlüssel –1– wieder vom Riemenspanner abnehmen.
- Keilrippenriemen -2- abnehmen.
- Keilrippenriemen auf Beschädigungen sowie Öl- beziehungsweise Kühlmittelrückstände prüfen, gegebenenfalls ersetzen.

Einbau

- Der Einbau erfolgt in umgekehrter Ausbaureihenfolge. **Achtung:** Riemenspanner langsam entspannen. Werkzeug sorgfältig ansetzen. Keilrippenriemen auf richtige Einbaulage sichtprüfen. Gegebenenfalls Motor von Hand 2-mal durchdrehen.

MINI 1, Benzinmotor W10

Ausbau

- Tankentlüftungsventil ausbauen, siehe Seite 202.
- Untere Motorabdeckung ausbauen, siehe Seite 252.

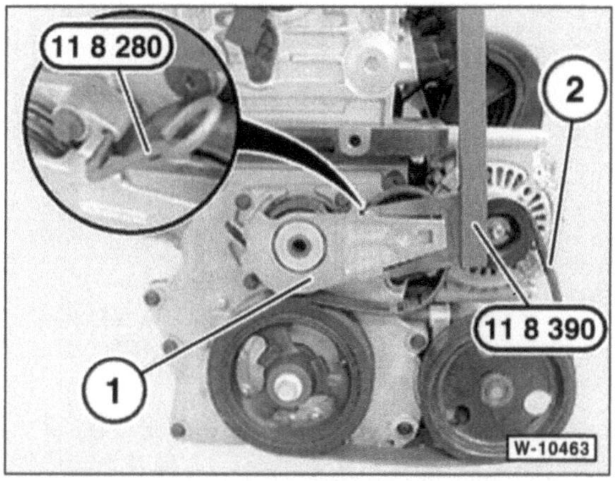

- Spezialwerkzeug BMW-11 8 390 am Hebelarm des Riemenspanners –1– ansetzen und diesen im Uhrzeigersinn drehen, bis die Fixierbohrungen übereinstimmen. **Achtung:** Hohe Federkraft. Unfallgefahr!
- In dieser Stellung einen geeigneten Arretierstift, zum Beispiel BMW-11 8 280, einstecken und Spannvorrichtung arretieren. **Achtung:** Sicherstellen, dass der Arretierstift vollständig in die Spannvorrichtung eingesetzt ist. Unfallgefahr!
- Keilrippenriemen –2– abnehmen.
- Keilrippenriemen auf Beschädigungen sowie Öl- beziehungsweise Kühlmittelrückstände prüfen, gegebenenfalls ersetzen.

Einbau

- Der Einbau erfolgt in umgekehrter Ausbaureihenfolge. **Achtung:** Riemenspanner langsam entspannen. Werkzeug sorgfältig ansetzen. Keilrippenriemen auf richtige Einbaulage sichtprüfen. Gegebenenfalls Motor von Hand 2-mal durchdrehen.

MINI 1, Benzinmotor W11

Ausbau

Achtung: Das Entspannen des Keilrippenriemens ist nur mit dem BMW-Spezialwerkzeug 11 8 410 möglich. Da die Spannvorrichtung unter hoher Vorspannung steht, sollte kein anderes Werkzeug verwendet werden. Unfallgefahr!

- Tankentlüftungsventil ausbauen, siehe Seite 202.
- Untere Motorabdeckung ausbauen, siehe Seite 252.
- Rechtes Vorderrad und Innenkotflügel ausbauen, siehe Seite 260.

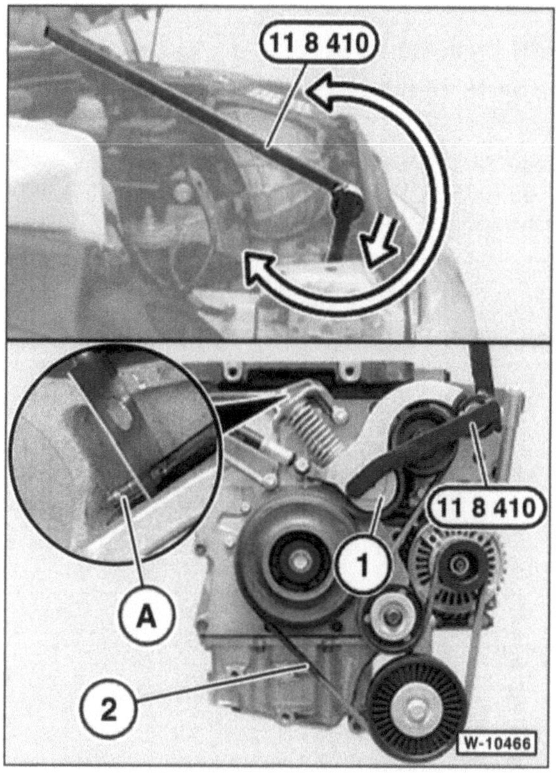

- Spezialwerkzeug BMW-11 8 410 wie in der Abbildung gezeigt am Riemenspanner –1– ansetzen und diesen im Uhrzeigersinn drehen, bis die Fixierbohrungen übereinstimmen. **Achtung:** Hohe Federkraft. Unfallgefahr!
- In dieser Stellung einen geeigneten Arretierstift –A–, zum Beispiel BMW-11 8 470, einstecken und Spannvorrichtung arretieren. **Achtung:** Sicherstellen, dass der Arretierstift vollständig in die Spannvorrichtung eingesetzt ist. Unfallgefahr!
- Keilrippenriemen –2– abnehmen.
- Keilrippenriemen auf Beschädigungen sowie Öl- beziehungsweise Kühlmittelrückstände prüfen, gegebenenfalls ersetzen.

Einbau

- Der Einbau erfolgt in umgekehrter Ausbaureihenfolge. **Achtung:** Riemenspanner langsam entspannen. Werkzeug sorgfältig ansetzen. Keilrippenriemen auf richtige Einbaulage sichtprüfen. Gegebenenfalls Motor von Hand 2-mal durchdrehen.

MINI 1, Dieselmotor W17

Keilrippenriemen für Generator

Ausbau

Hinweis: Falls der Keilrippenriemen bereits eine Laufleistung von mehr als 50.000 km aufweist, Riemen nach dem Ausbau grundsätzlich ersetzen.

- Mutter -2- lockern und Spannrolle -1- nach außen schieben -Pfeil a-.
- Keilrippenriemen abnehmen.
- Keilrippenriemen auf Beschädigungen sowie Öl- beziehungsweise Kühlmittelrückstände prüfen, gegebenenfalls ersetzen.

Einbau

- Schrauben -1- lockern und Generator -2- so weit wie möglich zum Motor hin schieben.

- Keilrippenriemen wie in der Abbildung dargestellt auflegen. Dabei richtige Lage auf den Riemenscheiben sichtprüfen.

- Generator so weit wie möglich zum Motor schieben und gleichzeitig die Spannrolle -1- nach unten drücken -Pfeil b-.
- In dieser Stellung Mutter -2- mit **40 Nm** festziehen.

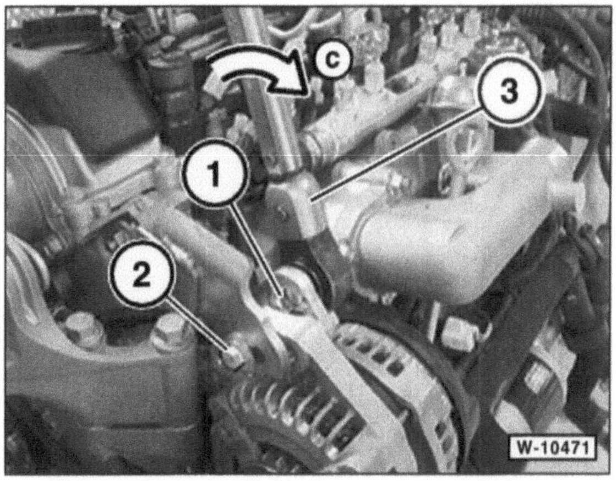

- Keilrippenriemen spannen. Dazu Drehmomentschlüssel -3- am Haltewinkel -1- des Generators ansetzen und den Generator mit vorgeschriebenem Drehmoment vom Motor weg drehen –Pfeil c–.
  Sollwert:
  Neuer Keilrippenriemen: **100 Nm**.
  Gelaufener Keilrippenriemen: **70 Nm**.
- Keilrippenriemen in dieser Spannung halten und gleichzeitig Schraube -2- durch einen Helfer mit einem zweiten Drehmomentschlüssel und **55 Nm** festziehen lassen.

- Anschließend untere Generatorschraube -1- ebenfalls mit **55 Nm** festziehen.

MINI 1, Dieselmotor W17

Keilrippenriemen für Servopumpe

Ausbau

Hinweis: Falls der Keilrippenriemen bereits eine Laufleistung von mehr als 50.000 km aufweist, Riemen nach dem Ausbau grundsätzlich ersetzen.

- Innenkotflügel ausbauen, siehe Seite 260.
- Keilrippenriemen für Generator ausbauen.
- Getriebe in Leerlaufstellung bringen.

- Sauberen Lappen um den Keilrippenriemen -1- der Servopumpe legen.
- Keilrippenriemen mit dem Lappen vom Motor weg ziehen –Pfeil a– und gleichzeitig die Kurbelwelle an der Zentralschraube der Kurbelwellen-Riemenscheibe -2- in Motordrehrichtung drehen –Pfeil b–.
- Keilrippenriemen -1- abnehmen.
- Keilrippenriemen auf Beschädigungen sowie Öl- beziehungsweise Kühlmittelrückstände prüfen, gegebenenfalls ersetzen.

Einbau

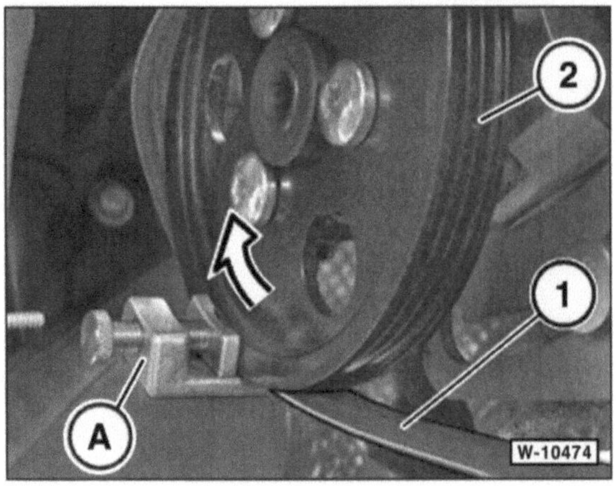

- Keilrippenriemen –1– auf die Kurbelwellen-Riemenscheibe (Schwingungsdämpfer) auflegen.
- Keilrippenriemen –1– mit dem Spezialwerkzeug –A–, zum Beispiel BMW-64 1 040, auf der Riemenscheibe der Servopumpe –2– fixieren.
- Kurbelwelle an der Zentralschraube der Kurbelwellen-Riemenscheibe in Motor-Drehrichtung drehen. Dabei Spezialwerkzeug von Hand mitführen.

- Kurbelwelle so weit weiterdrehen, bis der Keilrippenriemen –1– vollständig in der Riemenscheibe der Servopumpe –2– geführt wird –Pfeil–.
- Spezialwerkzeug –A– abnehmen.
- Korrekte Lage des Keilrippenriemens auf den Riemenscheiben sichtprüfen. Gegebenenfalls Kurbelwelle um 2 Umdrehungen weiterdrehen.
- Keilrippenriemen für Generator einbauen.
- Innenkotflügel einbauen, siehe Seite 260.

Schlossträger aus- und einbauen

MINI 2, Benzinmotor N12/N14

Der Schlossträger muss unter anderem zum Ausbau des Keilrippenriemens ausgebaut werden.

Ausbau

- Scheinwerfer rechts ausbauen, siehe Seite 93.
- Motorhaubenzug ausbauen, siehe Seite 279.
- Kühlergrill ausbauen, siehe Seite 275.

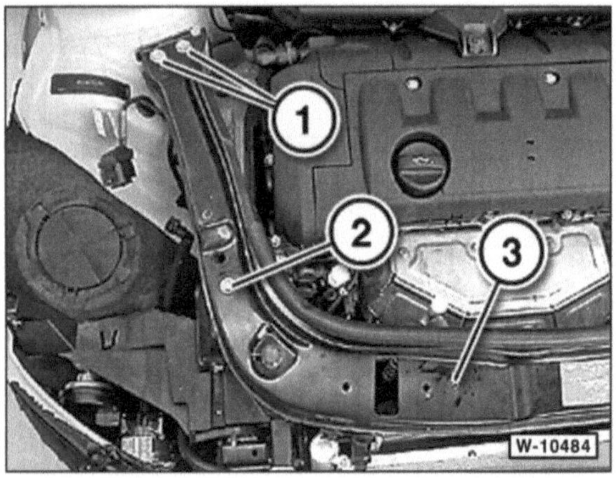

- Auf der rechten Seite die Schrauben –1–, –2– und –3– herausdrehen.

- Auf der linken Seite Clip –1– abziehen.
- Schrauben –2– und –3– herausdrehen.
- Schlossträger –4– nach vorn ausfädeln.

Einbau

- Der Einbau erfolgt in umgekehrter Ausbaureihenfolge. Schlossträger mit **22 Nm** festschrauben.

Motor-Kühlung

Kühlmittelkreislauf

Zur Kühlung des Motors wird das Kühlmittel von der Kühlmittelpumpe ständig in Bewegung gehalten. Solange der Motor kalt ist, zirkuliert das Kühlmittel nur im Zylinderkopf, im Motorblock und im Wärmetauscher der Innenraumheizung. Mit zunehmender Erwärmung öffnet ein Thermostat (Kühlmittelregler) den großen Kühlmittelkreislauf. Die Kühlflüssigkeit durchströmt dann den Kühler von oben nach unten und wird dabei durch die an den Kühlrippen vorbeistreichende Luft abgekühlt.

Der Kühlluftstrom wird durch einen hinter dem Kühler angebrachten Lüfter verstärkt. Der Lüfter wird durch einen Elektromotor angetrieben. Entsprechend der Kühlmitteltemperatur wird der Elektrolüfter zu- oder abgeschaltet.

Sicherheitshinweis
Der Elektrolüfter kann sich auch bei ausgeschalteter Zündung einschalten. Durch Stauwärme im Motorraum ist auch **mehrmaliges Einschalten möglich.** Abhilfe: **Stecker für Kühlerlüfter abziehen.**

Nachgefüllt wird das Kühlmittel am Ausgleichbehälter, der auch als Vorratsbehälter für die Kühlflüssigkeit dient. Er nimmt unter anderem die sich durch Erwärmung ausdehnende Kühlflüssigkeit auf und gibt sie nach dem Abkühlen des Motors wieder in den Kühlkreislauf zurück.

Achtung: Bei Arbeiten am Kühlsystem unbedingt auf folgendes achten:

- Es darf **kein Kühlmittel** auf den **Zahnriemen** oder den **Keilrippenriemen** gelangen. Der Glykolanteil des Kühlmittels kann das Gewebe des Zahnriemens so schädigen, dass der Riemen nach einiger Betriebszeit reißt. Wenn der Zahnriemen reißt, können schwer wiegende Motorschäden auftreten.
- Generator so abdecken, dass kein Kühlmittel in den Generator gelangen kann. Andernfalls kann der Generator im späteren Betrieb ausfallen.
- Kühlmittelschläuche beim Einbau spannungsfrei verlegen, ohne dass diese mit anderen Bauteilen in Berührung kommen.

Kühler/Lüfter/Ausgleichbehälter

MINI 1, Benzinmotor W10

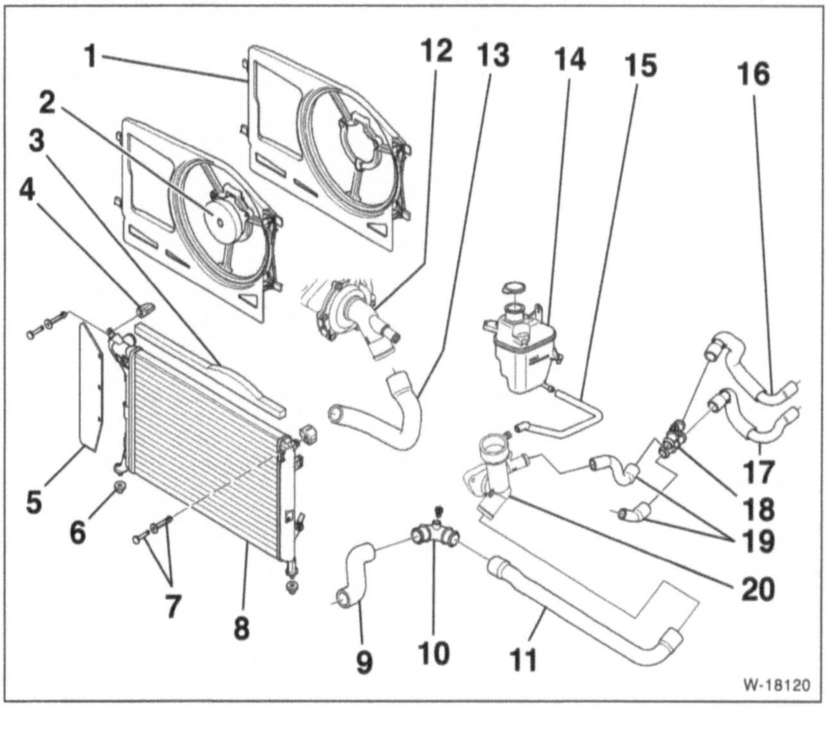

1 – **Lüfterabdeckung**
2 – **Lüftermotor**
3 – **Schaumstoffdichtung**
4 – **Gummilager oben**
5 – **Luftleitblech**
6 – **Gummilager unten**
7 – **Spreizniet mit Stift**
8 – **Kühler**
9 – **Kühlerschlauch unten**
10 – **Verbindungsstück**
Mit Entlüfterventil.
11 – **Kühlmittelschlauch**
12 – **Kühlmittelpumpe**
13 – **Kühlerschlauch oben**
14 – **Ausgleichbehälter**
15 – **Entlüftungsschlauch**
16 – **Heizungsschlauch oben**
17 – **Heizungsschlauch unten**
18 – **Verbindungsstück**
19 – **Kühlmittelschläuche**
20 – **Thermostatgehäuse**

Kühler-Frostschutzmittel

Die Kühlanlage wird ganzjährig mit einer Mischung aus Wasser und Kühlerfrost- und Korrosions-Schutzmittel befüllt. Dies verhindert Frost- und Korrosionsschäden, Kalkansatz und hebt außerdem die Siedetemperatur des Kühlmittels an. Im Kühlkreislauf entsteht durch die Ausdehnung der Flüssigkeit bei Erwärmung ein Überdruck, was ebenfalls zur Siedepunkterhöhung der Kühlflüssigkeit beiträgt. Der Druck wird durch ein Ventil im Verschlussdeckel am Ausgleichbehälter begrenzt, das bei 1,4 ± 0,1 bar (MINI 1: 1,1 ± 0,15 bar) öffnet. Erforderlich ist der höhere Siedepunkt der Kühlflüssigkeit für ein einwandfreies Funktionieren der Motorkühlung. Bei zu niedrigem Siedepunkt der Flüssigkeit kann es zu einem Hitzestau kommen, wodurch die Kühlung des Motors vermindert wird. Deshalb muss das Kühlsystem unbedingt ganzjährig mit einer Kühlkonzentrat-Mischung gefüllt sein.

Als Kühlerfrostschutzmittel nur ein von BMW freigegebenes Kühlkonzentrat verwenden. Eine Auswahl von freigegebenen Produkten für den MINI (**außer mit Dieselmotor W16**): »Aral Antifreeze Extra, Glacelf Plus, GlycoShell, Glysantin Protect Plus G48, Castrol ANTI-FREEZE NF«.

Achtung: Für den Dieselmotor W16 darf nur das BMW Kühlerfrostschutz »83 51 0 406 720« verwendet werden, sonst kann es zu Motorschäden kommen.

Das richtige Mischungsverhältnis von Frostschutzmittel und sauberem, kalkarmem Wasser liegt bei einem Volumenverhältnis von 1 : 1. Das heißt, die Kühlflüssigkeit besteht aus einer Mischung von 50 % Wasser und 50 % Frostschutzmittel. Der Frostschutz reicht dann bis –38° C.

Hinweis: Der Anteil des Kühlkonzentrates darf 60 % nicht überschreiten, sonst verringern sich Frostschutz und Kühlwirkung wieder.

Achtung: Zum Nachfüllen – auch in der warmen Jahreszeit – nur eine Mischung aus Kühlkonzentrat und kalkarmem, sauberem Wasser verwenden. Auch im Sommer darf der Kühlerfrostschutzanteil im Kühlmittel nicht unter 40 % liegen. Deshalb beim Nachfüllen auch den Frostschutz ergänzen.

Schnellkupplungen öffnen/verriegeln

Kühlmittelschläuche und Kühlmittelanschlüsse sind vereinzelt mit Schnellkupplungen verbunden. Hier wird das Öffnen und Verriegeln an einem Beispiel beschrieben.

Öffnen

- Kühlmittel ablassen und auffangen, siehe Seite 183.

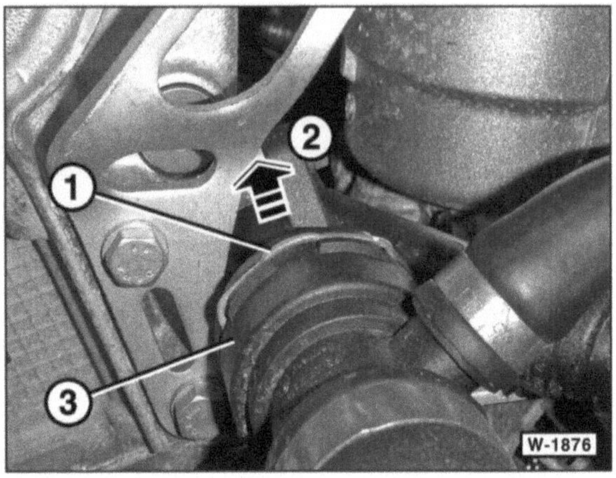

- Drahtsicherung (Verriegelung) –1– mit einem Schraubendreher nach oben –Pfeil 2– herausziehen.
- Schnellkupplung –3– abziehen.

Verriegeln

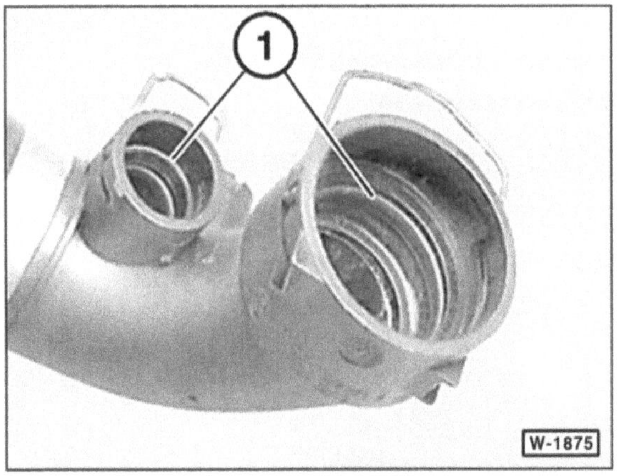

- O-Dichtringe –1– in den Anschlüssen der Schnellkupplungen prüfen, bei Beschädigung erneuern. **Achtung:** Die O-Dichtringe dürfen nicht mit Gleitmittel bestrichen werden.
- Drahtsicherungen an der Schnellkupplung vor der Montage eindrücken.
- Schnellkupplung aufschieben, dabei müssen die Drahtsicherungen deutlich hörbar einrasten.
- Kühlmittel auffüllen und Kühlsystem entlüften, siehe Seite 183.

Kühlmittel wechseln

Das Kühlmittel muss nach Reparaturen am Kühlsystem erneuert werden, wenn dabei das Kühlmittel abgelassen wurde. Ein Wechsel im Rahmen der Wartung ist für den **MINI 2** nicht vorgesehen. Beim **MINI 1** muss die Kühlflüssigkeit alle 3 Jahre erneuert werden.

Falls bei Reparaturen der Zylinderkopf, die Zylinderkopfdichtung, der Kühler, der Wärmetauscher oder der Motor ersetzt wurden, muss die Kühlflüssigkeit auf jeden Fall ersetzt werden. Das ist erforderlich, weil sich die Korrosionsschutzanteile in der Einlaufphase an den neuen Leichtmetallteilen absetzen und somit eine dauerhafte Korrosionsschutzschicht bilden. Bei gebrauchter Kühlflüssigkeit ist der Korrosionsschutzanteil in der Regel nicht mehr groß genug, um eine ausreichende Schutzschicht an den neuen Teilen zu bilden.

Hinweis: Kühlmittel ist leicht giftig. Gemeinde- und Stadtverwaltungen informieren darüber, wie das alte Kühlmittel entsorgt werden soll.

Kühlmittel ablassen, alle Modelle

Achtung: Bei Arbeiten am Kühlsystem Generator so abdecken, dass kein Kühlmittel in den Generator gelangen kann. Andernfalls kann der Generator beschädigt werden und im späteren Betrieb ausfallen.

Kühlsystem nur in abgekühltem Zustand öffnen! Ein Öffnen in heißem Zustand kann zu Lufteintritt im Kühlsystem führen. Als Folge hiervon können Überhitzungen im späteren Fahrbetrieb und dadurch schwere Schäden am Motor auftreten.

Sicherheitshinweis
Falls das Kühlsystem bei warmem Motor geöffnet werden muss, vor dem Öffnen des Ausgleichbehälters einen dicken Lappen auflegen, um Verbrühungen durch heiße Kühlflüssigkeit oder Dampf zu vermeiden.

- Verschlussdeckel –1– am Kühlmittel-Ausgleichbehälter öffnen. **Hinweis:** Die Abbildung zeigt den MINI 2.

Sicherheitshinweis
Beim Aufbocken des Fahrzeugs besteht Unfallgefahr! Deshalb die Hinweise im Kapitel »Fahrzeug aufbocken« beachten.

- Fahrzeug aufbocken.
- Falls erforderlich, untere Motorraumabdeckung oder Spritzschutz ausbauen, siehe auch Seite 252.
- Sauberes Auffanggefäß unter den Kühler stellen.

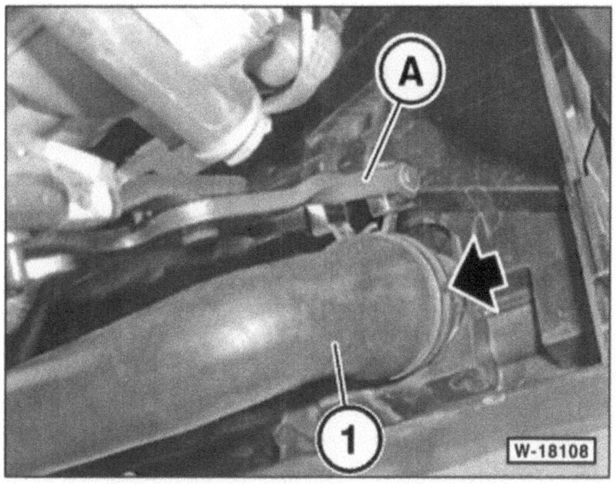

- **Alle außer Motor W17:** Federbandschelle –Pfeil– am unteren Kühlerlschlauch –1– mit geeigneter Zange –A–, zum Beispiel HAZET 798-5 oder 798-9, öffnen und ganz zurückschieben. **Hinweis:** Die Abbildung zeigt den Motor N12.
- **Alle außer Motor W17:** Kühlmittelschlauch –1– vom Anschlussstutzen abziehen und Kühlmittel vollständig in das Auffanggefäß ablaufen lassen.

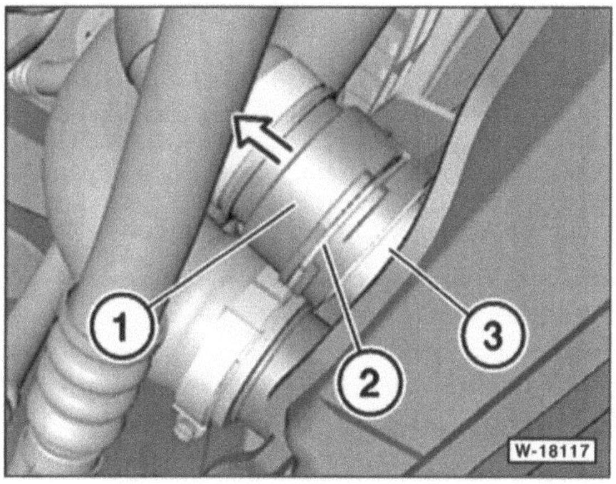

- **Motor W17:** Verriegelung –2– seitlich am unteren Kühlerschlauch –1– herausziehen. Unteren Kühlerschlauch vom Anschlussstutzen –3– des Kühlers abziehen –Pfeil– und Kühlmittel vollständig in das Auffanggefäß ablaufen lassen.
- **Motor W17:** Unteren Kühlerschlauch aufschieben und mit Schelle oder Drahtklammer sichern.

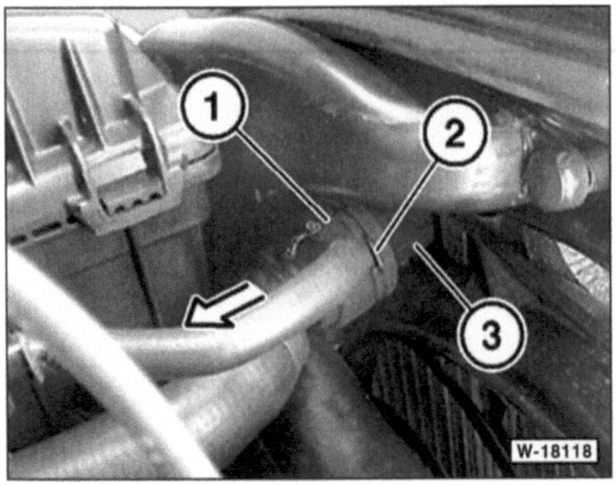

- **Motor W17:** Auffangwanne unter den oberen Kühlerschlauch halten. Verriegelung –2– herausziehen, oberen Kühlerschlauch –1– vom Kühler –3– abziehen –Pfeil– und Kühlmittel in das Auffanggefäß ablaufen lassen. Anschließend oberen Kühlerschlauch aufschieben und mit Drahtklammer sichern.

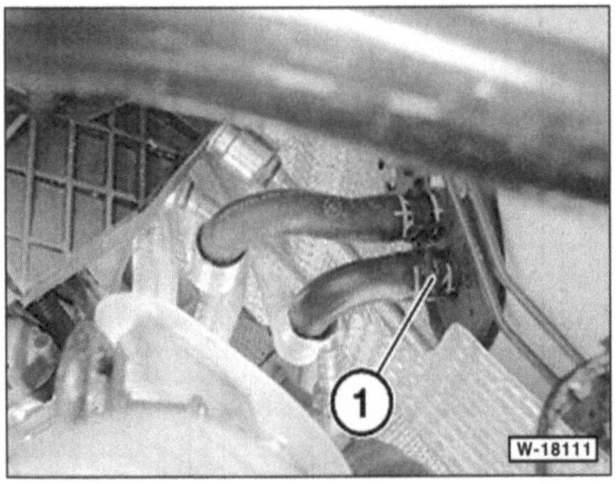

- **Motor W10:** Auffangwanne unter den Heizungsschlauch halten. Heizungsschlauch –1– abziehen, dazu Federbandschelle mit geeigneter Zange öffnen und zurückschieben. Restliches Kühlmittel ablassen und auffangen. Anschließend Heizungsschlauch aufstecken und mit Schelle sichern.
- Falls ausgebaut, untere Motorraumabdeckung oder Spritzschutz einbauen, siehe auch Seite 252.
- Fahrzeug ablassen.

Kühlmittel auffüllen, MINI 2

Achtung: Ausgleichbehälter für Kühlmittel nicht über die MAX-Markierung befüllen, da eine Überfüllung zum Austritt des Kühlmittels führt. Dadurch können Spuren von Kühlmittelresten auf dem Ausgleichbehälter beziehungsweise im Motorraum entstehen und falsche Rückschlüsse auf mögliche Undichtigkeiten zulassen.

- Kühlmittel aus 50% Trinkwasser und 50% Kühlerfrost- und Korrosions-Schutzmittel mischen. Hinweise zum Kühlerfrostschutzmittel beachten, siehe Seite 182.
- Zündung einschalten und den Heizungsregler auf Höchsttemperatur einstellen.
- Gebläse auf langsame Stufe einstellen.

- Entlüfterschraube –Pfeil– am Thermostatgehäuse öffnen. **Hinweis:** In der Abbildung ist zur Verdeutlichung der Kabelschacht –1– gelöst worden.

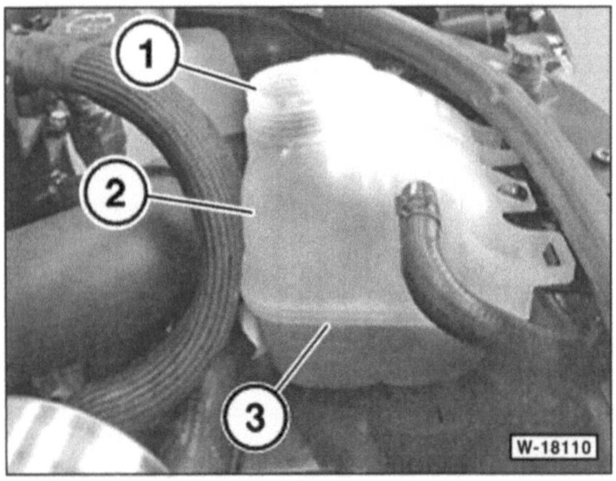

- Kühlmittel langsam am Einfüllstutzen –1– des Ausgleichbehälters –2– einfüllen, bis das Kühlmittel blasenfrei an der Entlüfterschraube austritt.
- Entlüfterschraube schließen. Anzugsdrehmoment: **2 Nm**.
- Kühlmittel am Ausgleichbehälter weiter bis zur MAX-Markierung –3– auffüllen.
- Bei geöffnetem Ausgleichbehälter Motor starten und im Leerlauf laufen lassen.
- Wenn der Kühlmittelstand sinkt, Kühlmittel auffüllen, bis der Flüssigkeitsstand nicht mehr sinkt.
- Motor abstellen und gegebenenfalls Kühlmittel bis zum Höchststand auffüllen.
- Ausgleichbehälter verschließen.
- Kühlmittelstand prüfen, siehe Abschnitt am Ende des Kapitels.

Kühlmittel auffüllen, MINI 1, Motor W10/W11

- Kühlmittel aus 50% Trinkwasser und 50% Kühlerfrost- und Korrosions-Schutzmittel mischen. Hinweise zum Kühlerfrostschutzmittel beachten, siehe Seite 182.
- Zündung einschalten und den Heizungsregler auf Höchsttemperatur einstellen.
- Gebläse auf langsame Stufe einstellen.

- Entlüftungsschraube –1– im Heizungs-Verteilerrohr lösen. **Hinweis:** Die Abbildung zeigt den Motor W10.

- Entlüftungsschraube –2– im oberen Kühlerschlauch lösen. **Hinweis:** Die Abbildung zeigt den Motor W10.

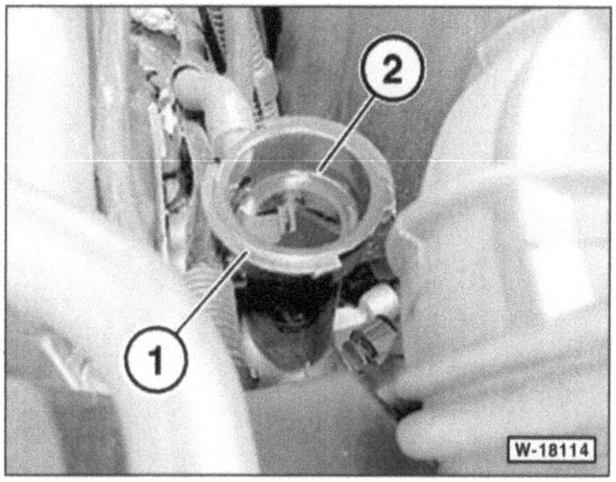

- **Motor W10:** Kühlmittel langsam am Einfüllstutzen –1– des Thermostatgehäuses einfüllen, bis das Kühlmittel blasenfrei an den Entlüfterschrauben austritt.

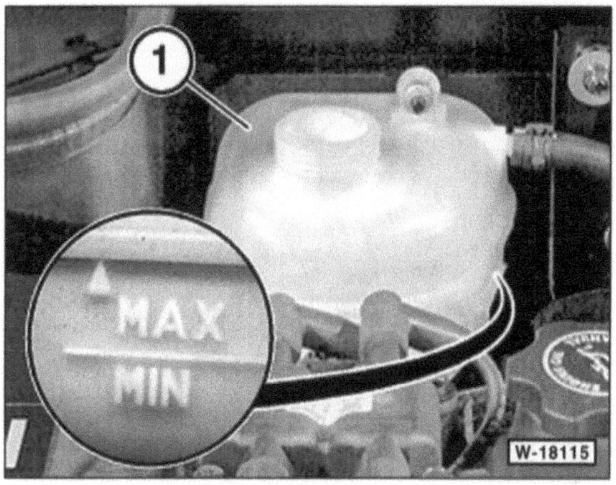

- **Motor W11:** Kühlmittel langsam am Ausgleichbehälter –1– einfüllen, bis das Kühlmittel blasenfrei an den Entlüfterschrauben austritt.
- Entlüfterschrauben schließen. Anzugsdrehmoment: **4,5** bis **6,5 Nm**.
- **Motor W10:** Kühlmittel weiter auffüllen, bis die untere Dichtfläche –2– erreicht ist und keine Blasen mehr sichtbar sind, siehe Abbildung W-18114.
- **Motor W11:** Kühlmittel weiter auffüllen, bis zur MAX-Markierung im Ausgleichbehälter, siehe Abbildung W-18115.

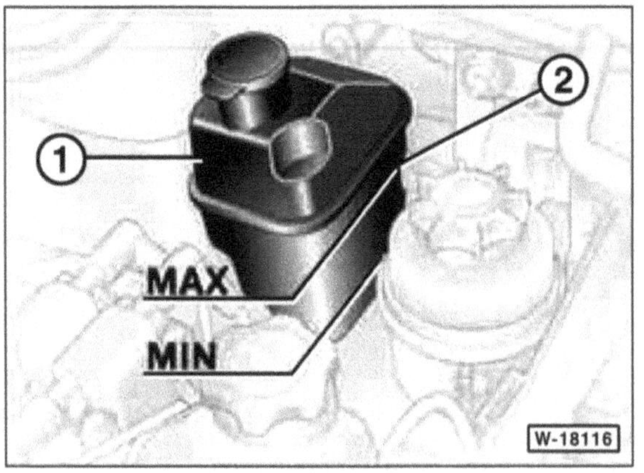

- **Motor W10:** Ausgleichbehälter –1– bis zur MAX-Markierung –2– befüllen.
- Bei geöffnetem Deckel am Thermostatgehäuse (Motor W10) beziehungsweise am Ausgleichbehälter (Motor W11) den Motor starten und im Leerlauf laufen lassen.
- Wenn der Kühlmittelstand sinkt, Kühlmittel auffüllen, bis der Flüssigkeitsstand nicht mehr sinkt.
- Motor abstellen und gegebenenfalls Kühlmittel bis zur Dichtfläche im Einfüllstutzen (Motor W10) auffüllen beziehungsweise bis zur MAX-Markierung am Ausgleichbehälter (Motor W11).
- **Motor W10**: Deckel am Einfüllstutzen verschließen.
- Kühlmittelstand am Ausgleichbehälter prüfen, gegebenenfalls bis zur MAX-Markierung auffüllen.
- Ausgleichbehälter verschließen.
- Kühlmittelstand prüfen, siehe Abschnitt am Ende des Kapitels.

Kühlmittel auffüllen, MINI 1, Dieselmotor W17

- Kühlmittel aus 50% Trinkwasser und 50% Kühlerfrost- und Korrosions-Schutzmittel mischen. Hinweise zum Kühlerfrostschutzmittel beachten, siehe Seite 182.
- Zündung einschalten und den Heizungsregler auf Höchsttemperatur einstellen.
- Gebläse auf langsame Stufe einstellen.

- Verschlussdeckel –1– am Ausgleichbehälter –2– abschrauben.
- Kühlmittel langsam am Ausgleichbehälter einfüllen, bis die MAX-Markierung erreicht ist.
- Motor starten und 5 Minuten im Leerlauf laufen lassen. Da der Heizungsregler auf Höchsttemperatur steht und das Gebläse auf langsame Geschwindigkeit gestellt ist, läuft auch die Zusatzwasserpumpe.
- Wenn der Kühlmittelstand sinkt, Kühlmittel bis zum MAX-Markierung auffüllen
- Verschlussdeckel am Kühlmittel-Ausgleichbehälter festschrauben.
- Motordrehzahl durch mehrere Gasstöße auf ca. 2500/min erhöhen.
- Verschlussdeckel am Kühlmittel-Ausgleichbehälter abschrauben.
- Motor weitere 5 Minuten im Leerlauf laufen lassen.
- Motor abstellen.
- Kühlmittelstand am Ausgleichbehälter prüfen, gegebenenfalls bis zur MAX-Markierung auffüllen.
- Ausgleichbehälter verschließen.
- Kühlmittelstand prüfen.

Kühlmittelstand prüfen, alle Modelle

- Motor abkühlen lassen, bis die Kühlmitteltemperatur nicht mehr als +30° C beträgt. Wenn die Umgebungstemperatur über +30° C liegt, so lange warten, bis der Motor auf Umgebungstemperatur abgekühlt ist.
- Verschlussdeckel am Ausgleichbehälter öffnen.
- Der Kühlmittelstand muss zwischen der MIN- und der MAX-Markierung am Ausgleichbehälter liegen.
- Bei zu niedrigem Kühlmittelstand langsam Kühlmittel bis zum korrekten Stand auffüllen. **Achtung:** Auf keinen Fall Kühlmittel bis über die MAX-Markierung auffüllen.
- Verschlussdeckel schließen. Dabei muss der Deckel hörbar einrasten.

Thermostat aus- und einbauen

Der Thermostat öffnet bei zunehmender Erwärmung des kalten Motors den großen Kühlmittelkreislauf und leitet die Kühlflüssigkeit über den Fahrzeugkühler. Bleibt ein defekter Thermostat in geöffneter Stellung stehen, dann erreicht der Motor seine Betriebstemperatur erst sehr spät oder gar nicht. Wenn der Thermostat in geschlossener Stellung hängen bleibt, wird der Motor zu warm.

MINI 2, Benzinmotor N12/N14

Ausbau

- Kühlmittel am Kühler ablassen, siehe entsprechendes Kapitel.
- **Motor N14:** Sammler für Ansaugluft ausbauen, siehe Seite 203.

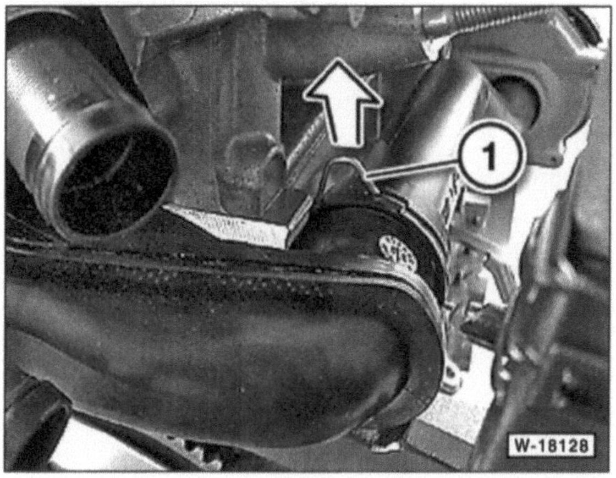

- Verriegelung –1– am Kühlmittelrohr in Pfeilrichtung entriegeln.

- Steckverbindung –1– am Kühlmittelthermostat trennen.
- Alle Kühlmittelschläuche vom Thermostat abziehen. Vorher Schlauchschellen mit Zange, zum Beispiel HAZET 798-9, öffnen und zurückschieben.

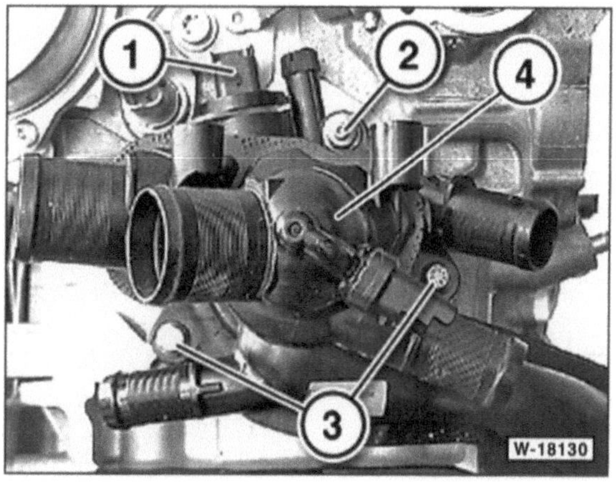

- Stecker am Kühlmitteltemperaturfühler –1– abziehen.
- Mutter –2– abschrauben.
- Schrauben –3– herausdrehen und Thermostatgehäuse –4– mit dem integrierten Thermostat abnehmen.

Einbau

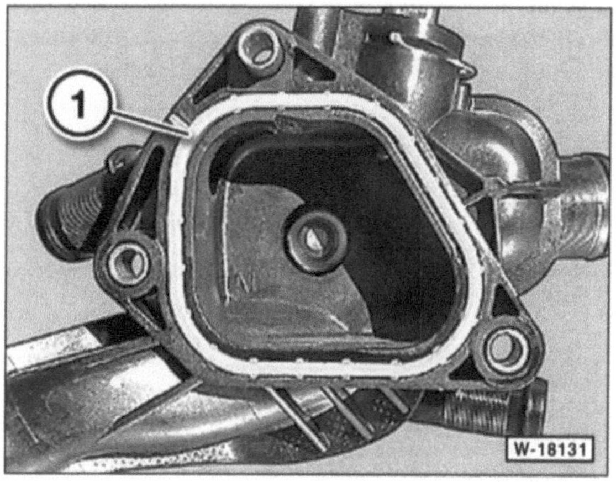

- Profildichtung –1– erneuern.
- Thermostatgehäuse am Zylinderkopf ansetzen und mit **8 Nm** festschrauben.
- Der weitere Einbau erfolgt in umgekehrter Ausbaureihenfolge.

MINI 2, Dieselmotor W16

Ausbau

- Luftfiltergehäuse ausbauen, siehe Seite 205.
- Kraftstofffilter ausbauen, siehe Seite 28.
- Kühlmittel ablassen, siehe entsprechendes Kapitel.

- Am Kühlmittelschlauch –1– die Verriegelung in Pfeilrichtung –a– drücken und Kühlmittelschlauch abziehen.
- Schlauchschelle –2– mit Spezialzange, zum Beispiel HAZET 798-9, öffnen und zurückschieben.
- Kühlmittelschlauch abziehen.
- Stecker –3– am Temperatursensor abziehen.
- Verriegelungsspange –4– in Pfeilrichtung –b– abnehmen und Kühlmittelschlauch abziehen.

- Schrauben –Pfeile– herausdrehen und Thermostatgehäuse –1– abnehmen.

Einbau

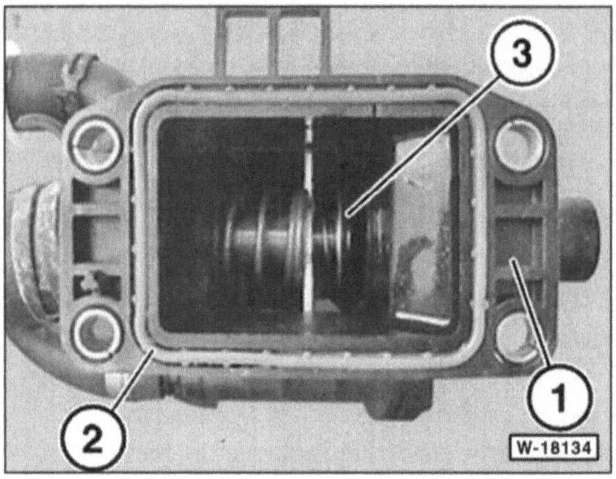

- Neue Profildichtung –2– am Thermostatgehäuse –1– einlegen. 3 – Thermostat.
- Thermostatgehäuse ansetzen. Alle Schrauben zunächst mit **3 Nm** und in der **2. Stufe** alle Schrauben mit **7 Nm** festschrauben.
- Der weitere Einbau erfolgt in umgekehrter Ausbaureihenfolge.

Kühler aus- und einbauen

Achtung: Diese Arbeiten nur bei abgekühltem Motor durchführen. Verbrennungsgefahr!

MINI 2

Hinweis: Die Abbildungen zeigen den Motor N12.

Ausbau

- Zündung ausschalten.
- Stoßfänger vorn ausbauen, siehe seite 276.
- Kühlmittel ablassen, siehe entsprechendes Kapitel.

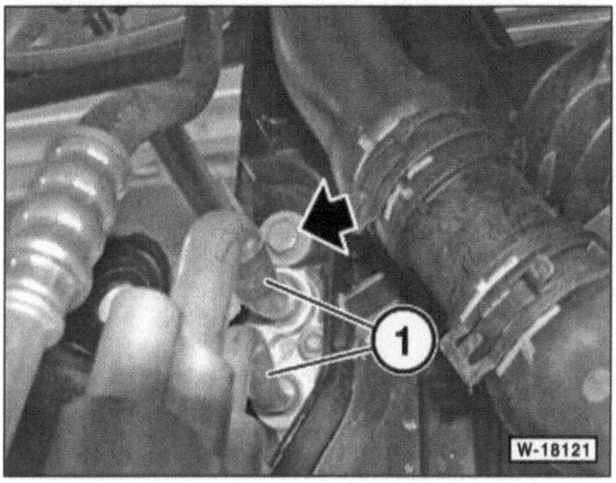

- Befestigungsschraube –Pfeil– der Kältemittelleitungen –1– an der Vorderwand herausdrehen.

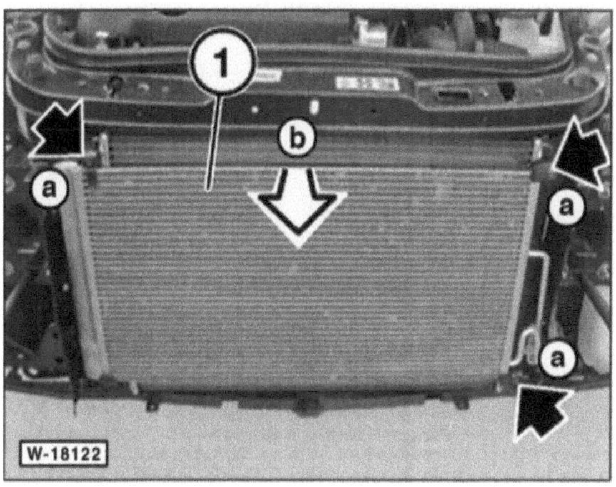

Achtung: Kondensator –1– unbedingt gegen Herabfallen sichern und darauf achten, dass die Kältemittelleitungen nicht verbogen werden. Dazu Kondensator entweder mit Draht aufhängen oder durch Helfer festhalten lassen. Ein Verbiegen der Leitungen kann zur Undichtigkeit führen.

- Schrauben –Pfeile a– herausdrehen und Kondensator –1– vorsichtig nach vorn kippen –Pfeil b–. **Hinweis:** Beim Dieselmotor ist der Kondensator zusätzlichen mit Halteklammern befestigt.

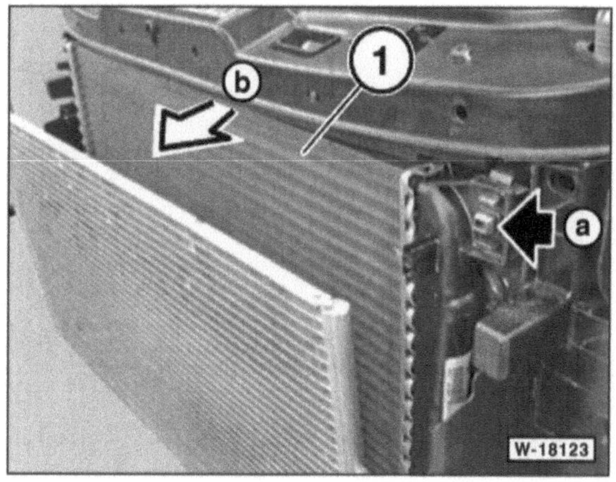

- Kühler –1– oben links und rechts ausclipsen –Pfeil a– und nach vorn kippen –Pfeil b–.

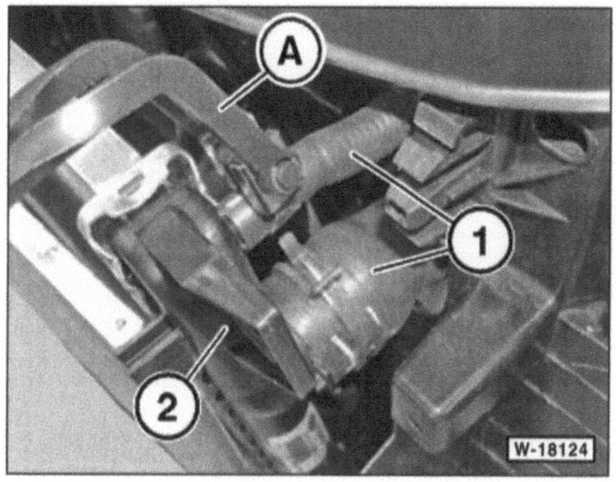

- Federbandschellen der beiden Kühlmittelschläuche –2– mit einer Spezialzange –A–, zum Beispiel BMW-17 2 052 oder HAZET 798-9 öffnen und zurückschieben.
- Kühlmittelschläuche –1– abziehen.
- **Benzinmotor:** Kühler –2– vorsichtig nach oben ausfädeln und herausnehmen. **Achtung:** Dabei Kondensator nicht beschädigen.
- **Dieselmotor W16:** Kühler nach vorn kippen und Kühlmittelschlauch zum Ausgleichbehälter abziehen.

Einbau

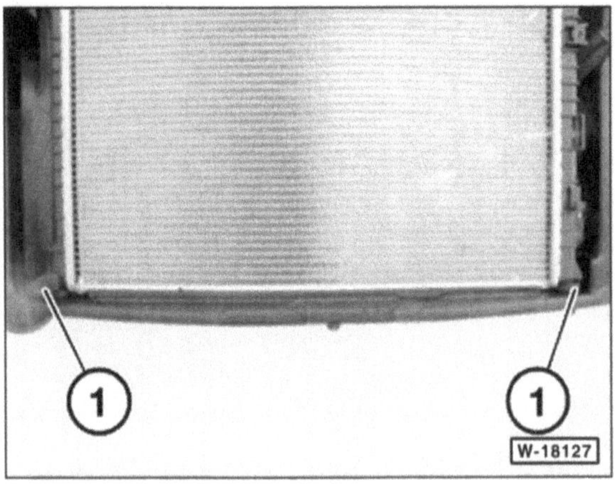

- Kühler in die unteren Gummilager –1– einsetzen.
- Der weitere Einbau erfolgt in umgekehrter Ausbaureihenfolge. Kältemittelleitungen beim **MINI 2** mit **12 Nm**, beim **MINI 1** mit **8 Nm** festziehen.

MINI 1, Benzinmotor W10/W11

Ausbau

- Zündung ausschalten.
- Kühlflüssigkeit ablassen, siehe entsprechendes Kapitel.
- Stoßfänger vorn ausbauen, siehe Seite 261.
- Fahrzeuge mit Automatikgetriebe ECVT: Ölkühler ausbauen.
- Oberen Kühlerschlauch abziehen, vorher Schlauchschelle ganz zurückschieben.

- Befestigungsschrauben –1– herausdrehen und Kondensator aus Halterung beziehungsweise Sicherungsnase –2– vorsichtig herausheben. **Achtung:** Dabei die angeschlossenen Leitungen nicht beschädigen.

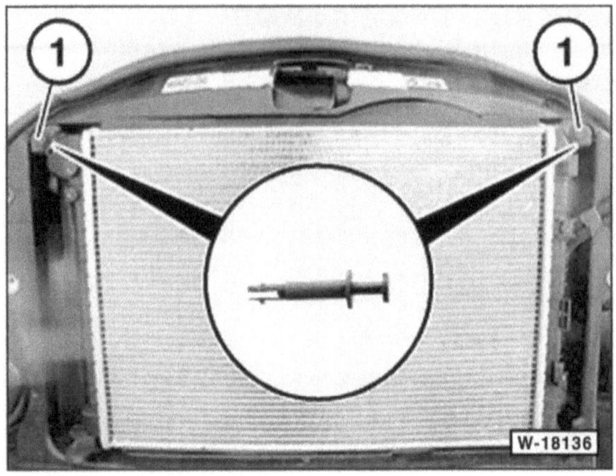

- Haltestifte –1– am Kühler links und rechts herausziehen.
- Kühler oben nach vorn kippen.

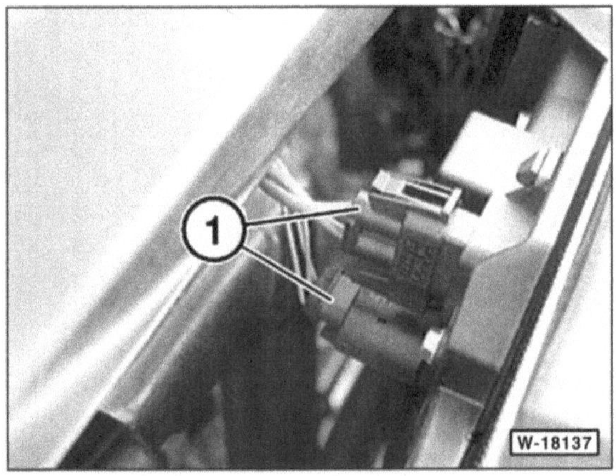

- Mehrfachstecker –1– vom Lüfterrelaisblock abziehen.

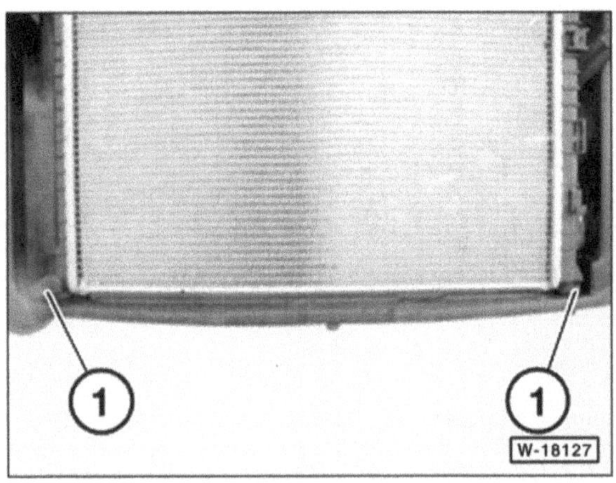

- Kühler aus den unteren Gummilagern –1– herausheben.

Einbau

- Der Einbau erfolgt in umgekehrter Ausbaureihenfolge.

MINI 1, Dieselmotor W17

Ausbau

- Zündung ausschalten.
- Kühlflüssigkeit ablassen, siehe entsprechendes Kapitel.
- Stoßfänger vorn ausbauen, siehe Seite 261.
- Luftfiltergehäuse ausbauen, siehe Seite 205.
- **Klimaanlage:** Kondensator soweit lockern (nicht ausbauen, Leitungen bleiben angeschlossen), dass der Kühler demontiert werden kann.

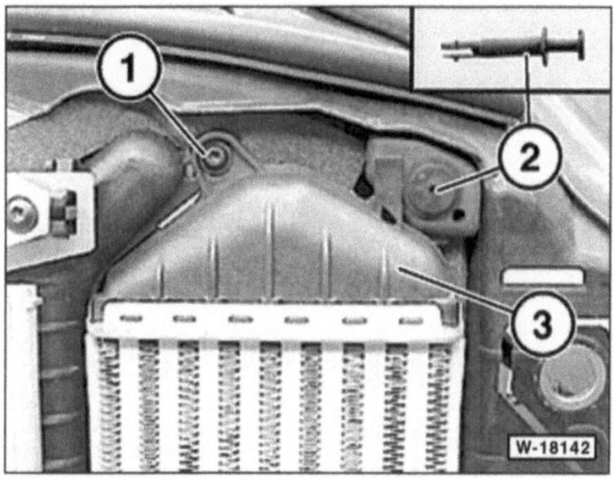

- Schraube –1– und Spreizniet –2– lösen. **Hinweis:** Der Ladeluftkühler –3– wird nur etwas vorgedrückt, die Schläuche bleiben angeschlossen.
- Kühler oben nach vorn kippen.

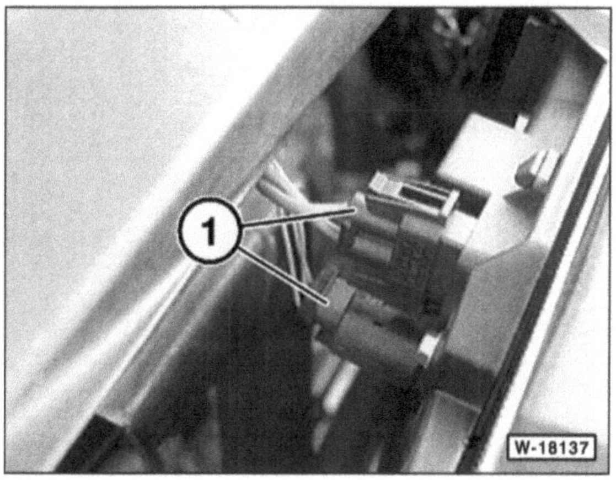

- Mehrfachstecker vom Lüfterrelaisblock –1– abziehen.

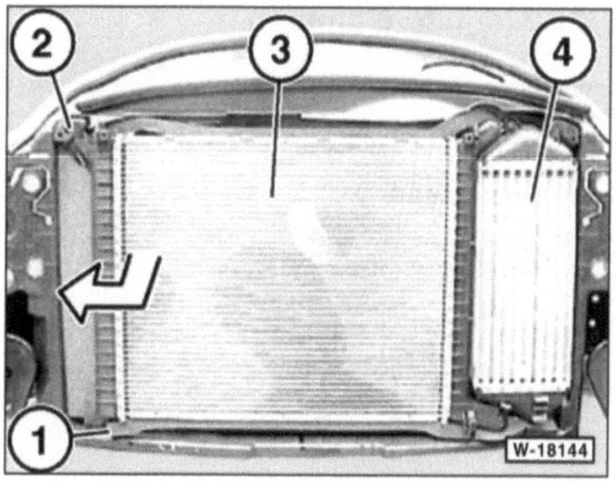

- Kühler –3– mit Lüfterzarge vorsichtig aus Lager –1/2– ausheben und in Pfeilrichtung vom Ladeluftkühler –4– abziehen. **Achtung:** Dabei die angeschlossenen Leitungen nicht beschädigen.
- Oberen Kühlerschlauch abziehen, dazu Schlauchschelle mit Zange öffnen und ganz zurückschieben.

Einbau

- Der Einbau erfolgt in umgekehrter Ausbaureihenfolge. Dabei ist folgendes zu beachten:

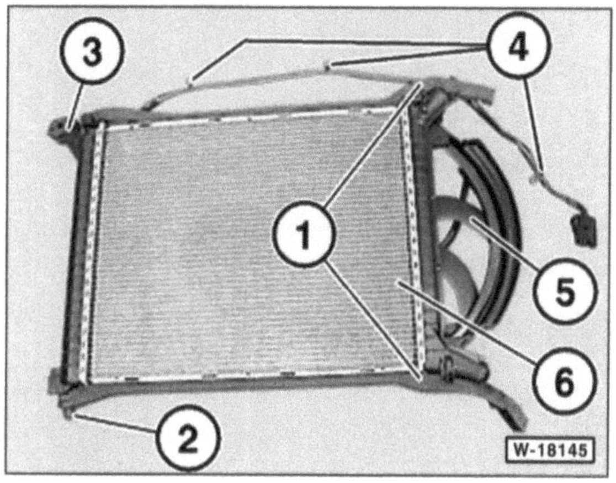

Achtung: Vor dem Einbau folgende Teile am Kühler –6– auf einwandfreien Zustand prüfen:

1 – Schaumabdichtungen
2 – Lager unten
3 – Lager oben
4 – Kabelband

Hinweis: Wenn der Kühler ersetzt wird, Lüfter –5– umbauen.

Lüfter aus- und einbauen

Achtung: Diese Arbeiten nur bei abgekühltem Motor durchführen. Verbrennungsgefahr!

MINI 2, Benzinmotor

Hinweis: Die Abbildungen zeigen den Motor N12. Beim Dieselmotor W16 erfolgt der eigentliche Ausbau des Lüfters auf die gleiche Weise. Allerdings muss zurvor die komplette Vorderwand mit Hilfe von Spezialwerkzeugen um ca. 10 cm nach vorn gezogen werden. Diese umfangreiche Arbeit ist im vorliegenden Band nicht beschrieben.

Ausbau

- **Benzinmotor N14:** Ladeluftführung links ausbauen, siehe Seite 204.

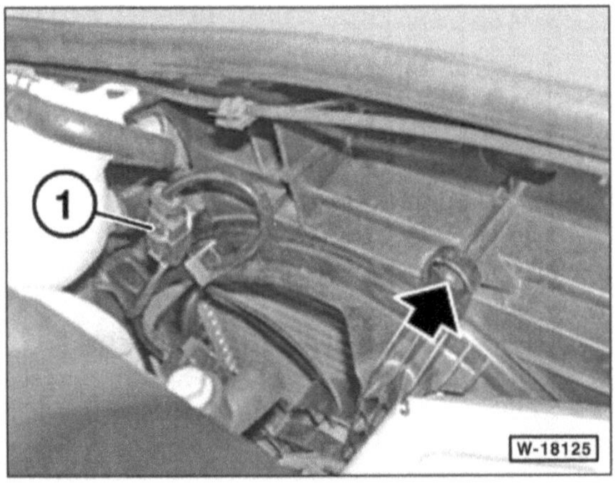

- Stecker –1– entriegeln und abziehen.
- Schraube –Pfeil– herausdrehen.

- Schraube –Pfeil a– herausdrehen.
- Lüfterzarge –1– in Pfeilrichtung –b– entriegeln und nach unten herausnehmen.

Einbau

- Der Einbau erfolgt in umgekehrter Ausbaureihenfolge.

MINI 1, Benzinmotor W10/W11

Ausbau

- Kühler ausbauen, siehe entsprechendes Kapitel.

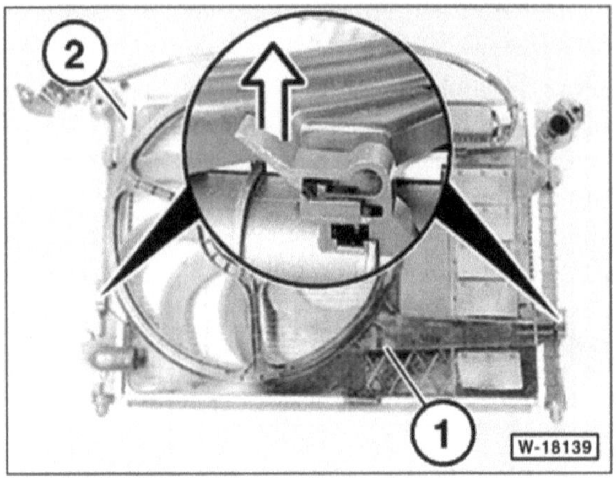

- Lüftergehäuse –1– am Kühler –2– ausclipsen –Pfeil– und nach oben ziehen.
- Lüftergehäuse mit Elektrolüfter herausnehmen.

Falls erforderlich, Lüftermotor ausbauen

- Lüfterrad vom Motor abbauen. Dazu Mutter –1– für Lüfterflügel abschrauben. **Achtung:** Linksgewinde, also im Uhrzeigersinn lösen.

- Schrauben –1– für Lüftermotor und Schrauben –2– für Vorwiderstandsblock herausdrehen.
- Lüftermotor, Vorwiderstandsblock und Kabelstrang vom Lüftergehäuse abnehmen.

Achtung: Auf keinen Fall eventuell vorhandene Blechklammern vom Lüfterrad abnehmen. Es handelt sich dabei um Ausgleichsgewichte, mit denen das Lüfterrad ausgewuchtet wurde.

Einbau

- Der Einbau erfolgt in umgekehrter Ausbaureihenfolge. Dabei ist folgendes zu beachten:
- Elektromotor mit **5 Nm** anschrauben.
- Mutter für Lüfterrad mit **6 Nm** festziehen (Linksgewinde).

Achtung: Beim Einbau unbedingt darauf achten, dass Kabelstrang und Kühlmittelschläuche korrekt verlegt werden, damit sie nicht durch Scheuern oder scharfe Kanten beschädigt werden.

MINI 1, Dieselmotor W17

Ausbau

- Kühler ausbauen, siehe entsprechendes Kapitel.

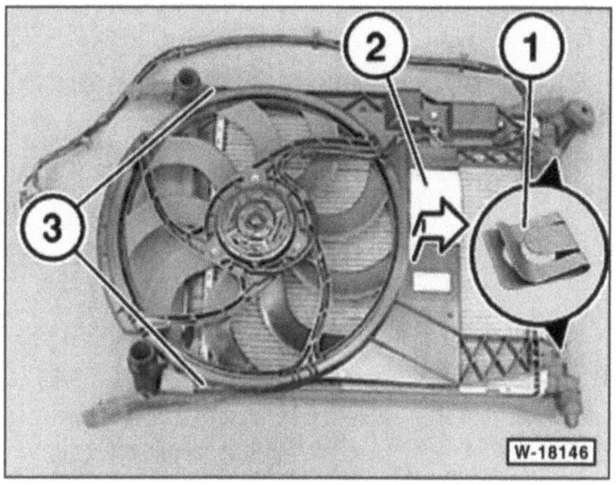

- Klammern –1– abziehen.
- Lüftergehäuse –2– mit Elektrolüfter in Pfeilrichtung aus den Aufnahmen –3– des Kühlers herausziehen und abnehmen.

Einbau

- Der Einbau erfolgt in umgekehrter Ausbaureihenfolge.

Motor-Management

Aus dem Inhalt:

- Benzineinspritzanlage
- Dieseleinspritzanlage
- Kraftstoffanlage
- Luftfilter ausbauen

Benzin-Einspritz- und Zündanlage

Das elektronische Motor-Management regelt die Kraftstoffzuteilung und das Zündsystem. Die Vorteile des elektronischen Motormanagements sind:

- Genau dosierte Kraftstoffmenge in jedem Betriebszustand des Motors und geringer Verbrauch bei guten Fahrleistungen.
- Reduzierung der Abgas-Schadstoffe durch exakte Kraftstoffzumessung und den Einsatz eines geregelten Katalysators.
- Die Eigendiagnose des Motor-Managements ermöglicht ein schnelleres Auffinden von Defekten. Das System ist mit einem Fehlerspeicher ausgestattet. Treten während des Betriebs Defekte auf, werden diese im Speicher abgelegt. Sollte der Motor nicht einwandfrei arbeiten, kann die Fachwerkstatt gegen Kostenerstattung eine Fehlerliste ausdrucken, damit der Defekt dann gegebenenfalls selbst behoben werden kann.

Das Steuergerät entspricht einem kleinen sehr schnell arbeitenden Computer. Es bestimmt den optimalen Zündzeitpunkt, den Einspritzzeitpunkt und die Kraftstoff-Einspritzmenge. Dabei erfolgt eine Abstimmung des Steuergeräts mit anderen Fahrzeugsystemen, beispielsweise der Getriebesteuerung oder der Wegfahrsperre.

Die Bauteile des Zünd- und Einspritzsystems sind langzeitstabil und praktisch wartungsfrei. Nur der Luftfiltereinsatz sowie die Zündkerzen müssen im Rahmen der Wartung gewechselt werden. Wesentliche Einstell- und Reparaturarbeiten können nur mit Hilfe von teuren Prüfgeräten durchgeführt werden, so dass diese Arbeiten nur noch von entsprechend ausgerüsteten Fachwerkstätten ausgeführt werden können.

Achtung: Bei Arbeiten am Einspritzteil des Systems sind auch die allgemeinen Sicherheits- und Sauberkeitsregeln zu befolgen, siehe Kapitel »Kraftstoffanlage«.

Diesel-Einspritzanlage

Die Dieseleinspritzung wird vollelektronisch durch das Motor-Management geregelt. Das bietet folgende Vorteile:

- Die Eigendiagnose des Motor-Managements ermöglicht ein schnelleres Auffinden von Defekten.
- Genau dosierte Kraftstoffmenge. Dadurch Reduzierung der Abgas-Schadstoffe und geringer Verbrauch.
- Das Einstellen von Leerlaufdrehzahl und Abregeldrehzahl ist nicht erforderlich.

Die Bauteile des Diesel-Einspritzsystems sind langzeitstabil und praktisch wartungsfrei. Nur der Motor-Luftfiltereinsatz und der Kraftstofffilter müssen im Rahmen der Wartung gewechselt werden.

Benzin-Einspritzanlage

Bauteile der digitalen Motorelektronik

MINI 2, Motor N12/N14, DME Teil 1

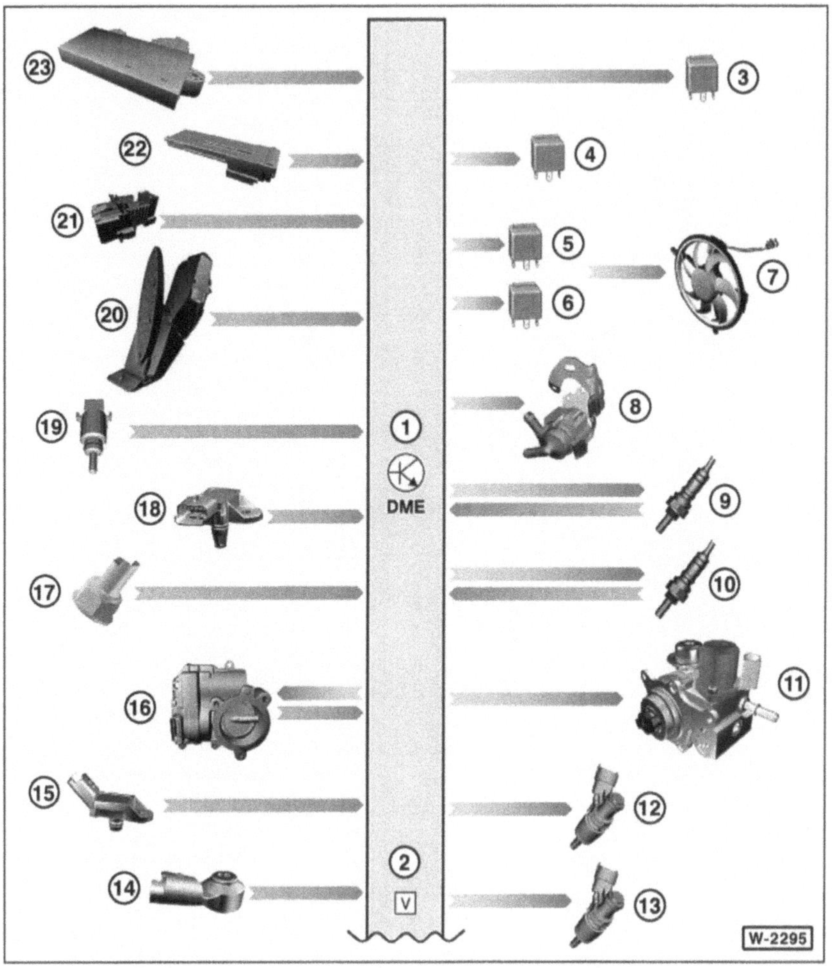

1 – **Digitale Motor Elektronik (DME)** Motor-Steuergerät.
2 – **Spannungssensor in der DME**
3 – **DME-Hauptrelais**
4 – **Kraftstoffpumpenrelais**
5 – **Relais 1 für Elektrolüfter**
6 – **Relais 2 für Elektrolüfter**
7 – **Elektrolüfter für Kühlung**
8 – **Turbolader-Kühlmittelpumpe**
9 – **Lambdasonde vor Katalysator** Die Lambdasonde vor dem Katalysator erfasst die Abgaszusammensetzung.
10 – **Lambdasonde nach Katalysator** Die Lambdasonde hinter dem Katalysator überwacht die Funktion des Katalysators.
11 – **Hochdruckpumpe mit Mengenregelventil**
12 – **Hochdruck-Einspritzventil 1**
13 – **Hochdruck-Einspritzventil 2**
14 – **Klopfsensor**
15 – **Saugrohrdrucksensor**
16 – **Drosselklappensteller**
17 – **Raildrucksensor**
18 – **Ansaugluft- und Ladedrucksensor**
19 – **Motor-Temperatursensor**
20 – **Fahrpedalmodul**
21 – **Bremslichtschalter**
22 – **Kupplungsmodul**
23 – **CAS-Steuergerät** Regelt die Komfort-Start-Funktion und die Wegfahrsperre. CAS = **C**ar **A**ccess **S**ystem.

Allgemeine Prüfung der Benzin-Einspritzanlage

Für eine systematische Fehlersuche beziehungsweise Fehlerbehebung sind markenspezifische Messgeräte erforderlich. Diese Messgeräte sind sehr teuer und in der Regel nur in der Fachwerkstatt vorhanden. Deshalb wird hier nur eine Grundprüfung beschrieben:

- Batterie prüfen, siehe Seite 59.
- Alle Sicherungen prüfen, siehe Seite 55.
- Sämtliche Stecker und Steckverbindungen des betroffenen elektronischen Systems abziehen und aufstecken. Festen Sitz der Steckverbindungen und Fixierung der Kabel im Motorraum prüfen.
- Alle Masseverbindungen auf festen Sitz und einwandfreien Kontakt prüfen.
- Schläuche und Leitungen auf Undichtigkeiten prüfen. Dabei auf Porosität und Risse achten. Lockere Anschlüsse befestigen.

Achtung: Keine silikonhaltigen Dichtmittel verwenden. Vom Motor angesaugte Silikonspuren werden nicht verbrannt und schädigen die Lambdasonde.

Digitale Motorelektronik (DME), Teil 2

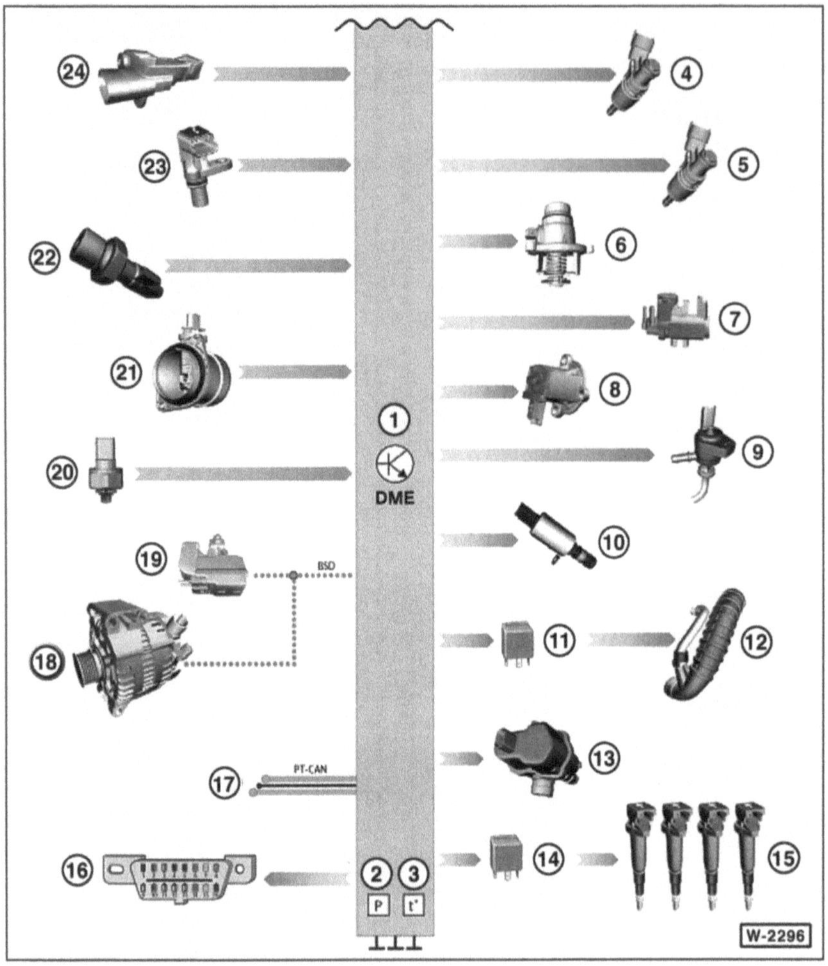

1 – **Digitale Motor Elektronik (DME)**

2 – **Umgebungsdrucksensor in der DME**

3 – **Temperatursensor in der DME**

4 – **Hochdruck-Einspritzventil 3**

5 – **Hochdruck-Einspritzventil 4**

6 – **Kennfeldthermostat**

7 – **Druckwandler für Wastegate-Ventil**

8 – **Schubumluftventil**

9 – **Tankentlüftungsventil**

10 – **VANOS-Magnetventil Einlass**
VANOS = **Var**iable **No**ckenwellen**s**teuerung.
Das VANOS-Magnetventil wird vom Motor-Steuergerät angesteuert und regelt die Stellung der Nockenwellen-Verstelleinheit. Die variable Nockenwellensteuerung dient der Steigerung des Drehmoments im unteren und mittleren Drehzahlbereich.

11 – **Relais für Motorentlüftungsheizung**
Nur für Länder mit kaltem Klima.

12 – **Motorentlüftungsheizung**
Nur für Länder mit kaltem Klima.

13 – **Diagnosemodul für Tankleck**
Nur US-Ausführung.

14 – **Relais für Zündspulen**

15 – **Zündspulen 1 bis 4**

16 – **Diagnosesteckanschluss**

17 – **Powertrain-CAN**
CAN = **C**ontroller **A**rea **N**etwork = Datenaustausch der Steuergeräte über ein Netzwerk.

18 – **Generator**

19 – **Intelligenter Batteriesensor**

20 – **Kältemitteldrucksensor**

21 – **Heißfilm-Luftmassenmesser**
Nur US-Ausführung.

22 – **Öldruckschalter**

23 – **Einlassnockenwellensensor**

24 – **Kurbelwellensensor**

Leerlaufdrehzahl/Zündzeitpunkt/ CO-Gehalt prüfen und einstellen

Im Rahmen der Wartung ist es nicht erforderlich, Leerlaufdrehzahl, Zündzeitpunkt und CO-Gehalt einzustellen, da die Werte permanent elektronisch nachgeregelt werden.

Falls die tatsächlichen Betriebswerte von den Sollwerten abweichen, liegt die Ursache in defekten Bauteilen, die ersetzt werden müssen. Eine fachgerechte Prüfung des Motormanagements ist nur mit speziellen Diagnosegeräten möglich.

Diesel-Einspritzanlage

Diesel-Einspritzverfahren

Beim Dieselmotor wird reine Luft in die Zylinder angesaugt und dort sehr hoch verdichtet. Dadurch steigt die Temperatur in den Zylindern über die Zündtemperatur des Dieselöls an. Wenn der Kolben kurz vor dem Oberen Totpunkt steht, wird in die hoch verdichtete und über +600° C heiße Luft Dieselöl eingespritzt. Das Dieselöl zündet von selbst, Zündkerzen sind also nicht erforderlich.

Bei sehr kaltem Motor kann es vorkommen, dass durch die Verdichtung die Zündtemperatur nicht erreicht wird. In diesem Fall muss vorgeglüht werden. Dazu befindet sich in jedem Brennraum eine Glühkerze, die den Brennraum aufheizt. Die Dauer des Vorglühens ist abhängig von der Umgebungstemperatur und wird durch das Motor-Steuergerät geregelt. **Hinweis:** Aufgrund der guten Kaltstarteigenschaften des Diesel-Direkteinspritzmotors ist ein Vorglühen überwiegend erst bei Temperaturen unter ca. 0° C erforderlich.

Beim Dieselmotor kommt das elektronische Diesel-Motormanagement DDE zum Einsatz, welches die Einspritzmenge und den Einspritzzeitpunkt regelt. DDE = **D**igitale **D**iesel **E**lektronik. Die Diesel-Direkteinspritzung erfolgt durch ein **Common-Rail-System** der 2. Generation. Dabei liegt der maximale Einspritzdruck bei etwa 1600 bar. Dadurch wird der Kraftstoff besonders fein zerstäubt und seine Energie besser genutzt.

Der Dieselkraftstoff wird aus dem Tank zur Hochdruckpumpe gefördert. Diese baut bereits bei niedrigen Motordrehzahlen einen sehr hohen Druck auf. Von der Hochdruckpumpe führt eine gemeinsame Kraftstoffleitung (Common Rail) zu den Einspritzventilen der einzelnen Zylinder. Die gemeinsame Kraftstoffleitung dient als Druckspeicher und verteilt den Kraftstoff mit konstantem Druck an die Einspritzventile. Die erforderliche Kraftstoff-Einspritzmenge wird vom Motor-Steuergerät über die als Injektoren bezeichneten Hochdruck-Einspritzventile den einzelnen Zylindern exakt zugeteilt.

Anstatt immer das gesamte Fördervolumen auf Hochdruck zu verdichten, wird nur soviel Kraftstoff auf Druck gebracht, wie momentan gerade gebraucht wird. Dadurch wird weniger Antriebsleistung für die Hochdruckpumpe benötigt, was zu einer Verringerung des Kraftstoffverbrauchs führt. Außerdem sinkt durch diese Mengenregelung die Verlustleistung des Einspritzsystems.

Bevor der Kraftstoff in die Einspritzpumpe gelangt, wird er im Kraftstofffilter von Verunreinigungen und Wasser befreit. Deshalb ist es äußerst wichtig, den Kraftstofffilter im Rahmen der Wartung regelmäßig auszuwechseln.

Die Hochdruckpumpe ist wartungsfrei. Alle beweglichen Teile werden mit Dieselöl geschmiert. Angetrieben wird die Hochdruckpumpe über eine Steuerkette.

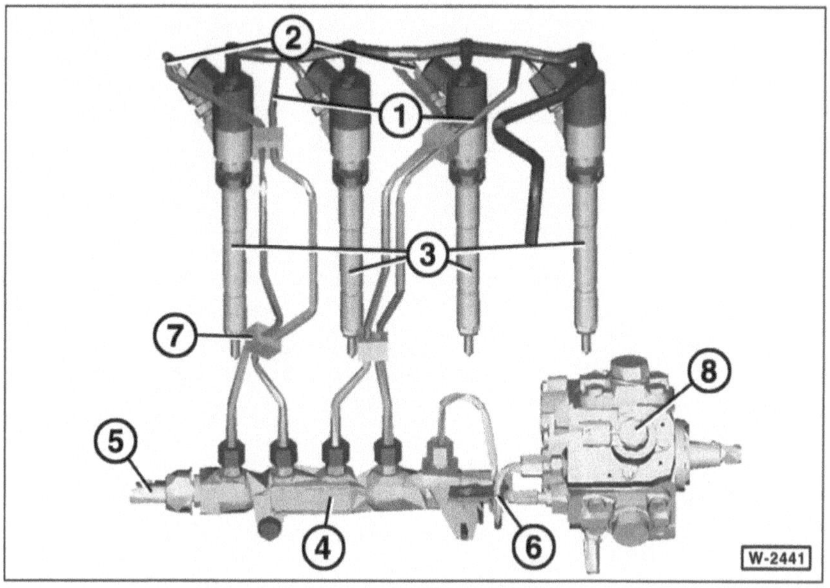

Common-Rail-System

Dieselmotor W16

1 – Druckleitung Zylinder 1 und 3

2 – Druckleitung Zylinder 2 und 4

3 – Injektoren (Einspritzventile)

4 – Hochdruckspeicher (Common-Rail)

5 – Drucksensor

6 – Pumpenleitung

7 – Gummilager

8 – Hochdruckpumpe

Kraftstoffanlage

Zur Kraftstoffanlage zählen der Kraftstoffvorratsbehälter (Kraftstofftank), die Kraftstoffpumpe und die Kraftstoffleitungen sowie Kraftstoff- und Luftfilter. Hinweise zum Luftfilter und zum Diesel-Kraftstofffilter befinden sich im Kapitel »Wartungsarbeiten«.

Kraftstoff sparen beim Fahren

Wesentlichen Einfluss auf den Kraftstoffverbrauch hat die Fahrweise des Fahrzeuglenkers. Hier einige Tipps für den intelligenten Umgang mit dem Gaspedal:

- Nach dem Motorstart gleich losfahren, auch bei Frost.
- Motor abschalten bei voraussichtlichen Stopps über 40 Sekunden Dauer.
- Im höchstmöglichen Gang fahren.
- Möglichst gleichmäßige Geschwindigkeiten über längere Strecken fahren, hohe Geschwindigkeiten meiden. Vorausschauend fahren. Nicht unnötig bremsen.
- Keine unnötige Zuladung mitführen, Aufbauten am Fahrzeug, beispielsweise Dachgepäckträger, möglichst abbauen.
- Immer mit richtigem und nie mit zu niedrigem Reifendruck fahren.

Sicherheits- und Sauberkeitsregeln bei Arbeiten an der Kraftstoffversorgung

Bei Arbeiten an der Kraftstoffversorgung sind die folgenden Regeln zur Sicherheit und Sauberkeit sorgfältig zu beachten:

Sicherheitshinweise

- **Kein offenes Feuer, nicht rauchen, keine glühenden oder sehr heißen Teile in die Nähe des Arbeitsplatzes bringen. Unfallgefahr! Feuerlöscher bereitstellen.**
- **Unbedingt für gute Belüftung des Arbeitsplatzes sorgen. Kraftstoffdämpfe sind giftig.**
- Leitungen der Einspritz- und Zündanlage –auch Messgeräteleitungen– nur bei ausgeschalteter Zündung ab- und anklemmen.
- Das Kraftstoffsystem den **Benzinmotors** steht unter Druck. Beim Öffnen der Anlage kann Kraftstoff herausspritzen, daher austretenden Kraftstoff mit einem Lappen auffangen. **Schutzbrille tragen. – Anschlüsse des Hochdruckteils beim Benzin-Direkteinspritzer dürfen auf keinen Fall geöffnet werden, bevor der Druck nicht abgebaut ist. Unfallgefahr!**
- Beim **Dieselmotor** kann die Temperatur der Kraftstoffleitungen beziehungsweise des Kraftstoffes im Extremfall bis zu +100° C betragen. Vor dem Öffnen von Leitungsverbindungen Kraftstoff abkühlen lassen, da akute Verbrühungsgefahr besteht. **Anschlüsse des Hochdruckteils dürfen auf keinen Fall geöffnet werden, bevor der Druck nicht abgebaut ist. Unfallgefahr!**
- Hautkontakt mit Kraftstoff vermeiden. Handschuehe verwenden.

- Verbindungsstellen und deren Umgebung vor dem Lösen gründlich mit Kaltreiniger oder Benzin reinigen.
- Ausgebaute Teile auf einer sauberen Unterlage ablegen und abdecken. Folien oder Papier verwenden. Keine fasernden Lappen benutzen!
- Geöffnete Bauteile sorgfältig abdecken beziehungsweise verschließen, wenn die Reparatur nicht umgehend ausgeführt wird.
- Ersatzteile erst unmittelbar vor dem Einbau aus der Verpackung nehmen. Nur saubere Teile einbauen.
- Bei geöffneter Kraftstoffanlage möglichst nicht mit Druckluft arbeiten. Das Fahrzeug möglichst nicht bewegen.
- Keine silikonhaltigen Dichtmittel verwenden. Vom Motor angesaugte Spuren von Silikonbestandteilen werden im Motor nicht verbrannt und schädigen die Lambdasonde.

Kraftstoffvorratsbehälter (Tank)/Kraftstoffpumpe/Tankgeber

Der Kraftstoffvorratsbehälter (Tank) ist vor der Hinterachse unterhalb der Rücksitzbank angeordnet. Die Füllmenge beträgt beim **MINI 2** ONE, COOPER und COOPER-D ca. 40 Liter, beim **MINI 2** COOPER-S sowie beim **MINI 1** sind es etwa 50 Liter. Der jeweilige Kraftstoffvorrat wird dem Fahrer im Kombiinstrument angezeigt. Dabei wird der Füllstand von 2 Tankgebern im Tank gemessen. Ein Mikroprozessor im Kombiinstrument errechnet unter Verwendung der Einspritzimpulse, der Fahrgeschwindigkeit und der elektrischen Signale der Hebelgeber den momentanen Tankinhalt. **Hinweis:** Bei den Motoren N12 und W16 ist nur ein Tankgeber vorhanden.

Über ein Belüftungssystem wird der Tank belüftet. Beim Benziner werden die schädlichen Benzindämpfe der Tankentlüftung in einem Aktivkohlespeicher aufgefangen und dem Motor kontrolliert wieder zugeführt.

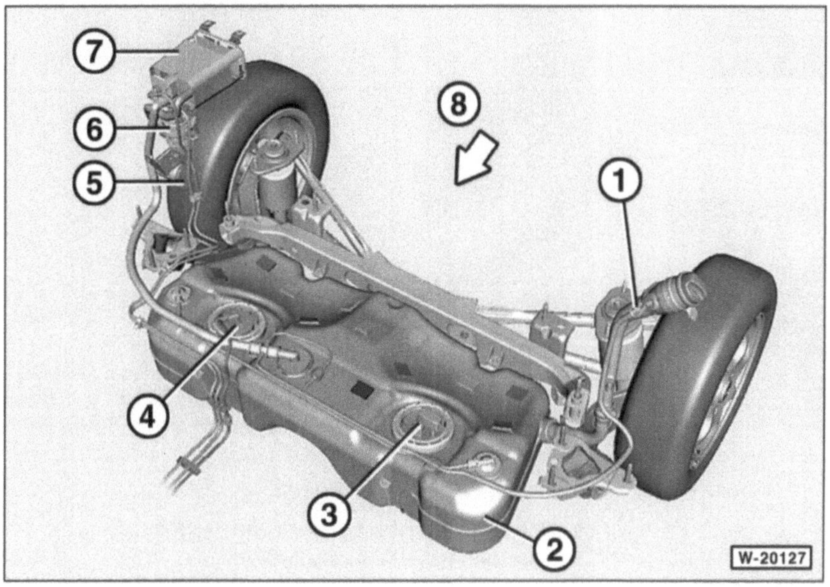

1 – Kraftstoffeinfüllrohr

2 – Kraftstoffbehälter (Tank)

3 – Kraftstoffpumpe / Tankgeber links

4 – Kraftstofffilter / Tankgeber rechts

5 – Staubfilter

6 – DMTL = Diagnosemodul Tankleck
Nur in der US-Ausführung vorhanden. Das DMTL prüft das Kraftstoffsystem auf Undichtigkeiten.

7 – Aktivkohlefilter

8 – Der Pfeil zeigt in Fahrtrichtung

Hinweis: In der Abbildung ist der Tank im MINI 1 mit Motor W11/W17 dargestellt.

Tankgeber links/Kraftstoffpumpe aus- und einbauen

Achtung: Beim Lösen der Kraftstoffleitungen tritt Kraftstoff aus. Dicken Lappen und Auffangbehälter bereithalten.

Achtung: Sicherheits- und Sauberkeitsregeln bei Arbeiten an der Kraftstoffversorgung unbedingt beachen.

Ausbau

Beschrieben wird der Ausbau des **linken Tankgebers** zusammen mit der Kraftstoffpumpe beim **MINI 2 mit Motor N14**. Der Ausbau des **rechten** Tankgebers zusammen mit dem Kraftstofffilter erfolgt auf die gleiche Weise. Allerdings muss dazu zuerst der linke Tankgeber ausgebaut werden. Besonderheiten zum rechten Tankgeber stehen am Ende des Kapitels.

Der Aus- und Einbau des Tankgebers beim **Motor N12** und **W16** mit 40-Liter-Tank sowie beim **MINI 1** erfolgt weitgehend auf dieselbe Weise. Besonderheiten stehen am Ende des Kapitels.

Bevor Tankgeber/Kraftstoffpumpe ausgebaut werden, den Tank möglichst leer fahren. Arbeiten möglichst im Freien durchführen und für gute Belüftung sorgen. Zur Belüftung des Arbeitsplatzes kann auch ein Radiallüfter verwendet werden, **dessen Motor außerhalb des Luftstromes liegt.**

- Batterie abklemmen. **Achtung:** Hinweise im Kapitel »Batterie aus- und einbauen« beachten.
- Rücksitzbank ausbauen, siehe Seite 223.

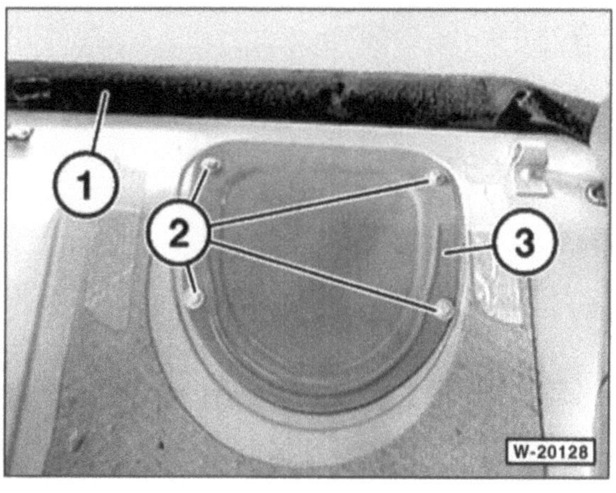

- Bodenteppich –1– nach vorn klappen.
- Muttern –2– abschrauben.
- Abdeckung –3– abnehmen.

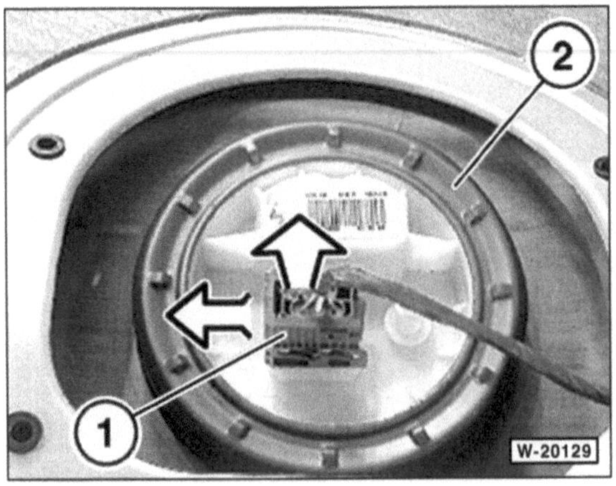

- Mehrfachstecker –1– entrasten und abziehen. 2 – Überwurfmutter.

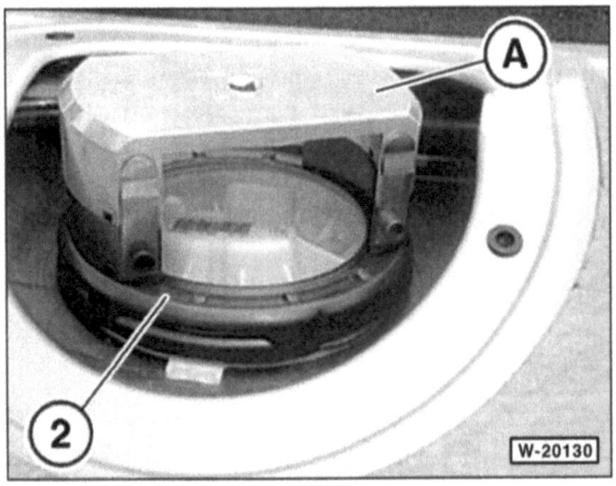

- Überwurfmutter –2– vorsichtig linksherum losdrehen. Die Werkstatt verwendet dazu das BMW-Werkzeug 16 1 020 –A–.

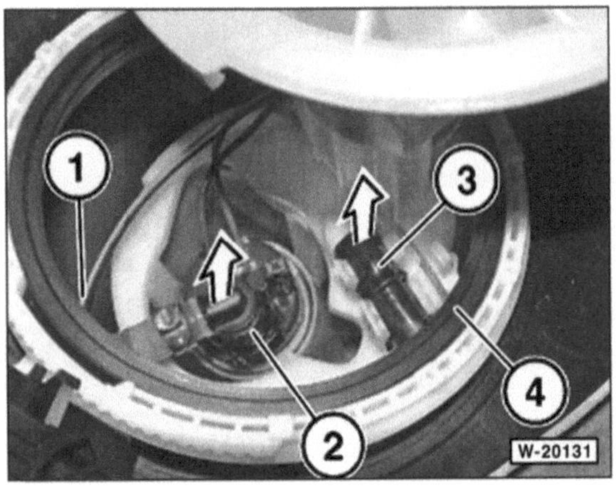

- Fördereinheit etwas anheben. **Achtung:** Zur Einbauerleichterung Kabel –1– und Leitungen –2– und –3– mit Schnur sichern. Dies ist vor allem dann wichtig, wenn anschließend der rechte Tankgeber mit Kraftstofffilter ausgebaut werden soll.
- Steckverbindung –1– trennen.
- Leitung –2– am Schnellverschluss entriegeln und abziehen –Pfeil–.
- Leitung –3– ausclipsen –Pfeil–.
- Kraftstoffpumpe mit Tankgeber vorsichtig aus dem Kraftstofftank heben.

Einbau

- Kraftstoff-Fördereinheit vorsichtig in den Tank einsetzen, dabei Hebelgeber nicht beschädigen. Darauf achten, dass die Nase –1– in die Aussparung –2– am Tank eingreift.
- Elektrische Leitung aufstecken.
- Dichtflächen säubern und **neuen** Gummidichtring –4– einsetzen, siehe Abbildung W-20131.
- Kraftstoffleitungen aufstecken. Gegebenenfalls Sicherungsschnüre entfernen.
- Überwurfmutter ansetzen und handfest anschrauben. Anschließend Überwurfmutter mit BMW-Werkzeug 16 1 020 festziehen.
  Anzugsdrehmoment:
  Metall-Überwurfmutter **MINI 2** . . . . **45 + 5 Nm**
  Kunststoff-Überwurfmutter **MINI 2** . . . . . . **85 ± 5 Nm**
  Metall-Überwurfmutter **MINI 1** . . . . **35 Nm**
- Mehrfachstecker aufstecken und einrasten.
- Abdeckung auflegen und mit **6 Nm** anschrauben.
- Bodenteppich zurückklappen.
- Rücksitzbank einbauen, siehe Seite 223.
- Batterie anklemmen. **Achtung:** Hinweise im Kapitel »Batterie aus- und einbauen« beachten.

Achtung: Vor dem ersten Motorstart Kraftstoffbehälter mit mindestens 5 Liter Kraftstoff auffüllen.

Speziell rechter Tankgeber mit Kraftstofffilter

- Zuerst linken Tankgeber komplett ausbauen und Kraftstoffschläuche mit einer Schnur sichern.

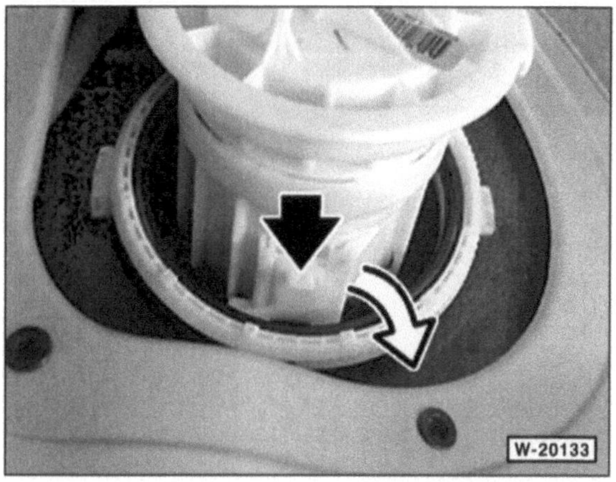

- Rechten Tankgeber auf die gleiche Weise wie den linken ausbauen. Leitungshalter von der Gebereinheit abbauen.
- Rechten Tankgeber mit Leitungen herausheben. **Hinweis:** Beim Herausnehmen wird das Schlauchpaket von der linken Seite her mit herausgezogen. Die Hilfsschnur verbleibt im Tank. Beim Einbau wird damit das Schlauchpaket von der rechten zur linken Seite durchgezogen.

Speziell Dieselmotor W16

Achtung: Falls der Dieselkraftstoff abgesaugt wird, muss sosowohl beim Absaugen wie auch beim Befüllen die Batterie abgeklemmt werden. Sonst kommt es zu einer erneuten Beimischung des Dieseladditives und damit zu einem falschen Mischungsverhältnis.

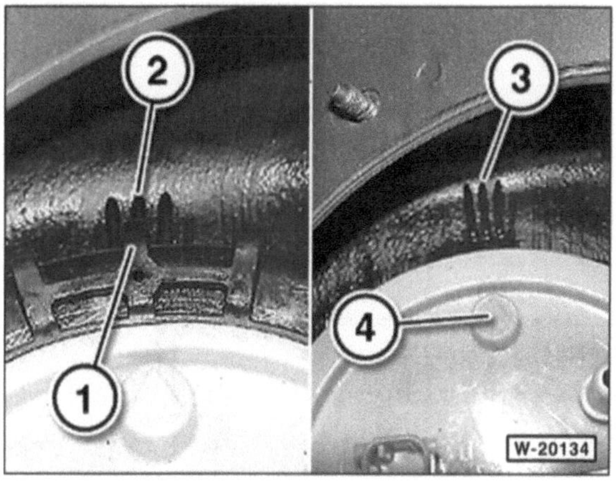

- Überwurfmutter soweit anziehen, bis der Steg –1– auf die Markierung –2– zeigt beziehungsweise die Kerben –3– gegenüber der Markierung –4– liegen.

Speziell Tankgeber von Kraftstoffpumpe trennen

MINI 1

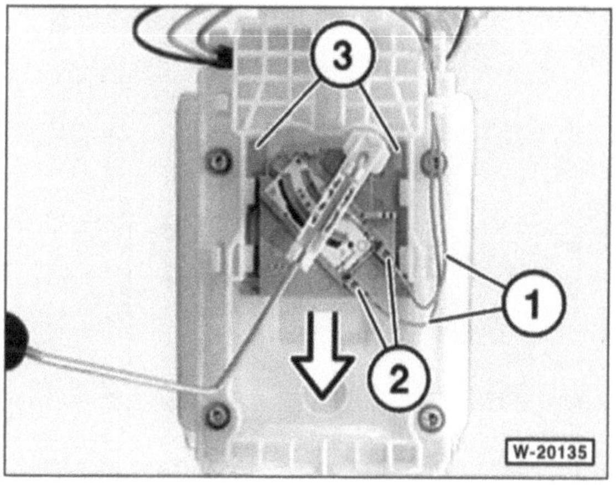

- Leitungen –1– an den Haltenasen –2– abziehen.
- Tankgeber aus den Haken –3– lösen und nach unten abziehen –Pfeil–.

Motor-Start-Stop-Automatik

Ab 08/2007 ist der MINI 2 mit Schaltgetriebe mit einer Motor-Start-Stop-Automatik (MSA) ausgestattet.

Funktion:

- Automatische Abschaltung der Klemme 15. Das heißt, die Zündung kann automatisch ausgeschaltet werden.
- Durch Öffnen oder Schließen der Fahrertür wird die Klemme 15 automatisch über das Signal vom Türkontakt abgeschaltet. Durch anschließendes Drücken der START-STOP-Taste kann die Klemme 15 wieder dauerhaft eingeschaltet werden. Diesen Vorgang vor der Programmierung oder der Diagnose eines Fahrzeugs durchführen.

Sicherheitshinweis bei Arbeiten im Motorraum

Achtung: Vor Arbeiten am Motor stets sicherstellen, dass die MSA –Motor-Start-Stop-Automatik– ausgeschaltet ist, um einen automatischen Motorstart während der Arbeiten im Motorraum zu verhindern. Verletzungsgefahr!

Die MSA-Funktion wird folgendermaßen deaktiviert:

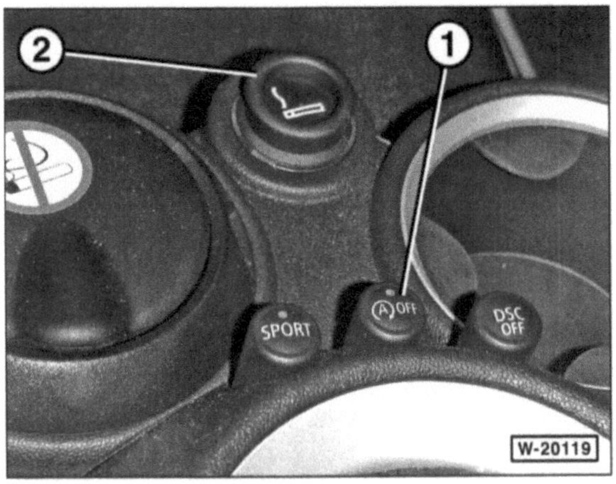

- Taster –1– im Fahrzeuginnenraum drücken und dadurch die MSA deaktivieren. 2 – Zigarrenanzünder.
- Gurtschloss und Fahrertür öffnen.

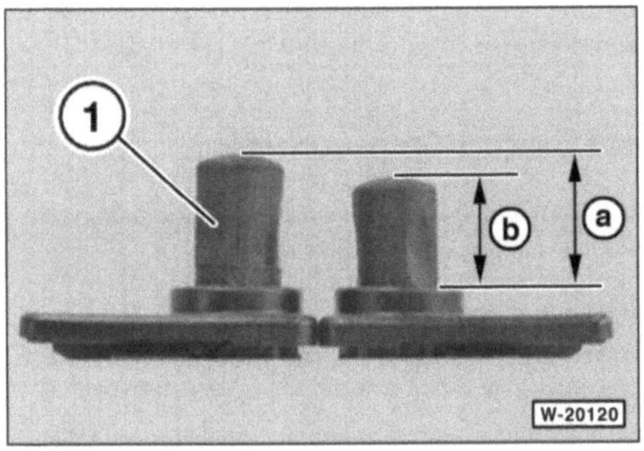

- Motorhaube öffnen und darauf achten, dass sich der Motorhaubenkontakt **nicht** im Werkstattmodus befindet.
- Um in den **Werkstattmodus** zu gelangen, muss der Motorhaubenkontakt-Schalter –1– herausgezogen werden, der Abstand beträgt dann a = 10 mm.
- In **Grundstellung** (Motorhaube normal geöffnet) ragt der Stift um b = 7 mm heraus.
- Um die **Grundstellung** des Motorhaubenkontaktes **sicherzustellen**, gegebenenfalls vor Arbeitsbeginn **Motorhaubenkontakt bis zum Anschlag durchdrücken und langsam loslassen**.

Tankentlüftungsventil aus- und einbauen

MINI 1, Benzinmotor W10

Das Tankentlüftungsventil muss unter anderem zum Ausbau des Keilrippenriemens ausgebaut werden.

Ausbau

- Zündung ausschalten.

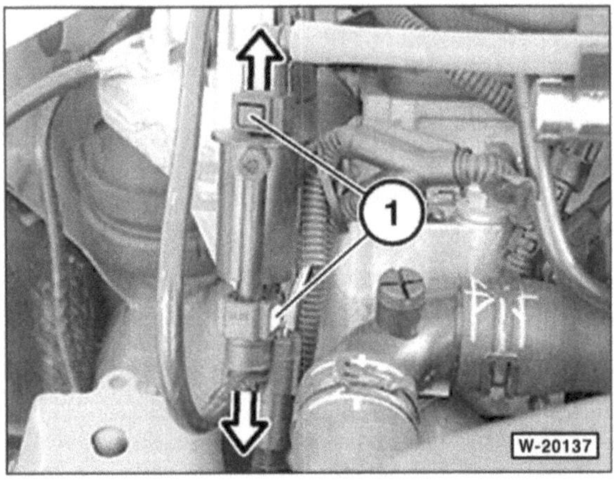

- Beide Leitungen vom Tankentlüftungsventil abziehen –Pfeile–. Dazu jeweils Sicherungsknopf –1– drücken.

- Sperrzunge –1– gerade biegen und Entlüftungsventil von Halter schieben.
- Stecker –2– entriegeln und abziehen.

Einbau

- Der Einbau erfolgt in umgekehrter Ausbaureihenfolge.

Ladedruckfühler aus- und einbauen

MINI 2, Dieselmotor W16

Der Ladedruckfühler muss unter anderem zum Ausbau des Keilrippenriemens ausgebaut werden. Der Ladedruckfühler befindet sich am Sammler für Ansaugluft.

Ausbau

- Zündung ausschalten.

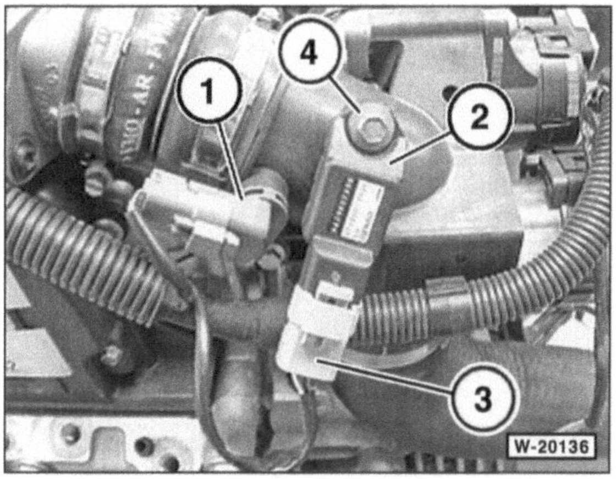

- Stecker –3– entriegeln und abziehen.
- Schraube –4– herausdrehen und Ladedruckfühler –2– abnehmen. 1 – Ladeluft-Temperaturfühler.

Einbau

- Ladedruckfühler einsetzen und mit **3 Nm** anschrauben.
- Stecker aufschieben und einrasten.

Sammler für Ansaugluft (Ansaugkrümmer) aus- und einbauen

Benzinmotor N14

Der Sammler für Ansaugluft (Ansaugkrümmer) muss unter anderem zum Ausbau des Thermostats ausgebaut werden.

Ausbau

- Batterie abklemmen. **Achtung:** Hinweise im Kapitel »Batterie aus- und einbauen« beachten.
- Luftfiltergehäuse ausbauen, siehe Seite 205.

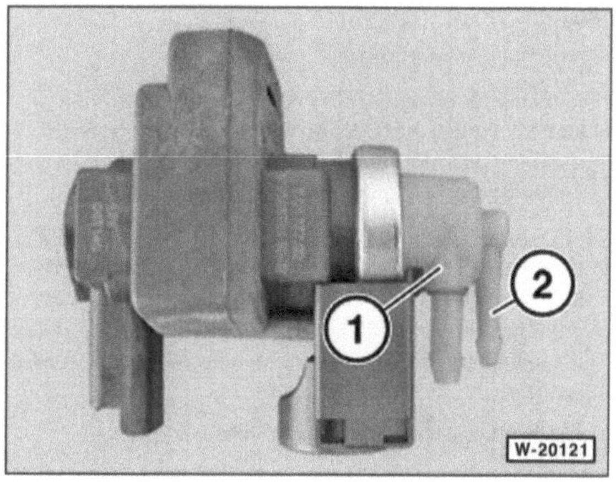

- Unterruckleitungen an den Unterdruckanschlüssen –1– und –2– mit Tesaband markieren und vom Druckwandler –3– abziehen. **Hinweis:** In der Abbildung ist der ausgebaute Druckwandler (EPDW) –3– gezeigt.
- Elektrische Steckverbindung vom Druckwandler abziehen.

- Stecker –1– am Tankentlüftungsventil –2– abziehen.
- Schlauch am Tankentlüftungsventil –2– abziehen.

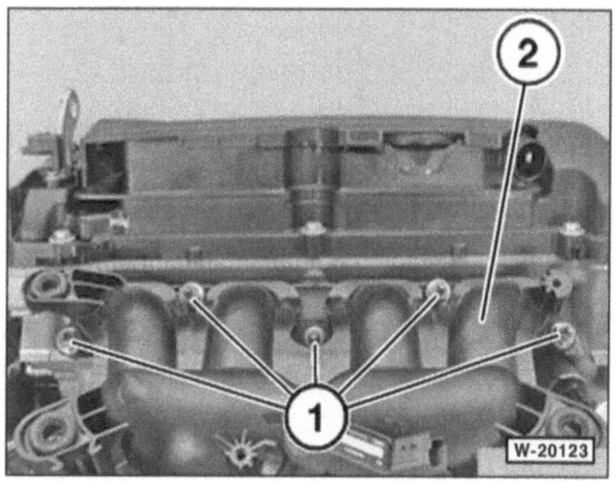

- Muttern –1– abschrauben und Sammler für Ansaugluft (Ansaugkrümmer) –2– abnehmen.

Einbau

- Alle Dichtungen grundsätzlich erneuern.
- Sammler für Ansaugluft mit neuer Dichtung ansetzen und Muttern bis zur Anlage voranziehen. Anschließend Muttern mit Gewinde M8 wechselweise mit **15 Nm** und Mutter mit Gewinde AM7 mit **20 Nm** festziehen.
- Unterdruckleitungen entsprechend den angebrachten Markierungen auf die Unterdruckanschlüsse stecken. Falls keine Markierungen vorhanden sind, Schlauch mit grüner Markierung auf den Anschluss »EPDW OUT« und Schlauch ohne Markierung auf den Anschluss »VAC« aufstecken.
- Luftfiltergehäuse einbauen, siehe Seite 205.
- Batterie anklemmen. **Achtung:** Hinweise im Kapitel »Batterie aus- und einbauen« beachten.

Ladeluftführung aus- und einbauen

MINI 2, Benzinmotor N14

Die Ladeluftführung muss unter anderem zum Ausbau des Kühlerlüfters ausgebaut werden.

Hinweis: Ladeluftschläuche mit Schellenbefestigung müssen fettfrei und trocken verbaut werden, sonst kann dies zum Ausfall der Aufladevorrichtung führen.

Ausbau

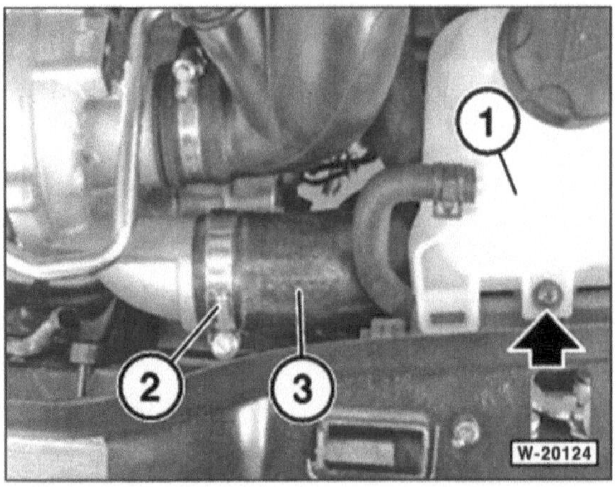

- Schraube –Pfeil– herausdrehen und Kühlmittel-Ausgleichbehälter –1– aus dem Gummilager herausheben.
- Ausgleichsbehälter –1– mit angeschlossenen Schläuchen beiseite legen.
- Schelle –2– öffnen und zurückschieben.
- Ladeluftschlauch –3– abziehen.

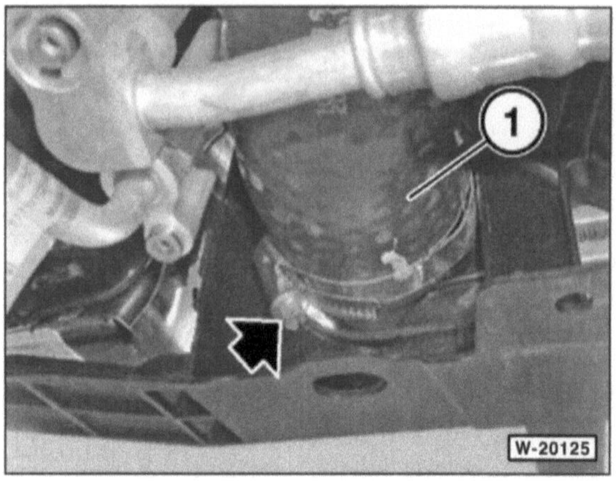

- Schelle –Pfeil– öffnen und Ladeluftschlauch –1– abziehen.

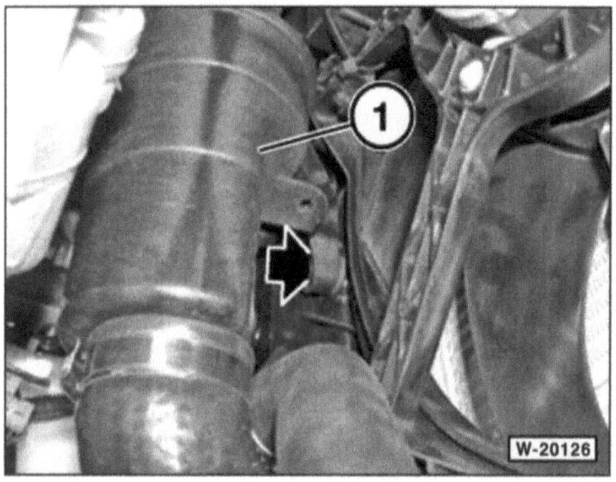

- Schraube –Pfeil– herausdrehen und Ladeluftführung –1– herausnehmen.

Einbau

- Der Einbau erfolgt in umgekehrter Ausbaureihenfolge. Beim Einbau des Ausgleichbehälters darauf achten, dass der Lagerzapfen richtig im Gummilager sitzt.

Luftfilter aus- und einbauen

MINI 2, Benzinmotor N12

Ausbau

- Zündung ausschalten.

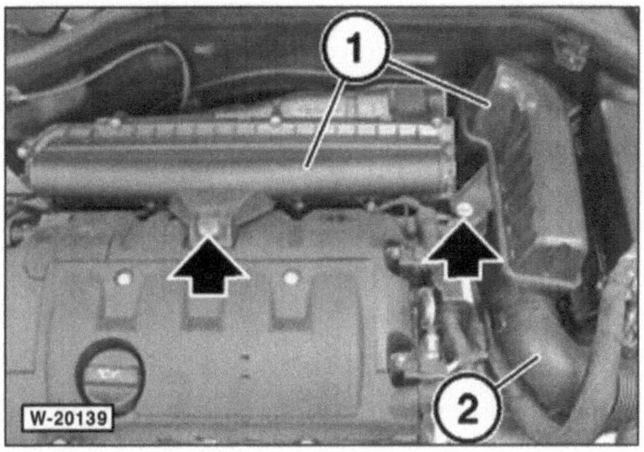

- Schrauben –Pfeile– herausdrehen und Luftfiltergehäuse –1– von den Lagerzapfen abziehen.
- Ansaugkanal –2– vom Luftfiltergehäuse –1– abziehen.
- Luftfiltergehäuse mit einer Drehbewegung am Resonanzkörper entriegeln und abnehmen.

Einbau

- Richtigen Sitz der Gummilager für das Luftfiltergehäuse prüfen.
- Luftfiltergehäuse mit Resonanzkörper verbinden und in die Lagerzapfen einsetzen.
- Ansaugkanal am Luftfiltergehäuse aufschieben.
- Luftfiltergehäuse mit **8 ± 2 Nm** anschrauben.

MINI 2, Benzinmotor N14

Ausbau

- Zündung ausschalten.
- Falls vorhanden, Stecker vom Luftmassenmesser abziehen.

- Schraube –Pfeil– herausdrehen.

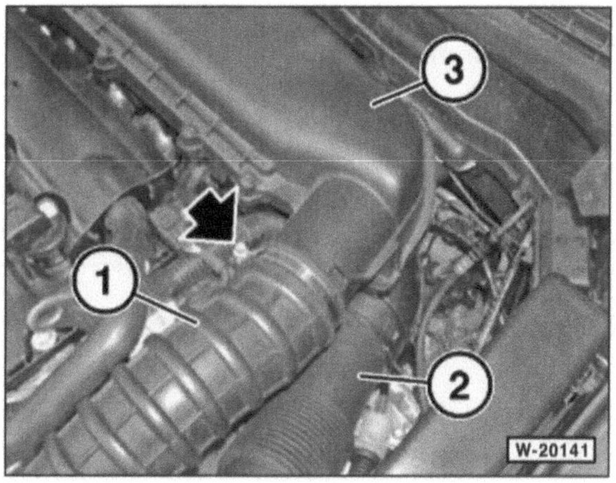

- Schelle –Pfeil– öffnen und Druckrohr –1– vom Luftfiltergehäuse –3– abziehen.
- Ansaugkanal –2– entriegeln und vom Luftfiltergehäuse –3– abziehen.
- Luftfiltergehäuse –3– herausnehmen.

Einbau

- Der Einbau erfolgt im umgekehrter Ausbaureihenfolge. Luftfiltergehäuse mit **6 Nm** anschrauben.

MINI 2, Dieselmotor W16

Ausbau

- Zündung ausschalten.
- Motorabdeckung oben ausbauen.

- Stecker –1– vom Luftmassenmesser abziehen.
- Schelle –2– am Druckschlauch öffnen.
- Ansaugkanal –3– anheben und herausnehmen.
- Luftfiltergehäuse nach oben herausziehen –Pfeil–.

Einbau

- Der Einbau erfolgt im umgekehrter Ausbaureihenfolge.

MINI 1, Benzinmotor W10

Ausbau

- Zündung ausschalten

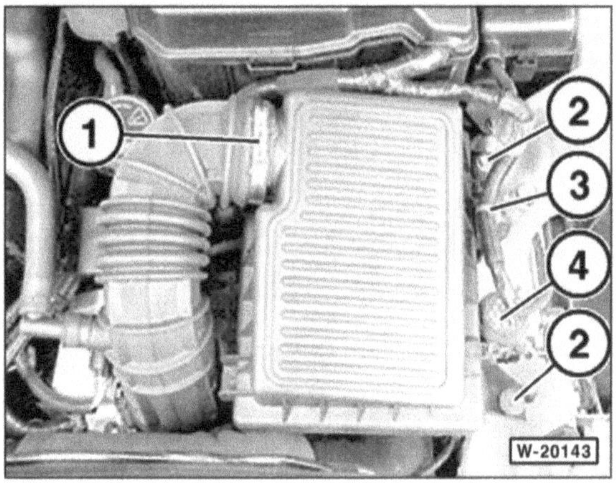

- Schelle –1– öffnen und Ansaugstutzen vom Luftfiltergehäuse abziehen.
- Schrauben –2– herausdrehen.
- Kabelhalter –3/4– lösen.
- Luftfiltergehäuse –5– herausheben.

Einbau

- Der Einbau erfolgt im umgekehrter Ausbaureihenfolge. Luftfiltergehäuse mit **7 - 10 Nm** anschrauben.

MINI 1, Benzinmotor W11

Ausbau

- Zündung ausschalten.

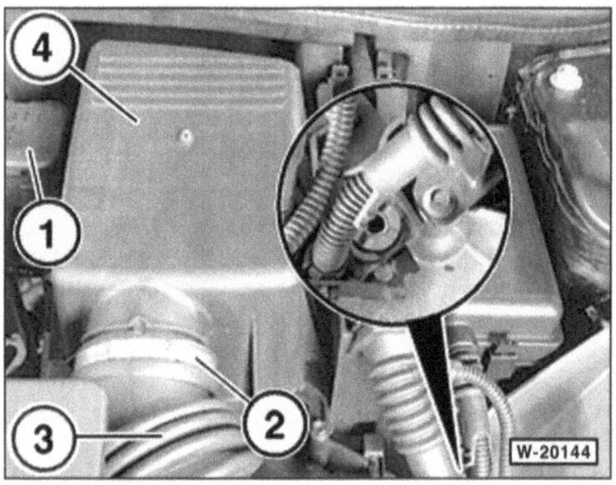

- Batteriestützpunkt –1– abnehmen und zur Seite legen.
- Stecker vom DME-Steuergerät entriegeln und abziehen.
- Schrauben am Luftfiltergehäuse herausdrehen.
- Schelle –2– öffnen und Schlauch –3– vom Luftfiltergehäuse –4– abziehen. **Hinweis:** Einbaulage der Kabelbaumbefestigung für den späteren Einbau merken.

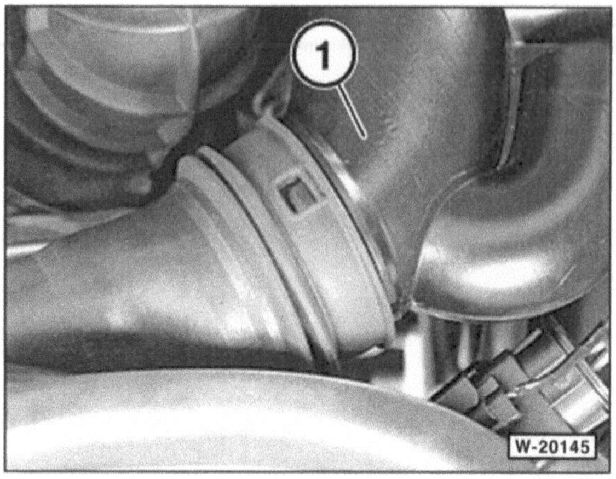

- Ansaugrohr –1– vom Luftfiltergehäuse abclipsen und abnehmen.
- Luftfiltergehäuse herausnehmen.

Einbau

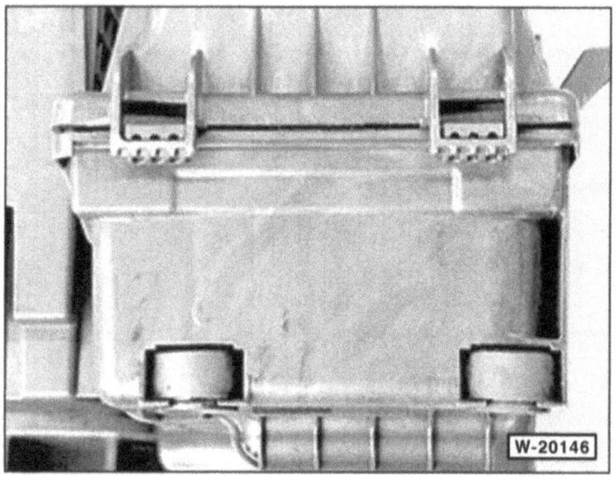

- Richtigen Sitz der Auflagegummis für das Luftfiltergehäuse prüfen.
- Luftfiltergehäuse einsetzen.
- Der weitere Einbau erfolgt in umgekehrter Ausbaureihenfolge. Schlauchschelle mit **7 - 10 Nm** festziehen.

MINI 1, Dieselmotor W17

Ausbau

- Zündung ausschalten.

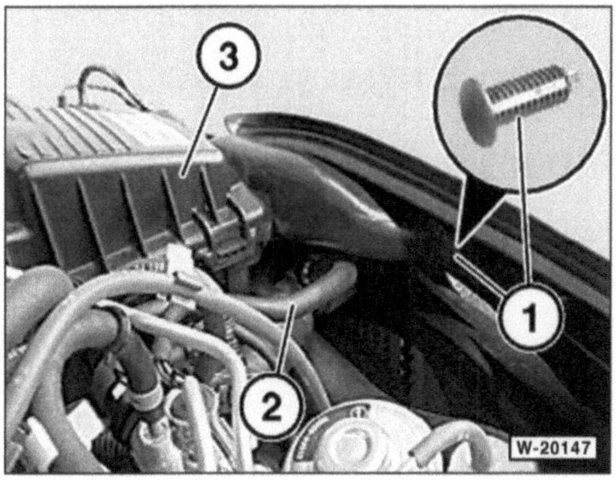

- Zwei Clips -1- herausziehen.
- Schlauch -2- vom Luftfiltergehäuse -3- abziehen.

- Kabelbinder -1- öffnen.
- Steckverbindung -2- am Luftfiltergehäuse trennen.
- Stecker -3- vom Luftmassenmesser abziehen.
- Schelle -4- öffnen.
- Schrauben -5- herausdrehen und Luftfiltergehäuse herausnehmen.

Einbau

- Der Einbau erfolgt in umgekehrter Ausbaureihenfolge. Luftfiltergehäuse mit **7 - 10 Nm** festziehen.

Abgasanlage

Aus dem Inhalt:

- **Katalysator- und Filtersysteme**
- **Abgasturbolader**
- **Abgasanlagen-Übersicht**
- **Abgasanlage demontieren**
- **Abgasanlage prüfen**

Die Abgasanlage der Benzinmotoren besteht aus dem Abgaskrümmer und den Abgasrohren, die die Schalldämpfer und den Katalysator miteinander verbinden. Für die Abgasregelung sind 2 Lambdasonden erforderlich, die jeweils vor und nach dem Katalysator angeordnet sind. Die Abgasanlage der Dieselmotoren ist mit einem Katalysator und beim MINI 2 mit einem Partikelfilter bestückt.

Bei einer Reparatur lassen sich sämtliche Teile der Abgasanlage einzeln auswechseln.

Katalysatorschäden vermeiden

Um Beschädigungen am Katalysator zu vermeiden, sind folgende Hinweise unbedingt zu beachten:

Benzinmotor

- Grundsätzlich nur **bleifreies** Benzin tanken.
- Treten Zündaussetzer auf, hohe Motordrehzahlen vermeiden und Fehler umgehend beheben.
- Nur die vorgeschriebenen Zündkerzen verwenden.
- Keine Funkenprüfung ohne ausreichende Masseverbindung durchführen.
- Es darf kein Zylindervergleich (Balancetest) durch Zündabschaltung eines Zylinders durchgeführt werden. Bei Zündabschaltung der einzelnen Zylinder – auch über Motortester – gelangt unverbrannter Kraftstoff in den Katalysator.
- Das Anlassen des Motors durch **Anschieben** oder Anschleppen darf nur in **einem** Versuch über eine Strecke von etwa 50 Metern erfolgen. Besser: Starthilfekabel verwenden. Unverbrannter Kraftstoff könnte bei einer Zündung zur Überhitzung des Katalysators und zu seiner Zerstörung führen. Ist der Motor **betriebswarm**, darf er **nicht** angeschoben oder angeschleppt werden.

Benzin- und Dieselmotor

- Fahrzeug nicht über trockenem Laub oder Gras beziehungsweise auf einem Stoppelfeld abstellen. Die Abgasanlage wird im Bereich des Katalysators sehr heiß und strahlt die Wärme auch nach Abstellen des Motors noch ab.
- Kraftstofftank nie ganz leer fahren.
- Keinen Unterbodenschutz auf Abgasrohre auftragen.
- Die Hitzeschilde der Abgasanlage nicht verändern.
- Bei Startschwierigkeiten nicht unnötig lange den Anlasser betätigen. Während des Anlassens wird permanent Kraftstoff eingespritzt. Fehlerursache ermitteln und beseitigen.
- Beim Ein- oder Nachfüllen von Motoröl besonders darauf achten, dass auf keinen Fall die Maximum-Markierung am Ölmessstab (obere Markierung) überschritten wird. Das überschüssige Öl gelangt sonst aufgrund unvollständiger Verbrennung in den Katalysator und kann das Edelmetall beschädigen oder den Katalysator vollständig zerstören.

Aufbau des Katalysators

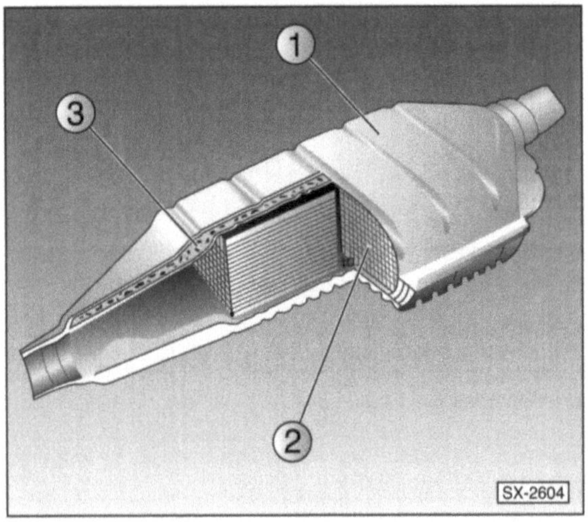

Der Katalysator dient zur Abgasumwandlung. Er besteht aus einem Keramik-Wabenkörper –2–, der mit einer Trägerschicht überzogen ist. Auf der Trägerschicht befinden sich Edelmetallsalze, die den Umwandlungsprozess bewirken. Im Gehäuse –1– wird der Katalysator durch eine Isolations-Stützmatte –3– fixiert, die außerdem Wärmeausdehnungen ausgleicht.

In Verbindung mit der elektronischen Benzin-Einspritzanlage und den Lambdasonden wird die Kraftstoffmenge für die Verbrennung so dosiert, dass der Katalysator die Schadstoffe optimal reduzieren kann.

Der Diesel-Katalysator wandelt die im Abgas befindlichen giftigen Kohlenmonoxide und Kohlenwasserstoffverbindungen in Kohlendioxid (CO_2) und Wasser (H_2O) um. Außerdem vermindert sich der dieseltypische Abgasgeruch.

Der Abgasturbolader

Der Dieselmotor ist mit einem Abgas-Turbolader ausgerüstet. Beim Turbolader sitzen zwei Turbinenräder auf einer Welle, die in zwei voneinander getrennten Gehäusen untergebracht sind. Für den Antrieb der Turbinenräder sorgen die Abgase. Sie bringen die Laderwelle auf bis zu 300.000 Umdrehungen in der Minute. Und da Abgas- und Frischluftrotor auf der gleichen Welle sitzen, wird mit gleicher Drehzahl Frischluft in die Zylinder gedrückt. Zur Schmierung ist der Lader an den Ölkreislauf des Motors angeschlossen, beim Benziner wird er zusätzlich durch das Kühlmittel gekühlt.

Beim Dieselmotor ist ein so genannter VTG-Turbolader (VTG = Variable Turbinen-Geometrie) eingebaut. Dieser Abgaslader besitzt verstellbare Leitschaufeln, die vom Motor-Steuergerät über ein Magnetventil und eine Unterdruckdose stufenlos geregelt werden. Dadurch kann bei allen Drehzahlen der optimale Ladedruck erzeugt werden, was zu einem höheren Drehmoment und auch zu mehr Leistung führt.

Zwischen Turbolader und Einlasskanal des Motors befindet sich ein Ladeluftkühler, der die vorverdichtete Luft abkühlt. Das erhöht die Motorleistung, weil kühle Luft durch die höhere Luftdichte einen höheren Sauerstoffanteil besitzt.

Der Lader ist ein äußerst präzise hergestelltes Bauteil. Daher wird er in der Regel bei einem Defekt komplett ausgetauscht.

Diesel-Partikelfilter

Der Diesel-Partikelfilter filtert die bei der Verbrennung im Motor entstehenden Rußpartikel aus dem Abgas heraus. Dabei werden die Rußpartikel zunächst im Wabensystem des Filters gesammelt und anschließend in einem separaten Vorgang rückstandslos verbrannt. Entsprechend den fahrzeugspezifischen Bedingungen werden 2 Paritkelfiltersysteme unterschieden: Das Additiv-System und das katalytische System.

Für den Dieselmotor im **MINI** wird das **Additiv-System** verwendet. Dieses System kommt zum Einsatz, wenn die erforderliche Zündtemperatur zur Verbrennung der Partikel nur mit Zugabe eines Additivs erreicht werden.

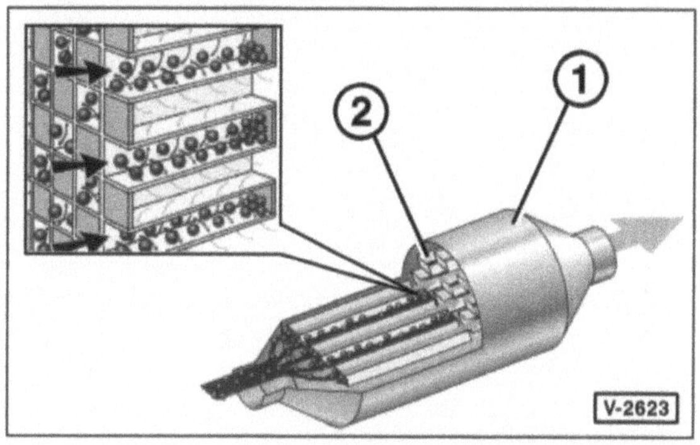

Der Dieselpartikelfilter –1– sitzt im Abgasstrang hinter dem Oxidationskatalysator. Beim MINI befindet er sich in einem gemeinsamen Gehäuse. Wesentlicher Bestandteil des Filters ist ein wabenförmiger Keramikkörper –2– aus Siliziumcarbid. Durchströmt das Abgas den Filter, werden Rußpartikel in den mikroskopisch kleinen Eingangskanälen zurückgehalten, während gasförmige Abgasbestandteile durch die porösen Wände des Keramikfilters passieren können.

Damit die Rußpartikel den Filter nicht verstopfen, muss dieser in regelmäßigen Abständen regeneriert werden. Der vom Motor-Steuergerät gesteuerte Regenerationsvorgang wird in Abhängigkeit von der Fahrweise alle 500 bis 700 Kilometer durchgeführt und dauert 5 bis 10 Minuten. Um eine drohende Filterverstopfung zu erkennen, misst das Motor-Steuergerät den Abgasdruck vor und nach dem Partikelfilter. Steigt die Druckdifferenz über einen bestimmten Wert, erfolgt die Regenerierung des Partikelfilters. Dazu wird durch das Motor-Steuergerät die Abgastemperatur erhöht und die Rußpartikel bei einer Temperatur von etwa +500° C verbrannt.

Das zur Absenkung der Zündtemperatur des Rußes erforderliche Additiv wird bei jedem Tankvorgang automatisch durch eine Dosierpumpe dem Kraftstoff beigemischt. Es befindet sich in einem separaten Kunststofftbehälter in der Nähe des Kraftstofftanks. Eine Additiv-Tankfüllung reicht für eine Fahrstrecke von etwa 200.000 km und wird im Rahmen der Wartung erneuert.

Abgasanlagen-Übersicht

MINI 1, Benzinmotor W10/W11

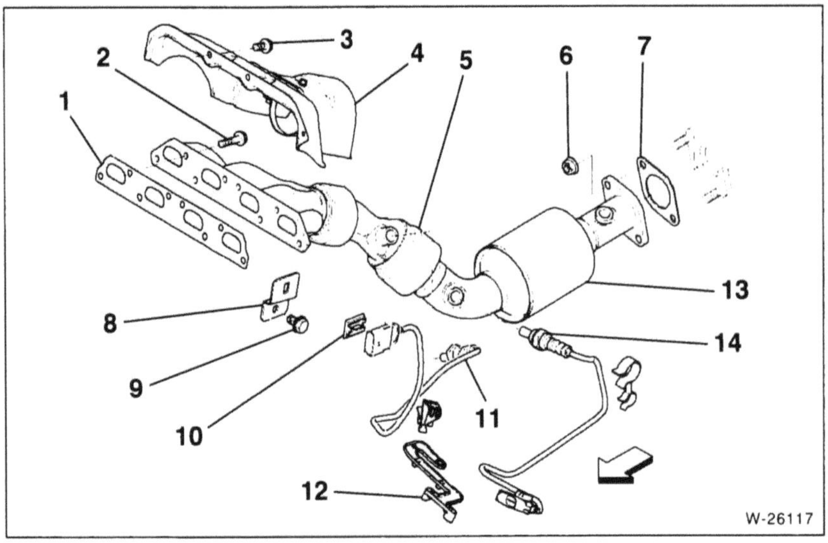

Vorschalldämpfer W10/W11

1 – **Dichtung**
2 – **Schraube, 24 Nm**
3 – **Schraube, 13 Nm**
4 – **Wärmeschutzblech**
5 – **Katalysator**
6 – **Mutter M10, 60 Nm**
Immer ersetzen.
7 – **Dichtung**
8 – **Halteblech**
9 – **Schraube M8x16, 14 Nm**
10 – **Halter Steckverbindung**
11 – **Lambdasonde 1, 39 Nm**
Vor dem Einbau Gewinde dünn und gleichmäßig mit Never Seez Compound bestreichen. Auf die Sondenkeramik darf kein Fett gelangen. Sondenkeramik nicht reinigen.
12 – **Halter Lambdasonde, 10 Nm**
13 – **Vorschalldämpfer**
14 – **Lambdasonde 2, 39 Nm**

Hinweis: Der Pfeil zeigt in Fahrtrichtung.

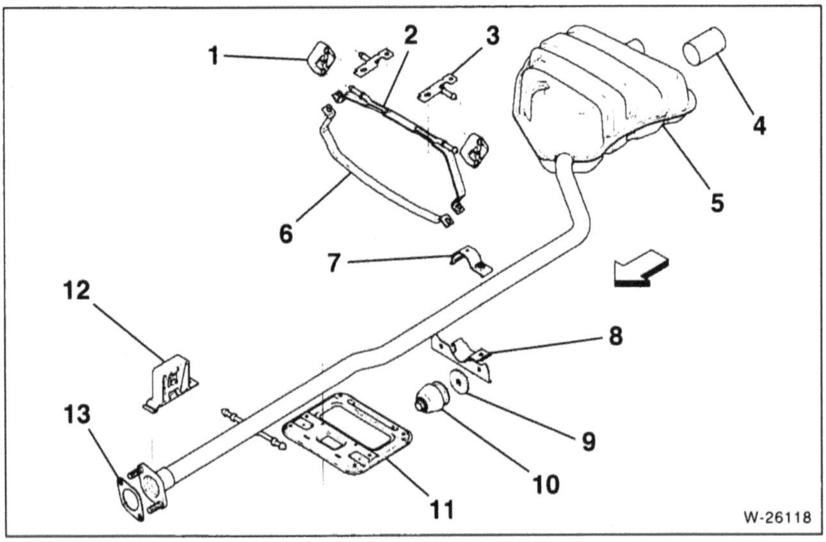

Nachschalldämpfer W10

1 – **Gummilager**
2 – **Schelle oben, 15 Nm**
3 – **Halter für Gummilager**
4 – **Blende Endrohr**
5 – **Nachschalldämpfer**
6 – **Schelle unten, 15 Nm**
7 – **Halter oben, 21 Nm**
Für Schwingungstilger.
8 – **Halter unten, 21 Nm**
Für Schwingungstilger.
9 – **Scheibe**
10 – **Schwingungstilger, 21 Nm**
Nur bis Fahrgestellnummer TC04342.
11 – **Versteifungsplatte**
12 – **Gummilager**
13 – **Dichtung**

Hinweis: Der Pfeil zeigt in Fahrtrichtung.

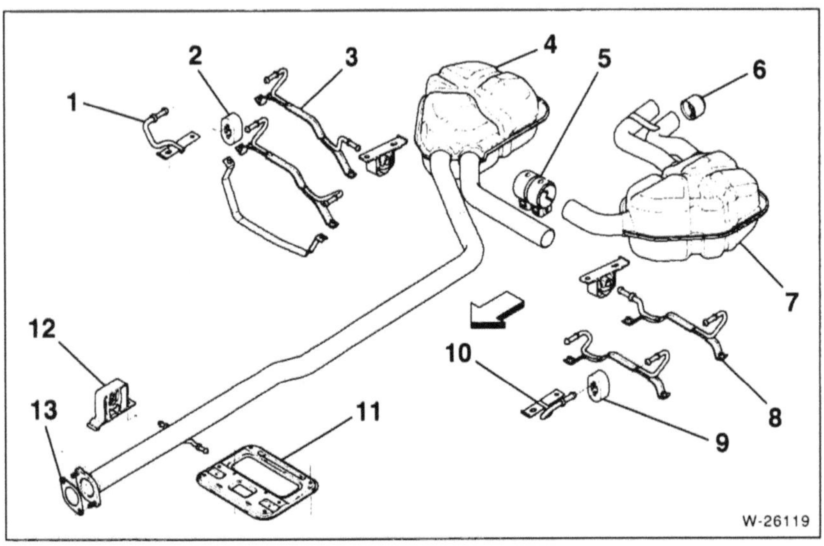

Nachschalldämpfer W11

1 – **Tragbügel rechts**
2 – **Gummilager**
3 – **Schelle oben rechts, 15 Nm**
4 – **Nachschalldämpfer rechts**
5 – **Spannhülse**
6 – **Blende Endrohr**
7 – **Nachschalldämpfer links**
Nur John Cooper Works Kit.
8 – **Schelle oben links, 15 Nm**
9 – **Gummilager**
10 – **Tragbügel links**
11 – **Versteifungsplatte**
12 – **Gummilager**
13 – **Dichtung**

Hinweis: Der Pfeil zeigt in Fahrtrichtung.

MINI 1, Dieselmotor W17

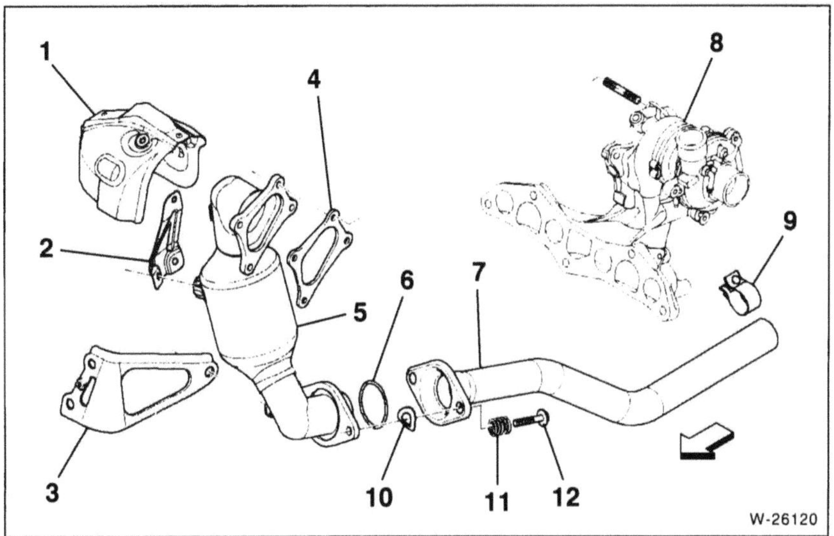

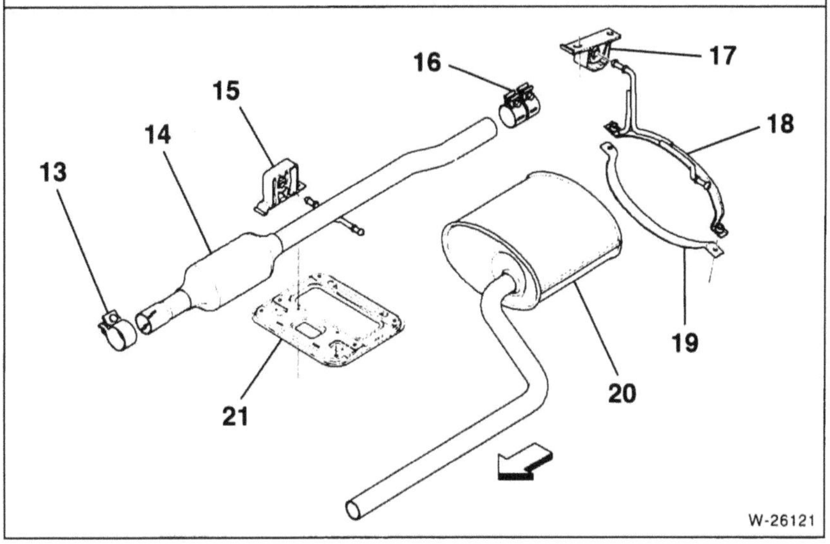

1 – **Wärmeschutzblech Turbolader**
2 – **Wärmeschutzblech**
3 – **Halter, 37 Nm**
4 – **Dichtung**
Muttern (ohne Abbildung) mit 26 Nm festziehen.
5 – **Katalysator**
6 – **Dichtring**
7 – **Verbindungsrohr**
8 – **Turbolader**
9 – **Spannschelle, 55 Nm**
10 – **Federscheibe**
11 – **Spiralfeder**
12 – **Distanzschraube, 43 Nm**
13 – **Spannschelle, 55 Nm**
14 – **Vorschalldämpfer**
15 – **Gummilager**
16 – **Spannhülse**
17 – **Gummilager**
18 – **Schelle oben**
19 – **Schelle unten, 15 Nm**
20 – **Nachschalldämpfer**
21 – **Versteifungsplatte, 14 Nm**

Hinweis: Der Pfeil zeigt jeweils in Fahrtrichtung.

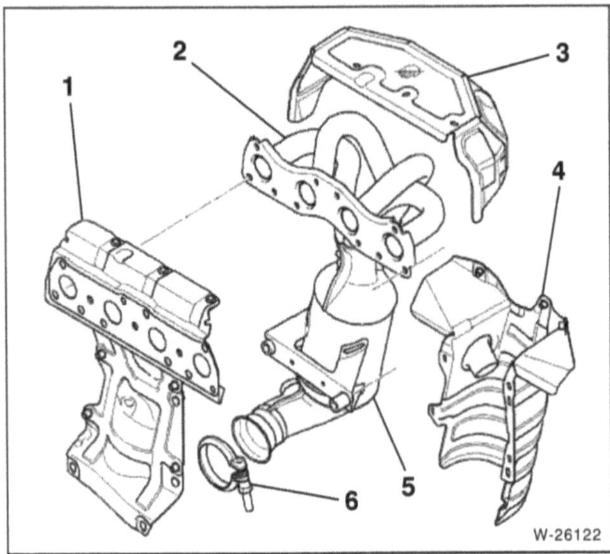

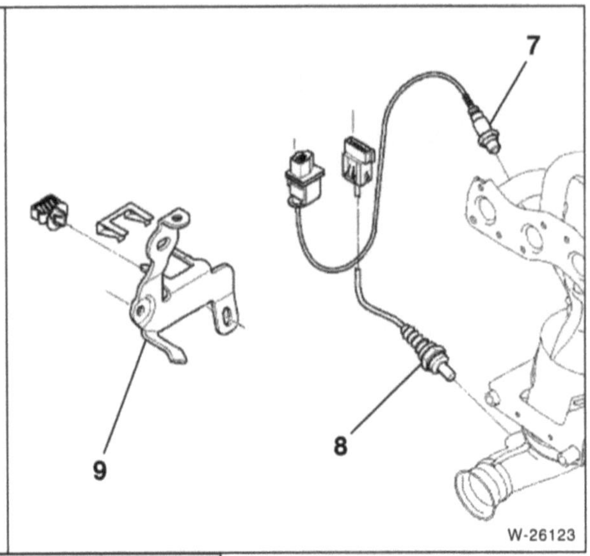

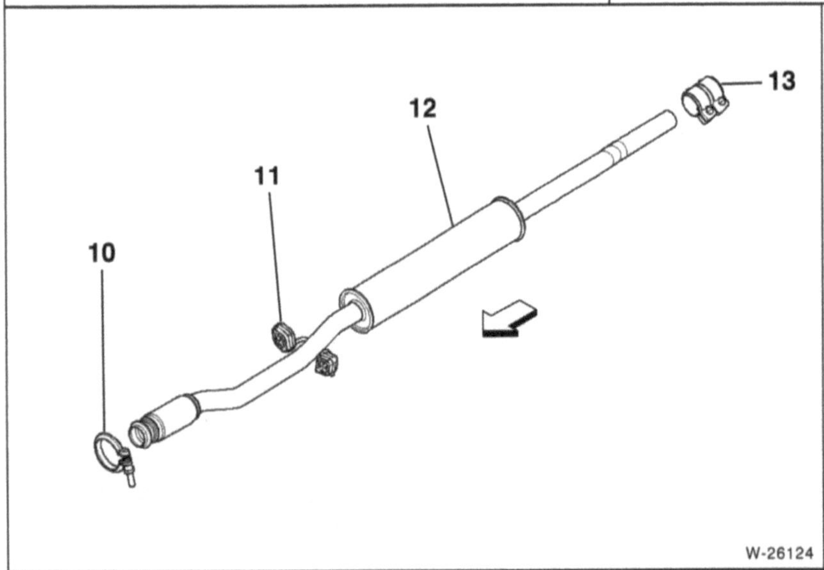

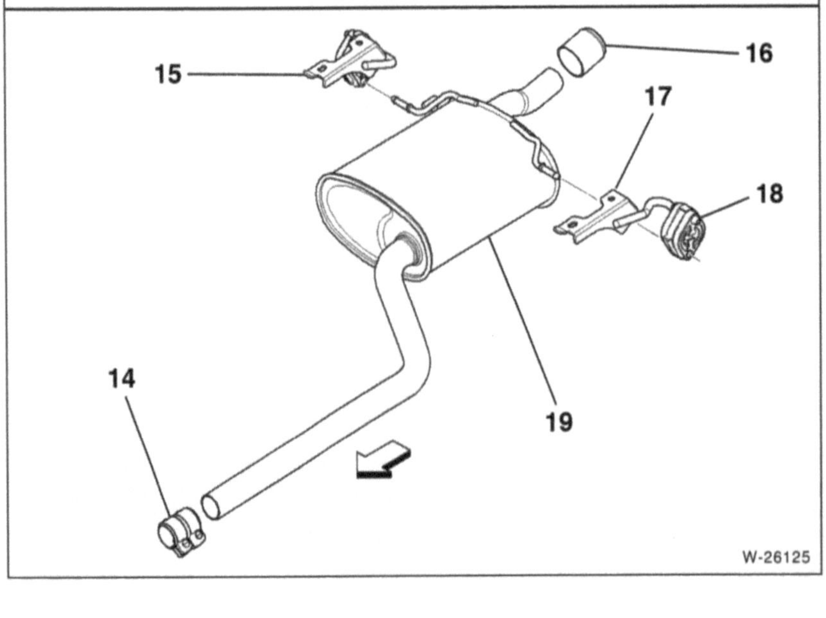

1 – **Wärmeschutzblech**

2 – **Abgaskrümmer**

3 – **Wärmeschutzblech**

4 – **Wärmeschutzblech**

5 – **Katalysator**

6 – **Verbindungsschelle**

7 – **Lambdasonde 1, 50 Nm**
Vor dem Einbau Gewinde dünn und gleichmäßig mit Never Seez Compound bestreichen. Auf die Sondenkeramik darf kein Fett gelangen. Sondenkeramik nicht reinigen.

8 – **Lambdasonde 2, 50 Nm**
Einbauhinweise für Lambdasonde 1 beachten.

9 – **Halter Lambdasonde, 8 Nm**

10 – **Verbindungsschelle, 25 ± 3 Nm**

11 – **Gummilager**

12 – **Vorschalldämpfer**

13 – **Verbindungsschelle, 45 Nm**

14 – **Verbindungsschelle, 45 Nm**

15 – **Halter rechts**

16 – **Blende Endrohr**

17 – **Halter links**

18 – **Gummilager**

19 – **Nachschalldämpfer**

Hinweis: Der Pfeil zeigt jeweils in Fahrtrichtung.

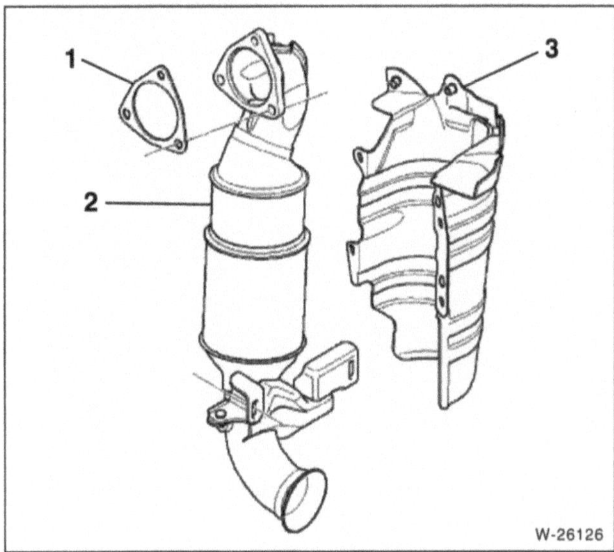

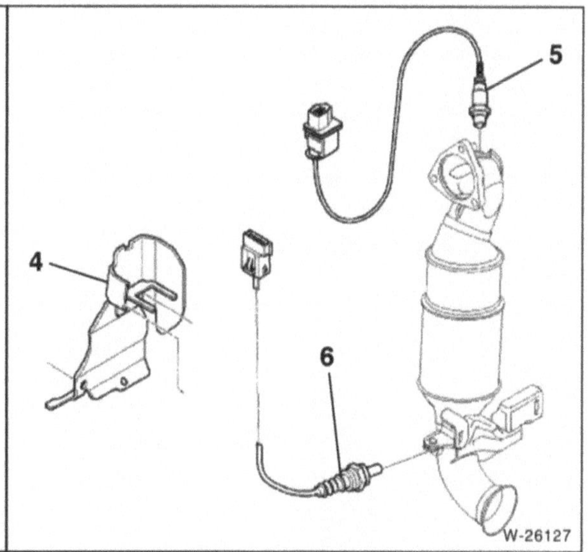

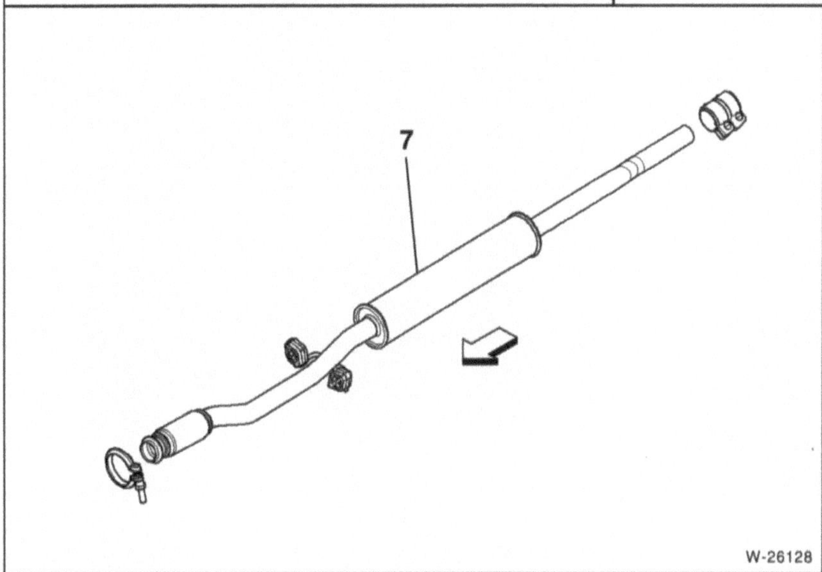

1 – **Dichtung**

2 – **Katalysator**

3 – **Wärmeschutzblech, 4 Nm**

4 – **Halter, 8 Nm**

5 – **Lambdasonde 1, 50 Nm**
Vor dem Einbau Gewinde dünn und gleichmäßig mit Never Seez Compound bestreichen. Auf die Sondenkeramik darf kein Fett gelangen. Sondenkeramik nicht reinigen.

6 – **Lambdasonde 2, 50 Nm**
Einbauhinweise für Lambdasonde 1 beachten.

7 – **Vorschalldämpfer**

8 – **Verbindungsschelle**

9 – **Blende Endrohr**

10 – **Nachschalldämpfer**

Hinweis: Der Pfeil zeigt jeweils in Fahrtrichtung.

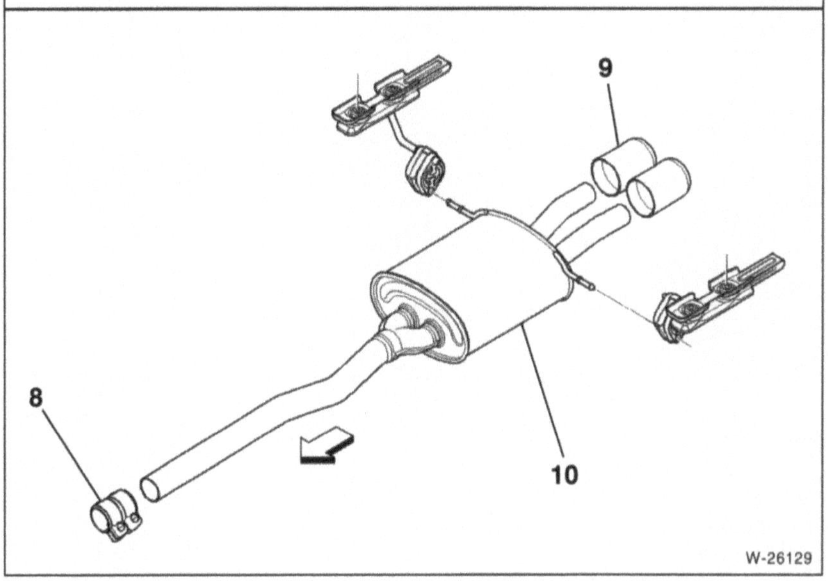

Abgasanlage aus- und einbauen

Abbildungen und Beschreibung beziehen sich auf den **MINI 2**. Besonderheiten für den **MINI 1 mit Benzinmotor** stehen im Kapitel »Nachschalldämpfer aus- und einbauen«. Besonderheiten für den **MINI 1 mit Dieselmotor** am Ende diesen Kapitels.

Achtung: Arbeiten nur bei abgekühlter Abgasanlage durchführen. Verbrennungsgefahr!

Hinweis: Zum Ausbau der Abgasanlage ist eine zweite Person erforderlich.

MINI 2

Ausbau

Sicherheitshinweis
Beim Aufbocken des Fahrzeugs besteht Unfallgefahr! Deshalb die Hinweise im Kapitel »Fahrzeug aufbocken« beachten.

- Fahrzeug aufbocken.

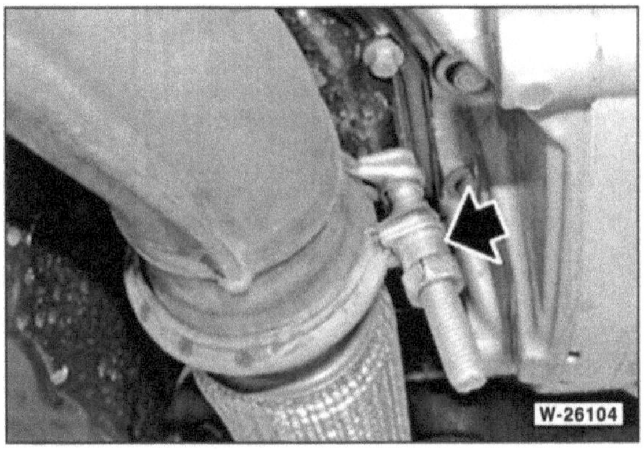

- Rohrschelle öffnen –Pfeil–.

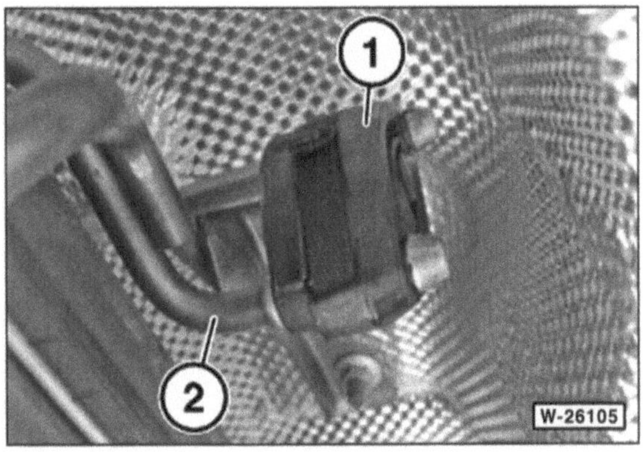

- Gummilager –1– mit Gleitmittel, zum Beispiel BMW-Circo-Light ET-Nr.-83199407771 oder Terpentinersatz, benetzen und vom Halter des Nachschalldämpfers –2– abziehen. **Hinweis:** In der Abbildung ist das rechte Gummilager dargestellt, linkes Gummilager ebenfalls abziehen.

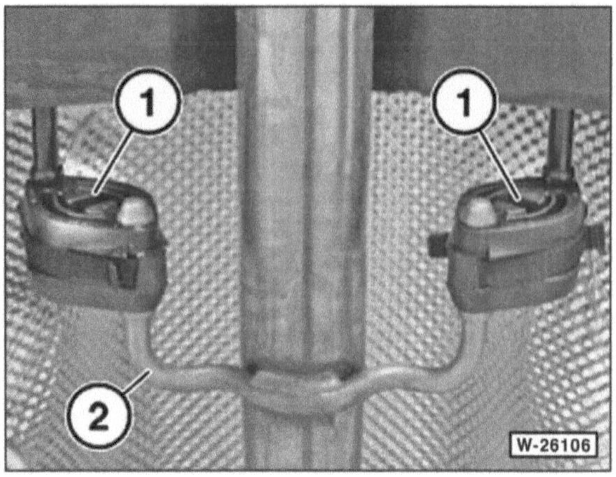

- Gummilager –1– mit Gleitmittel besprühen und vom Halter des Abgasrohres –2– abziehen.
- Abgasanlage mit geeignetem Heber abstützen oder mit Draht sichern.

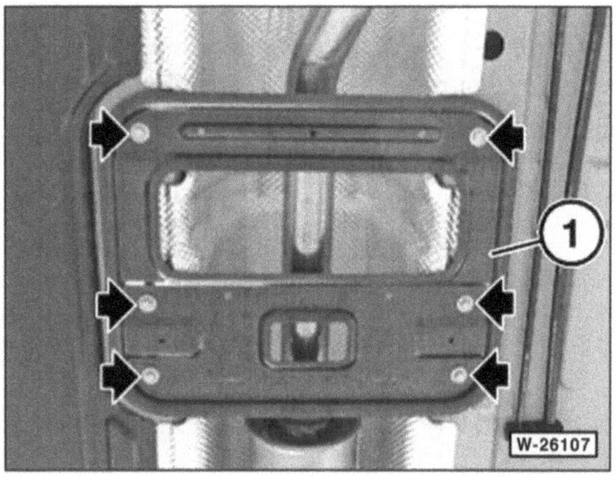

- Schrauben –Pfeile– herausdrehen und Querversteifung –1– abnehmen.
- Abgasanlage mit zweiter Person absenken und unter dem Fahrzeug herausnehmen.

Einbau

- Der Einbau erfolgt in umgekehrter Ausbaureihenfolge. Dabei ist folgendes zu beachten:
- Gummilager auf Porosität und Beschädigung prüfen, gegebenenfalls erneuern.
- Rohrschelle mit **25 ± 3 Nm** festziehen.

MINI 1, Dieselmotor W17

Ausbau

Sicherheitshinweis
Beim Aufbocken des Fahrzeugs besteht Unfallgefahr! Deshalb die Hinweise im Kapitel »Fahrzeug aufbocken« beachten.

- Fahrzeug aufbocken.
- Abgasanlage durch eine zweite Person abstützen lassen oder mit Draht aufhängen.

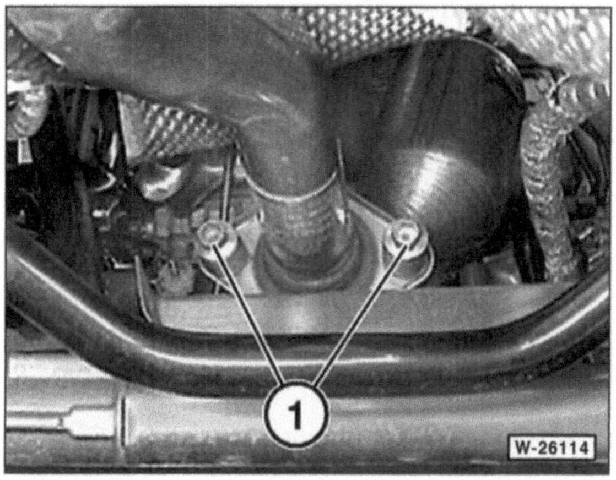

- Schrauben –1– abschrauben und mit Distanzscheiben abnehmen.

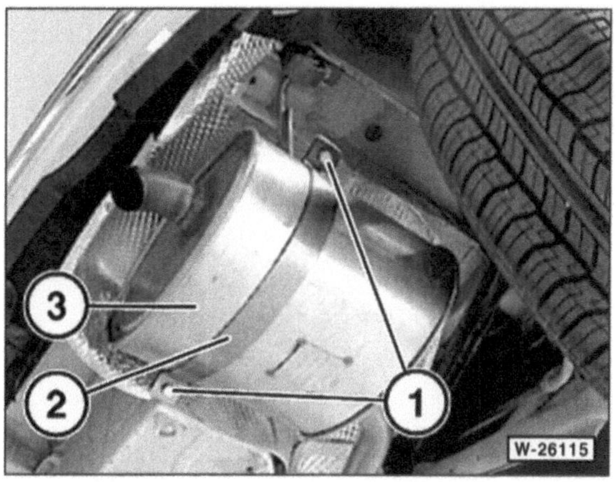

- Schrauben –1– herausdrehen und Halter –2– vom Nachschalldämpfer –3– abnehmen.
- Schrauben –1– an Versteifungsplatte herausdrehen, siehe Abbildung W-26112 auf Seite 217.
- Abgasanlage mit zweiter Person vorsichtig absenken und herausnehmen.

Einbau

- Gummilager auf Porosität oder Beschädigung prüfen, gegebenenfalls ersetzen. **Hinweis:** Wenn der Nachschalldämpfer erneuert wird, grundsätzlich alle Gummilager erneuern.
- Verbindungsflansche mit Schmirgelpapier von Rost und Verbrennungsrückständen reinigen.
- Abgasanlage mit zweiter Person vorsichtig einsetzen.
- Versteifungsplatte mit **14 Nm** anschrauben.

- Mittelrohr am Krümmerflansch mit **neuer** Dichtung –1– ansetzen. Gewinde mit Kupferpaste (Heißschraubenpaste) bestreichen. **Neue** Schrauben mit Distanzscheiben ansetzen und mit **43 Nm** wechselweise festziehen.
- Fahrzeug ablassen und Abgasanlage auf Dichtheit prüfen.

Nachschalldämpfer aus- und einbauen

MINI 2

Achtung: Arbeiten nur bei abgekühlter Abgasanlage durchführen. Verbrennungsgefahr!

Hinweis: In der Erstausrüstung sind Vor- und Nachschalldämpfer mit dem mittleren Abgasrohr verschweißt. Wenn sie einzeln ersetzt werden sollen, dann muss das Abgasrohr durchgesägt werden.

Ausbau

Sicherheitshinweis
Beim Aufbocken des Fahrzeugs besteht Unfallgefahr! Deshalb die Hinweise im Kapitel »Fahrzeug aufbocken« beachten.

- Fahrzeug aufbocken.
- Abgasanlage durch eine zweite Person abstützen lassen oder mit Draht aufhängen.

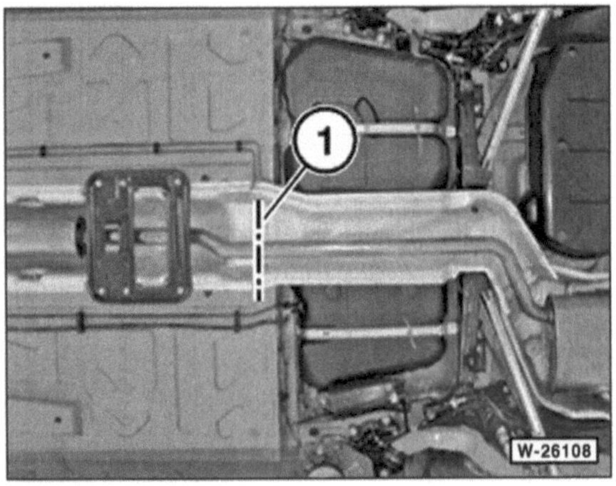

- Abgasrohr an der Trennstelle –1–, gekennzeichnet mit einer Einkörnung im Rohr, mit einem Kettenrohrschneider, zum Beispiel HAZET-4682, durchtrennen. **Achtung:** Dabei Abgasrohr des Nachschalldämpfers mit Draht oder durch zweite Person gegen Herabfallen sichern.
- Gummilager mit Gleitmittel, zum Beispiel BMW-Circo-Light ET-Nr.-83199407771 oder Terpentinersatz, benetzen und vom Nachschalldämpfer abziehen, siehe Abbildung W-26105 auf Seite 214.
- Nachschalldämpfer herausnehmen.

Einbau

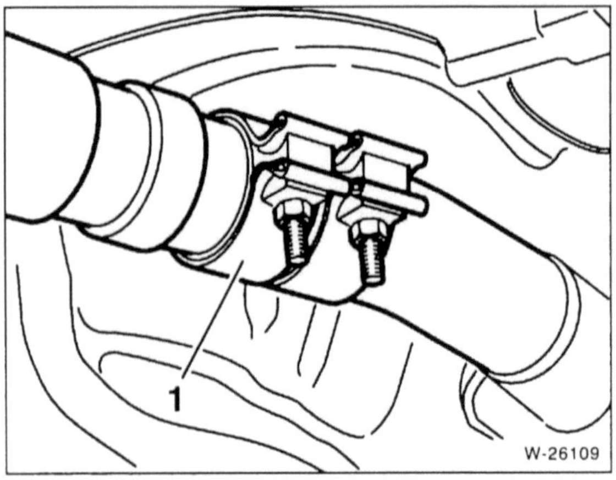

- Nachschalldämpfer mit Vorschalldämpfer durch eine Reparatur-Klemmschelle –1– verbinden. Schrauben locker beiziehen.
- Nachschalldämpfer zur Heckschürze ausrichten.
- Klemmschelle ausrichten und Schrauben mit **45 Nm** festziehen.
- Fahrzeug ablassen und Abgasanlage auf Dichtheit prüfen.

MINI 1, Benzinmotor W10/W11

Achtung: Arbeiten nur bei abgekühlter Abgasanlage durchführen. Verbrennungsgefahr!

Ausbau

Sicherheitshinweis
Beim Aufbocken des Fahrzeugs besteht Unfallgefahr! Deshalb die Hinweise im Kapitel »Fahrzeug aufbocken« beachten.

- Fahrzeug aufbocken.
- Abgasanlage durch eine zweite Person abstützen lassen oder mit Draht aufhängen.

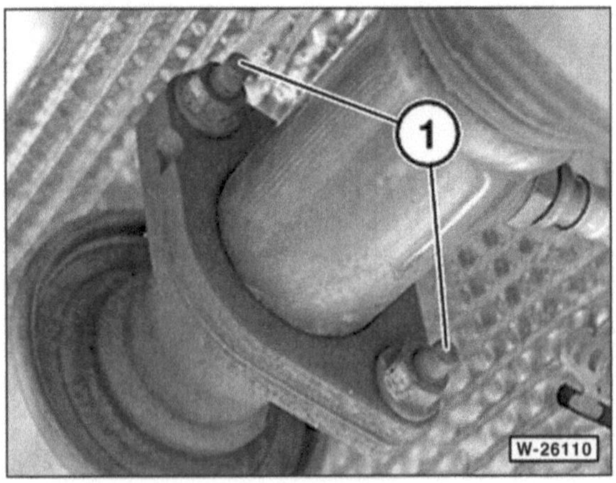

- Schrauben –1– am Krümmerflansch lösen.

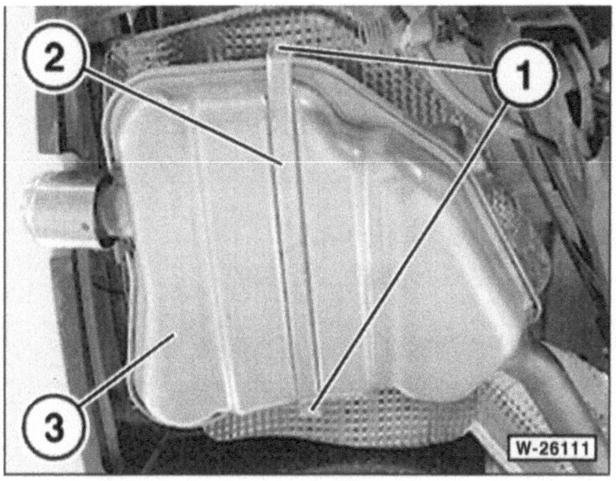

- Schrauben –1– herausdrehen und Halter –2– vom Nachschalldämpfer –3– abnehmen. **Hinweis:** Beim »Motor W11 JCW« Halter an beiden Nachschalldämpfern abschrauben.

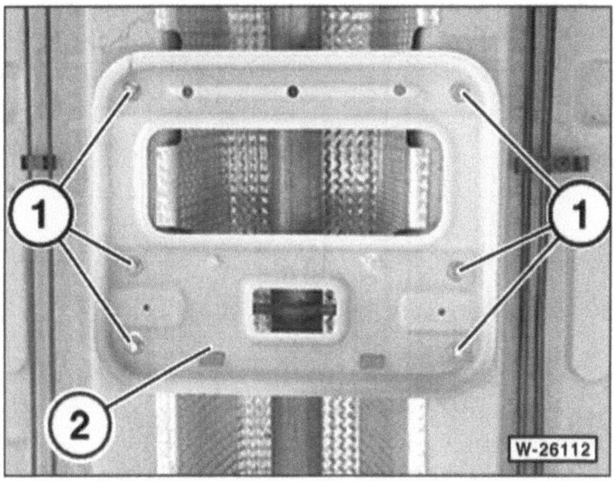

- Schrauben –1– herausdrehen und Versteifungsplatte –2– vom Fahrzeugunterboden abnehmen.
- Abgasanlage mit zweiter Person vorsichtig absenken und herausnehmen.

Einbau

- Gummilager auf Porosität oder Beschädigung prüfen, gegebenenfalls ersetzen. **Hinweis:** Wenn der Nachschalldämpfer erneuert wird, grundsätzlich alle Gummilager erneuern.
- Verbindungsflansche mit Schmirgelpapier von Rost und Verbrennungsrückständen reinigen.
- Abgasanlage mit zweiter Person vorsichtig einsetzen.
- Versteifungsplatte mit **14 Nm** anschrauben.
- Halter für Nachschalldämpfer ansetzen und mit **15 Nm** festschrauben.
- Mittelrohr am Krümmerflansch mit **neuer** Dichtung ansetzen. Gewinde mit Kupferpaste (Heißschraubenpaste) bestreichen. **Neue** Muttern aufschrauben und mit **60 Nm** wechselweise festziehen.
- Fahrzeug ablassen und Abgasanlage auf Dichtheit prüfen.

Vorschalldämpfer aus- und einbauen

MINI 2

Achtung: Arbeiten nur bei abgekühlter Abgasanlage durchführen. Verbrennungsgefahr!

Hinweis: In der Erstausrüstung sind Vor- und Nachschalldämpfer mit dem mittleren Abgasrohr verschweißt. Wenn sie einzeln ersetzt werden sollen, dann muss das Abgasrohr durchgesägt werden.

Ausbau

Sicherheitshinweis
Beim Aufbocken des Fahrzeugs besteht Unfallgefahr! Deshalb die Hinweise im Kapitel »Fahrzeug aufbocken« beachten.

- Fahrzeug aufbocken.
- Verbindungsschelle öffnen, siehe Abbildung W-26104 auf Seite 214.
- Abgasrohr an der Trennstelle –1– mit einem Kettenrohrschneider, zum Beispiel HAZET-4682, durchtrennen, siehe Abbildung W-26108 auf Seite 216.

Achtung: Dabei Abgasrohr des Nachschalldämpfers mit Draht oder durch zweite Person gegen Herabfallen sichern. Die Trennstelle ist im Rohr durch eine Einkörnung gekennzeichnet.

- Gummilager mit Gleitmittel, zum Beispiel BMW-Circo-Light ET-Nr.-83199407771 oder Terpentinersatz, benetzen und vom Abgasrohr abziehen, siehe Abbildung W-26106 auf Seite 214.
- Vorschalldämpfer mit zweiter Person ausfädeln und herausnehmen.

Einbau

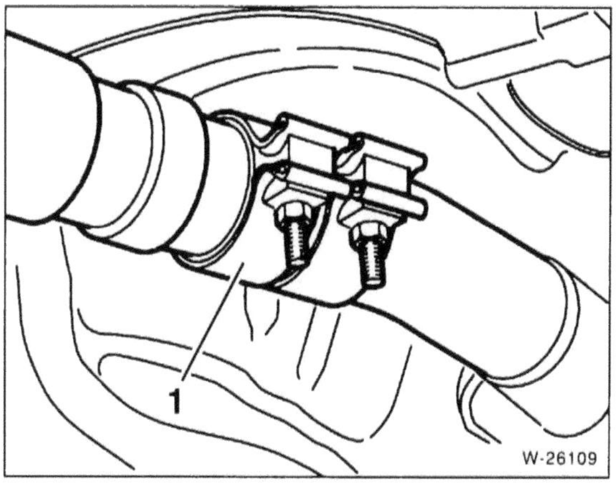

- Vorschalldämpfer mit Nachschalldämpfer durch eine Reparatur-Klemmschelle –1– verbinden. Schrauben locker beiziehen.
- Rohrschelle für Vorschalldämpfer mit **25 ± 3 Nm** festziehen.

- Nachschalldämpfer zur Heckschürze ausrichten.
- Reparatur-Klemmschelle ausrichten und Schrauben mit **45 Nm** festziehen.
- Fahrzeug ablassen und Abgasanlage auf Dichtheit prüfen.

Blende für Abgas-Endrohr aus- und einbauen

Achtung: Arbeiten nur bei abgekühlter Abgasanlage durchführen. Verbrennungsgefahr!

Ausbau

Sicherheitshinweis
Beim Aufbocken des Fahrzeugs besteht Unfallgefahr! Deshalb die Hinweise im Kapitel »Fahrzeug aufbocken« beachten.

- Fahrzeug aufbocken.

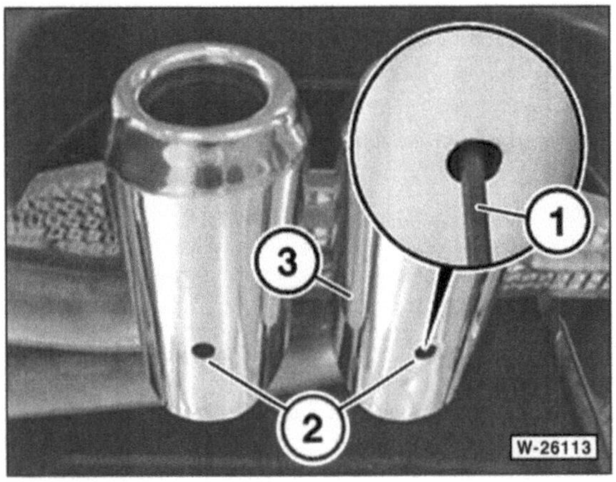

- Innensechskantschlüssel –1– mit mit SW-3 durch die Bohrung –2– unten in der Blende –3– einsetzen und Befestigungsschraube lösen. **Hinweis:** Die Abbildung zeigt den COOPER S.
- Blende –3– abziehen.

Einbau

- Der Einbau erfolgt in umgekehrter Ausbaureihenfolge. Schrauben mit **2,5 Nm** festziehen.

Abgasanlage auf Dichtigkeit prüfen

Bei Fahrzeugen mit geregeltem Katalysator können Undichtigkeiten der Abgasanlage vor der hinteren Lambdasonde zu folgenden Störungen führen:

- Startschwierigkeiten.
- Motor schüttelt im Leerlauf, geht aus.
- Motor ruckelt beim Beschleunigen.

Dichtigkeit prüfen

- Motor starten und bei laufendem Motor Abgasanlage mit einem Lappen verschließen.
- Abgasanlage auf Undichtigkeit abhören. Gegebenenfalls Verbindungsstellen Zylinderkopf/Abgaskrümmer und Krümmer/Abgasrohr vorn mit handelsüblichem »Leck-Suchspray« einsprühen und auf Blasenbildung sichtprüfen.
- Undichtigkeit beseitigen.

Innenausstattung

Aus dem Inhalt:

- Dachhaltegriff ausbauen
- Sitze ausbauen
- Handschuhfach ausbauen
- Sonnenblende ausbauen
- Mittelkonsole demontieren
- Innenverkleidungen
- Innenspiegel ersetzen
- Lenksäulenverkleidung

Wichtige Arbeits- und Sicherheitshinweise

Werden Arbeiten an der Innenausstattung ausgeführt, sind folgende Hinweise unbedingt zu beachten:

- Zum Abhebeln von Kunststoffverkleidungen und -blenden Kunststoffkeil verwenden, zum Beispiel HAZET 1965-20, oder eine Kunststoffkarte.
- Bereiche, an denen ein Kunststoffkeil oder ein Schraubendreher angesetzt wird, zum Schutz mit Klebeband abkleben.
- Clips, die beim Ausbau von Verkleidungen beschädigt werden, immer erneuern.
- Die Fenster- und Türsäulen der Karosserie werden von vorn nach hinten als A-, B- und C-Säulen bezeichnet.
- Sitze, Sicherheitsgurte und Airbags sind sicherheitsrelevante Bauteile. **Aus Sicherheitsgründen nur die hier beschriebenen Arbeiten durchführen. Komplexere Arbeiten nicht in Eigenregie vornehmen, sondern von einer Fachwerkstatt durchführen lassen.**

Achtung: Wenn im Rahmen von Arbeiten an der Karosserie auch Arbeiten an der elektrischen Anlage durchgeführt werden, **grundsätzlich** das Batterie-Massekabel (–) abklemmen. Dazu Hinweise im Kapitel »Batterie aus- und einbauen« beachten. Als Arbeit an der elektrischen Anlage ist dabei schon zu betrachten, wenn eine elektrische Leitung vom Anschluss abgezogen beziehungsweise abgeklemmt wird.

Achtung: Airbag-Sicherheitshinweise unbedingt befolgen, insbesondere bei Arbeiten an der Armaturentafel, siehe Seite 137.

Um ein Auslösen des Airbags zu verhindern, vor dem Trennen von Kabeln des Airbag-Systems die Zündung ausschalten und dann die Batterie abklemmen. Außerdem muss aus Sicherheitsgründen der Minuspol von der Batterie isoliert werden, siehe Seite 56.

Halteclips/Federklammern aus- und einbauen

Zahlreiche Abdeckungen und Verkleidungen sind mit Halteclips und Federklammern an der Karosserie befestigt.

Ausbau

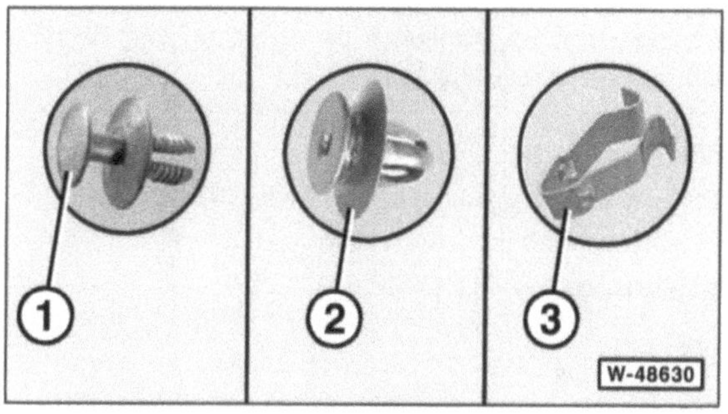

- **Spreizniete:** Stift –1– mit einem Schraubendreher heraushebeln und Spreizniete aus der Verkleidung beziehungsweise Karosserie herausziehen.
- **Clip-/Federklammerbefestigung an der Rückseite der Verkleidung:** Verkleidung im Bereich der Cliphalterungen von der Karosserie abziehen und dadurch den Clip –2– beziehungsweise die Federklammer –3– aus der Bohrung in der Karosserie herausziehen.

Einbau

- Vor dem Einbau Halteclips auf Beschädigungen überprüfen, wenn nötig, ersetzen. Gegebenenfalls auf richtigen Sitz an der Verkleidung überprüfen.
- **Spreizniete:** Verkleidung ansetzen, Spreizniete in die Bohrung stecken und Stift in die Niete eindrücken.
- **Clip-/Federklammerbefestigung:** Verkleidung so ansetzen, dass sich die Clips oder Federklammern über den Bohrungen befinden. Verkleidung im Bereich der Clips fest andrücken und einrasten.

Dachhaltegriff aus- und einbauen

Ausführung 1

Ausbau

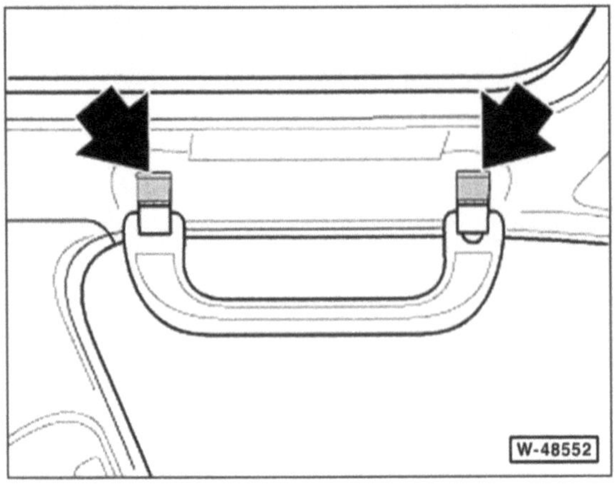

- Dachhaltegriff nach unten klappen.
- Abdeckkappen –Pfeile– aufhebeln und herunterklappen.
- Dahinter liegende Schrauben herausdrehen und Haltegriff vom Dachhimmel abnehmen.

Einbau

- Der Einbau erfolgt in umgekehrter Ausbaureihenfolge.

Ausführung 2

Ausbau

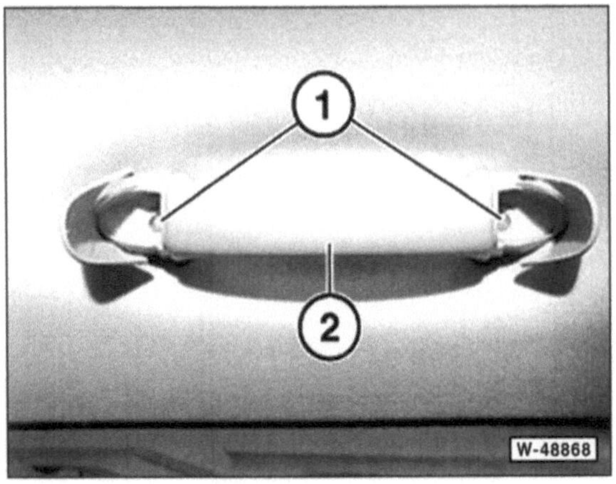

- Mit einem Kunststoffkeil Abdeckkappen aufhebeln, aufklappen und dahinter liegende Schrauben –1– herausdrehen.
- Haltegriff –2– vom Dachhimmel abnehmen.

Einbau

- Der Einbau erfolgt in umgekehrter Ausbaureihenfolge.

Sonnenblende aus- und einbauen

Ausbau

- Zündung ausschalten und Zündschlüssel abziehen.

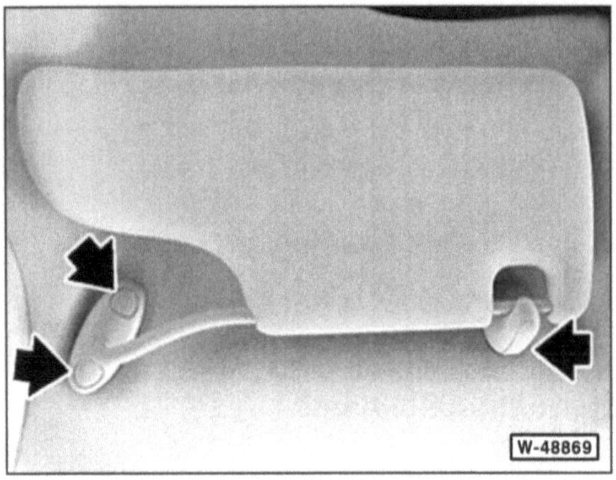

- Mit einem kleinen Schraubendreher Abdeckkappen –Pfeile– vorsichtig abhebeln und dahinter liegende Schrauben herausdrehen.
- Sonnenblendenlager vorsichtig vom Dachhimmel abnehmen, je nach Ausstattung Leitung herausziehen und Steckverbindung für Kosmetikspiegel trennen.
- Sonnenblenden-Einhängehaken vom Dachhimmel abnehmen.

Einbau

- Der Einbau erfolgt in umgekehrter Ausbaureihenfolge.

Innenspiegel aus- und einbauen

Spiegel bis 07/04

Ausbau

- Batterie abklemmen. **Achtung:** Hinweise im Kapitel »Batterie aus- und einbauen« beachten.

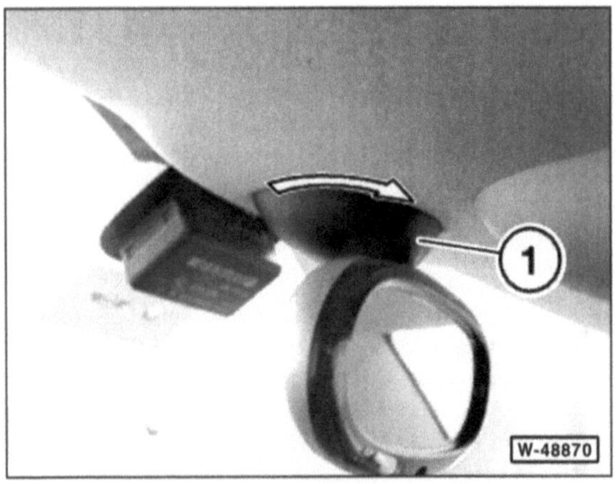

- Spiegelfuß –1– um 90° im Uhrzeigersinn drehen –Pfeil–.

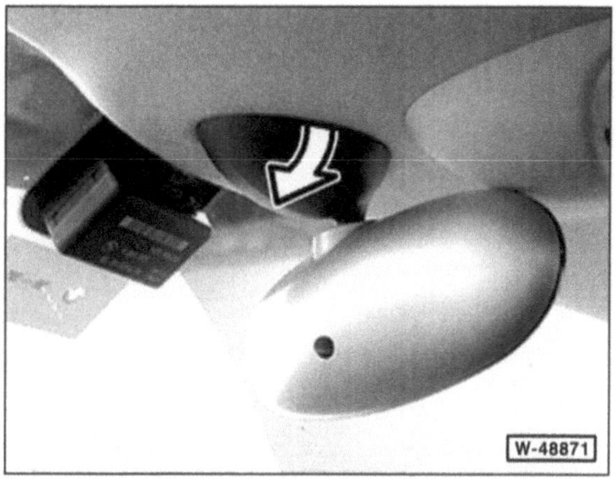

- Spiegelfuß nach unten aus der Halterung im Dachhimmel drücken –Pfeil–.
- Innenspiegel mit Spiegelfuß nach unten ziehen.
- Je nach Ausstattung Stecker am Spiegelfuß abziehen.

Einbau

- Der Einbau erfolgt in umgekehrter Ausbaureihenfolge.

Spiegel ab 07/04

Ausbau

- Batterie abklemmen. **Achtung:** Hinweise im Kapitel »Batterie aus- und einbauen« beachten.

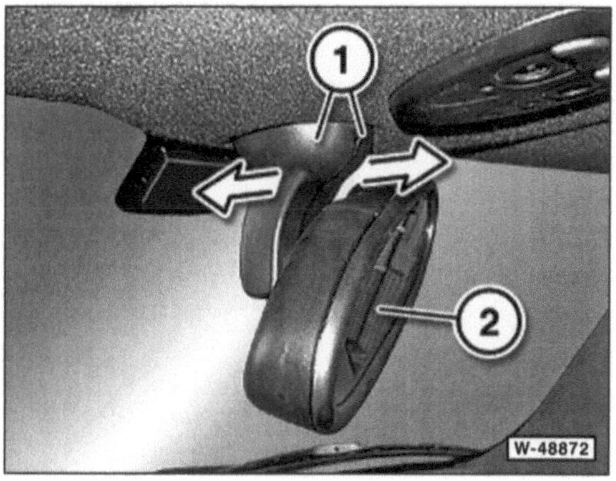

- Mit einem Kunststoffkeil Abdeckkappen –1– am Spiegelfuß voneinander trennen. Dabei Abdeckkappen nach rechts und links außen ziehen –Pfeile–. **Achtung:** Spiegelfuß auf keinen Fall drehen.
- Innenspiegel –2– etwas drehen und Abdeckkappen vom Spiegelfuß abnehmen.

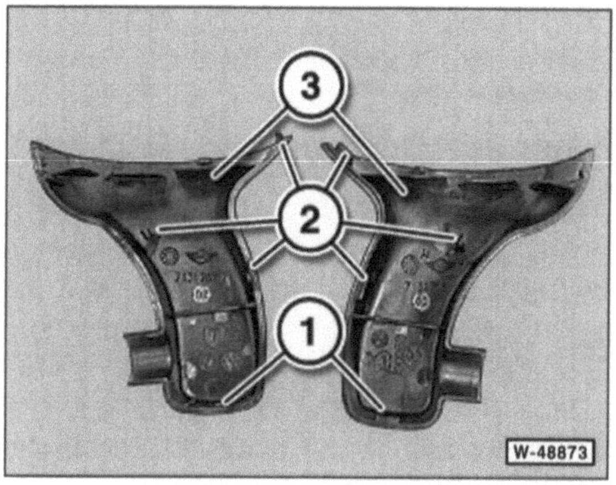

Hinweis: Die Rastlaschen und -nasen –1/2– an den Abdeckkappen –3– dürfen nicht beschädigt werden.

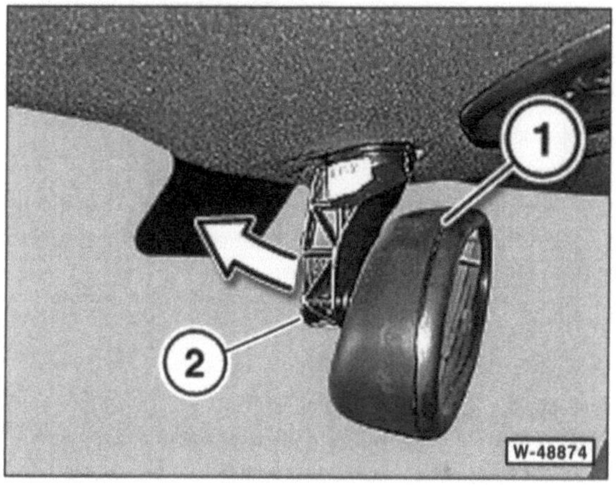

- Spiegelfuß –2– mit Spiegel –1– durch ansteigenden Druck aus dem Sockel im Dachhimmel ausrasten –Pfeil– und abnehmen.

Achtung: Spiegelfuß auf keinen Fall nach hinten ziehen oder durch Drehen ausrasten. Spiegelfuß nicht durch einen Schlag ausrasten.

- Innenspiegel mit Spiegelfuß nach unten ziehen.
- Je nach Ausstattung Steckverbindung aus dem Spiegelfuß herausziehen und trennen.

Einbau

Der Einbau erfolgt in umgekehrter Ausbaureihenfolge. Dabei ist Folgendes zu beachten:

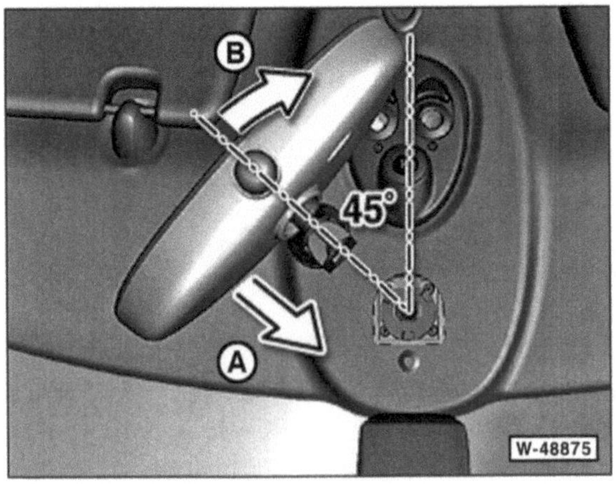

- Spiegelfuß mit Spiegel in einem Winkel von 45° auf den Spiegelsockel aufschieben –Pfeil A–.
- Spiegelfuß durch Drehen in Pfeilrichtung –B– am Sockel einrasten.
- **Spiegel mit integriertem Empfänger für Zentralverriegelung:** Bei Ersatz des Spiegels alle Fernbedienungen in den Fahrzeugschlüsseln initialisieren.
  - ◆ Entriegelungstaste am Fahrzeugschlüssel 4-mal hintereinander drücken.

    Oder:
  - ◆ Zündung kurz einschalten und wieder ausschalten. Innerhalb von 10 Sekunden Entriegelungstaste und Verriegelungstaste nacheinander drücken.

Vordersitz aus- und einbauen

Ausbau

Achtung: Unbedingt Airbag-Sicherheitshinweise beachten, siehe Seite 137.

- **Um ein Auslösen des Seitenairbags zu verhindern, Batterie abklemmen. Achtung: Hinweise im Kapitel »Batterie aus- und einbauen« beachten.**
- **Batterieminuspol isolieren.**
- Verriegelungstaste drücken und Kopfstütze aus der Sitzlehne herausziehen.

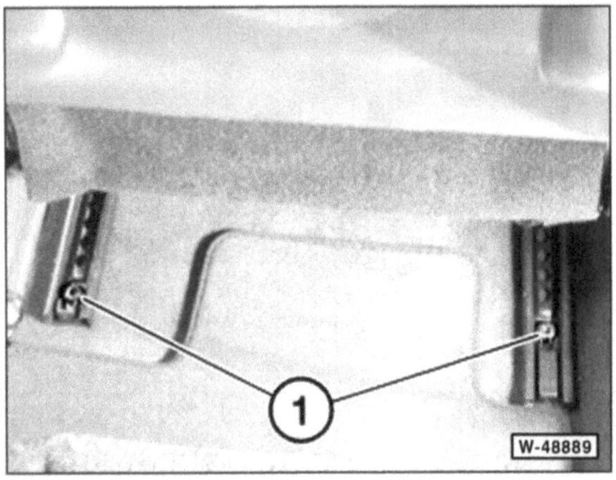

- Vordersitz ganz nach vorne fahren und hinten 2 Schrauben –1– am Fahrzeugboden aus den Sitzschienen herausdrehen.

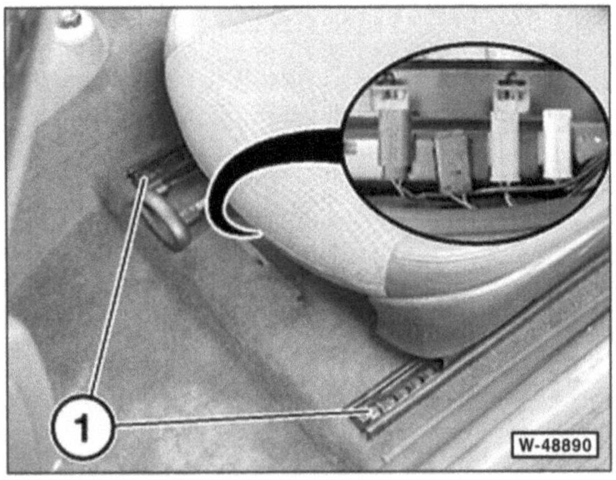

- Vordersitz ganz nach hinten fahren und vorne 2 Schrauben –1– herausdrehen.
- Vordersitz vorsichtig nach hinten kippen. Steckverbindungen unter dem Sitz entriegeln und trennen.

Hinweis: Die Abbildung zeigt den Vordersitz beim MINI 1.

- Zum Schutz Decken über den Türschweller legen.
- Vordersitz mit einem Helfer aus dem Fahrzeug herausheben.

Einbau

Der Einbau erfolgt in umgekehrter Ausbaureihenfolge. Dabei ist Folgendes zu beachten:

- **Neue Schrauben** für Vordersitz mit Schraubensicherungsmittel, zum Beispiel Loctite 270, bestreichen
- Vordersitz mit **35 Nm** festschrauben.

Achtung: Im Bereich der Schrauben darf der Teppichboden nicht zwischen die Sitzschienen und das Bodenblech geraten.

Achtung: Beim Anklemmen der Batterie darf sich keine Person im Innenraum des Fahrzeugs aufhalten.

- Isolierband vom Minuspol der Batterie entfernen. Batterie anklemmen. **Achtung:** Hinweise im Kapitel »Batterie aus- und einbauen« beachten.
- Falls die Airbag-Warnlampe im Kombiinstrument nach Einschalten der Zündung nicht erlischt, liegt eine Störung im Airbag-System vor. In diesem Fall muss eine Fachwerkstatt aufgesucht und das Airbag-System überprüft werden.

Rücksitz aus- und einbauen

Rücksitzbank – MINI 1

Ausbau

- Je nach Ausstattung Abdeckungen für Kindersitzbefestigung aus der Rücksitzbank herausziehen. Zuvor Klappe öffnen und Gehäuse der Abdeckung aus dem Befestigungsbügel aushaken.

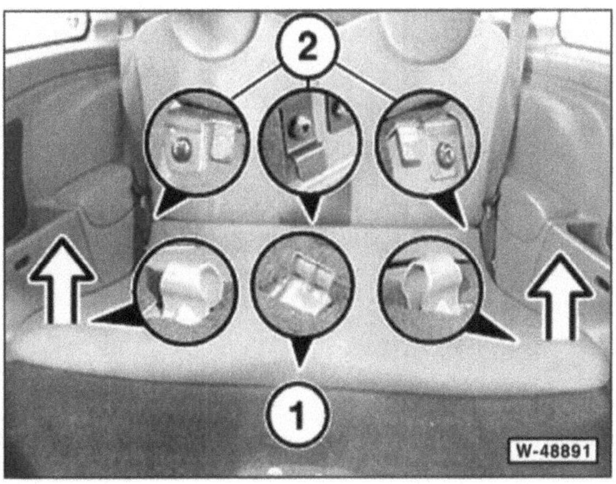

- Rücksitzbank vorne an beiden Seiten kräftig nach oben ziehen –Pfeile–.
- Rücksitzbank nach hinten drücken und aus der vorderen Halterung –1– herausziehen.
- Rücksitzbank aus den hinteren Halterungen –2– herausziehen.
- Gurtschlösser herausfädeln.
- Rücksitzbank mit einem Helfer aus dem Fahrzeug herausnehmen.

Einbau

Der Einbau erfolgt in umgekehrter Ausbaureihenfolge. Dabei ist Folgendes zu beachten:

- Gurtschlösser durch die Öffnung am Rücksitz einfädeln.
- Rücksitzbank hörbar einrasten.

Rücksitzlehne – MINI 1

Ausbau

- Heckklappe öffnen und Hutablage herausnehmen.
- Rücksitzbank ausbauen, siehe entsprechenden Abschnitt.
- Beide Rücksitzlehnen nach vorne klappen, Verriegelungstasten drücken und Kopfstützen aus der Rücksitzlehne herausziehen.

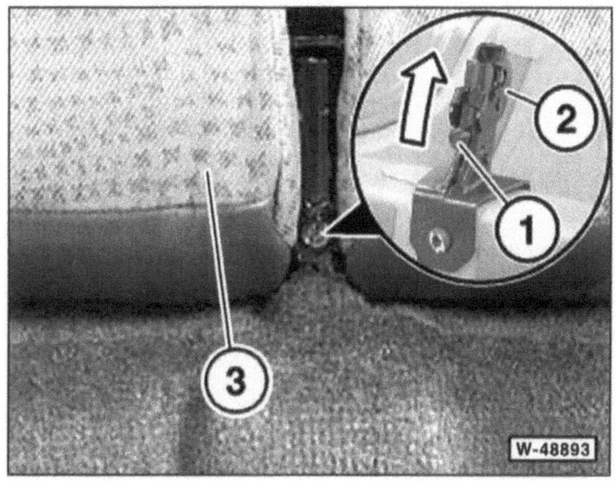

- Vom Laderaum aus Schraube –1– herausdrehen und Sicherungsbügel –2– am Mittellager beider Lehnenteile öffnen –Pfeil–.
- Rücksitzlehne –3– aus dem Mittellager aushängen.

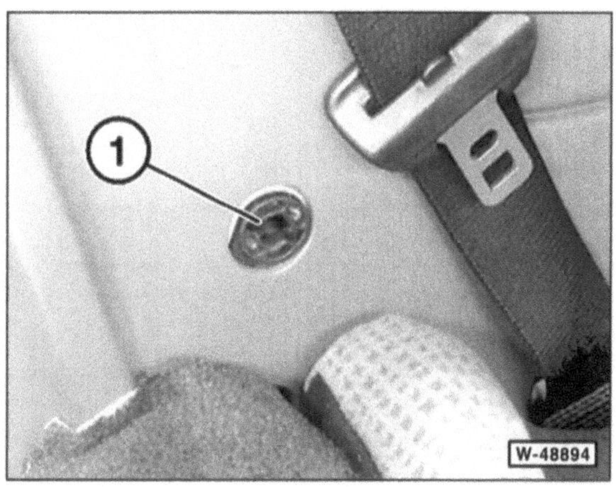

- Rücksitzlehne drehen und aus dem Außenlager –1– herausziehen.
- Rücksitzlehne mit einem Helfer aus dem Fahrzeug herausheben.

Einbau

- Der Einbau erfolgt in umgekehrter Ausbaureihenfolge.

Rücksitzbank – MINI 2

Ausbau

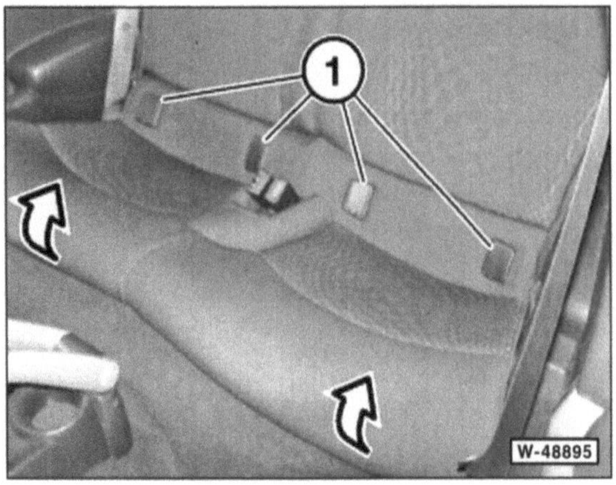

- Je nach Ausstattung Abdeckungen für Kindersitzbefestigung –1– aus der Rücksitzbank herausziehen. Zuvor Klappe öffnen und Gehäuse der Abdeckung aus dem Befestigungsbügel aushaken.
- Rücksitzbank vorne an beiden Seiten kräftig nach oben ziehen –Pfeile–.
- Rücksitzbank aus den hinteren Halterungen herausziehen.
- Rücksitzbank mit einem Helfer aus dem Fahrzeug herausnehmen.

Einbau

Der Einbau erfolgt in umgekehrter Ausbaureihenfolge. Dabei ist Folgendes zu beachten:

- Gurtschlösser durch die Öffnung am Rücksitz einfädeln.
- Rücksitzbank hörbar einrasten.

Rücksitzlehne – MINI 2

Ausbau

- Heckklappe öffnen und Hutablage herausnehmen.
- Beide Rücksitzlehnen nach vorne klappen, Verriegelungstasten drücken und Kopfstützen aus der Rücksitzlehne herausziehen.

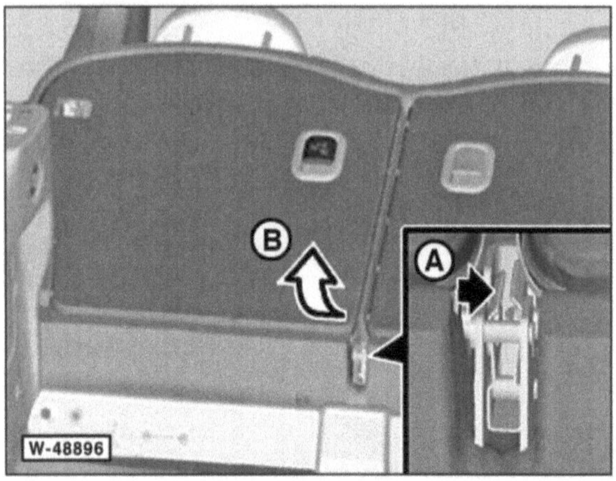

- Vom Laderaum aus mit einem geeigneten Schraubendreher Sicherungslasche zur Seite drücken –Pfeil A– und Rücksitzlehne entriegeln.

Hinweis: Zum Ausbau der linken Lehne linke Sicherungslasche nach rechts drücken, wie in der Abbildung gezeigt. Zum Ausbau der rechten Lehne rechte Sicherungslasche nach links drücken.

- Rücksitzlehne aus dem Mittellager aushängen –Pfeil B–.
- Rücksitzlehne drehen und aus dem Außenlager herausziehen, siehe Abbildung W-48894 im Abschnitt für den MINI 1.
- Rücksitzlehne mit einem Helfer aus dem Fahrzeug herausheben.

Einbau

Der Einbau erfolgt in umgekehrter Ausbaureihenfolge. Dabei ist Folgendes zu beachten:

- Rücksitzlehne hörbar im Mittellager einrasten.

Blenden der Armaturentafel aus- und einbauen

Blende am Kombiinstrument

Ausbau

- Blende der Armaturentafel auf der Beifahrerseite ausbauen, siehe entsprechenden Abschnitt.

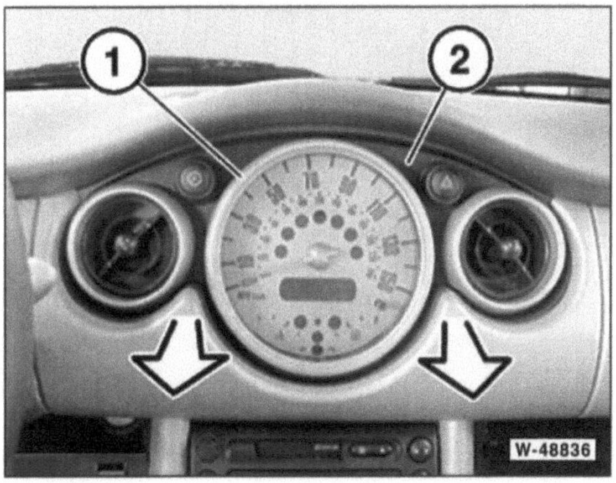

- **MINI 1 bis 7/04:** Mit einem Kunststoffkeil Zierring –1– vorsichtig nach hinten von der Blende –2– ausclipsen –Pfeil–. **Achtung:** Die Führung und die Rasthaken am Zierring dürfen dabei nicht beschädigt werden.

- Verkleidung der Armaturentafel im gekennzeichneten Bereich zum Schutz abkleben.
- Mit einem Kunststoffkeil Blende der Armaturentafel auf der Fahrerseite an der Anstoßstelle mit der Blende am Kombiinstrument vorsichtig ausclipsen, siehe entsprechenden Abschnitt.

- Blende an den Schaltern –1– ausclipsen.
- Schrauben oben –2– herausdrehen.
- Schraube unten rechts –3– herausdrehen.
- Verkleidung der Armaturentafel nach oben drücken und Blende am Kombiinstrument nach hinten von der Armaturentafel ziehen –Pfeile–. Dabei werden 4 Federklammern an der Rückseite der Blende aus den Aufnahmen herausgezogen.
- Blende aus der Armaturentafel herausziehen.

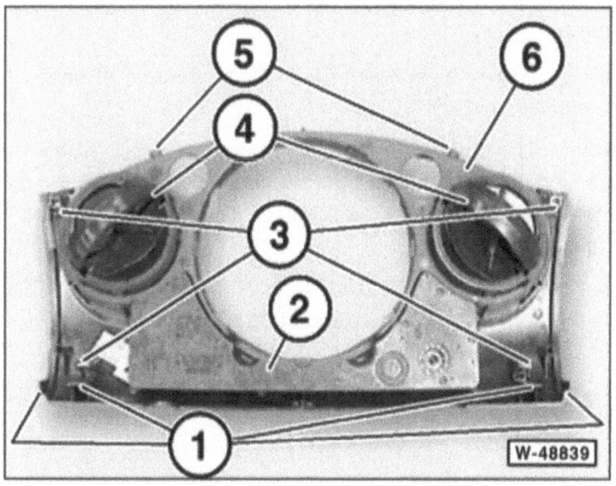

- Beschädigte Federklammern –3– ersetzen.

Hinweis: Die Führungsnasen –1– und Schraublaschen –5– auf der Rückseite der Blende –6– dürfen nicht beschädigt werden. 2 – Dämmmatte, 4 – Luftaustrittsdüsen.

Einbau

Der Einbau erfolgt in umgekehrter Ausbaureihenfolge. Dabei ist Folgendes zu beachten:

- Blende zuerst an der linken Seite an der Armaturentafel ansetzen.

- Zum Schutz des Beifahrerairbags Kunststoffkappe ans Ende der unteren Schraube -3- aufsetzen, siehe Abbildung W-48838.

Seitliche Blende, Beifahrerseite – MINI bis 7/04

Ausbau

Hinweis: Die Blende besteht aus 2 Teilen.

Achtung: Unbedingt Airbag-Sicherheitshinweise beachten, siehe Seite 137.

- Batterie abklemmen. **Achtung:** Hinweise im Kapitel »Batterie aus- und einbauen« beachten.
- Je nach Ausstattung Handschuhfach öffnen oder Ablagefach unter der Armaturentafel ausbauen, siehe Seite 233.

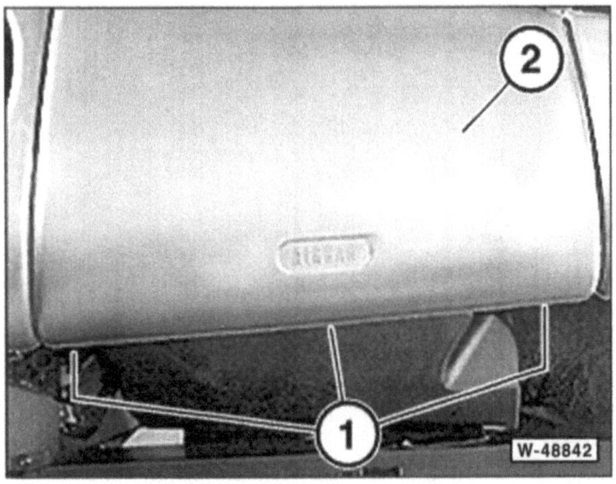

- 3 Schrauben –1– unten an der Airbagblende -2- herausdrehen.
- Airbagblende -2- vorsichtig ein Stück von der Armaturentafel abheben.

Achtung: Die oberen Befestigungsschrauben der Airbagblende sind erst nach Ausbau der oberen Verkleidung der Armaturentafel zugänglich. Diese Ausbauarbeit wird hier nicht beschrieben.

- Blende an der Luftauslassdüse in ähnlicher Weise ausbauen wie auf der Fahrerseite, siehe Abbildung W-48840. Zuvor 2 Schrauben unten an der Blende herausdrehen.

Einbau

Der Einbau erfolgt in umgekehrter Ausbaureihenfolge. Dabei ist Folgendes zu beachten:

- Beschädigte Federklammern ersetzen.

Seitliche Blende, Fahrerseite – MINI bis 7/04

Ausbau

Hinweis: Die Blende besteht aus 2 Teilen.

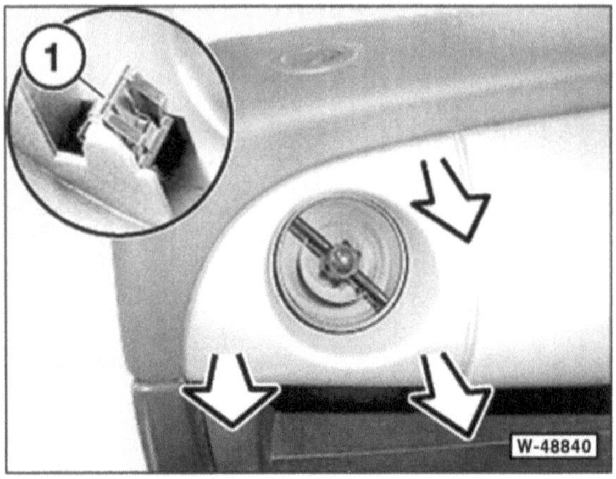

- Blende an der Luftauslassdüse nach hinten von der Armaturentafel ziehen –Pfeile–. Dabei werden 3 Federklammern –1– an der Rückseite der Blende aus den Aufnahmen herausgezogen.

- Blende –1– über der Lenksäule Stück für Stück nach hinten von der Armaturentafel ziehen. Dabei werden mehrere Federklammern –Kreise– an der Rückseite der Blende aus den Aufnahmen herausgezogen.

Einbau

Der Einbau erfolgt in umgekehrter Ausbaureihenfolge. Dabei ist Folgendes zu beachten:

- Beschädigte Federklammern ersetzen.

Seitliche Blende, Beifahrerseite – MINI ab 7/04

Ausbau

- Mit einem Kunststoffkeil seitliche Klappe rechts aus der Armaturentafel heraushebeln und abnehmen, siehe Abbildung W-48843.

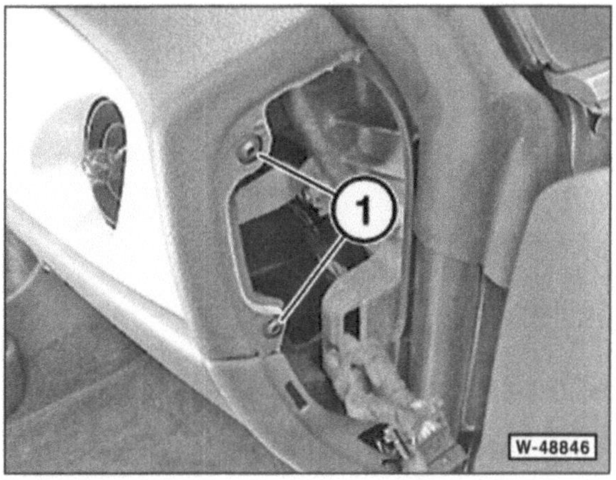

- 2 Schrauben –1– an der Seite herausdrehen.

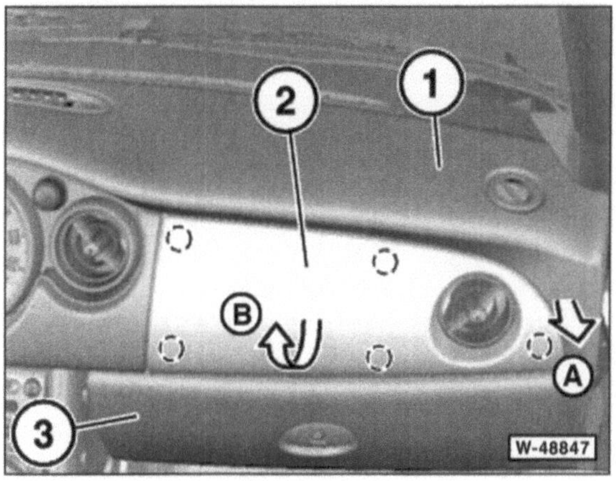

- Handschuhfach –3– öffnen.
- Verkleidung der Armaturentafel –1– an der Außenseite nach hinten ziehen und halten –Pfeil A–.
- Mit einem Kunststoffkeil Blende –2– an den Federklammern –Kreise– ausclipsen.
- Blende –2– in einer Drehbewegung –Pfeil B– aus der Armaturentafel herausziehen.

Einbau

Der Einbau erfolgt in umgekehrter Ausbaureihenfolge. Dabei ist Folgendes zu beachten:

- Beschädigte Federklammern an der Rückseite der Blende ersetzen.

Seitliche Blende, Fahrerseite – MINI ab 7/04

Ausbau

- Anzeigeinstrument an der Lenksäule ausbauen, siehe Seite 98.

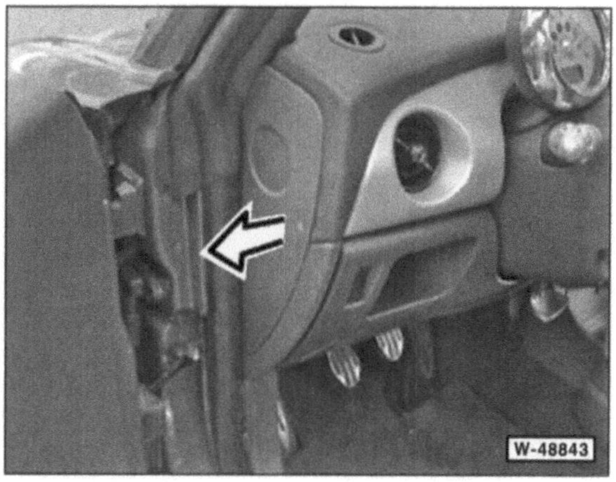

- Mit einem Kunststoffkeil seitliche Klappe links aus der Armaturentafel heraushebeln –Pfeil– und abnehmen.

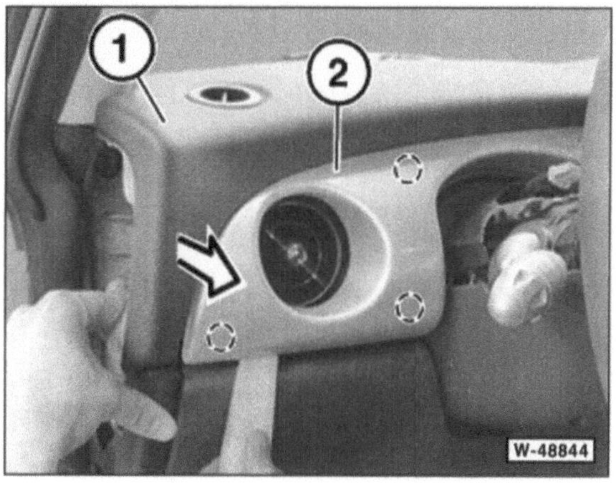

- Verkleidung der Armaturentafel –1– nach hinten ziehen und halten.
- Mit einem Kunststoffkeil Blende an der Luftauslassdüse Stück für Stück von der Armaturentafel abhebeln –Pfeil–. Dabei werden 3 Federklammern –Kreise– an der Rückseite der Blende aus den Aufnahmen herausgezogen.

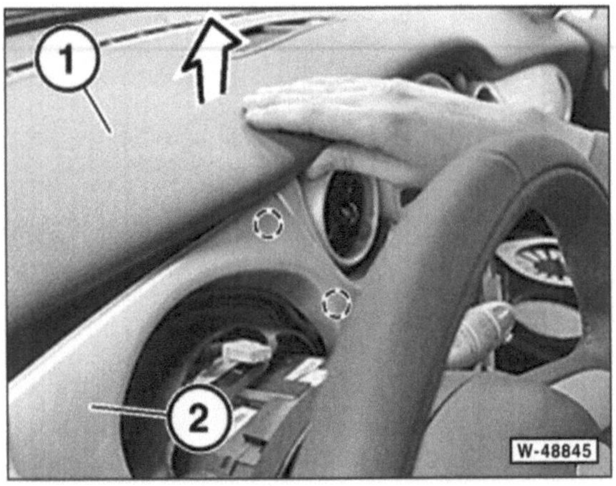

- Verkleidung der Armaturentafel –1– nach oben drücken.
- Blende –2– an der Anstoßstelle mit der mittleren Blende vorsichtig ausclipsen. Dabei werden die Federklammern –Kreise– an der Rückseite der Blende aus den Aufnahmen herausgezogen.
- Blende –2– in einer Drehbewegung aus der Armaturentafel herausziehen.

Einbau

Der Einbau erfolgt in umgekehrter Ausbaureihenfolge. Dabei ist Folgendes zu beachten:

- Beschädigte Federklammern ersetzen.

Faltenbalg für Schalt-/Wählhebel aus- und einbauen

Ausbau

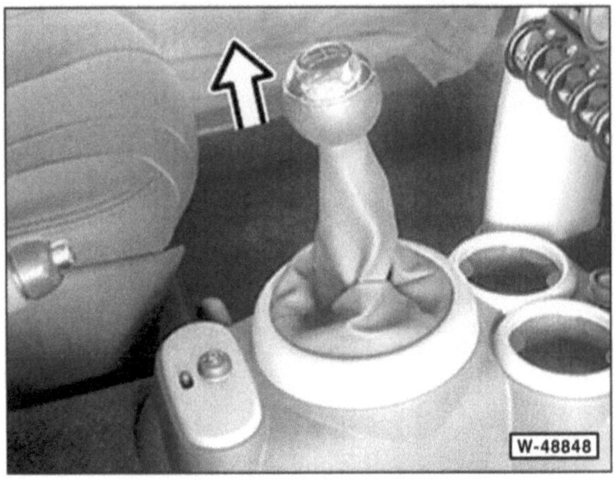

- Knauf mit einem kräftigen Ruck nach oben vom Schalthebel abziehen –Pfeil–. **Achtung:** Knauf auf keinen Fall verdrehen, da die Verdrehsicherung im Knauf sonst abgeschert wird.

Hinweis: Der Wählhebelknauf bei Fahrzeugen mit Automatikgetriebe wird in gleicher Weise ausgebaut.

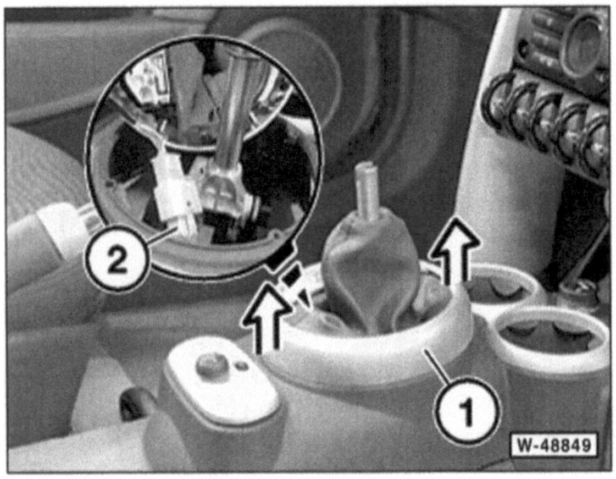

- Zierring –1– nach oben vom Faltenbalg abziehen –Pfeile–.
- Rahmen des Faltenbalgs an 6 Halteclips ausrasten und Faltenbalg nach oben vom Schalt-/Wählhebel abziehen.
- **Automatikgetriebe:** Steckverbinder –2– für Wählstufenanzeige trennen.

Einbau

Der Einbau erfolgt in umgekehrter Ausbaureihenfolge. Dabei ist Folgendes zu beachten:

- Zierring so aufsetzen, dass die Fixierbolzen in den Rahmen des Faltenbalgs eingeführt werden.
- Knauf auf den Schalthebel beziehungsweise Wählhebel aufstecken, ausrichten und kräftig auf den Schalt-/Wählhebel aufdrücken. Der Knauf muss dabei spürbar einrasten.

Vordere Mittelkonsole aus- und einbauen

Hinweis: Die seitlichen Blenden an der Radio-/Heizungskonsole werden zusammen mit der vorderen Mittelkonsole ausgebaut.

Ausbau

- Batterie abklemmen. **Achtung:** Hinweise im Kapitel »Batterie aus- und einbauen« beachten.
- Faltenbalg für Schalt-/Wählhebel ausbauen, siehe entsprechendes Kapitel.

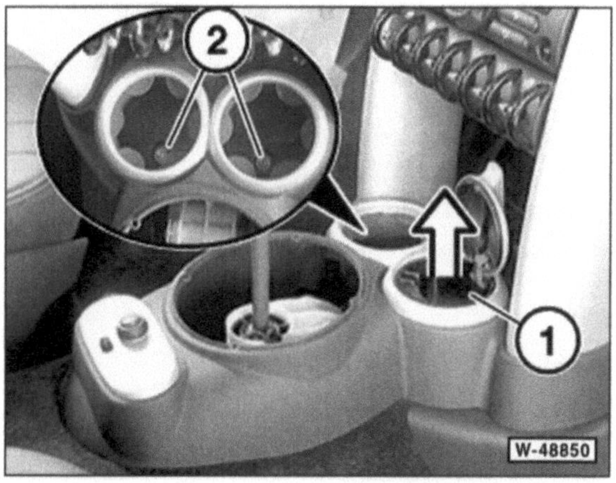

- Je nach Ausstattung Aschenbecherdeckel öffnen und Aschenbecher –1– nach oben aus der Mittelkonsole herausziehen –Pfeil–.
- Schrauben –2– in den Getränkehaltern herausdrehen.

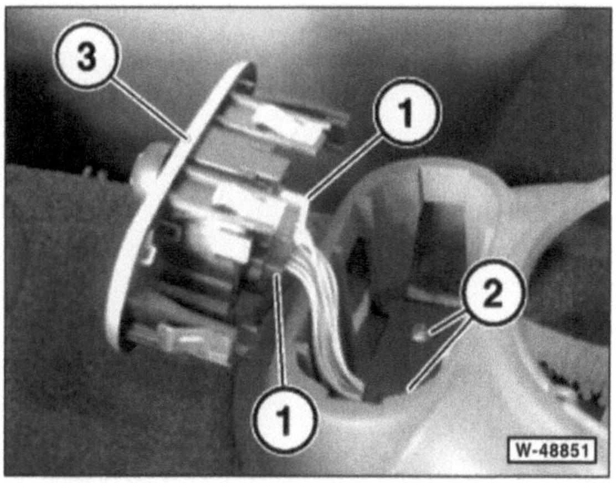

- Schaltereinheit –3– aus der Mittelkonsole ausbauen, siehe Seite 100.
- Stecker –1– von den Schaltern abziehen.
- 2 Schrauben –2– herausdrehen.

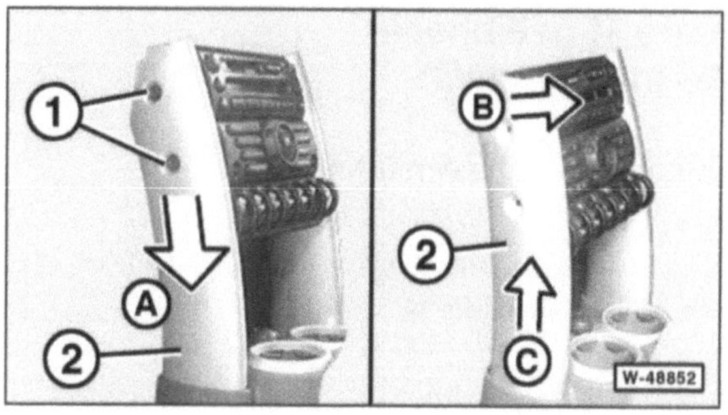

- An beiden Seiten der Radio-/Heizungskonsole jeweils 2 Schrauben –1– herausdrehen und seitliche Blenden –2– von der Armaturentafel lösen –Pfeil A–.
- Vordere Mittelkonsole vom Boden lösen.
- Seitliche Blenden –2– von der Radio-/Heizungskonsole lösen –Pfeil B–.
- Seitliche Blenden –2– aus der Mittelkonsole herausziehen –Pfeil C–.
- An der Unterseite der Mittelkonsole Stecker von der Steckdose beziehungsweise vom Zigarettenanzünder abziehen und vordere Mittelkonsole vom Fahrzeugboden abnehmen.

Einbau

Der Einbau erfolgt in umgekehrter Ausbaureihenfolge. Dabei ist Folgendes zu beachten:

- Darauf achten, dass keine Kabel eingeklemmt werden.
- Darauf achten, dass die Schaumteile zwischen Mittelkonsole und seitlichen Blenden der Radio-/Heizungskonsole korrekt sitzen.

Hintere Mittelkonsole aus- und einbauen

Mittelkonsole ohne Armlehne

Ausbau

- Batterie abklemmen. **Achtung:** Hinweise im Kapitel »Batterie aus- und einbauen« beachten.

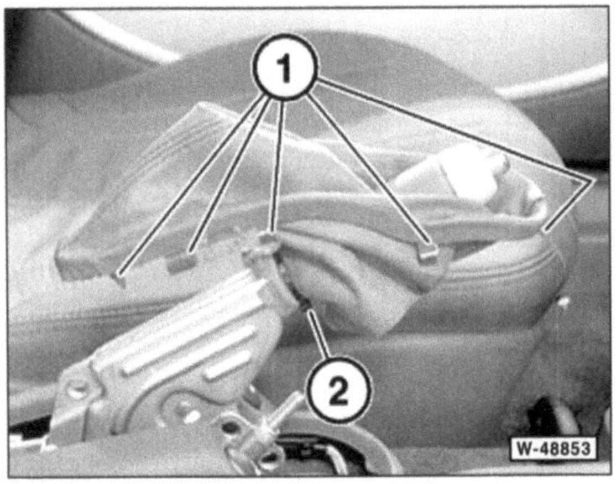

- Mit einem Kunststoffkeil Rastlaschen –1– des Faltenbalgs für Handbremshebel rundum von der Mittelkonsole lösen.
- Faltenbalg aus der Mittelkonsole herausziehen und über den Handbremshebel stülpen.
- Kabelbinder –2– für Befestigung des Faltenbalgs durchtrennen.

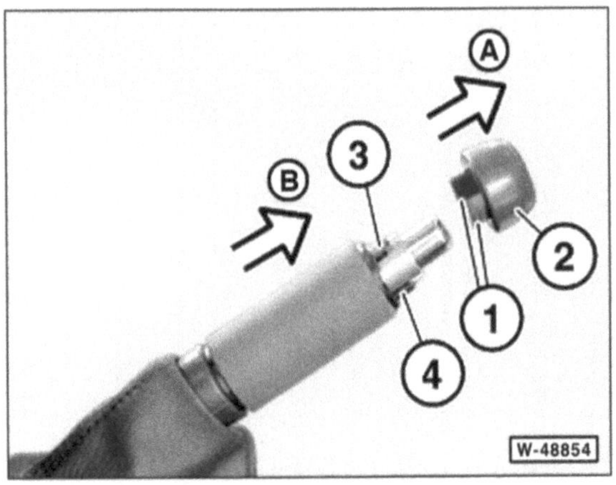

- Clips –1– entriegeln und Sicherungsknopf –2– vom Handbremshebel abziehen –Pfeil A–.
- Sperrlasche –3– entriegeln und Griff vom Handbremshebel abziehen –Pfeil B–. **Hinweis:** Der Griff sitzt in einer Keilnut –4– und kann nur in einer bestimmten Position über den Handbremshebel geschoben werden.
- Faltenbalg vom Handbremshebel abziehen.

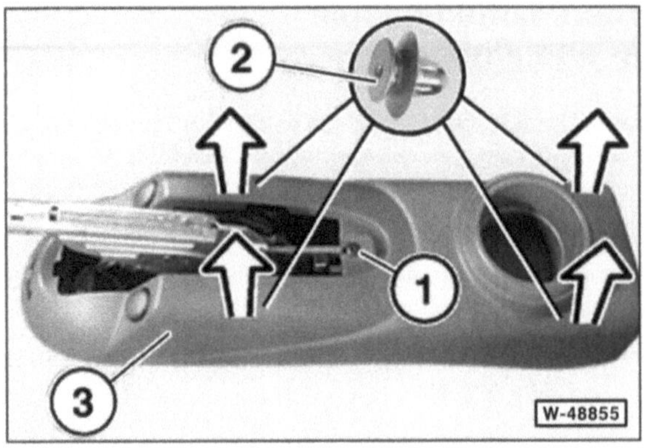

- Schraube –1– oben an der Mittelkonsole herausdrehen.
- Mittelkonsole –3– nach oben ziehen –Pfeile– und an 4 Halteclips –2– ausrasten.
- An der Unterseite der Mittelkonsole –3– je nach Ausstattung Stecker von den Schaltern abziehen.
- Hintere Mittelkonsole vom Fahrzeugboden abnehmen.

Einbau

Der Einbau erfolgt in umgekehrter Ausbaureihenfolge. Dabei ist Folgendes zu beachten:

- Beschädigte Halteclips ersetzen und an der Mittelkonsole einbauen.
- Darauf achten, dass keine Kabel eingeklemmt werden.
- Faltenbalg mit neuem Kabelbinder korrekt am Handbremshebel befestigen.

Mittelkonsole mit Armlehne

Ausbau

- Batterie abklemmen. **Achtung:** Hinweise im Kapitel »Batterie aus- und einbauen« beachten.

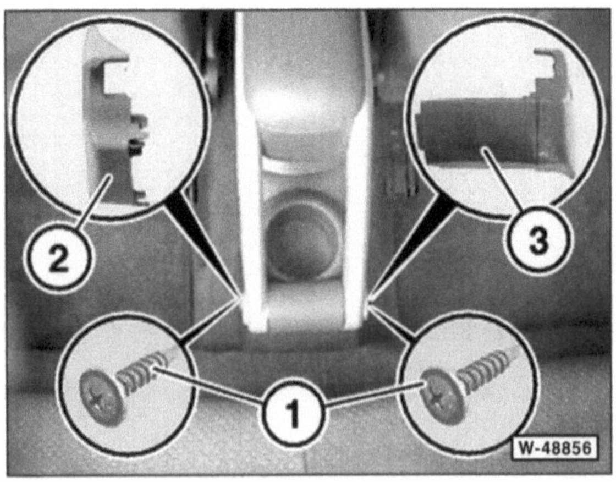

- Schrauben –1– hinten an beiden Seiten der Armlehne herausdrehen.
- Seitliche Kappen –2/3– von der Armlehne abnehmen.

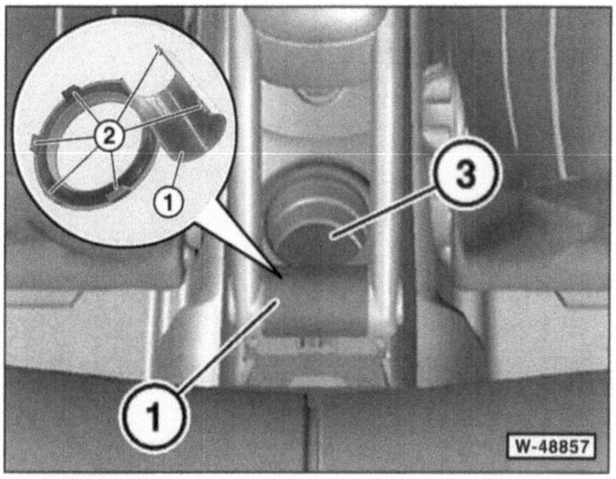

- Abdeckung -1- an den Rasthaken -2- vorsichtig ausrasten und nach oben von der Armlehne abnehmen.
- Einlegematte -3- aus dem Ablagefach herausnehmen und darunter sitzende Schraube herausdrehen.

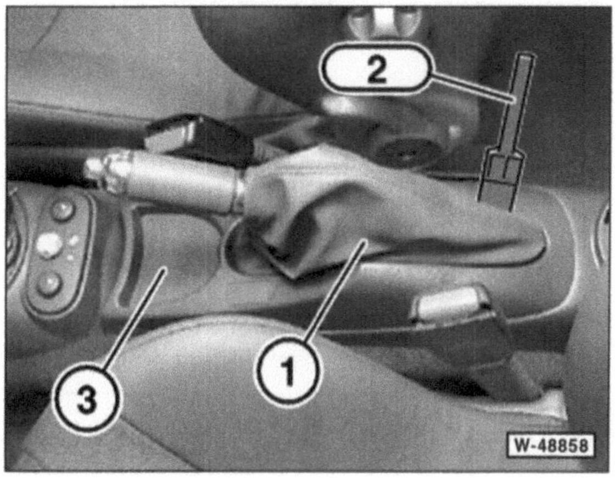

- Mit einem Kunststoffkeil -2- Rastlaschen des Faltenbalgs für Handbremshebel rundum von der Mittelkonsole lösen.
- Faltenbalg -1- aus der Mittelkonsole herausziehen und über den Handbremshebel stülpen.
- Einlegematte -3- aus dem Ablagefach herausnehmen und darunter sitzende Schraube herausdrehen.

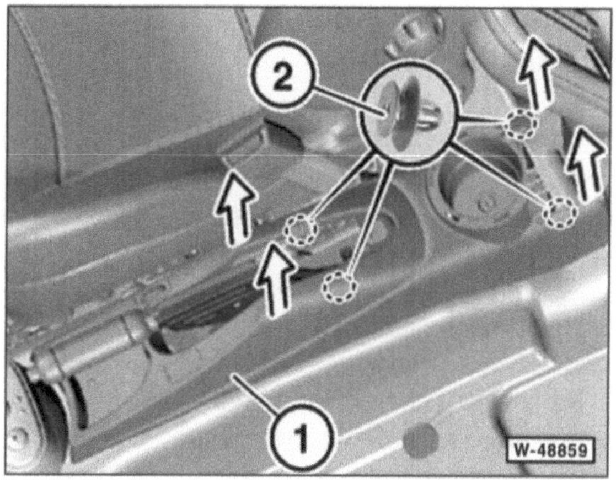

- Mittelkonsole -1- nach oben ziehen -Pfeile- und an 4 Halteclips -2- ausrasten.
- An der Unterseite der Mittelkonsole -1- je nach Ausstattung Stecker von den Schaltern abziehen.
- Hintere Mittelkonsole nach vorne vom Fahrzeugboden abnehmen.

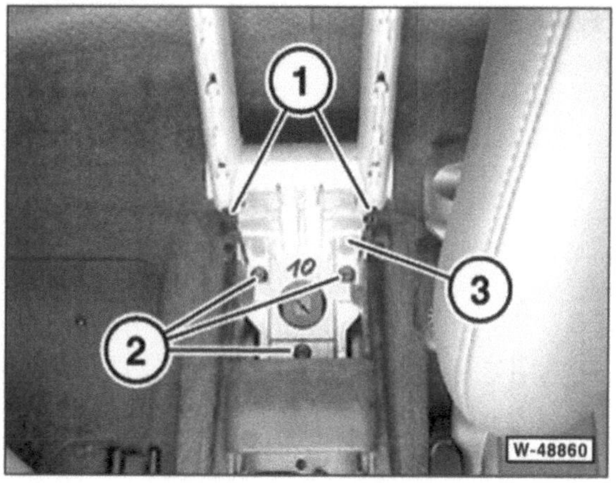

- Seitliche Schrauben -1- herausdrehen.
- Schrauben -2- herausdrehen und Armlehne nach oben abnehmen.

Einbau

Der Einbau erfolgt in umgekehrter Ausbaureihenfolge. Dabei ist Folgendes zu beachten:

- Beschädigte Halteclips ersetzen und an der Mittelkonsole einbauen.
- Darauf achten, dass keine Kabel eingeklemmt werden.

Lenksäulenverkleidung aus- und einbauen

Obere Lenksäulenverkleidung

Ausbau

- Anzeigeinstrument an der Lenksäule ausbauen, siehe Seite 98.
- Lenksäulenverstellung entriegeln und Lenksäule in unterster Position verriegeln.
- Obere Lenksäulenverkleidung mit einem Kunststoffkeil von der unteren Lenksäulenverkleidung lösen.
- Obere Lenksäulenverkleidung nach oben ausclipsen und von der Lenksäule abnehmen.

Einbau

- Der Einbau erfolgt in umgekehrter Ausbaureihenfolge.

Untere Lenksäulenverkleidung

Ausbau

- Lenksäulenverstellung entriegeln und Lenksäule in oberster Position verriegeln.
- Ablagefach unter der Lenksäule ausbauen, siehe entsprechendes Kapitel.

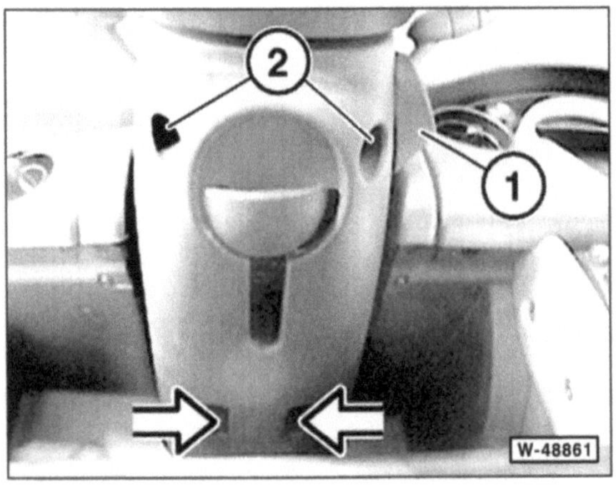

- Gummikappe –1– des Zündschlosses aus der Lenksäulenverkleidung herausziehen.
- 2 Schrauben –2– herausdrehen.
- Halteklammern –Pfeile– entriegeln und untere Lenksäulenverkleidung abnehmen.

Einbau

- Der Einbau erfolgt in umgekehrter Ausbaureihenfolge.
- Darauf achten, dass die untere Lenksäulenverkleidung korrekt an der oberen Lenksäulenverkleidung sitzt.

Ablagefach unter der Lenksäule aus- und einbauen

MINI bis 7/04

Ausbau

- Gegebenenfalls Leuchtweitenregler ausbauen, siehe Seite 100.

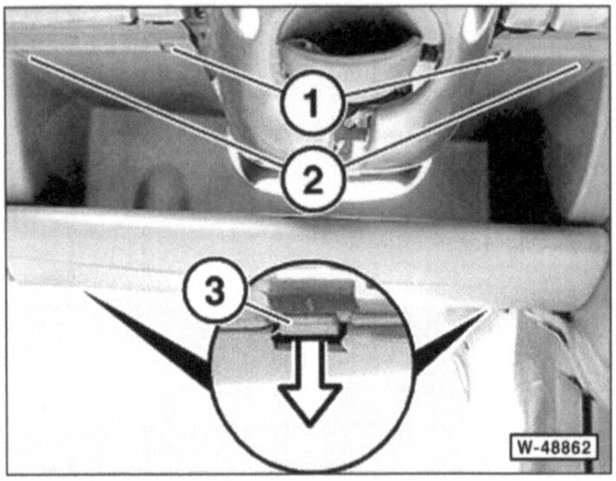

- Schrauben –1– herausdrehen.
- Ablagefach an den Halteclips oben –2– ausrasten.
- Ablagefach an den Clips unten –3– von der Armaturentafel lösen und abnehmen.

Einbau

- Der Einbau erfolgt in umgekehrter Ausbaureihenfolge.

MINI ab 7/04

Ausbau

- Gegebenenfalls Leuchtweitenregler ausbauen, siehe Seite 100.

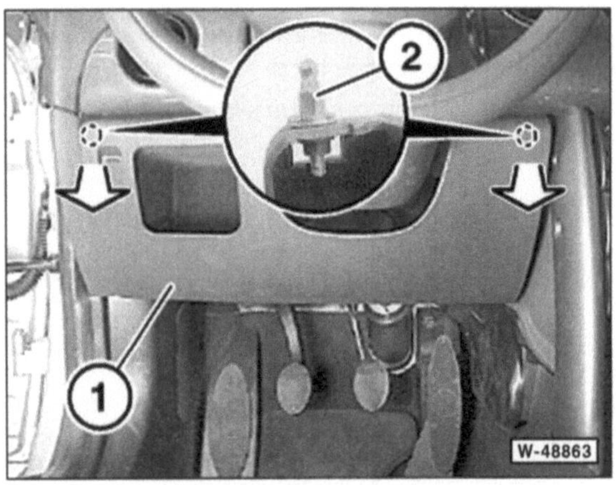

- Verkleidung –1– mit Ablagefach nach hinten von der Armaturentafel ziehen –Pfeile–. Dabei werden die oberen Haltebolzen –2– an der Rückseite der Blende aus den Aufnahmen herausgezogen.

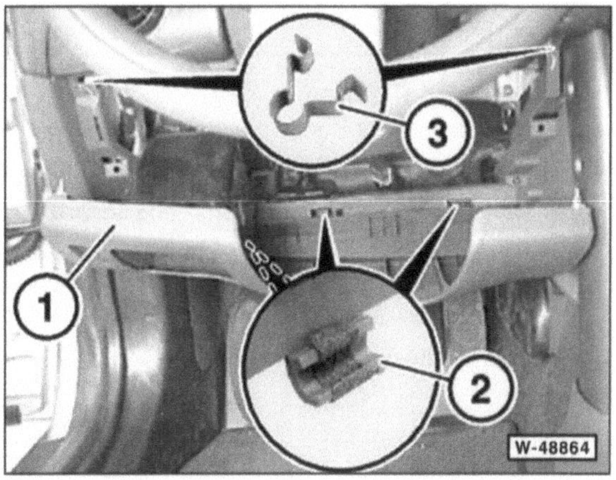

- Verkleidung –1– mit Ablagefach nach unten klappen.
- Führungen –2– nach hinten aus den Aufnahmen ziehen, dabei rechts beginnen. Verkleidung von der Armaturentafel lösen und abnehmen.

Einbau

Der Einbau erfolgt in umgekehrter Ausbaureihenfolge. Dabei ist Folgendes zu beachten:

- Beschädigte Klammern –3– der Aufnahmen ersetzen.
- Beschädigte Führungen und Haltebolzen der Verkleidung ersetzen.

Ablagefach rechts unter der Armaturentafel aus- und einbauen

Ausbau

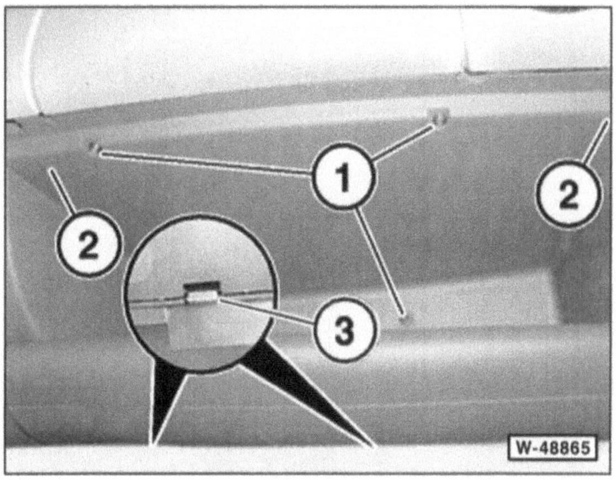

- Schrauben –1– herausdrehen.
- Ablagefach an den Halteclips oben –2– ausrasten.
- Ablagefach an den Clips –3– unten von der Armaturentafel lösen und abnehmen.

Einbau

- Der Einbau erfolgt in umgekehrter Ausbaureihenfolge.

Handschuhfach aus- und einbauen

Ausbau

- Handschuhfach öffnen und Handschuhfachleuchte ausbauen, siehe Seite 85.

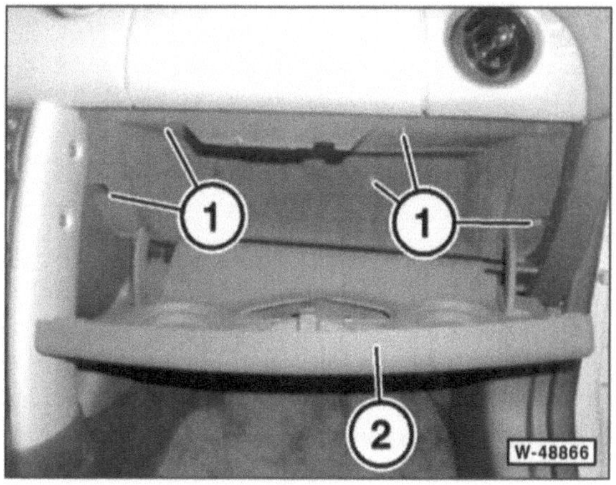

- Schrauben –1– herausdrehen und Handschuhfach aus der Armaturentafel herausziehen.
- Schlauch für Handschuhfach-Kühlung abziehen.

Einbau

Der Einbau erfolgt in umgekehrter Ausbaureihenfolge. Dabei ist Folgendes zu beachten:

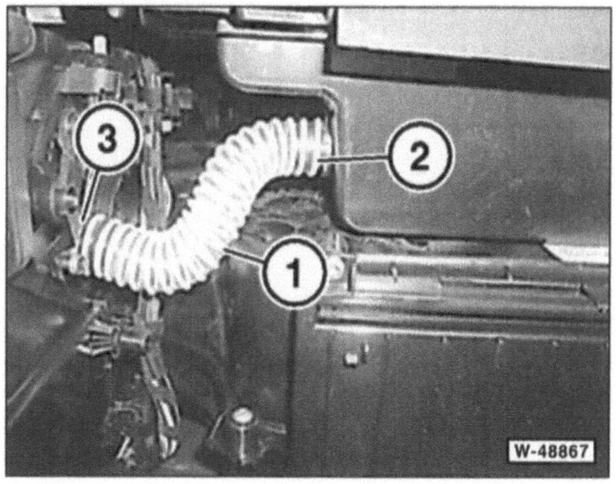

- Schlauch –1– für Handschuhfach-Kühlung korrekt an der Kaltluftregulierung –2– und am Heizgerät –3– anschließen.

Verkleidungen im Fahrzeug-Innenraum aus- und einbauen

Hinweis: Halteclips und Federklammern vor dem Einbau auf Beschädigungen und auf richtigen Sitz an der Verkleidung überprüfen, wenn nötig, ersetzen. An den Türrahmen und am Heckklappenrahmen darauf achten, dass die Dichtung über die jeweilige Verkleidung greift.

Verkleidung A-Säule

Ausbau

Achtung: Bei Fahrzeugen mit Kopfairbag unbedingt Airbag-Sicherheitshinweise beachten, siehe Seite 137.

- **Um ein Auslösen des Kopfairbags zu verhindern, Batterie abklemmen. Achtung: Hinweise im Kapitel »Batterie aus- und einbauen« beachten.**
- **Batterieminuspol isolieren.**

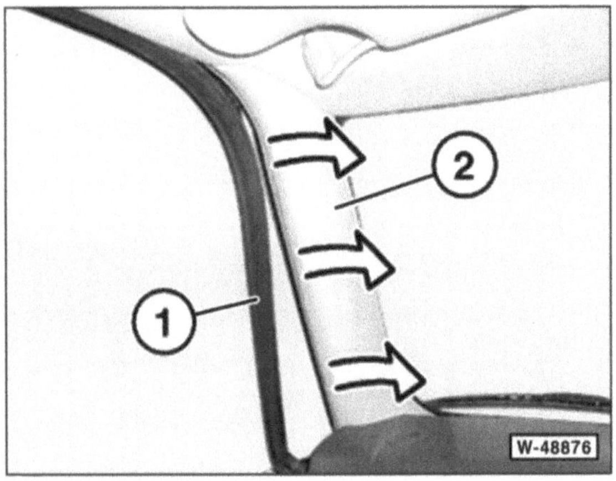

- Türdichtung –1– im Bereich der Verkleidung –2– vom Türrahmen abziehen.
- Einen Kunststoffkeil unter die Verkleidung –2– schieben und Verkleidung an den Halteclips in Pfeilrichtung von der A-Säule lösen. Dabei oben an der Verkleidung beginnen.
- Verkleidung von der A-Säule ziehen und dabei aus den vorderen Aufnahmen in der Armaturentafel herausziehen.
- **Fahrzeug mit Kopfairbag:** Befestigungsriemen an den Halteclips durchtrennen und Verkleidung von der A-Säule abnehmen.

Einbau

- Der Einbau erfolgt in umgekehrter Ausbaureihenfolge.

Achtung: Beim Anklemmen der Batterie darf sich keine Person im Innenraum des Fahrzeugs aufhalten.

Verkleidung B-Säule

Ausbau

Achtung: Bei Fahrzeugen mit Kopfairbag unbedingt Airbag-Sicherheitshinweise beachten, siehe Seite 137.

- **Um ein Auslösen des Kopfairbags zu verhindern, Batterie abklemmen. Achtung: Hinweise im Kapitel »Batterie aus- und einbauen« beachten.**
- **Batterieminuspol isolieren.**

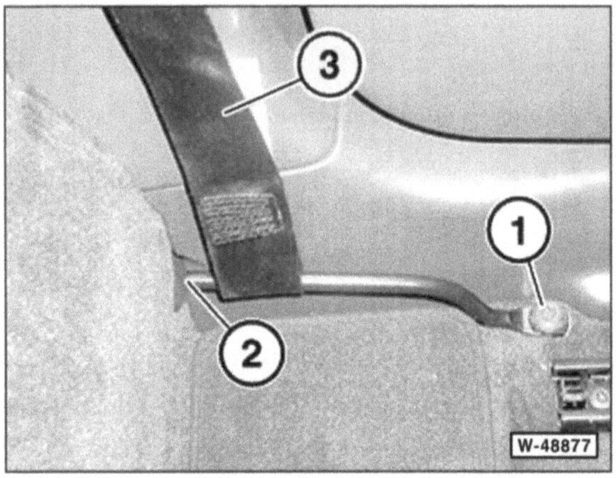

- Vordersitz ganz nach vorne fahren und Schraube –1– für Gurtführungsbügel herausdrehen.
- Gurtführungsbügel –2– drehen und vom Fahrzeugboden abnehmen.
- Schlaufe des Sicherheitsgurtes –3– vom Gurtführungsbügel abziehen.

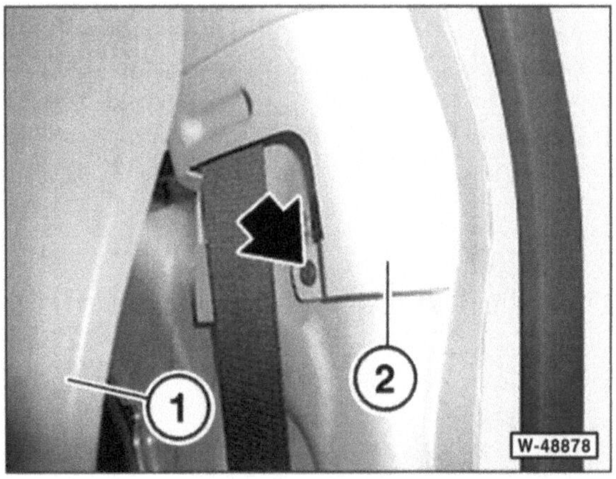

- Hintere Seitenverkleidung –1– im oberen Bereich von der B-Säulen-Verkleidung lösen, siehe entsprechenden Abschnitt.
- Schraube –Pfeil– für B-Säulen-Verkleidung –2– herausdrehen.

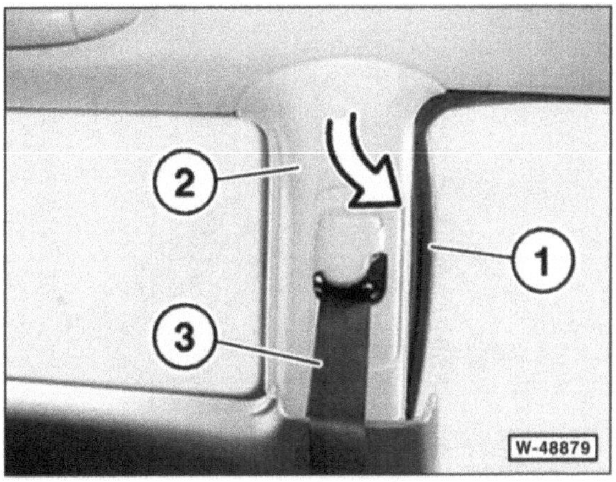

- Türdichtung –1– im Bereich der B-Säule vom Türrahmen abziehen.
- B-Säulen-Verkleidung –2– von der B-Säule ziehen –Pfeil– und Sicherheitsgurt –3– durch die Öffnung fädeln.
- B-Säulen-Verkleidung abnehmen.

Einbau

Der Einbau erfolgt in umgekehrter Ausbaureihenfolge. Dabei ist Folgendes zu beachten:

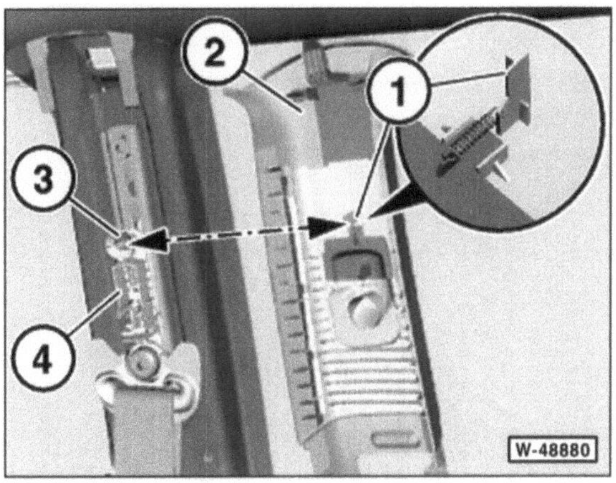

- Beim Ansetzen der B-Säulen-Verkleidung –2– darauf achten, dass der Hebel –1– der Gurthöhenverstellung korrekt in die Aufnahme –3– des Einstellmechanismus –4– an der B-Säule eingreift –Pfeil–.

Achtung: Bei falscher Montage der B-Säulen-Verkleidung kann der Hebel der Gurthöhenverstellung in den Gurtkasten fallen oder beschädigt werden.

- Schraube für Gurtendbeschlag mit **36 Nm** festziehen.

Achtung: Beim Anklemmen der Batterie darf sich keine Person im Innenraum des Fahrzeugs aufhalten.

Verkleidung C-Säule

Ausbau

Achtung: Bei Fahrzeugen mit Kopfairbag unbedingt Airbag-Sicherheitshinweise beachten, siehe Seite 137.

- **Um ein Auslösen des Kopfairbags zu verhindern, Batterie abklemmen. Achtung: Hinweise im Kapitel »Batterie aus- und einbauen« beachten.**
- **Batterieminuspol isolieren.**
- Dichtung im Bereich der C-Säule vom Heckklappenrahmen abziehen.
- Hintere Seitenverkleidung ausbauen, siehe entsprechenden Abschnitt.

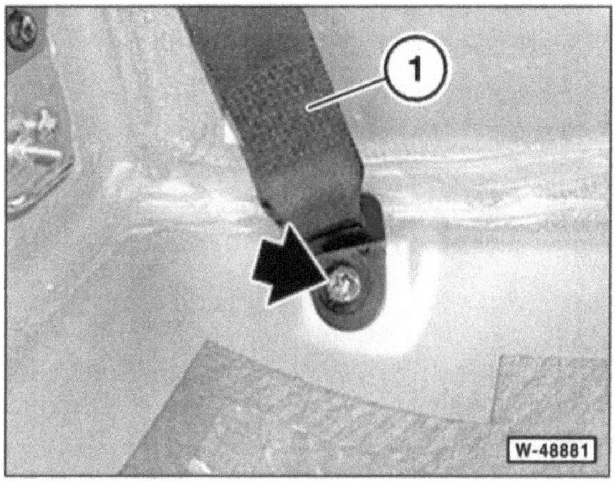

- Gurtendbeschlag am Fahrzeugboden abschrauben –Pfeil–. Sicherheitsgurt –1– festhalten.

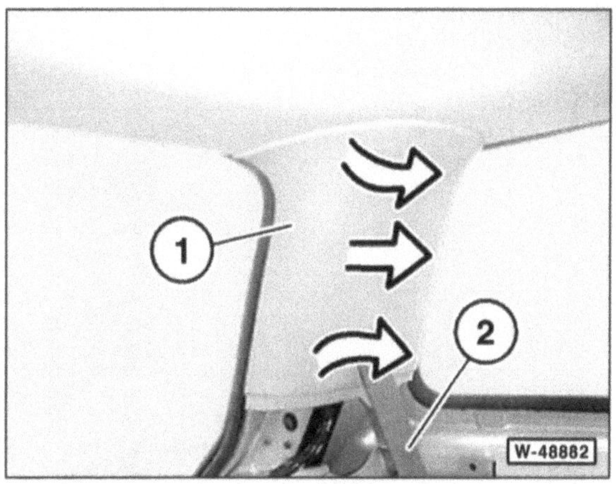

- Einen Kunststoffkeil unter die Verkleidung –1– schieben und Verkleidung an den Halteclips in Pfeilrichtung von der C-Säule lösen.
- **Fahrzeug mit Kopfairbag:** Befestigungsriemen an den Halteclips durchtrennen und Verkleidung von der C-Säule ziehen.
- Sicherheitsgurt –2– durch die Öffnung in der Verkleidung fädeln und C-Säulen-Verkleidung abnehmen.

Einbau

Der Einbau erfolgt in umgekehrter Ausbaureihenfolge. Dabei ist Folgendes zu beachten:

- Schraube für Gurtendbeschlag mit **36 Nm** festziehen.

Achtung: Beim Anklemmen der Batterie darf sich keine Person im Innenraum des Fahrzeugs aufhalten.

Einstiegsleiste

Ausbau

- Türdichtung im Bereich der Einstiegsleiste vom Türrahmen abziehen.
- Vordersitz ausbauen, siehe entsprechendes Kapitel.
- Gurtführungsbügel vom Fahrzeugboden abschrauben und Schlaufe des Sicherheitsgurtes abziehen, siehe Abschnitt »Obere Verkleidung B-Säule«.

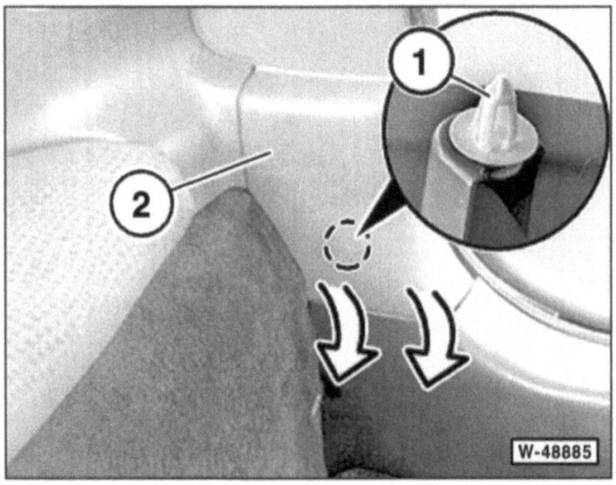

- Hintere Seitenverkleidung –2– an der Anschlussstelle zur Einstiegsleiste von der Seitenwand ziehen –Pfeile–. Dabei wird der Halteclip –1– aus der Bohrung herausgezogen.

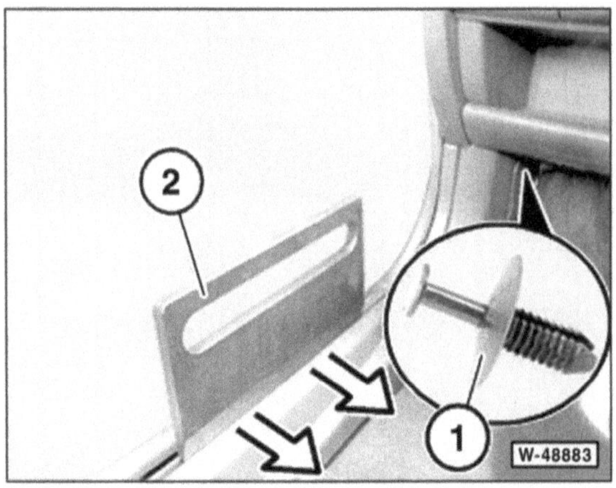

- **Fahrerseite:** Spreizniete –1– im Fußraum aus der Einstiegsleiste herausziehen.
- Mit einem geeigneten Keil –2– Einstiegsleiste vom Türschweller abdrücken –Pfeile–.

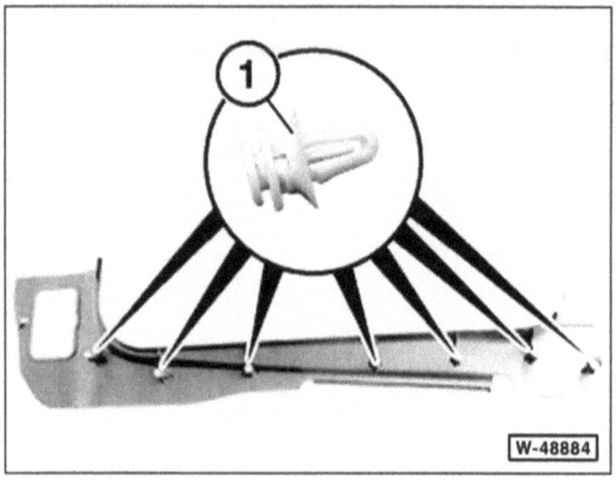

Hinweis: Einstiegsleiste an den Halteclips –1– vom Türschweller lösen.

Einbau

Der Einbau erfolgt in umgekehrter Ausbaureihenfolge. Dabei ist Folgendes zu beachten:

- Schraube für Gurtendbeschlag mit **36 Nm** festziehen.

Verkleidung Heckabschluss

Ausbau

- Heckklappe öffnen und Hutablage herausnehmen.
- Dichtung im Bereich der Verkleidung vom Heckklappenrahmen abziehen.
- Bodenbelag im Laderaum anheben und herausnehmen.

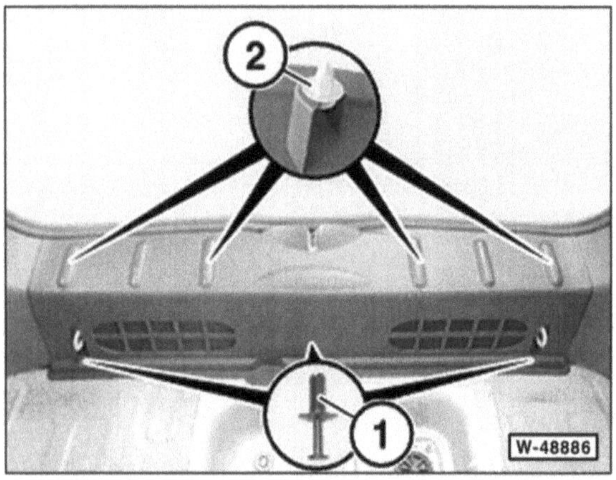

- Spreiznieten –1– aus der Verkleidung herausziehen.
- Einen Kunststoffkeil unter die Verkleidung schieben und Verkleidung an den Halteclips –2– nach oben vom Heckabschluss lösen.
- Verkleidung abnehmen.

Einbau

- Der Einbau erfolgt in umgekehrter Ausbaureihenfolge.

Seitenverkleidung hinten

Ausbau

- Heckklappe öffnen und Hutablage herausnehmen.
- Dichtung im Bereich der Verkleidung vom Heckklappenrahmen abziehen.
- Bodenbelag im Laderaum anheben und herausnehmen.
- Verkleidung Heckabschluss ausbauen, siehe entsprechenden Abschnitt.
- Rücksitzbank ausbauen, siehe entsprechendes Kapitel.
- Rücksitzlehne ausbauen, siehe entsprechendes Kapitel.
- Laderaumleuchte ausbauen, siehe Seite 85.

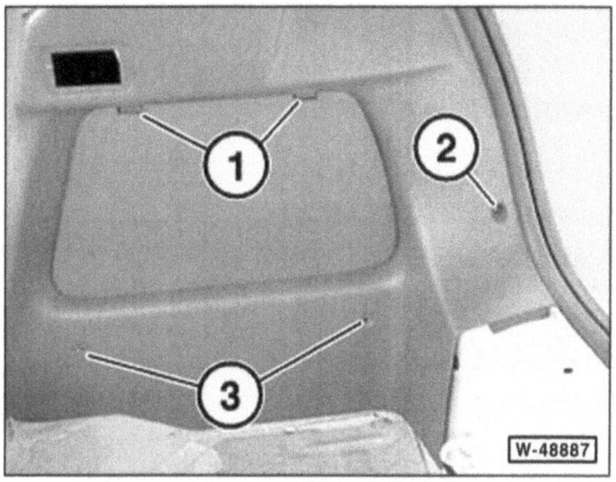

- Klappe im Laderaum entriegeln –1–, öffnen und aus der Seitenverkleidung herausziehen.
- Schraube -2- herausdrehen.
- Schrauben -3- herausdrehen. **Hinweis:** Die Schrauben fehlen an der rechten Verkleidung bei Modellen ohne CD-Wechsler im Laderaum.
- **Modell mit CD-Wechsler:** An der rechten Seite im Laderaum CD-Wechsler mit Halterung von der Seitenwand abschrauben. Stecker vom CD-Wechsler abziehen.

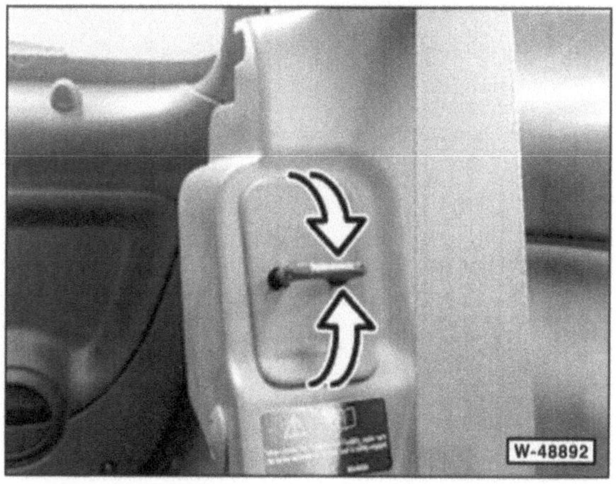

- Mit einem Kunststoffkeil Blende am Schließbügel der Rücksitzlehnenverriegelung aus der Seitenverkleidung heraushebeln –Pfeile–.

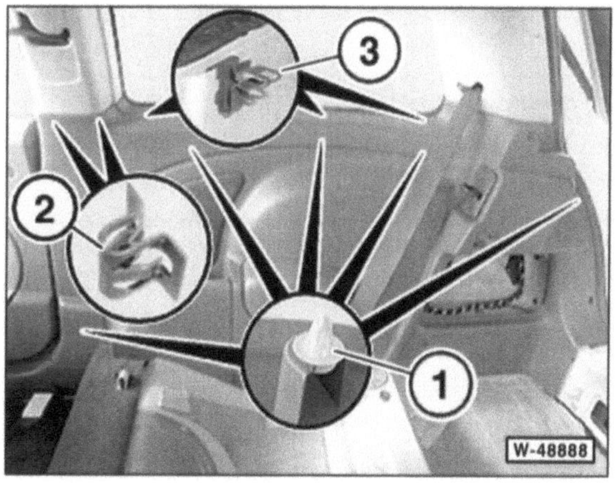

- Verkleidung an den Halteclips –1– und den Federklammern –2– von der Seitenwand lösen.
- Verkleidung an den Federklammern -3- nach oben ziehen und von der Seitenwand abnehmen.

Einbau

- Der Einbau erfolgt in umgekehrter Ausbaureihenfolge.

Speziell Verkleidung A-Säule für Cabrio

Ausbau

- Sonnenblende ausbauen, siehe entsprechendes Kapitel.

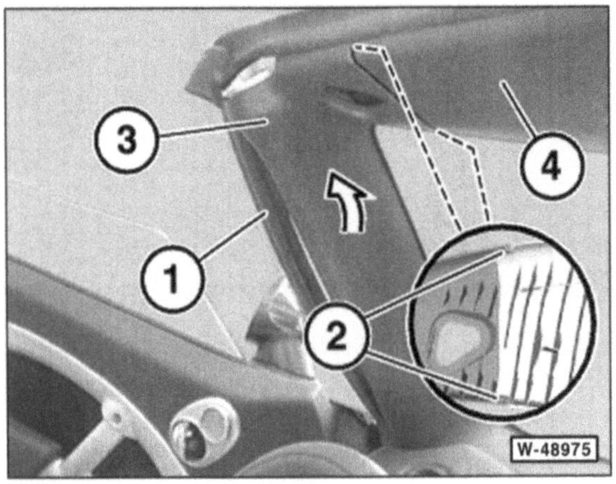

- Türdichtung -1- im Bereich der Verkleidung -3- vom Türrahmen abziehen.
- Verkleidung -3- an den Einraststellen -2- vorsichtig von der oberen Blende -4- trennen.
- Verkleidung -3- nach oben von der A-Säule ziehen -Pfeil-. Dabei die Führungen aus den vorderen Aufnahmen in der Armaturentafel herausziehen.

Einbau

- Der Einbau erfolgt in umgekehrter Ausbaureihenfolge.

Speziell Seitenverkleidung für Cabrio

Ausbau

- Verdeck öffnen.
- Rücksitzbank ausbauen, siehe entsprechendes Kapitel.
- Rücksitzlehne ausbauen, siehe entsprechendes Kapitel.

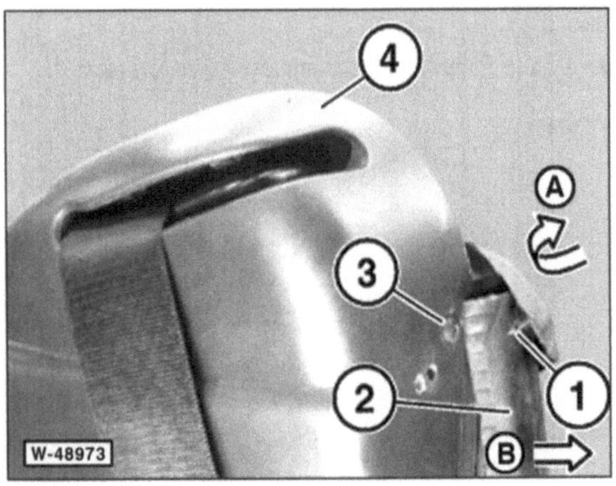

- Clip -1- lösen -Pfeil A-.
- Türdichtung -2- von der Seitenverkleidung -4- abziehen -Pfeil B-.
- Schraube -3- herausdrehen.
- Gurtendbeschlag an der Einstiegsleiste abschrauben. Sicherheitsgurt zurückführen.

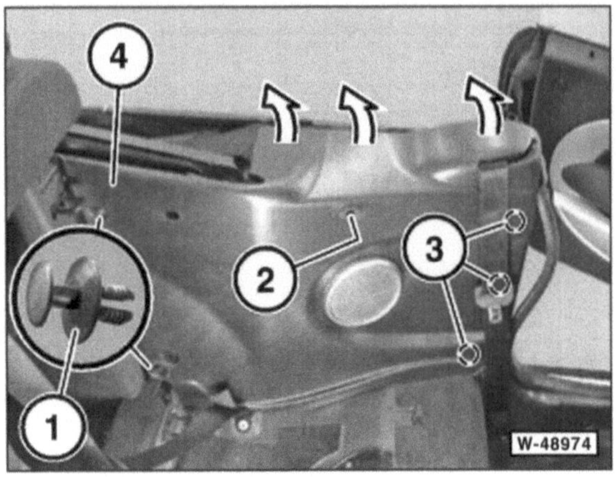

- Spreiznieten -1- herausziehen.
- Schraube -2- herausdrehen.
- Verkleidung -4- an den Halteclips -3- von der Seitenwand lösen.
- Seitenverkleidung -4- nach oben aus den Führungen ziehen -Pfeile- und abnehmen.
- Sicherheitsgurt durch den Schlitz in der Seitenverkleidung durchführen.

Einbau

Der Einbau erfolgt in umgekehrter Ausbaureihenfolge. Dabei ist Folgendes zu beachten:

- Schraube für Gurtendbeschlag mit **36 Nm** festziehen.
- Die Führungen oben an der Seitenverkleidung dürfen nicht beschädigt sein.

Speziell Einstiegsleiste für Cabrio

Ausbau

- Vordersitz nach vorne fahren und Gurtendbeschlag für Sicherheitsgurt unten von der B-Säule abschrauben.
- Türdichtung vom Türrahmen abziehen.
- Spreiznieten hinten aus der Einstiegsleiste herausziehen.
- Vordersitz ganz nach hinten fahren und Spreizniete vorne im Fußraum aus der Einstiegsleiste herausziehen.
- Einstiegsleiste im vorderen Bereich an 3 Halteclips vom Türschweller lösen.
- Vordersitz zum Schutz mit einem Tuch abdecken.
- Einstiegsleiste vorne und hinten von den Anschlussstellen lösen und nach oben vom Türschweller abziehen.

Einbau

Der Einbau erfolgt in umgekehrter Ausbaureihenfolge. Dabei ist Folgendes zu beachten:

- Schraube für Gurtendbeschlag mit **36 Nm** festziehen.

Innenausstattung – MINI 2

Blenden der Armaturentafel aus- und einbauen

Blende am Kombiinstrument

Ausbau

- Blenden der Armaturentafel auf der Fahrer- und Beifahrerseite ausbauen, siehe entsprechende Abschnitte.

- Mit einem Kunststoffkeil Abdeckungen –1– aus dem Lüftungsgitter oben in der Armaturentafel heraushebeln.
- Dahinter sitzende Schrauben –2– herausdrehen.

- Schrauben –1– herausdrehen und Blende am Kombiinstrument –2– von der Armaturentafel ziehen –Pfeile–.
- An der Rückseite der Blende Stecker vom Schalter für Warnblinkanlage entriegeln und abziehen.

Einbau

- Der Einbau erfolgt in umgekehrter Ausbaureihenfolge.

Seitliche Blende, Beifahrerseite

Ausbau

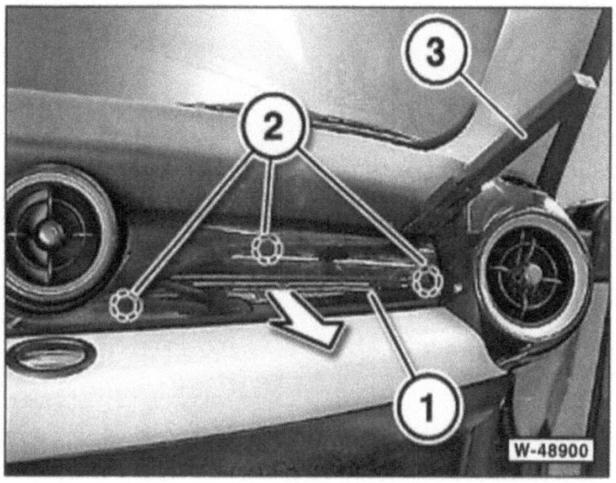

- Mit einem Kunststoffkeil –3– Blende –1– vorsichtig Stück für Stück abhebeln und von der Armaturentafel –Pfeil– ziehen. Dabei werden 3 Haltebolzen –2– an der Rückseite der Blende aus den Aufnahmen herausgezogen.

Einbau

Der Einbau erfolgt in umgekehrter Ausbaureihenfolge. Dabei ist Folgendes zu beachten:

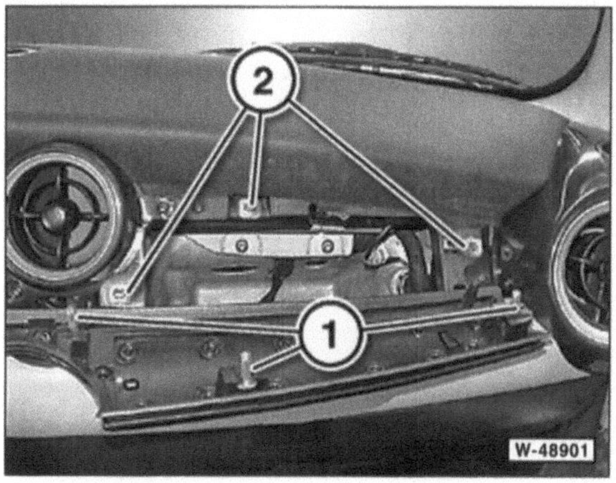

- Auf korrekten Sitz der Haltebolzen –1– an der Rückseite der Blende achten.
- Beschädigte Klammern –2– der Aufnahmen ersetzen.

Seitliche Blende, Fahrerseite

Ausbau

- Drehzahlmesser an der Lenksäule ausbauen, siehe Seite 103.

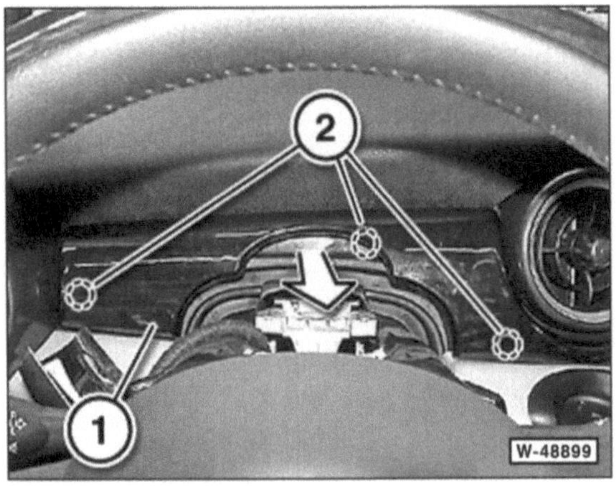

- Mit einem Kunststoffkeil Blende –1– vorsichtig Stück für Stück abhebeln und von der Armaturentafel –Pfeil– ziehen. Dabei werden 3 Haltebolzen –2– an der Rückseite der Blende aus den Aufnahmen herausgezogen.

Einbau

Der Einbau erfolgt in umgekehrter Ausbaureihenfolge. Dabei ist Folgendes zu beachten:

- Auf korrekten Sitz der Haltebolzen an der Rückseite der Blende achten.
- Beschädigte Klammern der Aufnahmen ersetzen.

Abdeckung der Luftaustrittsdüse aus- und einbauen

Ausbau

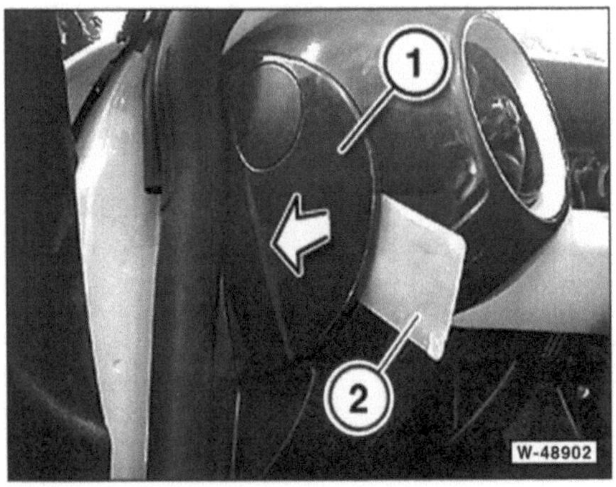

- Mit einer Kunststoffkarte –2– seitliche Klappe –1– an der Luftaustrittsdüse heraushebeln –Pfeil– und abnehmen.
- **Klappe rechts:** Gegebenenfalls an der Rückseite der Klappe Stecker vom Schalter für Beifahrerairbag abziehen.

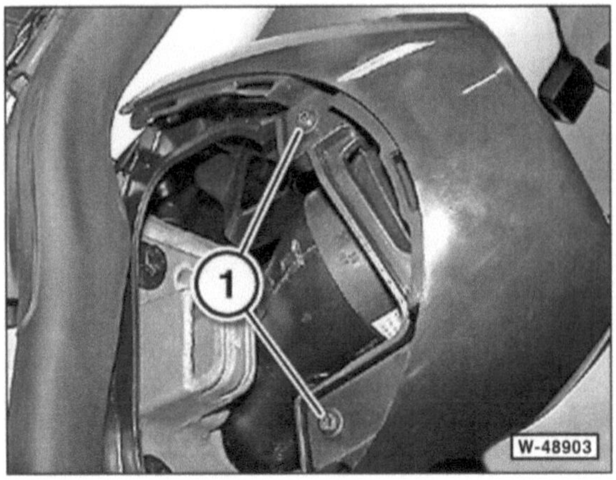

- Schrauben –1– an der Seite herausdrehen.
- Seitliche Blende der Armaturentafel ausbauen, siehe entsprechendes Kapitel.
- A-Säulenverkleidung ausbauen, siehe entsprechendes Kapitel.

- Schrauben –1– herausdrehen und Abdeckung –2– von der Luftaustrittsdüse –2– abziehen –Pfeil–.

Einbau

Der Einbau erfolgt in umgekehrter Ausbaureihenfolge. Dabei ist Folgendes zu beachten:

- Die Rasthaken an der Rückseite der seitlichen Klappe dürfen nicht beschädigt sein.

Faltenbalg für Schalt-/Wählhebel aus- und einbauen

Schaltgetriebe

Ausbau

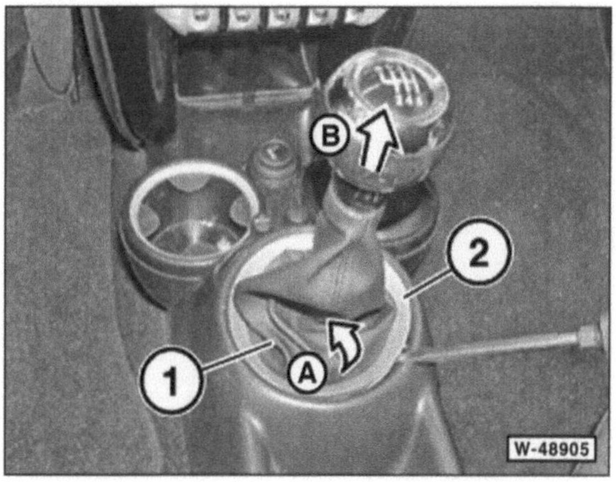

- Faltenbalg –1– zur Seite ziehen –Pfeil A– und mit einem Schraubendreher Zierring –2– an den Haltenasen aus der Mittelkonsole ausrasten. **Hinweis:** Auf die Einbaulage des Zierrings achten.
- Knauf mit einem kräftigen Ruck nach oben vom Schalthebel abziehen –Pfeil B– und zusammen mit dem Faltenbalg vom Schalthebel abziehen. **Achtung:** Knauf auf keinen Fall verdrehen, da die Verdrehsicherung im Knauf sonst abgeschert wird.

Einbau

Der Einbau erfolgt in umgekehrter Ausbaureihenfolge. Dabei ist Folgendes zu beachten:

- Knauf auf den Schalthebel aufstecken, ausrichten und kräftig auf den Schalthebel aufdrücken. Der Knauf muss dabei spürbar einrasten.
- Zierring des Faltenbalgs so in die Mittelkonsole einsetzen, dass die Haltenasen in die entsprechenden Aufnahmen greifen.

Automatikgetriebe

Ausbau

- Knauf mit einem kräftigen Ruck nach oben vom Wählhebel abziehen. **Achtung:** Knauf auf keinen Fall verdrehen, da die Verdrehsicherung im Knauf sonst abgeschert wird.
- Rahmen des Faltenbalgs aus der Mittelkonsole ausrasten und mit dem Faltenbalg vom Schalthebel abziehen.
- Steckverbindung für Wählstufenanzeige entriegeln und trennen.

Einbau

Der Einbau erfolgt in umgekehrter Ausbaureihenfolge. Dabei ist Folgendes zu beachten:

- Knauf auf den Wählhebel aufstecken, ausrichten und aufdrücken. Der Knauf muss dabei spürbar einrasten.

Mittelkonsole aus- und einbauen

Ausbau

- Batterie abklemmen. **Achtung:** Hinweise im Kapitel »Batterie aus- und einbauen« beachten.
- Faltenbalg für Schalt-/Wählhebel ausbauen, siehe entsprechendes Kapitel.

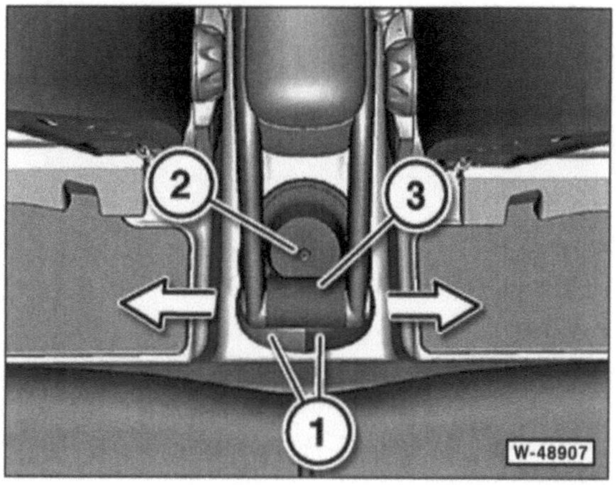

- **Ausführung mit Mittelarmlehne:** Schrauben hinten an beiden Seiten der Armlehne herausdrehen. Seitliche Blenden –1– von einander ausrasten –Pfeile– und abnehmen.
- Schraube –2– herausdrehen, Getränkehalter –3– nach oben ausclipsen und aus der Mittelkonsole herausziehen.

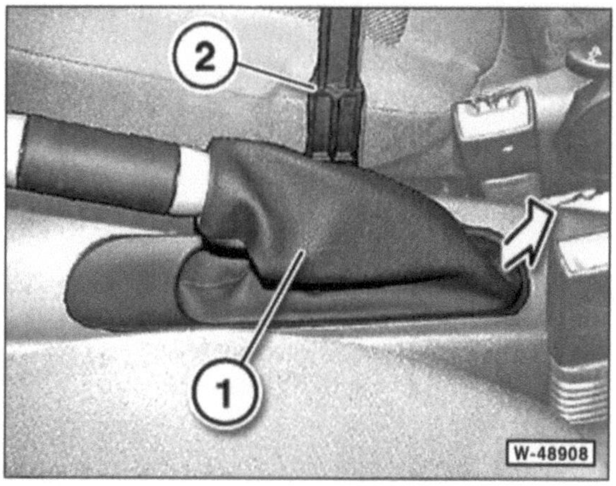

- Mit einem Kunststoffkeil –2– Faltenbalg –1– für Handbremshebel rundum von der Mittelkonsole lösen.
- Faltenbalg aus der Mittelkonsole herausziehen –Pfeil– und über den Handbremshebel stülpen.
- Kabelbinder zur Befestigung des Faltenbalgs durchtrennen und Faltenbalg vom Handbremshebel abziehen.

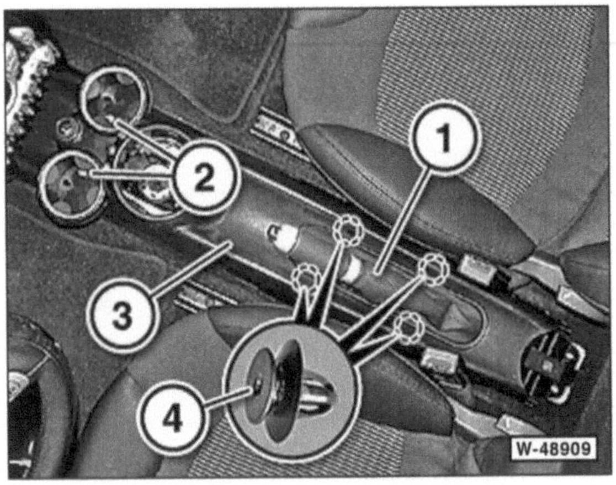

- Schrauben –2– in den vorderen Getränkehaltern herausdrehen. 1 – Faltenbalg für Handbremshebel.
- Mittelkonsole –3– an 4 Halteclips –4– ausrasten.
- Mittelkonsole ein Stück anheben und, je nach Ausstattung, an der Unterseite Steckverbindungen trennen.
- Mittelkonsole nach oben vom Fahrzeugboden abnehmen.

Hinweis: Der Ausbau der Armlehne erfolgt wie beim MINI 1, siehe entsprechendes Kapitel.

Einbau

Der Einbau erfolgt in umgekehrter Ausbaureihenfolge. Dabei ist Folgendes zu beachten:

- Beschädigte Halteclips ersetzen und an der Mittelkonsole einbauen.
- Darauf achten, dass keine Kabel eingeklemmt werden.
- Faltenbalg mit neuem Kabelbinder korrekt am Handbremshebel befestigen.

Blende der Radio-/Heizungskonsole aus- und einbauen

Ausbau

- Blende am Kombiinstrument ausbauen, siehe entsprechendes Kapitel.
- Verkleidung unter der Lenksäule ausbauen, siehe entsprechendes Kapitel.

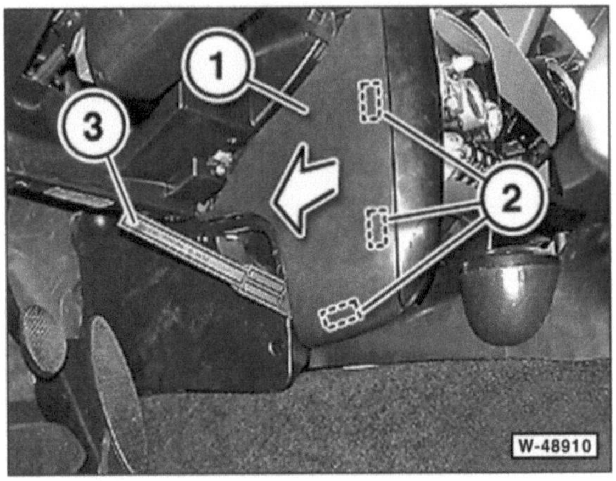

- Mit einem Kunststoffkeil –3– untere Verkleidung –1– an den Federklammern –2– von der Radio-/Heizungskonsole abhebeln –Pfeil–.

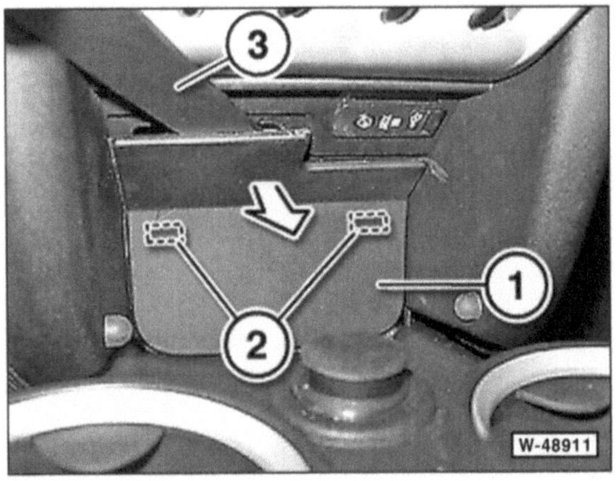

- Mit einem Kunststoffkeil –3– Blende –1– unter dem Schalterblock an den Federklammern –2– abhebeln –Pfeil– und herausziehen.

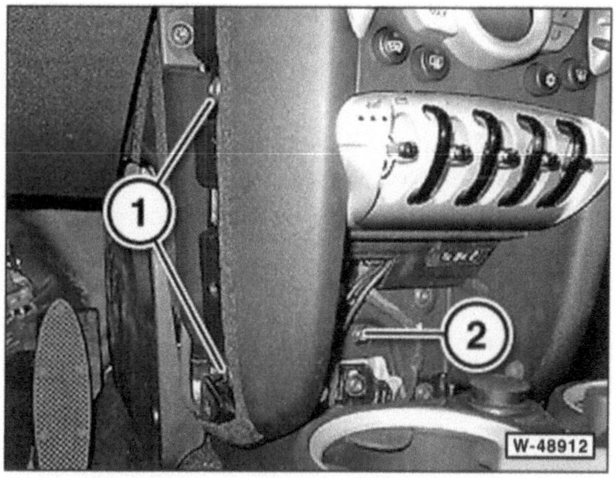

- An beiden Seiten der Radio-/Heizungskonsole jeweils 2 Schrauben –1– herausdrehen.
- Schraube –2– herausdrehen.

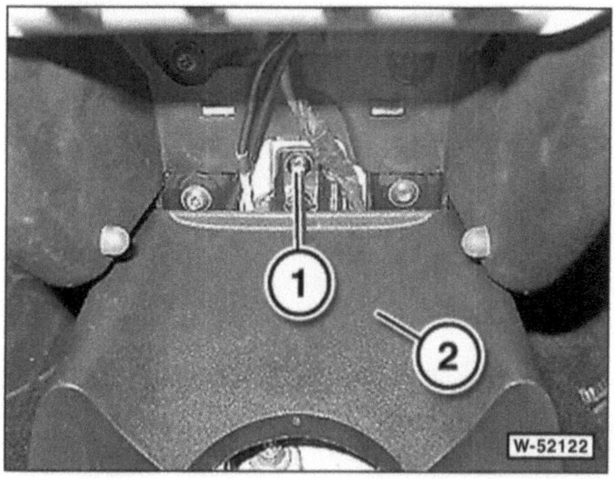

- **Fahrzeug mit Telefon:** Schraube –1– herausdrehen und Verkleidung –2– von der Mittelkonsole abnehmen. Dahinter liegende Steckverbindungen für Telefonanlage trennen.

- Blende der Radio-/Heizungskonsole –1– aus der Halterung –2– ausclipsen und ein Stück nach hinten ziehen.

Achtung: Vor dem Trennen der Steckverbindungen elektrostatische Aufladung abbauen, dazu kurz den Schließbügel der Tür oder die Karosserie anfassen.

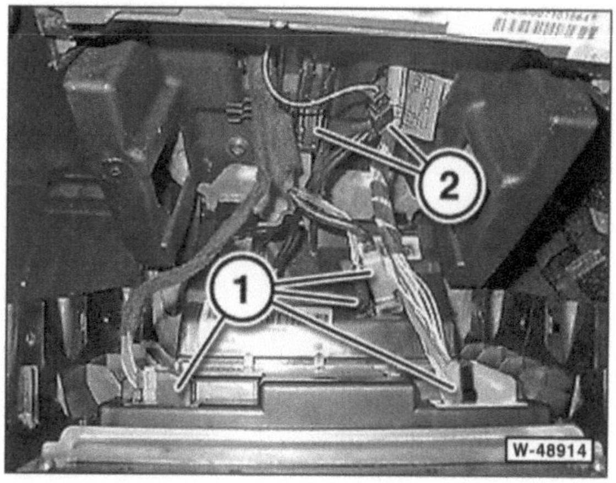

- An der Rückseite der Blende Stecker –1– entriegeln und abziehen.
- **Dieselmotor:** Steckverbindungen –2– trennen.
- Blende zusammen mit Heizungsbedieneinheit und Schalterblock aus der Radio-/Heizungskonsole herausziehen.

Einbau

Der Einbau erfolgt in umgekehrter Ausbaureihenfolge. Dabei ist Folgendes zu beachten:

- Beschädigte Federklammern ersetzen.

Lenksäulenverkleidung aus- und einbauen

Ausbau

Achtung: Unbedingt Airbag-Sicherheitshinweise beachten, siehe Seite 137.

- Batterie abklemmen. **Achtung:** Hinweise im Kapitel »Batterie aus- und einbauen« beachten.
- Airbag-Einheit am Lenkrad ausbauen, siehe Seite 138.
- Räder in Geradeausstellung bringen und Lenkrad ausbauen, siehe Seite 140.
- Gegebenenfalls Drehzahlmesser an der Lenksäule ausbauen, siehe Seite 103.

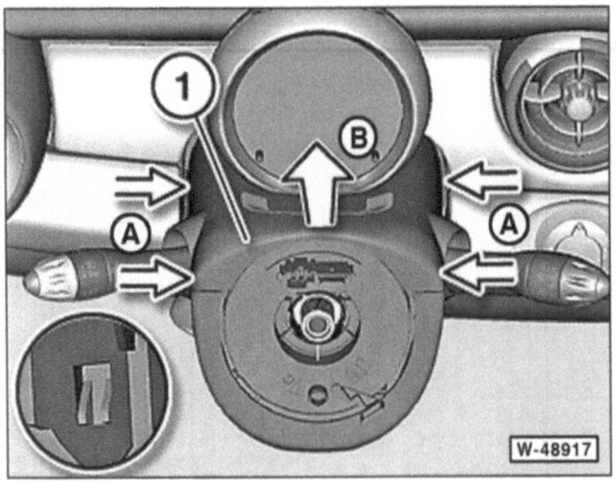

- Obere Lenksäulenverkleidung –1– im Bereich der Clips leicht eindrücken –Pfeile A– und dabei mit einem Kunststoffkeil von der unteren Lenksäulenverkleidung lösen. **Achtung:** Die Verkleidungen nicht beschädigen.
- Obere Lenksäulenverkleidung nach oben von der Lenksäule abnehmen –Pfeil B–.

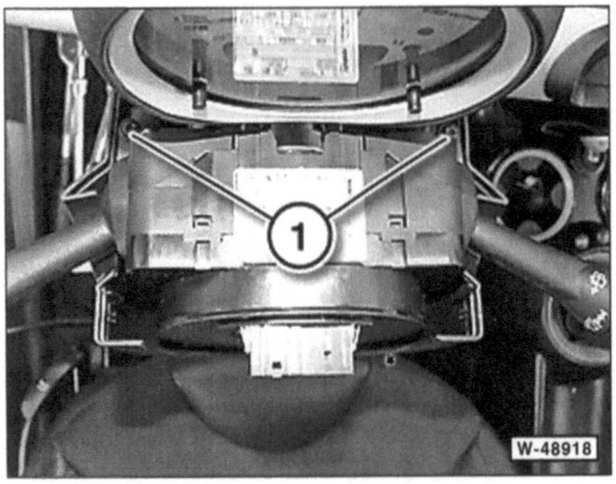

- Schrauben –1– oben an der Lenksäule herausdrehen.

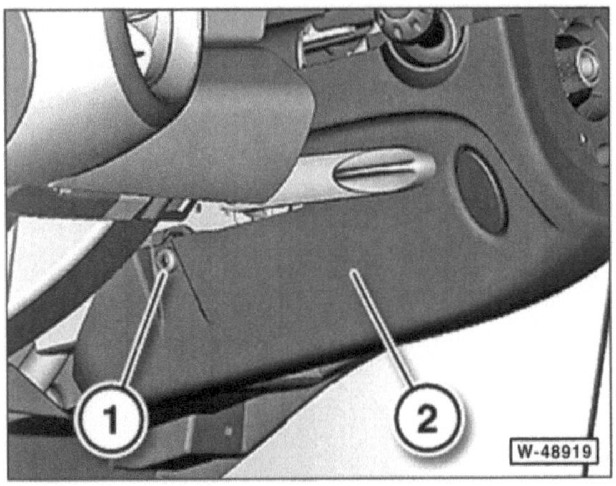

- An beiden Seiten der Lenksäule Schraube –1– herausdrehen und untere Lenksäulenverkleidung –2– abnehmen.

- Gegebenenfalls Leitung für Lenkstockschalter von der Lenksäulenverkleidung ausclipsen.

Einbau

Der Einbau erfolgt in umgekehrter Ausbaureihenfolge. Dabei ist Folgendes zu beachten:

- Obere und untere Lenksäulenverkleidung vorsichtig zusammenstecken.

Verkleidung unter der Lenksäule aus- und einbauen

Ausbau

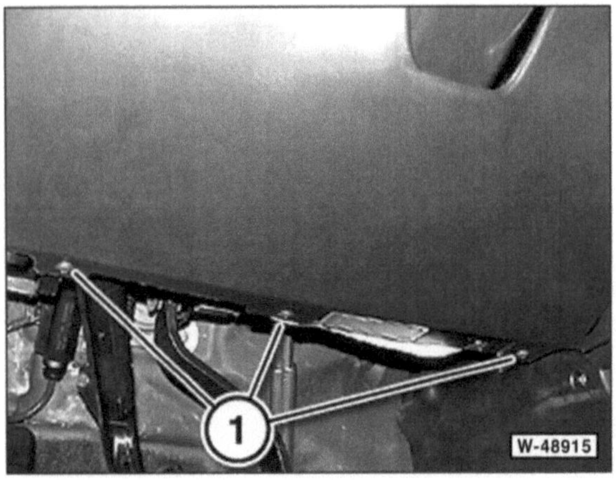

- Schrauben –1– unten im Fußraum herausdrehen.

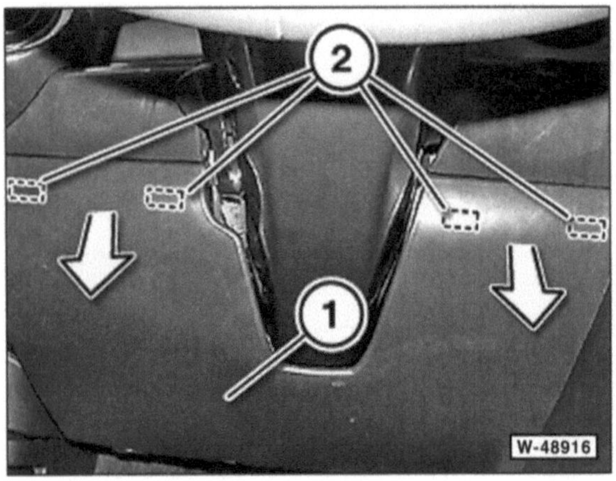

- Mit einem Kunststoffkeil Verkleidung –1– an den Federklammern –2– abhebeln und von der Armaturentafel abziehen –Pfeile–.

Einbau

Der Einbau erfolgt in umgekehrter Ausbaureihenfolge. Dabei ist Folgendes zu beachten:

- Beschädigte Federklammern ersetzen.

Knieschutzleiste aus- und einbauen

Hinweis: Die Knieschutzleiste ist an der Armaturentafel befestigt. Auf der Beifahrerseite verläuft die Knieschutzleiste über dem Handschuhfach. Auf der Fahrerseite besteht die Knieschutzleiste aus 2 Teilen, die jeweils rechts und links der Lenksäule angebracht sind.

Beifahrerseite

Ausbau

- A-Säulenverkleidung rechts ausbauen, siehe entsprechendes Kapitel.
- Blende am Kombiinstrument ausbauen, siehe entsprechendes Kapitel.
- Abdeckung der Luftaustrittsdüse rechts ausbauen, siehe entsprechendes Kapitel.

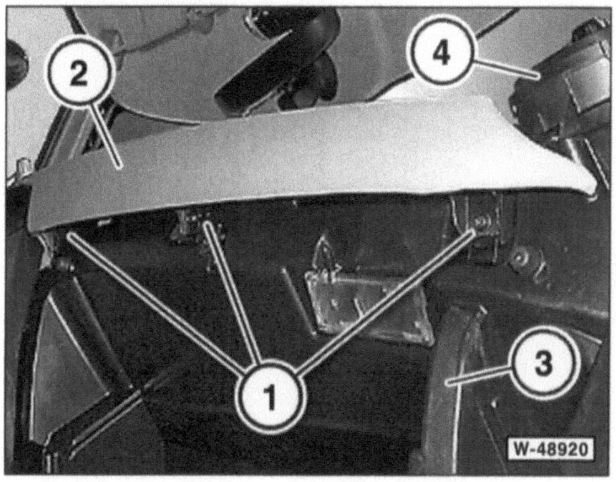

Hinweis: Die Abbildung zeigt die Knieschutzleiste –2– vom Fußraum aus nach oben gesehen.

- Handschuhfach –3– öffnen. 4 – Luftaustrittsdüse rechts.
- Untere Schrauben –1– für Knieschutzleiste –2– herausdrehen.

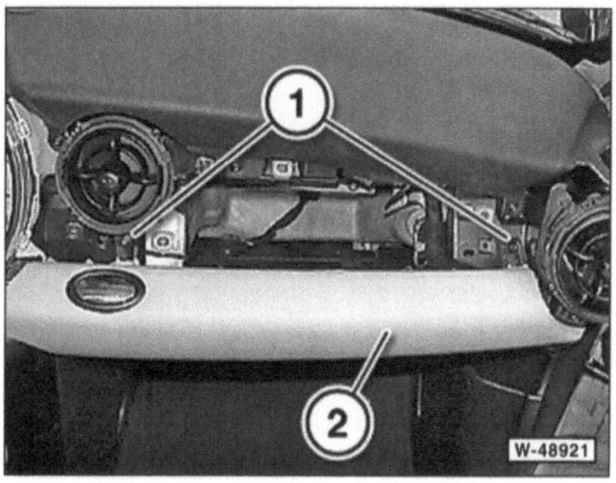

- Obere Schrauben –1– herausdrehen und Knieschutzleiste –2– von der Armaturentafel abnehmen.

Einbau

- Der Einbau erfolgt in umgekehrter Ausbaureihenfolge.

Fahrerseite rechts

Ausbau

- Verkleidung unter der Lenksäule ausbauen, siehe entsprechendes Kapitel.
- Blende am Kombiinstrument ausbauen, siehe entsprechendes Kapitel.

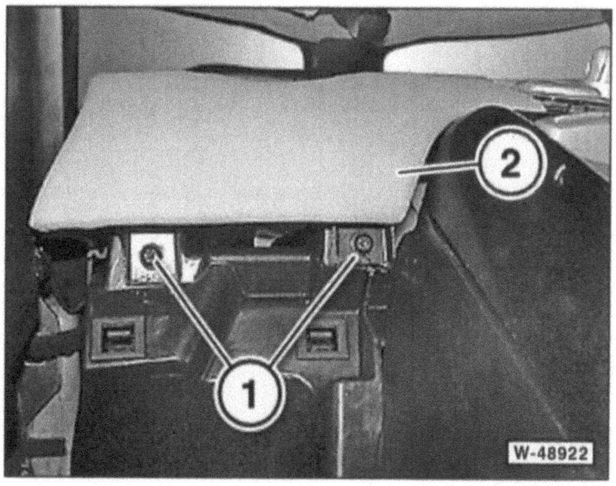

Hinweis: Die Abbildung zeigt die Knieschutzleiste –2– vom Fußraum aus nach oben gesehen.

- Untere Schrauben –1– für Knieschutzleiste –2– herausdrehen.

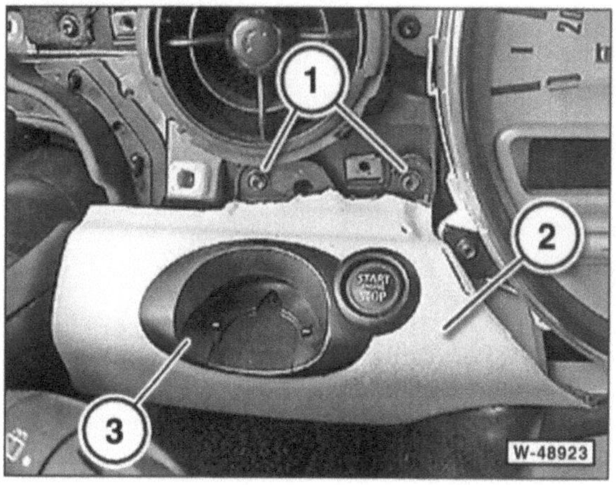

- Obere Schrauben –1– herausdrehen und Knieschutzleiste –2– von der Armaturentafel abnehmen.
- An der Rückseite der Knieschutzleiste Stecker entriegeln und von der Start-Stop-Einheit –3– abziehen.

Einbau

- Der Einbau erfolgt in umgekehrter Ausbaureihenfolge.

Fahrerseite links

Ausbau

- A-Säulenverkleidung links ausbauen, siehe entsprechendes Kapitel.
- Verkleidung unter der Lenksäule ausbauen, siehe entsprechendes Kapitel.
- Abdeckung der Luftaustrittsdüse links ausbauen, siehe entsprechendes Kapitel.

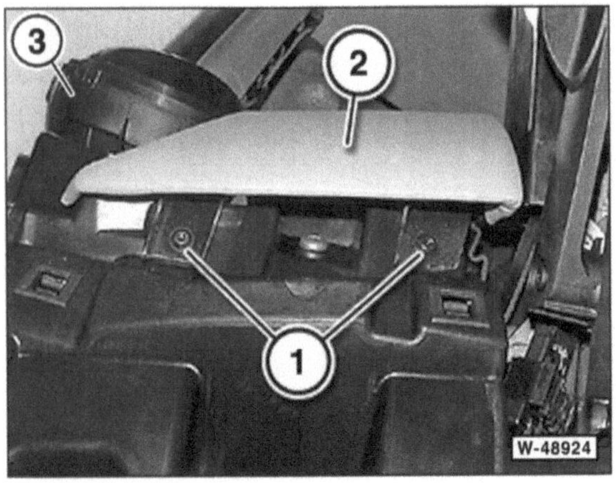

Hinweis: Die Abbildung zeigt die Knieschutzleiste –2– vom Fußraum aus nach oben gesehen.

- Untere Schrauben –1– für Knieschutzleiste –2– herausdrehen. 3 – Luftaustrittsdüse links.

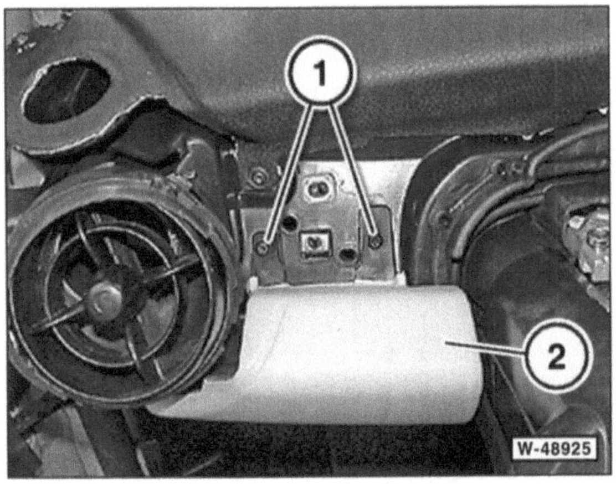

- Obere Schrauben –1– herausdrehen und Knieschutzleiste –2– von der Armaturentafel abnehmen.

Einbau

- Der Einbau erfolgt in umgekehrter Ausbaureihenfolge.

Handschuhfachdeckel aus- und einbauen

Ausbau

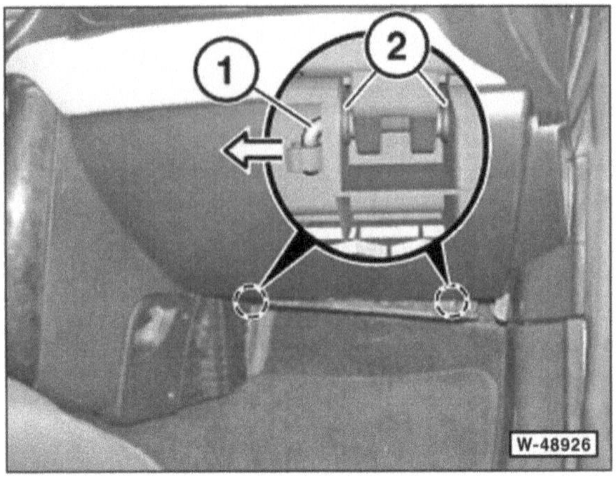

- Scharnierbolzen –1– oben im Beifahrerfußraum aus den Hülsen –2– des Handschuhfachdeckels herausziehen.

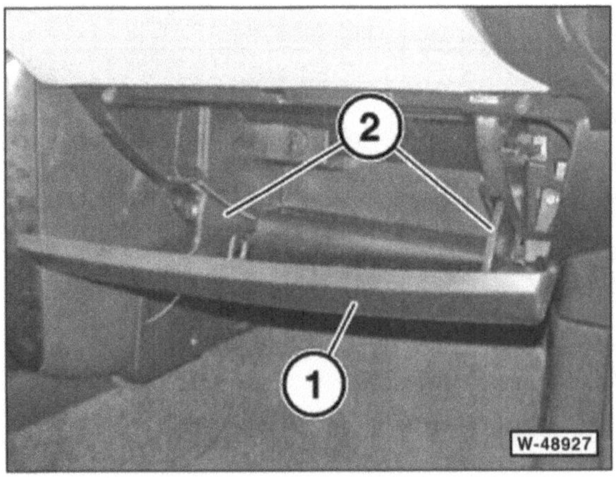

- Handschuhfachdeckel –1– öffnen und Deckelstopper –2– aus den Führungen herausfädeln.
- Handschuhfachdeckel unter der Armaturentafel hervorziehen.

Einbau

Der Einbau erfolgt in umgekehrter Ausbaureihenfolge. Dabei ist Folgendes zu beachten:

- Die Hülsen am Scharnier dürfen nicht beschädigt sein oder fehlen.

Verkleidungen im Fahrzeug-Innenraum aus- und einbauen

Hinweis: Halteclips und Halteklammern vor dem Einbau auf Beschädigungen und auf richtigen Sitz an der Verkleidung überprüfen, wenn nötig, ersetzen. An den Türrahmen und am Heckklappenrahmen darauf achten, dass die Dichtung über die jeweilige Verkleidung greift.

Verkleidung A-Säule

Ausbau

Achtung: Bei Fahrzeugen mit Kopfairbag unbedingt Airbag-Sicherheitshinweise beachten, siehe Seite 137.

- **Um ein Auslösen des Kopfairbags zu verhindern, Batterie abklemmen. Achtung: Hinweise im Kapitel »Batterie aus- und einbauen« beachten.**
- **Batterieminuspol isolieren.**

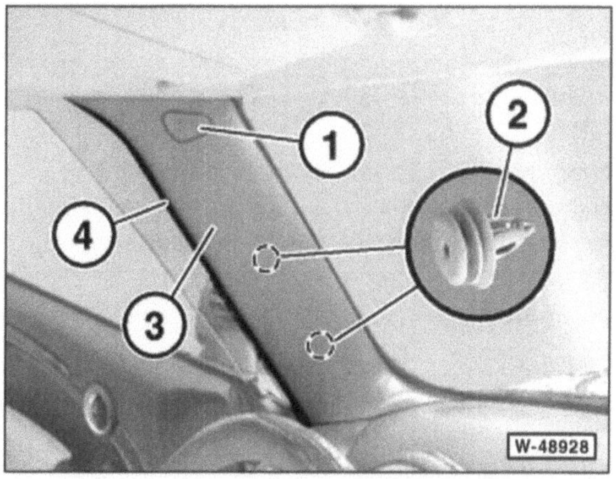

- Türdichtung –4– im Bereich der Verkleidung –3– vom Türrahmen abziehen.
- Mit einem Kunststoffkeil »AIRBAG«-Blende –1– aus der Verkleidung heraushebeln und dahinter liegende Schraube herausdrehen.
- Einen Kunststoffkeil unter die Verkleidung –3– schieben und Verkleidung an den Halteclips –2– von der A-Säule lösen. Dabei oben an der Verkleidung beginnen.
- Verkleidung von der A-Säule ziehen und dabei Führungsnasen unten an der Verkleidung vorsichtig aus den Aufnahmen in der Armaturentafel herausziehen.
- An der Rückseite der Verkleidung Steckverbindung für Hochtonlautsprecher trennen.

Einbau

Der Einbau erfolgt in umgekehrter Ausbaureihenfolge. Dabei ist Folgendes zu beachten:

- Die Führungsnasen unten an der Verkleidung dürfen nicht beschädigt sein.

Achtung: Beim Anklemmen der Batterie darf sich keine Person im Innenraum des Fahrzeugs aufhalten.

Verkleidung B-Säule

Ausbau

Achtung: Bei Fahrzeugen mit Kopfairbag unbedingt Airbag-Sicherheitshinweise beachten, siehe Seite 137.

- **Um ein Auslösen des Kopfairbags zu verhindern, Batterie abklemmen. Achtung: Hinweise im Kapitel »Batterie aus- und einbauen« beachten.**
- **Batterieminuspol isolieren.**

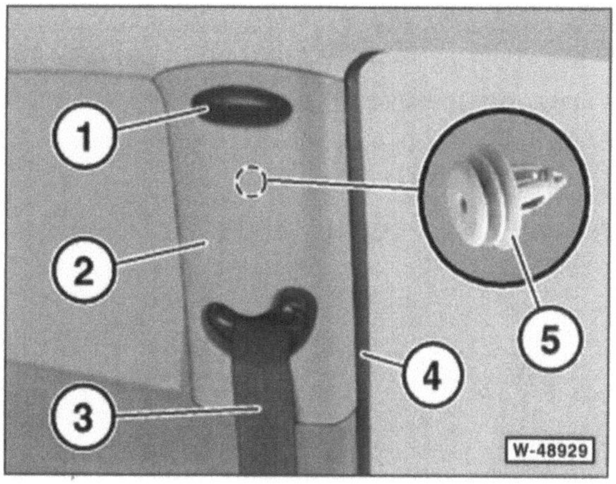

- Türdichtung –4– im Bereich der Verkleidung –2– vom Türrahmen abziehen.
- Mit einem Kunststoffkeil »AIRBAG«-Blende –1– aus der Verkleidung heraushebeln und dahinter liegende Schraube herausdrehen.
- Einen Kunststoffkeil unter die Verkleidung –2– schieben und Verkleidung am Halteclip –5– von der B-Säule lösen.
- Vordersitz ganz nach vorne fahren. Schraube für Gurtendbeschlag unten an der B-Säule herausdrehen und Sicherheitsgurt –3– abnehmen. **Hinweis:** Schraube ersetzen.
- B-Säulen-Verkleidung –2– von der B-Säule ziehen und Sicherheitsgurt –3– durch die Öffnung fädeln.
- Je nach Ausstattung an der Rückseite der Verkleidung Kabel für eingebaute LED lösen und Steckverbindung trennen.
- B-Säulen-Verkleidung abnehmen.

Einbau

Der Einbau erfolgt in umgekehrter Ausbaureihenfolge. Dabei ist Folgendes zu beachten:

- **Neue** Schraube für Gurtendbeschlag mit **36 Nm** festziehen.

Achtung: Beim Anklemmen der Batterie darf sich keine Person im Innenraum des Fahrzeugs aufhalten.

Verkleidung C-Säule

Ausbau

Achtung: Bei Fahrzeugen mit Kopfairbag kein scharfkantiges Werkzeug verwenden. Unbedingt Airbag-Sicherheitshinweise beachten, siehe Seite 137.

- **Um ein Auslösen des Kopfairbags zu verhindern, Batterie abklemmen. Achtung: Hinweise im Kapitel »Batterie aus- und einbauen« beachten.**
- **Batterieminuspol isolieren.**
- Dichtung im Bereich der C-Säule vom Heckklappenrahmen abziehen.
- Rücksitzbank ausbauen, siehe entsprechendes Kapitel.
- Gurtendbeschlag am Fahrzeugboden abschrauben. Sicherheitsgurt festhalten.

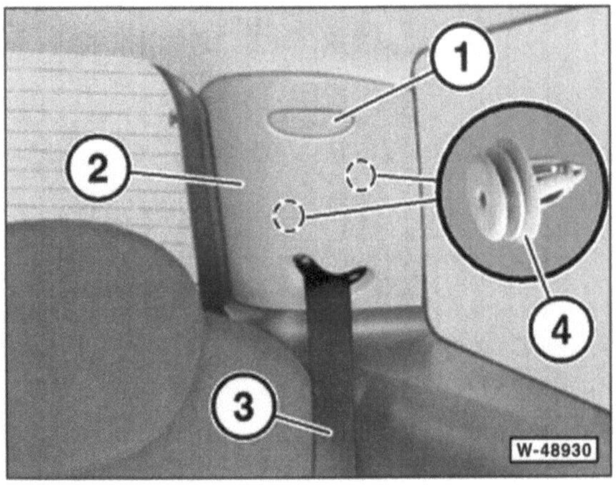

- Mit einem Kunststoffkeil »AIRBAG«-Blende –1– aus der Verkleidung heraushebeln und dahinter liegende Schraube herausdrehen.
- Einen Kunststoffkeil unter die Verkleidung –2– schieben und Verkleidung an den Halteclips –4– von der C-Säule lösen.
- Sicherheitsgurt –3– durch die Öffnung in der Verkleidung fädeln und C-Säulen-Verkleidung abnehmen.

Einbau

Der Einbau erfolgt in umgekehrter Ausbaureihenfolge. Dabei ist Folgendes zu beachten:

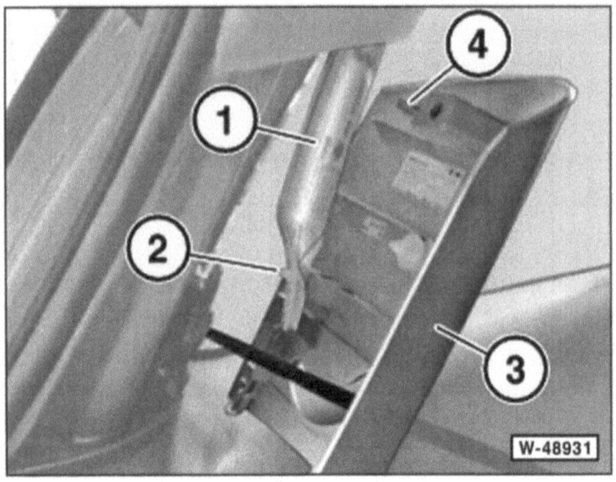

- Kopfairbag –1– am Clip –2– befestigen.
- Verkleidung –3– mit den Halteclips sowie mit der Führungsnase –4– an der C-Säule ansetzen und festdrücken.
- Schraube für Gurtendbeschlag mit **36 Nm** festziehen.

Achtung: Beim Anklemmen der Batterie darf sich keine Person im Innenraum des Fahrzeugs aufhalten.

Einstiegsleiste

Ausbau

- Vordersitz in höchste Position stellen und ganz nach vorne fahren.
- Schraube für Gurtendbeschlag unten an der B-Säule herausdrehen und Sicherheitsgurt abnehmen. **Hinweis:** Schraube ersetzen.

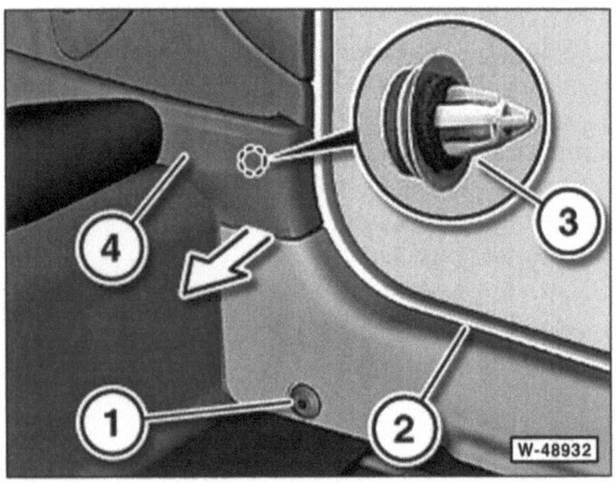

- Buchse –1– hinten aus der Einstiegsleiste herausziehen.
- Türdichtung –2– im Bereich der Einstiegsleiste vom Türrahmen abziehen.

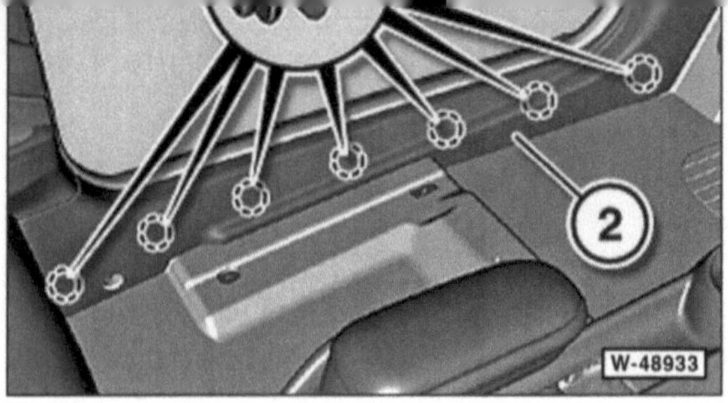

- Einstiegsleiste -2- an den Halteclips -3- vom Türschweller lösen. 1 – Türdichtung.
- Vordersitz zum Schutz mit einem Tuch abdecken.
- Einstiegsleiste leicht biegen und vorsichtig herausfädeln.

Achtung: Die Führungsnasen oben an der Einstiegsleiste an den beiden Anschlussstellen zu den Türsäulen dürfen nicht beschädigt werden.

Einbau

Der Einbau erfolgt in umgekehrter Ausbaureihenfolge. Dabei ist Folgendes zu beachten:

- **Neue** Schraube für Gurtendbeschlag mit **36 Nm** festziehen.

Achtung: Beim Anklemmen der Batterie darf sich keine Person im Innenraum des Fahrzeugs aufhalten.

Verkleidung Heckabschluss

Der Aus- und Einbau erfolgt wie beim MINI 1, siehe entsprechendes Kapitel.

- Laderaumleuchte ausbauen, siehe Seite 96.

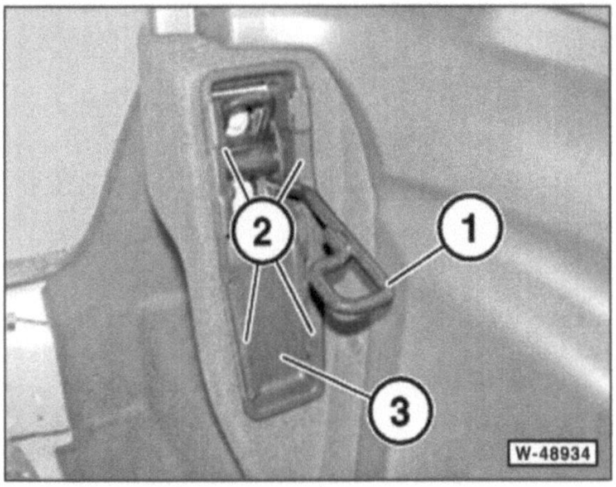

- **Ausführung mit Rücksitzlehnenverstellung:** Verstellhebel -1- nach oben klappen. Haltelaschen -2- entriegeln und Blende -3- am Schließbügel aus der Verkleidung herausziehen.

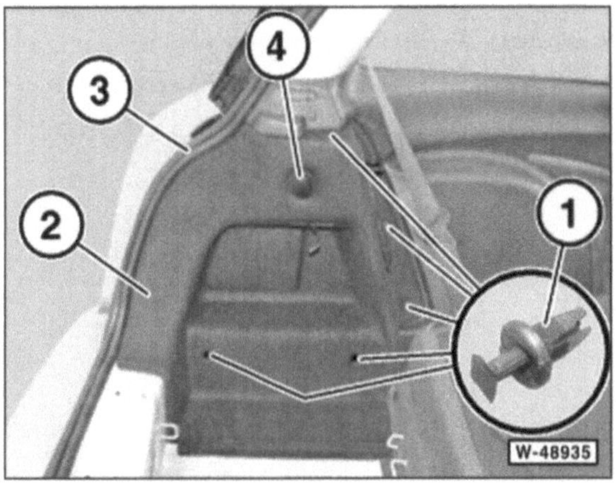

- Dichtung -3- im Bereich der Seitenverkleidung -2- vom Heckklappenrahmen abziehen.
- Spreiznieten -1- herausziehen.
- Verkleidung von der Seitenwand ziehen. An der Rückseite Stecker von der Steckdose -4- abziehen.
- Verkleidung von der Seitenwand abnehmen.

Einbau

- Der Einbau erfolgt in umgekehrter Ausbaureihenfolge.

- C-Säulen-Verkleidung ausbauen, siehe entsprechenden Abschnitt.
- Verkleidung Heckabschluss ausbauen, siehe entsprechenden Abschnitt.
- Seitenverkleidung im Laderaum ausbauen, siehe entsprechenden Abschnitt.

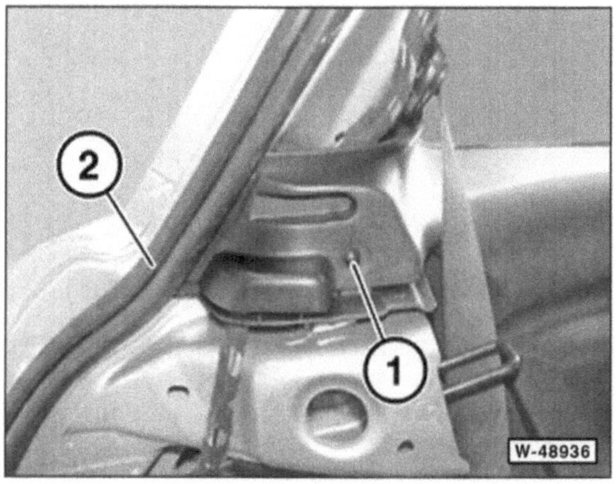

- Dichtung –2– vom Heckklappenrahmen abziehen.
- Schraube –1– für Seitenverkleidung herausdrehen.

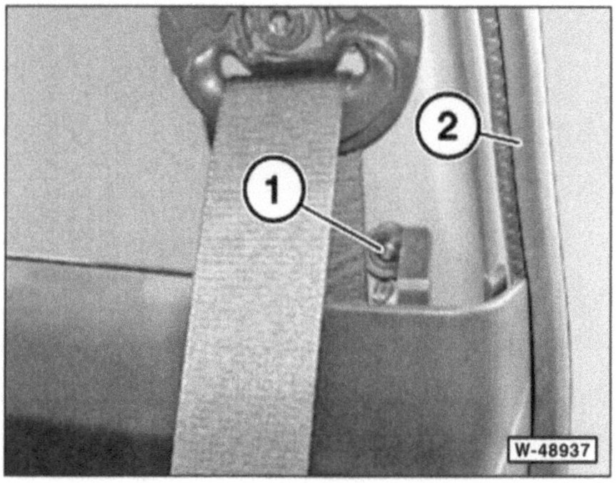

- Schraube –1– für Seitenverkleidung herausdrehen.
- Türdichtung –2– im Bereich der B-Säule vom Türrahmen abziehen.

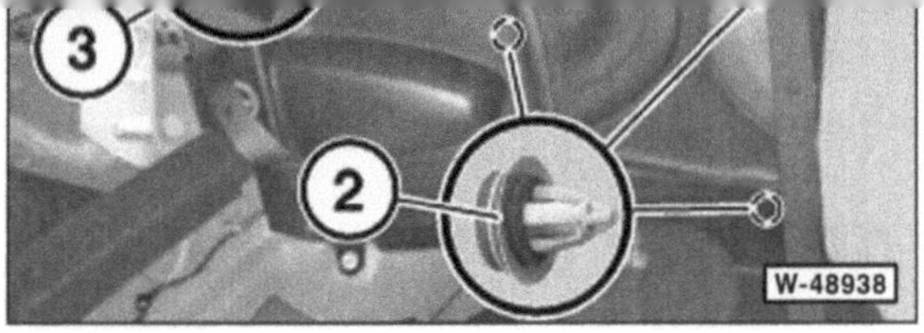

- Verkleidung –1– an den Halteclips –2– von der Seitenwand lösen.
- Verkleidung an den Halteklammern –3– nach oben ziehen –Pfeil– und von der Seitenwand ziehen.
- An der Rückseite der Verkleidung Steckverbindung für Hochtonlautsprecher trennen.
- Seitenverkleidung abnehmen.

Einbau

Der Einbau erfolgt in umgekehrter Ausbaureihenfolge. Dabei ist Folgendes zu beachten:

- Seitenverkleidung zuerst oben in die Halteklammern –3– einhängen, danach Halteclips –2– in die Bohrungen drücken.

- **Stoßfänger**
- **Heckklappe**
- **Türverkleidung**
- **Kotflügel**
- **Heckspoiler**
- **Außenspiegel**

Bei der selbsttragenden Karosserie des MINI sind Bodengruppe, Seitenteile, Dach und die hinteren Kotflügel miteinander verschweißt. Die Reparatur größerer Karosserieschäden sowie das Auswechseln von Front- und Heckscheibe sollten von einer Fachwerkstatt durchgeführt werden. Alle Karosserieteile sind gegen Durchrostung verzinkt.

Motorhaube, Heckklappe, Türen und die vorderen Kotflügel sind angeschraubt und lassen sich leicht auswechseln. Beim Einbau ist unbedingt ein gleichmäßiger Luftspalt einzuhalten, sonst klappert beispielsweise die Tür, oder es können während der Fahrt erhöhte Windgeräusche auftreten. Der Luftspalt muss auf jeden Fall parallel verlaufen, das heißt, der Abstand zwischen den Karosserieteilen muss auf der gesamten Länge des Spaltes gleich groß sein. Abweichungen bis zu 1 mm sind zulässig.

Achtung: Wenn im Rahmen von Arbeiten an der Karosserie auch Arbeiten an der elektrischen Anlage durchgeführt werden, **grundsätzlich** die Batterie abklemmen. Dazu Hinweise im Kapitel »Batterie aus- und einbauen« durchlesen. Als Arbeit an der elektrischen Anlage ist dabei schon zu betrachten, wenn eine elektrische Leitung vom Anschluss abgezogen beziehungsweise abgeklemmt wird.

Sicherheitshinweise bei Karosseriearbeiten

Sicherheitshinweis
Bei Karosseriearbeiten entstehen oft starke Erschütterungen, beispielsweise durch Hammerschläge. Deshalb immer Zündung ausschalten und Batterie abklemmen, sonst kann der Airbag ausgelöst werden. Airbag-Sicherheitshinweise durchlesen, siehe Seite 137.

- Muss an der Karosserie geschweißt werden, soll dies grundsätzlich durch Widerstandspunktschweißen (RP) durchgeführt werden. Nur wenn sich die Schweißzange nicht ansetzen lässt, ist das Schutzgas-Schweißverfahren anzuwenden.
- So weit Schweißarbeiten oder andere funkenerzeugende Arbeiten durchgeführt werden, grundsätzlich die Batterie abklemmen und Batterieminuspol (–) mit Klebeband isolieren. Bei Arbeiten in Batterienähe muss die Batterie ausgebaut werden. **Achtung:** Unbedingt Hinweise im Kapitel »Batterie aus- und einbauen« beachten.
- **Fahrzeuge mit Klimaanlage:** An Teilen der befüllten Klimaanlage darf weder geschweißt noch hart- oder weichgelötet werden. Das gilt auch für Schweiß- und Lötarbeiten am Fahrzeug, wenn die Gefahr besteht, dass sich Teile der Klimaanlage erwärmen.

Sicherheitshinweis
Der **Kältemittelkreislauf** der Klimaanlage darf **nicht geöffnet** werden, da das Kältemittel bei Hautberührung Erfrierungen hervorrufen kann.
Bei versehentlichem Hautkontakt, die Stelle sofort mindestens 15 Minuten lang mit kaltem Wasser spülen. Austretendes Kältemittel verdampft bei Umgebungstemperatur. Das Kältemittel ist farb- und geruchlos sowie schwerer als Luft. Da das Kältemittel nicht wahrnehmbar ist, besteht am Boden beziehungsweise in einer Montagegrube Erstickungsgefahr.

- **Lackierung trocknen:** Im Rahmen einer Reparatur-Lackierung darf das Fahrzeug im Trockenofen oder in der Vorwärmzone nicht über **+80° C** aufgeheizt werden. Sonst können elektronische Steuergeräte im Fahrzeug beschädigt werden. Außerdem kann dadurch in der Klimaanlage ein starker Überdruck entstehen, der möglicherweise zum Platzen der Anlage führt.
- **PVC-Unterbodenschutz entfernen:** Auf dem Unterboden ist ein PVC-Unterbodenschutz aufgetragen. Unterbodenschutz an der Reparaturstelle mit rotierender Drahtbürste entfernen oder mit einem Heißluftgebläse auf maximal +180° C erwärmen und mit einem Spachtel ablösen. **Achtung:** Durch Abbrennen beziehungsweise Erwärmen von PVC-Material über +180° C entsteht stark korrosionsfördernde Salzsäure, außerdem werden stark gesundheitsschädliche Dämpfe frei.

Hinweis: Zum Lösen von Tür- und Heckklappenverkleidungen einen **Kunststoffkeil** verwenden, zum Beispiel HAZET 1965-20. Clips, die beim Ausbau von Verkleidungen beschädigt werden, immer erneuern.

bald wie möglich behoben werden. Verschiedene Firmen sind auf Reparaturen an Frontscheiben spezialisiert. Der Austausch der Scheibe kann auf diese Weise vermieden werden. Überdies werden die Kosten für die Scheibenreparatur von der Kaskoversicherung übernommen.

Spreiznieten aus- und einbauen

Ausbau

Hinweis: Viele Abdeckungen sind mit Spreiznieten befestigt. Aus- und Einbau weiterer Halteclips, siehe Seite 219.

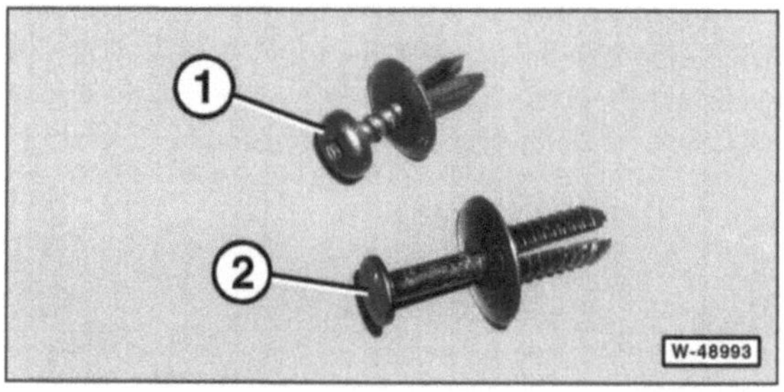

- **Spreizschraube:** Kunststoffschraube –1– etwas herausdrehen und Spreizniete aus der Bohrung herausziehen.
- **Spreizstift:** Spreizstift –2– mit einem kleinen Schraubendreher heraushebeln und ein Stück aus dem Clip herausziehen. Spreizniete aus der Bohrung herausziehen.

Einbau

- Spreizniete in die Bohrung setzen.
- Schraube –1– in die Spreizniete eindrehen beziehungsweise Spreizstift –2– in die Spreizniete eindrücken.

Hinweis: Dadurch werden die Clipnasen gespreizt und die Spreizniete sitzt sicher in der Bohrung.

Blindnieten aus- und einbauen

Zum Entfernen von Blindnieten (Popnieten) zunächst nur den Nietkopf vorsichtig ausbohren und dann die Niete mit einem Dorn aus der Bohrung heraustreiben. Dadurch wird verhindert, dass die Bohrung ausgeweitet wird.

Neue Niete in die Bohrung einsetzen und mit einer Blindnietzange festquetschen, die Niethülse muss denselben Durchmesser wie die Bohrung haben.

Häufig verwendete Nieten-Durchmesser: 2,4 mm, 3,2 mm, 4,0 mm und 4,8 mm.

Weise vorgehen.

Sicherheitshinweis
Beim Aufbocken des Fahrzeugs besteht Unfallgefahr! Hinweise im Kapitel »Fahrzeug aufbocken« beachten.

- Fahrzeug vorne aufbocken.

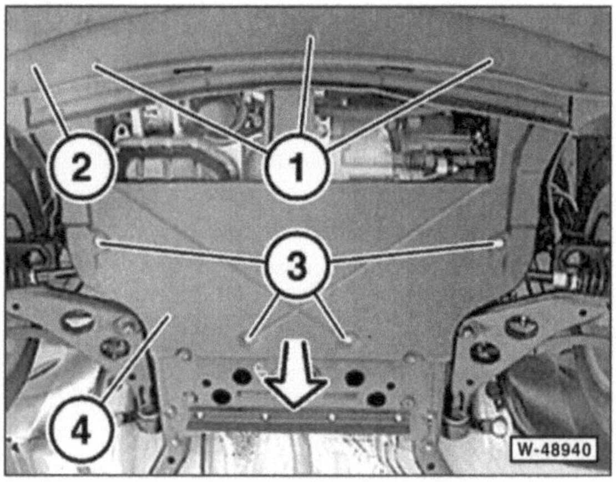

- Schrauben –1– vorne an der Stoßfängerabdeckung –2– lockern, nicht herausdrehen. **Hinweis:** Die Schrauben sind durch eine Kunststoffscheibe gesichert und verbleiben in der Motorraumabdeckung.
- Hintere Schrauben –3– lockern.
- Motorraumabdeckung –4– nach hinten aus den Aufnahmen in der Stoßfängerabdeckung –2– herausziehen –Pfeil– und abnehmen.

Einbau

- Motorraumabdeckung vorne in die Aufnahmen in der Stoßfängerabdeckung einschieben.
- Motorraumabdeckung ausrichten und festschrauben. Dabei Schrauben um etwa eine Umdrehung eindrehen.
- Fahrzeug ablassen.

Verkleidung am Längsträger aus- und einbauen

MINI 1/MINI 2

Ausbau

- **Cabrio:** Äußere Zugstrebe ausbauen, siehe entsprechendes Kapitel.

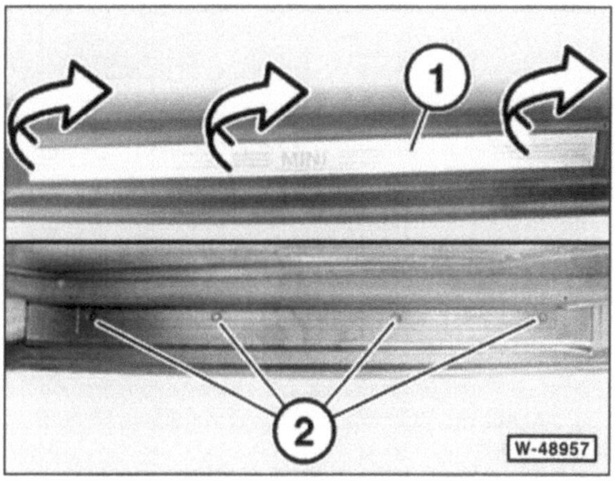

- Tür öffnen und Blende –1– vom Türschweller abziehen –Pfeile–. **Hinweis:** Die Blende muss ersetzt werden.
- Darunter sitzende Clips –2– für Türschweller herausziehen. **Hinweis:** Beim Einbau neue Clips verwenden.

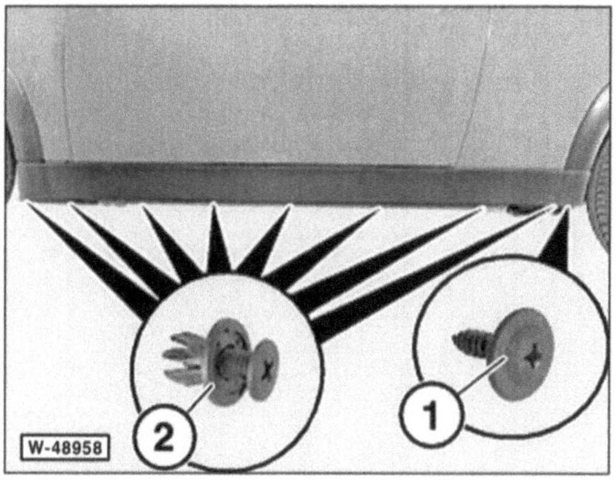

- Schraube –1– unten am Längsträger herausdrehen.
- Spreiznieten –2– herausziehen. Zuvor Schraube aus der jeweiligen Spreizniete herausdrehen.

- Mit einem Kunststoffkeil Verkleidung seitlich vom Längsträger abhebeln. Dabei werden die Halteclips –1/2– aus dem Längsträger herausgezogen.

Einbau

Der Einbau erfolgt in umgekehrter Ausbaureihenfolge. Dabei ist Folgendes zu beachten:

- Beschädigte Halteclips ersetzen.
- Kleberückstände am Türschweller entfernen und neue Blende einkleben.

Gasdruckfeder aus- und einbauen

MINI 1/MINI 2

Ausbau

- Heckklappe beziehungsweise Motorhaube öffnen und durch einen Helfer abstützen lassen.

Sicherheitshinweis
Motorhaube/Heckklappe unbedingt von einem Helfer abstützen lassen, bevor eine Gasdruckfeder gelöst wird. Sonst fällt die Motorhaube/Heckklappe herunter, da sie durch nur einen Dämpfer nicht gehalten werden kann.

- Wenn nötig, Leitungshalter von der Gasdruckfeder abziehen.

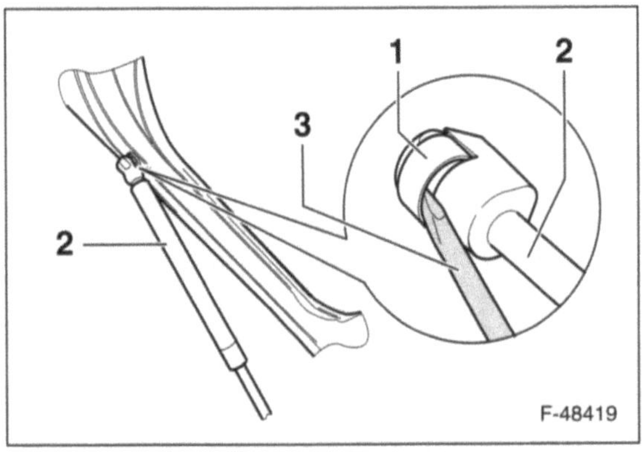

- Mit kleinem Schraubendreher -3- Sicherungsbügel -1- etwas anheben und Gasdruckfeder -2- vom oberen Kugelzapfen abziehen.

Achtung: Sicherungsbügel nicht vollständig abclipsen.

- Gasdruckfeder auf die gleiche Weise vom unteren Kugelzapfen abziehen.

Einbau

- Heckklappe beziehungsweise Motorhaube durch einen Helfer abstützen lassen.
- Gasdruckfeder auf beide Kugelzapfen aufdrücken und einrasten. Dabei auf korrekten Sitz der Sicherungsbügel achten.
- Heckklappe beziehungsweise Motorhaube schließen.

Gasdruckfeder entsorgen

Achtung: Falls die Gasdruckfeder ersetzt wird, muss die alte Feder entgast werden, bevor sie entsorgt wird.

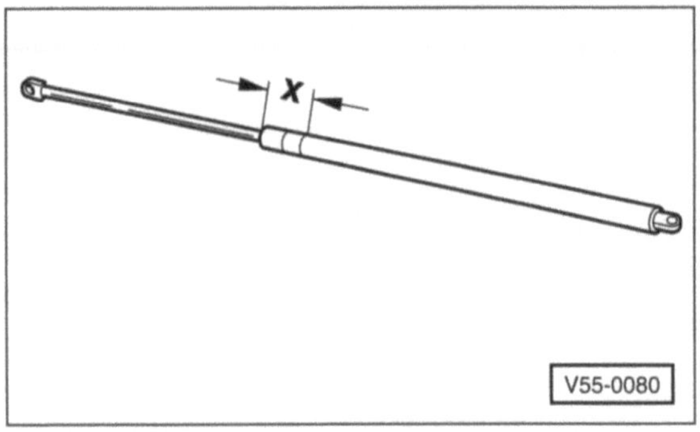

- Gasdruckfeder im **Bereich x = 50 mm** in den Schraubstock einspannen.

Achtung: Feder unbedingt **nur in diesem Bereich** einspannen, sonst besteht Unfallgefahr!

- Zylinder im ersten Drittel der Zylindergesamtlänge – ausgehend von der Bezugskante auf der Kolbenstangenseite – aufsägen. Um herausspritzendes Öl aufzufangen, Bereich des Sägetrennschnittes mit einem Lappen abdecken. **Achtung:** Während des Sägevorganges Schutzbrille tragen.

Tür aus- und einbauen

MINI 1/MINI 2

Ausbau

Achtung: Unbedingt Airbag-Sicherheitshinweise beachten, siehe Seite 137.

- **Um ein Auslösen des Seitenairbags zu verhindern, Batterie abklemmen. Achtung: Hinweise im Kapitel »Batterie aus- und einbauen« beachten.**
- **Batterieminuspol isolieren.**

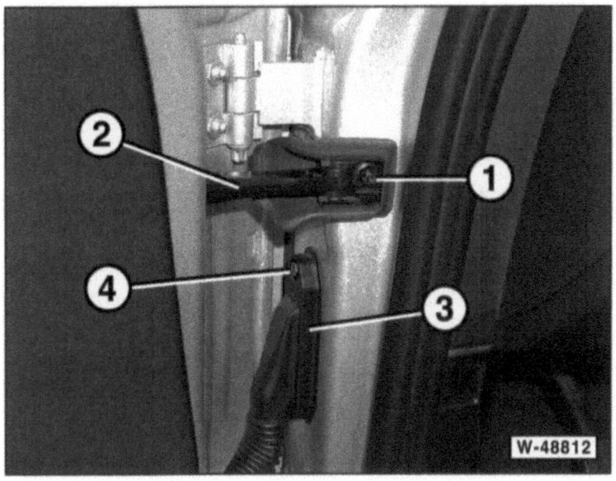

- Tür öffnen. Schraube –1– herausdrehen und Türstopper –2– von der Türsäule abnehmen. Dabei Tür vor dem Zufallen sichern.
- Schraube –4– am Steckerrahmen –3– herausdrehen.
- Stecker aus der Türsäule herausziehen.

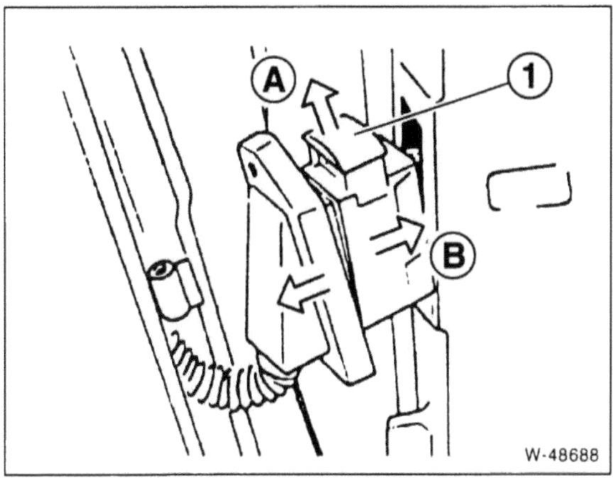

- Sicherungsbügel –1– hochziehen –Pfeil A– und Steckverbindung trennen –Pfeile B–.
- Tür von einem Helfer abstützen.

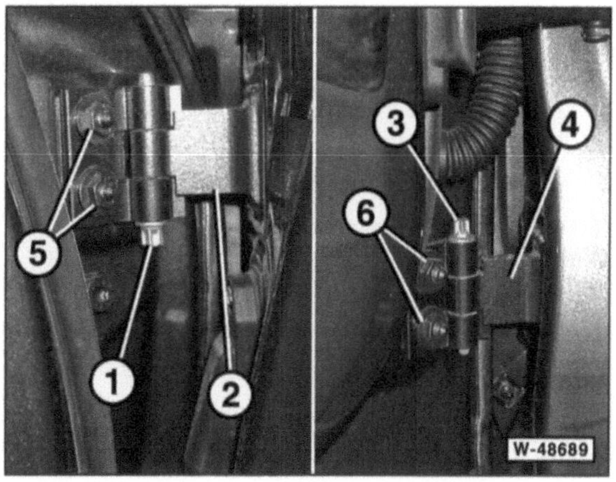

- Bolzenschrauben –1/3– am oberen –2– und unteren –4– Scharnier herausdrehen. **Hinweis:** Die Abbildung zeigt nicht die Tür des MINI.

Achtung: Lack an Tür und Türsäule nicht beschädigen, zum Schutz gegebenenfalls mit Abdeckband abkleben.

- Bolzenschrauben –1/3– aus den Scharnieren herausziehen, Tür nach oben von den Scharnieren ziehen und auf einer weichen Unterlage ablegen. 5/6 – Scharniermuttern an der Tür.

Einbau

Der Einbau erfolgt in umgekehrter Ausbaureihenfolge. Dabei ist Folgendes zu beachten:

- Beim Einbau einer neuen Tür gegebenenfalls Distanzscheiben zwischen den Scharnieren und der Tür einsetzen.
- **Anzugsdrehmomente:**
  Bolzenschrauben am Scharnier .... **10 Nm**
  Türstopper .... **23 Nm**
- Tür schließen und Spaltmaße prüfen. Gegebenenfalls Tür ausrichten, siehe entsprechenden Abschnitt.

Tür ausrichten

Achtung: Für die Einstellung muss das Fahrzeug auf den Rädern stehen.

- Tür-Spaltmaße prüfen. Die Tür ist richtig eingestellt, wenn sie im geschlossenen Zustand überall ein gleichmäßiges Spaltmaß hat, nicht zu weit nach innen steht und die Konturen mit den umliegenden Karosserieteilen fluchten. **Hinweis:** Zwischen den Scharnieren und der Tür sind zum Ausrichten der Konturen Distanzscheiben eingelegt. Bei einer neuen Tür zunächst die alten Distanzscheiben verwenden.
  Spaltmaße, Sollwerte – MINI 1:
  Tür – Kotflügel vorn und hinten: .... $4{,}0^{\pm 0{,}75}$ mm
  Türfenster – Fenster hinten: .... $6{,}75^{\pm 1{,}0}$ mm
  Spaltmaße, Sollwerte – MINI 2:
  Tür – Kotflügel vorn und hinten: .... $4{,}0^{\pm 1{,}0}$ mm
  Tür – Türschweller: .... $4{,}5^{\pm 1{,}5}$ mm
  Türfenster – Fenster hinten: .... $6{,}0^{\pm 1{,}0}$ mm
- Falls die Sollwerte nicht eingehalten werden, Tür öffnen und Türstopper von der Türsäule abschrauben.

- Je nach Ausführung Abdeckkappe vom Schließbügel abziehen und Schließbügel von der Karosserie abschrauben.
- Scharniermuttern oben –5– und unten –6– lockern, siehe Abbildung W-48689.
- Tür durch Verschieben ausrichten.
- Scharniermuttern festziehen. **Anzugsdrehmoment:**
  MINI 1 . . . . **20 Nm**
  MINI 2 . . . . **19 Nm**
- Schließbügel einstellen, siehe entsprechenden Abschnitt.
- Wenn nötig, Scharniere und Schrauben mit Lack gegen Rost schützen.

Schließbügel einstellen

Hinweis: Die Tür muss ausgerichtet sein.

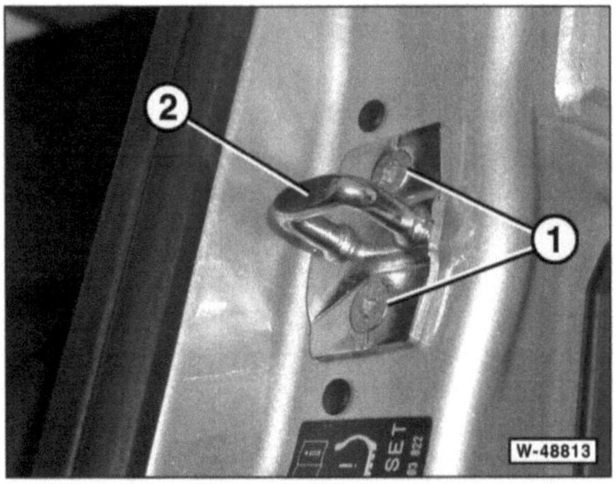

- Schrauben –1– so weit lockern, dass sich der Schließbügel –2– innerhalb der Bohrungen verschieben lässt.
- Tür schließen und dabei Türgriff festhalten; der Schließbügel stellt sich selbst ein. **Hinweis:** Der Schließbügel darf nicht am Türschloss streifen.

Hinweis: Die Tür darf an der Vorderseite maximal 1 mm nach innen und an der Hinterseite maximal 1 mm weiter nach außen stehen.

- Tür vorsichtig öffnen und Schrauben für Schließbügel festziehen. **Anzugsdrehmoment:**
  MINI 1 . . . . **10 Nm**
  MINI 2 . . . . **19 Nm**
- Schließfunktion des Schlosses prüfen.

Außenspiegel aus- und einbauen

MINI 1/MINI 2

Außenspiegel komplett

Ausbau

- Batterie abklemmen. **Achtung:** Hinweise im Kapitel »Batterie aus- und einbauen« beachten.

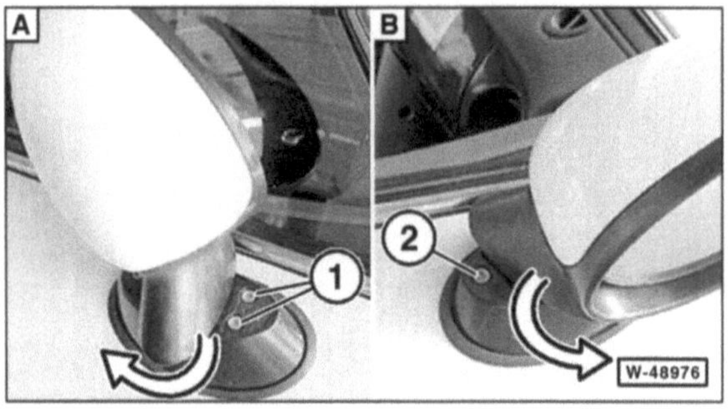

- Außenspiegel verdrehen –Pfeil A–, bis die vorderen Schrauben –1– zugänglich sind.

Achtung: Bei Ausstattung mit elektrischer Einklappfunktion Außenspiegel nicht von Hand verdrehen.

- Schrauben –1– herausdrehen.
- Außenspiegel verdrehen –Pfeil B– und hintere Schraube –2– herausdrehen.

Hinweis: Die Abbildung zeigt den Spiegel beim MINI 1. Beim MINI 2 wird der Spiegel nur von 2 Schrauben gehalten.

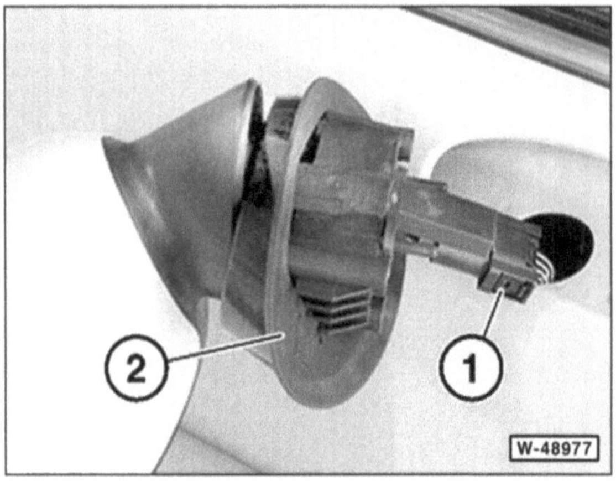

- Außenspiegel aus der Einbauöffnung herausziehen, Stecker –1– entriegeln und abziehen.
- Außenspiegel von der Tür abnehmen.

Einbau

Der Einbau erfolgt in umgekehrter Ausbaureihenfolge. Dabei ist Folgendes zu beachten:

- Darauf achten, dass die Dichtung –2– nicht beschädigt ist.
- Schrauben für Außenspiegel mit **8 Nm** festziehen.

Spiegelglas ersetzen

Ausbau

- Außenspiegel auf Raumtemperatur erwärmen, um die Halterungen des Spiegelglases nicht zu beschädigen.
- Zündung ausschalten und Zündschlüssel abziehen.

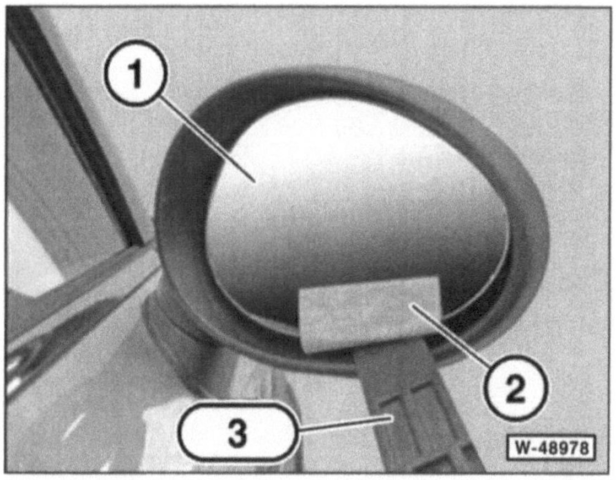

- Spiegelglas –1– mit einem Klebestreifen gegen Herabfallen sichern.
- Spiegelglas an der zum Fahrzeug gerichteten Seite von Hand vorsichtig bis zum Anschlag ins Gehäuse drücken.
- Spiegelglas zum Schutz mit Klebeband –2– abkleben.
- Spiegelglas –1– mit einem Kunststoffkeil –3– erst unten, dann rundum, vorsichtig aus den Halterungen abdrücken.

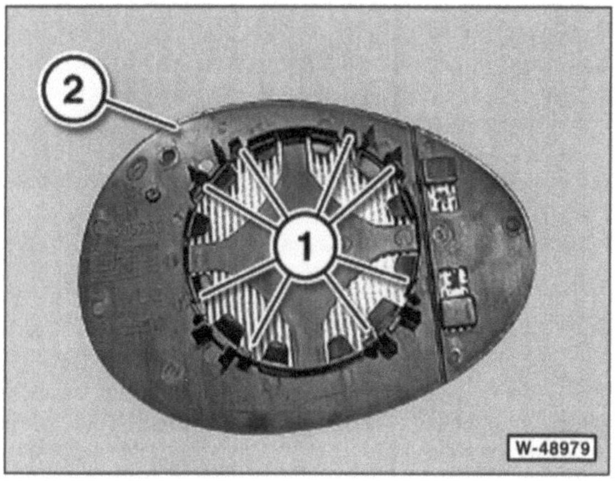

- Spiegelglas –2– aus dem Gehäuse ziehen und Stecker für Spiegelbeheizung an der Rückseite des Spiegels abziehen. 1 – Rastnasen.

Einbau

Sicherheitshinweis
Beim Aufdrücken des Spiegelglases unbedingt Handschuhe anziehen oder sauberen Lappen unterlegen. Schutzbrille tragen. Bruch- und Verletzungsgefahr!

- Stecker am Spiegelglas aufschieben.
- Spiegelglas –2– mit den Rastnasen –1– an die Trägerplatte im Gehäuse ansetzen und einrasten; dabei nur auf die Glasmitte drücken.
- Zündung einschalten und Spiegelverstellung auf Funktion prüfen.

Spiegelgehäuse

Ausbau

- Spiegelglas ausbauen, siehe entsprechenden Abschnitt.

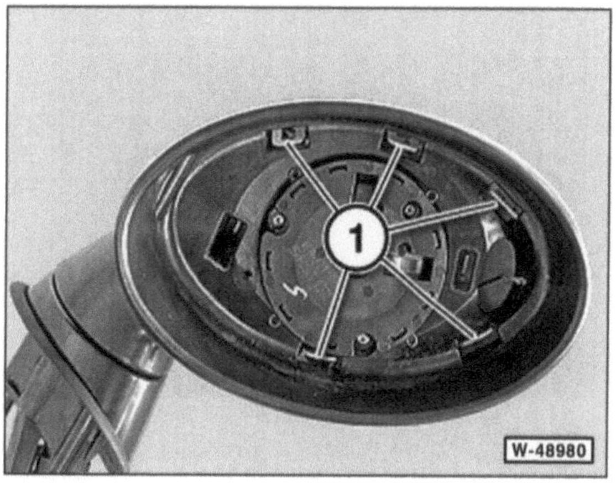

- Rastlaschen –1– entriegeln. Dabei unten beginnen.
- Spiegelgehäuse nach vorne vom Außenspiegel abziehen.

Einbau

Der Einbau erfolgt in umgekehrter Ausbaureihenfolge. Dabei ist Folgendes zu beachten:

- Darauf achten, dass die Rastlaschen nicht beschädigt sind.

Windlaufabdeckung aus- und einbauen

Ausbau

- Zündung ausschalten und Zündschlüssel abziehen.
- Blende an der A-Säule ausbauen, siehe entsprechendes Kapitel.
- Zierleiste unter der Frontscheibe ausbauen, siehe entsprechendes Kapitel.
- Wischerarme ausbauen, siehe Seite 67.

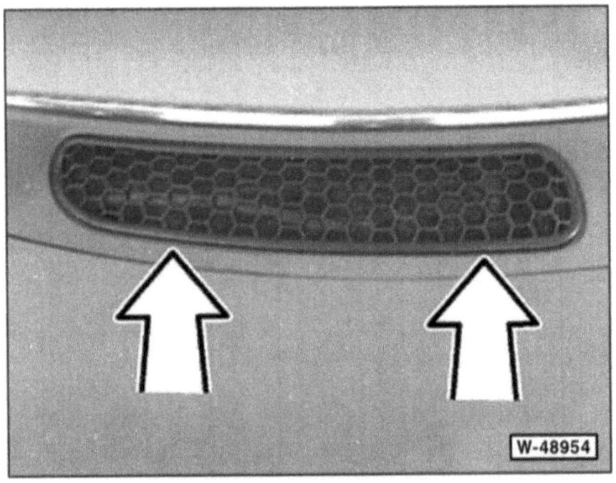

- Beide Lufteinlassgitter vorne drücken –Pfeile– und aus der Windlaufabdeckung herausziehen.

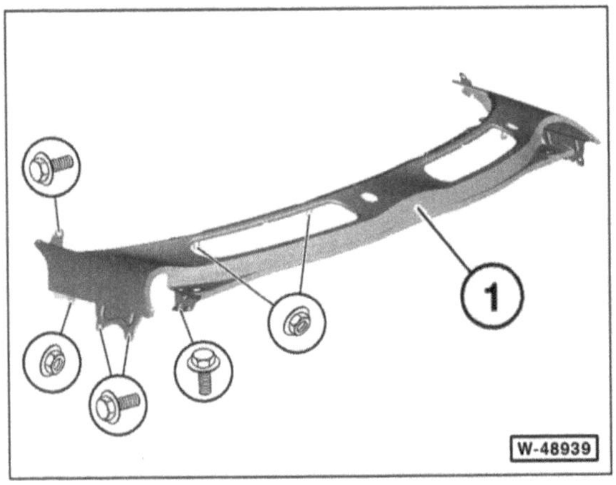

- Schrauben und Muttern auf beiden Seiten abschrauben und Windlaufabdeckung –1– nach oben abnehmen.

Achtung: Umgebende Karosserieteile nicht beschädigen.

Einbau

Der Einbau erfolgt in umgekehrter Ausbaureihenfolge. Dabei ist Folgendes zu beachten:

- Anstoßstellen mit Dichtungsmaterial versehen.
- Windlaufabdeckung ausrichten, dabei auf gleichmäßiges Spaltmaß zur Motorhaube achten.
  Spaltmaß, Sollwert:
  Windlaufabdeckung – Motorhaube: .... $4{,}0^{\pm 0{,}75}$ mm

Blende an der A-Säule aus- und einbauen

Ausbau

- Tür öffnen und Türdichtung im Bereich der Blende abziehen.

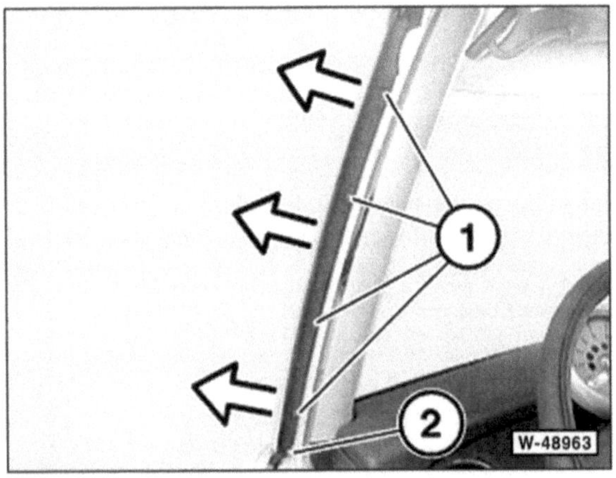

- Schrauben –1/2– für Blende herausdrehen.
- Blende an 4 Halteclips vorsichtig von der A-Säule abheben –Pfeile–. Dabei unten an der Blende beginnen.

Einbau

Der Einbau erfolgt in umgekehrter Ausbaureihenfolge. Dabei ist Folgendes zu beachten:

- In der A-Säule steckende Halteclips herausziehen.
- Beschädigte Halteclips ersetzen.
- Formteil zwischen Blende und A-Säule einsetzen. **Hinweis:** Bei Fahrzeugen bis 9/03 Formteil nachrüsten.

Hinweis: Die Blende muss unten hinter der Zierleiste der Frontscheibe sitzen.

Zierleiste unter der Frontscheibe aus- und einbauen

Ausbau

Hinweis: Die Zierleiste besteht aus 2 Teilen, die durch eine Führungshülse miteinander verbunden sind.

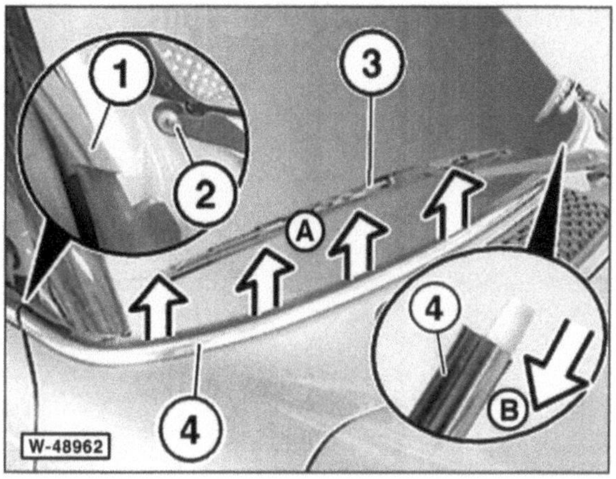

- Tür öffnen und Türdichtung vom Türrahmen –1– abziehen.
- Schraube –2– für Zierleiste herausdrehen.
- Wischerblatt –3– von der Frontscheibe abheben.
- Rechte Zierleiste –4– in Pfeilrichtung –A– abziehen. Dabei werden mehrere Halteclips aus den Aufnahmen herausgezogen.
- Rechte Zierleiste –4– in der Mitte von der linken Zierleiste trennen. Dabei wird eine Führungshülse herausgezogen –Pfeil B–.

Einbau

Der Einbau erfolgt in umgekehrter Ausbaureihenfolge. Dabei ist Folgendes zu beachten:

- Beschädigte Halteclips ersetzen.

Kotflügel vorn aus- und einbauen

Ausbau

- Innenkotflügel vorn ausbauen, siehe entsprechendes Kapitel.
- Seitliche Blinkleuchte ausbauen, siehe Seite 78.
- Verkleidung am Längsträger ausbauen, siehe entsprechendes Kapitel.

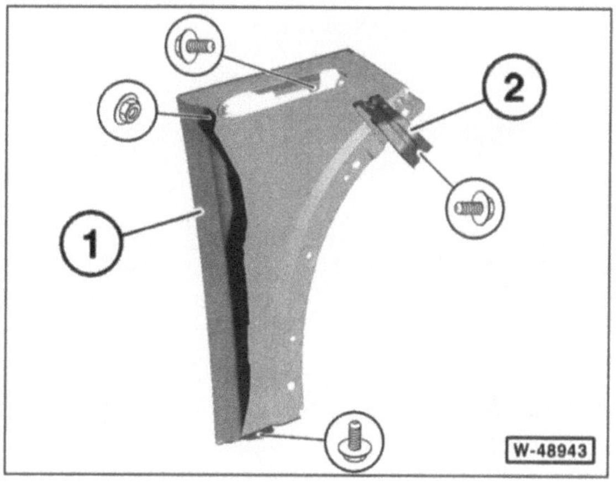

- Schrauben und Mutter abschrauben. **Hinweis:** Die Abbildung zeigt die Innenseite des linken Kotflügels.
- Kotflügel –1– abnehmen. 2 – Halter.

Achtung: Umgebende Karosserieteile nicht beschädigen.

Einbau

Der Einbau erfolgt in umgekehrter Ausbaureihenfolge. Dabei ist Folgendes zu beachten:

- Anstoßstellen mit Dichtungsmaterial versehen.
- Kotflügel ansetzen, grob ausrichten und zunächst locker anschrauben.
- Kotflügel ausrichten, dabei auf gleichmäßige Spaltmaße zu Tür und Motorhaube achten.
  Spaltmaß, Sollwert:
  Kotflügel – Tür vorn: .... $4{,}0^{\pm 0{,}75}$ mm

Innenkotflügel aus- und einbauen

Innenkotflügel vorn

Ausbau

- Radschrauben lösen. Fahrzeug aufbocken und Rad abnehmen. **Achtung:** Unbedingt Hinweise im Kapitel »Rad aus- und einbauen« beachten.

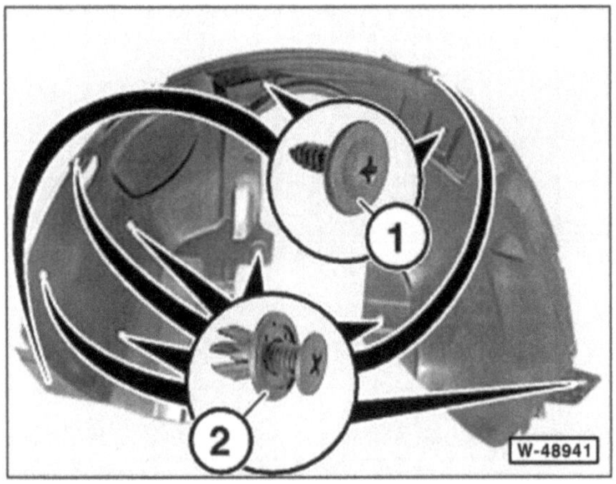

- Schrauben –1– herausdrehen.
- Spreiznieten –2– herausziehen. Zuvor Schraube aus der jeweiligen Spreizniete herausdrehen.
- Innenkotflügel aus dem Radkasten herausziehen.

Einbau

- Der Einbau erfolgt in umgekehrter Ausbaureihenfolge.

Innenkotflügel hinten

Ausbau

- Radschrauben lösen. Fahrzeug aufbocken und Rad abnehmen. **Achtung:** Unbedingt Hinweise im Kapitel »Rad aus- und einbauen« beachten.

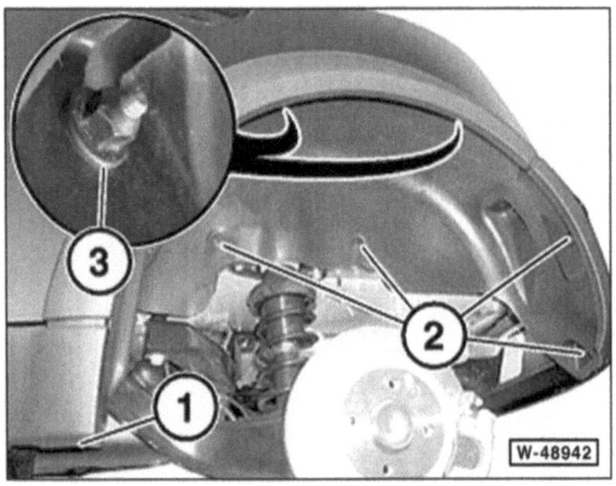

- Schraube –1– unten herausdrehen.
- Spreiznieten –2– herausziehen. Zuvor Schraube aus der jeweiligen Spreizniete herausdrehen.
- Muttern –3– oben abschrauben.
- Innenkotflügel aus dem Radkasten herausziehen.

Einbau

- Der Einbau erfolgt in umgekehrter Ausbaureihenfolge.

Zugstreben aus- und einbauen

Cabrio

Ausbau

- Fahrzeug aufbocken.

Sicherheitshinweis
Beim Aufbocken des Fahrzeugs besteht Unfallgefahr! Hinweise im Kapitel »Fahrzeug aufbocken« beachten.

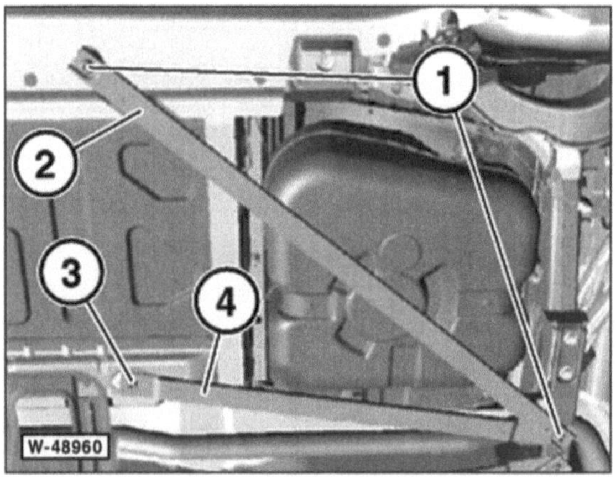

- Schrauben –1– herausdrehen und äußere Zugstrebe –2– vom Fahrzeugunterboden abnehmen.
- Schraube –3– herausdrehen und innere Zugstrebe –4– abnehmen.

Einbau

Der Einbau erfolgt in umgekehrter Ausbaureihenfolge. Dabei ist Folgendes zu beachten:

Achtung: Fahrzeug nie ohne Zugstreben fahren.

- Zugstreben mit **neuen Schrauben** am Fahrzeugunterboden befestigen. Schrauben in 2 Stufen festziehen.
  Anzugsdrehmoment:
  1. Stufe: mit Drehmomentschlüssel **56 Nm** anziehen.
  2. Stufe: mit starrem Schlüssel um **45°** weiterdrehen.

Hinweis: Um die Winkelgrade beim Anziehen einzuhalten, ist es sinnvoll, eine Winkelscheibe aus Pappe auszuschneiden oder die Winkelscheibe HAZET 6690 zu verwenden.

Stoßfängerabdeckung vorn aus- und einbauen

Ausbau

- Zündung ausschalten und Zündschlüssel abziehen.

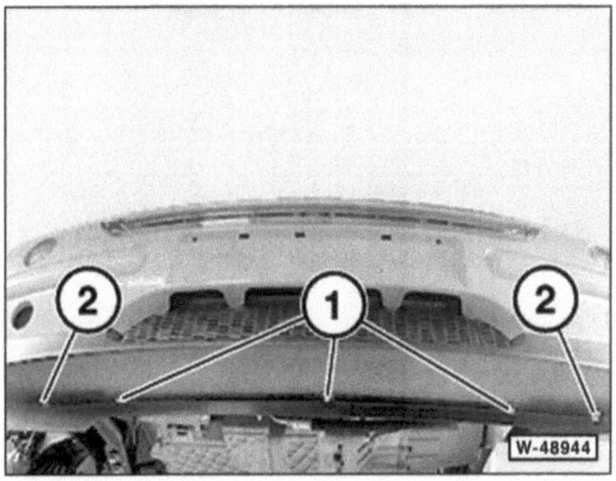

- Schrauben –1/2– unten herausdrehen.

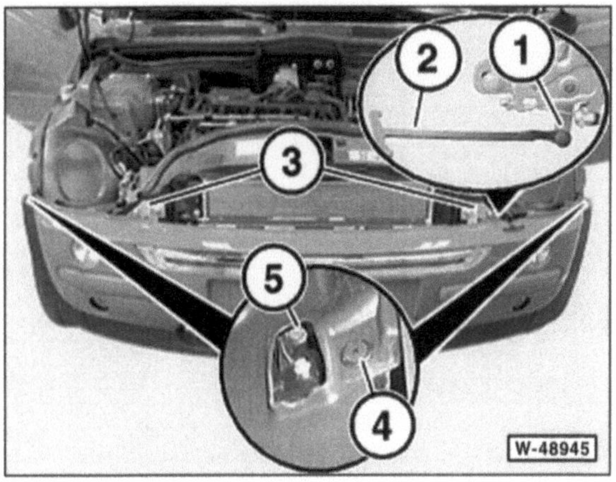

- Je nach Ausführung Sicherungsclip –1– lösen und Entriegelungszug –2– vom Motorhaubenschloss abnehmen.
- Schrauben –3– oben herausdrehen.
- Auf beiden Seiten Spreiznieten –4– herausziehen. Zuvor Schraube aus der jeweiligen Spreizniete herausdrehen.
- Schrauben –5– an beiden Seiten herausdrehen.

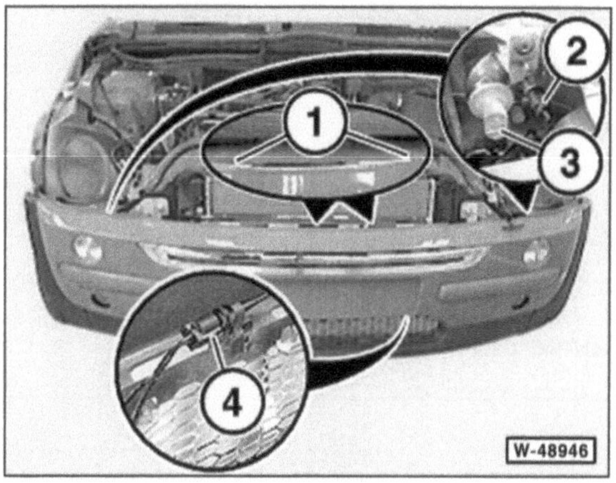

- Rastlaschen –1– oben entriegeln und Stoßfängerabdeckung ein Stück nach vorne ziehen.
- An der Rückseite Stecker von den Standlichtleuchten –2– und den Blinkleuchten –3– abziehen.
- Stecker vom Außentemperaturfühler –4– abziehen.
- Mit einem Helfer Stoßfängerabdeckung nach vorne ziehen und abnehmen.

Einbau

Der Einbau erfolgt in umgekehrter Ausbaureihenfolge. Dabei ist Folgendes zu beachten:

- Stoßfängerabdeckung ausrichten. Dabei soll der Spalt zu den sich anschließenden Karosserieteilen jeweils gleichmäßig breit sein und parallel verlaufen.
  Spaltmaß, Sollwert:
  Stoßfängerabdeckung – Motorhaube: . . . . . . $6{,}0^{\pm 1.0}$ mm

Stoßfängerabdeckung hinten aus- und einbauen

Ausbau

- Zündung ausschalten und Zündschlüssel abziehen.
- Radschrauben lösen. Fahrzeug aufbocken und Rad abnehmen. **Achtung:** Unbedingt Hinweise im Kapitel »Rad aus- und einbauen« beachten.
- Je nach Baujahr Rückfahrleuchte beziehungsweise Nebelschlussleuchte ausbauen, siehe Seite 83.

- Mit einem Kunststoffkeil Blende –1– am Radkasten vorsichtig abhebeln.

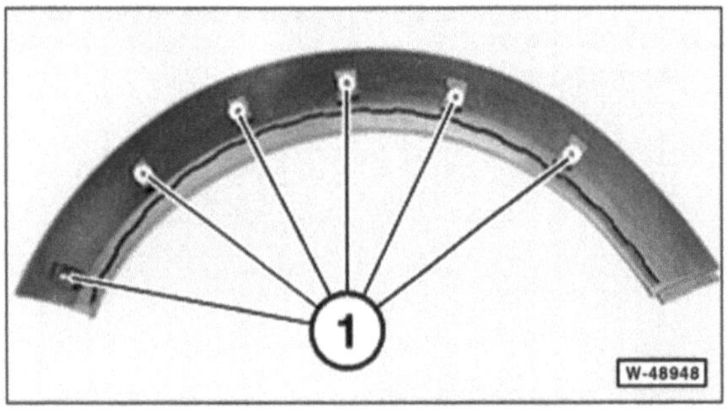

- Dabei werden die Halteclips –1– aus der Karosserie herausgezogen. **Hinweis:** Beschädigte Halteclips vor dem Einbau ersetzen.

- Je nach Ausstattung Schrauben –1– unten an der Reserveradmulde herausdrehen.
- Auf beiden Seiten Spreiznieten –2– für Innenkotflügel herausziehen. Zuvor Schraube aus der jeweiligen Spreizniete herausdrehen.

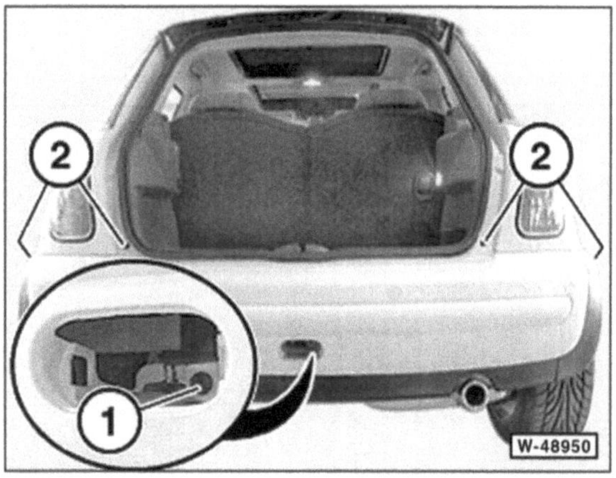

- Schraube –1– in der Einbauöffnung für hintere Leuchte herausdrehen.
- Heckklappe öffnen und obere Schrauben –2– für Stoßfängerabdeckung herausdrehen.
- Stoßfängerabdeckung ein Stück nach hinten ziehen.
- Je nach Ausstattung an der Rückseite Stecker von den seitlichen Begrenzungsleuchten und den Einparksensoren abziehen.
- Mit einem Helfer Stoßfängerabdeckung nach hinten ziehen und abnehmen.

Einbau

Der Einbau erfolgt in umgekehrter Ausbaureihenfolge. Dabei ist Folgendes zu beachten:

- Stoßfängerabdeckung ausrichten. Dabei soll der Spalt zu den sich anschließenden Karosserieteilen jeweils gleichmäßig breit sein und parallel verlaufen.

  Spaltmaß, Sollwert:

  Stoßfängerabdeckung – Heckklappe: . . . . . . $4{,}5^{\pm 1{,}75}$ mm

Motorhaube aus- und einbauen

Ausbau

- Motorhaube öffnen.
- Leitungen und Schläuche an der Motorhaube trennen.
- Für den Wiedereinbau Einbaulage der Scharniere mit Filzstift an der Motorhaube markieren.

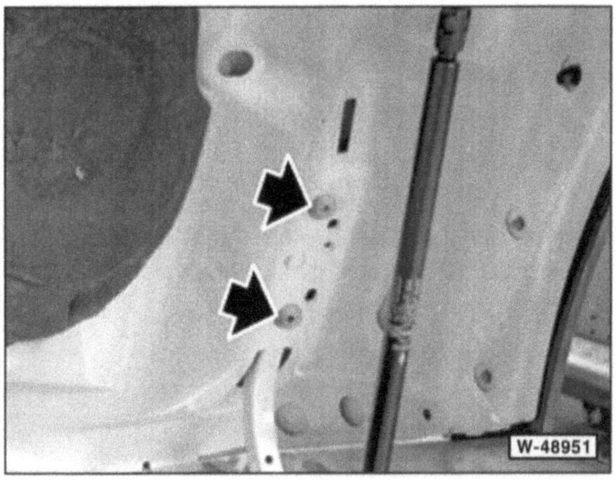

- Auf jeder Seite 2 Scharnierschrauben –Pfeile– an der Motorhaube lockern, aber nicht abschrauben.
- Motorhaube von einem Helfer abstützen lassen. Gasdruckfeder von den oberen Kugelzapfen abziehen, siehe Kapitel »Gasdruckfeder aus- und einbauen«.
- Scharnierschrauben herausdrehen, Motorhaube mit dem Helfer von den Scharnieren abnehmen und vorsichtig ablegen.

Einbau

- Motorhaube mit dem Helfer am Scharnier ansetzen. Die alte Motorhaube dabei nach den Markierungen ausrichten. Scharnierschrauben handfest aufschrauben.
- Motorhaube schließen und auf korrekte Spaltmaße ausrichten, siehe entsprechenden Abschnitt.
- Gasdruckfedern auf Kugelzapfen aufdrücken und einrasten.
- Scharnierschrauben mit **19 Nm** festziehen.
- Leitungen und Schläuche an der Motorhaube verbinden.
- Wenn nötig, Scharniere und Schrauben mit Lack gegen Rost schützen.

Motorhaube ausrichten

- Motorhaube schließen und Spaltmaße der Motorhaube prüfen. Der Spalt zu den sich anschließenden Karosserieteilen soll jeweils gleichmäßig breit sein und parallel verlaufen. Die Motorhaubenschlösser müssen korrekt einrasten. Die Schließbügel dürfen nicht schleifen.

  Spaltmaße, Sollwerte:
  Motorhaube – Stoßfängerabdeckung: ...... $6{,}0^{\pm 1{,}0}$ mm
  Motorhaube – Windlaufabdeckung: .... $4{,}0^{\pm 0{,}75}$ mm
- Wenn nötig, Scharnierschrauben an der Motorhaube lockern und Motorhaube durch Verschieben nach links oder rechts ausrichten.
- Scharnierschrauben an der Motorhaube mit **19 Nm** festziehen.
- Wenn nötig, Schrauben für Motorhaubenschloss lockern und Motorhaubenschlösser durch Verschieben ausrichten, siehe entsprechendes Kapitel.
- Schrauben für Motorhaubenschloss mit **10 Nm** festziehen.
- Anschlagpuffer an den Seiten zur Höheneinstellung der Motorhaube verwenden. Dazu Anschlagpuffer so weit verdrehen, bis die Motorhaube vorne bündig mit den Kotflügeln ist. **Hinweis:** Als Einstellhilfe Knetmasse an den Anschlagpuffern aufdrücken. Nach Schließen der Motorhaube ist am Abdruck in der Knetmasse zu erkennen, ob die Motorhaube richtig aufliegt.

Motorhaubenschloss aus- und einbauen

Ausbau

- Motorhaube öffnen.
- Batterie abklemmen. **Achtung:** Hinweise im Kapitel »Batterie aus- und einbauen« beachten.

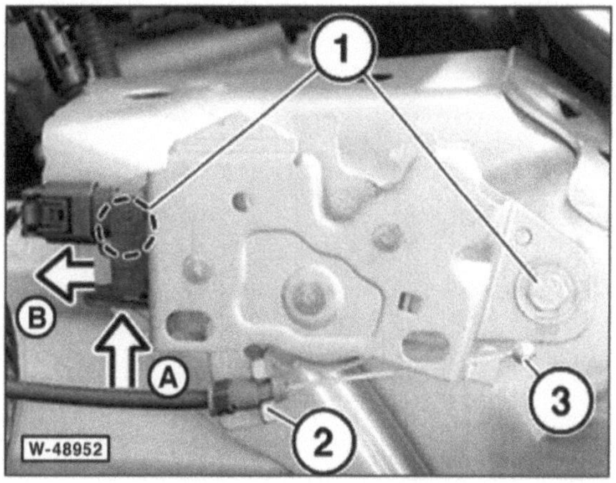

- **Motorhaubenschloss rechts:** Rastlasche entriegeln –Pfeil A– und Motorhaubenkontaktschalter aus der Halterung herausziehen –Pfeil B–.
- Schrauben –1– für Motorhaubenschloss herausdrehen.
- Motorhaubenzug aus dem Gegenlager –2– herausziehen.
- Nippel –3– des Motorhaubenzugs aushängen und Motorhaubenschloss vom Motorträger abnehmen.

Einbau

Der Einbau erfolgt in umgekehrter Ausbaureihenfolge. Dabei ist Folgendes zu beachten:

- Wenn nötig, Motorhaubenschloss ausrichten, siehe entsprechenden Abschnitt.
- Schrauben für Motorhaubenschloss mit **10 Nm** festziehen.

Motorhaubenschloss ausrichten

Hinweis: Die Motorhaube muss korrekt ausgerichtet sein.

- Schrauben für Motorhaubenschloss lockern.
- Motorhaube schließen und Schließfunktion des Schlosses prüfen. Der Schließbügel der Motorhaube darf nicht am Schloss anstoßen oder schleifen. Die Schließbügel an beiden Motorhaubenschlössern müssen in der gleichen Einrastposition stehen.
- Motorhaubenschloss durch Verschieben ausrichten.
- Schrauben mit **10 Nm** festziehen.

Motorhaubenzug aus- und einbauen

Ausbau

- **1,6-l-Benzinmotor W11** (MINI COOPER S): Luftfiltergehäuse ausbauen, siehe Seite 205.
- **1,6-l-Benzinmotor W10 und 1,4-l-Dieselmotor W17:** Abdeckung über der Batterie abnehmen, dazu an den Seiten jeweils eine Rastlasche drücken.
- Rechtes Ablagefach beziehungsweise Handschuhfach ausbauen, siehe Seite 233.
- Einstiegsleiste auf der Beifahrerseite ausbauen, siehe Seite 234.

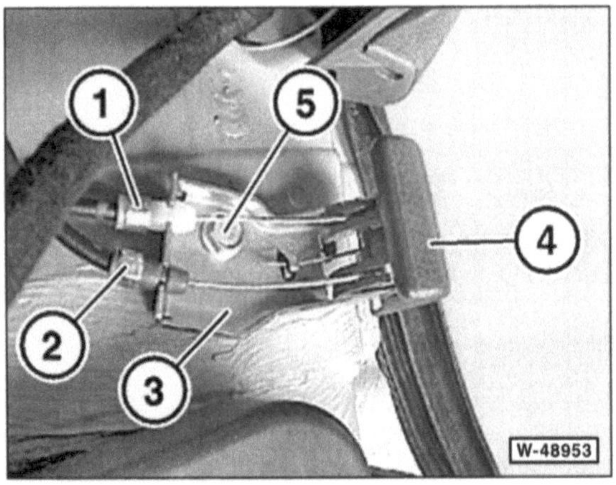

- Motorhaubenzüge –1/2– am Lagerbock –3– im Beifahrerfußraum heraushebeln. 5 – Schraube für Lagerbock.
- Nippel der Motorhaubenzüge am Betätigungshebel –4– aushängen.
- Motorhaubenzüge am rechten und linken Motorhaubenschloss aushängen, siehe Kapitel »Motorhaubenschloss aus- und einbauen«.
- Am Ende der Motorhaubenzüge eine Schnur befestigen. **Hinweis:** Die Schnur dient beim Einbau als Einziehhilfe.
- Motorhaubenzüge aus den Halterungen im Motorraum aushängen.
- **Linker Motorhaubenzug:** Motorhaubenzug durch die Bohrung im Wasserkasten durchziehen. Motorhaubenzug aus den Halterungen an der Stirnwand hinter dem Bremskraftverstärker aushängen.

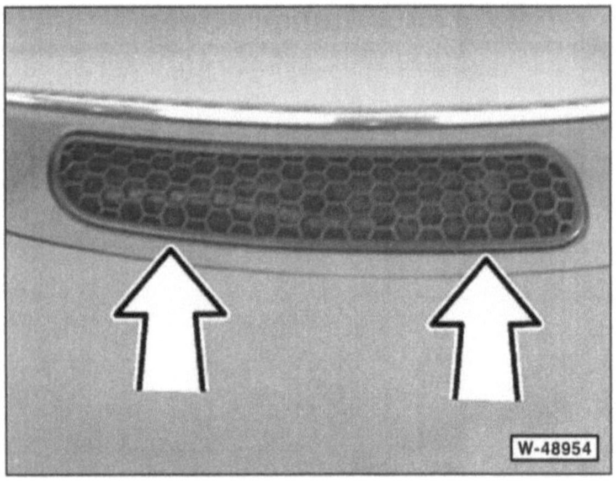

- **Linker Motorhaubenzug:** Rechtes Lufteinlassgitter vorne drücken –Pfeile– und aus der Windlaufabdeckung herausziehen.

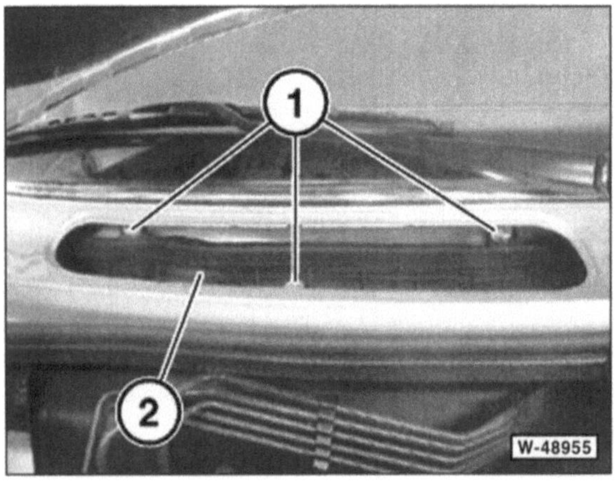

- **Linker Motorhaubenzug:** Muttern –1– abschrauben, Abdeckung –2– vor der Stirnwand vorsichtig nach vorne ziehen und Motorhaubenzug aus der Halterung hinter der Abdeckung aushängen.

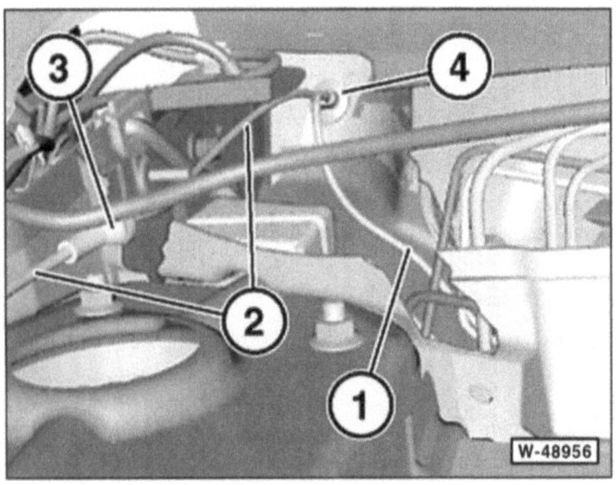

- **Rechter Motorhaubenzug:** Motorhaubenzug –2– durch die Bohrung –3– im Wasserkasten durchziehen.

- Linker –1– und rechter –2– Motorhaubenzug durch die Bohrung –4– in der Stirnwand in den Fahrzeuginnenraum durchziehen.

Einbau

Der Einbau erfolgt in umgekehrter Ausbaureihenfolge. Dabei ist Folgendes zu beachten:

- Motorhaubenzüge mithilfe der Schnur durch die Bohrungen durchziehen.
- Motorhaubenzüge knickfrei verlegen.
- Bei geöffneter Motorhaube Entriegelung des Schlosses prüfen.

Heckklappe aus- und einbauen

Ausbau

- Batterie abklemmen. **Achtung:** Hinweise im Kapitel »Batterie aus- und einbauen« beachten.
- Heckklappe öffnen und Heckklappenverkleidung komplett ausbauen, siehe entsprechendes Kapitel.
- Alle Steckverbindungen trennen.
- Auffangbehälter für ausfließende Flüssigkeit unterstellen und Wasserschlauch vom Wischermotor abziehen.
- Gummitülle aus der Heckklappe herausziehen und Leitungen durch die Öffnung herausziehen.

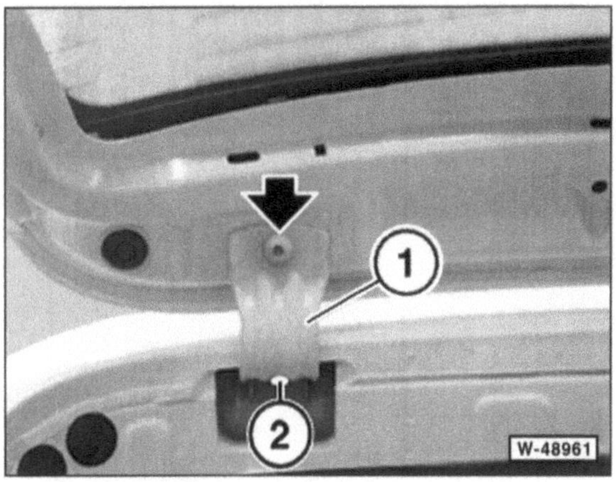

- Für den Wiedereinbau Einbaulage der Scharniere –1– mit Filzstift an der Heckklappe markieren.
- Auf beiden Seiten Schraube –Pfeil– an der Heckklappe lockern, aber nicht abschrauben. 2 – Scharnierschraube an der Karosserie.
- **Heckklappe von einem Helfer abstützen lassen.** Beide Gasdruckfedern vom oberen Kugelzapfen abziehen, siehe Kapitel »Gasdruckfeder aus- und einbauen«.
- Beide Scharnierschrauben –Pfeil– herausdrehen.
- Heckklappe mit Helfer abnehmen und vorsichtig ablegen.

Einbau

- Heckklappe mit Helfer am Scharnier ansetzen. Die alte Heckklappe dabei nach den Markierungen ausrichten.
- Scharnierschraube links und rechts handfest eindrehen.
- Heckklappe schließen und auf korrekte Spaltmaße ausrichten, siehe entsprechenden Abschnitt.
- Gasdruckfeder auf Kugelzapfen aufdrücken und einrasten. Zweite Gasdruckfeder einbauen.
- Scharnierschrauben mit **10 Nm** festziehen.
- Der weitere Einbau erfolgt in umgekehrter Ausbaureihenfolge.
- Schließfunktion des Schlosses prüfen.
- Wenn nötig, Scharniere und Schrauben mit Lack gegen Rost schützen und Bereiche der Scharniere mit Hohlraumkonservierungsmittel versiegeln.

Heckklappe ausrichten

- Heckklappe schließen und Spaltmaße der Heckklappe prüfen. Der Spalt zu den sich anschließenden Karosserieteilen soll jeweils gleichmäßig breit sein und parallel verlaufen. Das Heckklappenschloss muss korrekt einrasten. Der Schließbügel darf nicht schleifen.

  Spaltmaße, Sollwerte:

  Heckklappe – Stoßfängerabdeckung: . . . . . . $4{,}5^{\pm 1{,}75}$ mm
  Heckklappe – Hinteres Seitenteil: . . . . $4{,}0^{\pm 1{,}0}$ mm
  Heckklappe – C-Säule: . . . . $4{,}0^{\pm 0{,}75}$ mm
  Heckklappe – Dach: . . . . $4{,}0^{\pm 0{,}75}$ mm
- Wenn nötig, Scharnierschrauben an der Heckklappe lockern und Heckklappe durch Verschieben nach links oder rechts ausrichten.
- Scharnierschrauben an der Heckklappe mit **10 Nm** festziehen.
- Wenn nötig, Scharnierschrauben –2– an der Karosserie lockern und Heckklappe durch Verschieben ausrichten, siehe Abbildung W-48961.
- Scharnierschrauben an der Karosserie mit **20 Nm** festziehen.
- Wenn nötig, Schrauben für Heckklappenschloss lockern und Heckklappenschloss durch Verschieben ausrichten, siehe entsprechendes Kapitel.
- Schrauben für Heckklappenschloss mit **9 Nm** festziehen.
- Anschlagpuffer an den Seiten zur Höheneinstellung der Heckklappe verwenden. Dazu Anschlagpuffer so weit verdrehen, bis die Heckklappe bündig mit den Seitenteilen ist. **Hinweis:** Als Einstellhilfe Knetmasse an den Anschlagpuffern aufdrücken. Nach Schließen der Heckklappe ist am Abdruck in der Knetmasse zu erkennen, ob die Heckklappe richtig aufliegt.

Heckklappenschloss aus- und einbauen

MINI 1/MINI 2

Ausbau

Hinweis: Hier wird der Aus- und Einbau des Heckklappenschlosses mit Entriegelungszug beschrieben.

- Batterie abklemmen. **Achtung:** Hinweise im Kapitel »Batterie aus- und einbauen« beachten.
- Heckklappe öffnen und Verkleidung Heckabschluss ausbauen, siehe Seite 234/247.

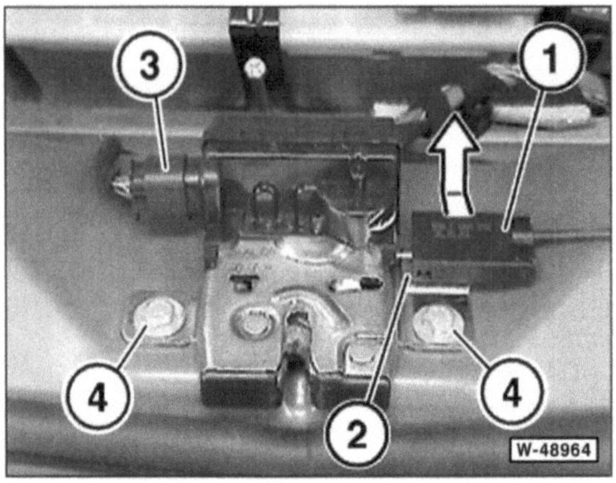

- Anschlusskasten –1– des Entriegelungszugs in Pfeilrichtung von der Halteplatte –2– am Heckklappenschloss lösen und abheben. 3 – Stecker, 4 – Schrauben.

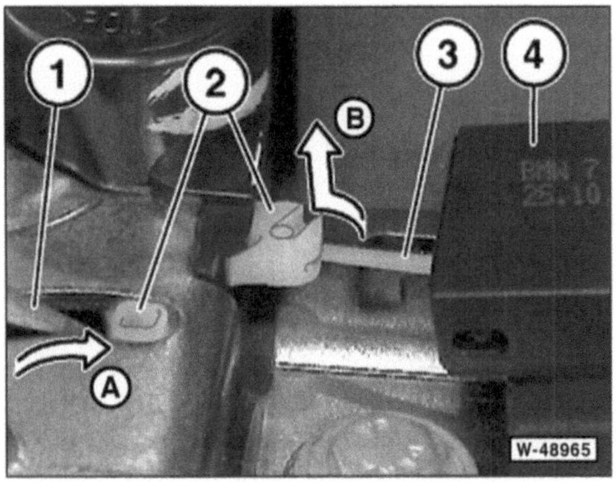

- Mit einem Schraubendreher –1– Schieber des Aufnahmehakens –2– in Pfeilrichtung –A– drücken.
- Anschlusskasten –4– drehen und Entriegelungszug –3– aus dem Aufnahmehaken aushängen –Pfeil B–.

Hinweis: Zum Ausbau des Entriegelungszugs Seitenverkleidung hinten rechts ausbauen und Zug aus den Halterungen an der Seitenwand sowie am Fahrzeugboden herausziehen, siehe Seite 234/247.

- Stecker –3– entriegeln und vom Heckklappenschloss abziehen. Schrauben –4– herausdrehen und Heckklappenschloss vom Heckabschluss abnehmen, siehe Abbildung W-48964.

Einbau

Der Einbau erfolgt in umgekehrter Ausbaureihenfolge. Dabei ist Folgendes zu beachten:

- Wenn nötig, Heckklappenschloss ausrichten, siehe entsprechenden Abschnitt.
- Schrauben für Heckklappenschloss mit **9 Nm** festziehen.

Heckklappenschloss ausrichten

Hinweis: Die Heckklappe muss korrekt ausgerichtet sein.

- Anschlagpuffer an den Seiten komplett zurückdrehen.
- Schrauben für Heckklappenschloss lockern, so dass sich das Heckklappenschloss verschieben lässt.
- Heckklappe schließen und dabei Entriegelungstaste gedrückt halten, damit das Schloss nicht zuschnappt. Durch Einführen des Schließbügels wird das Heckklappenschloss nach der Seite ausgerichtet.
- Heckklappenschloss in der Höhe so verschieben, dass die Unterlegscheiben der Schrauben auf einer Linie und bündig zur Kante des Schlosses liegen.
- Schrauben mit **9 Nm** festziehen.
- Anschlagpuffer so weit verdrehen, bis die Heckklappe bündig mit den Seitenteilen ist.

Heckklappenverkleidung aus- und einbauen

Verkleidung unten

Ausbau

- Heckklappe öffnen und Hutablage herausnehmen.
- **MINI COOPER S JCW GP:** Verkleidung der Zusatzbremsleuchte abschrauben.

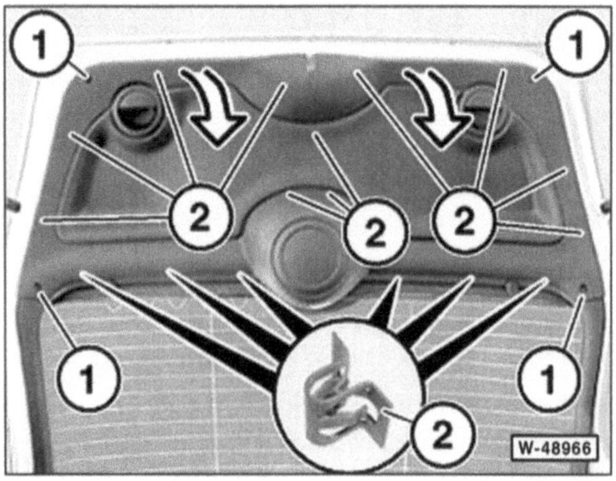

- Schrauben –1– herausdrehen.

- Kunststoffkeil oder Lösezange, zum Beispiel HAZET 799-4, unter die Heckklappenverkleidung schieben und Federklammern -2- aus den Bohrungen in der Heckklappe herausziehen.
- Heckklappenverkleidung abnehmen –Pfeile–.

Einbau

Der Einbau erfolgt in umgekehrter Ausbaureihenfolge. Dabei ist Folgendes zu beachten:

- Wenn nötig, Federklammern an der Rückseite der Verkleidung anbauen und mit Klebeband fixieren. Beschädigte Federklammern ersetzen.

Verkleidung seitlich am Fensterrahmen

Ausbau

- Untere Verkleidung an der Seite von der Heckklappe lösen, siehe entsprechenden Abschnitt.
- Aufhängestopfen für Hutablage vom Fensterrahmen abschrauben.

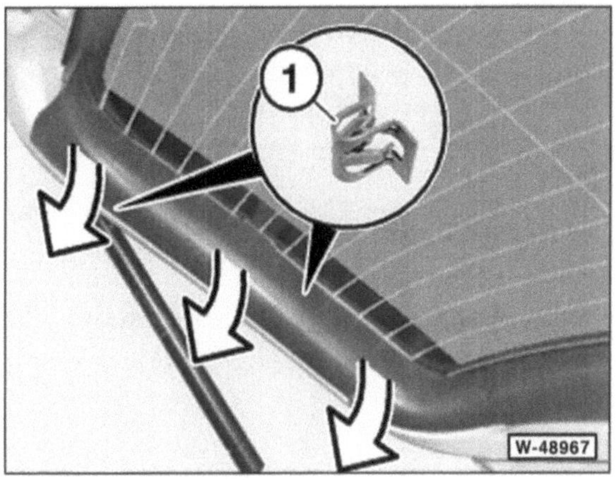

- Kunststoffkeil unter die Fensterrahmenverkleidung schieben und Verkleidung an den Federklammern –1– von der Heckklappe abhebeln –Pfeile–.

Einbau

Der Einbau erfolgt in umgekehrter Ausbaureihenfolge. Dabei ist Folgendes zu beachten:

- Beschädigte Federklammern ersetzen.

Verkleidung oben am Fensterrahmen

Ausbau

- Rechte oder linke Fensterrahmenverkleidung ausbauen, siehe entsprechenden Abschnitt.

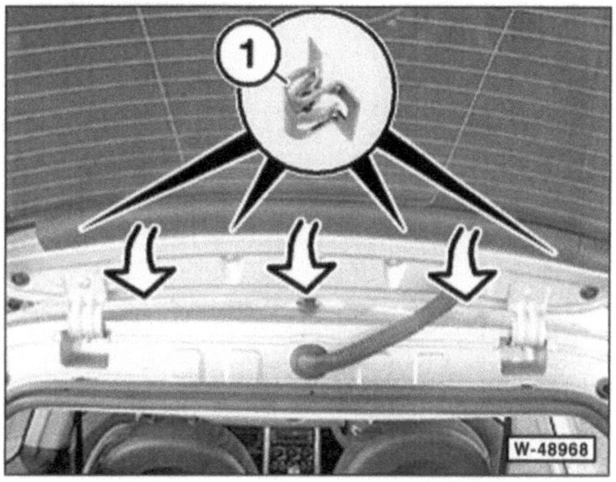

- Kunststoffkeil unter die Fensterrahmenverkleidung schieben und Verkleidung an den Federklammern –1– von der Heckklappe abhebeln –Pfeile–.

Einbau

Der Einbau erfolgt in umgekehrter Ausbaureihenfolge. Dabei ist Folgendes zu beachten:

- Beschädigte Federklammern ersetzen.

Speziell Heckklappenverkleidung für Cabrio

Ausbau

- Heckklappe öffnen.

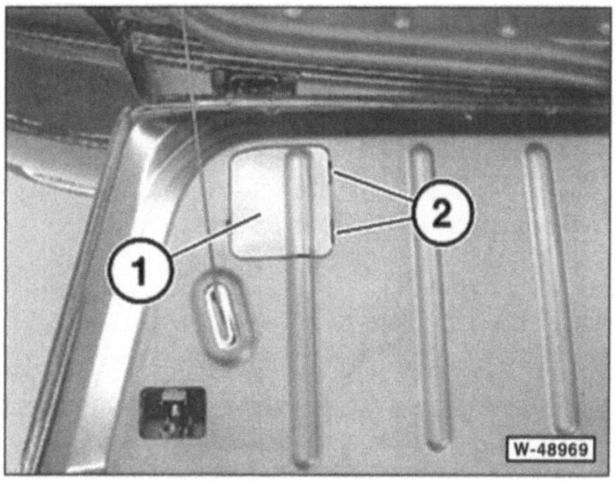

- An beiden Seiten mit einem kleinen Schraubendreher Abdeckung –1– an den Aussparungen -2- ausclipsen und von der Heckklappenverkleidung abnehmen. **Achtung:** Die Rasthaken dabei nicht beschädigen.

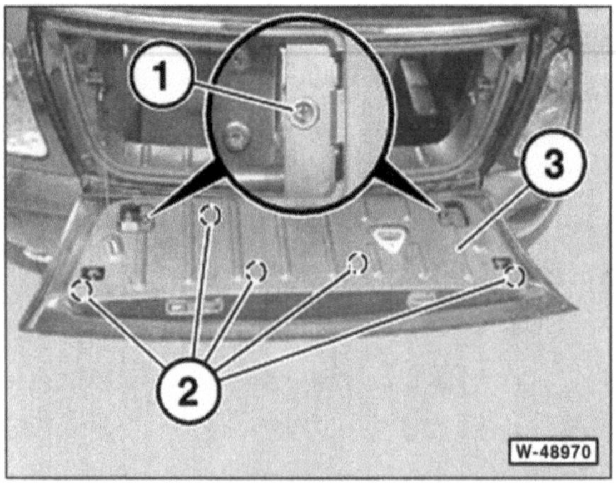

- Schrauben -1- herausdrehen.
- Kunststoffkeil unter die Heckklappenverkleidung -3- schieben und Halteclips -2- aus den Bohrungen in der Heckklappe herausziehen.

Achtung: Heckklappe unbedingt von einem Helfer abstützen lassen.

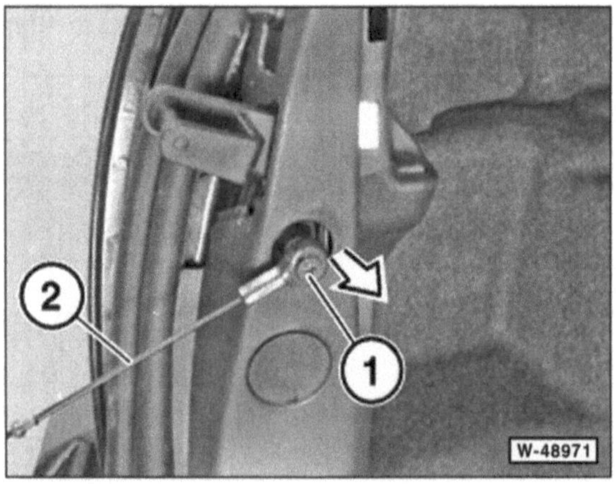

- An beiden Seiten Schraube -1- für Haltezug -2- herausdrehen. **Achtung:** Die Haltezüge stehen unter Spannung und müssen am Aufhängestopfen festgehalten werden.
- Haltezug mit Aufhängestopfen abnehmen -Pfeil- und vorsichtig bis zur Heckklappe zurückführen.

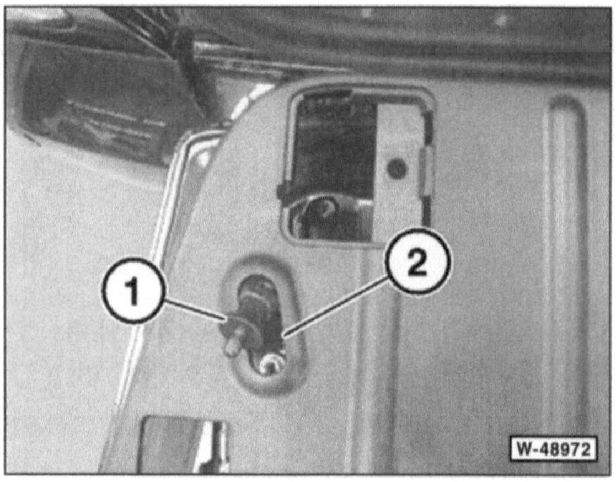

- Zuerst Aufhängestopfen -1- mit Haltezug vorsichtig durch die linke Öffnung -2- in der Verkleidung durchführen.
- Anschließend rechten Haltezug durch die Öffnung in der Verkleidung durchführen.
- Gummitülle für Leitungsdurchführung nach unten aus der Heckklappenverkleidung herausziehen.
- Heckklappenverkleidung nach oben aus den Führungen herausziehen und abnehmen.

Einbau

Der Einbau erfolgt in umgekehrter Ausbaureihenfolge. Dabei ist Folgendes zu beachten:

- Beschädigte Halteclips ersetzen.
- Schraube für Aufhängestopfen mit **19 Nm** festziehen.

Türverkleidung aus- und einbauen

Ausbau

- Tür öffnen.
- Türfensterscheibe ganz nach unten senken.
- Zündung ausschalten und Zündschlüssel abziehen.
- Batterie abklemmen. **Achtung:** Hinweise im Kapitel »Batterie aus- und einbauen« beachten.

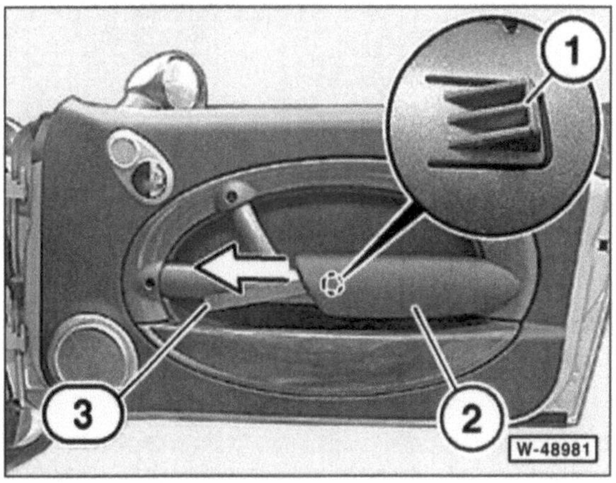

- **MINI 1 ab 9/02:** Kunststoffkeil –3– von vorne unter die Armlehne –2– schieben und Rasthaken –1– niederdrücken. Armlehne –2– nach vorne von der Tür abziehen –Pfeil–. **Achtung:** Rastlaschen oben und unten an der Rückseite der Armlehne nicht beschädigen.

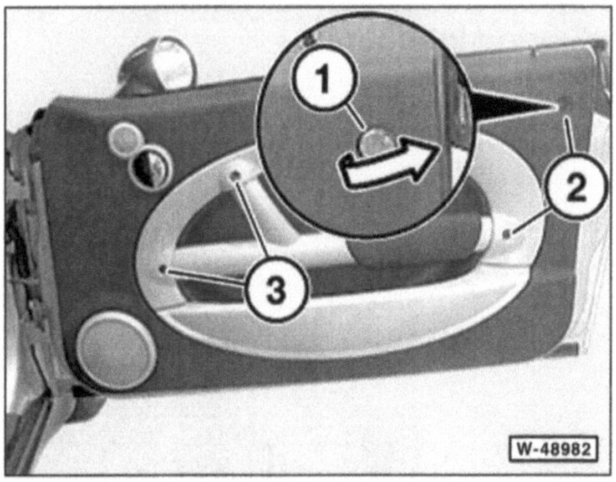

- Reflektor –1– mit einem Kunststoffkeil aus der Türverkleidung heraushebeln.
- Kurze Schrauben –2– herausdrehen.
- Lange Schrauben –3– herausdrehen.

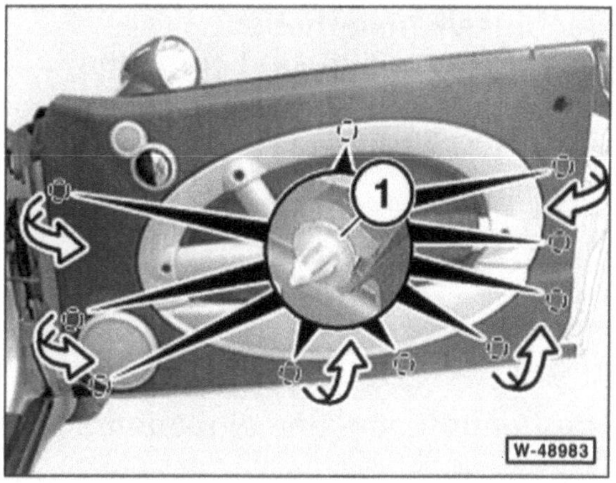

- Kunststoffkeil oder Lösezange, zum Beispiel HAZET 799-4, unter die Türverkleidung schieben und Halteclips –1– aus den Bohrungen in der Tür herausziehen.
- Türverkleidung unten und an den Seiten von der Tür lösen –Pfeile–.

Hinweis: Die Halteclips sind farbig gekennzeichnet. Für den Einbau Position der Halteclips an der Rückseite der Verkleidung notieren.

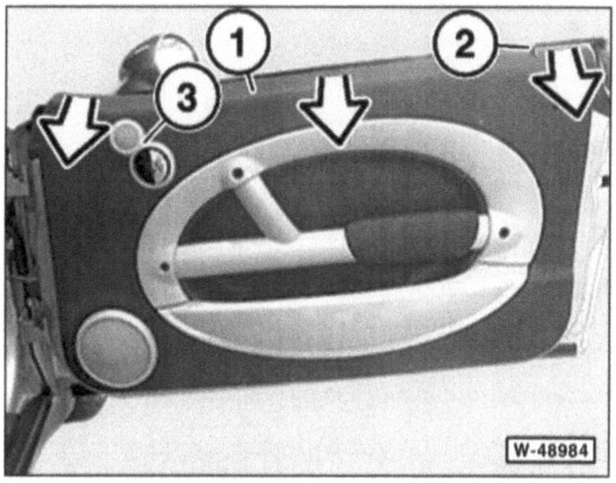

- Mit einem Kunststoffkeil Blende –3– vorsichtig vom Türöffner abhebeln.
- Türverkleidung –1– oben vorsichtig von der Tür abziehen –Pfeile–.
- Türverkleidung vom Verriegelungsknopf –2– abheben und von der Tür abnehmen.

Einbau

Der Einbau erfolgt in umgekehrter Ausbaureihenfolge. Dabei ist Folgendes zu beachten:

- Beschädigte Halteclips ersetzen.
- Halteclips je nach Farbkennzeichnung an der Rückseite der Verkleidung einsetzen.
- Schrauben je nach Länge an der richtigen Stelle eindrehen.

Türschloss/Fensterheber/ Fensterscheibe aus- und einbauen

Vor Ausbau des Türschlosses und des Fensterhebers muss die Fensterscheibe ausgebaut werden. Für den Ausbau der Fensterscheibe sind mehrere Spezialwerkzeuge von BMW notwendig, die dem Heimwerker in der Regel nicht zur Verfügung stehen. Zudem muss die Fensterscheibe nach dem Einbau exakt eingestellt und justiert werden. Ohne entsprechende Erfahrungswerte sind diese Arbeitsgänge nicht fachgerecht durchzuführen.

Türaußengriff aus- und einbauen

Ausbau

- Türverkleidung ausbauen, siehe entsprechendes Kapitel.

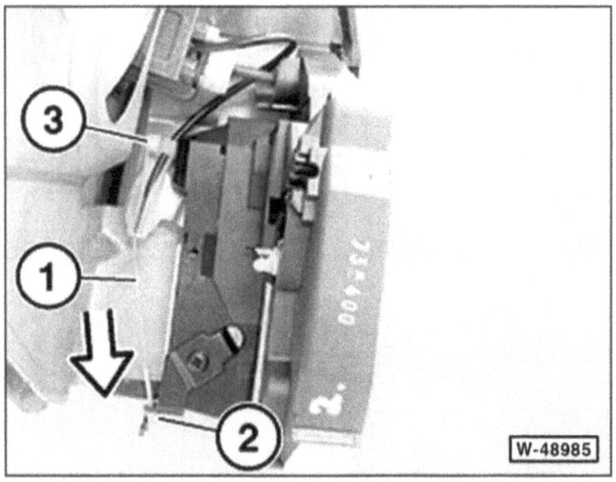

- Bowdenzug –1– für Türaußengriff nach unten ziehen –Pfeil– und vom Verriegelungshebel –2– des Türschlosses aushängen.
- Bowdenzug aus der Führung –3– aushängen.

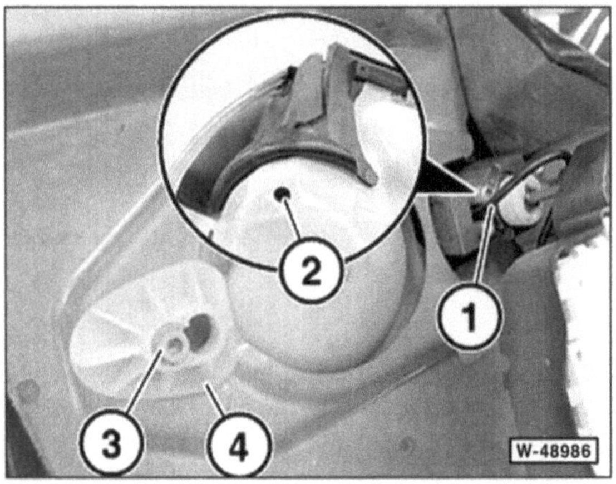

- An der Türinnenseite Schraube –1– herausdrehen. **Hinweis:** Die Schraube ist durch die Öffnung –2– zugänglich. Wenn nötig, zuvor Abdeckkappe aus dem Türblech heraushebeln.
- Schraube –3– herausdrehen und Abstandstück –4– von der Tür abnehmen.

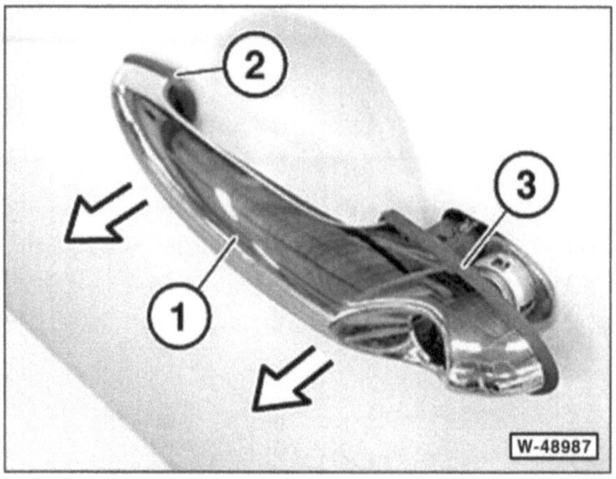

- Türaußengriff –1– aus den Öffnungen im Türblech herausziehen –Pfeile–. **Hinweis:** Der Türaußengriff an der Fahrertür wird ohne den Schließzylinder ausgebaut.

Einbau

Der Einbau erfolgt in umgekehrter Ausbaureihenfolge. Dabei ist Folgendes zu beachten:

- Auf korrekten Sitz der Dichtungen –2/3– achten.
- Vor Einbau eines neuen Türaußengriffs selbstschneidende Schauben in den Türaußengriff eindrehen.
- Bowdenzug korrekt am Türschloss verlegen.
- Bei geöffneter Tür eine Funktionsprüfung durchführen.

Schließzylinder am Türaußengriff aus- und einbauen

Ausbau

- Türaußengriff der Fahrertür ausbauen, siehe entsprechendes Kapitel.

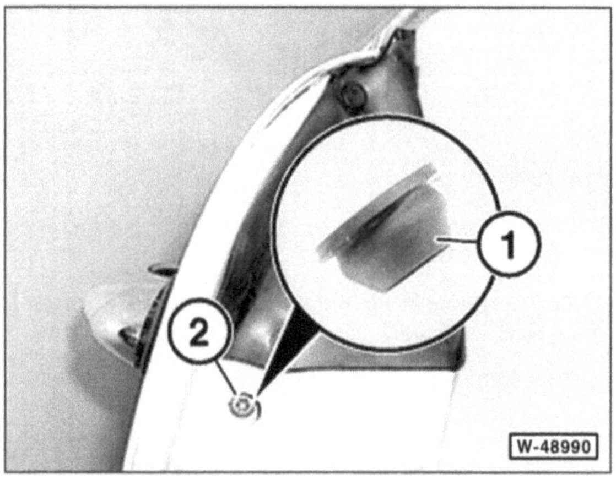

- Gummistopfen –1– aus der Schmalseite der Tür heraushebeln und darunter liegende Schraube –2– herausdrehen.

Hinweis: Dabei die Schraube gegen die Tür drücken, damit sie nicht aus der Bohrung herausfällt. Während der folgenden Arbeitsschritte Schraube gegen Herausfallen sichern.

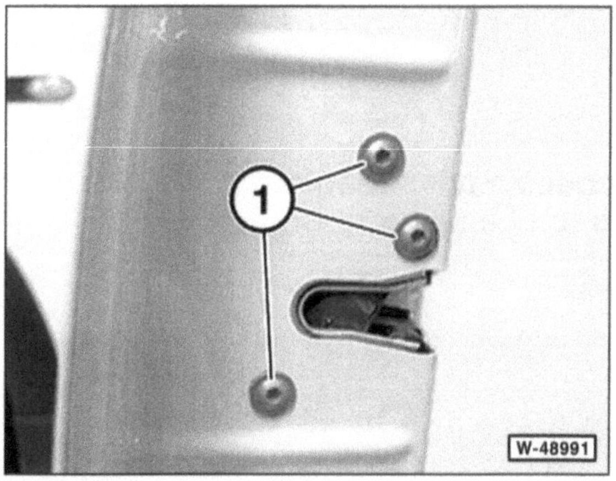

● Schrauben -1- herausdrehen und Türschloss von der Tür lösen.

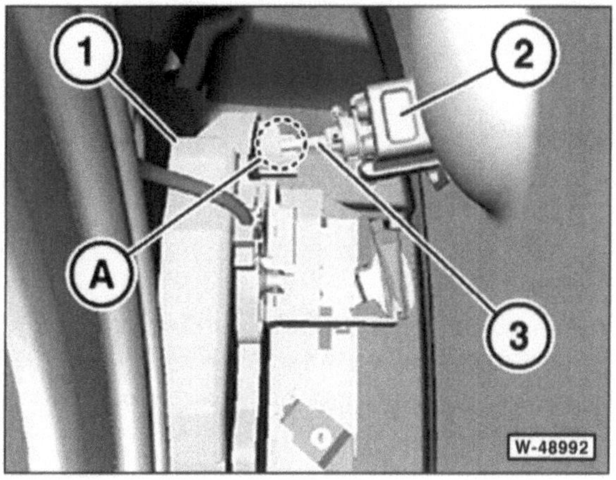

● Türschloss -1- etwas nach unten legen.

● Paddel -3- des Schließzylinders im Bereich -A- aus dem Türschloss herausfädeln.

● Schließzylinder -2- aus der Tür herausziehen.

Einbau

Der Einbau erfolgt in umgekehrter Ausbaureihenfolge. Dabei ist Folgendes zu beachten:

● Das Paddel des Schließzylinders darf nicht beschädigt sein.

● Paddel des Schließzylinders korrekt im Türschloss einfädeln.

● **Anzugsdrehmomente:**
Schrauben für Türschloss . . . . **6 Nm**
Sicherungsschraube für Schließzylinder . . . . . . **6 Nm**

Türöffner aus- und einbauen

Ausbau

● Türverkleidung ausbauen, siehe entsprechendes Kapitel.

● Hochtonlautsprecher ausbauen, siehe Seite 109.

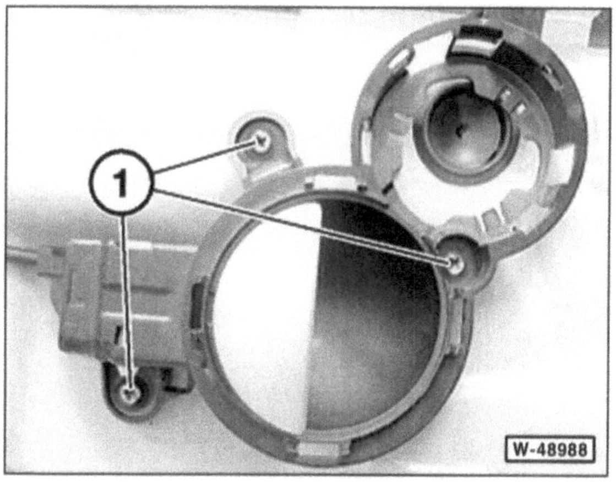

● Schrauben -1- herausdrehen und Türöffner mit Halterung von der Tür abnehmen.

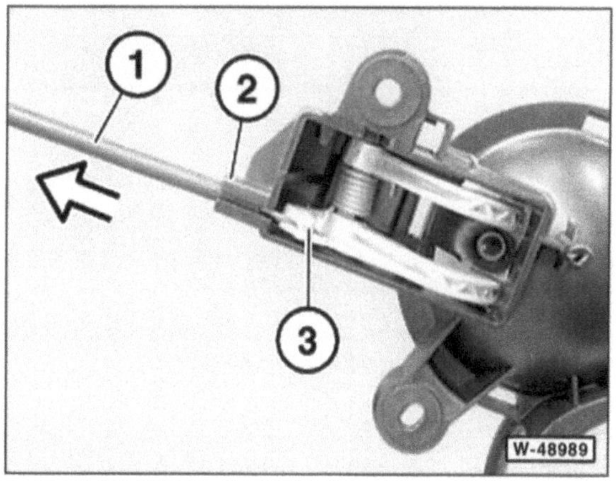

● Bowdenzug -1- am Gegenlager -2- aushängen.

● Nippel -3- des Seilzuges am Türöffner aushängen und herausziehen -Pfeil-.

Einbau

● Der Einbau erfolgt in umgekehrter Ausbaureihenfolge.

● Bei geöffneter Tür eine Funktionsprüfung durchführen.

Windlaufabdeckung aus- und einbauen

Windlaufabdeckung rechts

Ausbau

- Motorhaube öffnen.

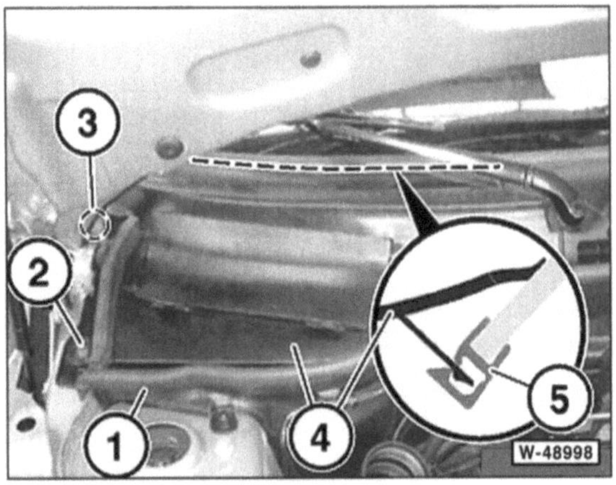

- Dichtungsband –1– abziehen.
- Mutter –2– und Schraube –3– abschrauben. **Achtung:** Die Mutter kann leicht in den Motorraum fallen.
- Windlaufabdeckung –4– nach oben aus der Halteleiste –5– ausrasten und abnehmen.

Hinweis: Das Detailbild ist ein Längsschnitt durch Frontscheibe, Halteleiste und Windlaufabdeckung.

Einbau

Der Einbau erfolgt in umgekehrter Ausbaureihenfolge. Dabei ist Folgendes zu beachten:

- Die Dichtungen an der Rückseite der Windlaufabdeckung dürfen nicht beschädigt sein.
- Windlaufabdeckung korrekt an der Halteleiste ansetzen, ausrichten und einrasten.

Windlaufabdeckung links

Ausbau

- Rechte Windlaufabdeckung ausbauen.
- Wischerarme ausbauen, siehe Seite 67.
- Der weitere Ausbau erfolgt wie bei der rechten Windlaufabdeckung.

Einbau

Der Einbau erfolgt in umgekehrter Ausbaureihenfolge. Dabei ist Folgendes zu beachten:

- Windlaufabdeckung korrekt an der Halteleiste ansetzen, ausrichten und einrasten.

Blende an der A-Säule aus- und einbauen

Ausbau

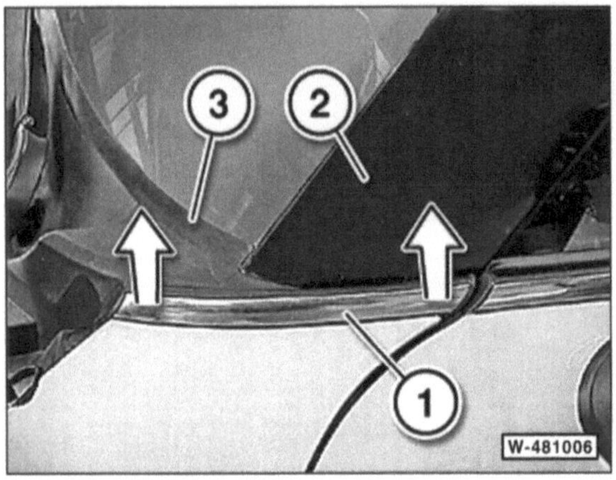

- Kotflügel unterhalb der Zierleiste –1– zum Schutz mit Klebeband abkleben.
- Mit einem Kunststoffkeil Zierleiste –1– vorsichtig vom Kotflügel abhebeln und nach oben abziehen –Pfeile–.

Hinweis: Beim Einbau auf korrekten Sitz der Blende –2– an der Windlaufabdeckung –3– achten.

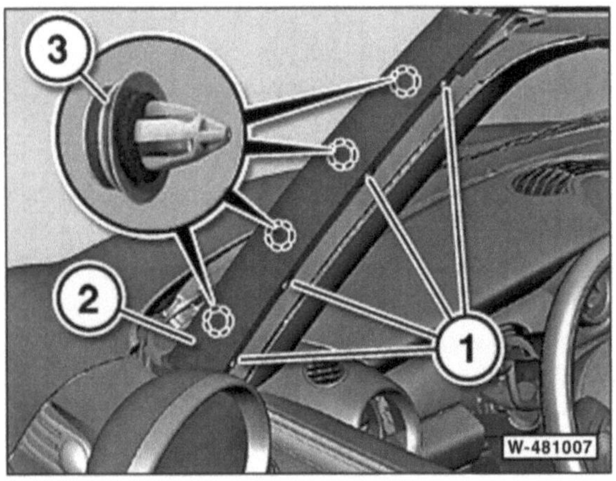

- Tür öffnen und Türdichtung im Bereich der Blende –2– abziehen.
- Schrauben –1– für Blende herausdrehen.
- Blende an 4 Halteclips –3– vorsichtig von der A-Säule abhebeln.

Einbau

Der Einbau erfolgt in umgekehrter Ausbaureihenfolge. Dabei ist Folgendes zu beachten:

- In der A-Säule steckende Halteclips herausziehen.
- Beschädigte Halteclips ersetzen.
- Das Formteil zwischen Blende und A-Säule darf nicht beschädigt sein.

Unterbodenabdeckung hinten links aus- und einbauen

Ausbau

- Fahrzeug hinten aufbocken.

Sicherheitshinweis
Beim Aufbocken des Fahrzeugs besteht Unfallgefahr! Hinweise im Kapitel »Fahrzeug aufbocken« beachten.

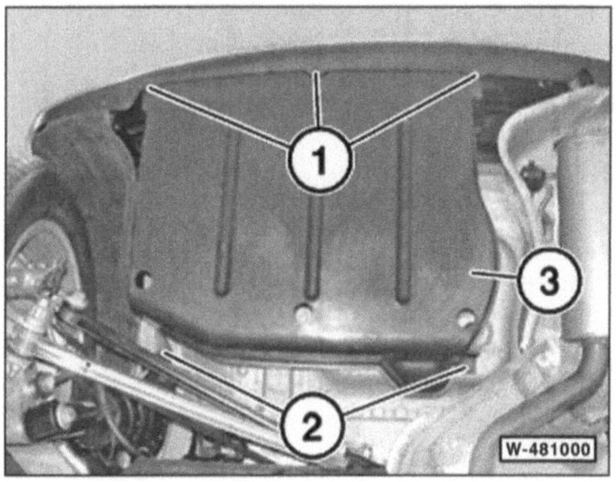

- Schrauben –1– herausdrehen.
- Muttern –2– abschrauben und Abdeckung –3– vom Unterboden abnehmen.

Einbau

- Der Einbau erfolgt in umgekehrter Ausbaureihenfolge.

Kotflügel vorn aus- und einbauen

Ausbau

- Blende an der A-Säule ausbauen, siehe entsprechendes Kapitel.
- Innenkotflügel vorn ausbauen, siehe entsprechendes Kapitel.
- Blende am Radkasten ausbauen, siehe entsprechendes Kapitel.
- Verkleidung am Längsträger ausbauen, siehe entsprechendes Kapitel.
- Seitliche Blinkleuchte ausbauen, siehe Seite 91.

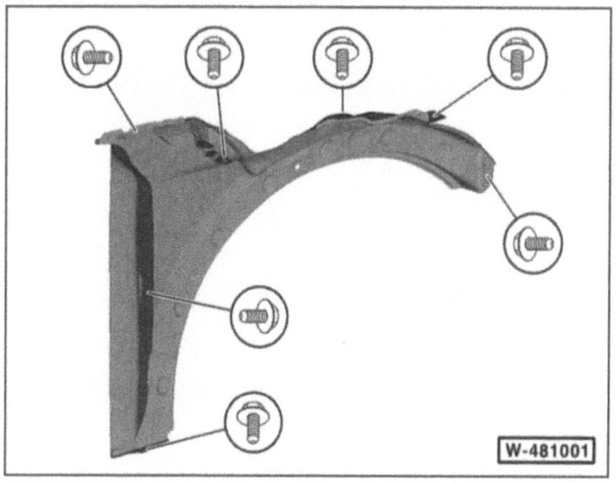

- Schrauben herausdrehen und Kotflügel abnehmen. **Hinweis:** Die Abbildung zeigt die Innenseite des linken Kotflügels.

Achtung: Umgebende Karosserieteile nicht beschädigen.

Einbau

Der Einbau erfolgt in umgekehrter Ausbaureihenfolge. Dabei ist Folgendes zu beachten:

- Kotflügel ansetzen, grob ausrichten und zunächst locker anschrauben.
- Kotflügel ausrichten, dabei auf gleichmäßige Spaltmaße zu Tür und Motorhaube achten.
  Spaltmaß, Sollwert:
  Kotflügel – Tür vorn: .... $4{,}0^{\pm 1{,}0}$ mm
  Kotflügel, an Blinkleuchte – Motorhaube: .... $4{,}0^{\pm 0{,}8}$ mm
- Schrauben für Kotflügel mit **13 Nm** festziehen.

Blende am Radkasten aus- und einbauen

Blende vorn

Ausbau

- Fahrzeug vorne aufbocken.

Sicherheitshinweis
Beim Aufbocken des Fahrzeugs besteht Unfallgefahr! Hinweise im Kapitel »Fahrzeug aufbocken« beachten.

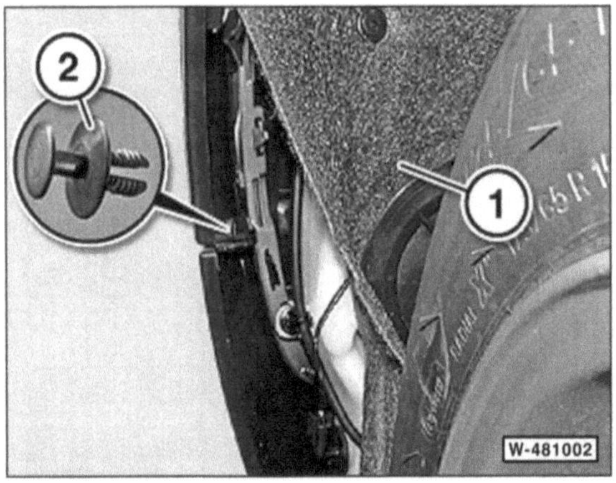

- Spreizniete vorne herausziehen und Innenkotflügel –1– ein Stück nach hinten ziehen. Zuvor Schraube aus der Spreizniete herausdrehen.
- Spreizniete –2– herausziehen.

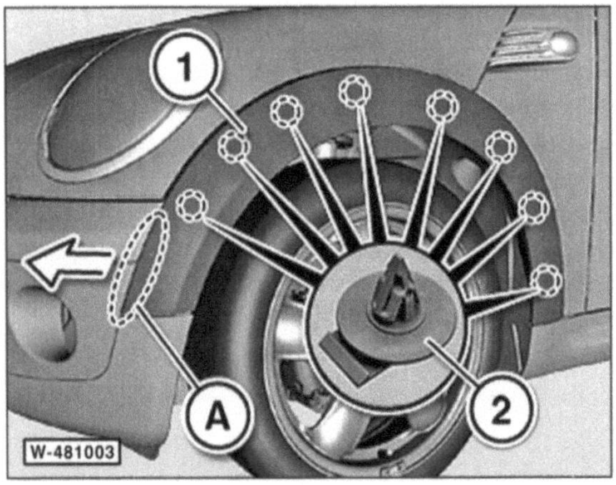

- Blende –1– im vorderen Bereich –A– von der Stoßfängerabdeckung lösen –Pfeil–.
- Kunststoffkeil unter die Blende schieben, an den Halteclips –2– vom Radkasten abhebeln und abnehmen.

Einbau

- Beschädigte Halteclips und Spreiznieten ersetzen.
- Der Einbau erfolgt in umgekehrter Ausbaureihenfolge.

Blende hinten

Ausbau

- Fahrzeug vorne aufbocken.

Sicherheitshinweis
Beim Aufbocken des Fahrzeugs besteht Unfallgefahr! Hinweise im Kapitel »Fahrzeug aufbocken« beachten.

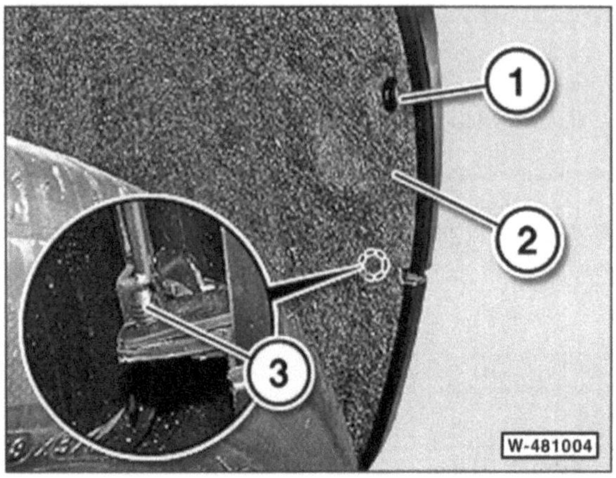

- Spreizniete –1– hinten herausziehen und Innenkotflügel –2– ein Stück nach vorne ziehen. Zuvor Schraube aus der Spreizniete herausdrehen.
- Spreizniete –3– herausziehen.

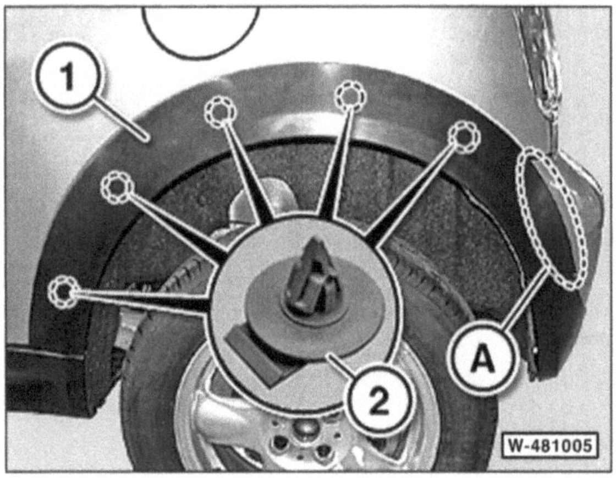

- Blende –1– im hinteren Bereich –A– nach hinten von der Stoßfängerabdeckung lösen.
- Kunststoffkeil unter die Blende schieben, an den Halteclips –2– vom Radkasten abhebeln und abnehmen.

Einbau

- Beschädigte Halteclips und Spreiznieten ersetzen.
- Der Einbau erfolgt in umgekehrter Ausbaureihenfolge.

Innenkotflügel aus- und einbauen

Innenkotflügel vorn

Ausbau

- Radschrauben lösen. Fahrzeug aufbocken und Rad abnehmen. **Achtung:** Unbedingt Hinweise im Kapitel »Rad aus- und einbauen« beachten.

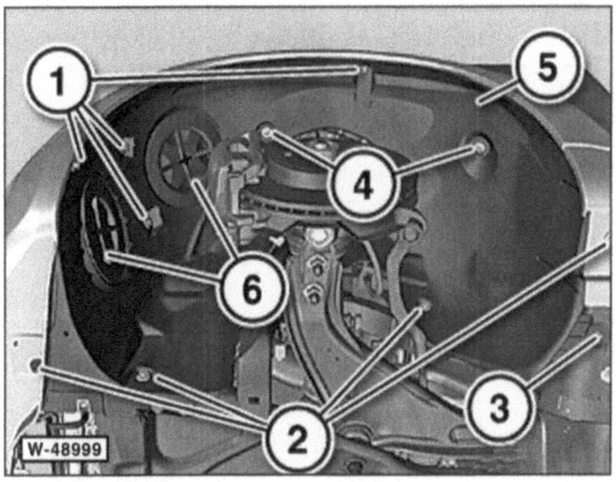

- Spreiznieten –1/2– herausziehen. Zuvor Schraube aus der jeweiligen Spreizniete herausdrehen.
- Mutter –3– abschrauben.
- Schrauben –4– herausdrehen.
- Innenkotflügel aus dem Radkasten herausziehen. 6 – Abdeckungen für Blinkleuchte sowie für Stand- und Nebelleuchte.

Einbau

- Der Einbau erfolgt in umgekehrter Ausbaureihenfolge.

Innenkotflügel hinten

Ausbau

Hinweis: Der Aus- und Einbau erfolgt im Prinzip wie beim MINI 1.

- Radschrauben lösen. Fahrzeug aufbocken und Rad abnehmen. **Achtung:** Unbedingt Hinweise im Kapitel »Rad aus- und einbauen« beachten.
- Schraube unten an der Schwellerverkleidung herausdrehen. Muttern oben im Radkasten abschrauben.
- Spreiznieten vorne und hinten herausziehen. Zuvor Schraube aus der jeweiligen Spreizniete herausdrehen.
- Innenkotflügel aus dem Radkasten herausziehen.

Einbau

- Der Einbau erfolgt in umgekehrter Ausbaureihenfolge.

Kühlergrill vorn aus- und einbauen

Ausbau

- Motorhaube öffnen.

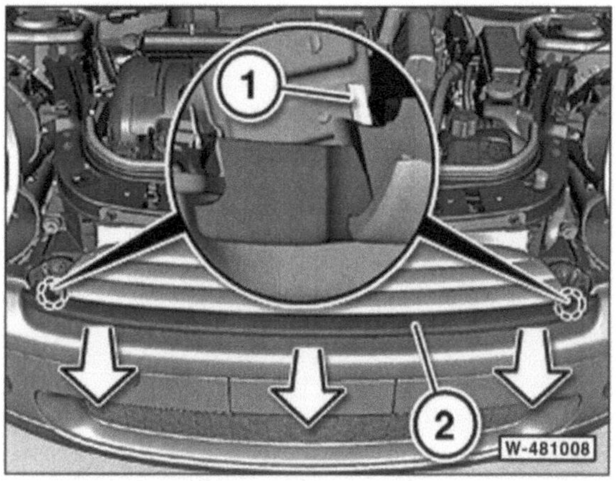

- An beiden Seiten Rastlaschen –1– hinter dem Kühlergrill nach unten drücken und Blende –2– nach vorne herausziehen –Pfeile–.

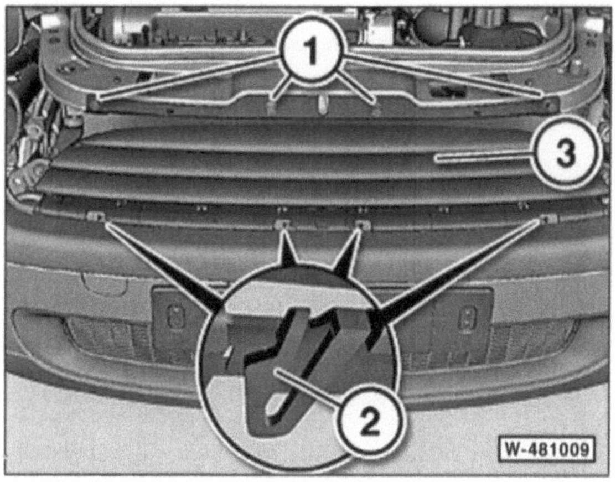

- Spreiznieten –1– oben am Kühlergrill herausziehen.
- Rasthaken –2– zusammendrücken und Kühlergrill –3– nach vorne von der Stoßfängerabdeckung ziehen.

Einbau

Der Einbau erfolgt in umgekehrter Ausbaureihenfolge. Dabei ist Folgendes zu beachten:

- Beschädigte Spreiznieten ersetzen.
- Die Rasthaken dürfen nicht beschädigt sein.

Stoßfängerabdeckung vorn aus- und einbauen

Ausbau

- Zündung ausschalten und Zündschlüssel abziehen.
- Kühlergrill ausbauen, siehe entsprechendes Kapitel.
- Blende am Radkasten von der Stoßfängerabdeckung lösen, siehe entsprechendes Kapitel.

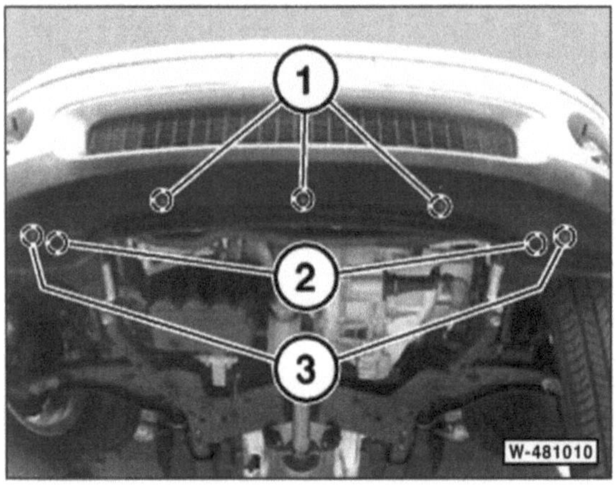

- Je nach Ausführung Spreiznieten –1/2– unten herausziehen.
- Schrauben –3– unten herausdrehen.

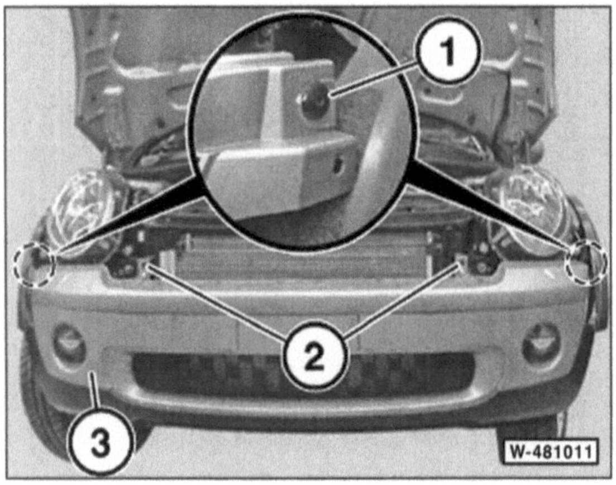

- Schrauben –1/2– oben herausdrehen.
- Stoßfängerabdeckung –3– ein Stück nach vorne ziehen.
- Je nach Ausführung an der Rückseite Stecker von den Standlichtleuchten und den Nebelscheinwerfern abziehen.
- Steckverbindung für Außentemperaturfühler trennen.
- Mit einem Helfer Stoßfängerabdeckung nach vorne ziehen und abnehmen.

Einbau

Der Einbau erfolgt in umgekehrter Ausbaureihenfolge. Dabei ist Folgendes zu beachten:

- Auf korrekte Lage des Dämpfungteils auf dem Stoßfängerträger achten.
- Stoßfängerabdeckung ausrichten. Dabei soll der Spalt zu den sich anschließenden Karosserieteilen jeweils gleichmäßig breit sein und parallel verlaufen.
  Spaltmaß, Sollwert:
  Stoßfängerabdeckung – Motorhaube: . . . . . . $5{,}7^{\pm 1{,}5}$ mm

Speziell seitliche Blenden

- Mit einem kleinen Schraubendreher Abdeckkappen von den Schrauben des Kraftfahrzeugkennzeichens abheben.
- Schrauben herausdrehen und Kraftfahrzeugkennzeichen vom Halter abnehmen.
- Halter für Kennzeichen von der Stoßfängerabdeckung abschrauben.

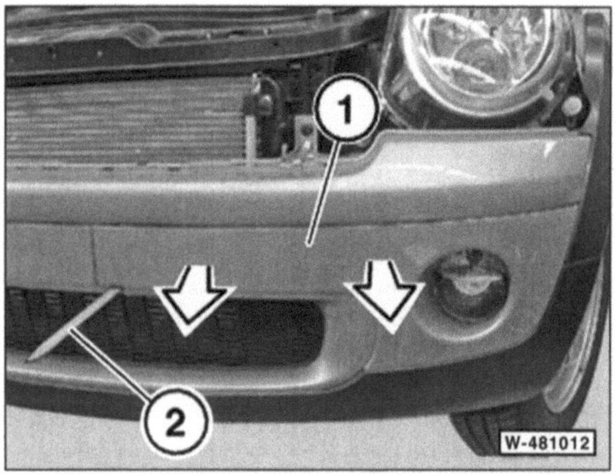

- Mit einem Kunststoffkeil –2– Blende –1– an den Rasthaken ausrasten und von der Stoßfängerabdeckung abziehen –Pfeile–.

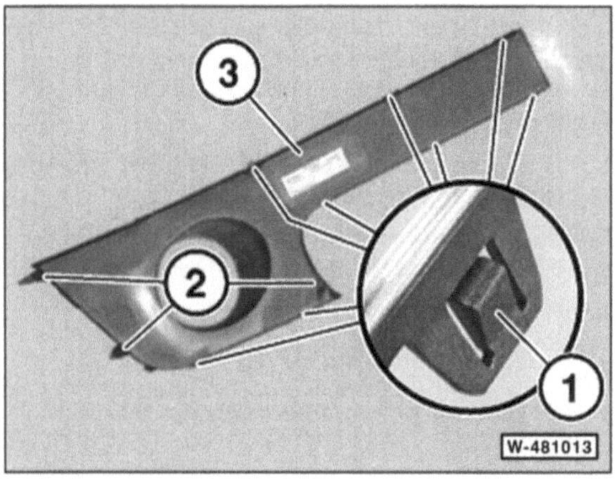

- Die Rasthaken –1– und Führungslaschen –2– an der Rückseite der Blende –3– dürfen nicht beschädigt sein.

Stoßfängerabdeckung hinten aus- und einbauen

Ausbau

- Zündung ausschalten und Zündschlüssel abziehen.
- Auf beiden Seiten Spreiznieten unten herausziehen und Innenkotflügel von der Stoßfängerabdeckung lösen. Zuvor Schraube aus dem jeweiligen Spreizclip herausdrehen.
- Blende am Radkasten von der Stoßfängerabdeckung lösen, siehe entsprechendes Kapitel.

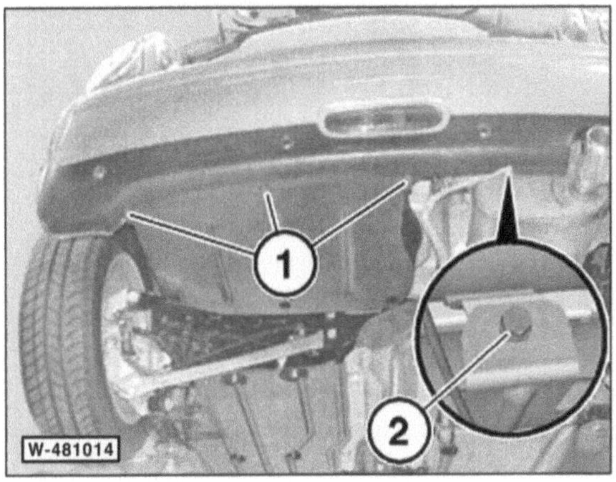

- Schrauben –1/2– unten herausdrehen.

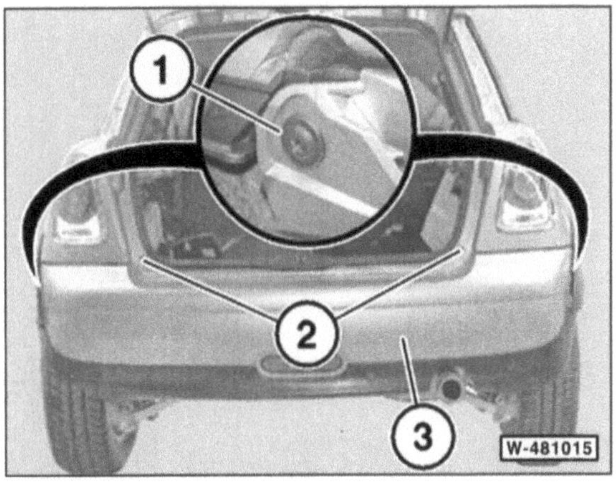

- Schrauben –1– herausdrehen.
- Heckklappe öffnen und obere Schrauben –2– herausdrehen.
- Stoßfängerabdeckung –3– ein Stück nach hinten ziehen.
- Je nach Ausführung an der Rückseite Stecker von der Nebelschlussleuchte und von den Einparksensoren abziehen.
- Mit einem Helfer Stoßfängerabdeckung nach hinten ziehen und abnehmen.

Einbau

Der Einbau erfolgt in umgekehrter Ausbaureihenfolge. Dabei ist Folgendes zu beachten:

- Stoßfängerabdeckung ausrichten. Dabei soll der Spalt zu den sich anschließenden Karosserieteilen jeweils gleichmäßig breit sein und parallel verlaufen.
  Spaltmaß, Sollwert:
  Stoßfängerabdeckung – Heckklappe: . . . . . . $5{,}0^{\pm 1{,}5}$ mm

Motorhaube aus- und einbauen

Ausbau

- Motorhaube öffnen und Massekabel abschrauben.
- Leitungen und Schläuche an der Motorhaube abziehen und aus den Halterungen herausziehen.
- Für den Wiedereinbau Einbaulage der Scharniere mit Filzstift an der Motorhaube markieren.

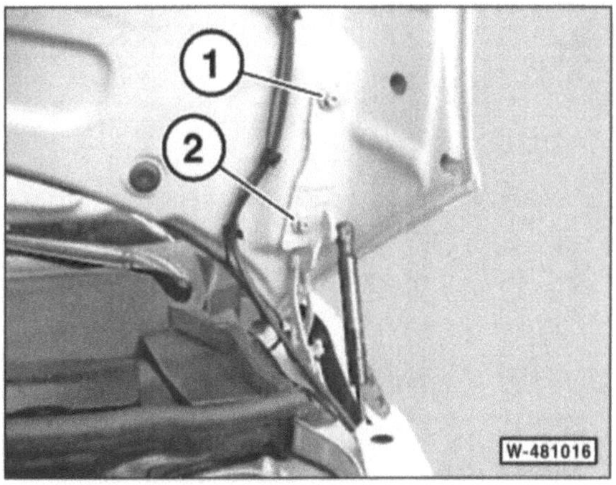

- Auf jeder Seite 2 Scharnierschrauben –1/2– an der Motorhaube lockern, aber nicht abschrauben.
- Motorhaube von einem Helfer abstützen lassen. Gasdruckfeder von den oberen Kugelzapfen abziehen, siehe Kapitel »Gasdruckfeder aus- und einbauen«.
- Scharnierschrauben herausdrehen, Motorhaube mit dem Helfer von den Scharnieren abnehmen und vorsichtig ablegen.

Einbau

- Motorhaube mit dem Helfer am Scharnier ansetzen. Die alte Motorhaube dabei nach den Markierungen ausrichten. Scharnierschrauben handfest aufschrauben.
- Motorhaube schließen und auf korrekte Spaltmaße ausrichten, siehe entsprechenden Abschnitt.
- Gasdruckfedern auf Kugelzapfen aufdrücken und einrasten.
- Scharnierschrauben mit **22 Nm** festziehen.
- Leitungen und Schläuche an der Motorhaube verbinden, Massekabel anschrauben.
- Wenn nötig, Scharniere und Schrauben mit Lack gegen Rost schützen.

Motorhaube ausrichten

- Motorhaube schließen und Spaltmaße der Motorhaube prüfen. Der Spalt zu den sich anschließenden Karosserieteilen soll jeweils gleichmäßig breit sein und parallel verlaufen. Die Motorhaubenschlösser müssen korrekt einrasten. Die Schließbügel dürfen nicht schleifen.

  Spaltmaße, Sollwerte:

  Motorhaube – Blende Radkasten, MP oben: . $5{,}0^{\pm 1.2}$ mm
  Motorhaube – Kotflügel, MP an Blinkleuchte: $4{,}0^{\pm 0.8}$ mm
  Motorhaube – Scheinwerfer, MP vorne: . . . . . $5{,}7^{\pm 1.5}$ mm

  Hinweis: Spaltmaße gelten nur für angegebene Messpunkte (=MP).

- Wenn nötig, Scharnierschrauben an der Motorhaube lockern und Motorhaube durch Verschieben nach links oder rechts ausrichten.
- Scharnierschrauben an der Motorhaube mit **22 Nm** festziehen.

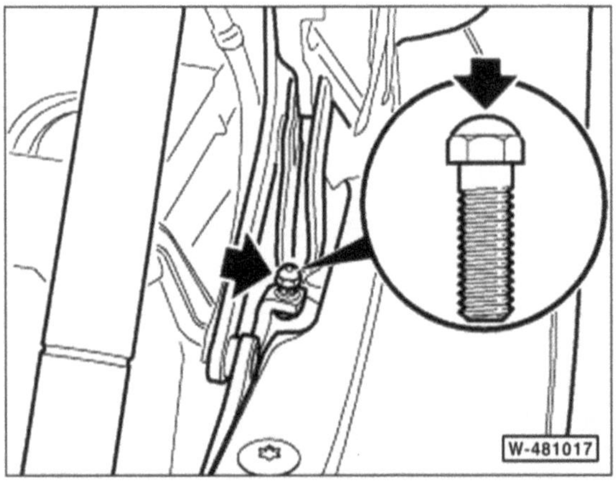

- Anschlagschraube an beiden Seiten überprüfen. Die Kunststoffkappe –Pfeil– darf nicht beschädigt sein oder fehlen; gegebenenfalls Scharnier ersetzen. **Achtung:** Anschlagschraube nicht zur Höheneinstellung der Motorhaube verwenden.

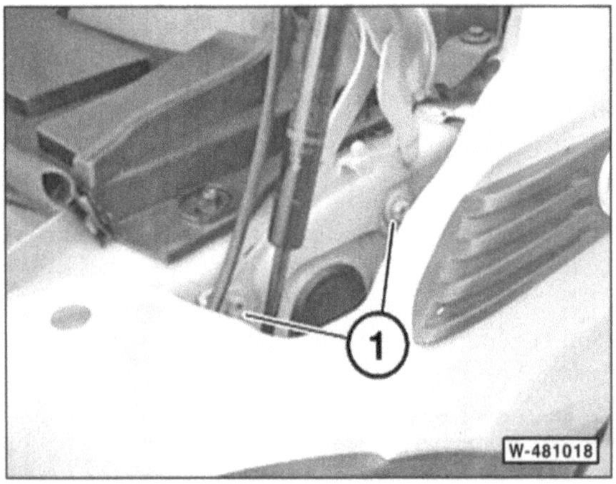

- Wenn nötig, Scharnierschrauben –1– an der Karosserie lockern und Motorhaube durch Verschieben des Scharniers ausrichten.
- Scharnierschrauben an der Karosserie mit **22 Nm** festziehen.

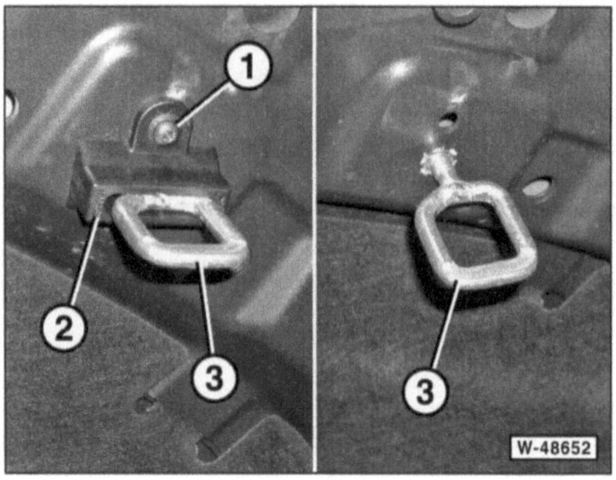

- Zur Höhenverstellung Schraube –1– herausdrehen, Kappe –2– abnehmen und Schließbügel –3– aus der Motorhaube herausschrauben, dabei Anzahl der Umdrehungen merken. Zweiten Schließbügel in gleicher Weise einstellen.
- Anschlagpuffer an den Seiten zur Höheneinstellung der Motorhaube verwenden. Dazu Anschlagpuffer so weit verdrehen, bis die Motorhaube vorne bündig mit den Kotflügeln ist. **Hinweis:** Als Einstellhilfe Knetmasse an den Anschlagpuffern aufdrücken. Nach Schließen der Motorhaube ist am Abdruck in der Knetmasse zu erkennen, ob die Motorhaube richtig aufliegt.

Motorhaubenschloss aus- und einbauen

Ausbau

- Motorhaube öffnen.

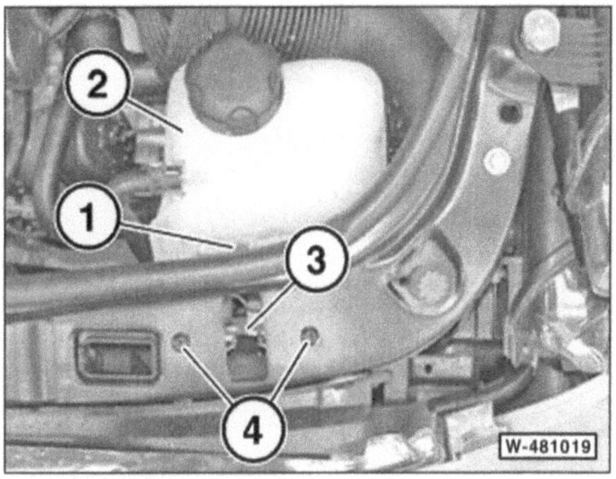

- **Motorhaubenschloss links:** Schraube –1– herausdrehen. Kühlmittel-Ausgleichbehälter –2– aus der Halterung herausziehen und mit angeschlossenen Schläuchen zur Seite legen.
- Schrauben –4– herausdrehen, Motorhaubenschloss –3– nach hinten vom Schlossträger abnehmen und aus dem Motorraum herausziehen.

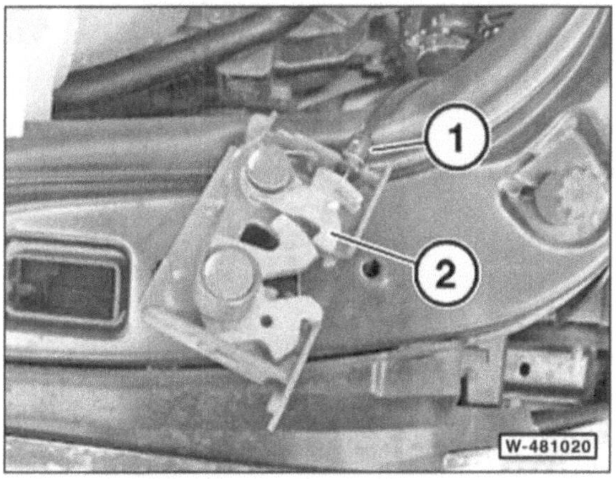

- Motorhaubenzug –1– aus dem Gegenlager des Motorhaubenschlosses –2– herausziehen und Nippel des Motorhaubenzugs aushängen.

Einbau

- Der Einbau erfolgt in umgekehrter Ausbaureihenfolge.
- Schrauben für Motorhaubenschloss mit **10 Nm** festziehen.

Motorhaubenzug aus- und einbauen

Ausbau

- Linke Windlaufabdeckung ausbauen, siehe entsprechendes Kapitel.
- Einstiegsleiste auf der Fahrerseite ausbauen, siehe Seite 247.

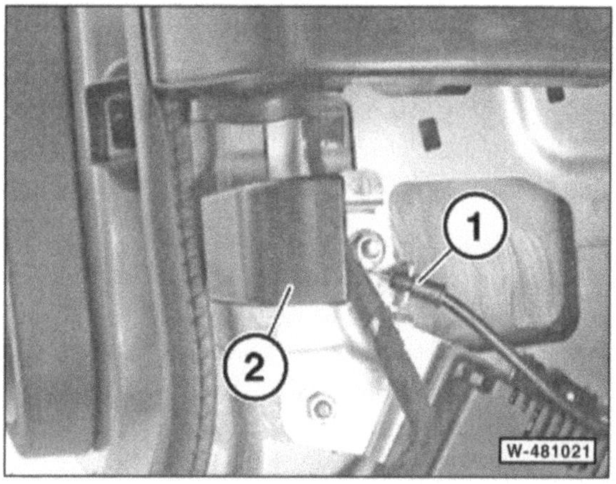

- Motorhaubenzug –1– am Lagerbock im Fahrerfußraum heraushebeln und Nippel am Betätigungshebel –2– aushängen.
- Motorhaubenzug aus den Halterungen im Innenraum aushängen.
- Am Ende des Motorhaubenzugs eine Schnur befestigen. **Hinweis:** Die Schnur dient beim Einbau als Einziehhilfe.

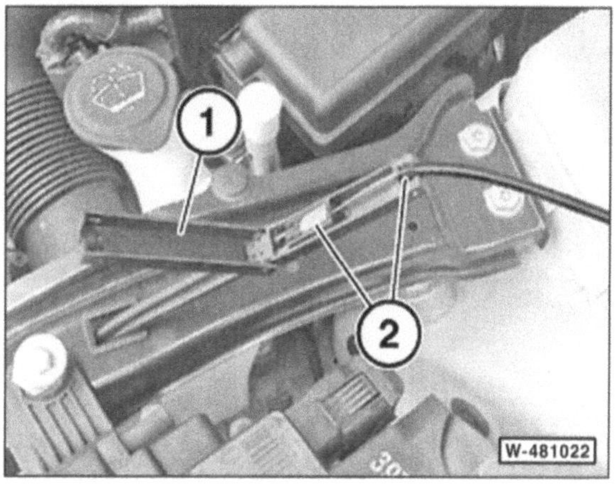

- Deckel –1– an den Seiten des Kupplungsgehäuses mit einem Schraubendreher entriegeln und hochklappen.
- Motorhaubenzug –2– aus der Halterung im Kupplungsgehäuse heraushebeln und Motorhaubenzug aushängen.
- Kupplungsgehäuse vom Schlossträger lösen.

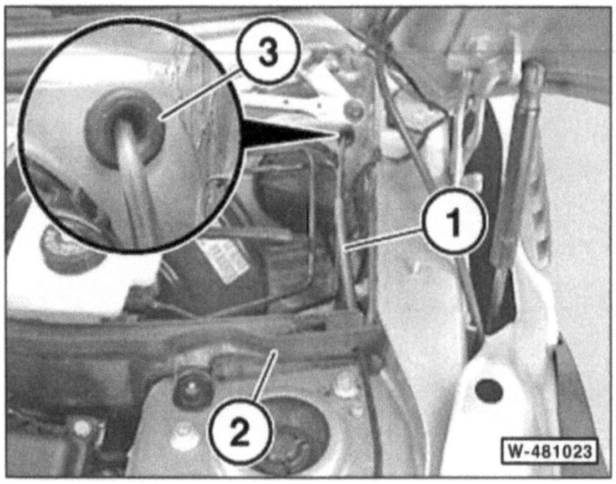

- Motorhaubenzug –1– nach hinten durch die Bohrung am Wasserkasten –2– durchziehen.
- Motorhaubenzug zusammen mit der Tülle –3– durch die Bohrung in der Stirnwand in den Wasserkasten durchziehen und herausnehmen.
- Vordere Motorhaubenzüge am rechten und linken Motorhaubenschloss aushängen, siehe Kapitel »Motorhaubenschloss aus- und einbauen«.
- Vordere Motorhaubenzüge aus den Halterungen im Motorraum aushängen und zusammen mit Kupplungsgehäuse aus dem Motorraum herausziehen.

Einbau

Der Einbau erfolgt in umgekehrter Ausbaureihenfolge. Dabei ist Folgendes zu beachten:

- Motorhaubenzug mithilfe der Schnur durch die Bohrung in der Stirnwand durchziehen. Auf korrekten Sitz der Tülle achten.
- Motorhaubenzüge knickfrei verlegen.
- Bei geöffneter Motorhaube Entriegelung des Schlosses prüfen.

Heckspoiler aus- und einbauen

Ausbau

- Heckklappe öffnen.

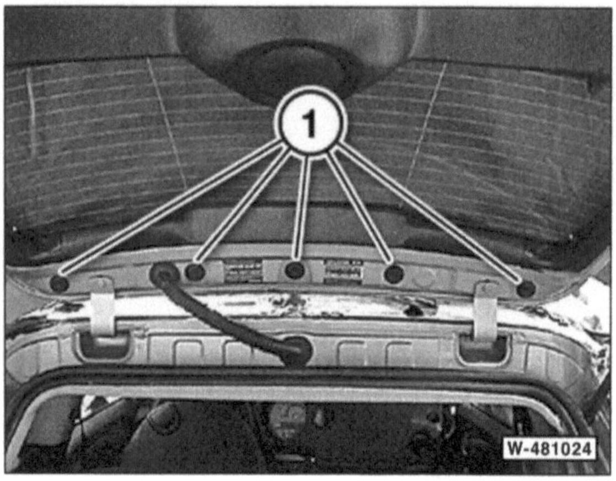

- Gummistopfen –1– aus der Heckklappe herausziehen und dahinter sitzende Muttern für Heckspoiler abschrauben.

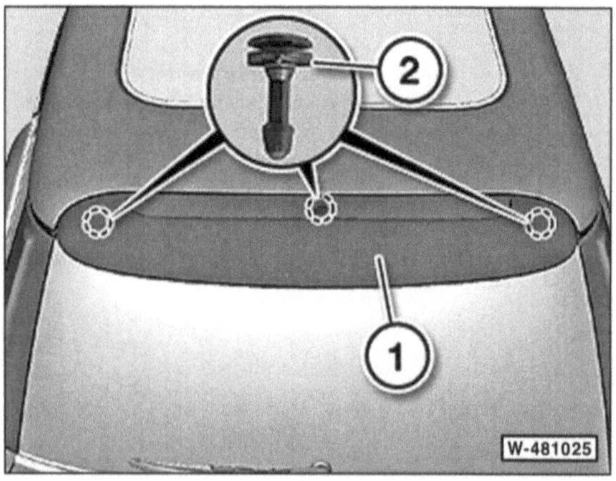

- Heckspoiler –1– an den Halteclips –2– nach oben von der Heckklappe abziehen.

Einbau

Der Einbau erfolgt in umgekehrter Ausbaureihenfolge. Dabei ist Folgendes zu beachten:

- Beschädigte Halteclips ersetzen.
- Die Dichtungen an den Gewindebolzen des Heckspoilers dürfen nicht beschädigt sein.
- Schrauben für Heckspoiler mit **4 Nm** festziehen.

Heckklappe aus- und einbauen

Ausbau

- Batterie abklemmen. **Achtung:** Hinweise im Kapitel »Batterie aus- und einbauen« beachten.
- Heckklappe öffnen und Heckklappenverkleidung komplett ausbauen, siehe entsprechendes Kapitel.
- Heckspoiler ausbauen, siehe entsprechendes Kapitel.
- Alle Steckverbindungen trennen.
- Auffangbehälter für ausfließende Flüssigkeit unterstellen und Wasserschlauch vom Wischermotor abziehen.
- Gummitülle aus der Heckklappe herausziehen und Leitungen durch die Öffnung herausziehen.
- Heckklappe von einem Helfer abstützen lassen. Beide Gasdruckfedern vom oberen Kugelzapfen abziehen, siehe Kapitel »Gasdruckfeder aus- und einbauen«.
- Heckklappe schließen, dabei darauf achten dass das Heckklappenschloss nicht einrastet.

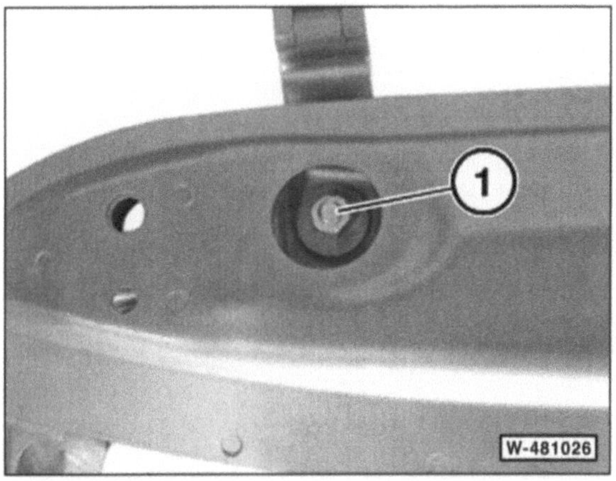

- Auf beiden Seiten Mutter –1– oben an der Außenseite der Heckklappe abschrauben.
- Heckklappe mit Helfer abnehmen und vorsichtig ablegen.

Einbau

- Heckklappe mit Helfer in den Heckkklappenrahmen einsetzen und am Scharnier ansetzen. Dabei darauf achten dass das Heckklappenschloss nicht einrastet.
- Scharniermuttern links und rechts handfest eindrehen.
- Heckklappe auf korrekte Spaltmaße ausrichten, siehe entsprechenden Abschnitt.
- Gasdruckfeder auf Kugelzapfen aufdrücken und einrasten. Zweite Gasdruckfeder einbauen.
- Scharniermuttern mit **19 Nm** festziehen.
- Der weitere Einbau erfolgt in umgekehrter Ausbaureihenfolge.
- Schließfunktion des Heckklappenschlosses prüfen.
- Wenn nötig, Scharniere und Muttern mit Lack gegen Rost schützen und Bereiche der Scharniere mit Hohlraumkonservierungsmittel versiegeln.

Heckklappe ausrichten

- Heckklappe schließen und Spaltmaße der Heckklappe prüfen. Der Spalt zu den sich anschließenden Karosserieteilen soll jeweils gleichmäßig breit sein und parallel verlaufen. Das Heckklappenschloss muss korrekt einrasten. Der Schließbügel darf nicht schleifen.

  Spaltmaß, Sollwerte:

  Heckklappe – Stoßfängerabdeckung: ...... $5{,}0^{\pm 1.5}$ mm
  Heckklappe – Hinteres Seitenteil: .... $4{,}0^{\pm 1.0}$ mm
  Heckklappe – C-Säule: .... $3{,}8^{\pm 1.6}$ mm
  Heckklappe – Dachmitte: .... $4{,}2^{\pm 1.0}$ mm
- Wenn nötig, Scharniermuttern an der Heckklappe lockern und Heckklappe durch Verschieben nach links oder rechts ausrichten.
- Scharniermuttern an der Heckklappe mit **19 Nm** festziehen.

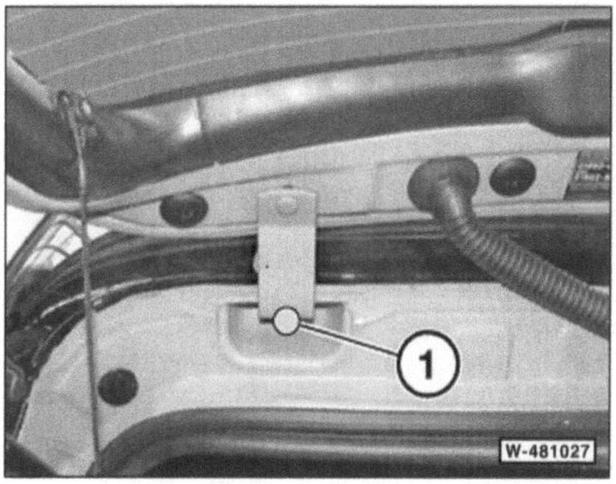

- Wenn nötig, Scharniermuttern –1– an der Karosserie lockern und Heckklappe durch Verschieben ausrichten.
- Scharniermuttern an der Karosserie mit **22 Nm** festziehen.
- Wenn nötig, Schrauben für Heckklappenschloss lockern und Heckklappenschloss durch Verschieben ausrichten, siehe entsprechendes Kapitel.
- Schrauben für Heckklappenschloss mit **9 Nm** festziehen.
- Anschlagpuffer an den Seiten zur Höheneinstellung der Heckklappe verwenden. Dazu Anschlagpuffer so weit verdrehen, bis die Heckklappe bündig mit den Seitenteilen ist. **Hinweis:** Als Einstellhilfe Knetmasse an den Anschlagpuffern aufdrücken. Nach Schließen der Heckklappe ist am Abdruck in der Knetmasse zu erkennen, ob die Heckklappe richtig aufliegt.

Heckklappenschloss aus- und einbauen

Hinweis: Der Aus- und Einbau erfolgt wie beim MINI 1.

Heckklappenverkleidung aus- und einbauen

Verkleidung unten

Ausbau

- Heckklappe öffnen und Hutablage herausnehmen.

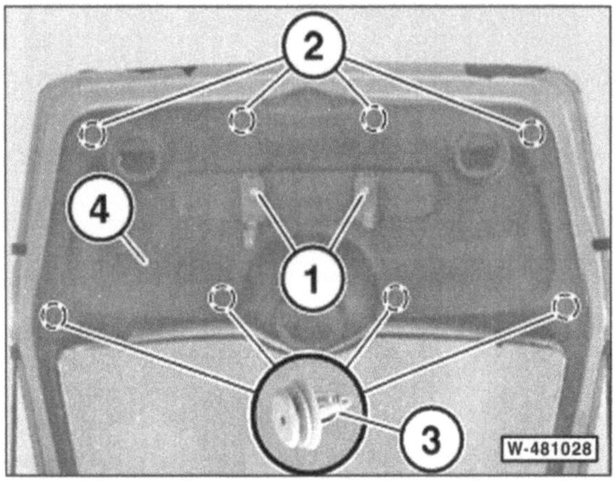

- Laschen drücken und Warndreieck von der Heckklappe abnehmen. Dahinter sitzende Schrauben –1– herausdrehen und Halter für Warndreieck abnehmen.
- Kunststoffkeil oder Lösezange, zum Beispiel HAZET 799-4, unter die Heckklappenverkleidung schieben und Halteclips –2/3– aus den Bohrungen in der Heckklappe herausziehen.
- Heckklappenverkleidung –4– abnehmen.

Einbau

Der Einbau erfolgt in umgekehrter Ausbaureihenfolge. Dabei ist Folgendes zu beachten:

- Wenn nötig, Halteclips an der Rückseite der Verkleidung anbauen. Beschädigte Halteclips ersetzen.

Verkleidung seitlich am Fensterrahmen

Ausbau

- Untere Heckklappenverkleidung ausbauen, siehe entsprechenden Abschnitt.
- Aufhängestopfen für Hutablage vom Fensterrahmen abschrauben.

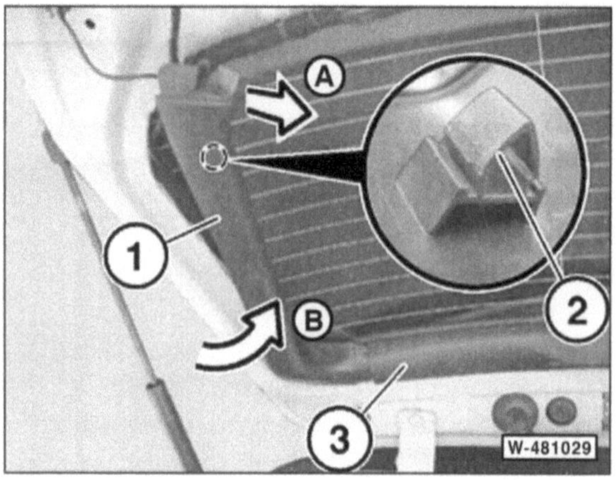

- Kunststoffkeil unter die Fensterrahmenverkleidung –1– schieben und Verkleidung an der Halteklammer –2– von der Heckklappe abhebeln –Pfeil A–.
- Seitliche Fensterrahmenverkleidung –1– aus der oberen Fensterrahmenverkleidung –3– herausziehen –Pfeil B–.

Einbau

Der Einbau erfolgt in umgekehrter Ausbaureihenfolge. Dabei ist Folgendes zu beachten:

- Die Halteklammer darf nicht beschädigt sein.

Verkleidung oben am Fensterrahmen

Ausbau

- Rechte und linke Fensterrahmenverkleidung ausbauen, siehe entsprechenden Abschnitt.

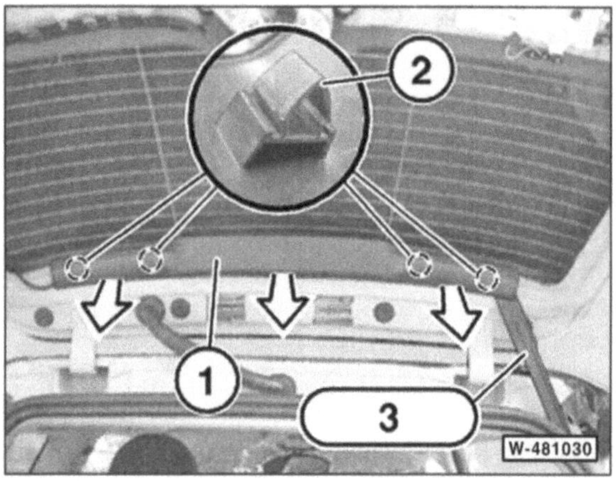

- Kunststoffkeil –3– unter die obere Fensterrahmenverkleidung –1– schieben und Verkleidung an den Halteklammern –2– von der Heckklappe abhebeln –Pfeile–.
- Stecker von der Zusatzbremsleuchte abziehen und obere Fensterrahmenverkleidung mit angeschraubter Zusatzbremsleuchte von der Heckklappe abnehmen.

Einbau

Der Einbau erfolgt in umgekehrter Ausbaureihenfolge. Dabei ist Folgendes zu beachten:

- Die Halteklammern dürfen nicht beschädigt sein.

Türverkleidung aus- und einbauen

Ausbau

- Tür öffnen.
- Zündung ausschalten und Zündschlüssel abziehen.
- Batterie abklemmen. **Achtung:** Hinweise im Kapitel »Batterie aus- und einbauen« beachten.
- Türeinstiegsleuchte ausbauen, siehe Seite 96.

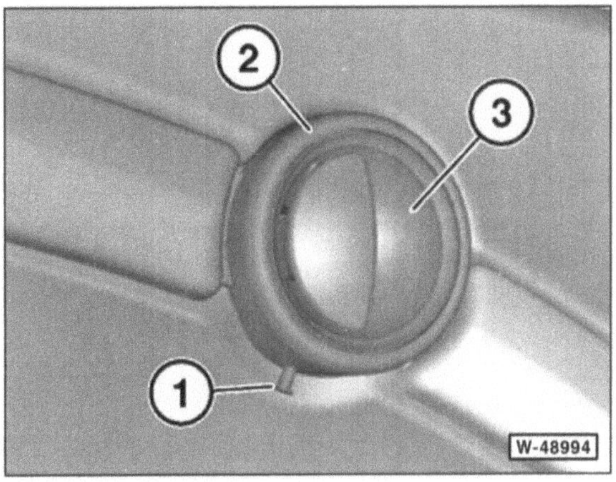

- Stift –1– am Türöffner –3– herausziehen.

Hinweis: Blende –2– für Türöffner nicht ausclipsen.

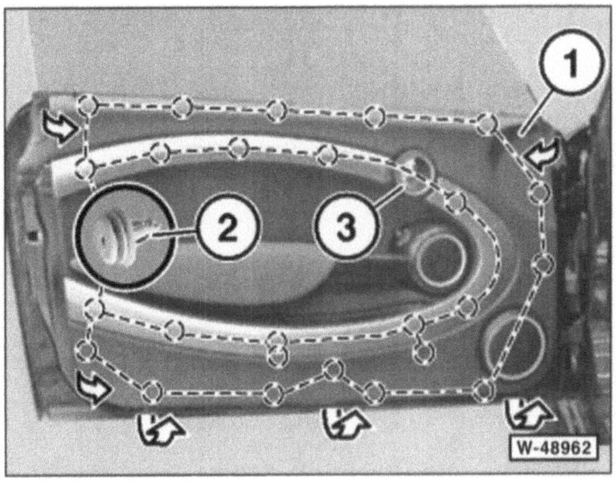

- Kunststoffkeil oder Lösezange, zum Beispiel HAZET 799-4, unter die Türverkleidung schieben –1– und Halteclips –2– aus den Bohrungen in der Tür herausziehen.
- Türverkleidung –1– von der Tür lösen –Pfeile–. Dabei wird die Blende –3– vom Türöffner abgelöst. **Hinweis:** Rastlaschen der Blende nicht beschädigen.
- Türverkleidung von der Tür abnehmen.

Hinweis: Zum Ausbau des inneren Teils der Türverkleidung muss die Fensterscheibe ausgebaut werden. Für den Ausbau der Fensterscheibe sind mehrere Spezialwerkzeuge von BMW notwendig, die dem Heimwerker in der Regel nicht zur Verfügung stehen. Ohne entsprechende Erfahrungswerte sind diese Arbeitsgänge nicht fachgerecht durchzuführen.

Einbau

Der Einbau erfolgt in umgekehrter Ausbaureihenfolge. Dabei ist Folgendes zu beachten:

- Beschädigte Halteclips ersetzen.

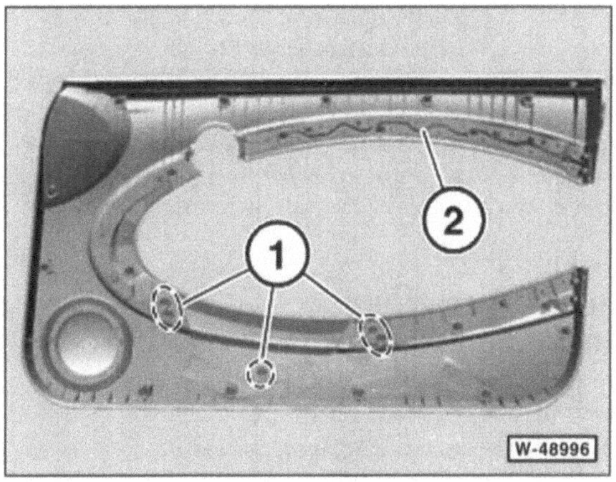

- Halteclips je nach Farbkennzeichnung an der Rückseite der Verkleidung –2– einsetzen. Dabei sitzen an den markierten Positionen weiße Halteclips –1–. Alle anderen Halteclips sind grau.
- Die Blende kann nur in einer bestimmten Einbaulage am Türöffner aufgesetzt werden.

Armlehne aus- und einbauen

Ausbau

- Tür öffnen.

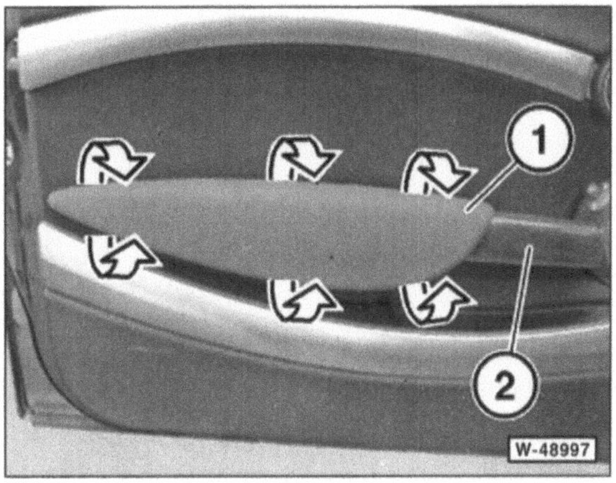

- Armlehne –1– oben und unten vom Türgriff –2– abziehen –Pfeile–.

Einbau

Der Einbau erfolgt in umgekehrter Ausbaureihenfolge. Dabei ist Folgendes zu beachten:

- Die Rasthaken am Türgriff dürfen nicht beschädigt sein.

Türaußengriff/Türöffner/Türschloss/ Fensterheber/Fensterscheibe aus- und einbauen

Vor Ausbau des Türaußengriffs, des Türöffners, des Türschlosses und des Fensterhebers muss die Fensterscheibe ausgebaut werden. Für den Ausbau der Fensterscheibe sind mehrere Spezialwerkzeuge von BMW notwendig, die dem Heimwerker in der Regel nicht zur Verfügung stehen. Zudem muss die Fensterscheibe nach dem Einbau exakt eingestellt und justiert werden. Ohne entsprechende Erfahrungswerte sind diese Arbeitsgänge nicht fachgerecht durchzuführen.

Fensterhebermotor aus- und einbauen

Ausbau

- Batterie abklemmen. **Achtung:** Hinweise im Kapitel »Batterie aus- und einbauen« beachten.
- Türverkleidung ausbauen, siehe entsprechendes Kapitel.

- Stecker –1– entriegeln und vom Fensterhebermotor –3– abziehen.
- Schrauben –2– herausdrehen und Fensterhebermotor –3– von der Tür abnehmen.

Einbau

Der Einbau erfolgt in umgekehrter Ausbaureihenfolge. Dabei ist Folgendes zu beachten:

- Funktionsprüfung durchführen.
- Der Fensterhebermotor muss nicht neu programmiert werden.